天线与电波传播

主编　尹成友　吴　伟

合肥工业大学出版社

图书在版编目(CIP)数据

天线与电波传播/尹成友,吴伟主编. —合肥:合肥工业大学出版社,2024
ISBN 978-7-5650-6784-6

Ⅰ.①天… Ⅱ.①尹… ②吴… Ⅲ.①天线—教材②电波传播—教材 Ⅳ.①TN82 ②TN011

中国国家版本馆 CIP 数据核字(2024)第 104388 号

天线与电波传播

尹成友 吴 伟 主编　　　　责任编辑 赵 娜

出 版	合肥工业大学出版社	**版 次**	2024 年 6 月第 1 版
地 址	合肥市屯溪路 193 号	**印 次**	2024 年 6 月第 1 次印刷
邮 编	230009	**开 本**	787 毫米×1092 毫米 1/16
电 话	理工图书出版中心:0551-62903004	**印 张**	21
	营销与储运管理中心:0551-62903198	**字 数**	524 千字
网 址	press.hfut.edu.cn	**印 刷**	安徽联众印刷有限公司
E-mail	hfutpress@163.com	**发 行**	全国新华书店

ISBN 978-7-5650-6784-6　　　　定价:50.00 元

前　　言

现代科技的发展使得技术更新层出不穷，知识涌现源源不断，同时它又要求在教学过程中充分释放学生自主学习的潜力，给学生提供有效思考的空间。随着“天线与电波传播”课程课时短内容多的矛盾越来越突出，我们瞄准现代高等教育数字化、智能化转型趋势，实现“知识-思维”体系的整体性塑造，突出学生系统性、批判性、创新性等高阶思维能力的提升，编写了本书。

本书的参考学时数为36～48学时，全书包括天线和电波传播两大部分，共13章。第1章～第3章是天线的基本理论部分，内容包括天线基本辐射理论、天线电参数、天线阵分析与综合。这部分是全书的理论基础，阐述天线分析过程中运用到的电磁理论，天线的指标参数体系，天线辐射的基本单元。第4章至第8章是各种具体天线的介绍，各章内容分别为简单线天线、行波天线与非频变天线、缝隙天线与微带天线、面天线、新型天线（包括可重构天线、滤波天线等当前的热点内容）。第9章～第13章是电波传播部分，内容包括电波传播的基础知识、地面波传播、天波传播、视距传播、基于抛物线方程理论的电波传播场强预测。此外，各章均配有适量的习题。

本书为新形态一体化教材，配备了丰富的数字资源，包括知识链接、MATLAB程序代码、天线仿真模型、教学课件等，对重点内容进行展开分析，演示各种天线的立体方向图等。MATLAB程序代码有相当一部分是以矩量法编写的，可以直接运行得到书上的插图。MATLAB程序代码和仿真天线模型可以直接下载，并在相关软件平台上运行。通过MATLAB程序软件和仿真天线模型，学生既可以学习相关分析软件的编程技术，也可以练习商用电磁软件的运用。这为学生“分析—设计—综合”的能力培养打通“最后一公里”，充分体现了教育数字化技术的运用。此外，知识链接还包括部分思政内容，达到了课程思政立德树人的目的，实现了“知识—能力—素质”的人才培养目标理念。

《天线与电波传播》数字资源

本书可以供电子工程、通信工程、雷达工程、信息对抗技术专业的本科学生选用，也可以供其他专业研究生选用，还可以供天线工程技术人员参考。

本书由尹成友、吴伟、孙志勇、岳玫君、韩微、石树杰合作编著，其中绪论、第 9 章、第 11 章、第 13 章由尹成友撰写，第 1 章、第 3 章、第 7 章由吴伟撰写，第 4 章、第 12 章由孙志勇撰写，第 2 章由岳玫君撰写，第 10 章由韩微撰写，第 6 章、第 8 章由石树杰撰写，第 5 章由岳玫君、韩微合作撰写。本书中辅助材料中 MATLAB 程序主要由尹成友编写完成，天线仿真模型主要由吴伟提供。

感谢合肥工业大学出版社高质量的出版工作，感谢责任编辑赵娜的辛勤付出！

由于作者水平有限，书中难免存在一些疏漏和不足，敬请广大读者批评指正。

编 者

2024 年 3 月于合肥

目　　录

知识链接索引

绪　　论

麦克斯韦(Maxwell)1856年—1865年建立电磁理论大厦,从理论上预示了电磁波的存在;赫兹于1887年证实了电磁波的存在;马可尼(Marconi)于1897年取得了无线电报系统世界上第一个专利。1912年,泰坦尼克号豪华游轮上装载了莫尔斯电台,从此揭开了人类使用无线电波的崭新世界。

人类感知世界靠什么?眼睛观察图像使用可见光,其波长为380～780 nm;耳朵听辨声音使用声波,其频率为20～20000 Hz(机械波)。而今天我们人类不仅能够将几千赫兹的超长波应用于潜艇通信,而且能够将10^{18} Hz的X射线应用于医学成像,这些都为人类感知世界、探索自然规律,提供了无穷无尽的手段,也使我们的生活样式发生了翻天覆地的变化。伴随着科学技术的不断进步,人类对自然界广泛存在的电磁波这一物质形态的认识不断深化,创造了多种多样的电磁波工程系统——无线电通信、广播、电视、雷达、导航、电子对抗、遥感、射电天文等。今天我们习以为常的千里眼——雷达、顺风耳——通信,就是利用电磁波大大拓展了我们对信息的获取能力。可以说电磁波是目前世界上最大的信息载体。

电磁波的应用主要包括信息的传输、信息的获取、信息的服务等,这一切既离不开电磁波的辐射和接收,也离不开电磁波与物质的相互作用,也就是离不开天线与电波传播。卫星通信线路的组成如图0-1所示。

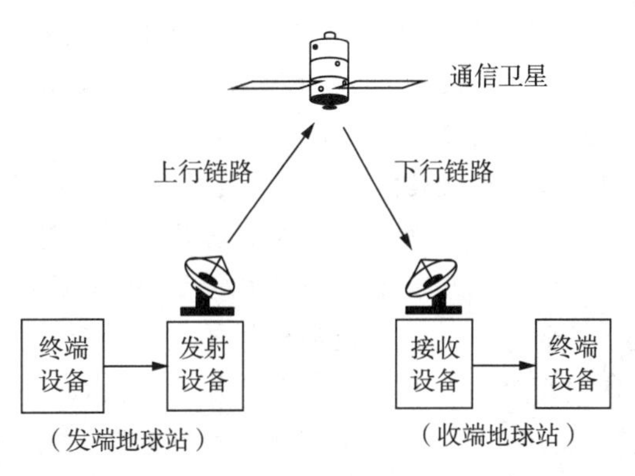

图0-1　卫星通信线路的组成

天线是一种变换器。它把传输线上传播的导行波变换成无界媒质(通常是自由空间)中传播的电磁波,或者进行相反的变换。天线一般都具有收发互易性,其是无线电设备中用来发射或接收电磁波的部件。凡是利用电磁波来传递或获取信息的都依靠天线来进行工作。此外,在利用电磁波传递能量方面,非信息的能量辐射也需要天线。天线的主要功能:一是能量转换,即能够将导行波上的能量转化为自由空间的辐射能;二是定向接收和辐射电磁能量,即能够进行能量的空间分配;三是辐射和接收指定极化的电磁波,即能够形成所需极化的电磁波。

由于各种电磁应用系统(通信、广播、电视、雷达、导航、电子对抗)对上述天线的三种功能的要求各不相同,因此天线的种类很多。按照用途,天线可分为通信天线、广播和电视天线、雷达天线、导航天线、电子对抗天线等;按照工作波长,天线可分为长波天线、中波天线、短波天线、超短波天线、微波天线等;按照极化方式,天线可分为线极化天线、圆极化天线、正交极化天线等;按照工作带宽,天线可分为窄频带天线、宽频带天线、非频变天线等;按照工作状态,天线可分为驻波天线、行波天线等;按照结构,天线可分为线天线、面天线、低剖面天线等;按照使用材料,天线可分为金属天线、介质天线、等离子体天线等。为了理论分析的方便，通常人们将天线按照其结构分成两大类：一类是由导线或金属棒构成的线天线，主要用于长波、短波和超短波；另一类是由金属面或介质面构成的面天线，主要用于微波波段。而本书有关天线的章节划分基本上采用后一种分类方法。

天线发明历史

天线的发展史就是电磁应用设备的发展史。1987 年，赫兹发现电磁波的著名实验就使用了电偶极子和环形天线。1901 年，马可尼实现跨大西洋通信实验就使用了 50 根铜导线来形成一个扇形结构，这是第一副单极天线。1924 年开始短波通信和远距离广播开始流行，因此线天线获得了飞速发展，并诞生了对称振子、引向天线、T 形天线、菱形天线等。第二次世界大战前夕，随着微波技术的发展和微波的似光性，抛物面天线开始广泛应用，因此喇叭天线、透镜天线等面天线得到发展。随着人们对天线带宽的要求越来越高，1957 年美国伊利诺伊大学 V. H. Rumsey 提出非频变天线理论，此后相继诞生了适用于电子对抗使用的对数周期天线、等角螺旋天线等。特别是 1972 年美国 J. Q. Howell 和 P. E. Munson 制成第一批实用微带天线，并将其作为火箭和导弹的共形天线开始使用。今天无线电技术的迅速发展，对天线提出许多新的研究方向，同时也促进了各种新型天线的诞生。例如，多频多极化的微带天线，因其体积小、剖面低，适应了微型和集成电路的发展；相控阵天线能同时跟踪多目标，适应了现代化军事技术的发展；在通信环境日益复杂的情况下，诞生了具有抗干扰能力的自适应天线和智能天线；等等。目前，各种新型天线让人眼花缭乱，如滤波天线、等离子天线、分形天线、微型天线、片上天线（AiP）、3D 打印天线、碎片化天线、共形天线、可重构天线。此外，各种表面超材料的发展，又给天线带来了新的发展途径。

天线的理论分析是建立在电磁场理论分析的基础上的，求解天线问题实质上就是求解满足特定边界条件的麦克斯韦方程的解，其求解过程是非常烦琐和复杂的。线天线以矩量法为主，本书配套了大量的线天线分析的 MATLAB 程序，供同学们参考。针对实际天线工程中的设计，本书具体采用的思路是既有严格的概念，也有近似的处理，甚至还依靠数值分析软件进行计算机辅助设计。本书同样配套了大量的 MATLAB 程序代码和仿真天线模型，供大家下载，并在相关软件平台上使用。

天线的典型应用

电波传播的主要研究内容是电磁波与传播媒质的相互作用及其与作用目标相互作用产生接收信号或者回波大小的分析过程。电波传播研究的基本问题是不同频段的电波通过各种自然环境（包括某些人为环境）媒质的传播效应及其在时、空、频域中的变化规律。如果把天线比作“枪口”，那么电波就是“弹药”，电波传播就是研究“子弹飞行的弹道及其能量的衰减规律”。电波传播方式主要包括视距传播、地波传播、天波传播、散射传播和大气波导传播等。电波传播的分析方法主要包括模式理论、电磁波数值方法、几何光学方法、国际电信联盟（ITU-R）提供的各种计算模型。这些计算模型是在长期的、大量的实测积累和应用实践中不断完善和发展的。

第1章　天线基本辐射理论

天线问题是具有复杂边界条件的电磁场边值问题。本章首先介绍Maxwell方程组、边界条件、波动方程、电磁场的位函数和坡印廷定理等内容，为天线辐射问题的求解提供理论基础；接着分析了电流元、磁流元、惠更斯元三种天线基本辐射单元的辐射场解法，同时也介绍了电磁学理论的几个基本定理，如二重性原理、唯一性定理、镜像原理、等效原理。合理使用这些定理、原理，可以从已知问题的解来获得未知问题的解，或者将复杂的边值问题转换成自由空间的电磁辐射问题。

1.1　电磁场基本方程

1.1.1　Maxwell方程组和边界条件

1. Maxwell方程组

Maxwell方程组是从电磁实验定律归纳出来的支配所有宏观电磁现象的一组基本方程组，其微分形式为

$$\begin{cases}\nabla\times \boldsymbol{H}=\boldsymbol{J}+\dfrac{\partial \boldsymbol{D}}{\partial t}\\ \nabla\cdot \boldsymbol{B}=0\\ \nabla\times \boldsymbol{E}=-\dfrac{\partial \boldsymbol{B}}{\partial t}\\ \nabla\cdot D=\rho\end{cases} \tag{1-1-1}$$

式中，$\boldsymbol{E}$为电场强度矢量(V/m)；$\boldsymbol{D}$为电通量密度矢量或电位移矢量(C/m^2)；$\boldsymbol{H}$为磁场强度矢量(A/m)；$\boldsymbol{B}$为磁通量密度矢量(Wb/m^2)；$\boldsymbol{J}$为电流密度矢量(A/m^2)；ρ为电荷密度(C/m^3)。

式(1-1-1)中的四个方程并不完全独立，其中两个散度方程可以从两个旋度方程及下面的电流连续性方程导出，因此通常只考虑两个旋度方程。

$$\nabla\cdot \boldsymbol{J}=-\frac{\partial \rho}{\partial t} \tag{1-1-2}$$

上面五个方程中独立的方程只有三个，方程数少于未知量的个数，因此是非定解形式。加上本构关系，方程成为定解形式。对于简单媒质，本构关系为

$$\begin{cases}\boldsymbol{D}=\varepsilon \boldsymbol{E}\\ \boldsymbol{B}=\mu \boldsymbol{H}\\ \boldsymbol{J}=\sigma \boldsymbol{E}\end{cases} \tag{1-1-3}$$

式中，ε为媒质的介电常数(F/m)；μ为媒质的磁导率(H/m)；σ为媒质的电导率(S/m)。ε、μ、σ统称为媒质的本构参数。对于各向同性媒质它们是标量，对于均匀媒质它们是常量，对

于非均匀媒质它们是位置的函数,对于各向异性媒质它们是张量。

将式(1-1-3)所示的本构关系代入后,两个旋度方程的定解形式变为

$$\begin{cases}\nabla\times\boldsymbol{H}=\boldsymbol{J}+\varepsilon\dfrac{\partial\boldsymbol{E}}{\partial t}\\[2ex]\nabla\times\boldsymbol{E}=-\mu\dfrac{\partial\boldsymbol{H}}{\partial t}\end{cases}\tag{1-1-4}$$

当场量是单频率的时谐函数时,Maxwell 方程组常用复数形式表示:

$$\begin{cases}\nabla\times\boldsymbol{H}=\boldsymbol{J}+\mathrm{j}\omega\varepsilon\boldsymbol{E}\\\nabla\times\boldsymbol{E}=-\mathrm{j}\omega\mu\boldsymbol{H}\end{cases}\tag{1-1-5}$$

2. 边界条件

在不同媒质分界面上,电磁场量边界条件的一般表示式为

$$\begin{cases}\boldsymbol{n}\times(\boldsymbol{H}_1-\boldsymbol{H}_2)=\boldsymbol{J}_s\\\boldsymbol{n}\cdot(\boldsymbol{B}_1-\boldsymbol{B}_2)=0\\\boldsymbol{n}\times(\boldsymbol{E}_1-\boldsymbol{E}_2)=0\\\boldsymbol{n}\cdot(\boldsymbol{D}_1-\boldsymbol{D}_2)=\rho_s\end{cases}\tag{1-1-6}$$

式中,$\boldsymbol{J}_s$ 和 ρ_s 分别为介质分界面上的表面电流密度和表面电荷密度;$\boldsymbol{n}$ 为界面的法向单位矢量。

理想介质分界面上不存在 $\boldsymbol{J}_s$ 和 ρ_s,因此两理想介质界面上的边界条件为

$$\begin{cases}\boldsymbol{n}\times(\boldsymbol{H}_1-\boldsymbol{H}_2)=0\\\boldsymbol{n}\times(\boldsymbol{E}_1-\boldsymbol{E}_2)=0\\\boldsymbol{n}\cdot(\boldsymbol{B}_1-\boldsymbol{B}_2)=0\\\boldsymbol{n}\cdot(\boldsymbol{D}_1-\boldsymbol{D}_2)=0\end{cases}\tag{1-1-7}$$

当两媒质之一是理想导体时,由于理想导体内不存在交变电磁场,但表面可以存在 $\boldsymbol{J}_s$ 和 ρ_s,因此边界条件变为

$$\begin{cases}\boldsymbol{n}\times\boldsymbol{H}_1=\boldsymbol{J}_s\\\boldsymbol{n}\times\boldsymbol{E}_1=0\\\boldsymbol{n}\cdot\boldsymbol{B}_1=0\\\boldsymbol{n}\cdot\boldsymbol{D}_1=\rho_s\end{cases}\tag{1-1-8}$$

1.1.2 波动方程

从 Maxwell 方程组的两个旋度方程可以导出电场强度和磁场强度所满足的波动方程:

$$\begin{cases}\nabla\times\nabla\times\boldsymbol{H}+\mu\varepsilon\dfrac{\partial^2\boldsymbol{H}}{\partial t^2}=\nabla\times\boldsymbol{J}\\[2ex]\nabla\times\nabla\times\boldsymbol{E}+\mu\varepsilon\dfrac{\partial^2\boldsymbol{E}}{\partial t^2}=-\mu\dfrac{\partial\boldsymbol{J}}{\partial t}\end{cases}\tag{1-1-9}$$

其对应的复数形式为

$$\begin{cases}\nabla\times\nabla\times\boldsymbol{H}-k^2\boldsymbol{H}=\nabla\times\boldsymbol{J}\\\nabla\times\nabla\times\boldsymbol{E}-k^2\boldsymbol{E}=-\mathrm{j}\omega\mu\boldsymbol{J}\end{cases}\tag{1-1-10}$$

式中，$k^2=\omega^2\mu\varepsilon$ 称为波数或传播常数。复数形式的波动方程通常又称为亥姆霍兹方程。

1.1.3　电磁场的位函数

为了简化电磁场的计算，引入辅助位函数。常用的位函数有磁矢位函数 $\boldsymbol{A}$ 和标量位函数 φ。根据 Maxwell 方程组 $\nabla\cdot\boldsymbol{B}=0$，$\nabla\times\boldsymbol{E}=-\partial\boldsymbol{B}/\partial t$，以及矢量恒等式 $\nabla\cdot(\nabla\times\boldsymbol{F})\equiv 0$、$\nabla\times(\nabla\varphi)\equiv 0$，定义：

$$\begin{cases}\boldsymbol{B}=\nabla\times\boldsymbol{A}\\ \boldsymbol{E}=-\nabla\varphi-\partial\boldsymbol{A}/\partial t\end{cases} \tag{1-1-11}$$

$\boldsymbol{A}$ 与 φ 可以通过洛伦兹协定联系：

$$\nabla\cdot\boldsymbol{A}+\mu\varepsilon\frac{\partial\varphi}{\partial t}=0 \tag{1-1-12}$$

对于时谐场，式(1-1-11)和(1-1-12)的复振幅矢量的形式为

$$\begin{cases}\boldsymbol{B}=\nabla\times\boldsymbol{A}\\ \boldsymbol{E}=-\nabla\varphi-\mathrm{j}\omega\boldsymbol{A}\end{cases} \tag{1-1-13}$$

$$\nabla\cdot\boldsymbol{A}+\mathrm{j}\omega\mu\varepsilon\varphi=0 \tag{1-1-14}$$

关于位函数 $\boldsymbol{A}$ 与 φ 的非齐次亥姆霍兹方程为

$$\nabla^2\boldsymbol{A}+k^2\boldsymbol{A}=-\mu\boldsymbol{J} \tag{1-1-15}$$

$$\nabla^2\varphi+k^2\varphi=-\rho/\varepsilon \tag{1-1-16}$$

通过洛伦兹条件，φ 可以通过 $\boldsymbol{A}$ 求得；由法拉第电磁感应定律(第二旋度方程)，磁场强度 $\boldsymbol{H}$ 可以通过电场强度 $\boldsymbol{E}$ 求得。因此，求得 $\boldsymbol{A}$ 后，$\boldsymbol{E}$、$\boldsymbol{H}$ 的表达式为

$$\boldsymbol{E}=-\mathrm{j}\omega\left(1+\frac{1}{k^2}\nabla\nabla\cdot\right)\boldsymbol{A} \tag{1-1-17}$$

$$\boldsymbol{H}=-\frac{1}{\mu}\nabla\times\boldsymbol{E} \tag{1-1-18}$$

如果已知电流源 $\boldsymbol{J}(\boldsymbol{r})$ 分布，那么磁矢位函数 $\boldsymbol{A}$ 可由下式求得

$$\boldsymbol{A}(\boldsymbol{r})=\frac{\mu}{4\pi}\int_{V'}\frac{\boldsymbol{J}(\boldsymbol{r}')\mathrm{e}^{-\mathrm{j}kR}\mathrm{d}V'}{R},R=|\boldsymbol{r}-\boldsymbol{r}'| \tag{1-1-19}$$

1.1.4　坡印廷定理

电磁场是一种具有能量的物质场，坡印廷定理是电磁场中的能量守恒定律。下式给出了时谐场坡印廷定理的数学表达形式：

$$P_{\mathrm{s}}=P_{\mathrm{f}}+P_{\sigma}+2\mathrm{j}\omega(W_{\mathrm{m}}^{\mathrm{av}}-W_{\mathrm{e}}^{\mathrm{av}}) \tag{1-1-20}$$

它的物理含义：对于一个由封闭面 S 包围的体积 V 中，场源提供给体积 V 的复功率 P_{s} 可分为三部分，即从 S 面向外流出的复功率 P_{f}、体积 V 中时间平均损耗功率 P_{σ} 和体积 V 中时间平均电磁场储存功率 $2\mathrm{j}\omega(W_{\mathrm{m}}^{\mathrm{av}}-W_{\mathrm{e}}^{\mathrm{av}})$。

从 S 面向外流出的复功率为

$$P_{\mathrm{f}}=\int_S\frac{1}{2}(\boldsymbol{E}\times\boldsymbol{H}^*)\cdot\mathrm{d}\boldsymbol{S} \tag{1-1-21}$$

式中，$\mathrm{d}\boldsymbol{S}=\boldsymbol{n}\mathrm{d}S$，$\boldsymbol{n}$ 是 S 面的外法线单位方向矢量。式(1-1-21)中被积函数称为复坡印廷矢

量，记作：

$$\boldsymbol{S}=\frac{1}{2}\boldsymbol{E}\times\boldsymbol{H}^{*} \tag{1-1-22}$$

它表示场点位置的电磁场复功率密度，单位为 W/m^2。可以证明$\boldsymbol{S}$的实部为电磁场在一个周期的平均功率流密度，即

$$\boldsymbol{S}_{av}=\mathrm{Re}\left(\frac{1}{2}\boldsymbol{E}\times\boldsymbol{H}^{*}\right) \tag{1-1-23}$$

体积 V 中时间平均损耗功率为

$$P_{\sigma}=\int_{V}\frac{1}{2}\sigma E^{2}\,\mathrm{d}V \tag{1-1-24}$$

体积 V 中时间平均储存电能和磁能为

$$\begin{cases}W_{e}^{av}=\int_{V}\frac{1}{4}\varepsilon E^{2}\,\mathrm{d}V\\ W_{m}^{av}=\int_{V}\frac{1}{4}\mu H^{2}\,\mathrm{d}V\end{cases} \tag{1-1-25}$$

若外加场源的体电流密度为 $\boldsymbol{J}_{e}$，则场源提供的复功率为

$$P_{s}=-\int_{V}\frac{1}{2}(\boldsymbol{E}\cdot\boldsymbol{J}_{e}^{*})\,\mathrm{d}V \tag{1-1-26}$$

通常我们更关注电磁场实功率的变化情况，因此对式(1-1-26)取实部可得

$$-\int_{V}\mathrm{Re}\left[\frac{1}{2}\boldsymbol{E}\cdot\boldsymbol{J}_{e}^{*}\right]\mathrm{d}V=\int_{S}\mathrm{Re}\left[\frac{1}{2}\boldsymbol{E}\times\boldsymbol{H}^{*}\right]\cdot\mathrm{d}S+\int_{V}\frac{1}{2}\sigma E^{2}\,\mathrm{d}V \tag{1-1-27}$$

式(1-1-27)说明，对于封闭曲面S包围的体积V，场源提供的实功率等于流出S面的实功率和V中损耗功率之和。

1.2 电磁场的基本原理

1.2.1 二重性原理

在有源区域($\rho\neq0$,$\boldsymbol{J}\neq0$)，Maxwell 方程组在形式上不再对称。

$$\begin{cases}\nabla\times\boldsymbol{H}=\boldsymbol{J}+\mathrm{j}\omega\varepsilon\boldsymbol{E}\\ \nabla\times\boldsymbol{E}=-\mathrm{j}\omega\mu\boldsymbol{H}\\ \nabla\cdot\boldsymbol{H}=0\\ \nabla\cdot\boldsymbol{E}=\rho/\varepsilon\end{cases} \tag{1-2-1}$$

这是因为在自然界中不存在单独的磁荷和磁流。不过，在有些电磁场问题中，为了求解方便起见，可以人为地引入磁流、磁荷作为等效源，即将一部分实际电流或电荷用与之等效的磁流和磁荷等效。后面将要介绍的小电流环，其辐射场就可以用一小段垂直于小环的磁流元来等效计算。

引入磁流 $\boldsymbol{J}_{m}$、磁荷 ρ_{m} 后，假设它们也满足磁流连续性方程，即

$$\nabla\cdot\boldsymbol{J}_{m}=-\mathrm{j}\omega\rho_{m} \tag{1-2-2}$$

对相应方程做出修改，即

$$\begin{cases}\nabla\cdot \boldsymbol{B}=\rho_{\mathrm{m}}\\ \nabla\times \boldsymbol{E}=-\boldsymbol{J}_{\mathrm{m}}-\mathrm{j}\omega\mu\boldsymbol{H}\end{cases}\tag{1-2-3}$$

利用上述方程，重写 Maxwell 方程组和边界条件：

$$\begin{cases}\nabla\times \boldsymbol{H}=\boldsymbol{J}+\mathrm{j}\omega\varepsilon\boldsymbol{E}\\ \nabla\times \boldsymbol{E}=-\boldsymbol{J}_{\mathrm{m}}-\mathrm{j}\omega\mu\boldsymbol{H}\\ \nabla\cdot \boldsymbol{H}=\rho_{\mathrm{m}}/\mu\\ \nabla\cdot \boldsymbol{E}=\rho/\varepsilon\end{cases}\tag{1-2-4}$$

$$\begin{cases}\boldsymbol{n}\times(\boldsymbol{H}_1-\boldsymbol{H}_2)=\boldsymbol{J}_{\mathrm{s}}\\ \boldsymbol{n}\times(\boldsymbol{E}_1-\boldsymbol{E}_2)=-\boldsymbol{J}_{\mathrm{sm}}\\ \boldsymbol{n}\cdot(\boldsymbol{H}_1-\boldsymbol{H}_2)=\rho_{\mathrm{sm}}/\mu\\ \boldsymbol{n}\cdot(\boldsymbol{E}_1-\boldsymbol{E}_2)=\rho_{\mathrm{s}}/\varepsilon\end{cases}\tag{1-2-5}$$

引入磁流、磁荷后，上述广义的 Maxwell 方程组在形式上具有对称性。

由于 Maxwell 方程组是线性方程，在线性媒质中，各种源产生的总场可以看成由电荷、电流产生的场（用下标 e 表示）和由磁流、磁荷产生的场（用下标 m 表示）的叠加：

$$\begin{cases}\boldsymbol{H}=\boldsymbol{H}_{\mathrm{e}}+\boldsymbol{H}_{\mathrm{m}}\\ \boldsymbol{E}=\boldsymbol{E}_{\mathrm{e}}+\boldsymbol{E}_{\mathrm{m}}\end{cases}\tag{1-2-6}$$

相应地，$\boldsymbol{E}_{\mathrm{e}}$、$\boldsymbol{H}_{\mathrm{e}}$ 与 $\boldsymbol{E}_{\mathrm{m}}$、$\boldsymbol{H}_{\mathrm{m}}$ 遵循的 Maxwell 方程组和边界条件分别为

$$\begin{cases}\nabla\times \boldsymbol{H}_{\mathrm{e}}=\boldsymbol{J}+\mathrm{j}\omega\varepsilon\boldsymbol{E}_{\mathrm{e}}\\ \nabla\times \boldsymbol{E}_{\mathrm{e}}=-\mathrm{j}\omega\mu\boldsymbol{H}_{\mathrm{e}}\\ \nabla\cdot \boldsymbol{H}_{\mathrm{e}}=0\\ \nabla\cdot \boldsymbol{E}_{\mathrm{e}}=\rho/\varepsilon\end{cases}\tag{1-2-7}$$

$$\begin{cases}\boldsymbol{n}\times(\boldsymbol{H}_{\mathrm{e1}}-\boldsymbol{H}_{\mathrm{e2}})=\boldsymbol{J}_{\mathrm{s}}\\ \boldsymbol{n}\times(\boldsymbol{E}_{\mathrm{e1}}-\boldsymbol{E}_{\mathrm{e2}})=0\\ \boldsymbol{n}\cdot(\boldsymbol{H}_{\mathrm{e1}}-\boldsymbol{H}_{\mathrm{e2}})=0\\ \boldsymbol{n}\cdot(\boldsymbol{E}_{\mathrm{e1}}-\boldsymbol{E}_{\mathrm{e2}})=\rho_{\mathrm{s}}/\varepsilon\end{cases}\tag{1-2-8}$$

$$\begin{cases}\nabla\times \boldsymbol{H}_{\mathrm{m}}=\mathrm{j}\omega\varepsilon\boldsymbol{E}_{\mathrm{m}}\\ \nabla\times \boldsymbol{E}_{\mathrm{m}}=-\boldsymbol{J}_{\mathrm{m}}-\mathrm{j}\omega\mu\boldsymbol{H}_{\mathrm{m}}\\ \nabla\cdot \boldsymbol{H}_{\mathrm{m}}=\rho_{\mathrm{m}}/\mu\\ \nabla\cdot \boldsymbol{E}_{\mathrm{m}}=0\end{cases}\tag{1-2-9}$$

$$\begin{cases}\boldsymbol{n}\times(\boldsymbol{H}_{\mathrm{m1}}-\boldsymbol{H}_{\mathrm{m2}})=0\\ \boldsymbol{n}\times(\boldsymbol{E}_{\mathrm{m1}}-\boldsymbol{E}_{\mathrm{m2}})=-\boldsymbol{J}_{\mathrm{sm}}\\ \boldsymbol{n}\cdot(\boldsymbol{H}_{\mathrm{m1}}-\boldsymbol{H}_{\mathrm{m2}})=\rho_{\mathrm{sm}}/\mu\\ \boldsymbol{n}\cdot(\boldsymbol{E}_{\mathrm{m1}}-\boldsymbol{E}_{\mathrm{m2}})=0\end{cases}\tag{1-2-10}$$

比较以上两组 Maxwell 方程组可知，二者数学形式完全相同，因此它们的解也将取相同

的数学形式。如果用式(1-2-11)和式(1-2-12)右侧的量对式(1-2-7)和式(1-2-8)中出现的物理量进行替换,那么可以获得式(1-2-9)和式(1-2-10)。

$$\begin{cases} \boldsymbol{E}_{\mathrm{e}} \rightarrow \boldsymbol{H}_{\mathrm{m}} \\ \boldsymbol{H}_{\mathrm{e}} \rightarrow -\boldsymbol{E}_{\mathrm{m}} \\ \varepsilon \rightarrow \mu \\ \mu \rightarrow \varepsilon \end{cases} \tag{1-2-11}$$

$$\begin{cases} \boldsymbol{J} \rightarrow \boldsymbol{J}_{\mathrm{m}} \\ \rho \rightarrow \rho_{\mathrm{m}} \\ \boldsymbol{J}_{\mathrm{s}} \rightarrow \boldsymbol{J}_{\mathrm{sm}} \\ \rho_{\mathrm{s}} \rightarrow \rho_{\mathrm{sm}} \end{cases} \tag{1-2-12}$$

这说明电流、电荷产生的电磁场 $\boldsymbol{E}_{\mathrm{e}}$、$\boldsymbol{H}_{\mathrm{e}}$ 与磁流、磁荷产生的电磁场 $\boldsymbol{E}_{\mathrm{m}}$、$\boldsymbol{H}_{\mathrm{m}}$ 具有对偶关系,因此可以用一种场源下电磁场问题的解导出另一种场源下对应问题的解。这就是对偶原理或二重性原理(Duality Principle)。

1.1.3 小节介绍了使用磁矢位函数 $\boldsymbol{A}$ 求解由电流源 $\boldsymbol{J}$ 产生的电磁场,利用二重性原理,对于由磁流源 $\boldsymbol{J}_{\mathrm{m}}$ 产生的电磁场,也可通过引入电矢位函数 $\boldsymbol{F}$ 的方法来求解。具体方程为

$$\boldsymbol{H}_{\mathrm{m}} = -\mathrm{j}\omega\left(1 + \frac{1}{k^2}\nabla\nabla\cdot\right)\boldsymbol{F} \tag{1-2-13}$$

$$\boldsymbol{E}_{\mathrm{m}} = -\frac{1}{\varepsilon}\nabla\times\boldsymbol{F} \tag{1-2-14}$$

$$\boldsymbol{F}(\boldsymbol{r}) = \frac{\varepsilon}{4\pi}\int_{V'}\frac{\boldsymbol{J}_{\mathrm{m}}(\boldsymbol{r}')\mathrm{e}^{-\mathrm{j}kR}\,\mathrm{d}V'}{R}, R = |\boldsymbol{r} - \boldsymbol{r}'| \tag{1-2-15}$$

1.2.2 唯一性定理

均匀无界空间是一个抽象的概念。就电磁现象而言,实际的空间总是存在各种不连续的分界面,如空气与大地的分界面、导体与介质的分界面、多层介质的分界面等。因此,在电磁理论中常常要处理各种“边值问题”,即在确定边界条件下求解有限区域中的电磁场问题。在处理边值问题时,很自然会提出一个问题,在给定的边界上至少需要多少场分量的值,才能确定整个(有限)区域中的电磁场。换而言之,在什么样的边界条件下,我们求得的满足边界条件的 Maxwell 方程组的解是唯一的。

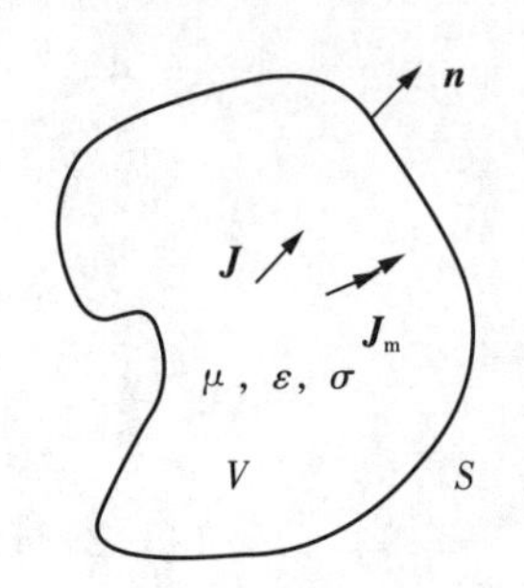

图 1-1 电流源、磁流源分布区域示意图

如果电磁场满足 Maxwell 方程组,那么由 Maxwell 方程组推导出来的方程和公式必然揭示电磁场的物理规律。下面我们基于 Maxwell 方程组推导边值问题解唯一性所需满足的边界条件。

【唯一性定理】:如图 1-1 所示,在一个体积为 V 的区域内,存在电流源 $\boldsymbol{J}$ 和磁流源 $\boldsymbol{J}_{\mathrm{m}}$,当以下三个条件有一个满足时,这两种源激励的电磁场是唯一的。

(1) 在整个 S 面,给定切向电场($\boldsymbol{n}\times\boldsymbol{E}$)。

(2) 在整个 S 面,给定切向磁场($\boldsymbol{n}\times\boldsymbol{H}$)。

(3) 在 S 面的一部分,给定切向电场($\boldsymbol{n}\times\boldsymbol{E}$),其余部分给

定切向磁场($\boldsymbol{n}\times\boldsymbol{H}$)。

【反证法】

这里假设源产生了两组不同的场($\boldsymbol{E}^{a}$,$\boldsymbol{H}^{a}$)和($\boldsymbol{E}^{b}$,$\boldsymbol{H}^{b}$),这两组场应该满足 Maxwell 方程组:

$$\begin{cases}\nabla\times\boldsymbol{E}^{a}=-\mathrm{j}\omega\mu\boldsymbol{H}^{a}-\boldsymbol{J}_{m}\\ \nabla\times\boldsymbol{H}^{a}=\mathrm{j}\omega\varepsilon\boldsymbol{E}^{a}+\sigma\boldsymbol{E}^{a}+\boldsymbol{J}\end{cases}\tag{1-2-16}$$

$$\begin{cases}\nabla\times\boldsymbol{E}^{b}=-\mathrm{j}\omega\mu\boldsymbol{H}^{b}-\boldsymbol{J}_{m}\\ \nabla\times\boldsymbol{H}^{b}=\mathrm{j}\omega\varepsilon\boldsymbol{E}^{b}+\sigma\boldsymbol{E}^{b}+\boldsymbol{J}\end{cases}\tag{1-2-17}$$

令 $\boldsymbol{E}^{a}-\boldsymbol{E}^{b}=\delta\boldsymbol{E}$、$\boldsymbol{H}^{a}-\boldsymbol{H}^{b}=\delta\boldsymbol{H}$,将式(1-2-16)和式(1-2-17)整理可得

$$\nabla\times\delta\boldsymbol{E}=-\mathrm{j}\omega\mu\delta\boldsymbol{H}\tag{1-2-18}$$

$$\nabla\times\delta\boldsymbol{H}=\mathrm{j}\omega\varepsilon\delta\boldsymbol{E}+\sigma\delta\boldsymbol{E}\tag{1-2-19}$$

场的唯一性等价于证明这个差值为零。$\delta\boldsymbol{H}^{*}$ 乘以式(1-2-18)减去 $\delta\boldsymbol{E}$ 乘以式(1-2-19)的共轭,整理可得

$$\delta\boldsymbol{H}^{*}\cdot\nabla\times\delta\boldsymbol{E}-\delta\boldsymbol{E}\cdot\nabla\times\delta\boldsymbol{H}^{*}=\nabla\cdot(\delta\boldsymbol{E}\times\delta\boldsymbol{H}^{*})=-\mathrm{j}\omega\mu\,|\delta\boldsymbol{H}|^{2}+(\mathrm{j}\omega\varepsilon^{*}-\sigma)\,|\delta\boldsymbol{E}|^{2}\tag{1-2-20}$$

为了检查每一点场的差值,对上式进行体积法,同时应用高斯定理,得

$$\begin{aligned}\iiint_{V}\nabla\cdot(\delta\boldsymbol{E}\times\delta\boldsymbol{H}^{*})\,\mathrm{d}V&=\oint\!\!\!\oint_{S}(\delta\boldsymbol{E}\times\delta\boldsymbol{H}^{*})\cdot\mathrm{d}S\\&=\iiint_{V}(-\mathrm{j}\omega\mu\,|\delta\boldsymbol{H}|^{2}+(\mathrm{j}\omega\varepsilon^{*}-\sigma)\,|\delta\boldsymbol{E}|^{2})\,\mathrm{d}V\end{aligned}\tag{1-2-21}$$

上式面积分为零的条件:

(1) 在整个 S 面,给定切向电场($\boldsymbol{n}\times\boldsymbol{E}$),此时有 $\boldsymbol{n}\times\delta\boldsymbol{E}=0$;

(2) 在整个 S 面,给定切向磁场($\boldsymbol{n}\times\boldsymbol{H}$),此时有 $\boldsymbol{n}\times\delta\boldsymbol{H}=0$;

(3) 在 S 面的一部分,给定切向电场($\boldsymbol{n}\times\boldsymbol{E}$),其余部分给定切向磁场($\boldsymbol{n}\times\boldsymbol{H}$)。

上述三个条件有一个条件满足时,上式左侧为 0,因此右侧也为 0,即

$$\iiint_{V}(-\mathrm{j}\omega\mu\,|\delta\boldsymbol{H}|^{2}+(\mathrm{j}\omega\varepsilon^{*}-\sigma)\,|\delta\boldsymbol{E}|^{2})\,\mathrm{d}V=0\tag{1-2-22}$$

对于一般的损耗媒质,$\mu=\mu'-\mathrm{j}\mu''(\mu''\geqslant0)$,$\varepsilon=\varepsilon'-\mathrm{j}\varepsilon''(\varepsilon''\geqslant0)$,代入上式进行整理可得

$$\text{实部}:\iiint_{V}((\omega\varepsilon''+\sigma)\,|\delta E|^{2}+\omega\mu''\,|\delta\boldsymbol{H}|^{2})\,\mathrm{d}V=0\tag{1-2-23}$$

$$\text{虚部}:\iiint_{V}(\omega\varepsilon'\,|\delta\boldsymbol{E}|^{2}-\omega\mu'\,|\delta\boldsymbol{H}|^{2})\,\mathrm{d}V=0\tag{1-2-24}$$

从实部方程可以获得结论:只要媒质是有耗的($\varepsilon''>0$),且 $\omega>0$,就有 $\delta\boldsymbol{E}$ 和 $\delta\boldsymbol{H}$ 为零。

上式推导仅假设媒质有耗且频率非零外,并未对介电常数、磁导率和电导率作任何假定。无耗媒质和静态场可以看作有耗和频率无限接近于零的极限情况,因此上述结论对无耗媒质和静态场也成立。

1.2.3 镜像原理

镜像法是依据唯一性定理提出的用来解决某些具有理想导电边界的电磁场边值问题的

一种方法。镜像法的基本原理是指在不改变导体平面切向电场为零的边界条件，引入原有源的镜像源来代替边界对求解区域场的影响，从而将边值问题转换成无界空间的电磁场问题。根据唯一性定理，由原有源与镜像源求出的在真实源所在半空间的解是原有问题的唯一解。

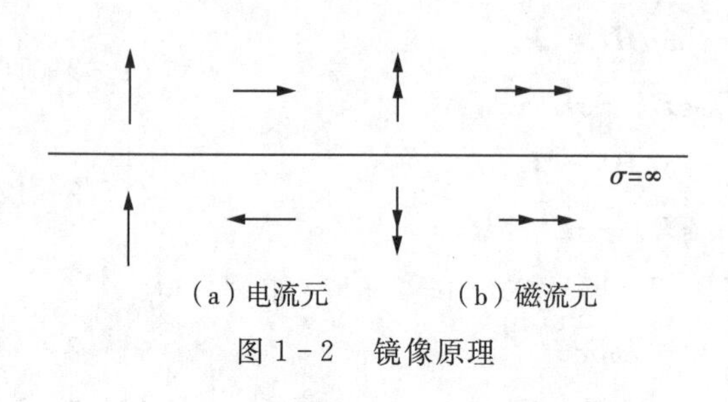

图 1-2　镜像原理

如图 1-2 所示，电流元和磁流元平行于或垂直于理想导电平面放置。在图 1-2(a) 中，与理想导体平面垂直放置的电流元，其镜像元与其同向；而与理想导体平面平行放置的电流元，其镜像元与其反向。对于磁流元，其镜像元的方向与电流元情况正好相反。

1.2.4　等效原理

在规定区域之外的许多不同分布的源可以在该区域内产生同样的场。比如，在图 1-2(a) 中垂直放置的电流元与其镜像元在上半空间产生的场与导体平面上方垂直放置的电流元在上半空间产生的场是相同的。在某一空间区域内能产生同样电磁场的两种源称为在该区域内的等效源。因此，场的等效原理是指电磁场的实际源可以用一组等效源代替，实际源边值问题的解可以用等效源的解来代替。在研究电磁波的辐射、散射与绕射问题时，场的等效原理是非常有用的。

如图 1-3(a) 所示，只含线性媒质的空间被闭合曲面 S 分成两部分 V_1 和 V_2。图 1-3(a) 的问题中，V_1 和 V_2 中存在电流源 $\boldsymbol{J}_a$ 和磁流源 $\boldsymbol{J}_{ma}$，产生的电磁场为 $\boldsymbol{E}^a$、$\boldsymbol{H}^a$；图 1-3(b) 的问题中，V_1 和 V_2 中存在电流源 $\boldsymbol{J}_b$ 和磁流源 $\boldsymbol{J}_{mb}$，产生的电磁场为 $\boldsymbol{E}^b$、$\boldsymbol{H}^b$。

下面建立一个等效问题如图 1-3(c) 所示。假设 V_2 中的源、媒质和电磁场与图 1-3(a) 问题相同，V_1 中的源、媒质和电磁场与图 1-3(b) 问题相同，为了支持这样的场，根据边界条件，在闭合面 S 上必须存在外加的表面电流 $\boldsymbol{J}_s$ 和表面磁流 $\boldsymbol{J}_{ms}$，它们必须满足下列条件：

$$\begin{cases}\boldsymbol{J}_s = \boldsymbol{n}\times(\boldsymbol{H}^a - \boldsymbol{H}^b) \\ \boldsymbol{J}_{ms} = -\boldsymbol{n}\times(\boldsymbol{E}^a - \boldsymbol{E}^b)\end{cases} \tag{1-2-25}$$

式中，$\boldsymbol{n}$ 为闭合面 S 的外法线单位矢量。同样可以建立等效问题如图 1-3(d) 所示。此时 V_2 中的源、媒质和电磁场与图 1-3(b) 问题相同，V_1 中的源、媒质和电磁场与图 1-3(a) 问题相同，为了支持这样的场，根据边界条件，在闭合面 S 上的表面电流和表面磁流是式(1-2-25)的负值。

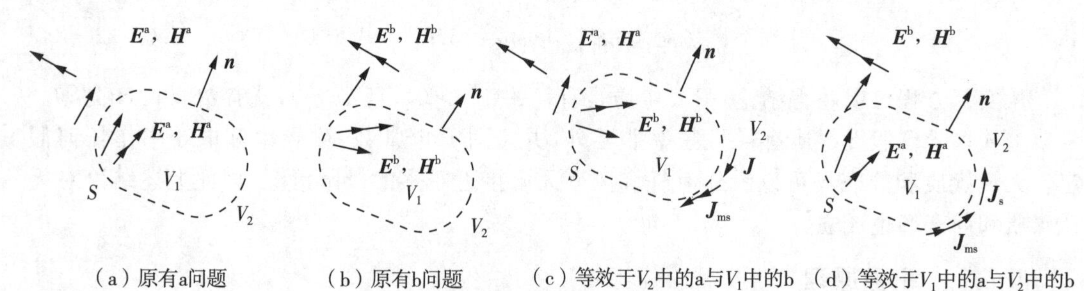

图 1-3　场的等效原理的一般表示

上面讨论了最一般情况下场的等效原理，下面讨论几种常用的特殊情况下场的等效原理。

如图 1-4 所示，设场源位于 V_1 中，空间各点的电磁场为 $\boldsymbol{E}$、$\boldsymbol{H}$。根据场的等效原理，现在可以在 V_2 中建立维持原来场 $\boldsymbol{E}$、$\boldsymbol{H}$ 的等效问题。假设 V_2 中存在原来的场，V_1 中为零场，如图 1-4(b) 所示。为了维持这样的场，在闭合面 S 上必须存在表面电流和表面磁流，且有

$$\begin{cases} \boldsymbol{J}_{\mathrm{s}} = \boldsymbol{n} \times \boldsymbol{H} \\ \boldsymbol{J}_{\mathrm{ms}} = -\boldsymbol{n} \times \boldsymbol{E} \end{cases} \tag{1-2-26}$$

这种形式的等效原理又被称为惠更斯原理，S 面被称为惠更斯面。

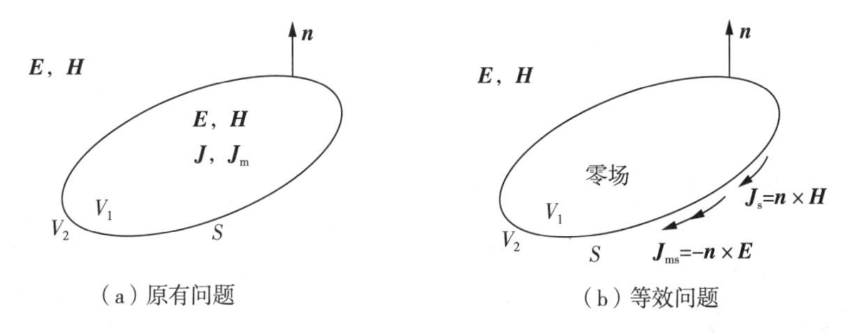

图 1-4　惠更斯原理

由于 V_1 中为零场，因此不管在 V_1 中放置何种媒质，对 V_2 中的场均无影响，但有以下三种特殊情况。

(1) 在 V_1 中放置与 V_2 相同的均匀媒质。此时整个空间都填充同一种媒质，因此 V_2 中的电磁场可以由式(1-2-26) 表面电流 $\boldsymbol{J}_{\mathrm{s}}$ 和表面磁流 $\boldsymbol{J}_{\mathrm{ms}}$ 在无界空间辐射产生。

(2) 在 S 面的内侧放置理想导电体(电壁)。根据洛伦兹互易定理可以证明，恰在电壁前的面电流不产生电磁场(可以想象为密度为 $\boldsymbol{J}_{\mathrm{s}} = \boldsymbol{n} \times \boldsymbol{H}$ 的面电流被电壁短路，也可以认为此面电流对电壁形成一反向镜像面电流，二者的辐射场互相抵消)，所以 S 面外的场由电壁外侧的面磁流 $\boldsymbol{J}_{\mathrm{ms}} = -\boldsymbol{n} \times \boldsymbol{E}$ 单独产生，如图 1-5(a) 所示。

(3) 在 S 面的内侧放置理想导磁体(磁壁)。根据洛伦兹互易定理可以证明，恰在磁壁前的面磁流不产生电磁场(可以想象为密度为 $\boldsymbol{J}_{\mathrm{ms}} = -\boldsymbol{n} \times \boldsymbol{E}$ 的面磁流被磁壁短路，也可以认为此面磁流对磁壁形成一反向镜像面磁流，二者的辐射场互相抵消)，此时 S 面的场由磁壁外侧的面电流 $\boldsymbol{J}_{\mathrm{s}} = \boldsymbol{n} \times \boldsymbol{H}$ 单独产生，如图 1-5(b) 所示。

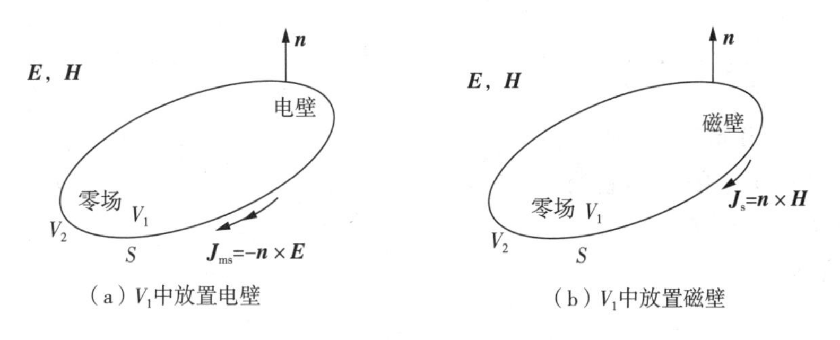

图 1-5　电壁和磁壁前的等效源

在后两种情况中，当 S 面的曲率半径足够大时，可以使用镜像原理去掉电壁或磁壁，此

时边值问题被转换成单一空间电磁场问题。于是 V_2 中的电磁场由等效源及其镜像在自由空间共同产生。

1.3 天线基本单元辐射

根据结构,天线大致可以分为线天线、口径天线、缝隙天线和微带天线。电流元是线天线的最基本单元,任意形状线天线的辐射场都可以被看作无穷多个电流元辐射场的叠加;磁流元可以认为是缝隙天线的基本单元,它与电流元具有二重性关系;惠更斯元是一种等效源,它被看作口径天线的基本辐射单元。在这一节中,先求出电流元的辐射场,然后根据二重性原理求出磁流元的辐射场,最后根据等效原理,求出惠更斯元的辐射场。

1.3.1 电流元辐射

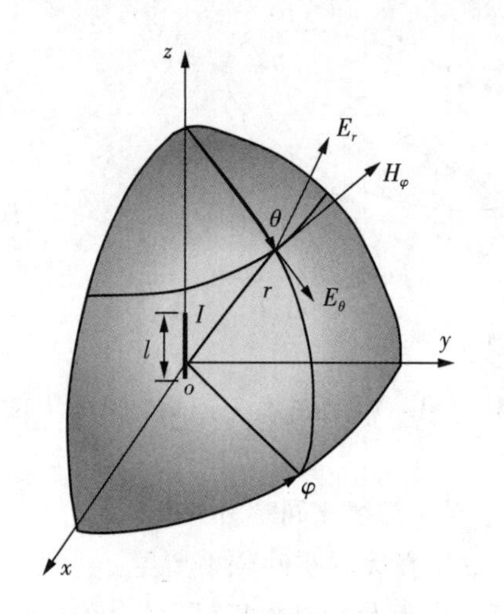

图 1-6 电基本振子的坐标

电流元是指长度 $l \ll \lambda$、半径 $a \ll l$,且电流 I 处处等幅同相的一段高频电流直导线,通常又可称作电基本振子、赫兹偶极子,如图 1-6 所示。将电流元沿 z 轴放置,中心位于坐标原点 o,其电流密度可表示为

$$\boldsymbol{J}=\begin{cases}\boldsymbol{e}_z I\delta(x)\delta(y), & |z|\leqslant l/2 \\ 0, & |z|>l/2\end{cases} \tag{1-3-1}$$

将 $\boldsymbol{J}$ 代入磁矢位 $\boldsymbol{A}$ 的计算式求出 $\boldsymbol{A}$ 为

$$\boldsymbol{A}=\frac{\mu_0}{4\pi}\frac{Il}{r}\mathrm{e}^{-\mathrm{j}kr}\boldsymbol{e}_z \tag{1-3-2}$$

然后根据式(1-1-17)和式(1-1-18)求出电场和磁场的解:

$$\begin{cases}E_r=\dfrac{Il}{2\pi\omega\varepsilon_0}\cos\theta\left(\dfrac{k}{r^2}-\mathrm{j}\dfrac{1}{r^3}\right)\mathrm{e}^{-\mathrm{j}kr} \\ E_\theta=\dfrac{Il}{4\pi\omega\varepsilon_0}\sin\theta\left(\mathrm{j}\dfrac{k^2}{r}+\dfrac{k}{r^2}-\mathrm{j}\dfrac{1}{r^3}\right)\mathrm{e}^{-\mathrm{j}kr} \\ H_\varphi=\dfrac{Il}{4\pi}\sin\theta\left(\mathrm{j}\dfrac{k}{r}+\dfrac{1}{r^2}\right)\mathrm{e}^{-\mathrm{j}kr} \\ E_\varphi=H_r=H_\theta=0\end{cases} \tag{1-3-3}$$

式中,k 为自由空间相移常数,$k=\omega\sqrt{\mu_0\varepsilon_0}=2\pi/\lambda$,$\lambda$ 为自由空间波长,式中略去了时间因子 $\mathrm{e}^{\mathrm{j}\omega t}$。

由此可见,电流元的电场强度由 E_r、E_θ 分量组成,磁场强度仅有 H_φ 分量,如图 1-6 所示。每个分量都由几项组成,它们与距离 r 有着复杂的关系,根据距离的远近,可将电流元产生的电磁场分成近区场、远区场。

1. 近区场

近区是指 $kr \ll 1\left(r \ll \dfrac{\lambda}{2\pi}\right)$ 的区域,在此区域内 $\dfrac{1}{kr} \ll \dfrac{1}{(kr)^2} \ll \dfrac{1}{(kr)^3}$,因此在式(1-3-3)中忽略 $\dfrac{1}{r}$ 的低次项,保留 $\dfrac{1}{r}$ 的高次项,且 $\mathrm{e}^{-\mathrm{j}kr} \approx 1$。电流元的近区场表达式为

$$\begin{cases} E_r = -\mathrm{j}\dfrac{Il}{2\pi\omega\varepsilon_0}\dfrac{1}{r^3}\cos\theta \\ E_\theta = -\mathrm{j}\dfrac{Il}{4\pi\omega\varepsilon_0}\dfrac{1}{r^3}\sin\theta \\ H_\varphi = \dfrac{Il}{4\pi r^2}\sin\theta \\ E_\varphi = H_r = H_\theta = 0 \end{cases} \tag{1-3-4}$$

不考虑随时间做简谐变化的因素，上式中电场强度的振幅与静电场中电偶极子产生的电场相同，磁场强度的振幅与恒定电流产生的磁场相同，因此近区场也称为似稳场或准静态场。

近区场的另一个重要特点是电场和磁场之间存在 $\pi/2$ 的相位差，于是坡印廷矢量的平均值为$S_{av}=\dfrac{1}{2}\mathrm{Re}[E\times H^*]=0$，能量在电场和磁场及场和源之间交换而没有辐射，所以近区场还称为感应场，可以用它来计算天线的输入电抗。必须注意，在以上讨论中我们忽略了很小的$\dfrac{1}{r}$ 项，下面将会看到正是它们构成了电流元远区的辐射实功率。

2. 远区场

远区是指 $kr\gg1\left(r\gg\dfrac{\lambda}{2\pi}\right)$ 的区域，在此区域内$\dfrac{1}{kr}\gg\dfrac{1}{(kr)^2}\gg\dfrac{1}{(kr)^3}$，因此保留式(1-3-3) 中的最大项后，电基本振子的远区场表达式为

$$\begin{cases} E_\theta = \mathrm{j}\eta\dfrac{kIl}{4\pi r}\sin\theta\mathrm{e}^{-\mathrm{j}kr} = \mathrm{j}\eta\dfrac{Il}{2\lambda r}\sin\theta\mathrm{e}^{-\mathrm{j}kr} \\ H_\varphi = \mathrm{j}\dfrac{kIl}{4\pi r}\sin\theta\mathrm{e}^{-\mathrm{j}kr} = \mathrm{j}\dfrac{Il}{2\lambda r}\sin\theta\mathrm{e}^{-\mathrm{j}kr} \\ E_r = E_\varphi = H_r = H_\theta = 0 \end{cases} \tag{1-3-5}$$

由上式可见，远区场的性质与近区场的性质完全不同，场强只有两个相位相同的分量(E_θ、H_φ)，其电力线分布如图 1-7 所示。

远区场的坡印廷矢量平均值为

$$\boldsymbol{S}_{av} = \frac{1}{2}\mathrm{Re}[\boldsymbol{E}\times\boldsymbol{H}^*] = \frac{15\pi I^2 l^2}{\lambda^2 r^2}\sin^2\theta\boldsymbol{e}_r \tag{1-3-6}$$

有能量沿 r 方向向外辐射，故远区场又称为辐射场。该辐射场的性质如下。

(1)E_θ、H_φ 均与距离 r 成反比，波的传播速度为 $c=\dfrac{1}{\sqrt{\mu_0\varepsilon_0}}$，$E_\theta$ 和 H_φ 中都含有相位因子 $\mathrm{e}^{-\mathrm{j}kr}$，说明辐射场的等相位面为 r 等于常数的球面，所以称这种辐射场为球面波。

(2)$\boldsymbol{E}$、$\boldsymbol{H}$ 和 $\boldsymbol{S}_{av}$ 相互垂直，且符合右手螺旋法则，传播方向上电磁场的分量为零，故称其为横电磁波，记为 TEM 波。

(3)E_θ 和 H_φ 的比值为常数，称为媒质的波阻抗，记为 η。对于自由空间，有

$$\eta = \frac{E_\theta}{H_\varphi} = \sqrt{\frac{\mu_0}{\varepsilon_0}} = 120\pi \tag{1-3-7}$$

这一关系说明在讨论天线辐射场时，只要掌握其中一个场量，另一个即可用上式求出，

通常总是采用电场强度作为分析的主体。

(4)E_θ 和 H_φ 与 $\sin\theta$ 成正比，说明电流元的辐射具有方向性，辐射场不是均匀球面波。因此，任何实际的电磁辐射绝不可能具有完全的球对称性，这也是所有辐射场的普遍特性。

电流元远区场如图 1－8 所示。

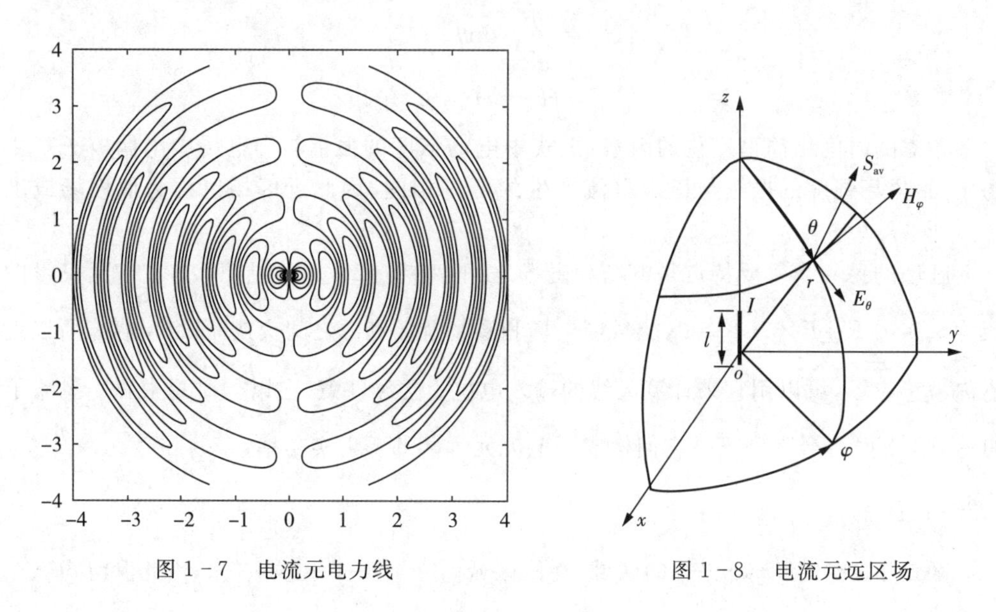

图 1－7　电流元电力线　　　　图 1－8　电流元远区场

电流元向自由空间辐射的总功率称为辐射功率 P_r，它等于坡印廷矢量在任一包围电流元的球面上的积分，即

$$
\begin{aligned}
P_r &= \oiint_S \boldsymbol{S}_{av} \cdot d\boldsymbol{S}' = \oiint_S \frac{1}{2}\mathrm{Re}[\boldsymbol{E}\times\boldsymbol{H}^*]\cdot d\boldsymbol{S}' \\
&= \int_0^{2\pi} d\varphi \int_0^{\pi} \frac{15\pi I^2 l^2}{\lambda^2}\sin^3\theta d\theta = 40\pi^2 I^2 \left(\frac{l}{\lambda}\right)^2
\end{aligned}
\qquad (1-3-8)
$$

因此，辐射功率取决于电流元的电长度，若几何长度不变，频率越高或波长越短，则辐射功率越大。因为已经假定空间媒质不消耗功率且在空间内无其他场源，所以辐射功率与距离 r 无关。

既然辐射出去的能量不再返回波源，为方便起见，将天线辐射的功率看成被一个等效电阻所吸收的功率，这个等效电阻就称为辐射电阻 R_r。P_r 与 R_r 的关系可以借用电路焦耳定律表示：

$$
P_r = \frac{1}{2} I^2 R_r \qquad (1-3-9)
$$

式中，R_r 为该天线归算于(也叫作归于)电流 I 的辐射电阻，这里 I 是电流的振幅值。将上式代入式(1－3－8)，可得电流元的辐射电阻，即

$$
R_r = 80\pi^2 \left(\frac{l}{\lambda}\right)^2 \qquad (1-3-10)
$$

1.3.2　磁流元辐射

1. *磁流元*

磁流元是指一段长度很短($l \ll \lambda$)，磁流强度 I_m 为常量的直线磁流，又称为磁基本振子

(Magnetic Short Dipole)、磁偶极子。图 1-9 给出一个沿 z 轴放置中心位于坐标原点的磁流元,它与图 1-6 所示的电流元互成对偶。根据电磁对偶性原理,只需要进行式(1-3-11)变换,便可由电流元辐射场表达式得到磁流元的辐射场表达式[式(1-3-12)]:

$$\begin{cases} \boldsymbol{E}_{\mathrm{e}} \Leftrightarrow \boldsymbol{H}_{\mathrm{m}} \\ \boldsymbol{H}_{\mathrm{e}} \Leftrightarrow -\boldsymbol{E}_{\mathrm{m}} \\ I_{\mathrm{e}} \Leftrightarrow I_{\mathrm{m}} \\ Q_{\mathrm{e}} \Leftrightarrow Q_{\mathrm{m}} \\ \varepsilon_0 \Leftrightarrow \mu_0 \end{cases} \tag{1-3-11}$$

$$\begin{cases} E_{\varphi} = -\mathrm{j}\,\dfrac{kI_{\mathrm{m}}l}{4\pi r}\sin\theta \mathrm{e}^{-\mathrm{j}kr} = -\mathrm{j}\,\dfrac{I_{\mathrm{m}}l}{2\lambda r}\sin\theta \mathrm{e}^{-\mathrm{j}kr} \\ H_{\theta} = \mathrm{j}\,\dfrac{kI_{\mathrm{m}}l}{4\pi r\eta}\sin\theta \mathrm{e}^{-\mathrm{j}kr} = \mathrm{j}\,\dfrac{1}{\eta}\,\dfrac{I_{\mathrm{m}}l}{2\lambda r}\sin\theta \mathrm{e}^{-\mathrm{j}kr} = -\dfrac{E_{\varphi}}{120\pi} \end{cases} \tag{1-3-12}$$

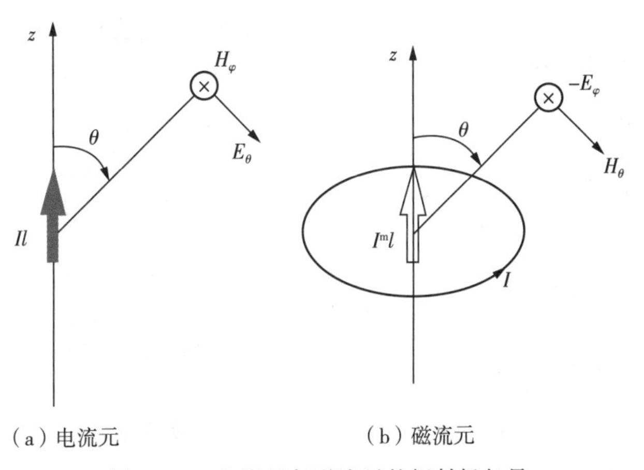

(a) 电流元　　(b) 磁流元

图 1-9　电流元与磁流元的辐射场矢量

图 1-9 给出了电流元和磁流元在远区场矢量方向的对比关系。磁流元的方向图函数仍为 $f(\theta)=|\sin\theta|$。由于在远区磁流元电场只有 E_φ,磁场只有 H_θ 分量,因此磁流元的 E 面为 xoy 面,此时 $\theta=90^\circ$;其 H 面为包含 z 轴的平面,如 yoz 面,此时 θ 的取值范围为 $0\sim180^\circ$。于是,磁流元的 E 面方向图是个圆,而 H 面方向图是一个倒"8"字形,如图 1-10 所示。

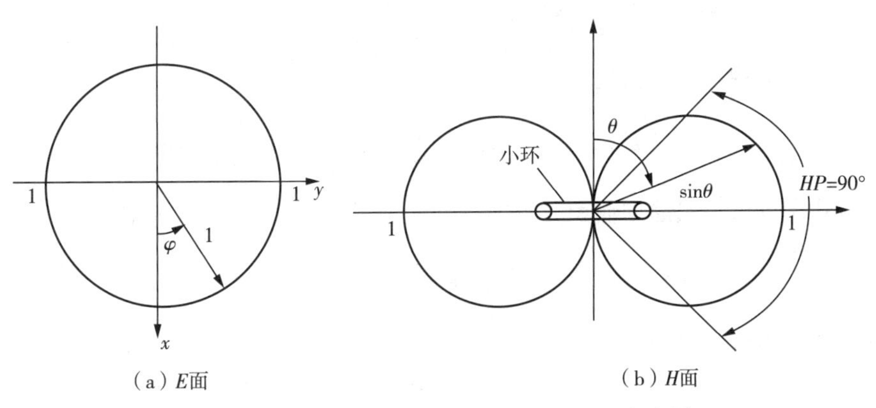

(a) E面　　(b) H面

图 1-10　磁流元和小电流环的 E 面、H 面方向图

比较电流元与磁流元的辐射场，可以得知它们除了辐射场的极化方向相互正交之外，其他特性完全相同。

磁流元在远区场的功率流密度为

$$\boldsymbol{S}_{\mathrm{ar}}=\mathrm{Re}\left(\frac{1}{2}\boldsymbol{E}\times\boldsymbol{H}^{*}\right)=\frac{1}{2\eta}\left(\frac{kI_{\mathrm{m}}l}{4\pi r}\sin\theta\right)^{2}\boldsymbol{e}_{\mathrm{r}}=\frac{1}{2\eta}\left(\frac{I_{\mathrm{m}}l}{2\lambda r}\right)^{2}\sin^{2}\theta\boldsymbol{e}_{\mathrm{r}} \tag{1-3-13}$$

对此包围磁流元的封闭曲面做面积分，可得辐射功率为

$$P_{\mathrm{r}}=\oint_{S}\boldsymbol{S}_{\mathrm{ar}}\cdot\mathrm{d}\boldsymbol{S}=\int_{0}^{2\pi}\int_{0}^{2\pi}\frac{1}{2\eta}\left(\frac{I_{\mathrm{m}}l}{2\lambda r}\right)^{2}\sin^{2}\theta\cdot r^{2}\sin\theta\mathrm{d}\theta\mathrm{d}\varphi=\frac{1}{90}\left(\frac{I_{\mathrm{m}}l}{2\lambda}\right)^{2} \tag{1-3-14}$$

2. 小电流环

磁流元的实际模型是小电流环，如图1-11所示。它的周长远小于波长，而且环上的谐变电流 I 的振幅和相位处处相同。为了将磁流元的磁流 I_{m} 与小电流环的电流 I 建立联系，假设磁流元的磁矩 $q_{\mathrm{m}}\boldsymbol{l}$ 和小电流环的磁偶极矩相同，即

$$\boldsymbol{p}_{\mathrm{m}}=q_{\mathrm{m}}l=\mu_{0}I\boldsymbol{S} \tag{1-3-15}$$

式中，q_{m} 为磁荷；$\boldsymbol{S}$ 为环面积矢量，方向由环电流 I 按右手螺旋法则确定。

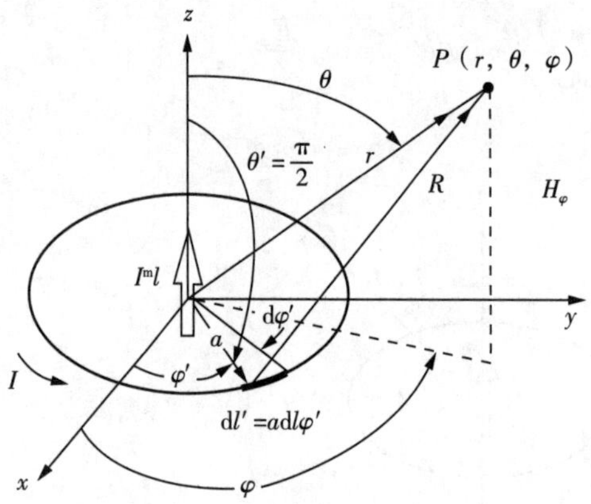

图1-11　磁流元和小电流环

由式(1-3-15)可得 $q_{\mathrm{m}}=\dfrac{\mu_{0}IS}{l}$，且 $I_{\mathrm{m}}=\dfrac{\mathrm{d}q_{\mathrm{m}}}{\mathrm{d}t}=\dfrac{\mu_{0}S}{l}\dfrac{\mathrm{d}I}{\mathrm{d}t}$。于是对于时谐场，磁流的复数形式为

$$I_{\mathrm{m}}=\mathrm{j}\,\frac{\omega\mu_{0}S}{l}I \tag{1-3-16}$$

将式(1-3-16)代入式(1-3-12)可得小电流环的远区场表达式，即

$$\begin{cases}E_{\varphi}=\dfrac{\omega\mu SIk}{4\pi r}\sin\theta\mathrm{e}^{-\mathrm{j}kr}=\dfrac{\pi IS}{\lambda^{2}r}\eta\sin\theta\mathrm{e}^{-\mathrm{j}kr}\\ H_{\theta}=-\dfrac{SIk^{2}}{4\pi r}\sin\theta\mathrm{e}^{-\mathrm{j}kr}=-\dfrac{\pi IS}{\lambda^{2}r}\sin\theta\mathrm{e}^{-\mathrm{j}kr}=-\dfrac{1}{\eta}E_{\varphi}\end{cases} \tag{1-3-17}$$

小电流环的平均功率流密度为

$$\boldsymbol{S}_{\mathrm{av}}=\mathrm{Re}\left(\frac{1}{2}\boldsymbol{E}\times\boldsymbol{H}^{*}\right)=\mathrm{Re}\left[\frac{|E_{\varphi}|^{2}}{2\eta}\right]e_{\mathrm{r}}=\frac{\eta}{2}\left(\frac{\pi Is}{\lambda^{2}r}\right)^{2}\sin^{2}\theta\,e_{\mathrm{r}} \tag{1-3-18}$$

其辐射功率可由上式的球面积分求得

$$P_{\mathrm{r}}=\oint_{S}\boldsymbol{S}_{\mathrm{av}}\cdot\mathrm{d}\boldsymbol{S}'=\oint_{s}\frac{\eta}{2}\left(\frac{\pi IS}{\lambda^{2}r}\right)^{2}\sin^{2}\theta\cdot r^{2}\sin\theta\mathrm{d}\theta\mathrm{d}\varphi=160\pi^{4}I^{2}\left(\frac{S}{\lambda}\right)^{2} \tag{1-3-19}$$

小电流环的辐射电阻为

$$R_{\mathrm{r}}=\frac{2P_{\mathrm{r}}}{I^{2}}=320\pi^{4}\left(\frac{S}{\lambda^{2}}\right)^{2}=20\pi\left(\frac{l}{\lambda}\right)^{4} \tag{1-3-20}$$

由此可见，同样电长度的导线，绕制成磁偶极子，在电流振幅相同的情况下，远区的辐射功率比电流元要小几个数量级。小电流环是一种实用天线，也称为环形天线。事实上，对于一个很小的环来说，若环的周长远小于 $\lambda/4$，则该天线的辐射场方向性与环的实际形状无关，即环可以是矩形、三角形或其他形状。

用金属制作的小电流环存在表面阻抗损耗，若小环的半径为 a，导线的半径为 a_0，则小环的损耗电阻为

$$R_\sigma = \frac{R_s}{2\pi a_0} 2\pi a = \frac{a}{a_0} R_s \tag{1-3-21}$$

式中，$R_s = \sqrt{\frac{\pi \mu f}{\sigma}}$。

1.3.3　惠更斯元辐射

如图 1-12 所示，惠更斯元是指口径天线口径面上一个很小的面元 $dS = dx dy (dx, dy \ll \lambda)$，其上的电场和磁场是均匀的。如同电流元和磁流元是分析线天线的基本辐射单元一样，惠更斯元是分析面天线辐射问题的基本辐射元。

采用如图 1-12 所示的坐标系，其上分布的切向电场 $\boldsymbol{E}_a$ 和切向磁场 $\boldsymbol{H}_a$ 满足横电磁波性质，$\boldsymbol{e}_z$ 是其辐射电波的正方向，因此有

$$\begin{cases} \boldsymbol{E}_a = \boldsymbol{e}_y E_a \\ \boldsymbol{H}_a = \boldsymbol{e}_x H_a = -\boldsymbol{e}_x E_a/\eta \end{cases} \tag{1-3-22}$$

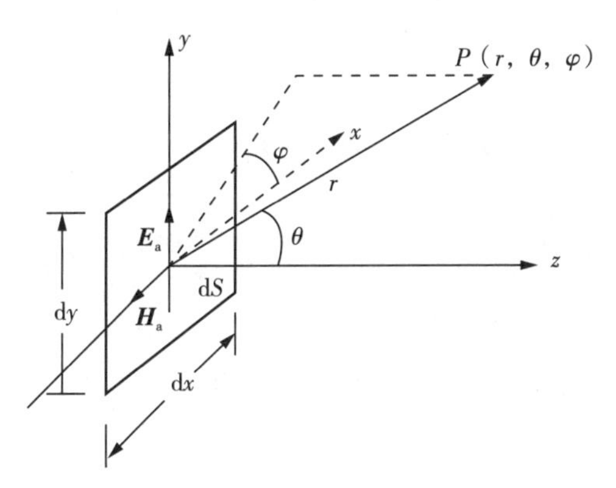

知识链接

偶极子辐射动画

图 1-12　惠更斯元

根据等效原理，此面元的等效源为

$$\boldsymbol{J}_s = \boldsymbol{e}_n \times \boldsymbol{H}_a = \boldsymbol{e}_z \times (-\boldsymbol{e}_x E_a/\eta) = -\boldsymbol{e}_y E_a/\eta \tag{1-3-23}$$

$$\boldsymbol{J}_{ms} = -\boldsymbol{e}_n \times \boldsymbol{E}_a = -\boldsymbol{e}_z \times (\boldsymbol{e}_y E_a) = \boldsymbol{e}_x E_a \tag{1-3-24}$$

于是，面元相当于是由一个沿 y 轴放置的等效电流元（$\boldsymbol{I}_y = \boldsymbol{J}_s dx$，长 dy）和一个沿 x 轴放置的等效磁流元（$\boldsymbol{I}_x^m = \boldsymbol{J}_{ms} dy$，长 dx）组合而成的，如图 1-13 所示。

对于等效电流元，可以使用矢位法求出 $\boldsymbol{A}$，然后求 $\boldsymbol{E}_e$、$\boldsymbol{H}_e$；同理，对于等效磁流元，可先求 $\boldsymbol{F}$，然后求 $\boldsymbol{E}_m$、$\boldsymbol{H}_m$。由于对于远区场，电场、磁场分量通常用球坐标系表示，因此为求解方便起见，先依据下式对 $\boldsymbol{J}_s$、$\boldsymbol{J}_{ms}$ 做坐标变换：

$$\begin{bmatrix} J_x \\ J_y \\ J_z \end{bmatrix} = \begin{bmatrix} \sin\theta\cos\varphi & \cos\theta\cos\varphi & -\sin\varphi \\ \sin\theta\sin\varphi & \cos\theta\sin\varphi & \cos\varphi \\ \cos\theta & -\sin\theta & 0 \end{bmatrix} \begin{bmatrix} J_r \\ J_\theta \\ J_\varphi \end{bmatrix} \tag{1-3-25}$$

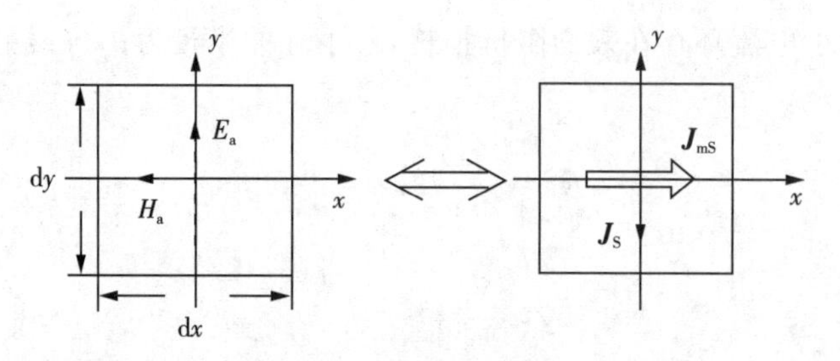

图 1-13　惠更斯元坐标及其等效源

易得

$$\boldsymbol{J}_s = -\boldsymbol{e}_y \frac{E_a}{\eta} = -(\boldsymbol{e}_r \sin\theta\sin\varphi + \boldsymbol{e}_\theta \cos\theta\sin\varphi + \boldsymbol{e}_\varphi \cos\varphi) \frac{E_a}{\eta} \tag{1-3-26}$$

$$\boldsymbol{J}_{ms} = \boldsymbol{e}_x E_a = -(\boldsymbol{e}_r \sin\theta\cos\varphi + \boldsymbol{e}_\theta \cos\theta\cos\varphi - \boldsymbol{e}_\varphi \sin\varphi) E_a \tag{1-3-27}$$

电流元的电场可由 $\boldsymbol{E}_e = -j\omega\left(1 + \frac{1}{k^2}\nabla\nabla\cdot\right)\boldsymbol{A}$ 求出，其中第二项在远区可以忽略（含 $\frac{1}{r}$ 的高阶微分项），且远区电场 $\boldsymbol{E}_e$ 没有 $\boldsymbol{e}_r$ 分量，于是有

$$d\boldsymbol{E}_e \approx -j\omega d\boldsymbol{A} \approx -j\omega \frac{\mu \boldsymbol{J}_s dx}{4\pi} \frac{e^{-jkr}}{r} dy \approx (\boldsymbol{e}_\theta \cos\theta\sin\varphi + \boldsymbol{e}_\varphi \cos\varphi)\, j\frac{kE_a}{4\pi r} e^{-jkr} dx dy \tag{1-3-28}$$

同理，对于磁流元，其磁场可由 $\boldsymbol{H}_m = -j\omega\left(1 + \frac{1}{k^2}\nabla\nabla\cdot\right)\boldsymbol{F}$ 求出，忽略高阶小项，于是有

$$d\boldsymbol{H}_m \approx -j\omega d\boldsymbol{F} \approx -j\omega \frac{\varepsilon \boldsymbol{J}_{ms} dy}{4\pi} \frac{e^{-jkr}}{r} dx \approx -(\boldsymbol{e}_\theta \cos\theta\cos\varphi - e_\varphi \sin\varphi)\, j\frac{kE_a}{4\pi r\eta} e^{-jkr} dx dy \tag{1-3-29}$$

$$d\boldsymbol{E}_m \approx \eta d\boldsymbol{H}_m \times \boldsymbol{e}_r \approx (\boldsymbol{e}_\theta \sin\varphi + \boldsymbol{e}_\varphi \cos\theta\cos\varphi)\, j\frac{kE_a}{4\pi r} e^{-jkr} dx dy \tag{1-3-30}$$

电流元和磁流元产生的合成电场为

$$d\boldsymbol{E} = d\boldsymbol{E}_e + d\boldsymbol{E}_m = (\boldsymbol{e}_\theta \sin\varphi + \boldsymbol{e}_\varphi \cos\varphi)(1+\cos\theta)\, j\frac{kE_a}{4\pi r} e^{-jkr} dx dy \tag{1-3-31}$$

于是，合成电场的 $\boldsymbol{e}_\theta$ 和 $\boldsymbol{e}_\varphi$ 分量分别为

$$dE_\theta = j\frac{kE_a}{4\pi r}(1+\cos\theta)\sin\varphi e^{-jkr} dx dy \tag{1-3-32}$$

$$dE_\varphi = j\frac{kE_a}{4\pi r}(1+\cos\theta)\cos\varphi e^{-jkr} dx dy \tag{1-3-33}$$

对于 E 面（yoz 平面，与口径电场平行的平面），$\varphi = 90^\circ$，此时 $dE_\varphi = 0$，合成电场只有 $\boldsymbol{e}_\theta$ 分量，即

$$dE = dE_\theta = j\frac{E_a}{2\lambda r}(1+\cos\theta) e^{-jkr} dx dy \tag{1-3-34}$$

对于 H 面(xoz 平面,与口径磁场平行的平面),$\varphi=0°$,此时 $\mathrm{d}E_\theta=0$,合成电场只有 $\boldsymbol{e}_\varphi$ 分量,即

$$\mathrm{d}E=\mathrm{d}E_\varphi=\mathrm{j}\,\frac{E_\mathrm{a}}{2\lambda r}(1+\cos\theta)\,\mathrm{e}^{-\mathrm{j}kr}\,\mathrm{d}x\,\mathrm{d}y \tag{1-3-35}$$

对于任意 φ 值平面,合成电场的大小为

$$|\mathrm{d}\boldsymbol{E}|=|\boldsymbol{e}_\theta\mathrm{d}E_\theta+\boldsymbol{e}_\varphi\mathrm{d}E_\varphi|=\left|\frac{E_\mathrm{a}}{2\lambda r}(1+\cos\theta)\,\mathrm{d}x\,\mathrm{d}y\right| \tag{1-3-36}$$

因此,惠更斯元的归一化方向图函数为

$$F(\theta)=\left|\frac{1+\cos\theta}{2}\right| \tag{1-3-37}$$

惠更斯元的方向图如图 1-14 所示。由方向图的形状可以看出,惠更斯元的最大辐射方向与其本身垂直。若平面口径由这样的面元组成,而且各面元同相激励,则此同相口径面的最大辐射方向势必垂直于该口径面。

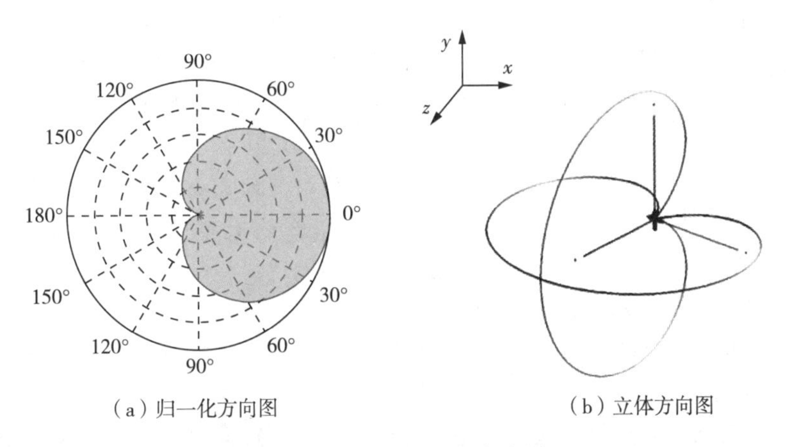

(a) 归一化方向图　　(b) 立体方向图

图 1-14　惠更斯元的方向图

1. Maxwell 方程组的物理意义是什么?无源区的 Maxwell 方程有何意义?
2. 在介质分界面和导体媒质分界面,时变电磁场的边界条件有何区别?
3. 坡印廷定理有何物理意义?坡印廷矢量有何物理意义?
4. 动态位的解有何特点?
5. 什么是电磁辐射?为什么会产生电磁辐射?
6. 利用下面式(1)和式(2)导出电流连续性方程,即式(3)。

$$\nabla\times\boldsymbol{H}=\boldsymbol{J}+\frac{\partial\boldsymbol{D}(t)}{\partial t} \tag{1}$$

$$\nabla\cdot\boldsymbol{D}=\rho \tag{2}$$

$$\nabla\cdot\boldsymbol{J}=-\frac{\partial\rho(t)}{\partial t} \tag{3}$$

7. 写出存在电荷 ρ 和电流密度 $\boldsymbol{J}$ 的无耗媒质中的 $\boldsymbol{E}$ 和 $\boldsymbol{H}$ 的波动方程。

8. 写出在空气和 $\mu=\infty$ 的理想磁介质之间分界面上的边界条件。

9. 证明在无源空间($\rho=0,\boldsymbol{J}=0$)中,可以引入一矢量位 $\boldsymbol{A}_{\mathrm{m}}$ 和标量磁位 φ_{m}:

$$\boldsymbol{D}=-\nabla\times\boldsymbol{A}_{\mathrm{m}}$$

$$\boldsymbol{H}=-\nabla\varphi_{\mathrm{m}}-\frac{\partial\boldsymbol{A}_{\mathrm{m}}}{\partial t}$$

试推导 $\boldsymbol{A}_{\mathrm{m}}$ 和 φ_{m} 的微分方程,并与矢量磁位 $\boldsymbol{A}$ 和标量电位 φ 的达朗贝尔方程相比较。

10. 利用互易定理证明:位于理想导电体表面处的垂直磁流元不会产生任何电磁场。

11. 利用互易定理证明:位于理想导磁体表面处的垂直电流元和水平磁流元都不会产生任何电磁场。

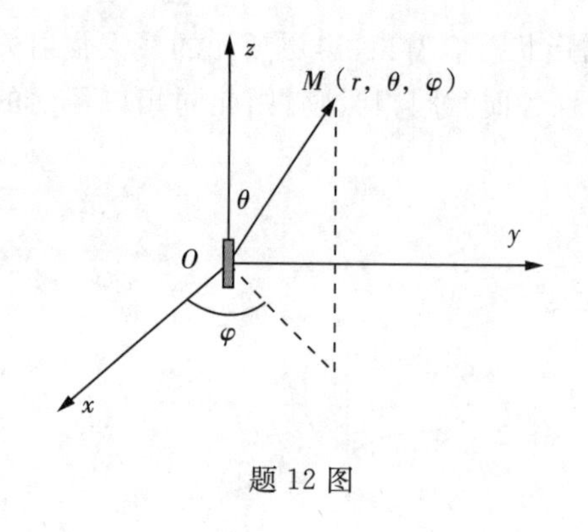

题 12 图

12. 电基本振子如图放置在 z 轴上,请解答下列问题:

(1) 指出辐射场的传播方向、电场方向和磁场方向;

(2) 辐射的是什么极化的波?

(3) 指出过 M 点的等相位面的形状。

(4) 若已知 M 点的电场 $\boldsymbol{E}$,试求该点的磁场 $\boldsymbol{H}$。

(5) 辐射场的大小与哪些因素有关?

(6) 指出最大辐射的方向和最小辐射的方向。

(7) 指出 E 面和 H 面,并概画方向图。

13. 一电基本振子的辐射功率为 9 W,试求 $r=10\ \mathrm{km}$,$\theta=0^{\circ}$、$\theta=60^{\circ}$、$\theta=90^{\circ}$ 的场强。(θ 为射线与振子轴之间的夹角)

14. 已知电流元最大方向上远区 2 km 处电场强度振幅为 $E_0=1\ \mathrm{mV/m}$。试求:

(1) 最大辐射方向 4 km 处电场强度振幅 E_1;

(2) E 面上偏离最大方向30°,4 km 处的磁场强度振幅 H_2。

15. 计算长 $L=0.08\lambda$ 的电流元,当电流振幅为 5 mA 时的辐射功率。

16. 磁流与电流之比 $I_x^{\mathrm{m}}/I_y=\eta_0$,长度同为 L 的磁流元和电流元在自由空间坐标原点处分别沿 x 轴和 y 轴正交放置。证明:此组合单元在两主面的方向图均为 $F(\theta)=\dfrac{1+\cos\theta}{2}$。

17. 求半径为 $a_1=\lambda/50$ 和 $a_2=\lambda/10$ 的小电流环的辐射电阻。

18. 何谓惠更斯辐射元?它的辐射场及辐射特性如何?

19. 编程画出惠更斯元极坐标归一化方向图,并求出其半功率宽度 HP。

第2章　天线电参数

天线作为无线电系统不可或缺且非常重要的部件，其质量的好坏直接影响无线电系统的整体性能。描述天线工作特性的参数称为天线电参数，又称为电指标。它们是定量衡量天线性能的尺度。我们有必要了解天线电参数，以便正确设计或选择天线。

大多数天线电参数是针对发射状态规定的，以衡量天线把高频电流能量转变成空间电波能量及定向辐射的能力。本章首先从阻抗特性（辐射阻抗、输入阻抗）、方向特性（方向图、辐射强度、波束立体角、方向系数、天线效率、增益系数、有效长度）、极化特性、频带特性等方面对发射天线的电参数进行了一一讨论，然后介绍了接收天线的工作原理。由互易定理可证，虽然发射天线与接收天线电参数的定义不同，但同一副天线在用作发射天线和用作接收天线时它们的电参数却是相同的。接收天线除了具有与发射天线相同的电参数外，还具有特殊的电参数，如有效接收面积、等效噪声温度等。最后一节介绍了对称振子的结构与电特性。

2.1　阻抗特性参数

2.1.1　辐射阻抗

如果从路的观点把天线的辐射复功率 P_c 看成被一个流过电流为 I 的等效阻抗 Z_r 所吸收，那么该等效阻抗就称为用电流 I 计算的天线辐射阻抗，可用数学式表述为

$$Z_r=\frac{2P_c}{|I|^2}=R_r+jX_r \tag{2-1-1}$$

一般辐射阻抗为复数，R_r 称为辐射电阻，X_r 称为辐射电抗。显然，对于一定的天线辐射复功率，选取不同的计算电流值，相应的辐射阻抗将有所不同。因而在实际应用中必须明确天线的辐射阻抗是用什么电流计算的，简称“归”于什么电流。一般选取天线输入端电流或波腹点电流作为归算电流，其相应的辐射阻抗分别记为 Z_{r0} 和 Z_{rm}。

天线辐射功率的计算可以采用坡印廷矢量积分法，即坡印廷矢量在任一包围天线的球面上的积分等于通过封闭面的电磁功率总和，即

$$P_c=\oint_S \boldsymbol{S}\cdot d\boldsymbol{S}=\oint_S \frac{1}{2}(\boldsymbol{E}\times\boldsymbol{H}^*)\cdot d\boldsymbol{S}=P_r+jP_x \tag{2-1-2}$$

计算天线的辐射功率时，若将包围天线的封闭曲面设置在天线的近区内，用天线的近区场进行计算，则所求出的辐射功率包含辐射到远区场的实功率 P_r 和近区震荡的虚功率 P_x 两部分，因此通过式（2-1-1）计算的辐射阻抗为复数，既有对应于辐射实功率的辐射电阻 R_r，也有对应于辐射虚功率的辐射电抗 X_r。

若将封闭面取在天线的远区，则因感应场在远场区域几乎全部衰减掉，辐射功率只考虑辐射到远区的实功率：

$$P_r=\oint_S \frac{1}{2}\mathrm{Re}(\boldsymbol{E}\times\boldsymbol{H}^*)\cdot d\boldsymbol{S} \tag{2-1-3}$$

其对应的辐射阻抗的实部即辐射电阻为

$$R_r = \frac{2P_r}{|I|^2} \tag{2-1-4}$$

可见,辐射电阻是表征天线辐射能力强弱的一个参数。辐射电阻越大,辐射能力越强。

利用式(2-1-3)和式(2-1-4)可以得到电基本振子辐射电阻为

$$R_r = 80\left(\frac{\pi l}{\lambda}\right)^2 \tag{2-1-5}$$

因为 $l \ll \lambda$,所以电基本振子的辐射电阻很小,辐射能力很弱。

2.1.2 输入阻抗

天线与发射机通过传输线相连接,传输线也称为天线的馈线。天线与传输线连接时,天线作为传输线的负载,需要注意天线与传输线阻抗匹配。

下面先介绍传输线的相关理论,包括传输线的概念、传输线方程、反射系数与输入阻抗、传输线的三种工作状态,然后分析天线的输入阻抗,最后再讨论天线与传输线的匹配问题。

1. 传输线相关理论

1) 传输线的概念

广义地讲,凡是能够导引电磁波沿一定方向传输的导体、介质或由它们共同组成的导波系统,都可称为传输线。传输线的种类很多,图 2-1 为常用的传输线的结构示意图。

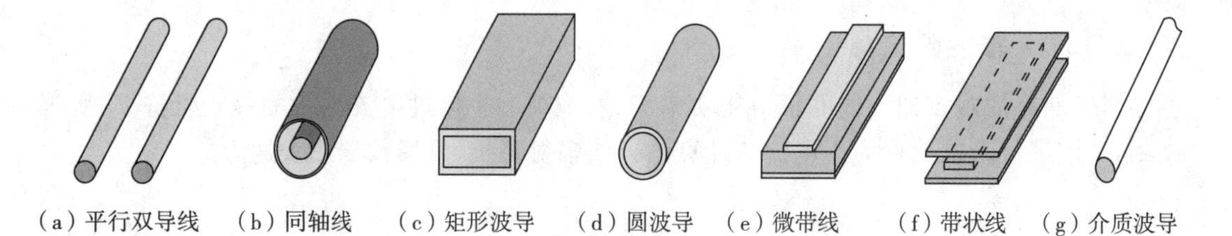

(a) 平行双导线　(b) 同轴线　(c) 矩形波导　(d) 圆波导　(e) 微带线　(f) 带状线　(g) 介质波导

图 2-1　常用的传输线的结构示意图

在低频,由于电路系统内导线的几何长度 l 远小于所传输的电磁波的波长 λ,因此称其为“短线”。波在传输过程中的相位滞后效应可以忽略,传输线各处的电压或电流可近似地认为是只随时间变化的量,而与空间位置无关。

随着频率的增加即波长的变短,当传输线的长度 l 可与波长 λ 相比拟,或者远大于所传输的电磁波波长时,波在传输过程中的相位滞后、趋肤效应、辐射效应等都不能被忽略,因此系统内各点的电场或磁场不仅是时间的函数还是空间位置的函数。

一般定义 $l/\lambda > 0.1$ 为长线,l/λ 称为电长度。对于长线,由于分布参数效应的存在,传输线不能仅当作连接导线来看,而是形成一个分布参数电路。现以 L_0、C_0、G_0 和 R_0 来表示这些分布参数,它们分别为传输线上单位长度的分布电感、分布电容、分布电导和分布电阻。

如图 2-2 所示,取传输线上一无限小元 dz,可用 Γ 形网络来等效,如图 2-2(a) 所示。整个传输线则可看成由许多线元的两端口网络级联而成的分布参数电路,如图 2-2(b) 所示。

2) 传输线方程

对图 2-2(a) 中长度为 dz 的等效电路应用基尔霍夫定律可得

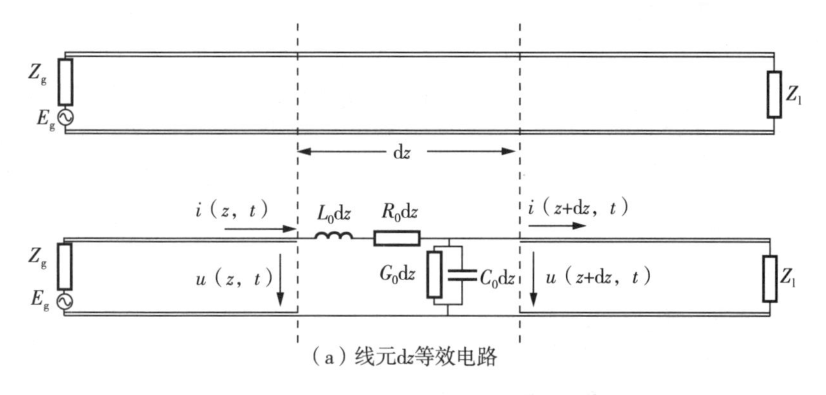

（a）线元dz等效电路

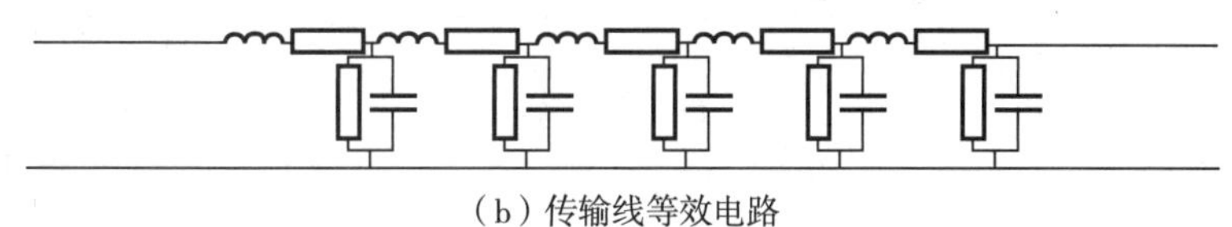
（b）传输线等效电路

图 2-2　传输线分布参数及等效电路

$$\begin{cases} u(z+\mathrm{d}z,t)-u(z,t)=-R_0\mathrm{d}zi(z,t)-L_0\mathrm{d}z\dfrac{\partial i(z,t)}{\partial t} \\ i(z+\mathrm{d}z,t)-i(z,t)=-G_0\mathrm{d}zi(z+\mathrm{d}z,t)-C_0\mathrm{d}z\dfrac{\partial i(z+\mathrm{d}z,t)}{\partial t} \end{cases} \tag{2-1-6}$$

用泰勒级数展开，整理得到沿线电压电流满足的时变传输线方程为

$$\begin{cases} \dfrac{\partial u(z,t)}{\partial z}=-R_0 i(z,t)-L_0\dfrac{\partial i(z,t)}{\partial z} \\ \dfrac{\partial i(z,t)}{\partial z}=-G_0 u(z,t)-C_0\dfrac{\partial i(z,t)}{\partial z} \end{cases} \tag{2-1-7}$$

对于角频率为 ω 的时谐场，$u(z,t)=\mathrm{Re}[U(z)\mathrm{e}^{\mathrm{j}\omega t}]$，$i(z,t)=\mathrm{Re}[I(z)\mathrm{e}^{\mathrm{j}\omega t}]$，所以上式可写为

$$\begin{cases} \dfrac{\mathrm{d}U(z)}{\mathrm{d}z}=-(R_0+\mathrm{j}\omega L_0)I(z)=-ZI(z) \\ \dfrac{\mathrm{d}I(z,t)}{\mathrm{d}z}=-(G_0+\mathrm{j}\omega C_0)U(z)=-YU(z) \end{cases} \tag{2-1-8}$$

整理后得时谐场传输线方程为

$$\begin{cases} \dfrac{\mathrm{d}^2U(z)}{\mathrm{d}z^2}-\gamma^2U(z)=0 \\ \dfrac{\mathrm{d}^2I(z)}{\mathrm{d}z^2}-\gamma^2I(z)=0 \end{cases} \tag{2-1-9}$$

式中，$\gamma=\sqrt{(R_0+\mathrm{j}\omega L_0)(G_0+\mathrm{j}\omega C_0)}$。

上式的通解为

$$\begin{cases} U(z)=A_1\mathrm{e}^{-\gamma z}+A_2\mathrm{e}^{\gamma z}=U_i+U_r \\ I(z)=\dfrac{1}{Z_0}(A_1\mathrm{e}^{-\gamma z}-A_2\mathrm{e}^{\gamma z})=I_i+I_r \end{cases} \tag{2-1-10}$$

式中，$Z_0=\sqrt{\dfrac{R_0+\mathrm{j}\omega L_0}{G_0+\mathrm{j}\omega C_0}}$。

式(2-1-10)表明，线上任意位置的电压和电流均由两部分组成，如图2-3所示。含$e^{-\gamma z}$的项表示由信号源向负载方向传播的行波，称为入射波；含$e^{\gamma z}$的项表示由负载向信号源方向传播的行波，称为反射波。沿线任意处的电压(电流)等于该处电压(电流)入射波和电压(电流)反射波的叠加。

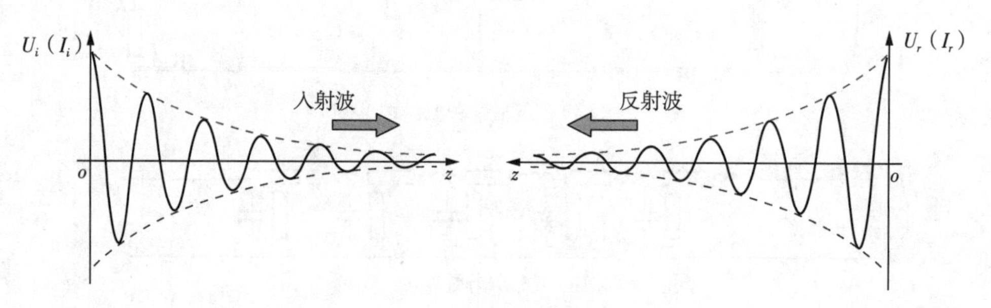

图2-3　传输线上的入射波和反射波

3) 反射系数与输入阻抗

波的反射现象是传输线上最基本的物理现象，为了描述波的反射特性，引入反射系数Γ，其定义为

$$\Gamma(z)=\frac{U_r(z)}{U_i(z)} \tag{2-1-11}$$

定义传输线上某处的电压与电流之比为该处的输入阻抗Z_{in}，即

$$Z_{\mathrm{in}}(z)=\frac{U(z)}{I(z)} \tag{2-1-12}$$

反射系数和输入阻抗都是描述传输线工作状态的重要参数，它们之间的转换关系应用也非常普遍。反射系数和输入阻抗的关系为

$$Z_{\mathrm{in}}(z)=\frac{U(z)}{I(z)}=\frac{U_i(z)[1+\Gamma(z)]}{I_i(z)[1-\Gamma(z)]}=Z_0\ \frac{[1+\Gamma(z)]}{[1-\Gamma(z)]} \tag{2-1-13}$$

上式也可以写为

$$\Gamma(z)=\frac{Z_{\mathrm{in}}(z)-Z_0}{Z_{\mathrm{in}}(z)+Z_0} \tag{2-1-14}$$

4) 传输线的三种工作状态

传输线的工作状态与其负载情况紧密相关。根据式(2-1-14)，负载阻抗Z_l与反射系数具有下列关系：

$$\Gamma_l=\frac{Z_l-Z_0}{Z_l+Z_0} \tag{2-1-15}$$

由上式可以看出，根据负载阻抗Z_l的不同，传输线上将有如下三种工作状态：当$Z_l=Z_0$、$\Gamma_l=0$时称为无反射工作状态或者行波状态，也称为匹配状态；当$Z_l=0$(终端短路)、$\Gamma_l=-1$时，当$Z_l\to\infty$(终端开路)、$\Gamma_l=1$时，当$Z_l=\pm\mathrm{j}X_l$(终端接纯电抗元件)、$|\Gamma_l|=1$时称为全反射工作状态或者驻波状态；当$Z_l=R_l\pm\mathrm{j}X_l$、$|\Gamma_l|<1$时称为部分反射工作状态或者行驻波状态。下面我们对这三种工作状态的传输特性进行简单介绍。

➢ 行波状态(无反射状态)

负载 Z_l 等于传输线特性阻抗 Z_0，传输线上只有入射波而无反射波的工作状态称为行波状态。由于在行波状态下，只有传向负载的入射波，电源提供的能量将被负载全部吸收，因此对传输功率有利。人们将与特性阻抗 Z_0 相等的负载称为“匹配负载”。

行波状态下传输线上电压、电流的沿线分布如图 2-4 所示。由图 2-4 可见，沿线电压(或电流)振幅恒定不变；各处行波电压与电流同相，沿传输方向相位依次滞后；线上任意位置输入阻抗都等于特性阻抗。

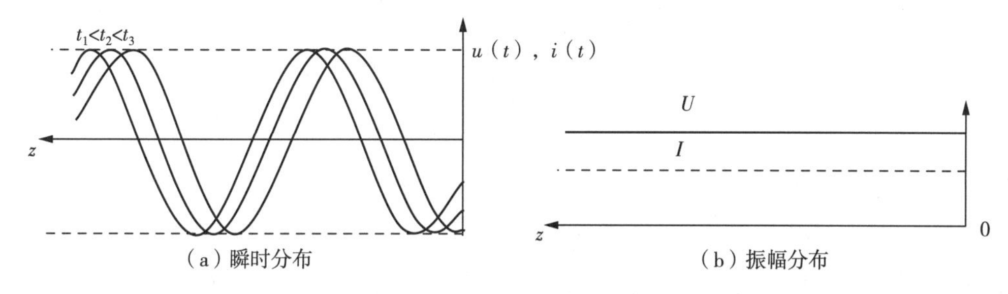

(a) 瞬时分布　　(b) 振幅分布

图 2-4　行波状态下传输线上电压、电流的沿线分布

➢ 驻波状态(全反射状态)

当传输线终端短路、终端开路或终端接纯电抗元件时，会产生全反射，从而形成驻波。

(1) 终端短路。终端短路线上的电压、电流及阻抗分布如图 2-5 所示，其具有如下特点。

① 沿线电压、电流均随时间做余弦变化，且线上任一点的电压和电流相位相差 $\pi/2$。电压或电流分布曲线随时间做上下振动，波并不前进，故称为驻波。驻波不传输能量。

② 沿线电压和电流的振幅随位置而不同。在距负载端 $\lambda/4$ 偶数倍处，为电压波节点，电流波腹点。在距负载端 $\lambda/4$ 奇数倍处，为电压波腹点，电流波节点。负载端是电压波节点。

③ 短路线上各点的输入阻抗均为纯电抗，阻抗随距离周期变化，其周期为 $\lambda/2$。

(2) 终端开路。当传输线终端开路时，相当于端接一无穷大的负载，负载处的电流为零，但电压不为零。

由图 2-5(c) 可见，一段长为 $\lambda/4$ 的短路线，其输入阻抗为无穷大，相当于一个开路负载，因此开路线上的电压、电流及阻抗分布与短路线从终端起截去(或延长) $\lambda/4$ 后的分布情况完全一样。换句话说，开路线实际上可以看成缩短(或延长) $\lambda/4$ 的短路线，其工作状态与短路线一样，都是纯驻波状态。

(3) 终端接纯电抗元件。当传输线负载为纯电抗时，驻波特性是一样的。前面已经指出，终端开路线或终端短路线的输入阻抗是纯电抗，其值为 $-\infty \sim +\infty$，因而任何纯电抗负载都可以用一段长为 l_e 的开路线或短路线来等效。

➢ 行驻波状态(部分反射状态)

当负载既不等于传输线特性阻抗，也不是开路、短路或纯电抗时，负载会吸收入射波的一部分，其余部分反射回去，线上既有行波又有驻波，此时传输线工作于行驻波状态，这也是传输线上最一般的工作状态。行驻波反射系数的模在 0 和 1 之间。

行驻波状态下传输线上电压、电流的振幅沿线分布如图 2-6 所示。由图可见，相邻电压(或电流)波腹点和波节点之间的距离为 $\lambda/4$，两相邻电压波腹点之间的距离为 $\lambda/2$，但波节点的振幅不为零，这是与驻波不同的地方。

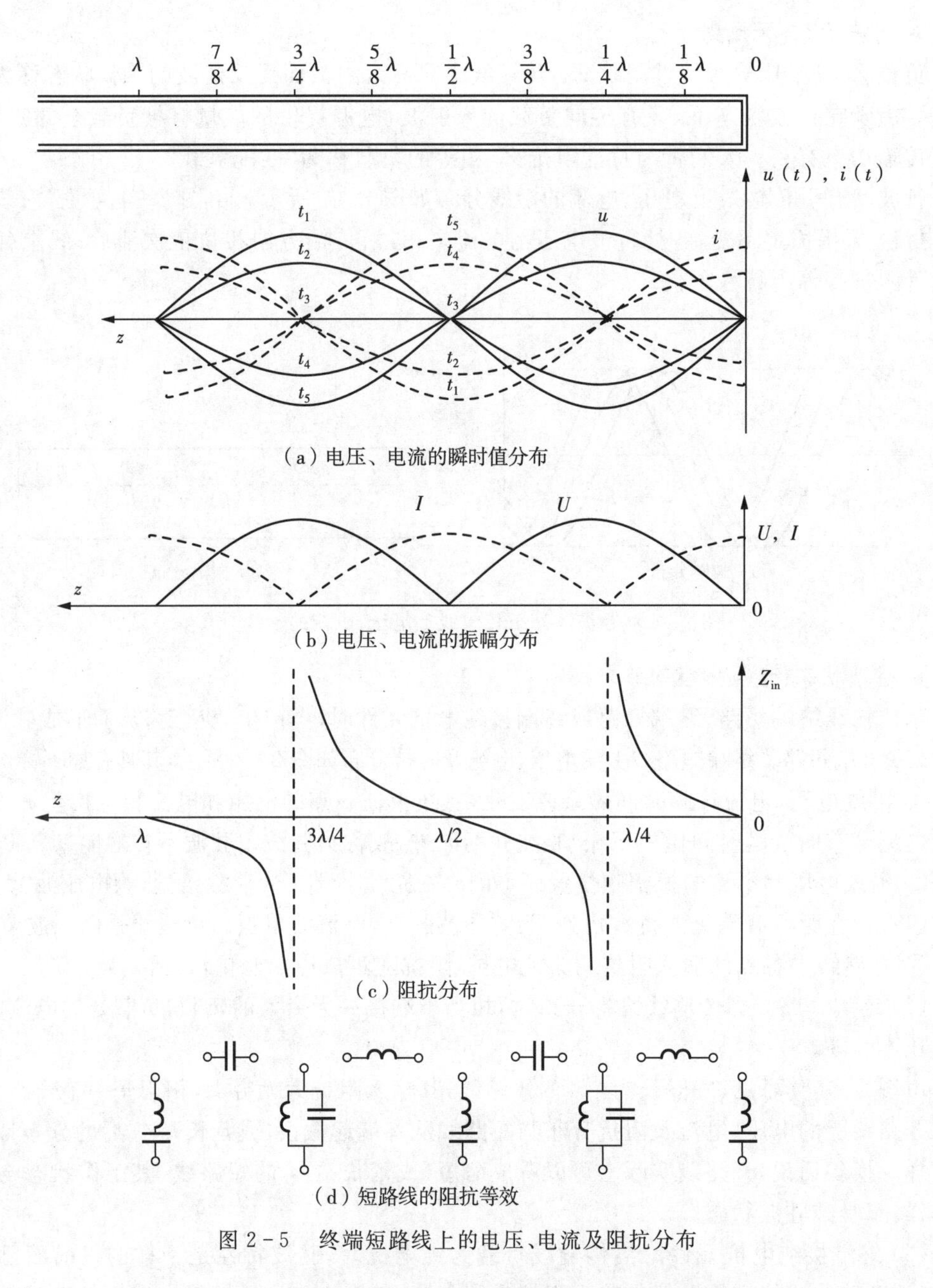

（a）电压、电流的瞬时值分布

（b）电压、电流的振幅分布

（c）阻抗分布

（d）短路线的阻抗等效

图 2-5　终端短路线上的电压、电流及阻抗分布

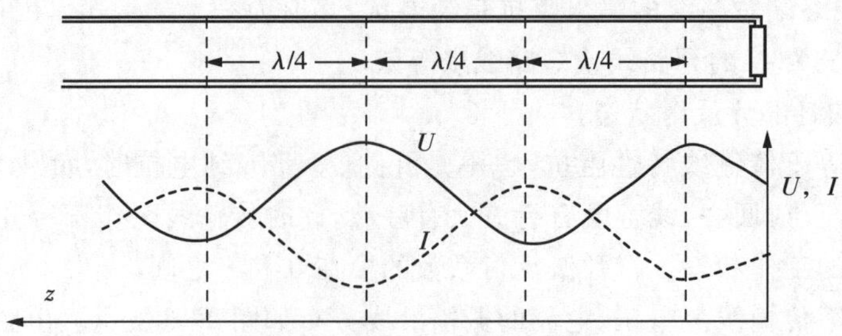

图 2-6　行驻波状态下传输线上电压、电流的振幅沿线分布

2. 天线的输入阻抗

如图 2-7 所示，天线与发射机通过传输线相连接，天线与传输线的连接处称为天线的输入端。天线的输入阻抗，即天线的输入端电压与电流之比为

$$Z_{in}=\frac{U_{in}}{I_{in}}=R_{in}+jX_{in} \quad (2-1-16)$$

式中，Z_{in} 为天线的输入阻抗，其是复数；R_{in} 为输入电阻，对应有功功率，以损耗和辐射两种方式耗散掉；X_{in} 为输入电抗，对应无功功率，表征储藏在天线近区场中的功率。

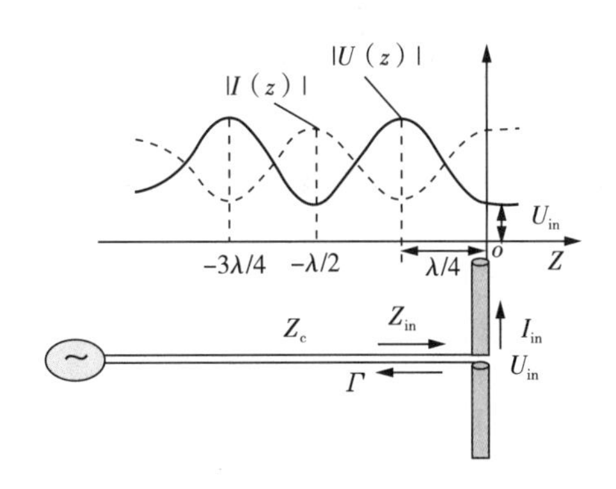

图 2-7　天线输入阻抗等效电路

对于多数天线，欧姆损耗比辐射耗散小。但对于尺寸远小于波长的电小天线，它的欧姆损耗通常较显著。例如，短偶极子天线具有很大的容抗，小环天线具有很大的感抗。

天线的输入阻抗受天线的结构、激励方法、工作频率及周围环境的影响。输入阻抗的计算是比较困难的，因为它需要准确地知道天线上的激励电流。除了少数天线外，大多数天线的输入阻抗在工程中采用近似计算或试验测定。

输入阻抗不像辐射阻抗的值因归算电流而异，它只归算于输入电流。Z_r 与 Z_{in} 之间有一定的关系，因为输入实功率为辐射实功率和损耗功率之和，当所有的功率均用输入端电流为归算电流时，$R_{in}=R_{r0}+R_{l0}$，其中 R_{l0} 为归于输入电流的损耗电阻。

3. 天线与传输线的阻抗匹配

研究天线输入阻抗的主要目的是实现天线和馈线间的匹配。天线输入阻抗作为馈线的负载阻抗，是决定天线与传输线匹配状态的重要参数。

在天线与传输线连接时，最希望天线输入阻抗等于特性阻抗，即匹配状态。此时发射机向天线传输的功率最大，如天线的损耗可忽略，入射功率便全部转换为辐射功率。

当天线与传输线阻抗不匹配时，传输线工作于行驻波状态，天线的辐射功率减小，传输线的损耗增大，传输线的功率容量也会下降，同时因反射波会返回到振荡源，严重时会使发射机振荡频率发生变化，出现频率“牵引”现象。

工程应用中，通常用电压驻波比来表示馈线的匹配状态，它是传输线上相邻的波腹电压与波节电压的振幅之比，用 ρ 表示，其表达式为

$$\rho=\frac{U_{max}}{U_{min}}=\frac{1+|\Gamma|}{1-|\Gamma|} \quad (2-1-17)$$

驻波比是天线的主要指标之一，且容易测量。驻波比越小，说明天线匹配越好。$\rho=1$ 时，说明天线阻抗匹配。

天线的匹配质量也可用反射系数的对数幅度（也称为回波损耗）来衡量，即

$$L_R=20\lg|\Gamma| \quad (dB) \quad (2-1-18)$$

天线阻抗失配意味着传输能量的损失。定义阻抗失配因子 μ 为天线阻抗失配时传输的能量与阻抗匹配时传输的能量的比值，μ 也称为阻抗匹配效率。根据传输线理论，其计算公式为

$$\mu=1-|\Gamma|^2=\frac{4\rho}{(\rho+1)^2} \quad (2-1-19)$$

当阻抗完全匹配时，$\mu=1$。

当驻波比等于1.5时，回波损失为-14 dB，阻抗失配因子为0.96，这意味着约96%的入射功率进入天线，说明天线与传输线匹配良好。不同的天线系统对驻波比要求不同，一般要求$\rho\leqslant 2$，有些场合要求$\rho\leqslant 1.5$，甚至$\rho\leqslant 1.2$。

2.2 方向特性参数

2.2.1 方向图

1. 方向图函数

天线的方向性是指在相同距离的条件下天线辐射场的相对值与空间方向(子午角θ、方位角φ)的关系。

若天线辐射的电场强度为$\boldsymbol{E}(r,\theta,\varphi)$，则可以把电场强度(绝对值)写成

$$|\boldsymbol{E}(r,\theta,\varphi)|=\frac{60I}{r}f(\theta,\varphi) \tag{2-2-1}$$

因此，方向函数可定义为

$$f(\theta,\varphi)=|\boldsymbol{E}(r,\theta,\varphi)|/\left(\frac{60I}{r}\right) \tag{2-2-2}$$

式中，I为归算电流；$f(\theta,\varphi)$为场强方向函数。

为了便于比较不同天线的方向性，常采用归一化方向函数，用$F(\theta,\varphi)$表示，即

$$F(\theta,\varphi)=\frac{f(\theta,\varphi)}{f_{\max}(\theta,\varphi)}=\frac{|\boldsymbol{E}(\theta,\varphi)|}{|\boldsymbol{E}_{\max}|} \tag{2-2-3}$$

式中，$f_{\max}(\theta,\varphi)$为方向函数的最大值；$\boldsymbol{E}_{\max}$为最大辐射方向上的电场强度；$\boldsymbol{E}(\theta,\varphi)$为同一距离$(\theta,\varphi)$方向上的电场强度。归一化方向函数$F(\theta,\varphi)$的最大值为1。

根据式(1-3-5)可得，电基本振子的归一化方向函数为

$$F(\theta,\varphi)=|\sin\theta| \tag{2-2-4}$$

有时还需要讨论辐射的功率密度(坡印廷矢量模值)与方向之间的关系，因此引入功率方向函数$P_{\mathrm{n}}(\theta,\varphi)$。不难得出，它与场强方向函数之间的关系为

$$P_{\mathrm{n}}(\theta,\varphi)=\frac{S_{\mathrm{av}}(\theta,\varphi)}{S_{\mathrm{av,max}}(\theta,\varphi)}=\frac{E^2(\theta,\varphi)}{E_{\max}^2}=F^2(\theta,\varphi) \tag{2-2-5}$$

2. 方向图

方向函数是天线方向性的数学表达式，而方向图是天线方向性的图解表示，也是方向函数的曲线描绘。方向图是距天线等距离处，天线辐射场大小在空间中的相对分布随方向变化的图形，其与r和I无关。

天线辐射场分布在整个空间，故方向图是一个立体图形，如图2-8所示。

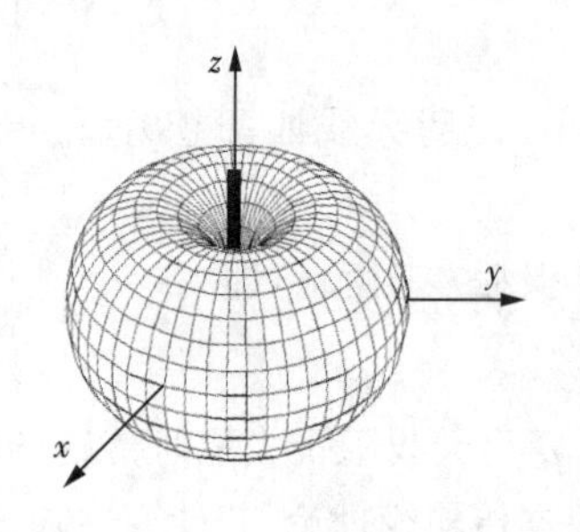

图2-8　电基本振子立体方向图

立体方向图直观形象，但绘制繁复。工程上常采用两个正交主平面内的平面方向图。主平面的选取因情况而

异。在自由空间通常采用 E 面和 H 面作为主平面。E 面即电场强度矢量所在并包含最大辐射方向的平面；H 面即磁场强度矢量所在并包含最大辐射方向的平面。例如，位于自由空间的电基本振子，其 E 面是通过振子轴的子午面；H 面是垂直于振子轴的赤道面。而对于架设在地面上的天线，通常采用铅垂平面和仰角等于某定值的水平平面作为主平面。

图 2-9 为沿 z 轴放置的电基本振子 E 面与 H 面方向图。由图 2-9 可以看出，E 面和 H 面方向图就是立体方向图沿 E 面和 H 面两个主平面的剖面图。图 2-9 中的方向图是用极坐标绘制的，因此称为极坐标方向图，其角度表示方向，矢径表示场强大小。这种图形直观性强，但零点或最小值不易分清。方向图也可用直角坐标绘制，横坐标表示方向角，纵坐标表示辐射幅值。因横坐标可按任意标尺扩展，故图形清晰。图 2-10 为某天线极坐标和直角坐标方向图。

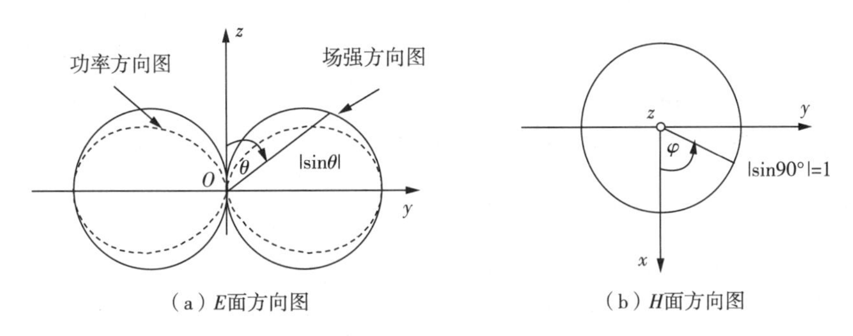

图 2-9　沿 z 轴放置的电基本振子 E 面与 H 面方向图

方向图中一般不标示电场强度或功率密度的绝对数值，而取其相对值，故其又称为归一化方向图。场强或功率密度的相对值可用分贝表示。当采用分贝值表示时，最大辐射方向为零分贝，其他方向为负分贝值，表示该方向辐射场比最大辐射方向降低若干分贝。

3. 方向图参数

如图 2-10(a) 所示，天线方向图通常呈花瓣状，故又称为波瓣图。其中最大的波瓣称为主瓣或主波束，其他的波瓣统称为副瓣或旁瓣，与主瓣方向相反的波瓣称为后瓣或尾瓣。

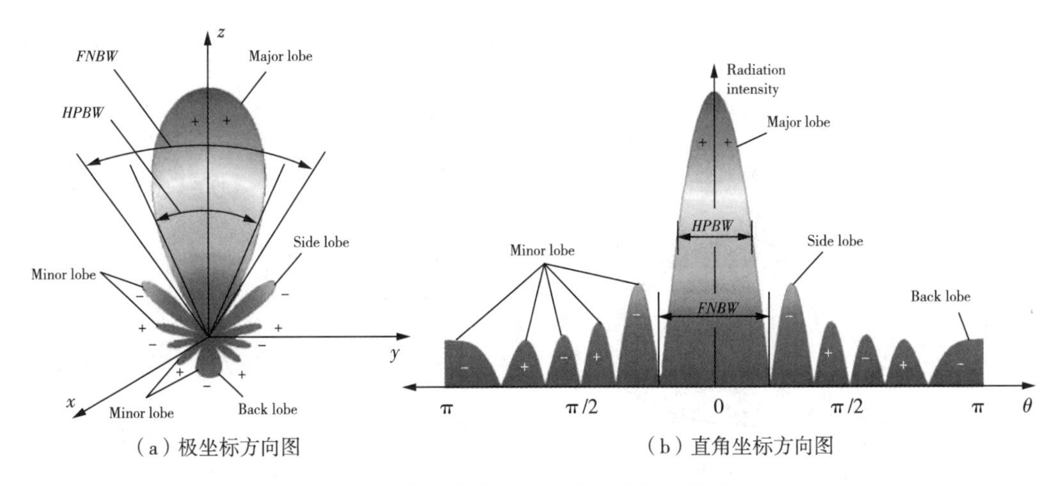

图 2-10　某天线极坐标和直角坐标方向图

为更精确地反映方向图的结构和天线的方向性，我们定义半功率点波瓣宽度、第零点波瓣宽度和副瓣电平等方向图参数来进一步表示天线辐射的电磁场能量在空间的分布概貌。

1) 半功率点波瓣宽度 (Half-Power Beamwidth, HPBW)

半功率点波瓣宽度是指主瓣最大值两侧功率密度等于最大功率密度一半(或场强等于最大值的 70.7%) 的两辐射方向之间的夹角,又称为主瓣宽度、3 分贝波束宽度,记作 $2\theta_{0.5E}$ 或 $2\theta_{0.5H}$(下标 E、H 分别表示 E 面、H 面的波瓣宽度)。

若天线的方向图只有一个强的主瓣,其他副瓣均较弱,则它定向辐射性能的强弱就可以从两个主平面内的主瓣宽度来判断。

2) 第一零点波瓣宽度 (First Null Beamwidth, FNBW)

第一零点波瓣宽度是指主瓣最大值两侧第一个零辐射方向之间的夹角,又称为主瓣张角,记作 $2\theta_{0E}$ 或 $2\theta_{0H}$。

图 2-10 的极坐标方向图和直角坐标方向图中,分别标出了主瓣宽度和第一零点瓣宽度。

3) 副瓣电平 (Side Lobe Lever, SLL)

副瓣电平是指副瓣最大值与主瓣最大值之比,一般以分贝(dB) 表示,即

$$SLL = 10\lg\frac{S_{\mathrm{av,max1}}}{S_{\mathrm{av,max}}} = 20\lg\frac{E_{\mathrm{max1}}}{E_{\mathrm{max}}} \tag{2-2-6}$$

式中,$S_{\mathrm{av,max1}}$、E_{max1} 和 $S_{\mathrm{av,max}}$、E_{max} 分别为最大副瓣和主瓣的功率密度最大值及场强最大值。副瓣一般指向不需要辐射的区域,因此要求天线的副瓣电平应尽可能地低。

4) 前后比

前后比是指主瓣最大值与后瓣最大值之比,通常也用分贝(dB) 表示。

2.2.2 辐射强度和波束立体角

1. 辐射强度

如图 2-11(a) 所示,在球坐标系中,半径为 r 的球面面积元 dS 可表示为

$$\mathrm{d}A = (r\mathrm{d}\theta)(r\sin\theta\mathrm{d}\varphi) = r^2\sin\theta\mathrm{d}\theta\mathrm{d}\varphi \tag{2-2-7}$$

因此,球的立体角元写作:

$$\mathrm{d}\Omega = \frac{\mathrm{d}S}{r^2} = \sin\theta\mathrm{d}\theta\mathrm{d}\varphi \tag{2-2-8}$$

式中,dΩ 表示面积微元 dS 所张的立体角,单位为立体弧度(sr) 或平方度。

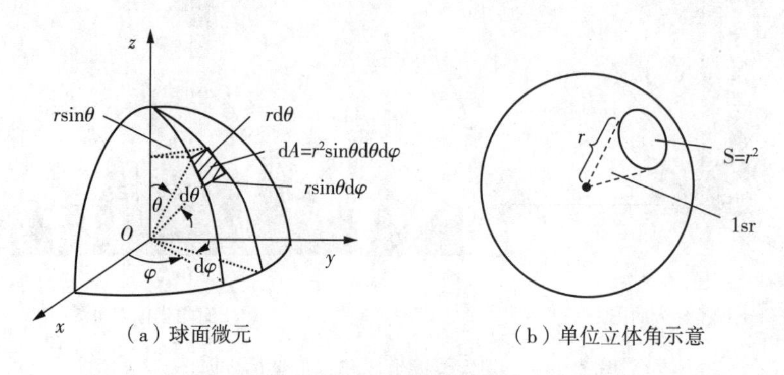

(a) 球面微元　　(b) 单位立体角示意

图 2-11　立体角示意图

如图 2-11(b) 所示，定义顶点在半径为 r 的球心上，面积等于 r^2 的球形表面所对应的立体角为 1 立体弧度，球面对应的立体角为 4π，所以有

$$1\ \text{sr} = 1\ \text{rad}^2 = \left(\frac{180}{\pi}\right)^2(\text{deg}^2) = 3283(\text{deg}^2)$$

单位立体角内天线辐射的功率称为辐射强度，用 U 表示，即

$$U(\theta,\varphi) = \frac{\mathrm{d}P_r}{\mathrm{d}\Omega} = \frac{S(\theta,\varphi)\mathrm{d}S}{\mathrm{d}\Omega} = S(\theta,\varphi)\frac{\mathrm{d}S}{\mathrm{d}\Omega} = S(\theta,\varphi)r^2 \tag{2-2-9}$$

因为在远区，$S(\theta,\varphi) \propto \frac{1}{r^2}$，所以 $U(\theta,\varphi)$ 与距离 r 无关。

归一化功率方向图函数也能表示成辐射强度 $U(\theta,\varphi)$ 的归一化函数形式，即

$$P_n(\theta,\varphi) = \frac{U(\theta,\varphi)}{U_{\max}} = \frac{S(\theta,\varphi)}{S_{\max}} = F^2(\theta,\varphi) \tag{2-2-10}$$

式中，$U_{\max}$ 为最大辐射强度。

天线总的辐射功率可以由辐射强度在所有立体角元进行积分得到，即

$$P_r = \iint U(\theta,\varphi)\mathrm{d}\Omega \tag{2-2-11}$$

对于理想点源，辐射强度在整个空间不变，则

$$U_0 = \frac{P_r}{4\pi} \tag{2-2-12}$$

2. 波束立体角

天线的波束立体角 Ω_A(或波束范围) 是天线全部辐射功率等效地按最大辐射强度均匀流出分布时的立体角，即

$$P_r = U_{\max}\Omega_A = \int_S U(\theta,\varphi)\mathrm{d}\Omega \tag{2-2-13}$$

由上式可得波束立体角的计算公式为

$$\Omega_A = \frac{\int_S U(\theta,\varphi)\mathrm{d}\Omega}{U_{\max}} = \int_S \frac{U(\theta,\varphi)}{U_{\max}}\mathrm{d}\Omega = \int_0^{2\pi}\int_0^{\pi} F^2(\theta,\varphi)\sin\theta\mathrm{d}\theta\mathrm{d}\varphi \tag{2-2-14}$$

对于主瓣较窄，旁瓣可以忽略的天线来说，波束立体角可近似地等于图 2-12 所示的两个相互垂直的主平面半功率点波瓣宽度之积，即

$$\Omega_A = HP_E \times HP_H \tag{2-2-15}$$

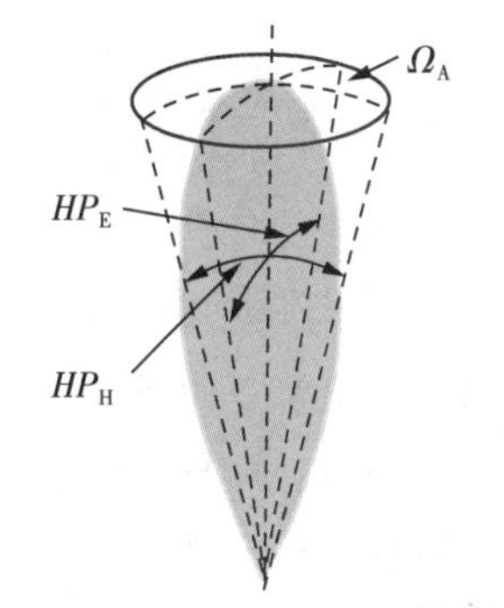

图 2-12　天线波束立体角

2.2.3　方向系数

方向图只能表示同一种类天线在不同方向上辐射能量的相对大小，不便于比较不同种类天线在空间辐射能量的集中程度。为了定量地比较不同天线的方向性，引入方向性系数这个重要参数。

既然要比较不同天线的方向性，就要选取比较标准。习惯上常选用无方向性天线(理想点源) 作为标准。所谓无方向性天线，即假想的、无损耗的、向各方向均匀辐射的天线。它的

立体方向图是一个球面。

方向系数的定义：在同一距离及相同辐射功率的条件下，某天线在最大辐射方向上的辐射强度U_{max}（或辐射功率密度S_{max}、场强$|E_{max}|$的平方）与无方向性天线（点源）的辐射强度U_0（或辐射功率密度S_0、场强$|E_0|$的平方）之比，记为D。用公式表示如下：

$$D=\frac{U_{max}}{U_0}\bigg|_{P_r=P_{r0}}=\frac{S_{max}}{S_0}\bigg|_{P_r=P_{r0}}=\frac{|E_{max}|^2}{|E_0|^2}\bigg|_{P_r=P_{r0}} \tag{2-2-16}$$

式中，P_r、P_{r0}分别为实际天线和无方向性天线的辐射功率。显然，无方向性天线的方向系数为1。

因为无方向性天线在r处产生的辐射功率密度为

$$S_0=\frac{P_{r0}}{4\pi r^2}=\frac{|E_0|^2}{240\pi} \tag{2-2-17}$$

所以由方向系数的定义得

$$D=\frac{r^2|E_{max}|^2}{60P_r} \tag{2-2-18}$$

由此，在最大辐射方向上有

$$E_{max}=\frac{\sqrt{60P_rD}}{r} \tag{2-2-19}$$

对于无方向性天线（理想点源），$D=1$，上式相应地变成

$$E_0=\frac{\sqrt{60P_{r0}}}{r} \tag{2-2-20}$$

比较式(2-2-19)和式(2-2-20)，若方向性天线和无方向性点源辐射功率相等，则在最大辐射方向且同一r处的辐射场之比为

$$\frac{E_{max}}{E_0}=\sqrt{D} \tag{2-2-21}$$

若要求它们在同一r处辐射场相等，则要求

$$P_{r0}=DP_r \tag{2-2-22}$$

这一结果告诉我们，在辐射功率相同的情况下，由于具有聚束作用，方向性系数为D的天线在最大辐射方向上的场强比无方向性天线提高$\sqrt{D}$倍。或者说，方向性天线P_r大小的辐射功率相当于理想点源DP_r的辐射功率。所以当以理想点源为标准时，DP_r就称为天线“有效辐射功率”。显然，在辐射功率一定的条件下，天线的方向系数D越大，其有效辐射功率就越大。

根据式(2-2-22)，方向性系数也可以定义为当实际天线在其最大辐射方向和无方向性天线在同一点产生的场强相等时，无方向性天线的辐射功率和实际天线辐射功率之比，即

$$D=\frac{P_{r0}}{P_r}\bigg|_{E_{max}=E_0} \tag{2-2-23}$$

式(2-2-16)和式(2-2-23)是方向性系数的两种定义方法，无论用哪一种方法，最后得到的方向性系数的结果都是相同的。

根据式(2-2-11)和式(2-2-12)，理想点源的辐射强度为

$$U_0=\frac{P_{r0}}{4\pi}\bigg|_{P_{r0}=P_r}=\frac{P_r}{4\pi}=\frac{1}{4\pi}\int_0^{2\pi}\int_0^{\pi}U(\theta,\varphi)\sin\theta\mathrm{d}\theta\mathrm{d}\varphi \tag{2-2-24}$$

将式(2-2-24)代入式(2-2-16)可得

$$D=\frac{U_{\max}}{\frac{1}{4\pi}\int_0^{2\pi}\int_0^{\pi}U(\theta,\varphi)\sin\theta\mathrm{d}\theta\mathrm{d}\varphi}=\frac{4\pi}{\int_0^{2\pi}\int_0^{\pi}\frac{U(\theta,\varphi)}{U_{\max}}\sin\theta\mathrm{d}\theta\mathrm{d}\varphi}$$

$$=\frac{4\pi}{\int_0^{2\pi}\int_0^{\pi}F^2(\theta,\varphi)\sin\theta\mathrm{d}\theta\mathrm{d}\varphi} \tag{2-2-25}$$

显然，方向系数与辐射功率在全空间的分布状态有关。要使天线的方向系数大，不仅要求主瓣窄，而且要求全空间的副瓣电平小。

将式(2-2-14)代入式(2-2-25)，可将方向性系数表示为

$$D=\frac{4\pi}{\Omega_A} \tag{2-2-26}$$

可见方向性系数等于整个球面的立体角与天线的波束立体角之比。天线的波束立体角越小，其方向性系数越高，定向性越好。

将式(2-2-15)代入式(2-2-26)，并将弧度单位化成以度为单位，可得到主瓣较窄且旁瓣可以忽略的天线方向性系数近似计算式，即

$$D\approx\frac{4\pi}{2\theta_{0.5E}\cdot 2\theta_{0.5H}}=\frac{41253}{2\theta^{o}_{0.5E}\cdot 2\theta^{o}_{0.5H}} \tag{2-2-27}$$

式中，$2\theta^{o}_{0.5E}$ 和 $2\theta^{o}_{0.5H}$ 为用度数表示的两主平面波瓣宽度。

上式对窄瓣天线近似效果较好，若副瓣电平较低(—20 dB 以下)，可用下式做较好的近似

$$D\approx\frac{35000}{(2\theta_{0.5E})(2\theta_{0.5H})} \tag{2-2-28}$$

将式(2-2-1)和式(2-1-4)代入式(2-2-18)，我们可以导出辐射电阻与方向系数之间的关系为

$$D=\frac{|E_{\max}|^2r^2}{60P_r}=\frac{\left(\frac{60I}{r}f_{\max}\right)^2r^2}{60\left(\frac{1}{2}I^2R_r\right)}=\frac{120f^2_{\max}}{R_r} \tag{2-2-29}$$

若无特别说明，天线的方向性系数一般是指最大辐射方向上的方向性系数。若需要计算天线其他方向上的方向系数 $D(\theta,\varphi)$，则可以很容易得出它与天线的最大方向系数 $D_{\max}$ 的关系为

$$D(\theta,\varphi)=\frac{U(\theta,\varphi)}{U_0}\bigg|_{P_r=P_{r0}}=\frac{U_{\max}}{U_0}F^2(\theta,\varphi)\bigg|_{P_r=P_{r0}}=D_{\max}F^2(\theta,\varphi) \tag{2-2-30}$$

例 2-2-1　求出沿 z 轴放置的电基本振子的方向系数。

解：已知电基本振子的归一化方向函数为

$$F(\theta,\varphi)=|\sin\theta|$$

将其代入方向系数的表达式得

知识链接

dB-dBi-dBm-dBd的区别

$$D=\frac{4\pi}{\int_0^{2\pi}\int_0^{\pi}\sin^3\theta\mathrm{d}\theta\mathrm{d}\varphi}=1.5$$

若以分贝表示，则 $D=10\lg1.5=1.76(\mathrm{dB})$。可见，电基本振子的方向系数是很低的。

为了强调方向系数是以无方向性天线为比较标准得出的，有时将分贝dB写成dBi，以示说明。

2.2.4 天线效率

一般情况下，输入到天线上的实功率并不能全部转化成电磁波能量辐射到周围空间，因为构成天线的导体和周围的介质也会产生损耗。为了说明天线这种能量转换的有效程度，将天线效率定义为天线辐射实功率 P_r 与输入实功率 P_{in} 之比，记为 η_A，即

$$\eta_A=\frac{P_r}{P_{in}}=\frac{P_r}{P_r+P_l} \tag{2-2-31}$$

类似于辐射功率和辐射电阻之间的关系，也可将损耗功率 P_l 与损耗电阻 R_l 联系起来，即

$$P_l=\frac{1}{2}I^2R_l \tag{2-2-32}$$

若 R_r、R_l 都归于同一电流，则

$$\eta_A=\frac{P_r}{P_r+P_l}=\frac{R_r}{R_r+R_l} \tag{2-2-33}$$

上式说明，若要提高天线效率，必须尽可能提高辐射电阻和减小损耗电阻。

通常，对于大多数超短波和微波天线(如引向天线、喇叭天线等)，损耗电阻相对于辐射电阻很小，所以效率很高，接近于1。而对于中长波波段的天线，因波长很长，天线的电尺寸很小。这类电小尺寸天线，辐射电阻很小，辐射能力很弱。为提高其天线电长度，天线物理尺寸一般较大，从而使得天线上的欧姆损耗增大，因此这类电小尺寸天线的天线效率很低。例如，中长波的直立天线在未做任何改善措施的情况下，天线效率可低至百分之几。

上述关于天线效率的讨论并未考虑天线与传输线失配引起的反射损失，若考虑天线输入端的阻抗匹配效率，即式(2-1-19)，则整个天线馈电系统的总效率为

$$\eta_\Sigma=(1-|\Gamma|^2)\eta_A \tag{2-2-34}$$

2.2.5 增益系数

天线的方向系数为衡量天线定向辐射特性的参数，它只决定于天线的方向图。实际工作中人们更感兴趣的是，天线如何有效地把其终端接收到的可用功率转换成辐射功率及其定向性。增益系数 G 就是这样一个同时描述天线能量转换效能和空间聚束能力的参数。

增益系数的定义：在同一距离及相同输入功率的条件下，某天线在最大辐射方向上的辐射强度 U_{max}(或辐射功率密度 S_{max}、场强 $|E_{max}|$ 的平方)与无方向性天线(点源)的辐射强度 U_0(或辐射功率密度 S_0、场强 $|E_0|$ 的平方)之比，记为 G。用公式表示如下：

$$G=\left.\frac{U_{max}}{U_0}\right|_{P_{in}=P_{in0}}=\left.\frac{S_{max}}{S_0}\right|_{P_{in}=P_{in0}}=\left.\frac{|E_{max}|^2}{|E_0|^2}\right|_{P_{in}=P_{in0}} \tag{2-2-35}$$

式中，P_{in}、P_{in0} 分别为实际天线和理想无方向性天线的输入功率。

增益系数也可以定义为实际天线在其最大辐射方向和无方向性天线在同一点产生的场强相等时，无方向性天线输入功率和实际天线输入功率之比，即

$$G=\left.\frac{P_{in0}}{P_{in}}\right|_{E_{max}=E_0} \tag{2-2-36}$$

对于无方向天线，$\eta_A=1$，所以有 $P_{in0}=P_{r0}$。

实际天线由于损耗的存在，$P_{in}=\dfrac{P_r}{\eta_A}$，所以有

$$G=\left.\frac{P_{in0}}{P_{in}}\right|_{E_{max}=E_0}=\left.\frac{P_{r0}}{P_r/\eta_A}\right|_{E_{max}=E_0}=\left.\frac{P_{r0}}{P_r}\right|_{E_{max}=E_0}\eta_A=D\eta_A \tag{2-2-37}$$

由此可见，增益系数是方向系数与天线效率的乘积，它是综合衡量天线能量转换效率和方向特性的参数。在实际中，天线的最大增益系数是比方向系数更为重要的电参量。

根据上式，可将式(2-2-19)改写为

$$E_{max}=\frac{\sqrt{60P_rD}}{r}=\frac{\sqrt{60P_{in}G}}{r} \tag{2-2-38}$$

增益系数也可以用分贝表示为

$$G(\mathrm{dB})=10\lg G \tag{2-2-39}$$

与 P_rD 相同，$P_{in}G$ 也称为天线的有效辐射功率。使用高增益天线可以在维持输入功率不变的条件下，增大有效辐射功率。由于发射机的输出功率是有限的，因此在通信系统的设计中，对提高天线的增益常常抱有很大的期望。频率越高的天线越容易得到很高的增益。

与方向性系数相同，若无特别说明，天线的增益一般是指最大辐射方向上的增益系数。任意方向的增益系数 $G(\theta,\varphi)$ 可表示为

$$G(\theta,\varphi)=G_{max}F^2(\theta,\varphi) \tag{2-2-40}$$

2.2.6　有效长度

对于电基本振子而言，线上电流均匀分布，由式(1-3-5)可见，振子越长，辐射场强越强，振子长度反映了它辐射能力的强弱。但对于一般的线天线，沿线电流的分布是不均匀的，这使得线上各基本辐射单元的辐射能力也不同，因此，天线的物理长度并不能直接反映天线的辐射能力。为了衡量天线的实际辐射能力，引入"有效长度"这个参数。

有效长度的定义：一个电流分布不均匀的天线可以用一个线上电流均匀分布，其大小等于它输入点电流或波腹点电流的假想天线来等效。若两者在最大辐射方向上的场强相等，则假想天线的长度就是该实际天线的有效长度。显然，有效长度的大小与归算电流有关。通常将归于输入电流 I_{in} 的有效长度记为 l_{ein}，将归于波腹电流 I_m 的有效长度记为 l_{em}。

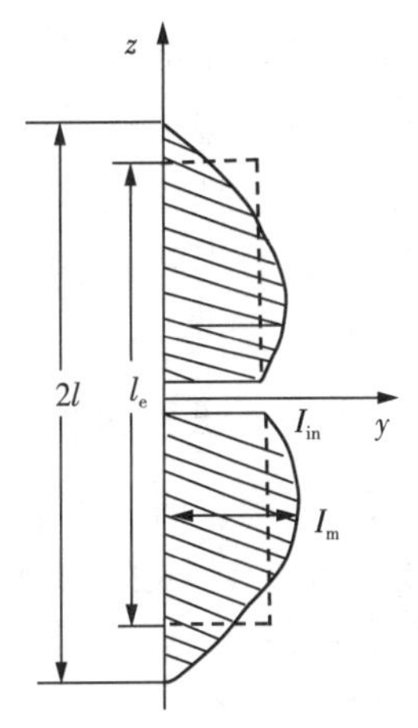

图 2-13　有效长度示意图

如图 2-13 所示，对于长度为 l，电流分布为 $I(z)$ 的天线，根据式(1-3-5)，该天线在最大辐射方向产生的电场为

$$E_{\max}=\int_{-l/2}^{l/2}\mathrm{d}E=\int_{-l/2}^{l/2}\frac{60\pi}{\lambda r}I(z)\mathrm{d}z=\frac{60\pi}{\lambda r}\int_{-l/2}^{l/2}I(z)\mathrm{d}z \tag{2-2-41}$$

若以该天线的输入端电流 I_{in} 为归算电流，则电流以 I_{in} 均匀分布、长度为 l_{ein} 的等效天线在最大辐射方向产生的电场为

$$E_{\max}=\frac{60\pi I_{\text{in}}l_{\text{ein}}}{\lambda r} \tag{2-2-42}$$

令上两式相等，得

$$I_{\text{in}}l_{\text{ein}}=\int_{-l/2}^{l/2}I(z)\mathrm{d}z \tag{2-2-43}$$

由上式可以看出，等效长度的几何意义：有效长度与归算电流的乘积（图 2-13 中虚框所围的矩形面积）与实际电流曲线所包围的面积相等。在一般情况下，归于输入电流 I_{in} 的有效长度与归于波腹电流 I_{m} 的有效长度不相等。

引入有效长度以后，线天线辐射场强的一般表达式可表示为

$$|E(\theta,\varphi)|=|E_{\max}|F(\theta,\varphi)=\frac{60\pi Il_{\text{e}}}{\lambda r}F(\theta,\varphi) \tag{2-2-44}$$

式中，l_{e} 与 $F(\theta,\varphi)$ 均用同一电流 I 归算。可见，有效长度是表征天线最大辐射方向的场强与天线上的电流关系的一个参数。

将式（2-2-18）与上式结合起来，再考虑 P_{r} 与 R_{r} 的关系，还可得出方向系数与辐射电阻、有效长度之间的关系式，即

$$D=\frac{30k^2l_{\text{e}}^2}{R_{\text{r}}} \tag{2-2-45}$$

天线上电流分布越均匀，天线有效长度越长，天线的辐射能力越强。在天线的设计过程中，可以通过一些专门的措施加大天线的等效长度。例如，鞭天线就通常采用加顶部负载和电感线圈的方法增加天线的有效长度，进而提高天线的辐射能力。

2.3 极化特性参数

天线的极化是指天线辐射的电磁波的极化。通常，极化的形式可以用电场矢量端点随时间变化的轨迹来描述，其可分为线极化、圆极化和椭圆极化。按照辐射的电磁波极化形式的不同，天线对应地可以分为线极化天线、圆极化天线和椭圆极化天线三种。天线在不同辐射方向可能有不同的极化，若无特别声明，天线的极化一般是指其在最大辐射方向上的电磁波的极化。

2.3.1 三种极化形式

若电场随时间变化始终在一条直线上往返运动，则称为线极化。工程上以大地为参照物，电场垂直于大地的线极化波叫作垂直极化波，而电场平行于大地的线极化波叫作水平极化波。图 2-14 为某一时刻 x 方向线极化波的场强矢量线在空间的分布。

若电场的大小不随时间变化，电场的矢端在一个圆上旋转，则称为圆极化。按照电场旋转方向的不同可以把圆极化波分为左旋和右旋两种。以大拇指指向波的传播方向、四指弯向电场矢量的旋转方向，若波的传播方向与电场的旋转方向符合右手螺旋关系，则称

为右旋圆极化波；若波的传播方向与电场的旋转方向符合左手螺旋关系，则称为左旋圆极化波。

图 2-15 为某一时刻圆极化波的电场矢量线在空间的分布。值得注意的是，某一瞬时电场矢量线在空间的旋向与某一固定平面上电场矢量线随时间的旋向恰巧相反。

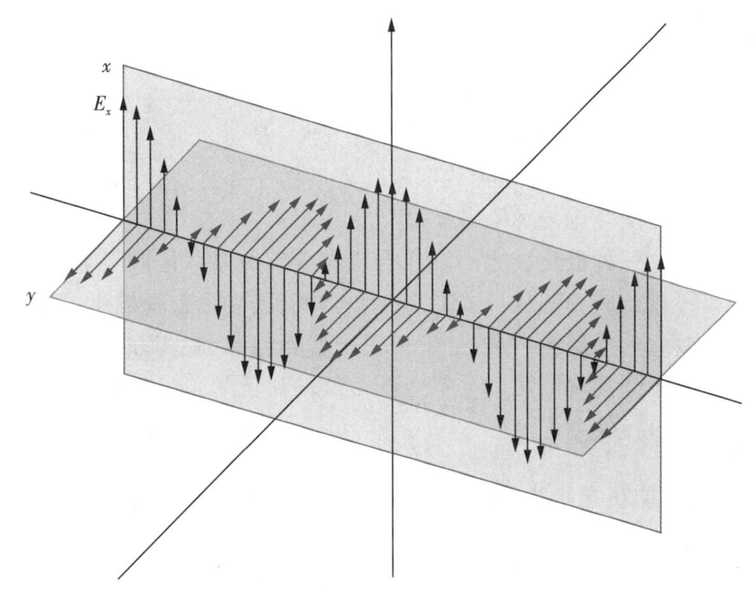

图 2-14　某一时刻 x 方向线极化波的电场矢量线在空间的分布

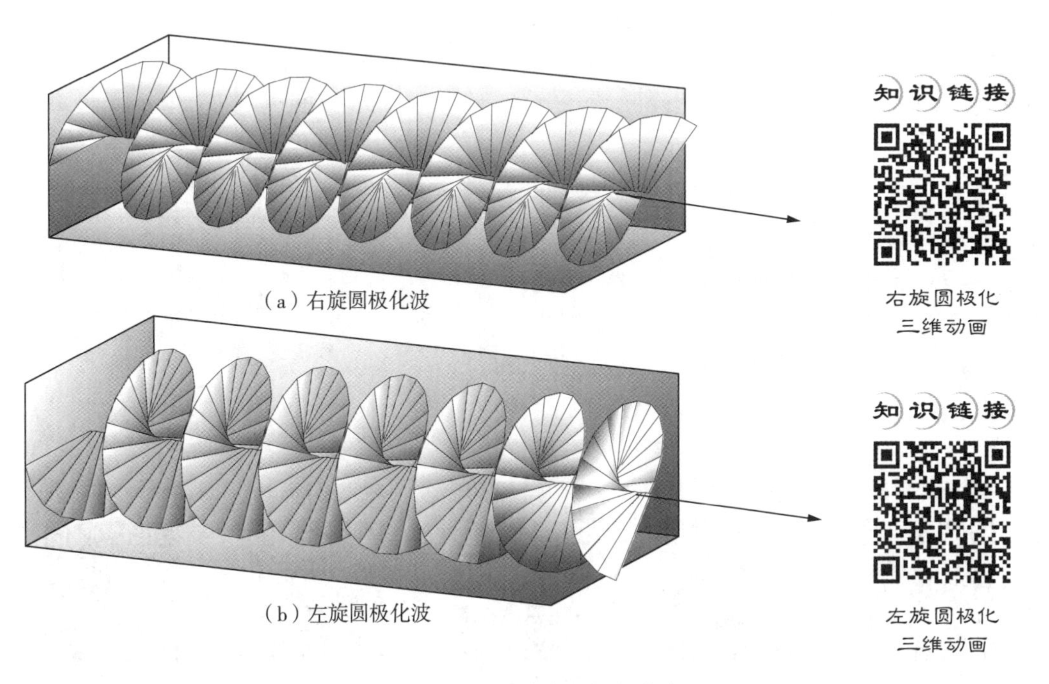

(a) 右旋圆极化波

(b) 左旋圆极化波

图 2-15　某一时刻圆极化波的电场矢量线在空间的分布

若电场的大小和方向都随时间改变，电场的矢端在一个椭圆上旋转，则称为椭圆极化波。椭圆极化波旋向的定义与圆极化波类似。

知识链接

线极化–圆极化合成与分解（1）

知识链接

线极化–圆极化合成与分解（2）

线极化和圆极化是椭圆极化的特殊情况。当椭圆长轴与短轴相等或短轴等于零时，椭圆极化分别转化成圆极化或线极化。

实际应用中，通常将椭圆极化波的长轴($2a$)与短轴($2b$)之比定义为轴比，记为 AR，即

$$AR = \frac{a}{b} \tag{2-3-1}$$

工程上轴比常以分贝为单位，用 $20\lg AR$ 表示。

当 $AR = 0$ dB 时，为圆极化；当 $AR = \infty$ 时，为线极化。圆极化天线设计中，轴比是衡量天线圆极化程度的一个重要指标，一般要求在方向图主瓣宽度范围内 $AR \leqslant 3$ dB。

三种极化波之间存在合成与分解关系。任意两个正交的直线极化波可以合成为其他形式的极化波，如椭圆极化和圆极化，反之亦然。一直线极化的电磁波，可以分解成两个幅度相等、旋转方向相反的圆极化波。一个椭圆极化波可以分解成两个旋向相反的圆极化波。

2.3.2 极化失配因子

通信系统中，为了能获得最佳接收，要注意接收天线与来波之间的极化匹配问题。

若天线极化形式与来波极化形式一致则称为极化匹配，若天线极化形式与来波极化形式不一致则称为极化失配。极化匹配时，接收天线可以从来波获得最大接收功率，而极化失配则意味着传输功率的损失。为衡量这种损失，引入极化失配因子 ν_p，其定义为极化失配时天线接收的功率与极化匹配时接收的最大功率之比，即

$$\nu_p = |\boldsymbol{e}_1 \cdot \boldsymbol{e}_2|^2 = \left|\frac{\boldsymbol{E}_1 \cdot \boldsymbol{E}_2}{|\boldsymbol{E}_1|\,|\boldsymbol{E}_2|}\right|^2 \tag{2-3-2}$$

式中，$\boldsymbol{e}_1$、$\boldsymbol{e}_2$ 分别代表来波和接收天线电场的单位矢量。

图 2-16 为来波极化和接收天线极化关系示意图。

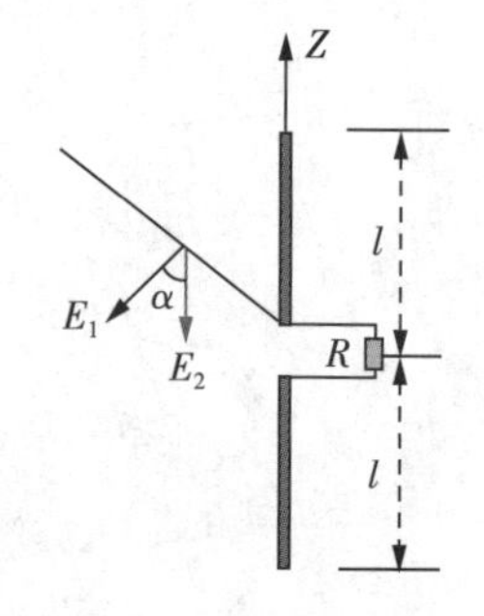

图 2-16　来波极化和接收天线极化关系示意图

知识链接

极化匹配与失配易错点分析

知识链接

极化匹配与失配实验（线–线）

知识链接

极化匹配与失配实验（线–圆）

知识链接

极化匹配与失配实验（圆–圆）

知识链接

极化匹配与失配实验（左旋–右旋）

(1) 对于线极化接收天线，当来波为线极化波时，极化失配因子 $\nu = \cos^2\alpha$，其中 α 为线极

化来波的极化方向与接收天线极化方向之间的夹角。

当 $\alpha=0°$ 时，$\nu=1$，极化匹配，接收天线此时能接收最大的来波能量。

当 $0°<\alpha<90°$ 时，$\nu=\cos^2\alpha$，接收天线只能接收与之平行的极化分量。

当 $\alpha=90°$ 时，$\nu=0$，极化正交，此时接收天线接收不到能量。

当来波为圆极化波时，根据极化波的合成与分解关系，线极化天线只能接收来波中与天线极化方向平行的线极化分量，故 $\nu=\frac{1}{2}$。

(2) 对于圆极化接收天线，能接收与其旋向一致的圆极化来波，$\nu=1$；对于旋向相反的圆极化来波，$\nu=0$。当来波为线极化时，圆极化天线只能接收来波中与天线旋向一致的圆极化波成分，故 $\nu=\frac{1}{2}$。

无线电技术中，利用天线发射和接收电磁波的极化特性，可以实现无线电信号的最佳发射和接收。中波广播通常采用直立天线来辐射垂直极化波，因为中波广播的传播方式为地面波传播，而垂直极化波沿地表传输时的损耗要远小于水平极化波的传输损耗。收听者想得到最佳的收音效果，应将收音机的天线调整到与电场平行的位置，即与大地垂直。

在军事上为了干扰和侦察对方的通信或雷达目标，需要应用圆极化天线，因为使用一副圆极化天线可以接收任意取向的线极化波。如果通信的一方或双方处于方向、位置不定的状态，如在剧烈摆动或旋转的运载体(如飞行器等)上，为了提高通信的可靠性，那么收发天线之一应采用圆极化天线。

2.4　频带特性参数

天线的所有电参数都随频率而变化。当天线工作频率偏离中心工作频率时，天线的电性能将变差，其变差的容许程度取决于天线设备系统的工作特性要求。天线的带宽就是指电参数保持在技术要求范围之内，天线能够正常工作的频率范围。在这一范围内，虽然天线方向图、增益系数、输入阻抗和极化等电特性都随频率发生了变化，但仍然可以满足天线系统的性能要求。

不同设备对天线提出的性能要求不同，同时天线结构也不同，所以天线的带宽并不是统一的、确定的。按照天线设备系统对不同电参数的要求，天线带宽可以分为方向图带宽、增益带宽、阻抗带宽和极化带宽。

由于天线的各个电参数受频率影响的程度不同，因此不同电参数对应的频带宽度也是不同的。天线带宽通常由最窄的一个决定。限制天线带宽的因素因天线结构形式不同而异。例如，对于全长 $L<\lambda/2$ 的线天线，其方向图对频率不甚敏感，而输入阻抗却随频率有明显的变化，所以阻抗特性是限制这种天线带宽的主要因素。对于圆极化天线来说，极化是其重点要求，所以极化特性是限制其带宽的主要因素。对于天线阵，方向图的变化(如主瓣偏离的程度、主瓣宽度的变化、副瓣电平的增高等)则是影响天线带宽的主要因素。

根据频带宽度的不同，天线可以分为窄频带天线、宽频带天线和超宽频带天线。若天线的最高工作频率为 f_{max}，最低工作频率为 f_{min}，中心频率为 f_0，对于窄频带天线，常用相对带宽，即$\frac{f_{\max}-f_{\min}}{f_0}\times 100\%$来表示其频带宽度；对于宽频带天线，常用绝对带宽，即$\frac{f_{\max}}{f_{\min}}$来表示其频带宽度。

通常，相对带宽小于10%的为窄频带天线，如引向天线、鞭天线；绝对带宽大于2∶1的天线称为宽带天线，如螺旋天线；绝对带宽在10∶1以上或者达到几个倍频程的称为超宽频带天线，如对数周期天线。

2.5 互易定理与接收天线的电参数

2.5.1 接收天线工作原理与互易定理

接收天线工作的物理过程：天线导体在空间电场的作用下产生感应电动势，并在导体表面激励起感应电流，在天线的输入端产生电压，在接收机回路中产生电流。所以接收天线是一个把空间电磁波能量转换成高频电流能量的转换装置，其工作过程就是发射天线的逆过程。

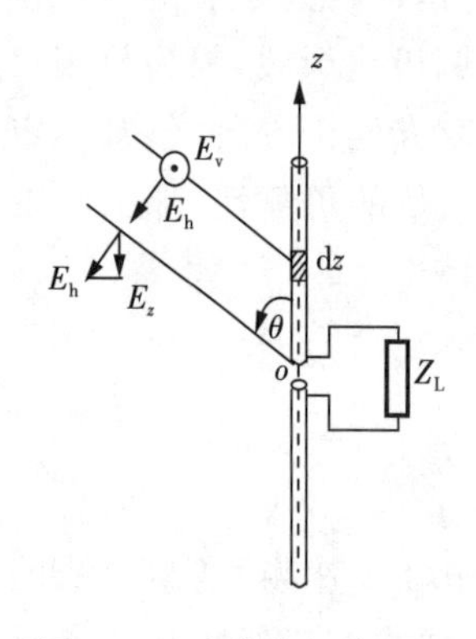

图2-17 接收天线原理

如图2-17所示，由于接收天线位于发射天线的远区辐射场中，因此可以认为到达接收天线处的无线电波是均匀平面波。设天线沿z轴放置，来波方向与天线轴之间的夹角为θ。入射波的电场可分为两个分量：一个是与入射面（电波射线与天线轴构成的平面）相垂直的分量E_v；另一个是与入射面相平行的分量E_h。显然，只有同天线轴相平行的电场分量$E_z=E_h\sin\theta$才能在天线导体dz段上产生感应电动势$de(z)=E_z dz$，并相应地在负载Z_L中产生感应电流$dI(z)$。

感应电动势是分布在整个天线导体上的，只要将每个天线基本元感应的电动势在负载中产生的电流$dI(z)$沿天线轴线进行积分，即可得到负载Z_L中的总电流，即

$$I=\int dI \tag{2-5-1}$$

这一求解过程称为感应电动势法。

应当指出，由于到达天线各基本元的射线有行程差，因此沿天线各点的感应电动势的相位是不同的，而且不同的来波方向在负载中产生的电流也不同。这说明接收天线与发射天线一样也是具有方向性的。由于天线的几何形状、尺寸等不同，各基本元感应的电动势又是分布在整个天线上的，它们在负载中产生的电流也不同。因此，负载中的总电流必然和天线的形式及尺寸有密切关系。除了一些简单形状的直线天线外，对于复杂的天线，如果用感应电动势法来分析，那么其过程也将很复杂。

一个相对简单的方法是利用互易定理法由天线的发射特性去分析接收天线的接收特性。

利用电磁场理论中的互易定理可以证明：同一天线用作接收时，它的方向特性、阻抗特性、极化等电参数均与它用作发射天线时相同。这种同一天线收发参数相同的性质被称为天线的收发互易性。尽管天线电参数收发互易，但是发射天线的电参数以辐射场的大小为

衡量目标，而接收天线却以来波对接收天线的作用，即总感应电动势 $e_A=\int de(z)$ 的大小为衡量目标。

2.5.2　接收天线的等效电路与电参数

1. 接收天线的等效电路

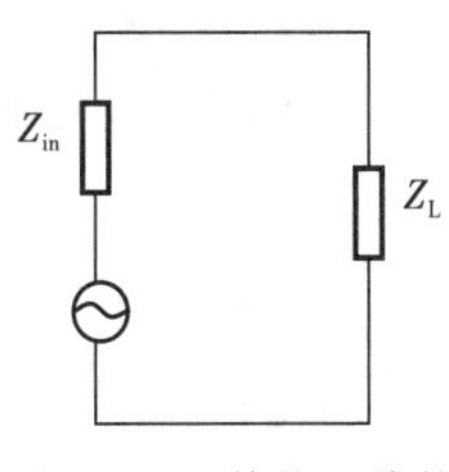

图 2-18　接收天线的等效电路

接收天线的等效电路如图 2-18 所示。图 2-18 中，Z_{in} 为接收天线的输入阻抗，即感应电动势 e_A 的内阻；Z_L 为所接的负载阻抗，$Z_L=R_L+jX_L$。当 $Z_L=Z_{in}^*$ 共轭匹配（$R_L=R_{in}, X_L=-X_{in}$）时，天线输出功率最大。这时负载获得的最大功率为

$$P_{Lmax}=\frac{1}{2}I_A^2R_{in}=\frac{1}{2}\left(\frac{e_A}{Z_{in}+Z_L}\right)^2R_{in}=\frac{e_A^2}{8R_{in}} \tag{2-5-2}$$

2. 有效接收面积

处于接收状态的天线，无论天线形式如何，都是用它来接收电磁波并提取功率的。我们最关心的是天线能从来波中获取多大功率。为了衡量接收天线接收无线电波的能力，可以把天线等效成一个口径，通常称为有效接收面积（或有效口径）。其定义为当天线的极化与来波极化相匹配、天线输入阻抗与负载阻抗共轭匹配，且天线最大接收方向对准来波时，天线送到匹配负载的最大功率 P_{Lmax} 与来波的功率密度 S_{av} 之比，记为 A_e，即

$$A_e=\frac{P_{Lmax}}{S_{av}} \tag{2-5-3}$$

由上式可得 $P_{Lmax}=S_{av}\cdot A_e$，所以接收天线在最佳状态下所接收到的功率可以看成一块与来波方向垂直的面积为 A_e 的口面所截获的入射波功率总和。

若来波的场强振幅为 E_i，则

$$S_{av}=\frac{E_i^2}{2\eta} \tag{2-5-4}$$

当天线以最大方向对准来波时，此时接收天线上的总感应电动势为

$$e_A=E_il_e \tag{2-5-5}$$

式中，l_e 为天线的有效长度。

将式(2-5-5)代入式(2-5-2)，得

$$P_{Lmax}=\frac{e_A^2}{8R_{in}}=\frac{E_i^2l_e^2}{8R_{in}} \tag{2-5-6}$$

将式(2-5-4)和式(2-5-6)代入式(2-5-3)，并引入天线效率 η_A，则有

$$A_e=\frac{30\pi l_e^2}{R_{in}}=\eta_A\times\frac{30\pi l_e^2}{R_r} \tag{2-5-7}$$

将上式结合式(2-2-45)，可以得到接收天线的有效接收面积，即

$$A_e=\frac{\lambda^2}{4\pi}D\eta_A=\frac{\lambda^2}{4\pi}G \tag{2-5-8}$$

例如，理想电基本振子和小电流环方向系数都为 $D=1.5$，它们的有效接收面积同为

$A_e=0.12\lambda^2$。若小电流环的半径为 0.1λ，则小电流环所围的面积为 $0.0314\lambda^2$，而其有效接收面积大于实际占有面积。

上述定义接收天线的有效面积时，是假设来波极化与天线极化匹配，负载与天线输入阻抗共轭匹配，天线最大接收方向对准来波。但实际上来波不一定正好在天线的最大接收方向上，而两种匹配也常常不能完全实现，此时天线在(θ,φ)方向上的接收功率为

$$P_L=P_{L\max}\mu\nu F^2(\theta,\varphi) \tag{2-5-9}$$

式中，μ、ν 分别为阻抗失配因子和极化失配因子。

天线在任一(θ,φ)方向上的有效接收面积为

$$A_e(\theta,\varphi)=\frac{\lambda^2}{4\pi}G\mu\nu F^2(\theta,\varphi) \tag{2-5-10}$$

可见，天线极化失配和阻抗失配时，天线的接收功率下降，有效接收面积减小。

3. 等效噪声温度

天线除了能够接收无线电波之外，还能够接收来自空间各种物体的噪声信号。外部噪声通过天线进入接收机，因此又称天线噪声。外部噪声包含有各种成分，如地面上有其他电台信号及各种电气设备工作时的工业辐射，它们主要分布在长、中、短波波段；空间中有大气雷电放电及来自宇宙空间的各种辐射，它们主要分布在微波及稍低于微波波段。天线接收的噪声功率的大小可以用天线的等效噪声温度 T_A 来表示。

类似于电路中噪声电阻把噪声功率输送给与其相连接的电阻网络，若将接收天线视为一个温度为 T_A 的电阻，则它输送给匹配的接收机的最大噪声功率 P_n(W) 与天线的等效噪声温度 T_A(K) 的关系为

$$T_A=\frac{P_n}{K_b\Delta f} \tag{2-5-11}$$

式中，K_b 为波耳兹曼常数，$K_b=1.38\times10^{-23}$(J/K)；Δf 为频率带宽(Hz)。T_A 是表示接收天线向共轭匹配负载输送噪声功率大小的参数，它并不是天线本身的物理温度。

当接收天线距发射天线非常远时，接收机所接收的信号电平已非常微弱，这时天线输送给接收机的信号功率 P_s 与噪声功率 P_n 的比值更能实际地反映出接收天线的质量。由于在最佳接收状态下，接收到的 $P_s=A_eS_{av}=\frac{\lambda^2G}{4\pi}S_{av}$，因此接收天线输出端的信噪比为

$$\frac{P_s}{P_n}=\frac{\lambda^2}{4\pi}\frac{S_{av}}{K_b\Delta f}\frac{G}{T_A}\propto\frac{G}{T_A} \tag{2-5-12}$$

也就是说，接收天线输出端的信噪比正比于 G/T_A，增大增益系数或减小等效噪声温度均可以提高信噪比，进而提高检测微弱信号的能力，改善接收质量。

噪声源分布在接收天线周围的全空间，它是考虑了以接收天线的方向函数为加权的噪声分布之和，写为

$$T_A=\frac{\int_0^{2\pi}\int_0^{\pi}T(\theta,\varphi)\left|F(\theta,\varphi)\right|^2\sin\theta\mathrm{d}\theta\mathrm{d}\varphi}{\int_0^{2\pi}\int_0^{\pi}\left|F(\theta,\varphi)\right|^2\sin\theta\mathrm{d}\theta\mathrm{d}\varphi} \tag{2-5-13}$$

式中，$T(\theta,\varphi)$ 为噪声源的空间分布函数；$F(\theta,\varphi)$ 为天线的归一化方向函数。为了减小天线的噪声温度，天线的最大接收方向应避开强噪声源，并应尽量降低副瓣和后瓣电平。

以上讨论并未涉及天线和接收机之间的传输线的损耗，若考虑传输线的实际温度和损耗、接收机本身所具有的噪声温度，则整个接收系统的噪声会如图 2-19 所示。图 2-19 中，各参数意义如下：T 为空间噪声源的噪声温度；T_A 为天线输出端的噪声温度；T_0 为均匀传输线的噪声温度；T_a 为接收机输入端的噪声温度；T_r 为接收机本身的噪声温度；T_s 为考虑接收机影响后的接收机输出端的噪声温度。

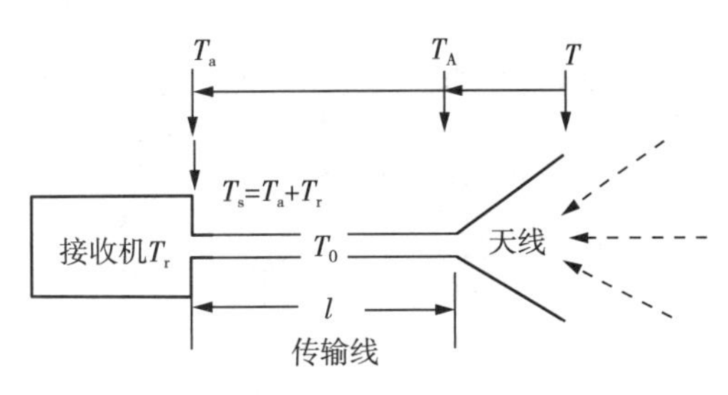

图 2-19　接收系统的噪声温度计算示意图

若传输线的衰减常数为 α(NP/m)，则传输线的衰减也会降低噪声功率，因而

$$T_a = T_A e^{-2\alpha l} + T_0(1 - e^{-2\alpha l}) \tag{2-5-14}$$

整个接收系统的有效噪声温度为 $T_s = T_a + T_r$。T_s 的值可在几开(K) 到几千开(K) 之间，但其典型值约为 10 K。

2.6　对称振子

如图 2-20 所示，对称振子是中间馈电，两臂由两段等长导线构成的振子天线。其一臂的导线半径为 a，长度为 l，两臂之间的间隙很小(理论上可忽略不计)，所以振子的总长度为 $L = 2l$。对称振子的长度与波长可比拟，其本身已可以构成实用天线。

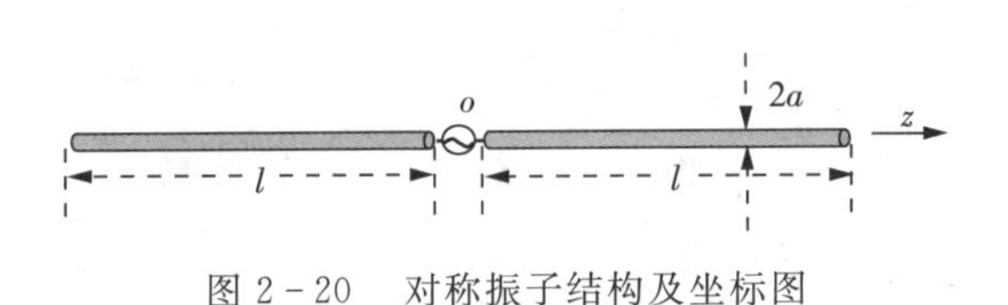

图 2-20　对称振子结构及坐标图

2.6.1　电流分布

若想分析对称振子的辐射特性，首先必须知道它的电流分布。为了精确地求解对称振子的电流分布，需要采用数值分析方法，但计算比较麻烦。实际上，细对称振子天线可以看成由末端开路的传输线张开形成，理论和实验都已证实，细对称振子的电流分布与末端开路线上的电流分布相似，即非常接近于正弦驻波分布。若取图 2-20 所示的坐标，并忽略振子损耗，则其形式为

$$I(z) = I_m \sin k(l - |z|) = \begin{cases} I_m \sin k(l - z), & 0 \leqslant z < l \\ I_m \sin k(l + z), & -l < z < 0 \end{cases} \tag{2-6-1}$$

式中，I_m 为电流波腹点的复振幅；k 为相移常数，$k = \dfrac{2\pi}{\lambda} = \dfrac{\omega}{c}$。根据正弦分布的特点，对称振子的末端为电流的波节点；电流分布关于振子的中心点对称；超过半波长就会出现反相电流。

图 2-21 绘出了理想正弦分布和依靠数值求解方法(矩量法) 计算出的细对称振子上的电流分布，后者大体与前者相似，但二者也有明显的差异，且在振子中心附近和波节点处差别更大。这种差别对辐射场的影响不大，但对近场计算(如输入阻抗) 有重要的影响。

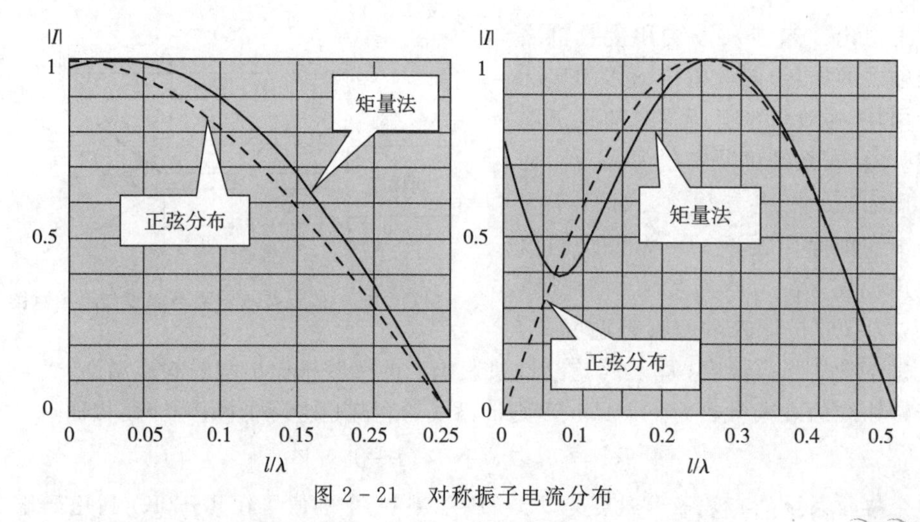

图 2-21 对称振子电流分布

2.6.2 对称振子的辐射场

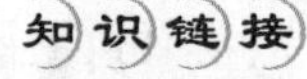

对称振子天线方向图和输入阻抗计算程序代码

确定对称振子的电流分布后，就可以计算它的辐射场。

欲计算对称振子的辐射场，可将对称振子分成无限多电流元，对称振子的辐射场就是所有电流元辐射场之和。在图 2-22 所示的坐标系中，因为观察点 $P(r,\theta)$ 距对称振子足够远，所以每个电流元到观察点的射线近似平行，因而各电流元在观察点处产生的辐射场矢量方向也可被认为是相同的，和电基本振子一样，对称振子仍为线极化天线。

如图 2-22 所示，在对称振子上距中心 z 处取电流元段 $\mathrm{d}z$，它对远区场的贡献为

$$\mathrm{d}E_\theta = \mathrm{j}\,\frac{60\pi I_\mathrm{m}\sin k(l-|z|)\mathrm{d}z}{r'\lambda}\sin\theta \mathrm{e}^{-\mathrm{j}kr'} \tag{2-6-2}$$

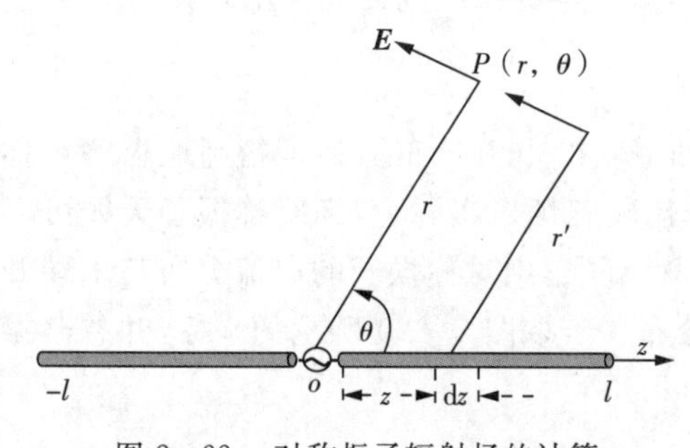

图 2-22 对称振子辐射场的计算

由于 r 与 r' 可以看作互相平行，因此以从坐标原点到观察点的路径 r 为参考时，r' 与 r 的关系为

$$r' \approx r - z\cos\theta \tag{2-6-3}$$

由于 $r-r'=z\cos\theta \ll r$，因此在式(2-6-2)中可以忽略 r' 与 r 的差异对辐射场大小带来的影响，可以令 $1/r' \approx 1/r$，但是这种差异对辐射场相位带来的影响却不能忽略不计。实际上，路径差不同而引起的相位差 $k(r-r')=\dfrac{2\pi(r-r')}{\lambda}$ 是形成天线方向性的重要因素之一。

将式(2-6-2)沿振子全长作积分，得

$$\begin{aligned}E_\theta(\theta) &= \mathrm{j}\,\frac{60\pi I_\mathrm{m}}{\lambda}\,\frac{\mathrm{e}^{-\mathrm{j}kr}}{r}\sin\theta\int_{-l}^{l}\sin k(l-|z|)\mathrm{e}^{\mathrm{j}kz\cos\theta}\mathrm{d}z \\ &= \mathrm{j}\,\frac{60 I_\mathrm{m}}{r}\,\frac{\cos(kl\cos\theta)-\cos(kl)}{\sin\theta}\mathrm{e}^{-\mathrm{j}kr}\end{aligned} \tag{2-6-4}$$

此式说明，对称振子的辐射场仍为球面波；其极化方式仍为线极化；辐射场的方向性不

仅与 θ 有关，也与振子的电长度有关。

根据方向函数的定义，对称振子以波腹电流归算的方向函数为

$$f(\theta)=\left|\frac{E_\theta(\theta)}{60I_m/r}\right|=\left|\frac{\cos(kl\cos\theta)-\cos(kl)}{\sin\theta}\right| \tag{2-6-5}$$

上式实际上也就是对称振子 E 面的方向函数；在对称振子的 H 面上（$\theta=90°$ 的 xoy 平面），方向函数与 φ 无关，其方向图为圆。

知识链接

对称振子辐射方向图动画

图 2-23 为对称振子 E 面归一化方向图。由图 2-23 可见，因为电基本振子在其轴向无辐射，所以对称振子在其轴向也无辐射；对称振子的辐射与其电长度 l/λ 密切相关。当 $l\leqslant 0.5\lambda$ 时，对称振子上各点电流同相，因此参与辐射的电流元越多，它们在 $\theta=90°$ 方向上辐射越强，波瓣宽度越窄。当 $l=0.5\lambda$ 时，对称振子上出现反相电流，也就开始出现副瓣。当对称振子的电长度继续增大至 $l=0.72\lambda$ 后，最大辐射方向将发生偏移。当 $l=1\lambda$ 时，在 $\theta=90°$ 的平面内就没有辐射了。

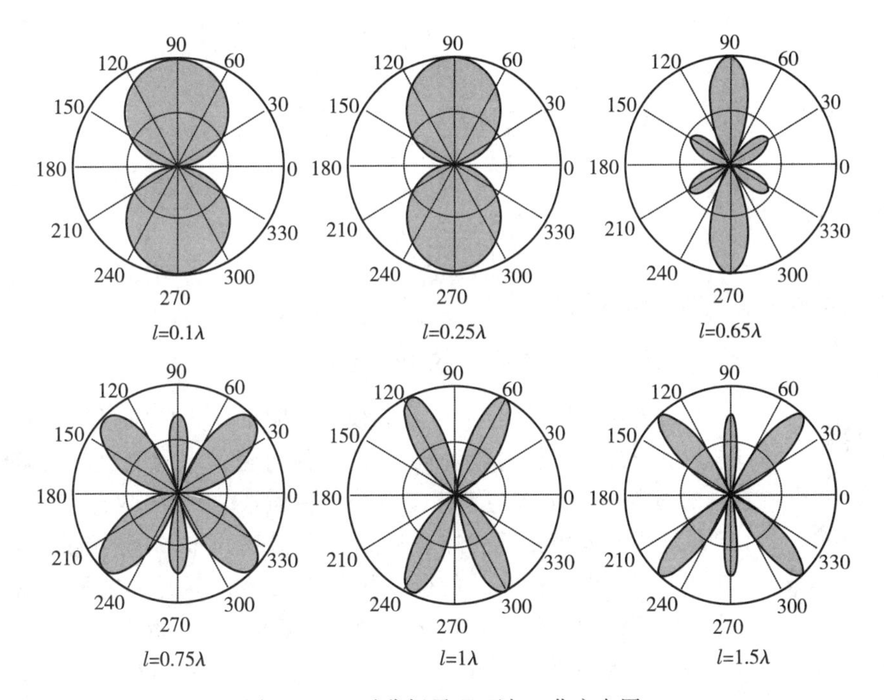

图 2-23　对称振子 E 面归一化方向图

根据方向系数的计算公式和以波腹处电流 I_m 为归算电流，可计算出方向系数 D 和辐射电阻 R_r 与其电长度的关系，如图 2-24 所示。由此图可看出，在一定频率范围内工作的对称振子，为保持一定的方向性，一般要求最高工作频率时 $l/\lambda_{min}<0.7$。

在所有对称振子中，半波振子（$l=0.25\lambda$，$2l=0.5\lambda$）最具实用性，它广泛地应用于短波和超短波波段，它既可以作为独立天线使用，也可以作为天线阵的阵元，还可以用作微波波段天线的馈源。

将 $l=0.25\lambda$ 代入式（2-6-5）可得半波振子的方向函数[式（2-6-6）]，其 E 面波瓣宽度为78°。

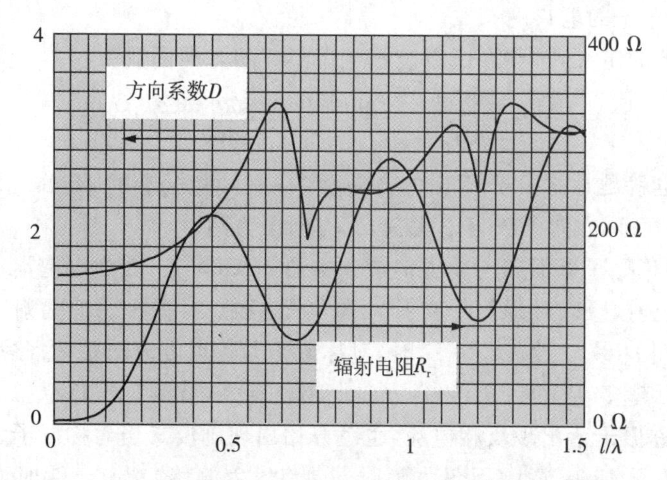

图 2-24　对称振子的方向系数与辐射电阻随一臂电长度变化图形

$$F(\theta)=\left|\frac{\cos\left(\frac{\pi}{2}\cos\theta\right)}{\sin\theta}\right| \tag{2-6-6}$$

如图 2-24 所示，半波振子的辐射电阻为

$$R_r=73.1\ \Omega \tag{2-6-7}$$

方向系数为

$$D=1.64 \tag{2-6-8}$$

比电基本振子的方向性稍强一点。

2.6.3　对称振子的输入阻抗

相关天线方向图计算演示程序代码

因为对称振子实用，所以必须知道它的输入阻抗，以便与传输线相连。由于计算天线的输入阻抗时，其值对输入端的电流非常敏感（如图 2-21 实际电流分布与理想正弦分布在输入端和波节处有一定的差别），因此若仍然采用振子上的电流分布为正弦分布，对称振子输入阻抗的计算会有较大的误差。所以为了较准确地计算对称振子的输入阻抗，除了采用精确的数值求解方法之外，工程上也常常采用"等值传输线法"。也就是说，考虑对称振子与传输线的区别，将对称振子经过修正等效成传输线后，借助于传输线的阻抗公式来计算对称振子的输入阻抗。此方法计算简便，有利于实际应用。

对称振子可看作由长为 l 的开路平行双导线构成，它与传输线的区别及修正主要有以下两点。

(1) 平行双导线的对应线元间的距离不变，结构沿线均匀，因此特性阻抗沿线不变；而对称振子对应线元间的距离沿振子臂的中心到末端从小到大变化，故其特性阻抗沿臂长不断变大。对此的修正为用一平均特性阻抗来代替沿振子全长不断变化的特性阻抗。

(2) 传输线为非辐射结构，能量沿线传输，主要的损耗为导线的欧姆损耗；而对称振子为辐射电磁波的天线，恰可忽略欧姆损耗。对此的修正为将对称振子的辐射功率看作一种电阻损耗，均匀分布在等效传输线上，并由此计算其衰减常数。

经过这两点修正以后，对称振子最终可以等效成具有一平均特性阻抗的有耗传输线。

对称振子平均特性阻抗的计算方法如图 2-25 所示。设均匀双线的导线半径为 a，双线轴线间的距离为 D，则均匀双线的特性阻抗为

$$Z_0 = 120\ln\frac{D}{a} \tag{2-6-9}$$

由此，对称振子对应线元 dz 所对应的特性阻抗为 $120\ln\frac{2z}{a}$，它随 z 而变，对称振子的平均特性阻抗为

$$Z_{0A} = \frac{1}{l}\int_0^l Z_0(z)\mathrm{d}z = 120\left(\ln\frac{2l}{a} - 1\right) \tag{2-6-10}$$

由上式可知，振子越粗，Z_{0A} 就越小。Z_{0A} 就是与其对应的等效传输线的特性阻抗。

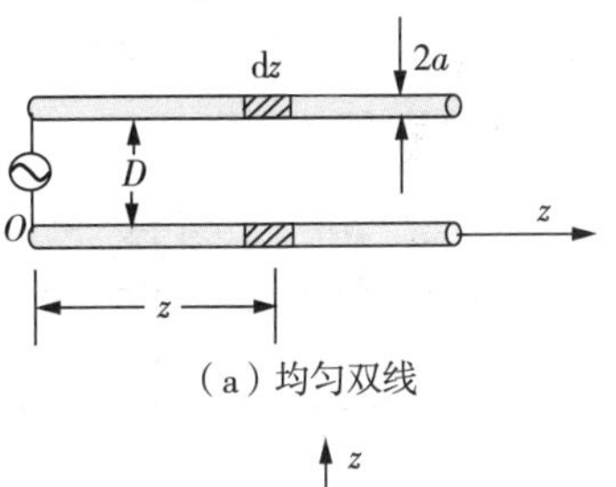

(a) 均匀双线

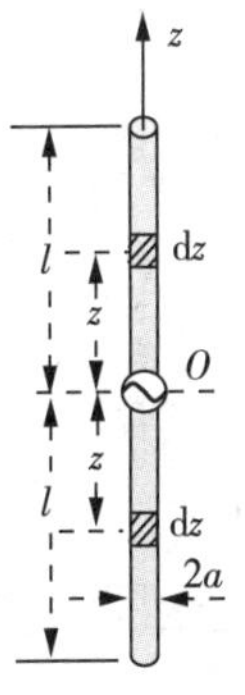

(b) 对称振子

图 2-25　对称振子平均特性阻抗的计算方法

前面已经指出，将对称振子的辐射功率看作欧姆损耗均匀分布在天线的臂上。设单位长度损耗电阻为 R_1，则振子上的损耗功率 $P_1 = \int_0^l \frac{1}{2}|I(z)|^2 R_1 \mathrm{d}z$ 应等于这个天线的辐射功率 $P_r = \frac{1}{2}|I_m|^2 R_r$，则有

$$R_1 = \frac{\frac{1}{2}|I_m|^2 R_r}{\int_0^l \frac{1}{2}|I(z)|^2 \mathrm{d}z} = \frac{\frac{1}{2}|I_m|^2 R_r}{\int_0^l \frac{1}{2}|I_m|^2 \sin^2[\beta(l-z)]\mathrm{d}z} = \frac{2R_r}{l\left(1 - \frac{\sin(2\beta l)}{2\beta l}\right)} \tag{2-6-11}$$

式中，β 为传输线的相移常数。根据有耗传输线的理论，等效传输线的相移常数与分布电阻和特性阻抗的关系式为

$$\beta = k\sqrt{\frac{1}{2}\left[1 + \sqrt{1 + \left(\frac{R_1}{kZ_{0A}}\right)^2}\right]} \tag{2-6-12}$$

式中，$k = \frac{2\pi}{\lambda}$。

衰减常数为

$$\alpha = \frac{R_1}{2Z_{0A}} = \frac{R_r}{Z_{0A} l\left(1 - \frac{\sin 2\beta l}{2\beta l}\right)} \tag{2-6-13}$$

输入阻抗为

$$Z_{in} = Z_{0A}\frac{1}{\mathrm{ch}(2\alpha l) - \cos(2\beta l)}\left[\left(\mathrm{sh}(2\alpha l) - \frac{\alpha}{\beta}\sin(2\beta l)\right) - \mathrm{j}\left(\frac{\alpha}{\beta}\mathrm{sh}(2\alpha l) + \sin(2\beta l)\right)\right] \tag{2-6-14}$$

依据上述思路，可算出对称振子的输入阻抗与一臂电长度的变化曲线，如图 2-26 所示。由计算结果可知，对称振子越粗，平均特性阻抗 Z_{0A} 越低，对称振子的输入阻抗随 l/λ 的变化越平缓，越有利于改善频带宽度。由计算结果还可以得知，对称振子存在着一系列的谐

振点。在这些谐振点上,输入电抗为零,储存在近区中的电场和磁场无功能量是相等的。第一个谐振点位于$l/\lambda \approx 0.48$处;第二个谐振点位于$l/\lambda \approx 0.8 \sim 0.9$,虽然此时的输入电阻很大,但是频带特性不好。

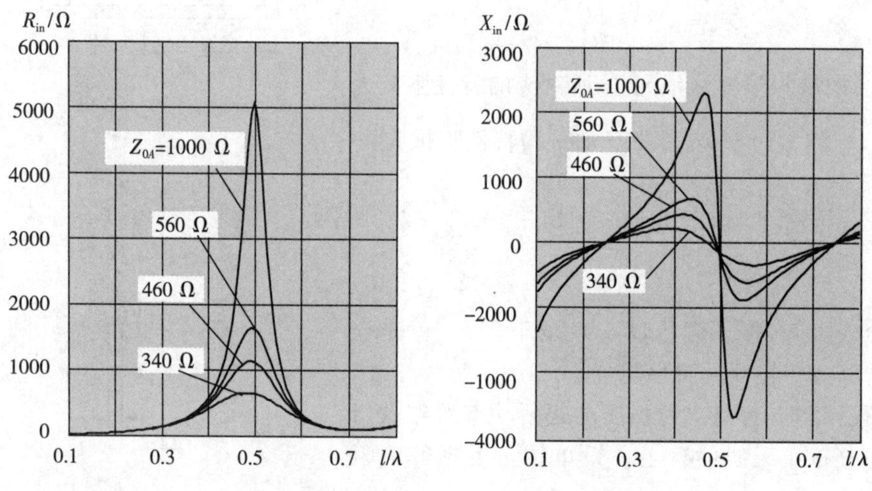

图 2-26　对称振子的输入阻抗曲线

实际上,上面的思路还是针对细振子。当振子足够粗时,振子上的电流分布除了在输入端及波节点处有区别之外,由于振子末端具有较大的端面电容,因此末端电流实际上不为零,这使得振子的等效长度增加,相当于波长缩短。这种现象称为末端效应。显然天线越粗,波长缩短现象越严重。末端效应的理论分析非常复杂,因此波长缩短系数$n=\beta/k=\lambda/\lambda_A$通常由试验测定。若将$\beta=nk$代入式(2-6-13)和式(2-6-14),则较细的对称振子的输入阻抗计算将更为准确。

应该指出的是,对称振子输入端的连接状态也会影响其输入阻抗。在实际测量中,振子的端接条件不同,测得的振子输入阻抗也会有一定的差别。

习题 2

1. 计算基本振子 E 面方向图的半功率点波瓣宽度 $2\theta_{0.5E}$ 和第一点波瓣宽度 $2\theta_{0E}$。

2. 已知两副天线的方向函数分别是 $f_1(\theta)=\sin^2\theta+0.5$, $f_2(\theta)=\cos^2\theta+0.4$,试计算这两副天线方向图的半功率角 $2\theta_{0.5}$。

3. 某天线在 yoz 平面的方向图如题3图所示,已知 $2\theta_{0.5}=78°$,求点 $M_1(r_0,51°,90°)$ 与点 $M_2(2r_0,90°,90°)$ 的辐射场的比值。

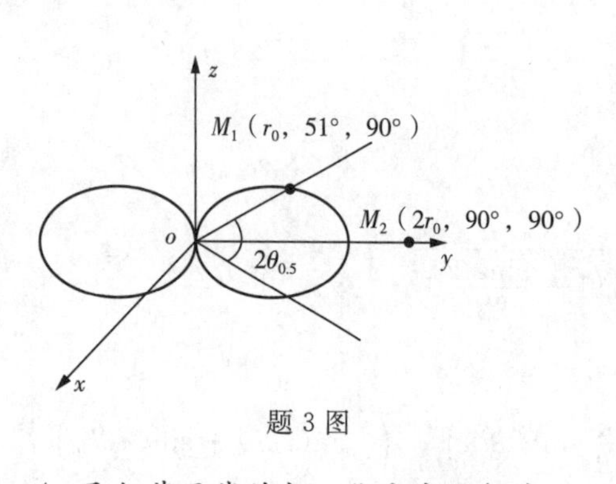

题 3 图

4. 已知某天线的归一化方向函数为

$$F(\theta)=\begin{cases}\cos^2\theta, & |\theta| \leqslant \pi/2 \\ 0, & |\theta| > \pi/2\end{cases}$$

试求其方向系数 D。

5. 一天线的方向系数为 $D_1=10\ \text{dB}$，天线效率为 $\eta_{A1}=0.5$。另一天线的方向系数为 $D_2=10\ \text{dB}$，天线效率为 $\eta_{A2}=0.8$。将两副天线先后置于同一位置且主瓣最大方向指向同一点 M。

(1) 若二者的辐射功率相等，求它们在 M 点产生的辐射场之比。

(2) 若二者的输入功率相等，求它们在 M 点产生的辐射场之比。

(3) 若二者在 M 点产生的辐射场相等，求所需的辐射功率比及输入功率比。

6. 在通过比较法测量天线增益时，测得标准天线($G=10\ \text{dB}$) 的输入功率为 1 W，被测天线的输入功率为 1.4 W。在接收天线处标准天线相对被测天线的场强指示为 1∶2，试求被测天线的天线增益。

7. 简述天线接收无线电波的物理过程。

8. 某天线的增益系数为 20 dB，工作波长 $\lambda=1\ \text{m}$，试求其有效接收面积 A_e。

9. 有二线极化接收天线，均用最大接收方向对准线极化发射天线，距离分别为 10 km 和 20 km。甲、乙天线分别位于发射天线方向图的最大值和半功率点上，甲天线极化方向与来波极化方向成45°角，乙天线极化方向与来波极化方向平行，二天线均接匹配负载。已知甲天线负载接收功率为 $0.1\ \mu\text{W}$，乙天线负载接收功率为 $0.2\ \mu\text{W}$，求二天线最大增益之比。

10. 某天线接收远方传来的圆极化波，接收点的功率密度为 $1\ \text{mW/m}^2$，接收天线为线极化天线，增益系数为 3 dB，$\lambda=1\ \text{m}$，天线的最大接收方向对准来波方向，求该天线的接收功率；设阻抗失配因子 $\mu=0.8$，求进入负载的功率。

11. $2l \ll l$ 的对称振子上电流分布的近似函数是什么？它的方向图、方向系数、辐射电阻等与同长电流元有何异同？

12. 一半波振子，处于谐振状态，它的 $2l/a=1000$，输入电阻 $R_{in}=65\ \Omega$。当用特性阻抗为 300 Ω 的平行无耗传输线馈电时，试计算馈线上的驻波比。

13. 如题 13 图所示的二半波振子一发一收，均为谐振匹配状态。接收点在发射点的 θ 角方向。两天线相距为 r，辐射功率为 P_r，$\lambda=1\ \text{m}$，试求：

(1) 发射天线和接收天线平行放置时的接收功率(已知 $\theta=60°$，$r=5\ \text{km}$，$P_r=10\ \text{W}$)；

(2) 接收天线在上述参数情况下的最大接收功率。此时接收天线应如何放置？

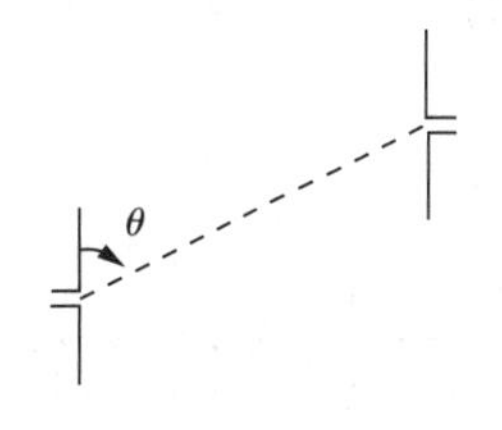

题 13 图

第3章　天线阵分析与综合

天线阵是指将若干个相同的单元天线按一定方式排列而成的天线系统。常见的天线阵类型有直线阵、平面阵和立体阵。天线阵的辐射场是各单元天线辐射场的矢量和。通过调整各单元天线的间距、激励电流振幅或相位差，可以改变天线阵方向图的形状、主瓣宽度、副瓣电平及波束指向等。

本章内容安排：3.1节介绍二元阵和方向图乘积定理，通过例子说明阵元间距 d、阵元激励电流初相位 ξ 及激励电流振幅对二元阵方向图的影响；接着通过感应电动势法计算二元阵的互阻抗，介绍二元阵的阻抗和方向系数的计算方法；最后介绍理想导电地面对天线阵方向性的影响；3.2节介绍均匀直线阵，在介绍阵因子函数特性的基础上，分析阵元数目 N、阵元间距 d、阵元激励电流初相位 ξ 和振幅对直线阵方向图的影响，同时引出栅瓣概念，并介绍天线阵极坐标方向图的绘制方法，接着分析几种特殊的天线阵，即边射阵、端射阵和强制性端射阵，介绍它们的半功率点波瓣宽度、副瓣电平、方向系数与阵列结构参数之间的关系；3.3节介绍了非均匀激励直线阵，通过二项式分布和切比雪夫分布两个实例介绍改变激励电流振幅分布可以改变副瓣电平的方法；3.4节、3.5节介绍平面阵列和圆环阵列。

3.1　二元阵

二元阵是指由两个相同的单元天线组成的天线阵，它们在空间的取向一致，如图3-1所示，这种取向一致的单元天线又称为相似元。二元阵是最简单的天线阵，但它的方向图和阻抗的分析方法具有一般性，可以推广至多元阵。

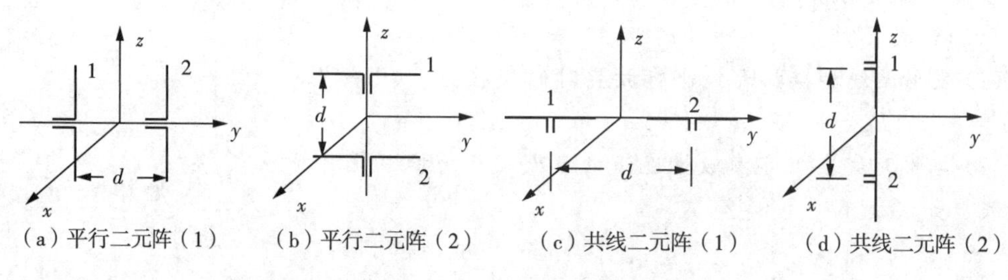

图3-1　二元阵的几种结构类型

3.1.1　二元阵的方向图

1. 二元阵的合成场强和方向图乘积定理

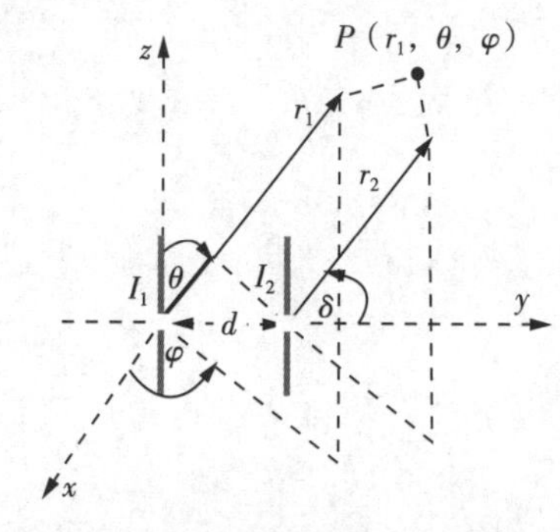

图3-2　半波振子二元阵

如图3-2所示，两个与 z 轴平行的半波振子沿 y 轴放置构成一个二元阵，阵元间距为 d，图中角度 δ 为电波射线与天线阵轴线之间的夹角。假设 yoz 平面上一点 $P(r_1,\theta,\varphi)$ 位于半波振子的远区场，两振子天线到 P 点的矢径可视为平行，即 $r_1 // r_2$。由图易知，r_1、r_2 的距离差 Δr 为

$$\Delta r = r_1 - r_2 = d\sin\theta = d\cos\delta \tag{3-1-1}$$

距离差 Δr 是 δ 角度的函数。

假设振子 1、2 的激励电流分别为 I_1、I_2，I_2 与 I_1 的电流关系为

$$I_2 = mI_1 e^{j\xi} \tag{3-1-2}$$

式中，m、ξ 是实数。

上式表明，电流 I_2 的振幅是 I_1 的 m 倍，其初相位比 I_1 超前 ξ。

两半波振子在 P 点产生的电场矢量方向相同，均沿着 e_θ 方向，它们的电场分别为

$$\begin{cases} E_1(\theta,\varphi) = j\dfrac{60I_1}{r_1} f_1(\theta,\varphi) e^{-jkr_1} \\ E_2(\theta,\varphi) = j\dfrac{60I_2}{r_2} f_2(\theta,\varphi) e^{-jkr_2} \end{cases} \tag{3-1-3}$$

式中，$f_1(\theta,\varphi)$、$f_2(\theta,\varphi)$ 是半波振子的方向图函数，具体为

$$f_1(\theta,\varphi) = f_2(\theta,\varphi) = \cos\left(\frac{\pi}{2}\cos\theta\right) / \sin\theta \tag{3-1-4}$$

因 $E_1(\theta,\varphi)$、$E_2(\theta,\varphi)$ 矢量方向一致，二元阵的合成场可通过简单求和的方法求得，即

$$E(\theta,\varphi) = E_1(\theta,\varphi) + E_2(\theta,\varphi) \tag{3-1-5}$$

上式求和时，可忽略 r_1、r_2 不同对振幅的影响，即 $1/r_1 \approx 1/r_2$；但路径差 $r_1 - r_2$ 引起的相位差却不能忽略。考虑这两点后，二元阵的合成场为

$$E(\theta,\varphi) = j\frac{60I_1}{r_1} e^{-jkr_1} f_1(\theta,\varphi)\left(1 + \frac{I_2}{I_1} e^{jk(r_1 - r_2)}\right) \tag{3-1-6}$$

将 $(I_2/I_1) = me^{j\xi}$ 代入上式，同时令

$$\psi = \xi + k(r_1 - r_2) = \xi + k\Delta r \tag{3-1-7}$$

于是有

$$E(\theta,\varphi) = j\frac{60I_1}{r_1} e^{-jkr_1} f_1(\theta,\varphi) \cdot (1 + me^{j\psi}) \tag{3-1-8}$$

式(3-1-7)中的 ψ 为振子 2 辐射场相对于振子 1 的相位差，它由 ξ 和 $k\Delta r$ 两部分组成。ξ 是电流 I_2 与 I_1 的初始相位差，它是一个常数，不随角度变化；$k\Delta r$ 是因路径差引入的波程差，它是空间角度的函数。在图 3-2 的坐标系中，路径差 $\Delta r = d\cos\delta$。需要注意的是，对于不同的排阵方式，Δr 在坐标系中的具体表达式也会不同。

通过以上分析，二元阵的方向函数为

$$f(\theta,\varphi) = \frac{|E|}{\dfrac{60I_{M1}}{r_1}} = |f_1(\theta,\varphi)| \times |1 + me^{j\psi}| \tag{3-1-9}$$

式中，$I_{M1} = |I_1|$；$|f_1(\theta,\varphi)|$ 为单元天线的方向图函数；在没有歧义情况下，式中的绝对值符号可以隐去不写。

定义二元阵的阵因子函数为

$$f_a(\theta,\varphi) = |1 + me^{j\psi}| \tag{3-1-10}$$

于是，二元阵的方向函数为

$$f(\theta,\varphi)=f_1(\theta,\varphi)\times f_a(\theta,\varphi) \tag{3-1-11}$$

式(3-1-11)表明，对于图3-2所示的二元阵，其方向图等于单元天线方向图元因子 $f_1(\theta,\varphi)$ 与阵因子 $f_a(\theta,\varphi)$ 的乘积。推而广之，对于由相似元组成的天线阵，其方向函数(或方向图)等于元因子与阵因子的乘积，这就是**方向图乘积定理**。元因子的函数形式只与单元天线的结构及架设方位有关；而阵因子主要由阵元激励电流振幅和相位差、阵元间距、阵元排列方式等因素决定，与单元天线的类型无关。

下面通过例子说明阵元激励电流振幅、相位差、阵元间距及阵元排列方式对二元阵方向图的影响。

2. 阵元激励电流振幅对阵因子方向图的影响

对于图3-2所示的二元阵，在 yoz 平面内，其阵因子函数可展开为

$$f_a(\delta)=|1+me^{j\psi}|=|1+me^{j(\xi+kd\cos\delta)}| \tag{3-1-12}$$

由式(3-1-12)，当 m 为正实数时，若 $\psi=\pm 2n\pi(n=0,1,2,\cdots)$，则有

$$f_{\mathrm{amax}}=1+m \tag{3-1-13}$$

若 $\psi=\pm(2n-1)\pi(n=0,1,2,\cdots)$，则有

$$f_{\mathrm{amin}}=|1-m| \tag{3-1-14}$$

例3-1-1 对于图3-2所示的二元阵，令 $d=\lambda$、$\xi=0$，m 分别取1、0.7、0.4等值，分析 m 值的不同对阵因子方向图的影响。

解：首先分析 $m=1$ 的情况。

当 $d=\lambda$、$\xi=0$ 时，总相位差 ψ 的取值范围为

$$\psi=\xi+kd\cos\delta=2\pi\cos\delta \tag{3-1-15}$$

$$\delta\in[0,2\pi]\Rightarrow\psi\in[-2\pi,2\pi] \tag{3-1-16}$$

基于式(3-1-13)、式(3-1-14)，阵因子取最大值、最小值，以及对应的角度见表3-1所列。

表3-1 阵因子取极值对应的 ψ,δ 角度值

ψ	-2π	$-\pi$	0	π	2π
δ	π	$2\pi/3$	$\pi/2$	$\pi/3$	0
$f_a(\psi)$	2	0	2	0	2

根据表3-1给出的 δ 值和对应的 $f_a(\psi)$ 值可以概画出阵因子方向图，如图3-3(a)所示。

同理，m 取0.7和0.4时，阵因子方向图如图3-3(b)、图3-3(c)所示。

由图3-3可知，m 取值对阵因子方向图的形状影响不大，不会增加波瓣的个数，也不会改变主瓣的指向，但它会使零辐射方向消失。

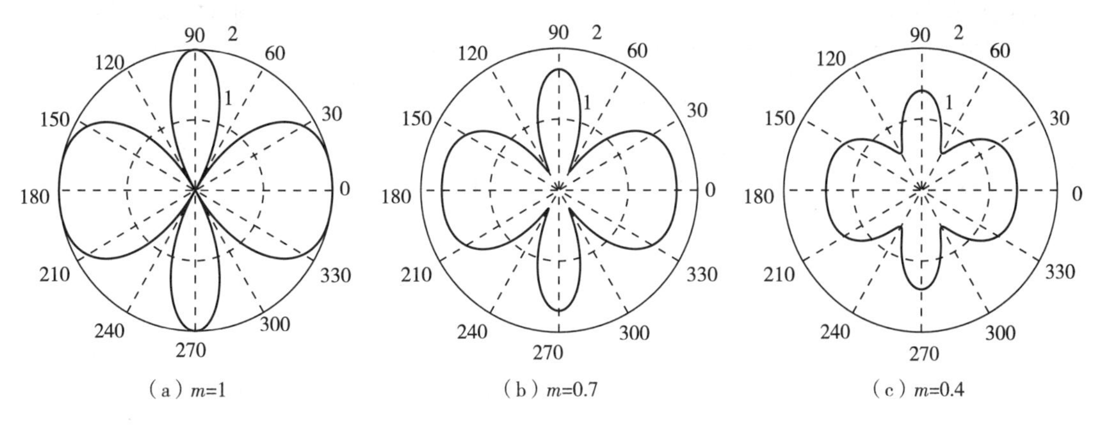

图 3-3　$d=\lambda,\xi=0,m$ 取不同值时阵因子方向图

3. 阵元间距对阵因子方向图的影响

下面通过例子分析阵元间距 d 变化对阵因子方向图的影响。

例 3-1-2　如图 3-4 所示，两个半波振子天线组成一个平行二元阵，其间距 $d=0.25\lambda$，激励电流的相互关系为 $I_{m2}=I_{m1}e^{-j\frac{\pi}{2}}$。试求二元阵 E 面（yoz 平面）和 H 面（xoz 平面）的方向函数及方向图。

解：根据题意，$m=1,\xi=-\pi/2,d=0.25\lambda$。

在 E 面（yoz 平面）：

半波振子方向图函数为

$$f_1(\theta,\varphi)=\left|\frac{\cos\left(\frac{\pi}{2}\cos\theta\right)}{\sin\theta}\right|=\left|\frac{\cos\left(\frac{\pi}{2}\sin\delta\right)}{\cos\delta}\right| \tag{3-1-17}$$

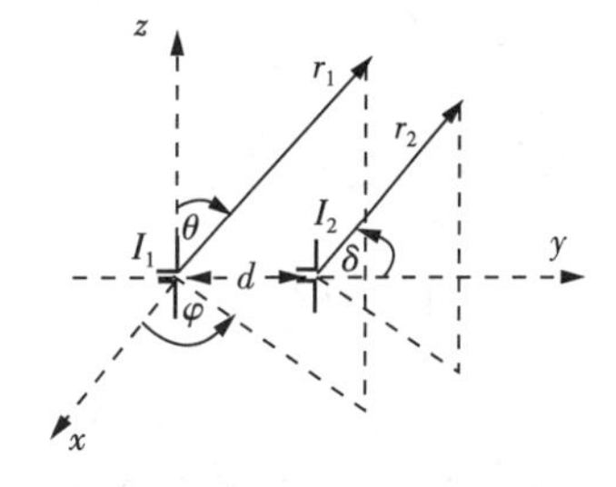

图 3-4　例 3-1-2 图

由图 3-5 易知，天线 2 在 E 面远区任意一点产生的电场强度 E_2 和天线 1 在 E 面远区任意一点产生的电场强度 E_1 之间的总相位差由两部分组成：初始电流相位差 ξ 和波程差 $k\Delta r$，代入具体数值为

$$\psi_E=\xi+k(r_1-r_2)=-\frac{\pi}{2}+\frac{2\pi}{\lambda}\frac{\lambda}{4}\cos\delta=-\frac{\pi}{2}+\frac{\pi}{2}\cos\delta \tag{3-1-18}$$

相应的阵因子函数为

$$f_a(\delta)=|1+me^{j\psi}|=|1+e^{j\left(-\frac{\pi}{2}+\frac{\pi}{2}\cos\delta\right)}| \tag{3-1-19}$$

因为 $\delta\in[0,2\pi]$，所以 $\psi_E\in[-\pi,0]$。根据式(3-1-18)，当 $\delta=0$ 时，$\psi_E=0$，此时 E_1、E_2 同向叠加，$f_{a,\max}=2$；而当 $\delta=\pi$ 时，$\psi_E=-\pi$，此时 E_1、E_2 反向抵消，$f_{a,\min}=0$。

根据方向图乘积定理，此二元阵在 E 面（yoz 平面）的方向函数为

$$f_E(\delta)=\left|\frac{\cos\left(\frac{\pi}{2}\sin\delta\right)}{\cos\delta}\right|\times|1+e^{j\left(-\frac{\pi}{2}+\frac{\pi}{2}\cos\delta\right)}| \tag{3-1-20}$$

在 H 面（xoz 平面）：

如图 3-6 所示，在 xoy 平面上，两个振子天线的投影是两个点。易知，H 面合成场强的

坐标分析图与E面相同，因此H面的阵因子函数与E面相同。但需要注意的是，半波振子在H面没有方向性。应用方向图乘积定理，H面的方向函数可写作

$$f_H(\delta)=1\times\left|1+e^{j\left(-\frac{\pi}{2}+\frac{\pi}{2}\cos\delta\right)}\right| \tag{3-1-21}$$

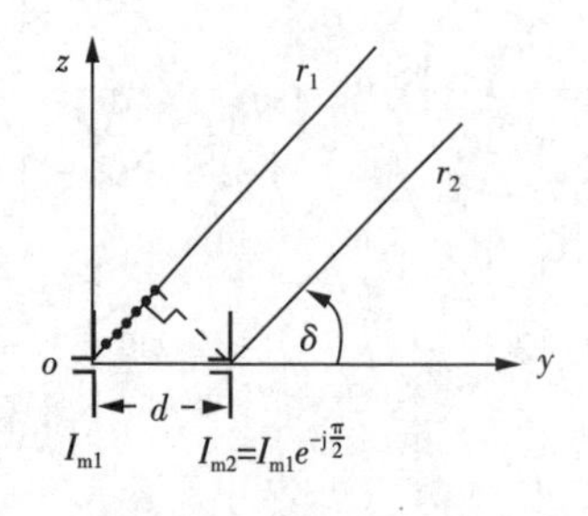

图 3-5　E面坐标图

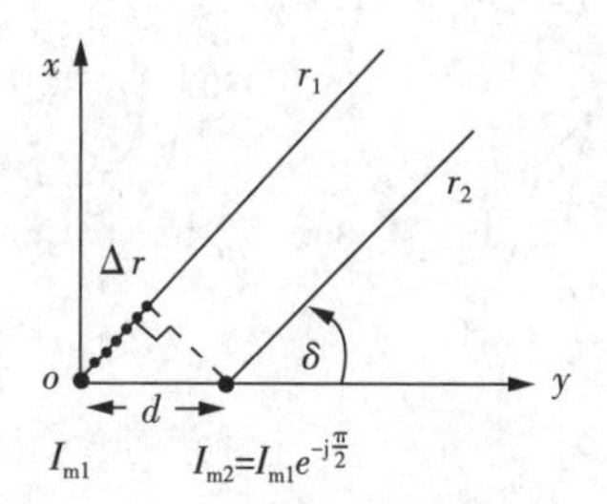

图 3-6　H面坐标图

半波振子二元阵方向图如 3-7 所示。

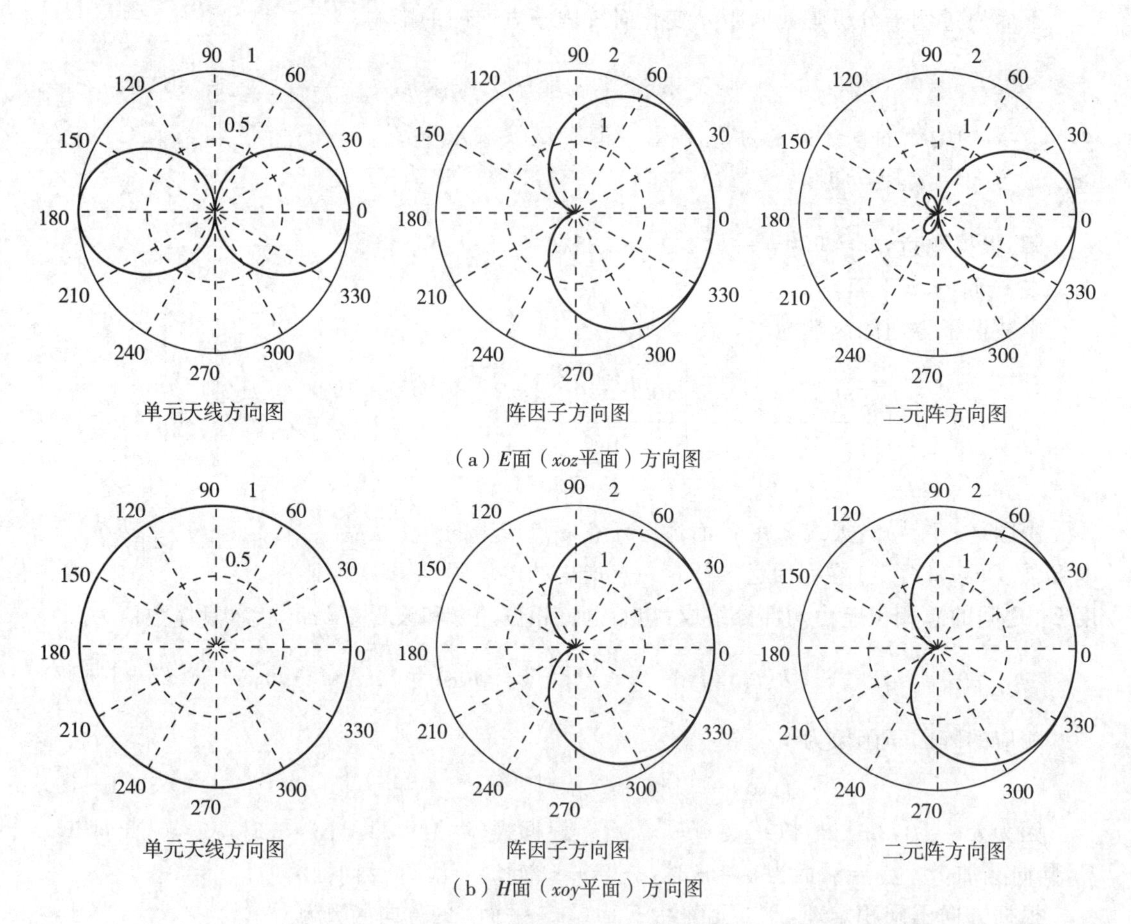

图 3-7　半波振子二元阵方向图

例 3-1-2 表明，在$\delta=0^\circ$方向上，电流激励初始相位差和波程差互相抵消，两个单元天线在此方向上的辐射场同相叠加，合成场取最大；在$\delta=180^\circ$方向上，总相位差为π，两个单元天线在此方向上的辐射场反向抵消，合成场为零。从图 3-7 可以看出，在当前条件下，二

元阵具有了单向辐射的功能，方向性得到了增强。

二元阵方向性的增强也可用远区辐射场表达式进行定量说明。假设半波振子的增益为 G，当输入功率为 P_{in} 时，其在最大辐射方向距离为 r 位置的场强为 E_1。当增大输入功率至 $2P_{in}$ 时，它在同一位置的辐射场强为

$$E=\frac{\sqrt{60\times 2P_{in}\times G}}{r}=\sqrt{2}E_1 \tag{3-1-22}$$

然而把 $2P_{in}$ 平均分配给两个相同的半波振子，在例 3-1-2 题给条件下，半波振子的辐射场在 $\delta=0°$ 方向同相叠加，其合成场强值为

$$E_{\Sigma}=\frac{2\sqrt{60\times P_{in}\times G}}{r}=2E_1 \tag{3-1-23}$$

合成场强 E_{Σ} 比单个天线的场强增大了$\sqrt{2}$ 倍。

根据增益的定义式，二元阵的增益为

$$G_{array}=\frac{S_{max}}{S_0}\bigg|_{2P_{in}=2P_0}=\left(\frac{E_{max}}{E_0}\right)^2\bigg|_{2P_{in}=2P_0}=\left(\frac{2E_1}{\sqrt{2}E_0}\right)^2=2\left(\frac{E_1}{E_0}\right)^2=2G \tag{3-1-24}$$

以上分析说明，组阵可以提高天线的方向性。

例 3-1-3　如图 3-4 所示，假设两半波振子等幅同相激励，即 $m=1$，$\xi=0$，改变阵元间距 d 的取值，分析间距 d 变化对阵因子方向图的影响。d 的取值分别为 0.5λ、λ、1.5λ、2λ。

解：阵因子函数取最大值、最小值与 ψ 有关。对于图 3-4 的组阵形式，$\psi=\xi+kd\cos\delta$，ψ 值与 ξ、d 和 δ 有关。对于自由空间情形，δ 的取值范围为 $[0,2\pi]$，因此 ψ 的取值范围为 $[\xi-kd,\xi+kd]$。

前面分析表明，当 $\psi=\pm 2n\pi(n=0,1,2,\cdots)$ 时，两天线的辐射场同相叠加，阵因子取最大值；而当 $\psi=\pm(2n-1)\pi(n=0,1,2,\cdots)$ 时，两天线的辐射场反相叠加，阵因子取最小值。当 ξ 值固定时，d 值越大，ψ 的取值范围越大，两个天线辐射场在空间同相叠加和反相抵消的机会越多，阵因子方向图出现的主瓣个数也会越多。图 3-8 为间距 d 取不同值时阵因子函数的方向图。由图易知，当 d 增大时，阵因子的主瓣数增多。

下面通过列表的方式分析 $d=1.5\lambda$ 时阵因子主瓣的个数。由于 $\xi=0$，$d=1.5\lambda$，因此 $\psi\in[-3\pi,3\pi]$。表 3-2 为阵因子取最大值时对应的 ψ 值和 δ 值。

表 3-2　阵因子取最大值时对应的 ψ 值和 δ 值

ψ	-3π	-2π	$-\pi$	0	π	2π	3π
δ	π	$\arcsin\left(-\frac{2}{3}\right)$	$\arcsin\left(-\frac{1}{3}\right)$	$\pi/2$	$\arcsin\left(\frac{1}{3}\right)$	$\arcsin\left(\frac{2}{3}\right)$	0
$f_a(\psi)$	0	2	0	2	0	2	0

由表 3-2 易知，δ 在 $0\sim\pi$ 取值范围内，$f_a(\psi)$ 取 3 次最大值。由 $\cos\delta$ 函数的对称性可知，δ 在 $\pi\sim 2\pi$ 取值范围内，$f_a(\psi)$ 也取 3 次最大值。因此，当 $d=1.5\lambda$ 时，阵因子函数有 6 个主瓣，如图 3-8(c) 所示。

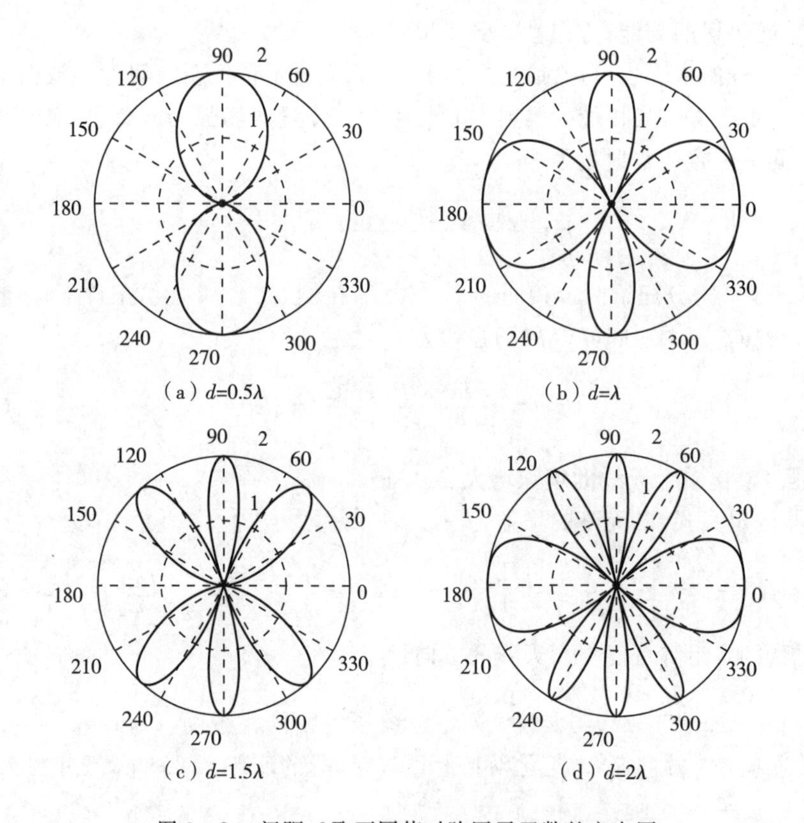

图 3-8　间距 d 取不同值时阵因子函数的方向图

4. 阵元激励电流初相位对阵因子方向图的影响

下面先介绍共线二元阵的分析方法，然后介绍激励电流初相位 ξ 变化对阵因子方向图的影响。

例 3-1-4　如图 3-9 所示，两个半波振子组成一个共线二元阵，间距 $d=\lambda$，激励电流等幅同相，即 $I_2=I_1$，求其 E 面和 H 面的方向函数及方向图。

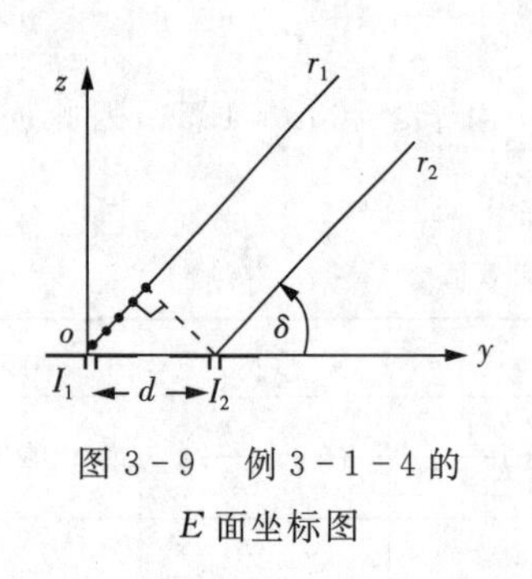

图 3-9　例 3-1-4 的 E 面坐标图

解：本题二元阵是等幅同相二元阵，即 $m=1, \xi=0$，因此相位差 $\psi=k\Delta r$。

在 E 面（yoz 平面）：

对于图 3-9 所示水平放置的半波振子，其方向图函数为

$$f_1(\delta)=\left|\cos\left(\frac{\pi}{2}\cos\delta\right)/\sin\delta\right| \tag{3-1-25}$$

二元阵的阵因子函数为

$$f_a(\delta)=\left|1+m\mathrm{e}^{\mathrm{j}\psi_E}\right|=\left|1+\mathrm{e}^{\mathrm{j}2\pi\cos\delta}\right| \tag{3-1-26}$$

相位差 $\psi_E(\delta)=2\pi\cos\delta, \psi_E\in[-2\pi,2\pi]$，$f_a$ 取最大值的相位分别为 -2π、0、2π，对应的 δ 值分别为 π、0.5π 和 0；f_a 取最小值的相位分别为 $-\pi$、π，对应的 δ 值分别为 $2\pi/3$、$\pi/3$。据此可以概画出 E 面方向图，如图 3-10 所示。

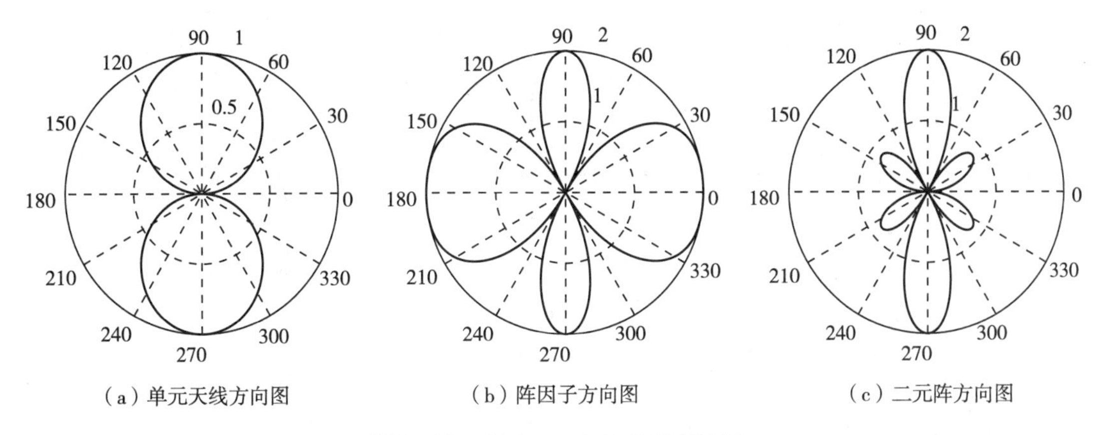

（a）单元天线方向图　（b）阵因子方向图　（c）二元阵方向图

图 3-10　例 3-1-4 的 E 面方向图

在 H 面（$y=d/2$ 平面）：

H 面是指 $y=d/2$ 的平面。两天线在 $y=d/2$ 平面上的投影是一个点，并且重合在一起，因此 $y=d/2$ 平面上任意一点到两个天线之间的距离相等，即 $\Delta r=0$。由此可知，$\psi_H(\delta)=0$，$f_H(\delta)=|1+me^{j\psi_H}|=2$，阵因子在 H 面上无方向性，同时半波振子在 H 面也没有方向性。应用方向图乘积定理，直接写出 H 面的方向函数为

$$f_H(\alpha)=1\times 2=2$$

因此，二元阵 H 面方向图为圆。

保持二元共线阵的排列方式不变，下面接着分析改变激励电流初相位对阵因子方向图的影响。

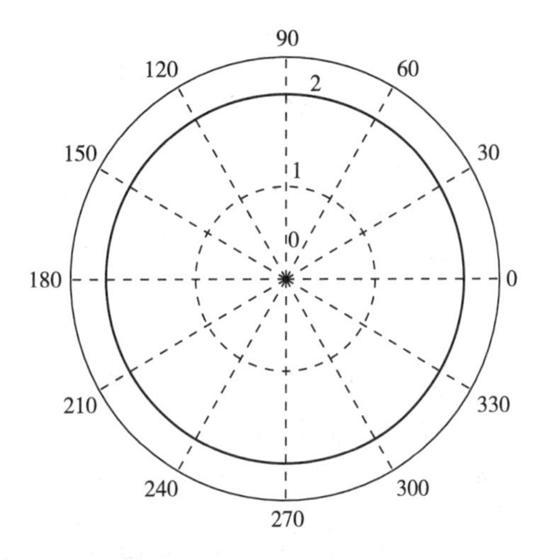

图 3-11　例 3-1-4 的 H 面坐标及方向图

例 3-1-5　如图 3-9 所示，两个半波振子组成一个共线二元阵，假设激励电流等幅（$m=1$），但不同相（$\xi\neq 0$），阵元间隔 $d=0.5\lambda$，分析 ξ 变化对阵因子方向图的影响。ξ 的取值分别为 0、0.2π、0.4π、0.6π、0.8π、π。

解：对于题给条件，$m=1$，$d=0.5\lambda$。由 $\psi=\xi+kd\cos\delta$ 易知，$\psi\in[\xi-\pi,\xi+\pi]$，当 ξ 取值变化时，ψ 的取值范围也会发生变化。

（1）当 $\xi=0$ 时，$\psi\in[-\pi,\pi]$，在此情形下 f_a 取最大值的 ψ 值为 $\psi=\xi+kd\cos\delta=0$，对应的 δ 值为 $\delta=\arccos(-\xi/kd)=0$，主瓣指向为 90° 方向；

（2）当 $\xi=0.2\pi$ 时，$\psi\in[-0.8\pi,1.2\pi]$，在此情形下 f_a 取最大值的 ψ 值依然为 $\psi=\xi+kd\cos\delta=0$，但对应的 δ 值变为 $\delta=\arccos(-\xi/kd)=\arccos(-0.2)$，主瓣指向发生了改变。

当 ξ 取其他值时，可依据此法进行分析。图 3-12 给出了 ξ 取不同值时阵因子方向图，当 ξ 的取值从 0 变化到 π 时，主瓣指向也从 90° 方向变成 180° 方向。这说明改变 ξ 值可以改变主瓣的指向，这是通过相位改变波束指向的理论基础。

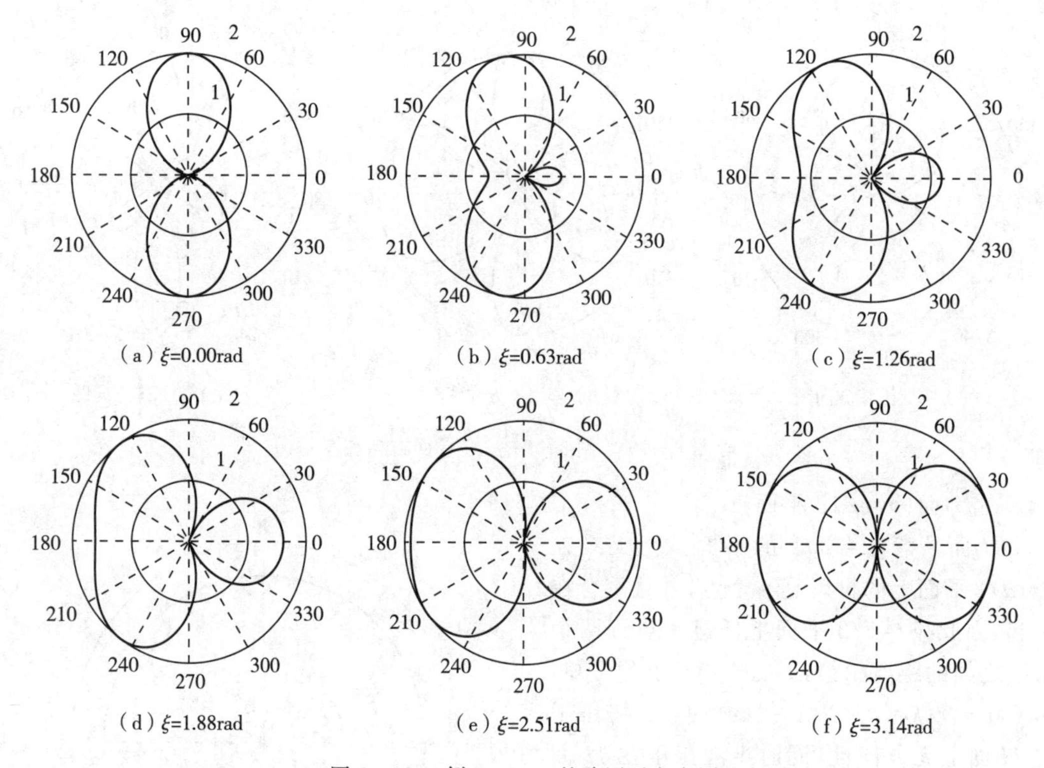

(a) ξ=0.00rad (b) ξ=0.63rad (c) ξ=1.26rad

(d) ξ=1.88rad (e) ξ=2.51rad (f) ξ=3.14rad

图 3-12 例 3-1-5 的阵因子方向图

5. 排阵指向对二元阵方向图的影响

前面分析了阵元激励电流振幅、初相位、阵元间距对阵因子方向图的影响。由方向图乘积定理可知,单元天线的类型和排列方式也可以影响天线阵的方向图,下面通过例子说明。

例 3-1-6 两个半波振子有两种排列方式:共线排列[见图 3-13(a)]、平行排列[见图 3-13(b)],假设二元阵阵元间隔 $d=\lambda$,激励电流等幅同相 $I_2=I_1$,即 $m=1$、$\xi=0$。绘制两种情况下二元阵的 E 面方向图。

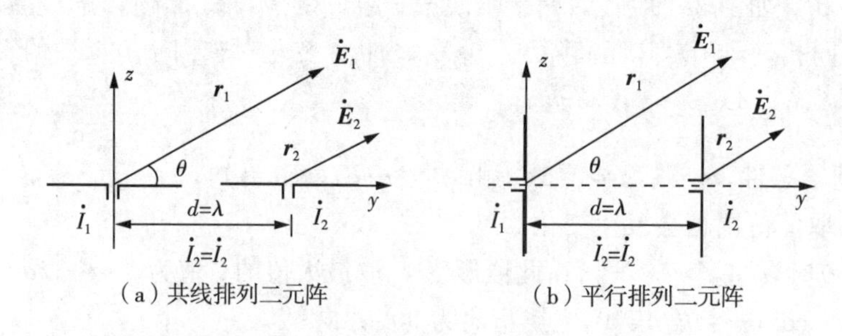

(a) 共线排列二元阵 (b) 平行排列二元阵

图 3-13 例 3-1-6 的二元阵排列示意图

解:按照前面同样的分析方法,共线排列二元阵和平行排列二元阵在 E 面(yoz 平面)的方向图函数分别为

$$f_{E,\text{共线}}(\delta)=\left|\frac{\cos(\pi\cos\theta/2)}{\sin\theta}\right|\times\left|1+\mathrm{e}^{(\mathrm{j}2\pi\cos\theta)}\right| \tag{3-1-27}$$

$$f_{E,\text{平行}}(\delta)=\left|\frac{\cos(\pi\sin\theta/2)}{\cos\theta}\right|\times\left|1+\mathrm{e}^{(\mathrm{j}2\pi\cos\theta)}\right| \tag{3-1-28}$$

由图易知，E 面方向图改变的主要原因是振子排列方向改变导致其单元天线方向图发生了改变。

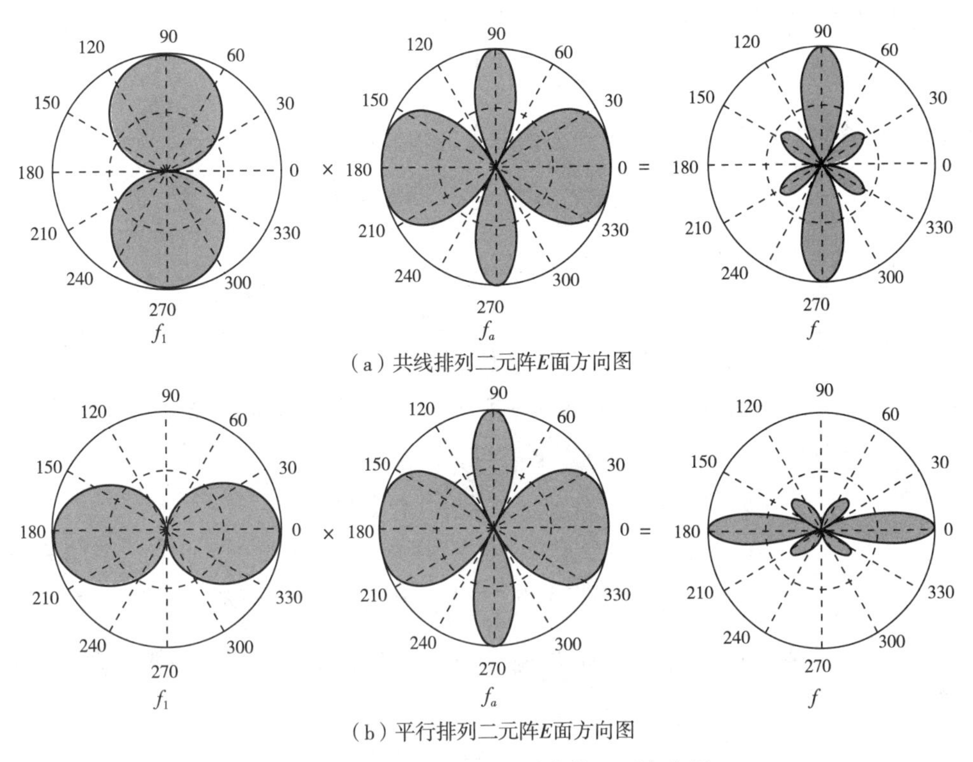

图 3-14　例 3-1-6 二元阵的 E 面方向图

3.1.2　二元阵的阻抗特性

当两个以上的天线排阵时，某一单元天线除受本身电流产生的电磁场作用之外，还要受到阵中其他天线上的电流产生的电磁场作用。有别于单个天线被置于自由空间的情况，这种电磁耦合(或感应)的结果将会导致每个单元天线的电流和阻抗都要发生变化。此时，单元天线的阻抗可以认为由两部分组成：一部分是不考虑相互耦合影响时本身的阻抗，称为自阻抗；另一部分是由相互感应作用而产生的阻抗，称为互阻抗。对于对称振子阵，互阻抗可以利用感应电动势法比较精确地求出，因此这一节以对称振子阵为例介绍天线阵的阻抗特性，其基本思路仍然可以适用于其他的天线阵。

1. 二元阵的阻抗

假设空间有两个耦合振子排列如图 3-15 所示，两振子上的电流分布分别为 $I_1(z_1)$ 和 $I_2(z_2)$。以振子 1 为例，由于振子 2 上的电流 $I_2(z_2)$ 会在振子 1 上 z_1 处线元 $\mathrm{d}z_1$ 表面上产生切向电场分量 E_{12}，并在 $\mathrm{d}z_1$ 上产生感应电动势 $E_{12z}\mathrm{d}z_1$。根据理想导体的切向电场应为零的边界条件，振子 1 上电流 $I_1(z_1)$ 必须在线元 $\mathrm{d}z_1$ 处产生 $-E_{12}$，以满足总的切向电场为零。也就是说，振子 1 上电流 $I_1(z_1)$ 也必须在 $\mathrm{d}z_1$ 上产生一个

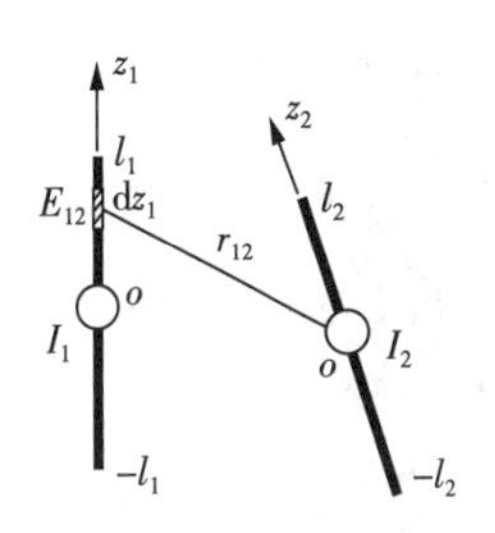

图 3-15　耦合振子示意图

反向电动势$-E_{12}\mathrm{d}z_1$。为了维持这个反向电动势，振子1的电源必须额外提供的功率为

$$\mathrm{d}P_{12}=-\frac{1}{2}I_1^*(z_1)E_{12}\mathrm{d}z_1 \tag{3-1-29}$$

由于理想导体既不消耗功率，也不能储存功率，因此$\mathrm{d}P_{12}$被线元$\mathrm{d}z_1$辐射到空中，它实际上就是感应辐射功率。由此，振子1在振子2的耦合下产生的总感应辐射功率为

$$P_{12}=\int_{-l_1}^{l_1}\mathrm{d}P_{12}=-\frac{1}{2}\int_{-l_1}^{l_1}I_1^*(z_1)E_{12}\mathrm{d}z_1 \tag{3-1-30}$$

同理，振子2在振子1的耦合下产生的总感应辐射功率为

$$P_{21}=\int_{-l_2}^{l_2}\mathrm{d}P_{21}=-\frac{1}{2}\int_{-l_2}^{l_2}I_2^*(z_2)E_{21}\mathrm{d}z_2 \tag{3-1-31}$$

互耦振子阵中，振子1和振子2的总辐射功率分别写为

$$\begin{cases}P_{r1}=P_{11}+P_{12}\\P_{r2}=P_{21}+P_{22}\end{cases} \tag{3-1-32}$$

式中，P_{11}和P_{22}分别为振子单独存在时对应于I_{m1}和I_{m2}的自辐射功率。可以将式(3-1-30)推广而直接写出P_{11}和P_{22}的表达式：

$$\begin{cases}P_{11}=\int_{-l_1}^{l_1}\mathrm{d}P_{11}=-\frac{1}{2}\int_{-l_1}^{l_1}I_1^*(z_1)E_{11}\mathrm{d}z_1\\P_{22}=\int_{-l_2}^{l_2}\mathrm{d}P_{22}=-\frac{1}{2}\int_{-l_2}^{l_2}I_2^*(z_2)E_{22}\mathrm{d}z_2\end{cases} \tag{3-1-33}$$

仿照网络电路方程，引入分别归算于I_{m1}和I_{m2}的等效电压U_1和U_2，则振子1和振子2的总辐射功率可表示为

$$\begin{cases}P_{r1}=\frac{1}{2}U_1I_{m1}^*\\P_{r2}=\frac{1}{2}U_2I_{m2}^*\end{cases} \tag{3-1-34}$$

回路方程可写为

$$\begin{cases}U_1=I_{m1}Z_{11}+I_{m2}Z_{12}\\U_2=I_{m1}Z_{21}+I_{m2}Z_{22}\end{cases} \tag{3-1-35}$$

式中，Z_{11}、Z_{22}分别为归算于波腹电流I_{m1}、I_{m2}的自阻抗(Self-Impedance)；Z_{12}为归算于I_{m1}、I_{m2}的振子2对振子1的互阻抗(Mutual Impedance)；Z_{21}为归算于I_{m2}、I_{m1}的振子1对振子2的互阻抗。它们各自的计算公式如下：

$$\begin{cases}Z_{11}=-\frac{1}{|I_{m1}|^2}\int_{-l_1}^{l_1}I_1^*(z_1)E_{11}\mathrm{d}z_1\\Z_{22}=-\frac{1}{|I_{m2}|^2}\int_{-l_2}^{l_2}I_2^*(z_2)E_{22}\mathrm{d}z_2\\Z_{12}=-\frac{1}{I_{m1}^*I_{m2}}\int_{-l_1}^{l_1}I_1^*(z_1)E_{12}\mathrm{d}z_1\\Z_{21}=-\frac{1}{I_{m1}I_{m2}^*}\int_{-l_2}^{l_2}I_2^*(z_2)E_{21}\mathrm{d}z_2\end{cases} \tag{3-1-36}$$

知识链接

双振子天线互阻抗计算程序代码

可以由电磁场的基本原理证明互易性：$Z_{12}=Z_{21}$。

在用式(3-1-36)计算时，所有沿电流的电场切向分量均用振子的近区场表达式。图 3-16 和 3-17 分别给出了两齐平行、两共线半波振子之间，归算于波腹电流的互阻抗计算曲线。

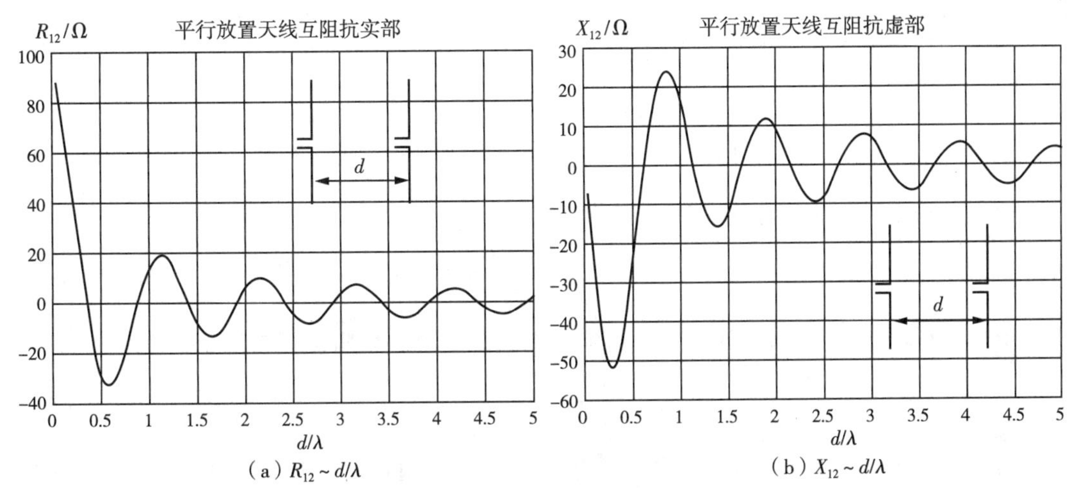

(a) $R_{12}\sim d/\lambda$　　(b) $X_{12}\sim d/\lambda$

图 3-16　两齐平行半波振子的互阻抗计算曲线($l=0.0001a$)

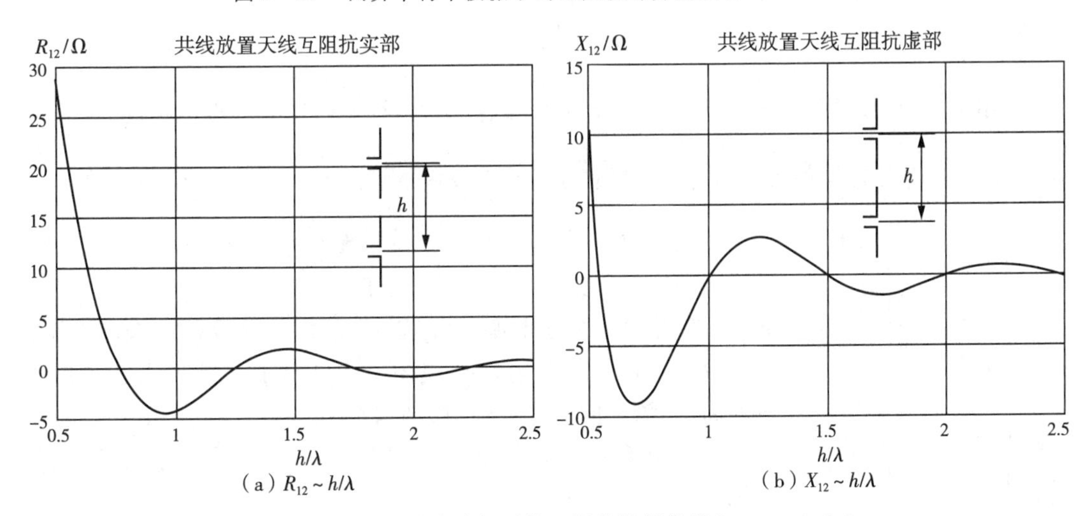

(a) $R_{12}\sim h/\lambda$　　(b) $X_{12}\sim h/\lambda$

图 3-17　两共线半波振子的互阻抗计算曲线($l=0.0001a$)

从该曲线可以看出，当间隔距离 $d>5\lambda$ 时，两齐平行半波振子之间的互阻抗可以忽略不计；当间隔距离 $h>2\lambda$ 时，两共线半波振子之间的互阻抗可以忽略不计。至于任意放置、任意长度的振子之间的互阻抗计算可以查阅有关文献，而这些互阻抗的计算对于天线阵电参数的分析是十分重要的。应该指出的是，二重合振子的互阻抗即是自阻抗。

将式(3-1-35)的第一式两边同时除以 I_{m1}，式(3-1-35)的第二式两边同时除以 I_{m2}，则得到振子 1 和振子 2 的辐射阻抗：

$$\begin{cases} Z_{r1}=\dfrac{U_1}{I_{m1}}=Z_{11}+\dfrac{I_{m2}}{I_{m1}}Z_{12} \\ Z_{r2}=\dfrac{U_2}{I_{m2}}=Z_{22}+\dfrac{I_{m1}}{I_{m2}}Z_{21} \end{cases} \tag{3-1-37}$$

由上式可以看出，耦合振子的辐射阻抗除了本身的自阻抗外，还应考虑振子间相互影响而产生的感应辐射阻抗$\frac{I_{m2}}{I_{m1}}Z_{12}$、$\frac{I_{m1}}{I_{m2}}Z_{21}$。在相似二元阵阵中，尽管自阻抗、互阻抗都相同，但是由于各阵元的馈电电流不同，感应辐射阻抗也不同，从而导致各阵元的辐射阻抗不同，工作状态不同。

如果计算二元振子阵的总辐射阻抗，那么二元阵总辐射功率就等于两振子辐射功率之和，即

$$P_{r\Sigma}=P_{r1}+P_{r2}=\frac{1}{2}\left|I_{m1}\right|^{2}Z_{r1}+\frac{1}{2}\left|I_{m2}\right|^{2}Z_{r2} \tag{3-1-38}$$

选定振子1的波腹电流为归算电流，则

$$P_{r\Sigma}=\frac{1}{2}\left|I_{m1}\right|^{2}Z_{r\Sigma(1)} \tag{3-1-39}$$

于是，以振子1的波腹电流为归算电流的二元阵的总辐射阻抗可表述为

$$Z_{r\Sigma(1)}=Z_{r1}+\left|\frac{I_{m2}}{I_{m1}}\right|^{2}Z_{r2} \tag{3-1-40}$$

同样以振子1的波腹电流I_{m1}为归算电流来计算二元阵的方向函数，则二元阵的最大方向系数为

$$D=\frac{120f_{\max(1)}^{2}}{R_{r\Sigma(1)}} \tag{3-1-41}$$

应用上式时，要特别注意二元阵的方向函数和总辐射阻抗的归算电流应该一致。

例3-1-8 计算如图3-18所示的平行二元半波振子阵的方向系数($l/a=0.0001$)。

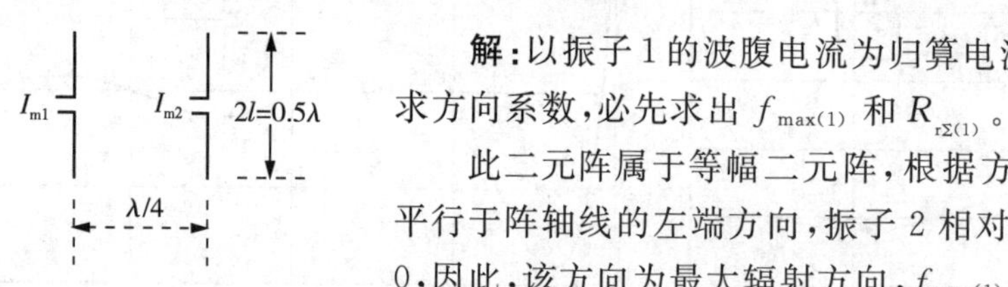

图3-18 例3-1-8图形($I_{m2}=I_{m1}e^{j\pi/2}$)

解：以振子1的波腹电流为归算电流，依据式(3-1-41)，欲求方向系数，必先求出$f_{\max(1)}$和$R_{r\Sigma(1)}$。

此二元阵属于等幅二元阵，根据方向图乘积定理，该阵在平行于阵轴线的左端方向，振子2相对于振子1的总相位差为0，因此，该方向为最大辐射方向，$f_{\max(1)}=2$。

以振子1的波腹电流为归算电流，该二元阵的总辐射阻抗为

$$Z_{r\Sigma(1)}=Z_{r1}+\left|\frac{I_{m2}}{I_{m1}}\right|^{2}Z_{r2}=Z_{11}+\frac{I_{m2}}{I_{m1}}Z_{12}+\left|\frac{I_{m2}}{I_{m1}}\right|^{2}\left(Z_{22}+\frac{I_{m1}}{I_{m2}}Z_{21}\right)$$

考虑到$Z_{11}=Z_{22}$、$Z_{12}=Z_{21}$，代入$\left|\frac{I_{m1}}{I_{m2}}\right|=1$，则上式可化简为

$$\begin{aligned}Z_{r\Sigma(1)}&=2Z_{11}+\left(\frac{I_{m2}}{I_{m1}}+\frac{I_{m1}}{I_{m2}}\right)Z_{12}=2(73.1+j42.5)+(j-j)Z_{12}\\&=146.2+j85\end{aligned}$$

因此，$R_{r\Sigma(1)}=146.2(\Omega)$

该二元阵在平行于阵轴线左端的方向系数，也就是最大方向系数为

$$D=\frac{120f_{\max(1)}^{2}}{R_{r\Sigma(1)}}=\frac{120\times 2^{2}}{146.2}=3.28$$

例 3-1-9　若例 3-1-8 题的其他条件不变，只是将二振子的馈电电流改为 $I_{m2}=0.5I_{m1}$，求方向系数。

解：仍然以振子 1 的波腹电流为归算电流。因为二元阵两振子的馈电电流同相，所以最大辐射方向改为边射，$f_{max(1)}=1.5$。二元阵的总辐射阻抗改写为

$$Z_{r\Sigma(1)}=Z_{r1}+\left|\frac{I_{m2}}{I_{m1}}\right|^2 Z_{r2}=Z_{11}+\frac{I_{m2}}{I_{m1}}Z_{12}+\left|\frac{I_{m2}}{I_{m1}}\right|^2\left(Z_{22}+\frac{I_{m1}}{I_{m2}}Z_{21}\right)$$

$$=(1+0.5^2)Z_{11}+\left(0.5+0.5^2\times\frac{1}{0.5}\right)Z_{12}$$

查图可得 $Z_{12}=40.8-j28.3$，因此 $Z_{r\Sigma(1)}=(1+0.5^2)\times(73.1+j42.5)+\left(0.5+0.5^2\times\frac{1}{0.5}\right)\times(40.8-j28.3)=132.18+j24.83$。

方向系数为

$$D=\frac{120f^2_{max(1)}}{R_{r\Sigma(1)}}=\frac{120\times1.5^2}{132.18}=2.04$$

3.1.3　无限大理想导电反射面对天线电性能的影响

前面几节所讨论的问题都假设了天线周围没有金属反射面，即天线位于自由空间。实际上天线大多架设在地面上，而地面在电波频率比较低、投射角比较小的情况下可以被看作良导体；另外，为了改善天线的方向性，有时还特意增加金属反射面或反射网。这样的辐射系统所应满足的边界条件不同于天线位于自由空间时的情况，因而辐射场也就会发生变化。严格地讨论实际反射面对天线电性能的影响是一个很复杂的问题。当地面或金属反射面被认为是无限大理想导电平面时，可以用镜像法求解。

1. 天线的镜像

根据镜像原理，讨论一个电流元在无限大理想导电平面上的辐射场时，应满足在该理想导电平面上的切向电场处处为零的边界条件，为此可在导电平面的另一侧设置一镜像电流元。该镜像电流元的作用就是代替导电平面上的感应电流，使得真实电流元和镜像电流元的合成场在理想导电平面上的切向值处处为零。因为镜像电流元不位于求解空间内，所以在真实电流元所处的上半空间，一个电流元在无限大理想导电平面上的辐射场就可以由真实电流元与镜像电流元的合成场而得到。

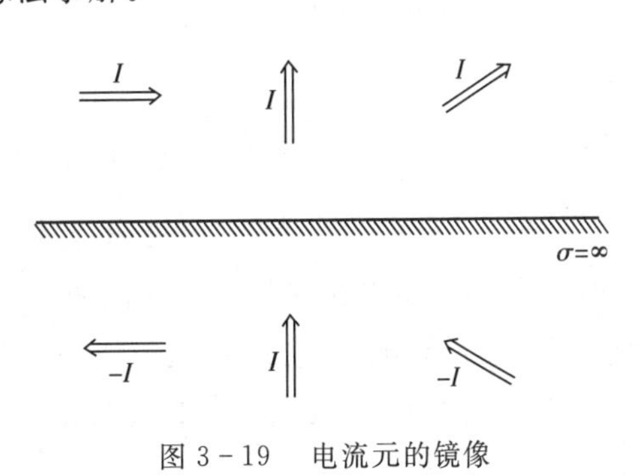

图 3-19　电流元的镜像

如图 3-19 所示，不难求出，水平电流元的镜像为理想导电平面另一侧对称位置处的等幅反向电流元，称为负镜像；而垂直电流元的镜像为理想导电平面另一侧对称位置处的等幅同相电流元，称为正镜像；倾斜电流元的镜像与水平电流元的镜像相同，也为对称位置处的负镜像。值得强调的是，镜像法只对真实电流元所处的半空间有效。

对于电流分布不均匀的实际天线，可以把它分解成许多电流元，所有电流元的镜像集合起来即为整个天线的镜像。如图 3-20 所示，水平线天线的镜像一定为负镜像；垂直对称线

天线的镜像为正镜像。

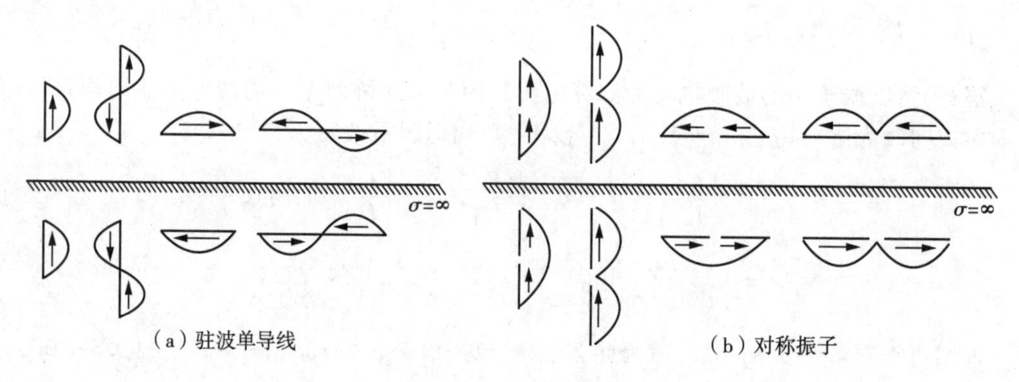

（a）驻波单导线　（b）对称振子

图 3-20　线天线的镜像

用镜像天线来代替反射面的作用后，反射面对天线电性能的影响，就转化为实际天线和镜像天线构成的二元阵问题。

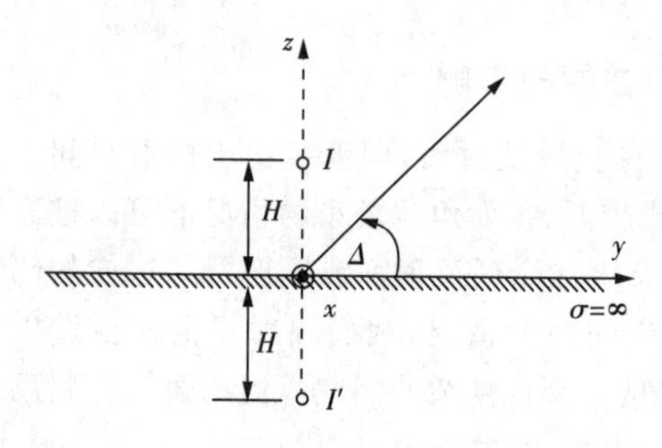

图 3-21　理想导电平面上天线的坐标图

2. 无限大理想导电反射面对天线电性能的影响

分析无限大理想导电反射面对天线电性能的影响主要有两个方面：一是对方向性的影响，二是对阻抗特性的影响。这些都可以用等幅同相或等幅反向二元阵来处理。

如图 3-21 所示的坐标系统，以实际天线的电流 I 为参考电流，当天线的架高为 H 时，镜像天线相对于实际天线之间的波程差为 $-2kH\sin\Delta$，于是由实际天线与镜像天线构成的二元阵的阵因子为

$$\begin{cases}\text{正镜像：}F_{\mathrm{a}}(\Delta)=\cos(kH\sin\Delta)\\ \text{负镜像：}F_{\mathrm{a}}(\Delta)=\sin(kH\sin\Delta)\end{cases}\tag{3-1-42}$$

正、负镜像时的阵因子随天线架高的变化如图 3-22 所示。天线架得越高，阵因子的波瓣个数越多。沿导电平面方向，正镜像始终是最大辐射，负镜像始终是零辐射；负镜像阵因子的零辐射方向和正镜像阵因子的零辐射方向互换位置。

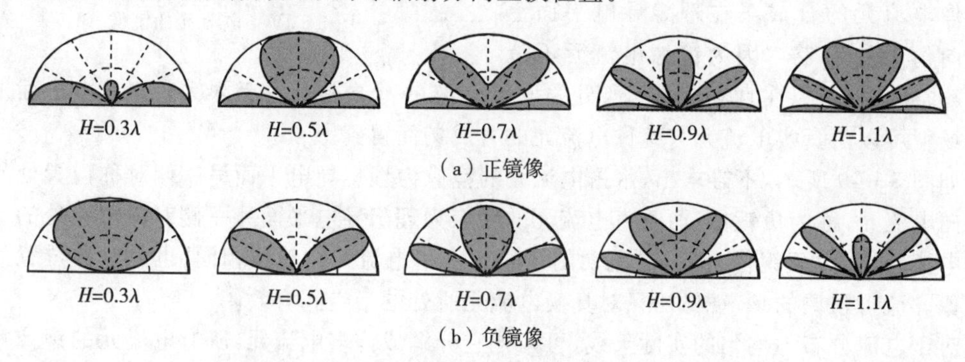

图 3-22　正、负镜像时的阵因子随天线架高的变化

根据相位差的分析，不难得出，负镜像情况下，最靠近导电平面的第一最大辐射方向对应的波束仰角 Δ_{m1} 所满足的条件为

$$\Delta_{m1}=\arcsin\left(\frac{\lambda}{4H}\right) \tag{3-1-43}$$

因此，天线的架高 H 越大，第一个靠近导电平面的最大辐射方向所对应的波束仰角 Δ 越低。理想导电平面上的天线方向图的变化规律对实际天线的架设起着指导作用。

理想导电平面对天线辐射阻抗的影响类似于一般二元阵，可以直接写为

$$\begin{cases}\text{正镜像}: Z_r=Z_{11}+Z_{12}\\ \text{负镜像}: Z_r=Z_{11}-Z_{12}\end{cases} \tag{3-1-44}$$

式中，Z_{12} 是实际天线与镜像天线之间距离为 $2H$ 时所对应的互阻抗。

例 3-1-7　计算架设在理想导电平面上的水平二元半波振子阵的 H 面方向图。$I_{m2}=I_{m1}e^{-j\pi/2}$，二元阵的间隔距离 $d=\lambda/4$，天线阵的架高 $H=\lambda/2$。

解：此题可用镜像法分析。如图 3-23 所示，该二元阵的镜像为负镜像。取 H 面为纸面，以 I_{m1} 为参考电流，则 H 面的方向函数为

$$\begin{aligned} f(\Delta)&=f_1(\Delta)\times f_{a1}(\Delta)\times f_{a2}(\Delta)\\ &=1\times\left|1+e^{j(-0.5\pi+0.5\pi\cos\Delta)}\right|\times\left|1-e^{-j(2\pi\sin\Delta)}\right| \end{aligned} \tag{3-1-45}$$

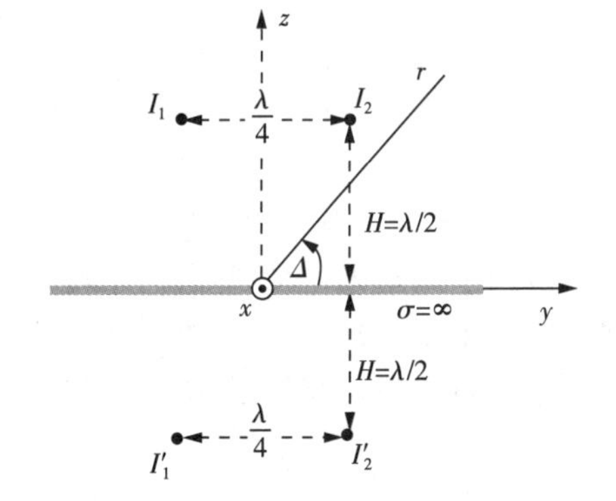

图 3-23　例 3-1-7 的 H 面坐标图

图 3-24 绘出了对应的 H 面方向图，图 3-25 绘出了该天线阵的立体方向图。

以 I_{m1} 为参考电流的阵的总辐射阻抗为

$$\begin{aligned} Z_{\Sigma(1)}&=Z_{r1}+\left|\frac{I_{m2}}{I_{m1}}\right|^2 Z_{r2}\\ &=Z_{11}+\frac{I_{m2}}{I_{m1}}Z_{12}-Z'_{11}-\frac{I_{m2}}{I_{m1}}Z'_{2}\\ &\quad+Z_{22}+\frac{I_{m1}}{I_{m2}}Z_{21}-\frac{I_{m1}}{I_{m2}}Z'_{21}-Z'_{22}\\ &=2(Z_{11}-Z'_{11})\\ &=2(73.1+j42.5-4.0-j17.7)\\ &=138.2+j49.6 \end{aligned}$$

从方向图可知，天线阵的最大辐射方向位于 H 面上 $\Delta=30°$ 处，以 I_{m1} 为参考电流的方向函数的最大值为 $f_{\max(1)}=3.9704$，因此该天线阵的方向系数为

$$D=\frac{120f^2_{\max(1)}}{R_{r\Sigma(1)}}=\frac{120\times3.9704^2}{138.2}=13.69$$

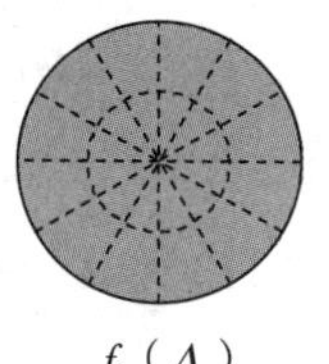
$f_1(\Delta)$

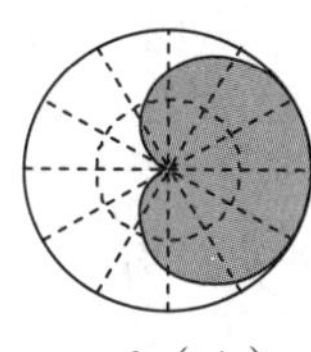
$f_{a1}(\Delta)$

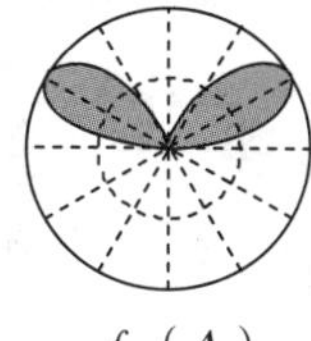
$f_{a2}(\Delta)$

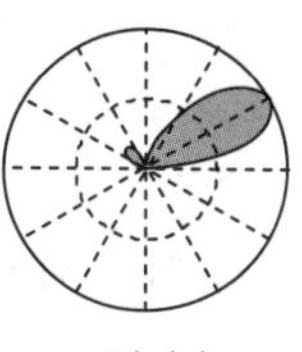
$f(\Delta)$

图 3-24　例 3-1-7 的 H 面方向图

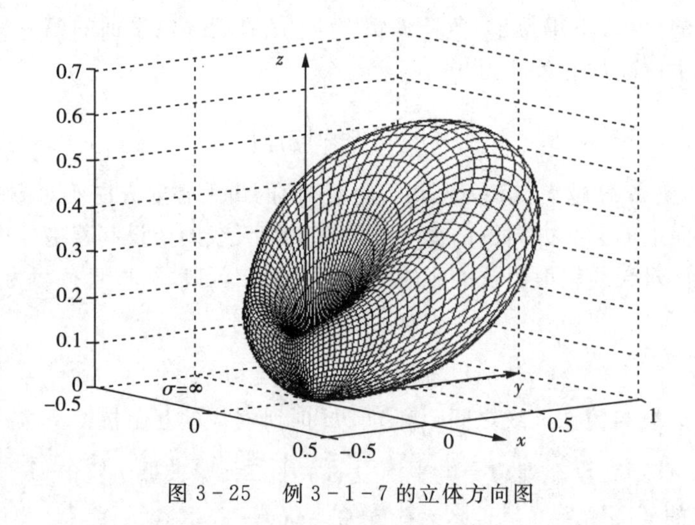

图 3-25　例 3-1-7 的立体方向图

3.2 N 元等幅激励直线阵

由 3.1 节对二元阵的分析易知，二元阵通过组阵的方式提高了天线方向性。为了进一步增强阵列天线的方向性，阵元数目需要增多。阵元数大于 2 的阵列天线被称作多元阵，而均匀直线阵是最简单的一类多元阵。这一节主要介绍均匀直线阵的阵因子函数特点，边射阵、端射阵、强制性端射阵的形成条件、波瓣参数等。

3.2.1　直线阵阵因子

1. 阵因子函数

均匀直线阵是指由相似元构成，阵元间距相等、激励电流等幅但相位沿阵轴线呈依次等量递增或递减的直线阵。如图 3-26 所示，N 个单元天线沿 y 轴排列，相邻阵元间距均为 d、激励电流可以表示为 $I_n = I_{n-1}\mathrm{e}^{\mathrm{j}\xi}(n=2,3\cdots N)$，根据方向图乘积定理，均匀直线阵的方向函数等于单元天线的方向函数与直线阵阵因子的乘积。这里重点讨论阵因子函数的特点，因此假设单元天线为无方向点源。

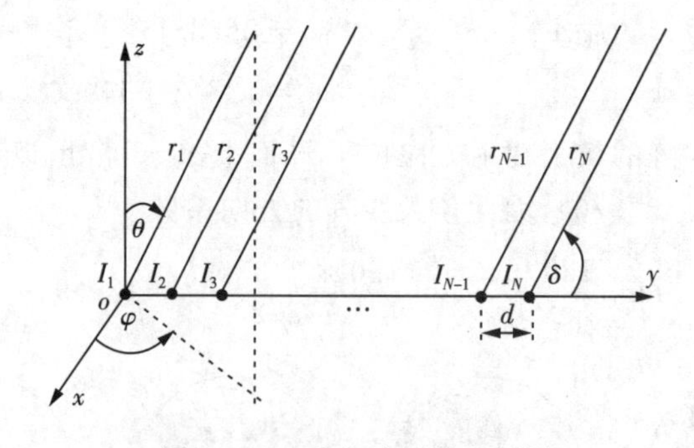

图 3-26　均匀直线阵坐标图

假设电波射线与 z 轴的夹角为 θ、与阵轴线的夹角为 δ，由二元阵的知识易知，相邻阵元在射线方向上的相位差为

$$\psi(\delta) = \xi + kd\cos\delta \tag{3-2-1}$$

与二元阵的讨论相似，N 元均匀直线阵的阵因子为

$$f_{\mathrm{a}}(\delta)=\left|1+\mathrm{e}^{\mathrm{j}\psi(\delta)}+\mathrm{e}^{\mathrm{j}2\psi(\delta)}+\mathrm{e}^{\mathrm{j}3\psi(\delta)}+\cdots+\mathrm{e}^{\mathrm{j}(N-1)\psi(\delta)}\right|=\left|\sum_{n=0}^{N-1}\mathrm{e}^{\mathrm{j}(n-1)\psi(\delta)}\right| \quad (3-2-2)$$

上式是等比数列，其值为

$$f_{\mathrm{a}}(\psi)=\left|\frac{\sin\dfrac{N\psi}{2}}{\sin\dfrac{\psi}{2}}\right|=\left|\frac{\sin\dfrac{N(\xi+kd\cos\delta)}{2}}{\sin\dfrac{\xi+kd\cos\delta}{2}}\right| \quad (3-2-3)$$

易知，$f_{\mathrm{a}}(\psi)$ 是角度 δ 的函数，同时它的值也随阵元数目 N、阵元间距 d、阵元激励电流初相位 ξ 三个参变量的变化而变化。下面首先介绍 $F_{\mathrm{a}}(\psi)$ 随 N 的变化关系。

图3-27分别给出 N 为3、5、10时 $f_{\mathrm{a}}(\psi)$ 的直角坐标方向图。由图易知，阵因子是周期函数，且容易证明：

$$f_{\mathrm{a}}(\psi+2\pi)=f_{\mathrm{a}}(\psi) \quad (3-2-4)$$

因此，$f_{\mathrm{a}}(\psi)$ 的周期为 2π。同时，当 ψ 的取值满足式(3-2-5)时，$f_{\mathrm{a}}(\psi)$ 取最大值。

$$\psi=\xi+kd\cos\delta=\pm 2m\pi \qquad (m=0,1,2,\cdots) \quad (3-2-5)$$

通过罗必塔法则求得其最大值为

$$f_{\mathrm{a,max}}(0)=\lim_{\psi\to 0}\left|\frac{\sin\dfrac{N\psi}{2}}{\sin\dfrac{\psi}{2}}\right|=\left|\frac{\dfrac{N}{2}\cos\dfrac{N\psi}{2}}{\dfrac{1}{2}\cos\dfrac{\psi}{2}}\right|_{\psi\to 0}=N \quad (3-2-6)$$

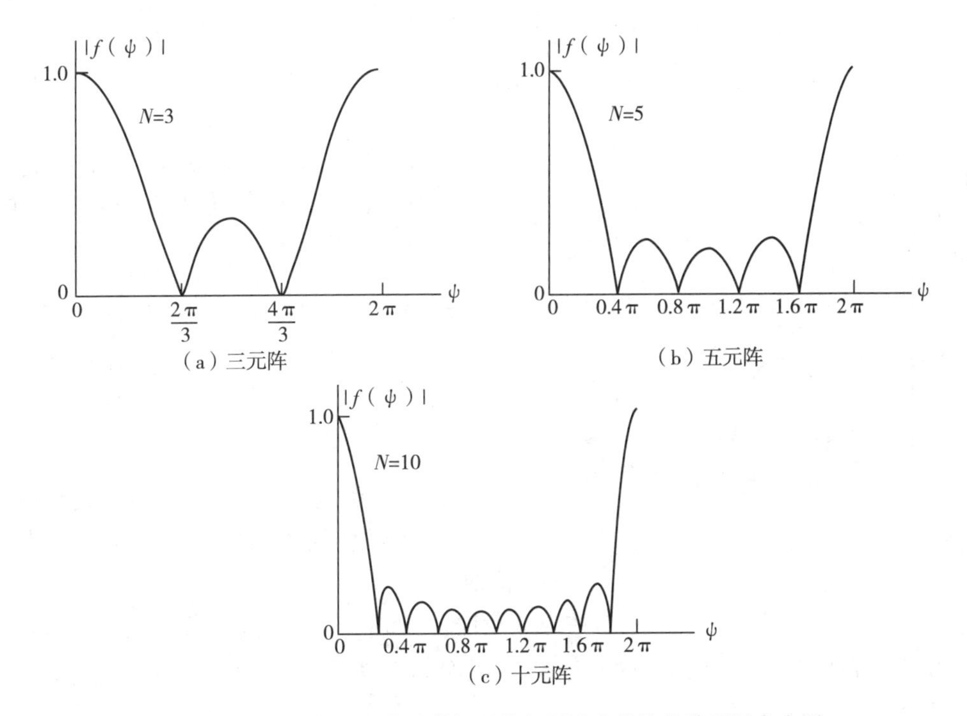

图3-27　阵元数目变化时等间距均匀激励直线阵的阵因子方向图

随着阵元数目 N 的增大，$f_{\mathrm{a}}(\psi)$ 的主瓣变窄，两个相邻主瓣之间的副瓣数目变多。这里将 $\psi=0$ 位置的波瓣称为主瓣，将其他位置的波瓣称为栅瓣。栅瓣起着分散阵列辐射能量的

作用，应极力避免，后面会介绍，通过限制阵元间距 d 可避免栅瓣的出现。

图 3-27 给出了阵元数目变化时均匀直线阵的阵因子方向图，观察图形可以得出以下结论：

(1) 当 N 增大时，主瓣变窄；

(2) 当 N 增大时，在一个周期内，存在 $N-1$ 个零点、$N-2$ 的旁瓣和 1 个大瓣；

(3) 以 ψ 为变量的旁瓣宽度为 $2\pi/N$，而大瓣（主瓣）宽度为 $4\pi/N$；

(4) 随着 N 的增大，旁瓣峰值减小。

下面基于阵因子函数，对其最大值、零值、极大值对应的角度，以及副瓣电平进行分析。

(1) 主瓣角度和半功率点波瓣宽度分析。根据式(3-2-5)，$f_a(\psi)$ 最大值对应的 δ 值为

$$\delta=\cos^{-1}\left[\frac{1}{kd}(-\xi\pm 2m\pi)\right] \tag{3-2-7}$$

当 $m=0$ 时，$f_a(\psi)$ 主瓣对应的 δ 值为

$$\delta_m=\cos^{-1}\frac{\xi}{kd} \tag{3-2-8}$$

式(3-2-3)除以 N，可得归一化阵因子函数

$$F_a(\psi)=\frac{1}{N}\left|\frac{\sin\frac{N\psi}{2}}{\sin\frac{\psi}{2}}\right| \tag{3-2-9}$$

对于较小的 ψ 值，$F_a(\psi)$ 可近似表示为

$$F_a(\psi)\approx\left|\frac{\sin\frac{N\psi}{2}}{\frac{N\psi}{2}}\right|=\left|\frac{\sin x}{x}\right|_{x=\frac{N\psi}{2}} \tag{3-2-10}$$

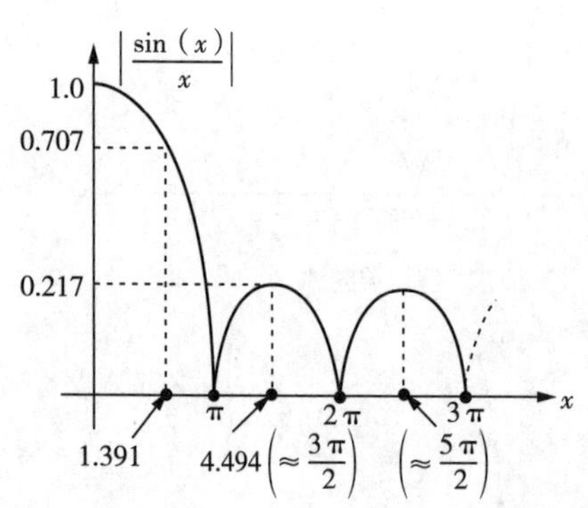

图 3-28 函数 $|\sin x/x|$ 随 x 变化的图形

图 3-28 为函数 $|\sin x/x|$ 随 x 变化的图形。根据图 3-28 可知，函数 $F_a(\psi)$ 取 0.707 对应的 ψ 和 δ 分别为

$$\frac{N\psi}{2}=\frac{N}{2}(\xi+kd\cos\delta)\Big|_{\delta=\delta_h}=\pm 1.391\Rightarrow$$

$$\delta_h=\cos^{-1}\left[\frac{1}{kd}\left(-\xi\pm\frac{2.782}{N}\right)\right] \tag{3-2-11}$$

结合阵因子主瓣和 3 dB 点对应的 δ 值：δ_m、δ_h，可以很方便地求出阵因子的半功率点波瓣宽度为

$$HPBW=2|\delta_m-\delta_h| \tag{3-2-12}$$

(2) 零值角度分析。对于 $F_a(\psi)$ 而言，当其分母不为零，而分子为零时，$F_a(\psi)$ 的值为 0。因此，阵因子取零值的角度为

$$\sin\frac{N\psi}{2}=0\Rightarrow\frac{N\psi}{2}\Big|_{\delta=\delta_n}=\pm n\pi\Rightarrow\psi=\frac{2n\pi}{N}\quad(n=1,2,\cdots;n\neq N,2N,\cdots) \tag{3-2-13}$$

$$\delta_n = \cos^{-1}\left[\frac{1}{kd}\left(-\xi \pm \frac{2n\pi}{N}\right)\right] \quad (n=1,2,\cdots;n \neq N,2N,\cdots) \tag{3-2-14}$$

(3) 极大值角度分析。同理，对于 $F_a(\psi)$ 而言，当其分母不为零，而分子取最大值 1 时，$F_a(\psi)$ 取极大值，该极大值构成了阵因子方向图的副瓣。因此，$F_a(\psi)$ 取极大值的角度为

$$\sin\frac{N\psi}{2} = \pm 1 \Rightarrow \frac{N\psi}{2}\bigg|_{\delta=\delta_s} = \pm\left(\frac{2s+1}{2}\right)\pi \Rightarrow \psi_s = \frac{(2s+1)\pi}{N} \quad (s=1,2,\cdots) \tag{3-2-15}$$

$$\delta_s = \cos^{-1}\left[\frac{1}{kd}\left(-\xi \pm \frac{(2s+1)\pi}{N}\right)\right] \quad (s=1,2,\cdots) \tag{3-2-16}$$

离主瓣最近的副瓣被称作第一副瓣，在通常情况下，它的值比其他副瓣大。第一副瓣对应的 ψ 和 δ 分别为

$$\psi_s = \frac{3\pi}{N} \tag{3-2-17}$$

$$\delta_s = \cos^{-1}\left[\frac{1}{kd}\left(-\xi \pm \frac{3\pi}{N}\right)\right] \tag{3-2-18}$$

将 ψ 的值代入 $F_a(\psi)$ 中，可得第一副瓣值为

$$F_a(\psi)\big|_{\psi_s=\frac{3\pi}{N}} \approx \left|\frac{\sin\frac{3\pi}{2}}{N\sin\frac{3\pi}{2N}}\right| = \frac{1}{N}\left|\frac{1}{\sin\frac{3\pi}{2N}}\right| \tag{3-2-19}$$

当 N 较大(如 $N=20$) 时，上式可近似为

$$F_a(\psi)\big|_{\psi_s=\frac{3\pi}{N}} \approx \frac{1}{N}\left|\frac{1}{\sin\frac{3\pi}{2N}}\right| \approx \frac{2}{3\pi} = 0.212 \tag{3-2-20}$$

其 dB 值为

$$SLL = 20\log_{10} F_a\left(\frac{3\pi}{N}\right) = 20\log_{10}(0.212) \approx -13.46(\text{dB}) \tag{3-2-21}$$

2. 阵列参数对阵因子方向图的影响

δ 的取值范围为 $[0,2\pi]$，于是有 $-1 \leqslant \cos\delta \leqslant 1$，依据 $\psi(\delta)=\xi+kd\cos\delta$，总相位 ψ 存在一个取值范围

$$\xi - kd \leqslant \psi \leqslant \xi - kd \tag{3-2-22}$$

这就是所谓的**可见区**，可见区范围由参数 ξ、d 决定。当 d 不变，而改变 ξ 时，可见区的左右边界会发生变化。随着 ξ 值的增大，可见区在 ψ 坐标轴上会逐步向右移动，但可见区的长度保持不变，仍为 $2kd$ 。当保持 ξ 不变，而改变 d 时，可见区的范围会发生变化，如 $d=\lambda/2$ 时，可见区的大小为 2π，而 $d=\lambda$ 时，可见区的大小为 4π。

方程 $\psi(\delta)=\xi+kd\cos\delta$ 给出一个从 δ 到 ψ 的线性变换，因此阵因子 F_a 也是角度 δ 的函数，下面介绍一种阵因子 F_a 关于角度 δ 的极坐标方向图的作图方法。

例 3-2-1　一均匀直线阵，具体参数 $N=5$，$\xi=0$、$d=0.5\lambda$，绘制阵因子函数 F_a 的极坐标方向图。

解:根据题给参数,计算可得 ψ 取值范围为 $\psi \in [-\pi, \pi]$。按照以下步骤绘制极坐标方向图。

首先画出 F_a 关于 ψ 的直角坐标方向图,接着在其下方,以 $\xi=0$ 为中心,以 $kd=\pi$ 为半径作一个圆,它可以很方便实现从直角坐标 ψ 到极坐标角 δ 的变换。例如,对于直角坐标上的任意 ψ 值,如 a 点,向下画一条直线直到与圆相交,交点为 c,c 至圆心 o 的径向线的极角即为 δ。将该径向线的半径长度 oc 视为 1,极坐标方向图的矢径长度 oe 就取为直角坐标图上对应的 $F_a(\psi)$ 值(ab 段)。按此方法,将直角坐标方向图极大值、零点位置投影到圆上,便可概画出极坐标图,如图 3-29 所示。

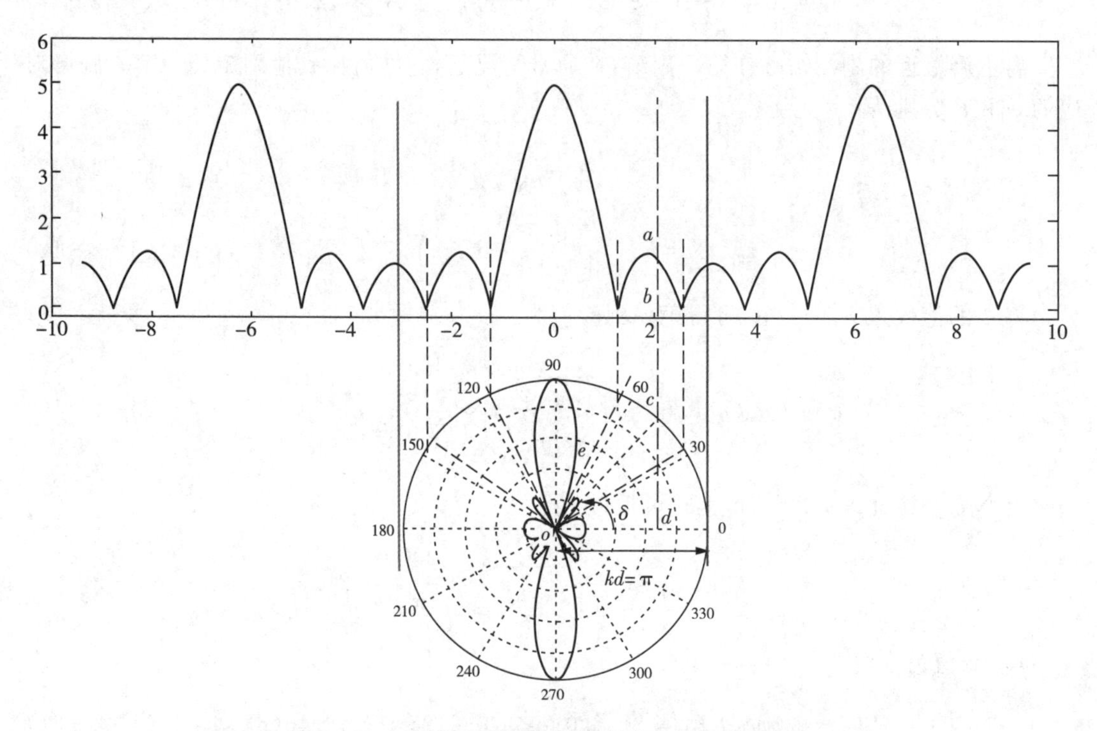

图 3-29　阵因子函数 F_a 极坐标方向图的作图方法

下面基于可见区概念和极坐标图绘图方法分析 ξ 变化对 F_a 方向图的影响。

例 3-2-2　一均匀直线阵,阵元数目 $N=3$,阵元间距 $d=0.5\lambda$,绘制 $\xi=0$、$\pi/2$、π 时阵因子 F_a 的极坐标方向图。

解:由前分析可知,阵元数目固定后,阵因子 F_a 的直角坐标图即可作出,在 $\psi=\pm 2m\pi$ 位置,阵因子取最大值 1。在 $0\sim 2\pi$ 内,当 $\psi=\dfrac{2n\pi}{N}(n=1,2,\cdots N-1)$ 时,阵因子取零值;当 $\psi=\dfrac{(2n+1)\pi}{N}(n=1,2,\cdots N-2)$ 时,阵因子取极大值。因此,阵因子的可见区限制在 $[\xi-kd, \xi+kd]$ 内。

当 ξ 变化时,可见区会在 E 坐标轴上移动。由于阵因子极坐标图是将阵因子模值图在可见区内的图形投影到极坐标圆上获得的,因此 ξ 变化引起可见区的移动,必将导致阵因子极坐标方向图的变化。

图 3-30 给出了三元阵在 $d=\lambda/2$，ξ 分别取 0、$\pi/2$、π 条件下的极坐标图。由于 $d=\lambda/2$，因此 $kd=\pi$。

当 $\xi=0$ 时，可见区为 $\psi\in[-\pi,\pi]$，图 3-30(b) 给出了对应的极坐标方向图，三元阵的主瓣位于天线阵轴线的两侧，此时称为边射阵。

当 $\xi=\pi/2$ 时，可见区为 $\psi\in[-\pi/2,3\pi/2]$，图 3-30(c) 给出了对应的极坐标方向图，三元阵的主瓣向左偏移。

当 $\xi=\pi$ 时，可见区为 $\psi\in[0,2\pi]$，图 3-30(d) 给出了对应的极坐标方向图，这时主瓣出现在三元阵的轴线两端，此时称为端射阵。

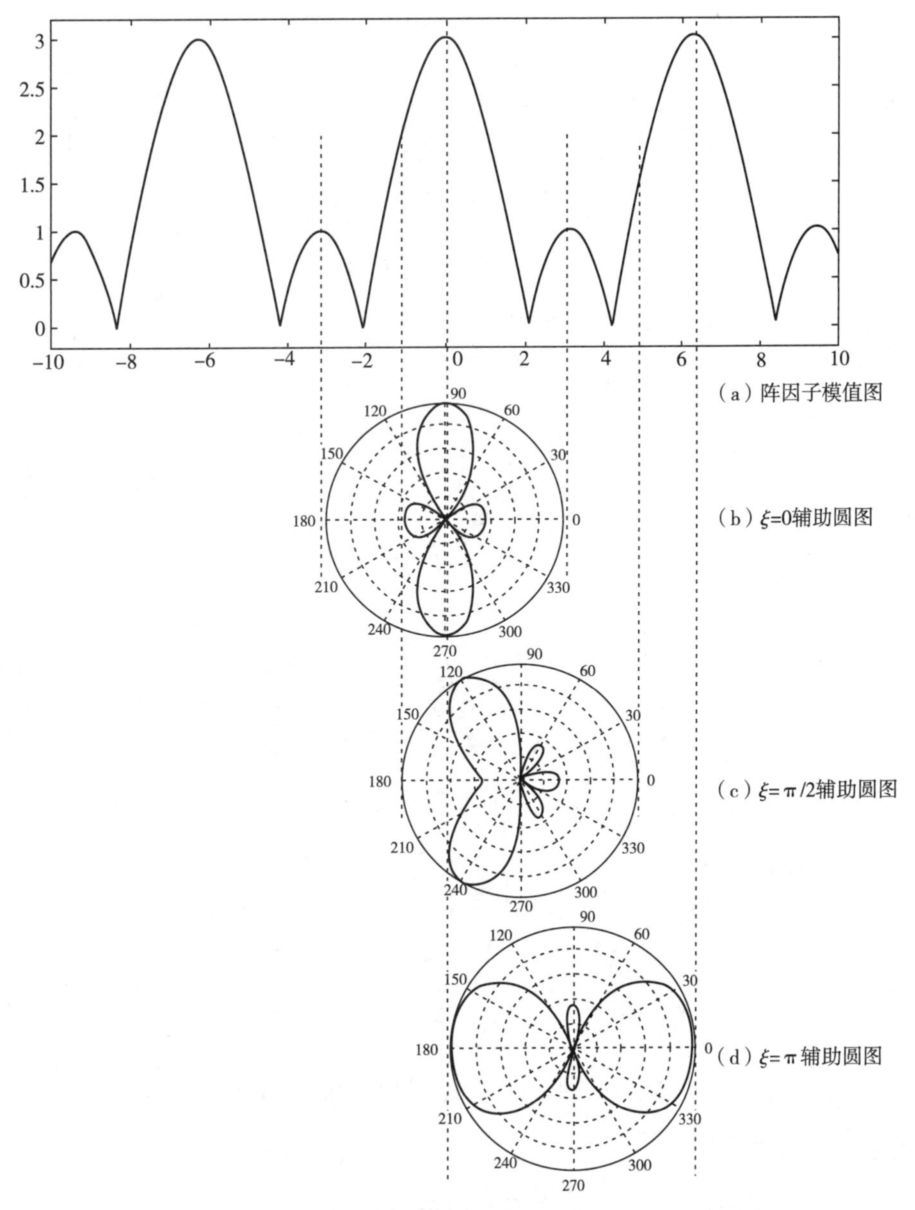

图 3-30　90° 三元直线阵极坐标方向图

例 3-2-2 说明，改变激励电流初相位 ξ 值，可以改变主瓣在空间的指向。若控制器能够连续改变 ξ 值，则相应的主瓣可以在空间连续扫描，这就是相控阵天线的基本原理。

下面进一步分析 d 变化时，90°极坐标方向图的变化情况。图 3-31 给出了 $d=\lambda/4$、$d=3\lambda/4$、和 $d=\lambda$ 时，均匀激励等间距三元阵的极坐标方向图。由于极坐标方向图是上下对称的，因此这里只作出一半极坐标方向图。由图易知以下规律：

（1）当 d 增大时，图形的可见区范围也增大，极坐标方向图的波瓣数随之增多；

（2）当 $d=\lambda$ 时，在 $\theta=0,\pi$ 方向上，出现与主瓣大小相同的附加大瓣，即栅瓣。

栅瓣分散了天线阵的辐射能量的集中程度，降低了方向性，因此在大多数情况下，都不希望有栅瓣。可以通过限制 d 的大小来抑制栅瓣出现。

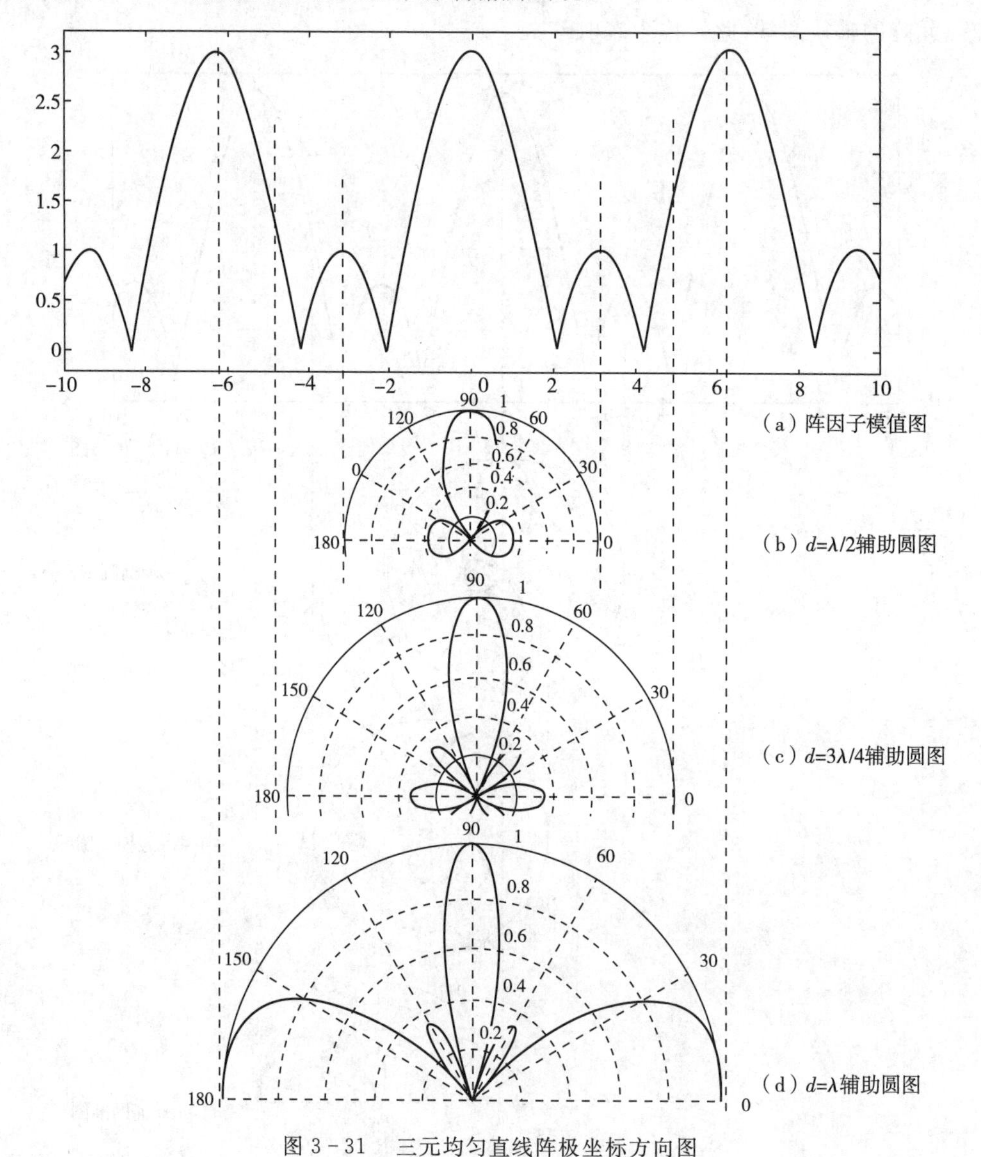

图 3-31　三元均匀直线阵极坐标方向图

3.2.2　边射阵

边射阵（Broadside Array）是指主瓣指向阵轴法线方向的阵列，即主瓣指向角度为 $\delta_{\mathrm{m}}=90°$。

根据式(3-2-5)，且令 $m=0$，可得 ξ 的取值条件为

$$\psi = \xi + kd\cos\delta \mid_{\delta_m = 90^\circ} = 0 \Rightarrow \xi = 0 \qquad (3-2-23)$$

这说明当阵列各阵元同相激励时，并且它们的辐射场在 $\delta_m = 90^\circ$ 方向上没有波程差，于是在此方向上所有阵元辐射场同相叠加，因此形成了阵列的主瓣。

图 3-32 给出了阵列在 $\xi=0$、$d=\lambda/4$、$N=10$ 条件下的立体方向图。由图易知，主瓣分布在 y 轴的两侧。接着图 3-33 给出了阵列在 $\xi=0$、$d=\lambda$、$N=10$ 条件下的立体方向图，图中除 δ 为90°、270° 存在主瓣外，在 δ 为 0°、180° 也出现了与主瓣同样大小的波瓣，这种大瓣称为栅瓣。下面分析抑制栅瓣出现的间距条件。

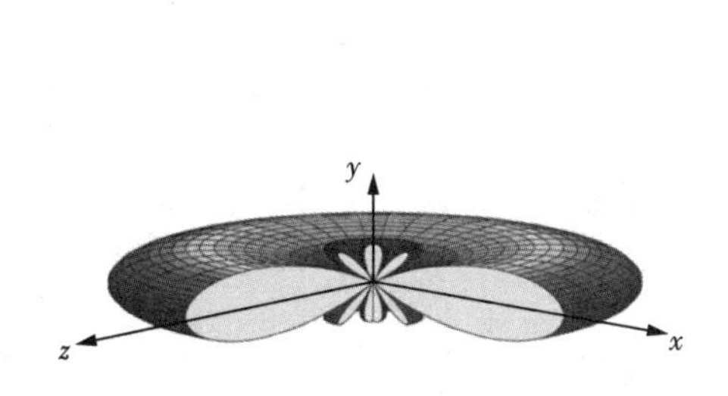

图 3-32　边射阵($\xi = 0$、$d = \lambda/4$、$N = 10$)

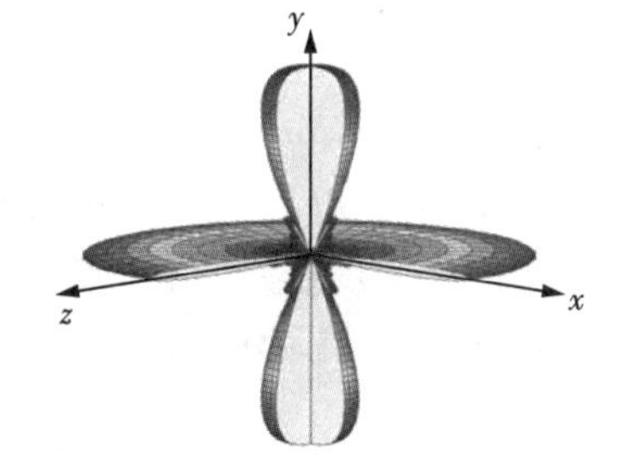

图 3-33　边射阵($\xi = 0$、$d = \lambda$、$N = 10$)

对于边射阵，ψ 的取值范围为 $\psi \in [-kd, kd]$。栅瓣出现的角度条件为

$$\psi = \pm 2n\pi \qquad (n = 1, 2, \cdots)$$

如果将边射阵可见区的边界限制在 $[-2\pi, 2\pi]$ 内，栅瓣就不会出现。因此，避免栅瓣出现的条件为

$$kd_{\max} < 2\pi \quad \Rightarrow \quad d_{\max} < \lambda \qquad (3-2-24)$$

如果将边射阵可见区的右边界放在最近栅瓣的左侧零点位置，那么可以进一步减弱栅瓣的影响。此处 d 的取值条件为

$$kd_{\max} < 2\pi - \frac{2\pi}{N} \quad \Rightarrow \quad d_{\max} < \lambda\left(1 - \frac{1}{N}\right) \qquad (3-2-25)$$

表 3-3 列出了边射阵的零点、最大值、半功率点、副瓣位置和波瓣宽度的表达式。

表 3-3　边射阵的零点、最大值、半功率点、副瓣位置和波瓣宽度

零点	$\delta_n = \arccos\left(\pm \frac{n}{N}\frac{\lambda}{d}\right), n = 1,2,\cdots; n \neq N, 2N, \cdots$
最大值	$\delta_m = \arccos\left(\pm \frac{m\lambda}{d}\right), m = 0,1,2,\cdots$
半功率点	$\delta_h \simeq \arccos\left(\pm \frac{1.391\lambda}{\pi N d}\right), \frac{\pi d}{\lambda} \ll 1$
副瓣位置	$\delta_s \simeq \arccos\left(\pm \frac{\lambda}{2d}\left(\frac{2s+1}{N}\right)\right), s = 1,2,\cdots; \frac{\pi d}{\lambda} \ll 1$
第一零点波瓣宽度(*FNBW*)	$\delta_n = 2\left[\frac{\pi}{2} - \arccos\left(\frac{\lambda}{Nd}\right)\right]$
半功率点波瓣宽度(*HPBW*)	$\delta_h = 2\left[\frac{\pi}{2} - \arccos\left(\frac{1.391\lambda}{\pi N d}\right)\right], \frac{\pi d}{\lambda} \ll 1$

3.2.3 端射阵

端射阵(Ordinary End－Fire Array)是指主瓣指向阵轴一端方向的阵列,即主瓣指向角度 δ_m 为 0°或180°。

对于均匀直线阵而言,主瓣指向 0°的相位条件为

$$\psi=\xi+kd\cos\delta\mid_{\delta=0^\circ}=0\Rightarrow\xi=-kd \tag{3-2-26}$$

主瓣指向180°的相位条件为

$$\psi=\xi+kd\cos\delta\mid_{\delta=180^\circ}=0\Rightarrow\xi=kd \tag{3-2-27}$$

对于主瓣指向 $\delta_0=0°$ 的情况,$\xi=-kd$,ψ 的取值范围为$[-2kd,0]$。如果 $d=\lambda/2$,ψ 的取值范围为$[-2\pi,0]$,阵因子方向图会出现两个相同的端射瓣。为了避免这种情况出现,令可见区的大小满足:$2kd<2\pi$,即 d 满足:$2kd<2\pi\Rightarrow d=\lambda/2$

由于栅瓣的半宽度(最大值到零)为 $2\pi/N$,将可见区至少减小 π/N,可以消除 $\delta_0=180°$ 方向的大瓣,此时更严格的间距条件为

$$2kd<2\pi-\frac{\pi}{N}\Rightarrow d=\frac{\lambda}{2}\left(1-\frac{1}{2N}\right) \tag{3-2-28}$$

对于主瓣指向 $\delta_0=180°$ 的端射阵可以推出同样的结果。

例 3－2－3　绘制五阵元普通端射直线阵方向图。

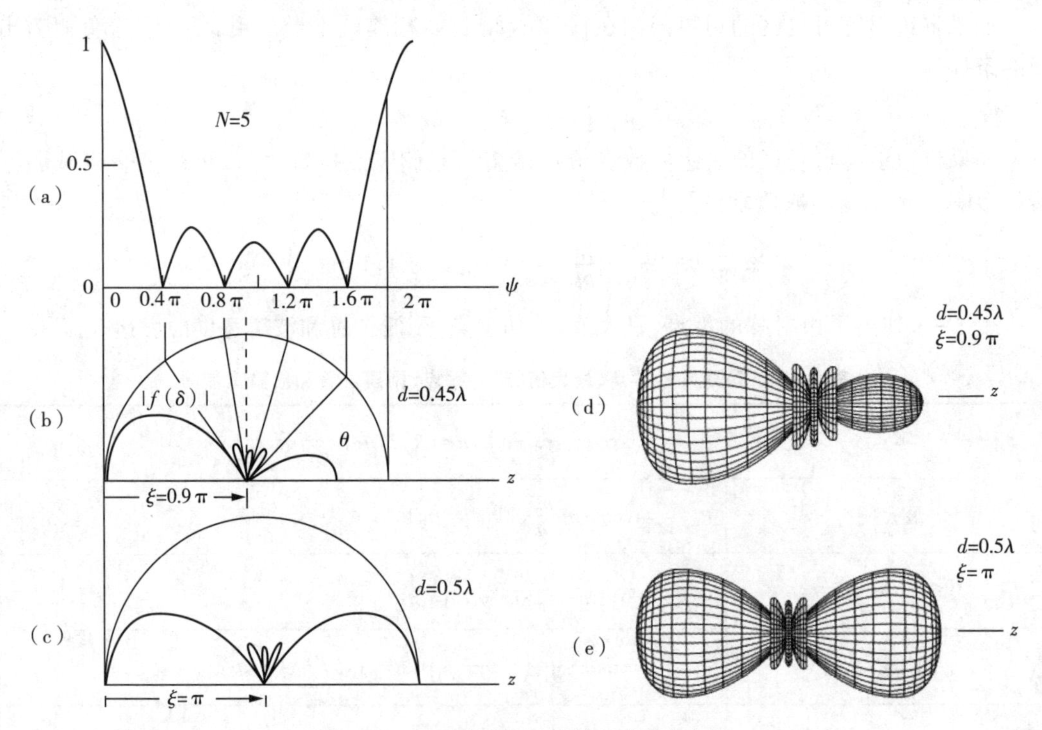

图 3－34　五阵元普通端射直线阵方向图

[注:(a) 为 ψ 的直角坐标方向图;(b) 为 $d=0.45\lambda$,$\xi=0.9\pi$,普通端射阵的极坐标方向图;(c) 为 $d=0.5\lambda$,$\xi=\pi$,普通端射阵的极坐标方向图;(d) 为 $d=0.45\lambda$,$\xi=0.9\pi$,普通端射阵的立体方向图;(e) 为 $d=0.5\lambda$,$\xi=\pi$,普通端射阵的立体方向图]

图 3－35 给出了阵元数 $N=5$、阵元间距 $d=\lambda/4$ 均匀直线阵的立体方向图。由图可知,当

$\delta_0=0°$ 时，主瓣指向 z 轴正方向；当 $\delta_0=180°$ 时，主瓣指向 $-z$ 轴方向。

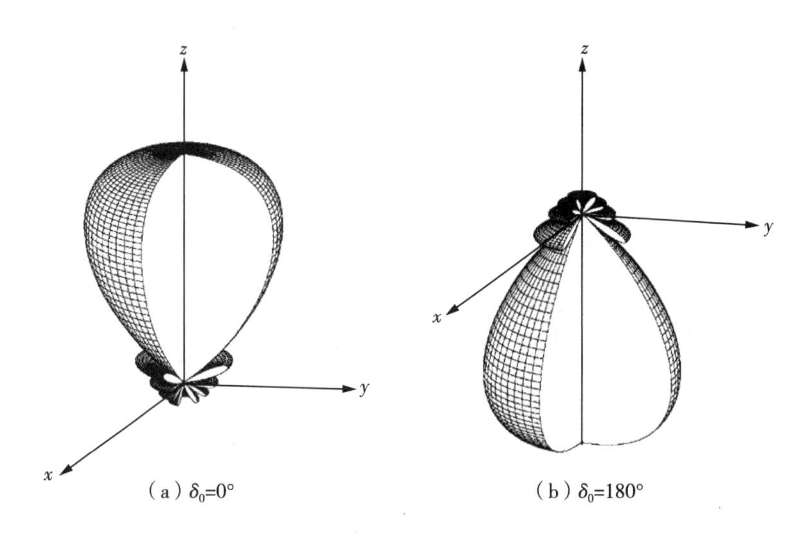

图 3-35　主瓣指向 $\delta_0=0°$ 和 180° 的端射阵的立体方向图($N=10, d=\lambda/4$)

表 3-4 列出了端射阵的零点、最大值、半功率点、副瓣位置和波瓣宽度的表达式。

表 3-4　端射阵的零点、最大值、半功率点、副瓣位置和波瓣宽度

零点	$\delta_n=\arccos\left(1\pm\frac{n}{N}\frac{\lambda}{d}\right), n=1,2,\cdots;n\neq N,2N,\cdots$
最大值	$\delta_m=\arccos\left(1\pm\frac{m\lambda}{d}\right), m=0,1,2,\cdots$
半功率点	$\delta_h\simeq\arccos\left(1\pm\frac{1.391\lambda}{\pi Nd}\right), \frac{\pi d}{\lambda}\ll 1$
副瓣位置	$\delta_s\simeq\arccos\left(1\pm\frac{\lambda}{2d}\left(\frac{2s+1}{N}\right)\right), s=1,2,\cdots;\frac{\pi d}{\lambda}\ll 1$
第一零点波瓣宽度(*FNBW*)	$\delta_n=2\arccos\left(1-\frac{\lambda}{Nd}\right)$
半功率点波瓣宽度(*HPBW*)	$\delta_h=2\arccos\left(1-\frac{1.391\lambda}{\pi Nd}\right), \frac{\pi d}{\lambda}\ll 1$

3.2.4　强制性端射阵

为了进一步增强端射阵的方向性，汉森和伍德亚德在 1938 年提出了阵元激励电流相位条件为

$$\xi=-\left(kd+\frac{2.92}{N}\right)\simeq-\left(kd+\frac{\pi}{N}\right), \text{主瓣指向 } \delta_0=0° \tag{3-2-29}$$

下面以主瓣指向 $\delta_0=180°$ 为例介绍强制性端射阵(Hansen - Woodyard End - Fire Array) d 的取值条件。当相移量 $\xi=kd+\frac{\pi}{N}$ 时，阵列的可见区为 $\left[\frac{\pi}{N}, 2kd+\frac{\pi}{N}\right]$，将可见区的左边界移出 $\psi=0$ 区域，可以使主瓣变窄；同时为了避免栅瓣出现，可见区的右边界不超过

栅瓣的左侧零点位置，由此推出 d 的取值条件为

$$2kd+\frac{\pi}{N}\leqslant 2\pi-\frac{\pi}{N}\Rightarrow d\leqslant\frac{\lambda}{2}\left(1-\frac{1}{N}\right)\tag{3-2-30}$$

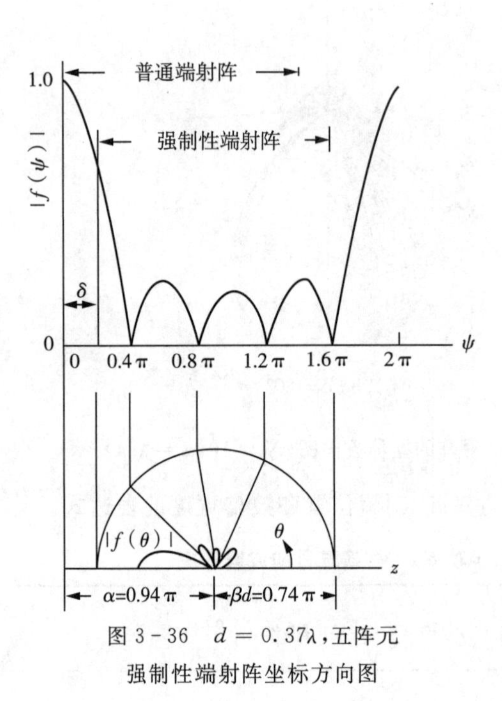

图 3-36　$d=0.37\lambda$，五阵元强制性端射阵坐标方向图

由前面的分析可知，对于五阵元强制性端射阵，间距 d 必须满足：$d\leqslant\lambda/2(1-1/5)$，这里取 $d=0.37\lambda$，如图 3-36 所示。为了让主瓣指向 $\delta_0=180^\circ$，相邻阵元相位差取 $\xi=kd+\pi/5=0.94\pi$。此时，可见区为 $[0.2\pi,1.68\pi]$，左边界位于 0.2π 位置，ψ 在 $[0.2\pi,0.4\pi]$ 内的图形投影到极坐标中形成直线阵的主瓣，且主瓣变窄；可见区的右边界位于 1.68π 位置，远离栅瓣。通过改变阵元激励电流相位、限制阵元间距，强制性端射阵的方向性得到了增强。

不过，需要指出的是，强制性端射阵的主瓣与副瓣之间的差异变小，副瓣电平增大。

3.2.5　相控阵

为了将波束指向 $\delta_{\max}$，相邻阵元的激励相位差 ξ 需满足条件：

$$\psi=kd\cos\delta+\xi\big|_{\delta=\delta_{\max}}=kd\cos\delta_{\max}+\xi=0\Rightarrow\xi=-kd\cos\delta_{\max}\tag{3-2-31}$$

通过控制相邻阵元之间的渐进相位差，可以在任何期望的方向上获得最大辐射，这是电子扫描相控阵操作的基本原理。由于在相控阵技术中，扫描必须是连续的，因此系统应该能够连续地改变阵元之间的渐进相位。实践中可以通过使用铁氧体或二极管移相器来实现。对于铁氧体移相器，相移由铁氧体内部的磁场控制，而磁场又通过缠绕在移相器周围的导线流动的电流控制。

当天线阵的方向图主瓣偏离边射时，主瓣变宽，这种效应称为波束展宽。

在实际应用中，栅瓣限制了相控阵的性能，因此应极力避免。避免栅瓣出现的阵元间距限制条件为

$$d<\frac{\lambda}{1+|\cos\delta_{\max}|}\tag{3-2-32}$$

对于边射阵，$\delta_{\max}=90^\circ$，由式(3-2-33)可得 $d<\lambda$；对于端射阵，$\delta_{\max}=0^\circ$、$\delta_{\max}=180^\circ$，则有 $d<\lambda/2$。

3.3　*N* 元非均匀激励直线阵

在本章的前几节中，介绍了具有均匀间距、均匀振幅和阵元间渐进相位的线性阵的分析理论，并用了许多数值和图形解来说明一些原则。本节主要讨论间距均匀但振幅分布不均匀的线性阵，如二项式分布阵、切比雪夫阵。

研究表明，在均匀振幅阵、二项式分布阵和切比雪夫阵中，均匀振幅阵的半功率点波瓣宽度最小，然后依次是切比雪夫阵和二项式分布阵。如果按照旁瓣大小的顺序比较，二项式分布阵具有最小的旁瓣，然后依次是切比雪夫阵和均匀振幅阵。事实上，阵元间距等于或小于 $\lambda/2$ 的二项式分布阵没有旁瓣。因此，在设计阵列天线时，设计者必须在旁瓣电平大小和波瓣宽度之间折中。

下面首先推导非均匀激励直线阵的阵因子函数。

3.3.1 阵列因子

偶数和奇数元素的非均匀振幅排列如图 3-37 所示。

假设有 $2M$ 个各向同性阵元沿 z 轴对称放置，如图 3-37(a) 所示，阵元间距为 d。

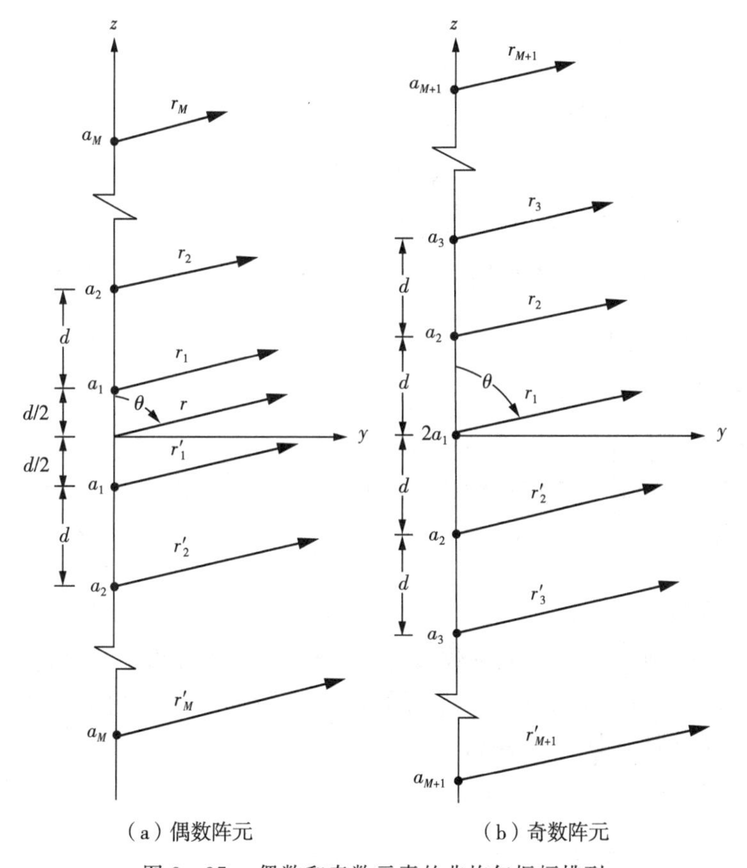

(a) 偶数阵元　　(b) 奇数阵元

图 3-37　偶数和奇数元素的非均匀振幅排列

若振幅激励按照原点对称分布，则对于非均匀振幅阵的阵列因子可以写为

$$(AF)_{2M}=a_1\mathrm{e}^{\mathrm{j}(1/2)kd\cos\theta}+a_2\mathrm{e}^{\mathrm{j}(3/2)kd\cos\theta}+\cdots+a_M\mathrm{e}^{\mathrm{j}(2M-1)/2kd\cos\theta}$$

$$+a_1\mathrm{e}^{-\mathrm{j}(1/2)kd\cos\theta}+a_2\mathrm{e}^{-\mathrm{j}(3/2)kd\cos\theta}+\cdots+a_M\mathrm{e}^{-\mathrm{j}(2M-1)/2kd\cos\theta} \quad (3-3-1)$$

$$(AF)_{2M}=2\sum_{m=1}^{M}a_m\cos\left[\frac{(2m-1)}{2}kd\cos\theta\right] \quad (3-3-2)$$

归一化后的阵因子函数为

$$(AF)_{2M}=\sum_{m=1}^{M}a_m\cos\left[\frac{2m-1}{2}kd\cos\theta\right]$$

$$= \sum_{m=1}^{M} a_m \cos[(2m-1)u] \tag{3-3-3}$$

式中，a_m 是第 m 个阵元的激励系数；$u=\frac{1}{2}kd\cos\theta$。

假设阵元数目为奇数 $2M+1$，如图 3-37(b) 所示，阵因子可以写成

$$\begin{aligned}(AF)_{2M+1} = & 2a_1 + a_2 e^{jkd\cos\theta} + a_3 e^{j2kd\cos\theta} + \cdots \\ & + a_{M+1} e^{j(M-1)kd\cos\theta} + a_2 e^{-jkd\cos\theta} \\ & + a_3 e^{-j2kd\cos\theta} + \cdots + a_{M+1} e^{-j(M-1)kd\cos\theta}\end{aligned} \tag{3-3-4}$$

$$(AF)_{2M+1} = 2\sum_{m=1}^{M+1} a_m \cos[(m-1)kd\cos\theta] \tag{3-3-5}$$

归一化后的阵因子函数为

$$\begin{aligned}(AF)_{2M+1} &= \sum_{m=1}^{M+1} a_m \cos[(m-1)kd\cos\theta] \\ &= \sum_{m=1}^{M+1} a_m \cos[2(m-1)u]\end{aligned} \tag{3-3-6}$$

式中，$u=\frac{1}{2}kd\cos\theta$。各阵元激励系数的值 a_m 与所选用的阵列综合算法有关，采用不同的阵列综合算法，a_m 的值也不同。

3.3.2 二项式分布阵

1. 激励系数

为了确定二项式分布阵的振幅激励系数，下面将 $(1+x)^{m-1}$ 展开成级数形式，即

$$(1+x)^{m-1} = 1 + (m-1)x + \frac{(m-1)(m-2)}{2!}x^2 + \frac{(m-1)(m-2)(m-3)}{3!}x^3 + \cdots \tag{3-3-7}$$

不同 m 值下的级数展开的阵元系数如图 3-38 所示。上面由系数组成的三角形称为杨辉三角形。如果 m 表示阵元数目，那么展开的系数表示阵元的相对振幅。由于系数是由二项式级数展开式确定的，因此该数组被称为二项式数组。

m=1　1
m=2　1　1
m=3　1　2　1
m=4　1　3　3　1
m=5　1　4　6　4　1
m=6　1　5　10　10　5　1
m=7　1　6　15　20　15　6　1
m=8　1　7　21　35　35　21　7　1
m=9　1　8　28　56　70　56　28　8　1
m=10　1　9　36　84　126　126　84　36　9　1

图 3-38　不同 m 值下的级数展开的阵元系数

例如，当 $2M=2$ 时，阵元激励系数 $a_1=1$；当 $2M+1=3$ 时，阵元激励系数 $2a_1=2\Rightarrow a_1=1$，$a_2=1$；当 $2M=4$ 时，阵元激励系数 $a_1=3$，$a_2=1$；当 $2M+1=5$ 时，阵元激励系数 $2a_1=6\Rightarrow a_1=$

3，$a_2=4$，$a_3=1$；依次类推。

下面通过一个例子来说明二项式分布直线阵的方向图特点。假设阵元数目 $2M=10$，根据杨辉三角形可以获得各个阵元的激励系数，分别为 $a_1=126 \Rightarrow a_1=63$，$a_2=84$，$a_3=36$，$a_4=9$，$a_5=1$。图 3-39 给出了 $d=\lambda/4$、$d=\lambda/2$、$d=3\lambda/4$ 和 $d=1\lambda$ 的十元二项式分布阵的阵因子方向图。

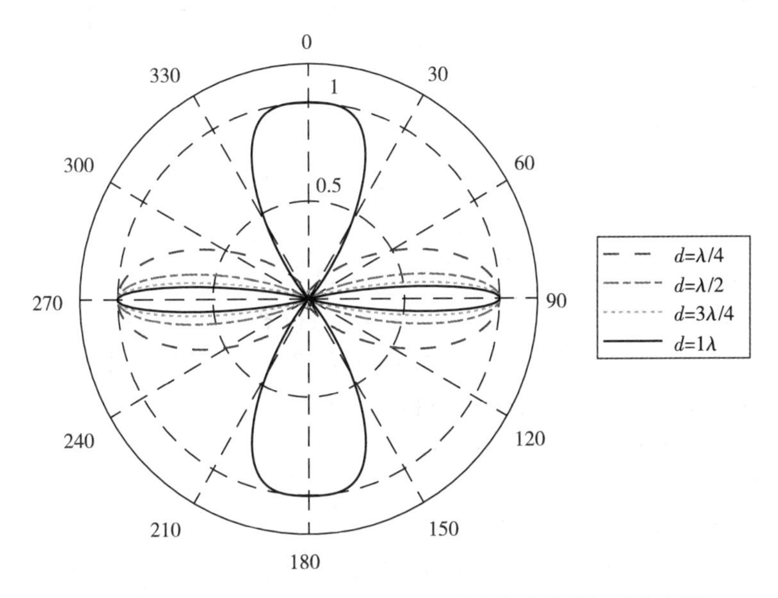

图 3-39　不同间距条件下十元二项式分布阵的阵因子方向图

由图可知，当阵元间距 $d=\lambda/4$、$d=\lambda/2$ 时，方向图没有旁瓣。当 $d>\lambda/2$ 时，方向图开始出现非常低的旁瓣，与均匀分布直线阵相比，它的主瓣较宽。

虽然二项式分布直线阵具有低副瓣的优点，但是相邻阵元激励系数相差太大，导致天线的馈电系统设计很困难。由于阵列两端的阵元激励幅度太小，两边阵元对方向图的贡献可以忽略不计，因此这是一种低效的天线系统。

2. 设计过程

对于采用二项式分布激励的均匀间隔直线阵，很难推导出半功率波瓣宽度、方向系数与阵元数目的解析关系式，因此很难从方向图的设计指标得到阵元的数目。然而，对于间距 $d=\lambda/2$ 的二项式分布直线阵，其旁瓣电平为 0，其半功率点波瓣宽度、方向系数与 N 的近似表达式为

$$HPBW(d=\lambda/2) \simeq \frac{1.06}{\sqrt{N-1}} = \frac{1.06}{\sqrt{2L/\lambda}} = \frac{0.75}{\sqrt{L/\lambda}} \tag{3-3-8}$$

$$D_0 = \frac{2}{\int_0^{\pi} \left[\cos\left(\frac{\pi}{2}\cos\theta\right)\right]^{2(N-1)} \sin\theta \mathrm{d}\theta} \approx 1.77\sqrt{N} = 1.77\sqrt{1+2L/\lambda} \tag{3-3-9}$$

这些表达式可以有效地用于设计具有期望的半功率点波瓣宽度或方向系数的二项式分布阵。

例 3-3-1　假设有一个阵元间距 $d=\lambda/2$，阵元数目 $N=10$ 的二项式分布直线阵，请确定它的半功率点波瓣宽度、方向系数。

解：$HPBW \simeq \frac{1.06}{\sqrt{10-1}}=\frac{1.06}{3}=0.353(\text{rad})$，$D_0=1.77\sqrt{10}=5.597=7.48(\text{dB})$。

3.3.3 切比雪夫阵

另一种比较实用的阵列是切比雪夫阵，它最早由 Dolph 提出，它的方向图特性在均匀阵和二项式分布阵间做了折中，通过切比雪夫多项式设计阵列激励系数，可以在给定的副瓣电平的前提下使主瓣最窄。

1. 切比雪夫多项式

定义切比雪夫多项式 (Chebychev)：

$$T_m(x)=\begin{cases}\cos(m\cos^{-1}x), & |x|\leqslant 1\\ \cosh(m\cosh^{-1}x), & x>1\\ (-1^m)\cosh(m\cosh^{-1}x), & x<1\end{cases} \tag{3-3-10}$$

由上式可知，当 $|x|\leqslant 1$ 时，$T_m(x)=\cos(mu)$；但当 $|x|>1$ 时，$T_m(x)$ 由双曲函数表示。下面给出了 $T_0(x)\sim T_4(x)$ 切比雪夫多项式的图形(见图 3-40)。

由图 3-40 可知，切比雪夫多项式具有以下特点。

(1) 所有切比雪夫多项式都经过点(1,1)。

(2) 当 $-1\leqslant x\leqslant 1$ 时，$-1\leqslant T_m(x)\leqslant 1$，即在 $|x|\leqslant 1$ 内，$T_m(x)$ 为振荡函数。

(3) 若 $T_m(x)=0$，则所有的根都在 $-1\leqslant x\leqslant 1$ 内。

(4) 当 $x>1$ 时，$T_m(x)>1$ 为单调上升。当 $x<-1$ 时，若 m 为奇数，则 $T_m(x)<-1$；若 m 为偶数，则 $T_m(x)>1$。

切比雪夫多项式的上述性质，使它成为道尔夫综合阵列天线的一种理想函数。依据切比雪夫函数曲线，道尔夫等人将 $x_1\leqslant x\leqslant x_0$（$x_1$ 为最靠近 $x=1$ 的零点）区间内的 $T_m(x)$ 曲线作为方向图主瓣，将 $-1\leqslant x\leqslant x_1$ 区间内的 $T_m(x)$ 振荡曲线作为方向图的等电平副瓣，同时适当选择 x_0 位置来调整主瓣与副瓣的比值。

现在的问题是，如何将切比雪夫多项式与阵因子多项式联系起来？

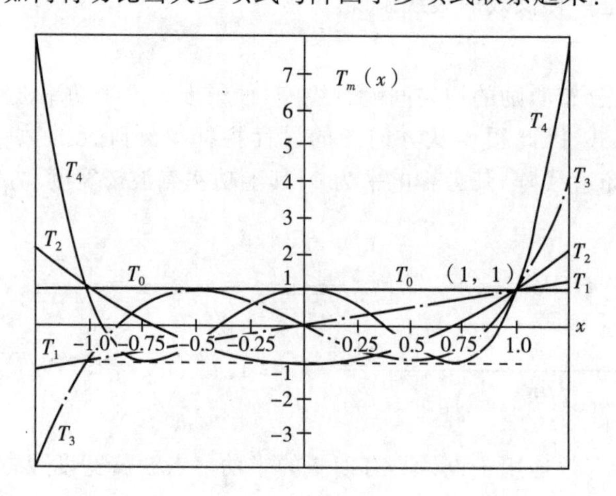

图 3-40 $T_0(x)\sim T_4(x)$ 随 x 的变换曲线

2. 阵因子多项式

对于 $m\geqslant 2$，切比雪夫多项式具有以下递推公式：

$$T_m(x)=2xT_{m-1}(x)-T_{m-2}(x) \tag{3-3-11}$$

已知：$T_0(x)=1$、$T_1(x)=x$，利用递推公式可以推出阶数 $m\geqslant 2$ 的切比雪夫多项式的表达式为

$$\begin{cases} T_2(x)=2x^2-1 \\ T_3(x)=4x^3-3x \\ T_4(x)=8x^4-8x^2+1 \\ T_5(x)=16x^5-20x^3+5x \\ T_6(x)=32x^6-48x^4+18x^2-1 \\ T_7(x)=64x^7-112x^5+56x^3-7x \end{cases} \tag{3-3-12}$$

前面，在二项式分布阵设计中，无论是偶数($2M$)阵列，还是奇数($2M+1$)阵列，其阵因子函数是 M 或($M+1$)个余弦函数的级数求和形式，即

$$F(u)=\begin{cases} \sum_{m=1}^{M} a_m\cos((2m-1)u), & M\text{ 为奇数} \\ \sum_{m=1}^{M+1} a_m\cos(2(m-1)u), & M\text{ 为偶数} \end{cases} \tag{3-3-13}$$

利用三角函数性质，每一个余弦项 $\cos(mu)$ 都可以展开成 $\cos(u)$ 的多项式，具体有

$$\begin{aligned}
&m=0 \quad \cos(mu)=1 \\
&m=1 \quad \cos(mu)=\cos u \\
&m=2 \quad \cos(mu)=\cos 2u=2\cos^2 u-1 \\
&m=3 \quad \cos(mu)=\cos 3u=4\cos^3 u-3\cos u \\
&m=4 \quad \cos(mu)=\cos 4u=8\cos^4 u-8\cos^2 u+1 \\
&m=5 \quad \cos(mu)=\cos 5u=16\cos^5 u-20\cos^3 u+5\cos u \\
&m=6 \quad \cos(mu)=\cos 6u=32\cos^6 u-48\cos^4 u+18\cos^2 u-1 \\
&m=7 \quad \cos(mu)=\cos 7u=64\cos^7 u-112\cos^5 u+56\cos^3 u-7\cos u \\
&m=8 \quad \cos(mu)=\cos 8u=128\cos^8 u-256\cos^6 u+160\cos^4 u-32\cos^2 u+1 \\
&m=9 \quad \cos(mu)=\cos 9u=256\cos^9 u-576\cos^7 u+432\cos^5 u-120\cos^3 u+9\cos u
\end{aligned} \tag{3-3-14}$$

在上式中，若令 $\cos u=x$，则 $T_m(x)$ 与 $\cos(mu)$ 相等，即

$$T_m(x)=\cos mu \tag{3-3-15}$$

3. 切比雪夫阵设计

设计任务：采用切比雪夫综合法，设计一个激励幅度为对称分布、等间距为 d 的 N 单元阵列，其副瓣电平为 $-R_{0\,\mathrm{dB}}$，求激励幅度分布 a_m。

设计步骤：具体有以下 6 个步骤。

(1) 根据单元数 N 的奇偶，选择阵因子 $AF_{\mathrm{odd}}(u)$ 或 $AF_{\mathrm{even}}(u)$。

(2) 展开阵因子中的每一项，使其变化为只含 $\cos(u)$ 的形式。

(3) 将用 dB 表示的主副瓣比 $R_{0\,\mathrm{dB}}$ 换算成数值 $R_0=10^{R_{0\,\mathrm{dB}}/20}$，并根据下式确定 R_0 的

取值。

$$T_{N-1}(x_0)=R_0,x_0=\frac{1}{2}\left[(R_0+\sqrt{R_0^2-1})^{\frac{1}{N-1}}+(R_0-\sqrt{R_0^2-1})^{\frac{1}{N-1}}\right]$$

这里选择 $T_{N-1}(u)$ 是因为切比雪夫的阶数始终比阵列单元数小 1。

(4) 使用变量代换 $\cos(u)=x/x_0$，并将其代入步骤(2) 展开的阵因子中。

(5) 进行变量代换之后，使阵因子多项式等于一个 $N-1$ 阶的切比雪夫多项式：$AF(u)=T_{N-1}(x)$，从而确定阵列多项式系数 a_m。

(6) 将步骤(5) 求得的 a_m 代入阵因子中，获得阵因子表达式。

下面通过一个实际例子来说明这个设计过程。

例 3-3-2 设计一个间距为 d，单元数为 $N=10$，等电平副瓣为 -26 dB 的切比雪夫直线阵方向图。

解：采用前面给出的设计步骤。

(1) 偶数阵，$M=5$，选择阵因子函数为

$$(AF)_{2M}=\sum_{m=1}^{5}a_m\cos[(2m-1)u] \qquad \left(u=\frac{1}{2}kd\cos\theta\right)$$

(2) 展开 $(AF)_{2M}$ 中的每一项，使其变化为只含 $\cos(u)$ 的形式：

$$(AF)_{10}=a_1\cos(u)+a_2\cos(3u)+a_3\cos(5u)+a_4\cos(7u)+a_5\cos(9u)$$

利用递推公式，可将 $\cos(3u)$、$\cos(5u)$、$\cos(7u)$ 和 $\cos(9u)$ 分别展开。

(3) $R_0=20$，通过 $T_9(x_0)=20$ 确定 x_0 的值：

$$x_0=\frac{1}{2}\left[(R_0+\sqrt{R_0^2-1})^{1/9}+(R_0-\sqrt{R_0^2-1})^{1/9}\right]=1.0851$$

(4) 将 $\cos(u)=x/x_0=x/1.0851$ 代入到步骤(2) 的阵因子函数中，经整理后可得

$$\begin{aligned}(AF)_{\text{even}}=&x[(a_1-3a_2+5a_3-7a_4+9a_5)/x_0]\\&+x^3[(4a_2-20a_3+56a_4-120a_5)/x_0^3]\\&+x^5[(16a_3-112a_4+432a_5)/x_0^5]\\&+x^7[(64a_4-576a_5)/x_0^7]\\&+x^9[256a_5/x_0^9]\end{aligned}$$

(5) 令 $(AF)_{\text{even}}=T_9(x)=9x-120x^3+432x^5-576x^7+256x^9$，通过比较同幂次项系数可得

$$256a_5/x_0^9=256\Rightarrow a_5=2.086$$

$$(64a_4-576a_5)/x_0^7=-576\Rightarrow a_4=2.8308$$

$$(16a_3-112a_4+432a_5)/x_0^5=432\Rightarrow a_3=4.1071$$

$$(4a_2-20a_3+56a_4-120a_5)/x_0^3=-120\Rightarrow a_2=5.2073$$

$$(a_1-3a_2+5a_3-7a_4+9a_5)/x_0=9\Rightarrow a_1=5.8377$$

(6) 写成归一化形式，即得 $a_1=1$，$a_2=0.892$，$a_3=0.704$，$a_4=0.485$，$a_5=0.357$。将上述系数代入式(3-3-3) 得到阵因子函数表达式。

若取 $d=0.6\lambda$，可计算并绘制上述十元切比雪夫直线阵的方向图(见图 3-41)。

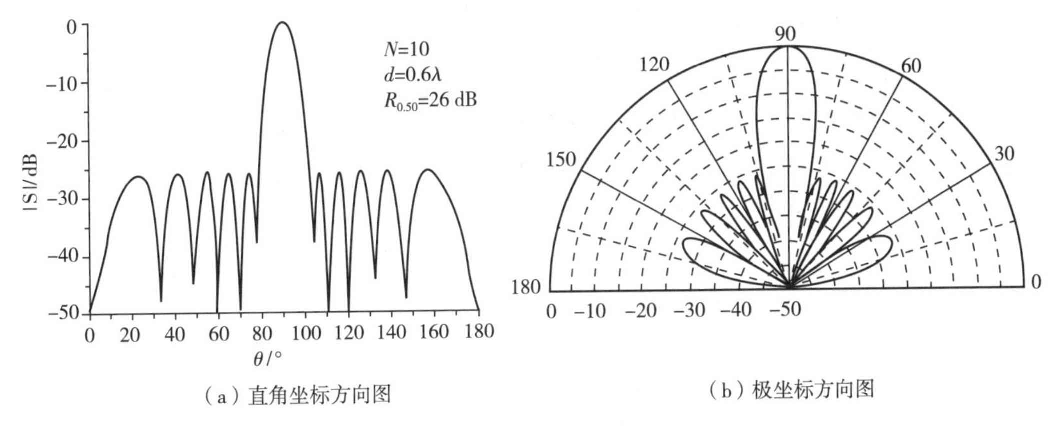

（a）直角坐标方向图　　（b）极坐标方向图

图 3-41　等副瓣电平为 −26 dB 的十元切比雪夫直线阵方向图

3.4　平面阵

直线阵有许多局限性，如它们只能在一维空间进行相位扫描。因此，对于一些要求是笔形波束、高增益、主瓣可以在任意方向扫描的应用，就需要平面阵。与直线阵相比，平面阵提供了更多的变量，从而可以控制阵列方向图的形状，或控制方向图的指向。平面阵列天线可以用于跟踪雷达、搜索雷达、遥感、通信等许多方面。

常规平面阵的基本类型可以依据基本栅格形式和边界形式划分。基本栅格形式有矩形栅格、三角形栅格、圆形栅格等。基本边界形式有矩形、圆形、椭圆形等。

图 3-42 为几种典型的平面阵形式。一般而言，矩形栅格、三角形栅格构成的平面阵，其外观可以是矩形、六边形、圆形等；同心圆环栅格阵一般是圆形平面阵。

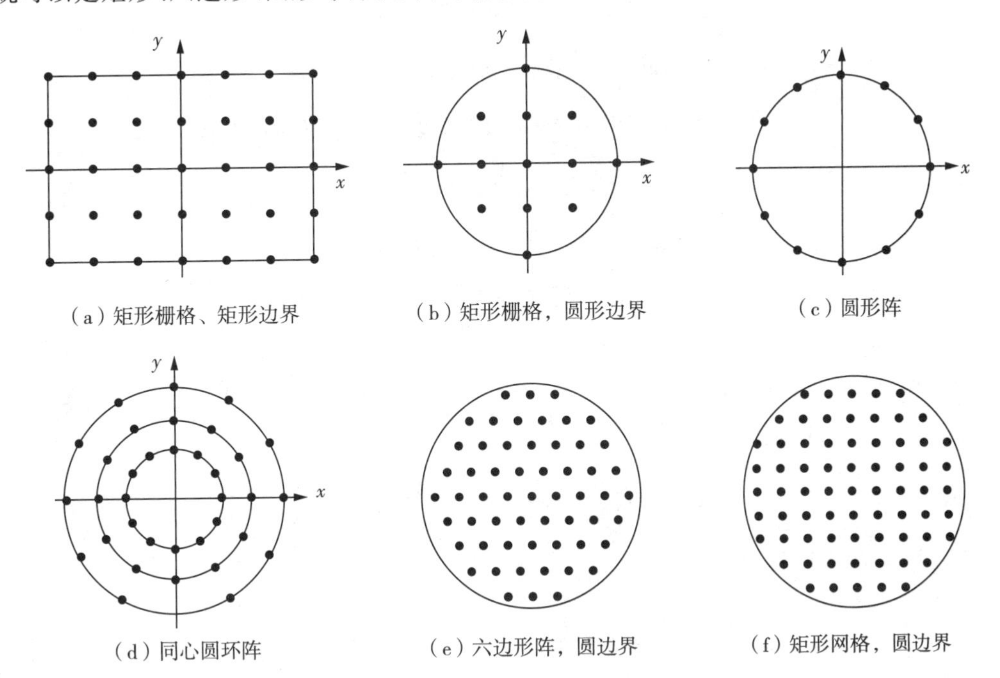

（a）矩形栅格、矩形边界　（b）矩形栅格，圆形边界　（c）圆形阵

（d）同心圆环阵　（e）六边形阵，圆边界　（f）矩形网格，圆边界

图 3-42　几种典型的平面阵形式

3.4.1 平面阵分析一般讨论

不失一般性，设有一矩形栅格平面阵如图 3-43 所示，其单元按矩形栅格排列在 xoy 平面上。此平面阵在沿 x 轴方向有 M 行，行间距均为 d_x；在沿着 y 轴方向有 N 列，列间距均为 d_y，全阵共 $(M\times N)$ 个单元。设坐标原点位于面阵的一角，栅格编号为(1,1)。于是第 m 行、第 n 列交叉栅格上的阵元编号为(m,n)，其位置坐标为

$$\begin{cases}x_m=md_x & (m=0,1,2,\cdots,N_x-1)\\ y_n=nd_y & (n=0,1,2,\cdots,N_y-1)\end{cases} \tag{3-4-1}$$

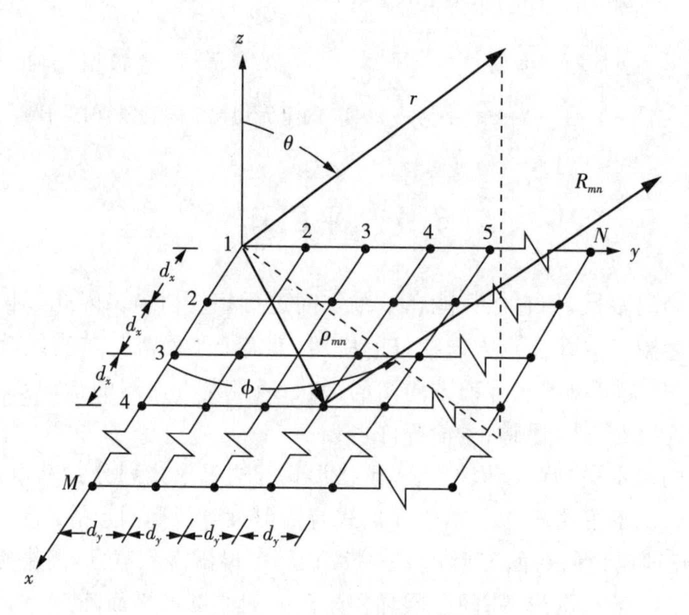

图 3-43 矩形栅格平面阵

位置矢量为$\rho_{mn}=x_m\boldsymbol{e}_x+y_n\boldsymbol{e}_y=md_x\boldsymbol{e}_x+nd_y\boldsymbol{e}_y$。

设编号为(m,n)的阵元的激励电流为$\dot{I}_{mn}$，则其远区辐射场可表示为

$$E_{mn}=C\dot{I}_{mn}\frac{\mathrm{e}^{-\mathrm{j}kR_{mn}}}{R_{mn}} \tag{3-4-2}$$

式中，C 为与(m,n)阵元无关的单元因子。对上式应用远场条件，即

$$\text{对振幅项：}R_{mn}\approx r \tag{3-4-3}$$

$$\text{对相位项：}R_{mn}\approx r-\boldsymbol{\rho}_{mn}\cdot\boldsymbol{r}=r-(md_x\sin\theta\cos\varphi+nd_y\sin\theta\sin\varphi) \tag{3-4-4}$$

则(m,n)阵元的远区辐射场为

$$E_{mn}=C\dot{I}_{mn}\frac{\mathrm{e}^{-\mathrm{j}kr}}{r}\mathrm{e}^{\mathrm{j}k(md_x\sin\theta\cos\varphi+nd_y\sin\theta\sin\varphi)} \tag{3-4-5}$$

整个平面阵列的远区辐射场为

$$E_\Sigma=C\frac{\mathrm{e}^{-\mathrm{j}kr}}{r}\sum_{m=1}^{M}\sum_{n=1}^{N}\dot{I}_{mn}\mathrm{e}^{\mathrm{j}k(md_x\sin\theta\cos\varphi+nd_y\sin\theta\sin\varphi)} \tag{3-4-6}$$

依据电场表达式，定义平面阵的阵因子为

$$f_a(\theta,\varphi)=\sum_{m=1}^{M}\sum_{n=1}^{N}\dot{I}_{mn}\mathrm{e}^{\mathrm{j}k(md_x\sin\theta\cos\varphi+nd_y\sin\theta\sin\varphi)} \tag{3-4-7}$$

设激励电流$\dot{I}_{mn}$的振幅和初相位分别为I_{mn}、α_{mn}，即$\dot{I}_{mn}=I_{mn}\mathrm{e}^{\mathrm{j}\alpha_{mn}}$，代入上式，则这时阵因子可以写为

$$f_a(\theta,\varphi)=\sum_{m=1}^{M}\sum_{n=1}^{N}I_{mn}\mathrm{e}^{\mathrm{j}k(md_x\sin\theta\cos\varphi+nd_y\sin\theta\sin\varphi+\alpha_{mn})} \tag{3-4-8}$$

据此可对平面阵的各种辐射特性进行分析和计算。

3.4.2　可分离分布矩形平面阵及其分析

1. 阵因子方向图函数

对于图 3-43 所示的平面阵，假设按行分布的电流为$\dot{I}_{xm}=I_{xm}\mathrm{e}^{(jm\alpha_x)}$，按列分布的电流为$\dot{I}_{yn}=I_{yn}\mathrm{e}^{(jn\alpha_x)}$，则

$$\dot{I}_{mn}=\dot{I}_{xm}\cdot\dot{I}_{yn}=I_{xm}I_{yn}\mathrm{e}^{\mathrm{j}(m\alpha_x+n\alpha_y)} \tag{3-4-9}$$

式中，I_{xm}和I_{yn}分别为沿x和y方向排列的直线阵列的幅度分布；α_x和α_y分别是沿x和y方向排列的直线阵列的均匀递变相位。我们称对所有m和n满足式(3-4-9)的单元电流分布为可分离型分布，由可分离电流组成的矩形平面阵称作可分离平面阵。把它代入式(3-4-8)可得

$$f_a(\theta,\varphi)=f_x(\theta,\varphi)f_y(\theta,\varphi) \tag{3-4-10}$$

式中，$f_x(\theta,\varphi)$、$f_y(\theta,\varphi)$的计算公式分别为

$$f_x(\theta,\varphi)=\sum_{m=0}^{M}I_{xm}\mathrm{e}^{\mathrm{j}m(kd_x\sin\theta\cos\varphi+\alpha_x)} \tag{3-4-11}$$

$$f_y(\theta,\varphi)=\sum_{n=1}^{N}I_{ym}\mathrm{e}^{\mathrm{j}n(kd_y\sin\theta\sin\varphi+\alpha_y)} \tag{3-4-12}$$

上式说明，对于矩形栅格的矩形平面阵，若其馈电分布是可分离型的，则该平面阵的阵因子方向图就是沿x和y方向排列的直线阵阵因子方向图的乘积。这也印证了方向图相乘原理。若取

$$\begin{cases}\psi_x=kd_x\sin\theta\cos\varphi+\alpha_x=kd_x\cos\theta_x+\alpha_x\\ \psi_y=kd_y\sin\theta\sin\varphi+\alpha_y=kd_y\cos\theta_y+\alpha_y\end{cases} \tag{3-4-13}$$

则式(3-4-12)和式(3-4-13)可简写作

$$\begin{cases}f_x(\psi_x)=\sum_{m=1}^{M}I_{xm}\mathrm{e}^{\mathrm{j}m\psi_x}\\ f_y(\psi_y)=\sum_{n=1}^{N}I_{yn}\mathrm{e}^{\mathrm{j}n\psi_y}\end{cases} \tag{3-4-14}$$

对于均匀平面阵，$I_{xm}=I_{ym}=1$，则$f_x(\psi_x)=\dfrac{\sin(N_x\psi_x/2)}{\sin(\psi_x/2)}$，$f_y(\psi_y)=\dfrac{\sin(N_y\psi_y/2)}{\sin(\psi_y/2)}$，于是平面阵因子为

$$f(\theta,\varphi)=\frac{\sin(N_x\psi_x/2)}{\sin(\psi_x/2)}\cdot\frac{\sin(N_y\psi_y/2)}{\sin(\psi_y/2)} \tag{3-4-15}$$

2. 平面阵波束指向

平面阵波束指向是指方向图最大值对应的角度方向。设行间距 d_x 和列间距 d_y 均按抑制栅瓣的条件选择，则 $f_x(\psi_x)$ 和 $f_y(\psi_y)$ 都只有一个主瓣，可以根据 $f_x(\psi_x)$、$f_y(\psi_y)$ 取最大值的条件来确定主瓣指向的角度(θ_0,φ_0)，即

$$\psi_x = kd_x \sin\theta_0 \cos\varphi_0 + \alpha_x = 0 \quad \Rightarrow \quad \alpha_x = -kd_x \sin\theta_0 \cos\varphi_0 \tag{3-4-16}$$

$$\psi_y = kd_y \sin\theta_0 \sin\varphi_0 + \alpha_y = 0 \quad \Rightarrow \quad \alpha_y = -kd_y \sin\theta_0 \sin\varphi_0 \tag{3-4-17}$$

若给定间距 d_x 和 d_y，给定均匀递变相位 α_x、α_y 和工作频率 f，平面阵的波束指向(θ_0，φ_0) 方向就可以确定为

$$\begin{cases} \tan\varphi_0 = \dfrac{\alpha_y d_x}{\alpha_x d_y} \\ \sin^2\theta_0 = \left(\dfrac{\alpha_x}{kd_x}\right)^2 + \left(\dfrac{\alpha_y}{kd_y}\right)^2 \end{cases} \tag{3-4-18}$$

反之，若我们需要将波束指向(θ_0，φ_0) 方向，则只要设置合适的阵元激励相位差 α_x、α_y 即可。

对自由空间中的平面阵，其阵因子有两个主瓣：一个指向 $z>0$ 的半空间；一个指向 $z<0$ 的半空间。当 $\alpha_x=\alpha_y=0$ 时，平面阵为侧射平面阵，其最大指向为 z 轴方向 $\theta_0=0$；当 $\alpha_x=0$，$\alpha_y\neq0$ 且变化时，平面阵波束将在 yoz 平面内扫描；当 $\alpha_x\neq0$，$\alpha_y=0$ 且变化时，平面阵波束将在 xoz 平面内扫描。矩形栅格矩形平面阵方向图如图 3-44 所示。

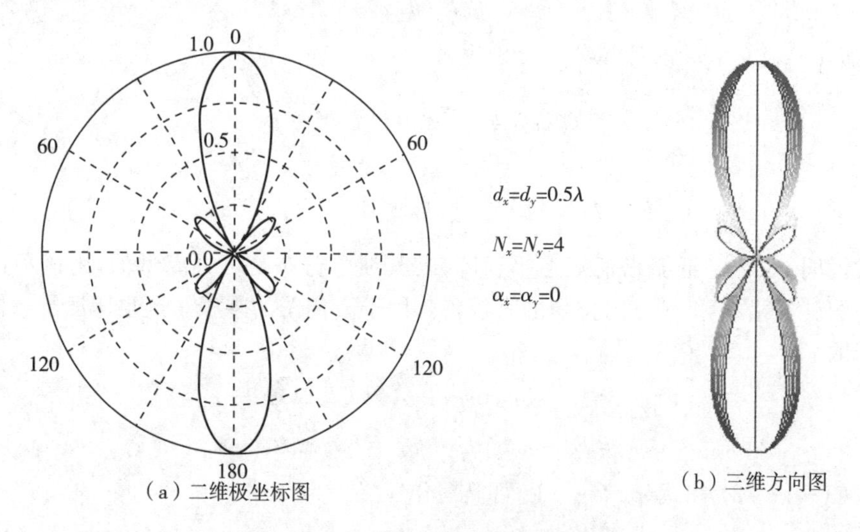

图 3-44　矩形栅格矩形平面阵方向图

在理想情况下，平面阵波束在某一平面(xoz 平面) 内扫描的情况如图 3-45 所示。其中，图 3-45(a) 为侧射情况；图 3-45(b) 和 3-45(c) 为扫描情况；图 3-45(d) 则为端射情况，此时平面阵两个半空间的波束交叠在一起，形成端射方向图，这种情况在实际的相控阵中是不可能实现的。一般相控阵能做到偏离侧向扫描 ±60° 已经很难得了，而图 3-45(d) 相当于偏离侧向扫描 ±90°。

实际应用中的平面阵列天线一般希望电磁能量在阵列前方形成有效辐射，而在背面方向无辐射。实现这种情况主要有两种方法：

(1) 采用单向辐射单元天线，如喇叭天线、开口波导、八木天线，微带天线等；

(2) 在阵列背面离阵面一定距离($\lambda/4$) 处安装反射栅网，如对称振子等作阵列单元时。

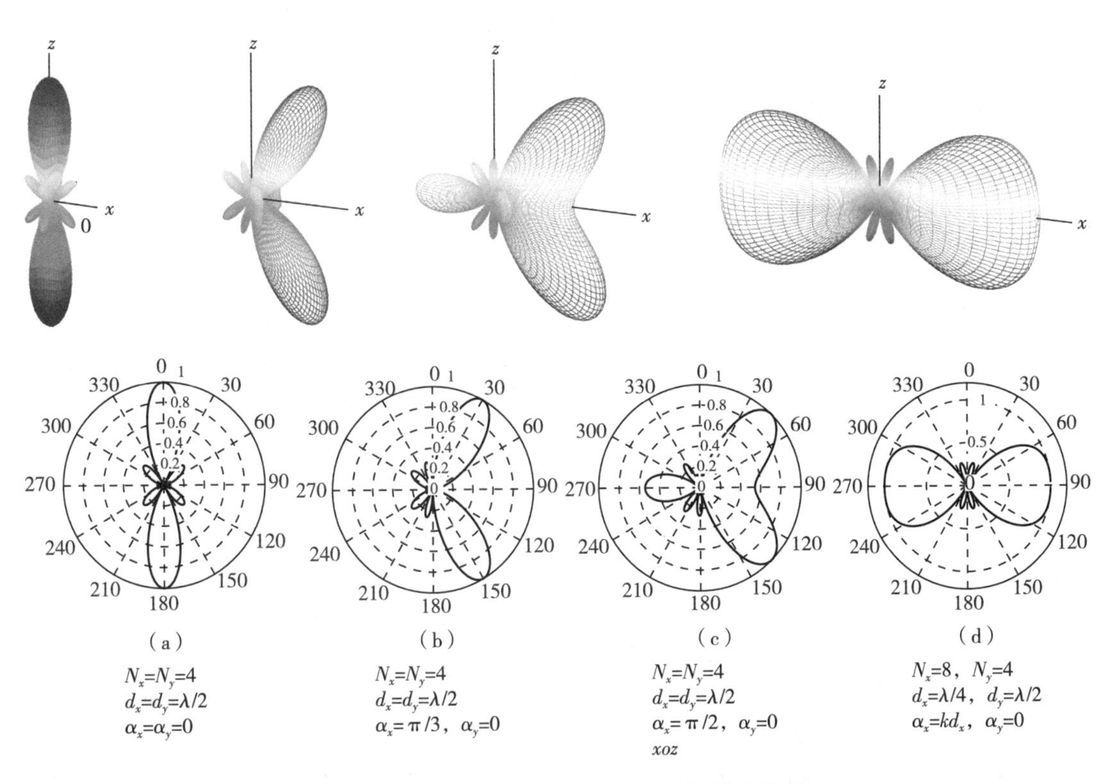

图 3-45　平面阵波束在 xoz 平面内扫描的情况

3.4.3　波束宽度和方向系数

1. 波束宽度

对于非均匀分布的平面阵，其主瓣指向和主瓣宽度很难确定。相比较而言，均匀分布平面阵的主瓣指向可以通过阵元激励相位差求得，因此这里先介绍均匀分布平面阵的波束宽度计算方法，然后乘以波束展宽因子计算非均匀分布平面阵的波束宽度。

假设平面阵的主瓣指向(θ_0,φ_0) 方向，如图 3-46 所示。若要定义波束宽度，需要选择两个平面。可以将 $\varphi=\varphi_0$ 的平面选为第一个平面，将与其正交的平面选为第二个平面。在这两个平面上，波束的半功率点波瓣宽度记作 Θ_h、ψ_h。例如，如果阵列主瓣指向 $\theta_0=\pi/2$ 和 $\varphi_0=\pi/2$ 时，Θ_h 表示 yoz 平面上的波束宽度，而 ψ_h 表示 xoy 平面上的波束宽度。

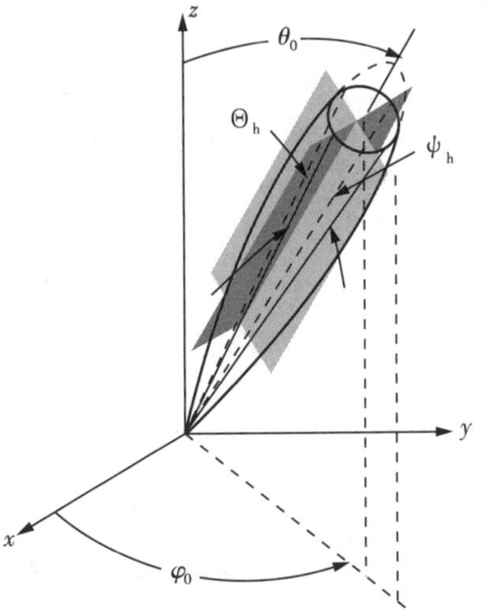

图 3-46　主瓣指向 $\theta=\theta_0$ 和 $\varphi=\varphi_0$ 时，圆锥形主波束的半功率波束宽度

参考文献[6] 指出，对于一个大平面阵，它在垂直平面内的波束宽度 Θ_h 可以近似表示为

$$\Theta_{\mathrm{h}}=\sqrt{\frac{1}{\cos^2\theta_0[\Theta_{x0}^{-2}\cos^2\varphi_0+\Theta_{y0}^{-2}\sin^2\varphi_0]}} \tag{3-4-19}$$

式中,Θ_{x0} 和 Θ_{y0} 分别为沿 x 和 y 方向排列的直线阵的边射方向图的半功率点波瓣宽度,且对不同的阵列有不同的表示形式。

(1) 对于均匀直线边射阵,当阵元数 M 和 N 较大时,有

$$\begin{cases}\Theta_{x0}=51\dfrac{\lambda}{Md_x}(^\circ)\\ \Theta_{y0}=51\dfrac{\lambda}{Nd_y}(^\circ)\end{cases}$$

(2) 对于在 x 和 y 方向均为切比雪夫分布的平面阵,波束展开因子为

$$f_{x,y}=1+0.636\left\{\frac{2}{R_{0\mathrm{x,y}}}\cosh\left[\sqrt{(\mathrm{arccosh}R_{0\mathrm{x,y}})^2-\pi^2}\right]\right\}^2$$

$$\Theta_{x0}=51\frac{\lambda}{(M-1)d_x}f_x(^\circ)$$

$$\Theta_{y0}=51\frac{\lambda}{(N-1)d_y}f_y(^\circ)$$

对于方形阵($M=N,\Theta_{x0}=\Theta_{y0}$),此时,波束宽度为

$$\Theta_{\mathrm{h}}=\Theta_{x0}\sec\theta_0=\Theta_{y0}\sec\theta_0$$

随着 θ_0 的增大,波束宽度也以 $\sec\theta_0$ 的倍数增大,这是因为平面阵在波束指向方向上的投影面积以 $\cos\theta_0$ 的倍数减小。

参考文献[6]同样指出,波束在与 $\varphi=\varphi_0$ 平面正交的平面上的半功率点波瓣宽度 ψ_{h} 为

$$\psi_{\mathrm{h}}=\sqrt{\frac{1}{\Theta_{x0}^{-2}\sin^2\varphi_0+\Theta_{y0}^{-2}\cos^2\varphi_0}} \tag{3-4-20}$$

上式与 θ_0 无关。对于方形阵,上式可简化为 $\psi_{\mathrm{h}}=\Theta_{x0}=\Theta_{y0}$。

对于平面阵,波束立体角由下式定义:

$$\Omega_{\mathrm{A}}=\Theta_{\mathrm{h}}\psi_{\mathrm{h}}=\frac{\Theta_{x0}\Theta_{y0}\sec\theta_0}{\left[\sin^2\varphi_0+\dfrac{\Theta_{y0}^2}{\Theta_{x0}^2}\cos^2\varphi_0\right]^{1/2}\left[\sin^2\varphi_0+\dfrac{\Theta_{x0}^2}{\Theta_{y0}^2}\cos^2\varphi_0\right]^{1/2}} \tag{3-4-21}$$

2. 方向系数

方向系数的定义式为

$$D=\frac{4\pi\,|F(\theta_0,\varphi_0)|^2}{\int_0^{2\pi}\mathrm{d}\varphi\int_0^{\pi}\mathrm{d}\theta\,|F(\theta,\varphi)|^2\sin\theta} \tag{3-4-22}$$

式中,$F(\theta,\varphi)=f_0(\theta,\varphi)F_{\mathrm{a}}(\theta,\varphi)$,其中 $f_0(\theta,\varphi)$ 为单元方向图函数,$F_{\mathrm{a}}(\theta,\varphi)$ 为阵因子,(θ_0,φ_0) 为最大辐射方向。一般情况下,单元方向图较“胖”,变化较慢,但阵因子方向图很尖锐,因此有 $F(\theta,\varphi)\approx F_{\mathrm{a}}(\theta,\varphi)$。于是方向系数可写为

$$D=\frac{4\pi\,|F_{\mathrm{a}}(\theta_0,\varphi_0)|^2}{\int_0^{2\pi}\mathrm{d}\varphi\int_0^{\pi}\mathrm{d}\theta\,|F_{\mathrm{a}}(\theta,\varphi)|^2\sin\theta} \tag{3-4-23}$$

若阵列较大,即 M 和 N 均较大,则有

$$D = \pi D_x D_y \cos\theta_0 \tag{3-4-24}$$

式中，D_x 和 D_y 分别为沿 x 和 y 方向排列的两个直线阵的方向系数。随着扫描角 θ_0 的变大，波束指向由侧射向端射方向变化时，方向系数将变小。

(1) 对于均匀平面阵，有

$$\begin{cases} D_x = 2\dfrac{Md_x}{\lambda} = 2\dfrac{50.77}{\Theta_{x0}} \\ D_y = 2\dfrac{Nd_y}{\lambda} = 2\dfrac{50.77}{\Theta_{y0}} \end{cases} \tag{3-4-25}$$

$$D = \pi\cos\theta_0 \frac{4\times 50.77\times 50.77}{\Theta_{x0}\Theta_{y0}} \simeq \frac{32400}{\Omega_A} \tag{3-4-26}$$

式中，Ω_A 的单位为$(°)^2$

(2) 对于 x 和 y 方向均为切比雪夫分布的阵列，有

$$D_{x,y} = \frac{2R_{0x,y}^2}{1+(R_{0x,y}^2-1)\dfrac{\lambda}{L_{x,y}}f_{x,y}}$$

$$\begin{cases} L_x = Md_x \\ L_y = Nd_y \end{cases} \tag{3-4-27}$$

例 3-4-1 一个由 400 个理想点源组成的 (20×20) 方阵，间距 $d_x = d_y = \lambda/2$，沿 x 和 y 方向的激励系数按照切比雪夫分布，副瓣电平为 -26 dB，最大波束指向 $\theta_0 = 30°$，$\varphi_0 = 45°$。求方阵的半功率点波瓣宽度、波束立体角及方向系数。

解：$R_{0\,\mathrm{dB}} = 26$ dB，主副瓣场强比 $R_0 = 10^{R_{0\,\mathrm{dB}}/20} = 20$。

波瓣展开因子为

$$f = 1 + 0.636\left\{\frac{2}{R_0}\cosh\left[\sqrt{(\mathrm{arccosh}R_0)^2 - \pi^2}\right]\right\}^2 = 1.079$$

沿 x 和 y 方向排列的切比雪夫直线阵的半功率点波瓣宽度为

$$\Theta_{x0} = \Theta_{y0} = 51\frac{\lambda}{19\times d_x}f = 5.59°$$

波束指向 $\theta_0 = 30°$，$\varphi_0 = 45°$ 时，半功率点波瓣宽度为

$$\begin{cases} \Theta_h = \Theta_{x0}\sec\theta_0 = 5.79\sec(30°) = 6.69° \\ \psi_h = \Theta_{y0} = 5.79° \end{cases}$$

立体角为

$$\Omega_A = \Theta_h\psi_h = 6.69\times 5.79 = 38.71(\mathrm{deg}^2)$$

直线阵的方向系数为

$$D_x = D_y = \frac{2R_0^2}{1+(R_0^2-1)\dfrac{\lambda}{20\times\lambda/2}f} = 18.16$$

平面阵的方向系数为

$$D = \pi D_x D_y\cos\theta_0 = \sqrt{3}\pi/2\times 18.16^2 = 897.25$$

或者近似计算为

$$D = 32400/\Omega_A = 32400/38.71 = 836.99$$

3.5 圆环阵

多个单元分布在一个圆环上的阵列称为圆环阵，它可用于无线电测向、导航、地下探测、声呐等系统中。

设有一个放置在 xoy 平面、半径为 a 的圆环阵，N 个理想点源均匀分布在圆环上，如图 3-47 所示。第 n 个阵元的角度为 φ_n，其位置坐标为 $(x_n = a\cos\varphi_n, y_n = a\sin\varphi_n)$，位置矢径为 $\boldsymbol{\rho}_n = \boldsymbol{e}_x x_n + \boldsymbol{e}_y y_n$，矢径 r 的单位方向矢量为 $\boldsymbol{r}^0 = \boldsymbol{e}_x \sin\theta\cos\varphi + \boldsymbol{e}_y \sin\theta\sin\varphi + \boldsymbol{e}_z \cos\theta$。该阵元的远区辐射场为

$$E_n = C\dot{I}_n \frac{e^{-jkR_n}}{R_n} = C\dot{I}_n \frac{e^{-jkr}}{r} e^{-jk(R_n - r)} \tag{3-5-1}$$

式中，C 为系数；$\dot{I}_n$ 为单元激励，包括幅度 I_n 和相位 α_n，$\dot{I}_n = I_n e^{j\alpha_n}$。

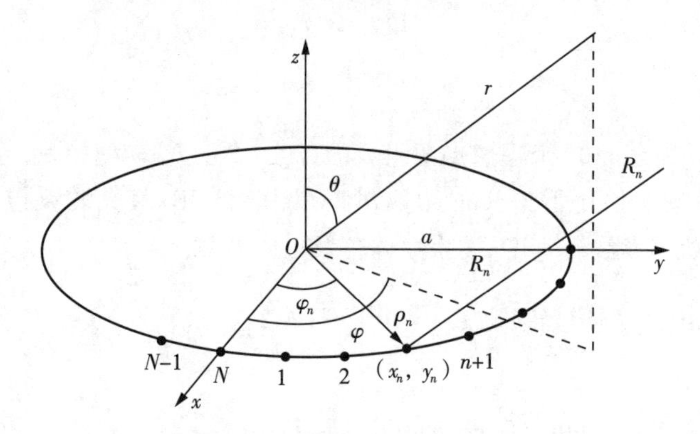

图 3-47 圆环阵及其坐标系

第 n 个阵元到远区某场点的距离 R_n 与坐标原点到同一观察点的距离 r 的路径差为

$$R_n - r = -\boldsymbol{r}^0 \cdot \boldsymbol{\rho}_n = -a\sin\theta\cos(\varphi - \varphi_n) \tag{3-5-2}$$

圆环阵的总场为

$$E = \sum_{n=1}^{N} E_n = C\frac{e^{-jkr}}{r}\sum_{n=1}^{N} I_n e^{j[ka\sin\theta\cos(\varphi-\varphi_n)+\alpha_n]} = C\frac{e^{-jkr}}{r}F_a(\theta,\varphi) \tag{3-5-3}$$

式中，$F_a(\theta,\varphi)$ 为阵因子函数，具体为

$$F_a(\theta,\varphi) = \sum_{n=1}^{N} I_n e^{j[ka\sin\theta\cos(\varphi-\varphi_n)+\alpha_n]} \tag{3-5-4}$$

若激励电流相位 α_n 能够满足：

$$ka\sin\theta_0\cos(\varphi_0 - \varphi_n) + \alpha_n = 0 \tag{3-5-5}$$

则波束的主瓣指向 (θ_0, φ_0) 方向。将满足上式的 α_n 代入阵因子函数，得

$$F_a(\theta,\varphi) = \sum_{n=1}^{N} I_n e^{jka[\sin\theta\cos(\varphi-\varphi_n)-\sin\theta_0\cos(\varphi_0-\varphi_n)]} = \sum_{n=1}^{N} I_n e^{jka[\cos\psi-\cos\psi_0]} \tag{3-5-6}$$

只要给定 $a,\varphi_0,I_n,N,(\theta_0,\varphi_0)$ 或 α_n，就可计算并绘制圆环阵的方向图。

例 3-5-1　有一个半径为 a 的均匀圆环阵，阵元数 $N=10$，且 $ka=10$。由于均匀分布，因此 $\varphi_n=2\pi n/N$。由于均匀激励，因此 k 可以设 $I_n=1,\alpha_n=0$。绘制 xoz、yoz 和 xoy 平面的方向图。

解：将上述条件代入圆环阵的阵因子函数中，通过编程绘制图 3-48 所示的阵因子方向图。

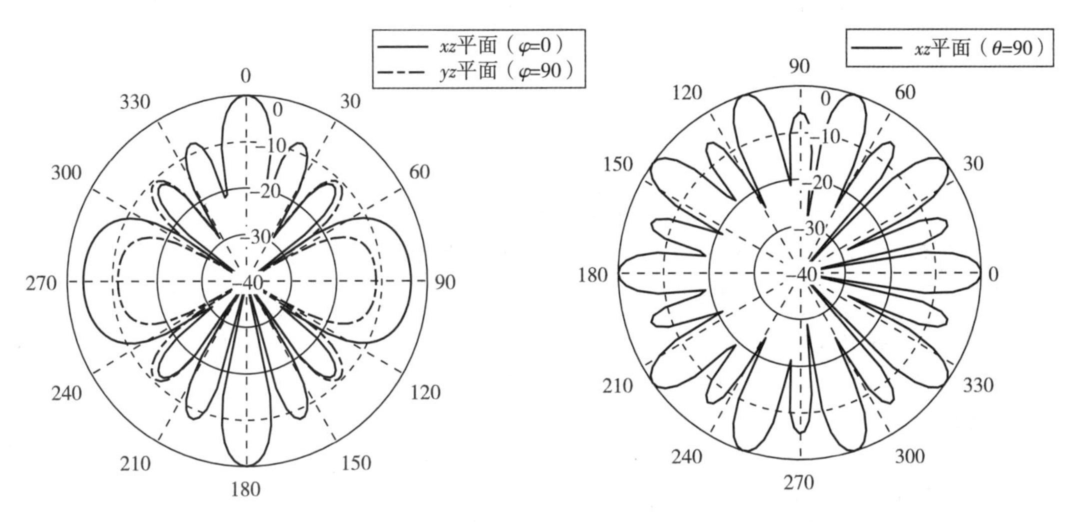

图 3-48　单元均匀圆环阵在 xoz、yoz 和 xoy 平面的方向图

习题 3

1. 二半波振子阵排列如题 1 图所示，试写出二元阵的 E 面方向图函数，并概画其方向图。设：

(1) $I_{M2}=I_{M1},d=\lambda$；

(2) $I_{M2}=I_{M1},d=1.5\lambda$；

(3) $I_{M2}=I_{M1}e^{-j\pi},d=\lambda$。

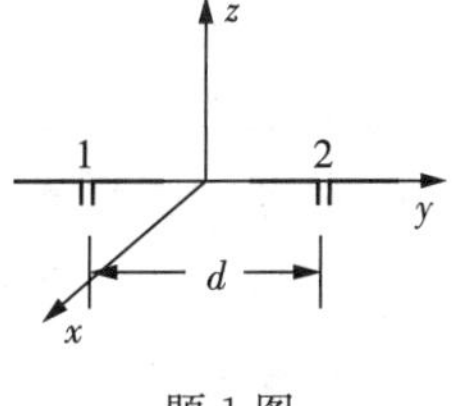

题 1 图

2. 二半波振子阵排列如题 2 图所示，试写出二元阵的 E 面方向图函数，并概画其方向图。设：

(1) $I_{M2}=I_{M1},d=\lambda$；

(2) $I_{M2}=I_{M1}e^{-j\pi},d=\lambda$。

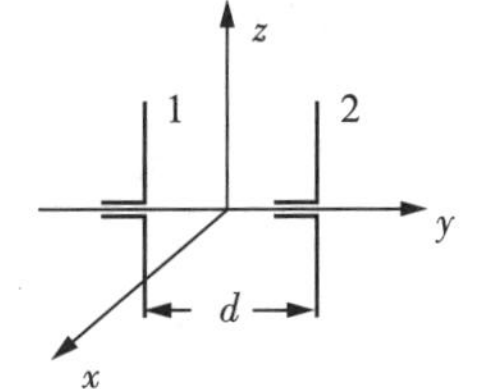

题 2 图

3. 一半波振子垂直于理想导电地面，高 $H=3\lambda$。求解下列问题：

(1) 写出 E 面方向图函数，并概画 E 面方向图；

(2) 求最近于地面的第一个零点方向 θ_{01}。

4. 二半波振子阵排列如题 4 图所示，其间距 $d=\lambda/2$，振子激励电流为 $I_{M1}=I_{M2}$。

(1) 写出二元阵的 E 面方向图函数，并概画其方向图；

(2) 求振子 1 的辐射阻抗 Z_{r1} 和其本身的输入阻抗 Z_{in1}，以及二元阵的输入阻抗 $Z_{in\Sigma(1)}$；

(3) 求二元阵的总辐射电阻 $R_{r\Sigma(1)}$ 和方向系数 D。

5. 二半波振子阵排列如题4图所示，其间距 $d=\lambda$，振子激励电流为 $I_{M1}=I_{M2}$。

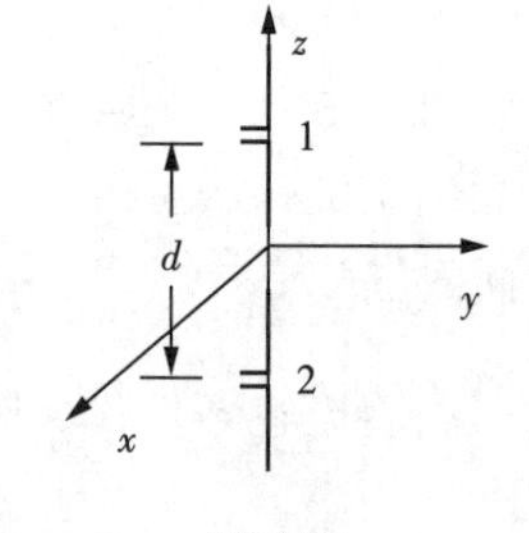

题4图

(1) 写出二元阵的 E 面方向图函数，并概画其方向图；

(2) 求振子1的辐射阻抗 Z_{r1} 和其本身的输入阻抗 Z_{in1}，以及二元阵的输入阻抗 $Z_{in\Sigma(1)}$；

(3) 求二元阵的总辐射电阻 $R_{r\Sigma(1)}$ 和方向系数 D。

6. 对于下述间距的五元等幅边射阵($\theta_m=90°$，θ 角从阵轴线一端算起)，写出其阵因子方向图函数，求 $0\sim90°$ 角域的零点方向，并概画其极坐标方向图。

(1)$d=0.5\lambda$；

(2)$d=\lambda$。

7. 对于下述间距和最大方向(θ 角从阵轴线的一端算起)的五元等幅线阵，写出其阵因子方向图函数，求 $0\sim180°$ 角域的零点方向，并概画其极坐标方向图。

(1)$d=0.25\lambda$，$\theta_m=0$(端射)；

(2)$d=0.25\lambda$，$\theta_m=45°$。

8. 对于工作波长 $\lambda=3$ cm 的六元等幅激励均匀直线阵，请根据表3-3算出下列线阵所需的阵元间距 d 条件。

(1) 边射阵；

(2) 普通端射阵；

(3)HW 端射阵；

(4) 扫描角(从端射方向算起)$\theta_m=30°$ 的扫描阵。

9. 编程画出题8直线阵的直角坐标方向图和极坐标方向图。

10. 对于 $N=10$ 的十元等距边射阵，$d=\lambda/2$，要求其旁瓣电平为 -25 dB。

(1) 计算其切比雪夫阵电流比；

(2) 按设计的电流比，编程画出其直角坐标方向图和极坐标方向图；

(3) 求半功率点波瓣宽度 $HPBW$ 和方向系数 D；

(4) 若按等幅式阵、二项式分布阵设计，求出它们的 HP 和 D 值。

11. 设计 $N=8$ 的八元等距边射阵，$d=0.7\lambda$，要求其旁瓣电平为 -30 dB。

(1) 计算其切比雪夫阵电流比；

(2) 按设计的电流比，编程画出其直角坐标方向图和极坐标方向图。

12. 在半径 $a=\lambda$ 的圆周上等距排列着8个无方向性辐射元，等幅激励。求圆环阵的方向系数，画出方向图，并与 $J_0(u)$ 进行比较。

(1)$\theta_m=0°$；

(2)$\theta_m=90°$，$\varphi_m=0°$。

第4章　简单线天线

第2章和第3章针对天线的基础知识进行了分析,介绍了天线辐射分析基础——基本辐射单元、电参数及收发过程。根据基本理论,影响天线辐射性能的因素主要包括三个方面:一是输入的辐射信号参数,二是大地等传播环境因素,三是天线本身的结构。

本章结合天线的实际应用情况,针对应用比较广泛的线天线,利用天线理论,分析其性能和改进措施。根据线天线与大地的空间位置关系,分开讨论天线与地面保持水平和垂直的两种典型情况下天线的性能和参数选择方法,并对常见的环形天线与引向天线做了详细分析。

历史上,自从1894年俄国著名物理学家、发明家亚历山大·斯捷潘诺维奇·波波夫(1859—1906)成功发明了天线之后,主要经历了线天线时期(19世纪末至20世纪30年代初)、面天线时期(20世纪30年代初至50年代末)和大发展时期(20世纪50年代至今)三个时期。

生活中,有很多不同的通信需求,如长距离通信、短距离通信、卫星通信、微波通信、手机通信、点对点通信及点对面通信等。天线作为无线通信系统的重要组成部分,有着不可替代的作用。不同的需求,对应不同的通信频段和不同的通信系统,因此通常需要使用不同类型的天线,于是就产生了各式各样的天线。典型的线天线包括双极天线、直立天线、引向天线和环形天线等。

应用上,我们身处信息社会,移动通信、无线网络已经成为我们生活的一部分。然而,当地震、海啸等自然灾害来临时,移动通信还能不能畅通,我们靠什么指挥抗灾抢险?当战争来临时,通信枢纽、基站被损毁,有线、无线移动通信都中断了,我们拿什么指挥部队?可选的解决办法是采用卫星通信和天波通信,但卫星容易受到干扰,并且容量有限。天波通信的通信方式在一战、二战时期就得到了广泛的应用,它依靠电离层的反射可以实现远距离通信,是我们战略通信畅通的一个保障,天波通信的典型天线是水平对称天线。

实用天线中,最基本的天线是线天线。线天线由导线构成,其导线长度远大于横截面半径。其中,双极天线和单极天线是实用天线的最基本形式,也是实用天线起源最早、应用最广泛的形式。

线天线的典型分析方法是利用天线上的电流分布确定天线的辐射特性和阻抗特性。

本章共分五节,4.1节介绍平行于大地放置的双极天线,4.2节介绍垂直于大地放置的直立天线,4.3节介绍环形天线,4.4节分析引向天线的性能与设计方法,4.5节介绍平衡器的工作原理。

4.1　双极天线

在通信、电视或其他无线电系统中,常使用双极天线(Dipole Antenna)。双极天线也称为π型天线、水平天线或水平对称天线(Horizontal Symmetrical Antenna)。水平架设双极天线的主要优点如下:

(1) 架设和馈电方便；

(2) 地面电导率对天线方向性的影响较垂直天线小；

(3) 外界干扰影响小。

双极天线辐射水平极化波，工业干扰大多为垂直极化波，因而工业干扰对双级天线的接收影响不大，这一特性对短波通信很有实际意义。

本节在理论分析双极天线辐射场的基础上，介绍双极天线的方向性能和天线尺寸的选择。

4.1.1 双极天线的结构

双极天线的结构示意图如图 4-1 所示。其两臂可用单根硬拉黄铜线或铜包钢线做成，也可用多股软铜线做成，导线的直径根据所需的机械强度和功率容量确定，一般为 3 ～ 6 mm。天线臂与地面平行，两臂之间有绝缘子。天线两端通过绝缘子与支架相连，为降低天线感应场在附近物体中引起的损耗，支架应距离振子两端 2 ～ 3 m。为了降低绝缘子介质损耗，绝缘子宜采用高频瓷材料。支架的金属拉线中亦应每相隔小于 $\lambda/4$ 的间距加入绝缘子，这样可使拉线不至于引起方向图的失真。

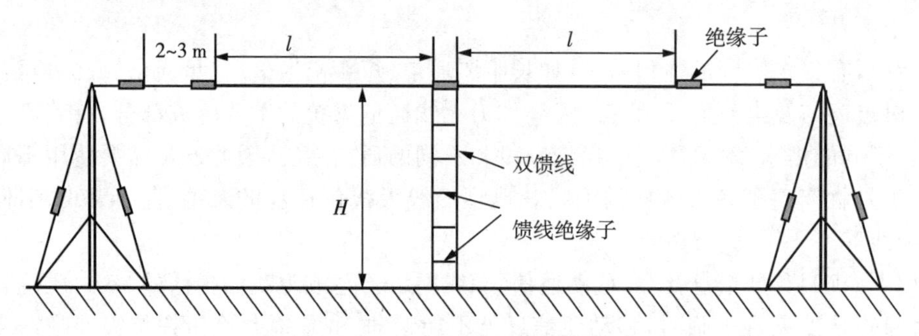

图 4-1 双极天线的结构示意图

由图 4-1 可见，双极天线结构简单，架设撤收方便，维护简易，因而是应用广泛的短波天线，适用于天波通信。

这里，绝缘子是指安装在不同电位的导体或导体与接地构件之间能够耐受电压和机械应力作用的器件。绝缘子种类繁多，形状各异。不同类型绝缘子的结构和外形虽有较大差别，但都是由绝缘件和连接器具两大部分组成的。

4.1.2 双极天线的辐射场

双极天线的辐射场可以通过麦克斯韦方程求解远场，天线的结构模型可设为半径相比波长和天线长度都很小的理想导电圆柱，圆柱中间常用电压源来激励，可以认为天线表面仅有轴向的分量，并且沿圆柱表面均匀分布，这样就可以用位于轴线上的电流来代替圆柱表面的电流。

由此，可计算出双极天线上的电流分布为

$$I(z)=I_{\mathrm{m}}\sin k_0(l-|z|)=\begin{cases}I_{\mathrm{m}}\sin k_0(l-z), & l>z\geqslant 0\\ I_{\mathrm{m}}\sin k_0(l+z), & l<z<0\end{cases}\tag{4-1-1}$$

可见，这与我们分析理想对称振子的电流表达式相同。

在自由空间中，采用对称振子计算远场的方法，可得

$$E_\theta(\theta,\varphi)=\mathrm{j}\,\frac{60I_\mathrm{m}}{r}\,\frac{\cos(k_0 l\cos\theta)-\cos(k_0 l)}{\sin\theta}\mathrm{e}^{-\mathrm{j}k_0 r}\quad(4-1-2)$$

知识链接

双极天线仿真动画

对应的方向函数为

$$f(\theta,\varphi)=\left|\frac{E_\theta(\theta,\varphi)}{60I_\mathrm{m}/r}\right|=\left|\frac{\cos(k_0 l\cos\theta)-\cos(k_0 l)}{\sin\theta}\right|\quad(4-1-3)$$

下面分析在大地影响下的辐射场。

理论上天线的二维方向图可以用天线的 E 面和 H 面方向图表示。但是由于 E 面和 H 面需要以天线轴为参考轴，这会导致处于不同位置的天线缺乏统一的方向比较基准，也不方便应用，因此在研究天线方向性时，一方面要考虑地面的影响，另一方面要结合电波传播的情况选取两个最能反映天线方向性特点的平面。实际应用中常用大地作为统一参照物，以平行于地面的水平平面和垂直于地面的垂直平面来进行分析，这样具有直观方便的优点。对应地，方向图变量采用以地面为参照物的方位角和仰角来代替以天线轴为参照物的角度 φ 和 θ。

1. 坐标系

假定 xoy 平面为大地平面，天线辐射方向的仰角为 Δ，方位角为 φ，辐射方向与振子轴之间的夹角为 θ，天线与 y 轴平行放置，那么，由图 4-2 中的几何关系，可得

$$\cos\theta=\frac{oa}{op}=\frac{op'}{op}\cdot\frac{oa}{op'}=\cos\Delta\sin\varphi\quad(4-1-4)$$

利用该式可得

$$\sin\theta=\sqrt{1-\cos^2\Delta\sin^2\varphi}\quad(4-1-5)$$

于是，立体方向图的角度参数发生了变化，对应坐标系由 (r,θ,φ) 转变为 (r,Δ,φ)。

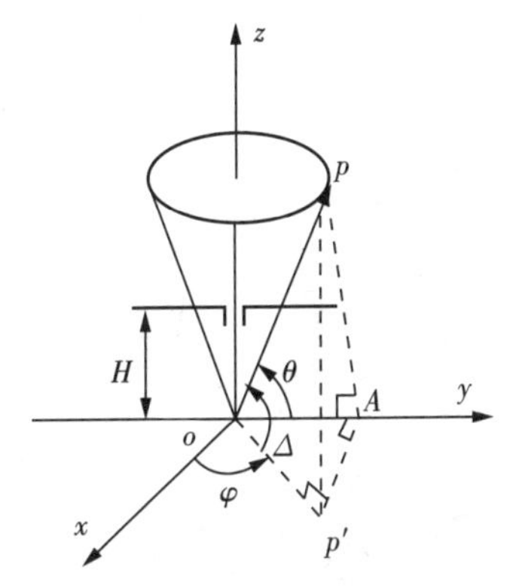

图 4-2　双极天线的坐标系统

2. 理想地面上的天线方向图

假定大地可以看作理想导电平面地，此时双极天线的地面反射系数为 -1，可用地面下的负镜像天线来代替地面对天线辐射的影响。由自由空间双极天线方向函数 $f_1(\Delta,\varphi)$ 和负镜像阵因子 $f_2(\Delta,\varphi)$，按方向图乘积定理可得天线的立体方向图表达式为

$$\begin{cases}f_1(\Delta,\varphi)=\left|\dfrac{\cos(kl\cos\Delta\sin\varphi)-\cos kl}{\sqrt{1-\cos^2\Delta\sin^2\varphi}}\right|\\ f_2(\Delta,\varphi)=\left|2\sin(kH\sin\Delta)\right|\\ f(\Delta,\varphi)=f_1(\Delta,\varphi)f_2(\Delta,\varphi)=\left|\dfrac{\cos(kl\cos\Delta\sin\varphi)-\cos kl}{\sqrt{1-\cos^2\Delta\sin^2\varphi}}\right|\left|2\sin(kH\sin\Delta)\right|\end{cases}\quad(4-1-6)$$

为了便于研究天线方向性，我们选取两个特定的平面。

距离 r 相同且方位角 φ_0 固定时，$f(\Delta,\varphi_0)$ 描述的空间为 opp' 所在的平面，与大地垂直，定义包含天线最强辐射方向时的平面为垂直平面；距离 r 相同且仰角 Δ_0 固定时，$f(\Delta_0,\varphi)$ 描述的空间为以 $|op|=r$ 绕 z 轴旋转形成的锥底所在的平面，与大地平行，定义此时的平面为水平平面。

鉴于实际对称天线的臂长要求 $l<0.7\lambda$，单元天线最大辐射方向垂直于对称振子，因此

通常取振子的H面为垂直平面，此时$\varphi_0=0°$，在图4-2中xoz平面就是对应双极天线的垂直平面；水平平面对应一定的仰角Δ_0，固定距离r(op长度)，观察点p绕z轴旋转一周所在的平面，在该平面上p点场强随φ变化的相对大小即为双极天线的水平平面方向图，当$\Delta_0=0°$时，图4-2中xoy平面就是对应双极天线的水平平面。

立体方向图不便于清晰显示天线结构参数变化时方向图的变化规律。下面分别讨论双极天线垂直平面和水平平面的方向图。

3. 垂直平面方向图

图4-2中$\varphi_0=0°$的xoz平面即为双极天线的垂直平面。将$\varphi_0=0°$代入式(4-1-6)可得方向函数为

$$f_{xoz}(\Delta,\varphi=0°)=|1-\cos kl|\cdot|2\sin(kH\sin\Delta)| \tag{4-1-7}$$

可见，此时单元天线的方向函数为$|1-\cos kl|$，其与角度无关。xoz平面方向图是一个圆，故双极天线的垂直平面方向图形状仅由地因子决定。地因子方向图可以参考第3章图3-22，因此，垂直平面方向图也可从立体图按垂直于振子轴(xoz平面)来获得剖面。

根据式(4-1-7)可画出不同天线架设高度情况下，双极天线垂直平面方向图(见图4-3)。

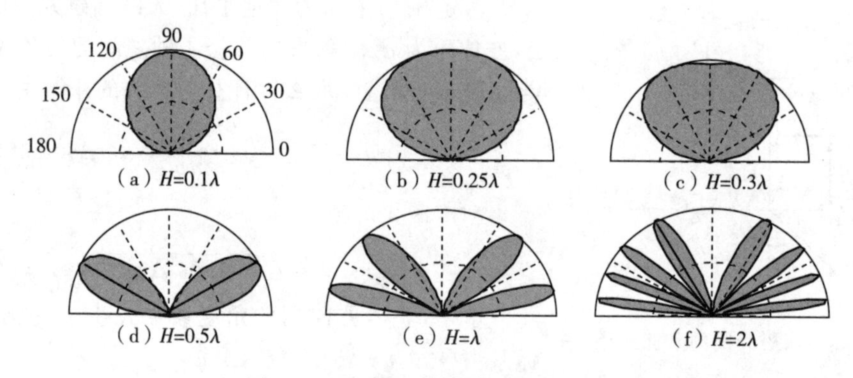

图4-3　双极天线垂直平面方向图

由此可见，双极天线垂直平面方向图具有以下特点。

(1) 垂直平面方向图只与H/λ有关，与l/λ无关。由式(4-1-7)可知，单元振子长度仅仅影响垂直方向图的增益，而且在不同仰角上影响相同，因此双极天线的垂直平面方向图形状仅由地因子决定。可见，改变天线架设高度H/λ可以控制垂直平面内的方向图。

(2) 无论H/λ为何值，沿地面方向($\Delta=0°$方向)均无辐射。由式(4-1-7)可知，

$$f_{xoz}(\Delta=0°,\varphi=0°)=0 \tag{4-1-8}$$

可见，零度仰角方向无辐射。这是因为双极天线与其镜像在该方向的射线波程差为零，且两者电流反相，所以辐射场互相抵消。因此，双极天线不能用于地波通信。

(3) 当$H/\lambda\leqslant0.25$或放宽到$H/\lambda\leqslant0.3$时，天线处于高射状态，常用于天波近距离传播。当$H/\lambda\leqslant0.25$时，$kH\leqslant\pi/2$，此时，由式(4-1-7)可知，最大辐射方向在Δ为90°。在Δ为60°～90°内场强变化不大，即在此条件下天线具有高仰角辐射性能，我们称这种天线为高射天线。这种架设不高的双极天线，通常应用在0～300 km内的天波通信中。

(4) 当$H/\lambda\geqslant0.3$时，最强辐射方向不止一个，H/λ越高，波瓣数越多，靠近地面的第一波瓣的最大辐射仰角Δ_{m1}越低。

第一波瓣的最大辐射仰角 Δ_{m1} 可根据式(4-1-7)求出，令 $\sin(kH\sin\Delta_{m1})=1$ 得

$$\Delta_{m1}=\sin^{-1}\frac{\lambda}{4H} \tag{4-1-9}$$

在架设天线时，应使天线的最大辐射仰角 Δ_{m1} 等于通信所需仰角 Δ_0。根据通信所需仰角 Δ_0 就可求出天线架设高度 H，即

$$H=\frac{\lambda}{4\sin\Delta_0} \tag{4-1-10}$$

当双极天线用作天波通信时，工作距离越远，通信仰角 Δ_0 越低，则要求天线架设高度越高。

(5) 不同地质对双极天线的垂直方向图影响不大。当地面不是理想导电地时，不同架设高度的天线在垂直平面内的方向图的变化规律与理想导电地基本相同，只是场强的最大值变小，最小值不为零，最大辐射方向稍有偏移。

4. 水平平面方向图

水平平面方向图就是在辐射仰角 Δ 一定的平面上，天线辐射场强随方位角 φ 变化的关系图。将固定的 Δ_0 代入式(4-1-6)可得方向函数为

$$f(\Delta_0,\varphi)=f_1(\Delta_0,\varphi)f_2(\Delta_0,\varphi)=\left|\frac{\cos(kl\cos\Delta_0\sin\varphi)-\cos kl}{\sqrt{1-\cos^2\Delta_0\sin^2\varphi}}\right|\left|2\sin(kH\sin\Delta_0)\right| \tag{4-1-11}$$

图 4-4 给出了 $l/\lambda=0.25$ 及 $l/\lambda=0.5$ 时双极天线在理想导电地面上不同仰角时的水平平面方向图。由图 4-4 可见，不同仰角对应的方向图相当于对立体方向图 $f(\Delta,\varphi)$ 做 Δ_0 处的水平切平面。由此可见，双极天线水平平面方向图具有以下特点。

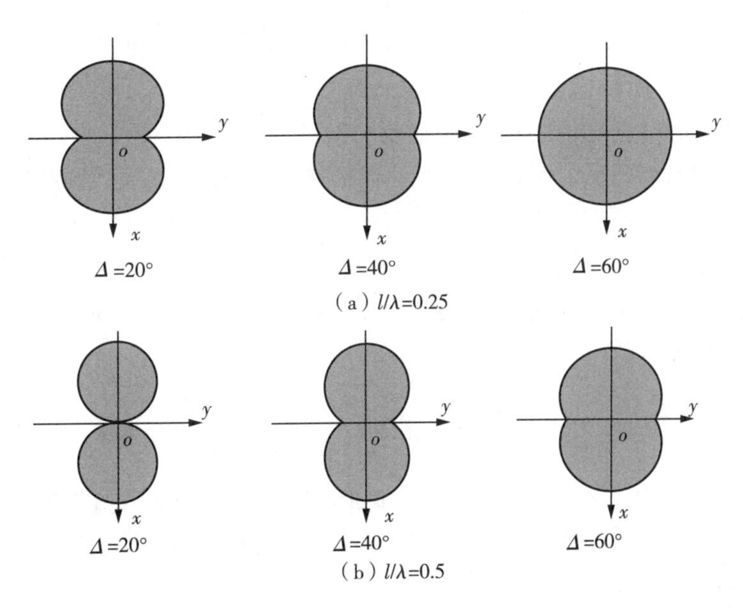

图 4-4　双极天线水平平面方向图

(1) 双极天线水平平面方向图与架高 H 无关。因为天线架高只影响地因子，当仰角一定时，地因子 $f_2(\Delta_0,\varphi)$ 与方位角 φ 无关，所以双极天线水平平面方向图形状仅由元因子

$f_1(\Delta_0,\varphi)$决定。

事实上，仰角一定而方位角变化时，直射波与反射波的波程差并没有变化，镜像的存在只影响合成场的大小。

(2) 水平平面方向的形状取决于 l/λ。由于水平平面方向图的变化规律与自由空间对称振子的方向图相同，因此 l/λ 越小，方向性越不明显。根据对称振子的电长度与增益的关系，当 $l/\lambda \leqslant 0.7$ 时，最大辐射方向为 $\varphi = 0°$ 方向；当 $l/\lambda > 0.7$ 时，在 $\varphi = 0°$ 方向不再是最大辐射方向。因此，为了明确最大辐射方向为 $\varphi = 0°$ 方向，一般应选择天线长度$l/\lambda \leqslant 0.7$。

(3) 仰角越大时，水平平面方向性越不显著。因为方向性取决于 $\cos\Delta_0 \sin\varphi$，当仰角 Δ_0 越大时，$\cos\Delta_0$ 越小，φ 变化引起的场强变化越小。因此，当用双极天线作为高仰角辐射时，振子架设的方位对工作影响不大，甚至顺着天线轴线方位也能得到足够强的信号。

综合双极天线垂直平面和水平平面方向图的分析，可得出如下结论。

(1) 天线的长度只影响水平平面方向图，而对垂直平面方向图没有影响。架设高度只影响垂直平面方向图，而对水平平面方向图没有影响。因此，改变天线的长度可控制水平平面的方向图，改变天线架设高度可控制垂直平面的方向图。

(2) 天线架设不高($H/\lambda \leqslant 0.3$) 时，在高仰角方向辐射最强。这种天线可用作 0 ～ 300 km 距离内的侦听、干扰或通信。由于高仰角的水平平面方向性不明显，因此对天线架设方位要求不严格。

(3) 远距离通信时，可根据通信距离确定架设高度。此时，根据通信距离确定通信仰角，再根据通信仰角确定天线架设高度 $H = \dfrac{\lambda}{4\sin\Delta_0}$，从而保证天线最大辐射方向与通信方向一致。

(4) 为保证天线在 $\varphi = 0°$ 方向辐射最强，应使天线单臂的电长度 $l/\lambda \leqslant 0.7$。

5. 非理想地面的影响

考虑大地影响的时候，主要是分析地面反射波的叠加效应。假定直达波和反射波的波程差为 Δr，反射波的地面反射系数为 Γ，直达波的接收场强振幅为 E_1，则在接收点处的总场强为

$$E = E_1 + E_2 = E_1(1 + \Gamma e^{jk\Delta r}) \tag{4-1-12}$$

这里，Γ 与电波的波长 λ、投射角 Δ、极化、地面相对介电常数 ε_r 及大地电导率 σ 有关。对于水平架设的双极天线，有

$$\Gamma_H = \frac{\sin\Delta - \sqrt{(\varepsilon_r - j60\lambda\sigma) - \cos^2\Delta}}{\sin\Delta + \sqrt{(\varepsilon_r - j60\lambda\sigma) - \cos^2\Delta}} \tag{4-1-13}$$

理想情况下，$\varepsilon_r = 1$，$\sigma = \infty$，有 $\Gamma_H = -1$，此时得到的因子即为负镜像因子 $f_2(\Delta,\varphi)$。非理想情况下，总场强随地面反射系数 Γ_H 的变化而变化。

4.1.3 双极天线的尺寸选择

由于双极天线平行于地面，其方向性可由对称耦合天线方向图给出。

1. 影响天线方向性的因素

环境因素一定的情况下，影响双极天线的主要因素是天线的臂长和天线的架高。

由式(4-1-6)可知，影响天线的因素主要包括大地、信号参数和天线尺寸。由于垂直平面方向图主要受天线架高影响，水平平面方向图主要受天线尺寸影响，因此下面仅考虑天线架高和天线尺寸的影响。

图 4-5 为双极天线在不同架高时的立体方向图，图 4-6 为双极天线在不同臂长时的立体方向图。图中延伸出来的线段表示天线轴的方向。

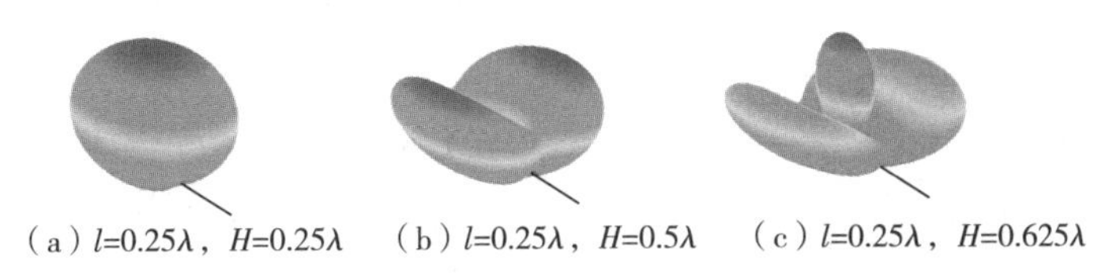

(a) $l=0.25\lambda$，$H=0.25\lambda$　(b) $l=0.25\lambda$，$H=0.5\lambda$　(c) $l=0.25\lambda$，$H=0.625\lambda$

图 4-5　双极天线在不同架高时的立体方向图

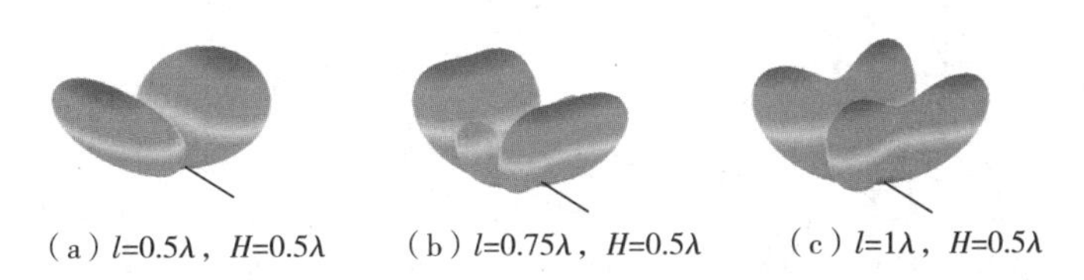

(a) $l=0.5\lambda$，$H=0.5\lambda$　(b) $l=0.75\lambda$，$H=0.5\lambda$　(c) $l=1\lambda$，$H=0.5\lambda$

图 4-6　双极天线在不同臂长时的立体方向图

从两组方向图可以发现以下几个规律：

(1) 若臂长不变，则随着架高的增大，天线方向图的波瓣数逐渐增多；

(2) 若架高不变，则随着臂长的增大，天线方向图的波瓣数逐渐增多，当臂长超过一定值(约为波长的 0.7)时，主瓣方向将会发生改变；

(3) 受大地的影响，下半空间没有辐射。

实际应用中，型号为 HF44M 的移动通信天线，功率容量为 125 W，总长为 44 m 或 64 m(表示 $2H+2l$ 长度)的双极天线，当天线一臂的长度为 22 m 时，天线特性阻抗通常为 1000 Ω 左右，馈线使用 $H=10$ m 的双导线，馈线特性阻抗为 600 Ω。当其架设高度小于 0.3λ 时，向高空方向(仰角 90°)辐射最强，宜作 300 km 范围内通信用天线。当天线距离较远时，这种天线增益较低，方向性不强，且波段性能较差。

2. 臂长的选择

1) 从水平平面方向性考虑

由前面分析可知，臂长主要影响水平平面方向图，当电长度小于 0.7 时，最大辐射方向始终在与振子垂直的平面上。同时，由图 4-7 可知，在电长度为 0.6 左右时，方向系数 D 取得最大值。

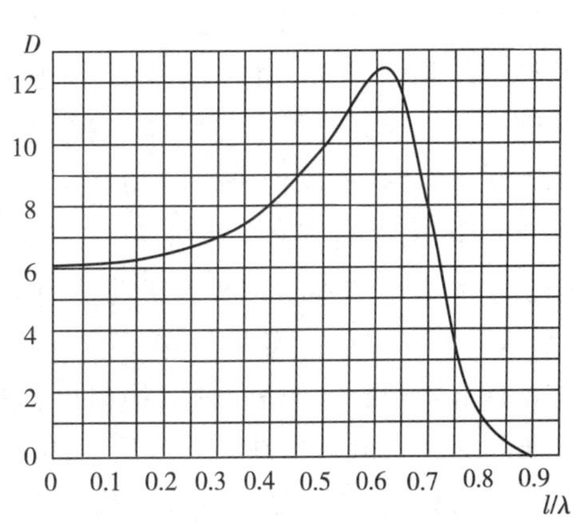

图 4-7　双极天线的方向系数(D)与电长度(l/λ)的关系曲线

综合考虑，为保证在工作频率范围内，天线的最大辐射方向不发生变动，应选择振子的臂长 $l<0.7\lambda_{\min}$，其中 $\lambda_{\min}$ 为最短工作波长，满足此条件时，最大辐射方向始终在与振子垂直($\varphi=0°$)的平面上。

2) 从天线及馈电的效率考虑

当最大辐射方向保持不变时,电长度 l/λ 越短,天线的辐射电阻越低,在损耗电阻不变的情况下,会使得天线效率 η_A 降低。

当 l/λ 太短时,天线输入电阻太小,容抗很大,故与馈线匹配程度很差,馈线上的行波系数很低。馈线上行波系数(K)与电长度(l/λ)的关系曲线如图 4-8 所示。

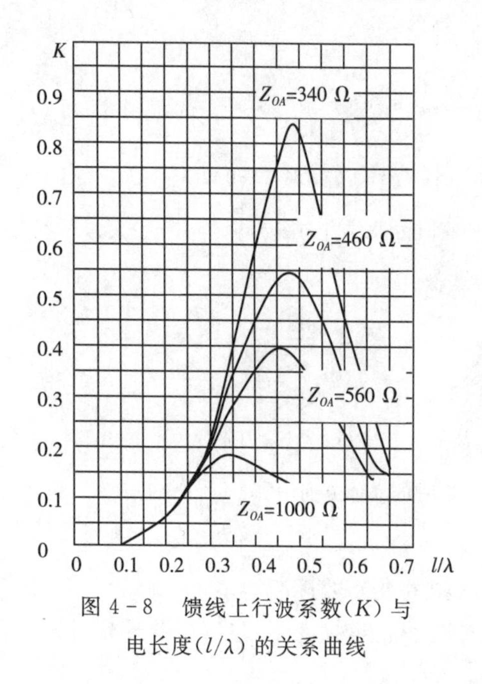

图 4-8　馈线上行波系数(K)与电长度(l/λ)的关系曲线

若要求馈线上的行波系数不小于 0.1,则通常要求 $l \geqslant 0.2\lambda$。

综合以上考虑,天线长度应满足:

$$0.2\lambda_{max} \leqslant l \leqslant 0.7\lambda_{min} \qquad (4-1-14)$$

需要注意的是,式(4-1-14)隐含了条件 $\lambda_{max} \leqslant 3.5\lambda_{min}$,若信号带宽太宽,导致 $\lambda_{max}/\lambda_{min} > 3.5$,则式(4-1-14)不成立,此时需要考虑采用多个天线。

例如,某电台的工作频率为 3 ~ 30 MHz,波段较宽,$\lambda_{max}/\lambda_{min}=10$,由于 $3.5^1 < 10 < 3.5^2$,因此至少需要配备两副双极天线。

3. 架高的选择

由前面分析可知,架高主要影响垂直平面方向图。架高的选择原则是保证在工作波段内通信仰角方向上辐射较强。对于天波传播而言,辐射仰角越小,通信距离越长。

(1) 通信距离在 300 km 以内的情况下,因为通信距离较短,所以通常采用高射天线。取架设高度 $H=(0.1 \sim 0.3)\lambda$。对于中小功率的电台,双极天线的高度为 8 ~ 15 m,此时是高射状态,最强辐射方向在 90°,天线的架设方位对方向图分布影响不大,因此对架设方位要求不严。

(2) 通信距离较远的情况下,为使天线的最大辐射仰角 Δ_{m1} 与通信所需仰角 Δ_0 一致,根据式(4-1-10)选择天线架设高度 H。实际工作中往往使用宽波段,当高度一定,频率改变时,天线的最大辐射仰角会随之改变,所选定的高度对某些频率可能不适用。因此对波段工作的双极天线架设高度应作全面考虑:一方面架设要方便,另一方面各个频率要在给定仰角上有足够强的辐射。对于中、短距离(距离小于 1000 km),若工作波段不是过宽,则还是可以满足的。例如,工作波段为 3 ~ 10 MHz,若通信所需仰角 $\Delta_0=47.5°$,按 10 MHz 时的工作条件选择 $H=10$ m,该高度对于 3 MHz 来讲只有 0.1λ,虽然此时天线的最大辐射方向指向 $\Delta=90°$,但在 $\Delta=47.5°$ 方向上的辐射仍能达到最大方向的 76%,即 Δ_0 仍处于天线的半功率角之内,能够满足工作需要。实际上,双极天线主要用于中、短距离。

综上所述,双极天线是一种结构简单、架设维护方便的弱方向性天线,特别适用于半固定式短波电台。但其主要缺点是波段性能差,馈线上行波系数很低,特别是在低频端尤为严重。因此,不适合在大功率电台或馈线很长的情况下使用。必要时,为了改善馈线上的行波系数,应在馈线上加阻抗匹配装置。

需要说明的是,虽然双极天线可以工作在较大倍频程上,天线的最强辐射方向也可以保持不变，但是因为双极天线本质上还是谐振天线，不同频率处的行波系数波动较大，天线的辐射阻抗也变化较大，导致输出功率在工作频段内差异很大。这是其与宽带天线的重要区别之一，宽带天线在工作频段内的输出几乎保持不变。

4.1.4　双极天线的电特性

1. 双极天线的方向系数

天线的方向系数可由下式求得

$$D = \frac{120 f^2_{\max}(\Delta_{m1}, \varphi)}{R_r} \tag{4-1-15}$$

式中，$f_{\max}(\Delta_{m1}, \varphi)$ 为天线在最大辐射方向的方向函数，Δ_{m1} 按式(4-1-9)计算；R_r 为天线的辐射阻抗。$f_{\max}(\Delta_{m1}, \varphi)$ 和 R_r 二者应归算于同一电流。

考虑到地面的影响，辐射阻抗也需要计算互阻抗。

$$Z_r = Z_{11} - Z_{12} \tag{4-1-16}$$

图 4-7 表示天线架高 $H > \lambda/2$ 且地面为理想导电地时的方向系数(D)与电长度(l/λ)的关系曲线。当 H 较低或地面不是理想导电地面时，天线的方向系数低于图中的数值。

与自由空间对称振子相比，因大地因子的作用，D 可增加到单元天线的 4 倍左右。但由于实际地面并非理想导电地，因此 $f_{\max}$ 增加到单元天线的 1.7～1.9 倍，D 增加到 2.9～3.6 倍。

注意，从图 4-7 中可以看出图中的曲线先上升后下降，且最高点出现在电长度为 0.6 之后的某个位置。这是因为双极天线属于对称振子天线，由对称振子的电流分布可知，若频率一定，臂长不超过一定值(约为波长的 0.6)时，臂长越长，参与辐射的基本辐射单元越多，天线的辐射越强；但是当臂长超过这个定值以后，天线臂上开始出现反向电流，削弱天线的辐射性能。因此，关系曲线呈现先上升后降的趋势。

2. 双极天线的输入阻抗

假定发射机到天线馈线的特性阻抗为 Z_c，天线的输入阻抗为 Z_{in}，则天线端口的反射系数为

$$\Gamma = \frac{Z_{in} - Z_c}{Z_{in} + Z_c} \tag{4-1-17}$$

若发射机输出功率为 P_G，则从天线辐射出去的功率为 $(1 - |\Gamma|^2) P_G$。

因此，为了使天线能从发射机或馈线获得尽可能多的功率，要求天线必须与发射机或馈线实现阻抗匹配，降低反射系数，减少能量反射。

考虑到地面的影响，计算双极天线输入阻抗时，不仅要考虑振子本身的辐射，还要计算地面对天线输入阻抗的影响。可用天线的镜像来代替，然后用耦合振子理论来计算。

$$Z_{in} = Z_{11} - Z_{12} \tag{4-1-18}$$

式中，Z_{11} 为天线振子的自阻抗；Z_{12} 为地面影响导致的互阻抗。

应当说明的是，由于实际地面的电导率为有限值，因此用镜像法和耦合振子理论所得的结果误差较大，一般通过实际测量来得出天线的输入阻抗随频率的变化曲线。图 4-9 即是一副双极天线的输入阻抗随频率的变化曲线。

由图 4-9 可见，双极天线的输入阻抗在波段内的变化比较激烈，如果不采取匹配措施，在一定频率范围工作时，馈线上的行波系数将有明显变化，传输线的传输效率将受到明显影

响。这也说明双极天线属于窄带天线。

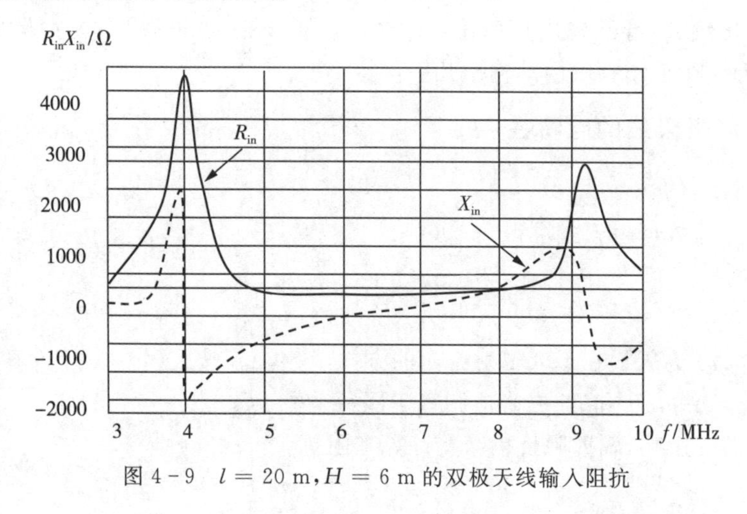

图 4-9 $l=20$ m,$H=6$ m 的双极天线输入阻抗

4.2 直立天线

双极天线虽然有着诸多的优点,但在很多场合的应用上会受到限制,比如需要沿地面近距离传播,尤其是需要方位上全向辐射的情况:在军事上,通信或侦察范围通常是环绕天线周围的几十公里,为保障各级间通信及单兵与指挥所之间的通信,需要全向辐射。

双极天线有两个特点:一是沿着地球表面方向始终辐射为零,二是在水平面上存在方向性。如果需要瞬时水平方向的近距离全向辐射,那么这时候就需要采用直立天线。直立天线的轴线与大地垂直,辐射垂直极化波。

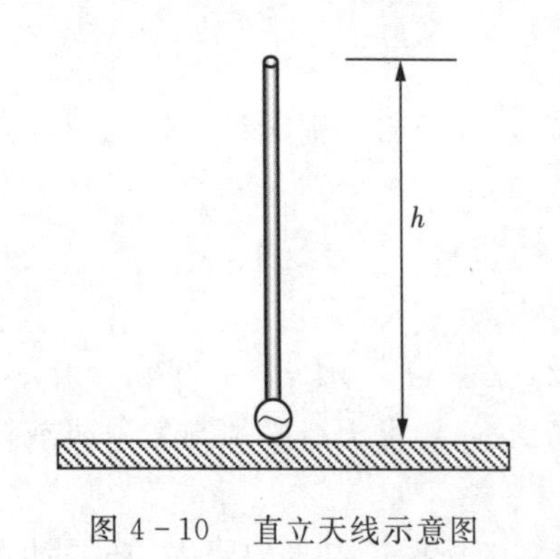

图 4-10 直立天线示意图

相比于水平对称天线,直立天线(Vertical Antenna)仅有一臂,因此也称为单极天线或不对称天线。对于不同的应用,直立天线在尺寸和形式上有不同的选择。通常选择垂直于地面或其他金属外壳的表面,下端与激励源的一个输出端子相连,激励源的另一个端子与地面或金属外壳相连,如图 4-10 所示。这样,大地或金属外壳起到了另外一臂的作用。直立天线在长波和中波波段应用较多。

直立天线广泛应用在中波广播和导航中。这主要是因为这个波段在地面损耗相对较小。若在长波中应用,则需要采用悬挂式,通常悬挂在两个高塔之间的水平拉线上,这种形式的天线也称为铁塔天线。

鞭状天线(Whip Antenna)是一种应用相当广泛的短直立天线,在水平平面上为全向天线。其最常见的形式是一根金属棒,馈电点在金属棒的底部。

4.2.1 鞭状天线的辐射效率

为方便携带,一般采用螺接或拉伸等连接方法将天线分成多节,如图 4-11 所示。

这种天线结构简单,使用简易,携带方便,比较坚固,因而特别适合移动无线电台,如便携式电台、车辆、飞机、舰船等电台上均配有这种天线。

鞭状天线的一个突出问题就是结构受限，除了本身携带不便以外，还存在两个缺陷：一是长天线垂直架设困难，二是移动时受到桥梁和隧道高度的限制。

高度与波长的比值称为电高度，鞭状天线的电高度通常比较小。

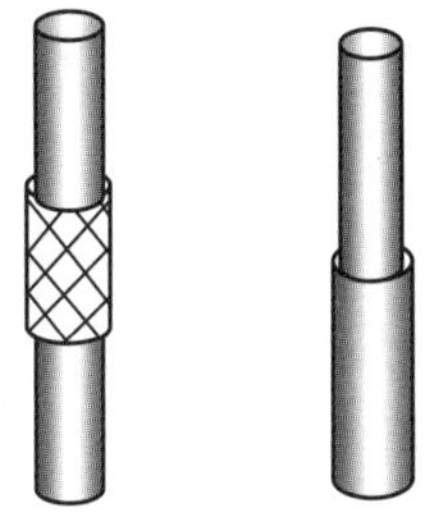

(a) 螺接式　(b) 拉伸式

图 4-11　鞭状天线的几种连接方法

1. 电流分布

若以天线轴为 z 轴，则天线上的电流分布为

$$I(z)=I_{\mathrm{m}}\sin k_0(h-z)\qquad(h>z>0)\tag{4-2-1}$$

定义激励端口电流为 I_0，则 $I_{\mathrm{m}}=\dfrac{I_0}{\sin kh}$。于是，在天线臂上的电流分布为

$$I(z)=\frac{I_0}{\sin kh}\sin k(h-z)\qquad(h>z>0)\tag{4-2-2}$$

2. 有效高度

与天线等效长度的概念类似，在保持实际天线最大辐射方向(地表方向) 场强值不变的条件下，假定天线上的电流分布为均匀分布，此时天线的等效高度即称为鞭状天线的有效高度。

依据有效高度定义，可得

$$h_{\mathrm{e}}=\frac{1}{I_0}\int_0^h I(z)\mathrm{d}z=\frac{1}{k}\frac{1-\cos kh}{\sin kh}=\frac{1}{k}\tan\frac{kh}{2}\tag{4-2-3}$$

当电高度 $\dfrac{h}{\lambda}<0.1$ 时，$\tan\dfrac{kh}{2}\approx\dfrac{kh}{2}$，因此有

$$h_{\mathrm{e}}\approx\frac{h}{2}\tag{4-2-4}$$

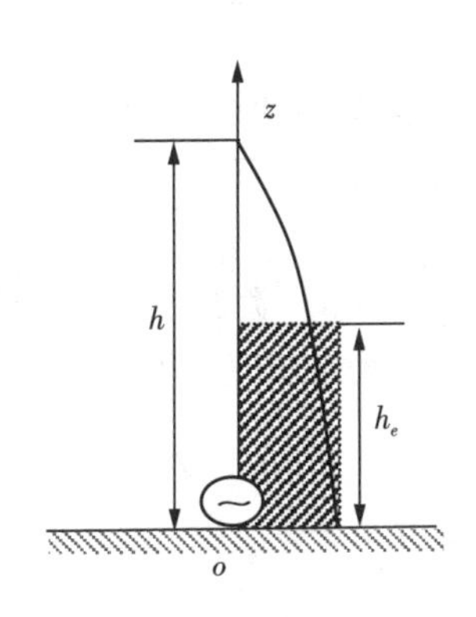

图 4-12　鞭状天线的有效高度

由此可见，当鞭状天线的电高度很小时，天线的有效高度近似等于实际高度的一半！由于包含了电流为零的端点，导致总体上天线臂上的电流都不大，因此需要针对这个问题进行优化。事实上，当天线臂很短时，电流近似直线分布，因此有 $h_{\mathrm{e}}\approx h/2$，如图 4-12 所示。

由于场强与有效高度成正比，因此有效高度表征了鞭状天线的辐射能力，有效高度越大则辐射功率越大。

3. 输入电阻

对于理想平面地，激励电源可良好接地，此时鞭状天线的输入阻抗约等于相应双极天线输入阻抗的一半。

实际应用时，由于单极天线的辐射电流回路是通过大地实现的，因此需要考虑大地的损耗，如图 4-13 所示。

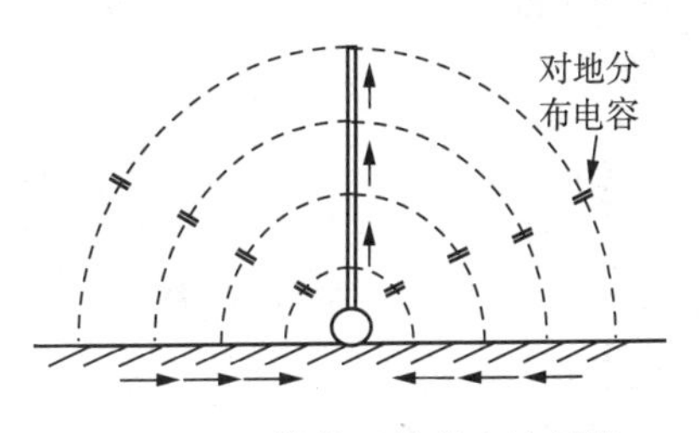

图 4-13　鞭状天线的电流回路

对于鞭状天线，输入电流为天线臂上最大电流，假定损耗电阻为 R_{l0}，归算到输入电流的辐射电阻为 R_{r0}，则其输入电阻为

$$R_{in}=R_{r0}+R_{l0} \tag{4-2-5}$$

相应的计算公式如下：

$$\begin{aligned} R_{r0}&=29.5(kh_e)^2 \quad (h\ll\lambda,\text{地质为湿地}) \\ R_{r0}&=20.4(kh_e)^2 \quad (h\ll\lambda,\text{地质为干地}) \end{aligned} \tag{4-2-6}$$

$$R_{l0}=\mathrm{A}\frac{\lambda}{4h} \tag{4-2-7}$$

式中，A 是取决于地面导电性的常数，干地约为 7，湿地约为 2。

根据式(4-2-6)，辐射电阻在湿地上比在干地上大，随着电高度的增大，辐射电阻增大。而根据式(4-2-7)，随着电高度的增大，损耗电阻减小。

4. 辐射效率

根据效率计算公式

$$\eta_A=\frac{P_r}{P_r+P_l}=\frac{R_{r0}}{R_{r0}+R_{l0}} \tag{4-2-8}$$

当电高度不大时，天线的损耗电阻很大，同时辐射电阻很小，鞭状天线的效率很低。其通常只有百分之几甚至更低。因此，对于鞭状天线，提高其天线效率是提高天线性能的重要举措。

4.2.2 提高鞭状天线效率的方法

鞭状天线电高度小，天线辐射效率不高。由式(4-2-8)可知，为了提高效率，要么提高辐射电阻，要么降低损耗电阻。

提高辐射电阻的最佳途径是增加天线的有效高度。在天线电高度不变的情况下，一个重要的途径是提升天线顶部电流，从而改善天线上各点的电流大小，进而提高天线的辐射电阻。常用的方法是顶部容性加载和中部感性加载。

减小损耗电阻的最佳途径是增加地面的导电性。通过改善天线馈电附近地面的导电性，可以减小回流电流在地面的损耗。常用的方法是埋设金属地网和在地面上架设金属平衡器。

知识链接

为了胜利，向我开炮

1. 加顶部负载

1) 结构样式

如图 4-14 所示，在鞭状天线的顶端加小球、圆盘或辐射叶，这种方式称为顶部负载 (Top Loading)，其与地面平行。

天线加顶部负载后，天线顶端的电流不为零，如图 4-15 所示。这是因为加顶部负载加大了天线垂直部分的顶端对地的分布电容，使顶端不再是开路点，顶端电流不为零，相当于将正弦分布电流的末端部分折叠到水平位置，于是，在相同高度情况下，截取到了更强的电流区域，整体上改善了天线上的电流分布，从而使远区辐射场增强。

只要顶线不是太长，天线距地面的高度不是太大，水平部分的辐射就可以忽略不计。因此，与没有加顶部负载时相比，天线加顶部负载后，辐射特性得到了有效的改善。

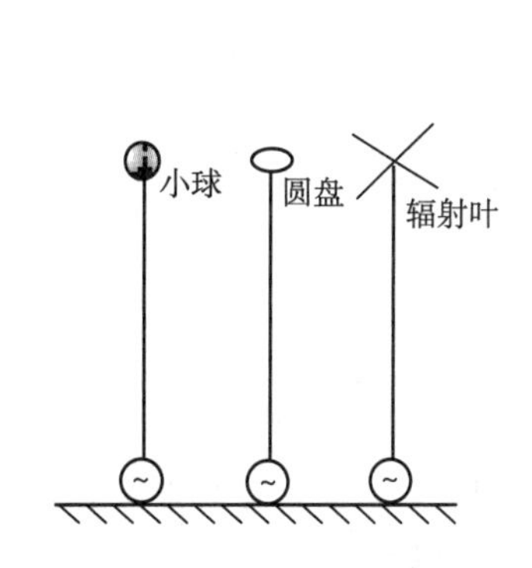

图 4-14　加顶部负载的鞭状天线

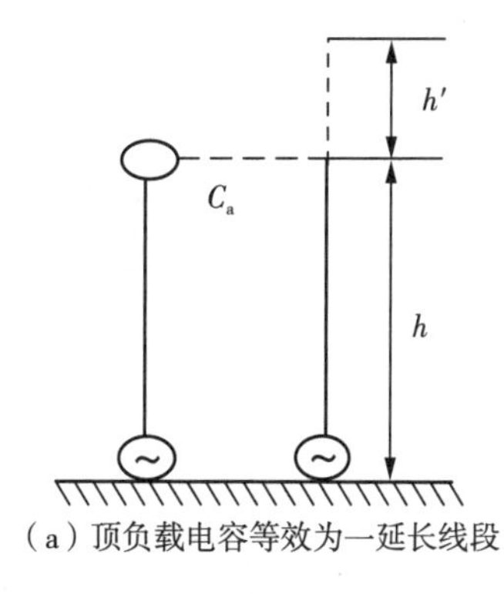

(a) 顶负载电容等效为一延长线段

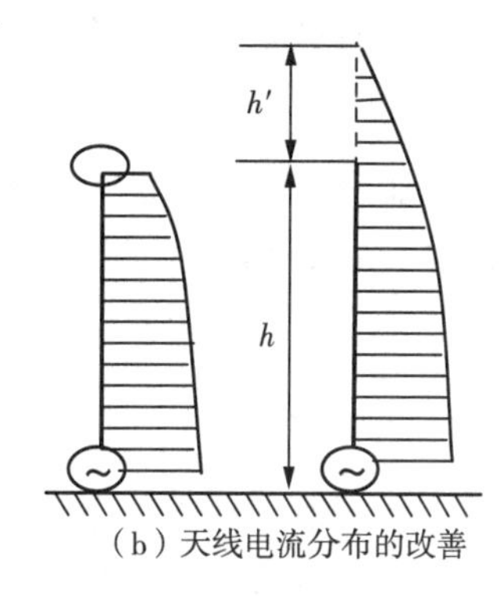

(b) 天线电流分布的改善

图 4-15　加顶部负载改善天线上电流分布示意图

对于固定电台，天线的顶部负载允许大一些，显然这些较长的导线，不能再视为集总参数电容，而是一个分布系统，可以按传输线理论计算其水平部分的输入电抗，然后再按上述方法处理。

对于短波移动电台，顶部负载不能太大，否则行动不便。当辐射叶的长度为鞭状天线高度的 20% ～ 30% 时，延长线长度 $h'=(0.1\sim0.2)h$。

2) 有效高度

下面计算加顶部负载后鞭状天线的有效高度 h_e。

假定加顶部负载等效为水平部分增加了一段延长线，长度为 h'，如图 4-15 所示。若顶部负载的电容为 C_a，垂直线段的特性阻抗为 Z_0，则此等效长度 h' 可按下式计算：

$$h'=\frac{1}{k}\tan^{-1}(Z_0\omega C_a) \tag{4-2-9}$$

式中，单极垂直导线的特性阻抗为

$$Z_0=60\left(\ln\frac{2h}{a}-1\right) \tag{4-2-10}$$

其中，h 为垂直部分高度；a 为导线半径。经上述变换后，加顶部负载天线可以看成高度为 $h+h'$ 的无顶部负载天线。

根据边界条件，可设天线上电流分布为

$$I(z)=I_0\frac{\sin[k(h+h'-z)]}{\sin[k(h+h')]} \tag{4-2-11}$$

式中，z 为天线上一点到输入端的距离；I_0 为输入端电流。

有效高度为

$$h_e=\frac{1}{I_0}\int_0^h I_z\mathrm{d}z=\frac{2\sin\left(k\,\dfrac{h+2h'}{2}\right)\sin\dfrac{kh}{2}}{k\sin[k(h+h')]} \tag{4-2-12}$$

当 $(h+h')/\lambda<0.1$ 时，上式可简化为

$$h_e\approx\frac{h}{2}\left(1+\frac{h'}{h+h'}\right) \tag{4-2-13}$$

可见，加顶部负载后，有效高度满足：$\dfrac{h}{2}<h_e<h$。

未加顶部负载时，$h'=0$，$h_e \approx \dfrac{h}{2}$，加顶部负载导致的 h' 越大，则有效高度越大。

3) 方向图

加顶部负载鞭状天线的方向图在水平平面仍是一个圆；在垂直平面内，由于垂直部分的顶端电流不为零，且 h' 部分不参与辐射，因此方向函数为

$$f(\Delta,\varphi)=\frac{\cos(kh')\cos(kh\sin\Delta)-\sin(kh')\sin\Delta\sin(kh\sin\Delta)-\cos[k(h+h')]}{\{\cos(kh')-\cos[k(h+h')]\}\cos\Delta} \tag{4-2-14}$$

从直观上看，加顶部负载以后，顶部与大地间的电容增大，使得终端电流不为零，这可等效为一个长振子从后面电流不为零的部分截取的一段。与原来电流分布相比，显然加顶部负载后的电流在振子上分布更均匀了，沿振子的电流积分也增大了，从而天线的辐射效率也提高了。

至于顶线部分，因为顶部负载的电尺寸小，相当于一个很短的与地面平行的水平振子，又因为靠近大地，几乎没有辐射，所以鞭状天线的顶部带来的影响可以忽略。

2. 加电感线圈

在鞭状天线中部某点加入一定数值的感抗，就可以部分抵消该点以上线段在该点所呈现的容抗，从而使该点以下线段的电流分布趋于均匀，如图 4-16 所示。因此，加感点的位置似乎距顶端越近越好。

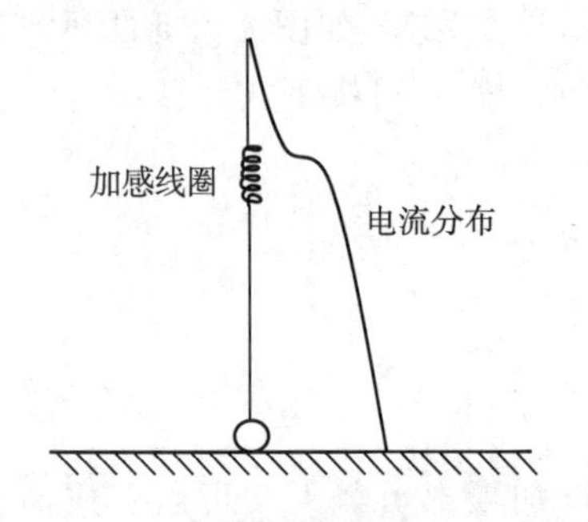

图 4-16　加电感线圈改善天线电流分布

理论上，加入的感抗越大，加感点以下的电流增加得越多，对提高有效高度越有利，但是当电感过大时，不仅增加了重量，而且线圈的电阻损耗会加大，反而会降低天线的效率。

由于线圈只是对加感点以下线段上的电流分布起作用，且越靠近顶端容抗越高，因此要想有效抵消容抗必须加更大的感抗，但加大线圈的匝数，不仅会增加重量，也会加大损耗。

同时，线圈只是对加感点以下线段上的电流分布起作用，因而加感点的位置也不应选得过低。加感点的位置一般选择在距天线顶端(1/3 ～ 1/2)h 处，h 为天线的实际高度。

无论是加顶部负载还是加电感线圈，统称为对鞭状天线的加载，前者称为容性加载，后者称为感性加载。

实际上对天线的加载并不限于用集总参数元件加载，也可用分布在整个天线线段的电抗来加载。例如，用一细螺旋线来代替鞭状天线的金属棒，做成螺旋鞭状天线。再如，在天线外表面涂覆一层介质，做成分布加载天线。

根据前面分析，鞭状天线与大地形成电流回路，与大地之间存在着分布电容，因此在天线上串入一个感性的线圈，就可以改善加载点以下的电流分布。这样就导致电流在加载点以下比原来均匀多了。

3. 降低损耗电阻

降低损耗也是一种提高效率的直接方法。鞭状天线存在的损耗主要包括以下五个方

面:天线自身的铜耗、支架的介质损耗、邻近物体的吸收、加载线圈的损耗及地面损耗。其中,最大的是地面损耗。

减少地面损耗的办法是改善地面的电特性。对于大型电台,常采用埋地线的办法,一般是在地面下铺设向外的辐射线构成地网。

如图 4-17 所示,地网不应埋得太深,因为地电流集中在地面附近,地网埋设的深度一般为 0.2 ~ 0.5 m,导线的根数可以从 15 根到 150 根,导线直径约为 3 mm,导线长度有半波长就够了。若加顶部负载,因加顶部分与地面有耦合作用,则地网导线的范围必须超出水平横线在地面上的投影。一般 h/λ 越小,地网效果越明显。例如,某工作于 $\lambda = 300$ m 的直立天线,高为 15 m,不铺地网时 $\eta_A \approx 65\%$,架设 120 根直径为 3 mm、长为 90 m 的地网后,效率可提高到 93.3%。可见,铺上地网后天线效率得到了显著提高。

但是,对于移动电台埋设地线并不方便,这时可在地面上架设地网或平衡器,如图 4-18 所示。地网或平衡器的高度一般为 0.5 ~ 1 m,导线数目为 3 ~ 8 根,长度为 0.15 ~ 0.2λ。

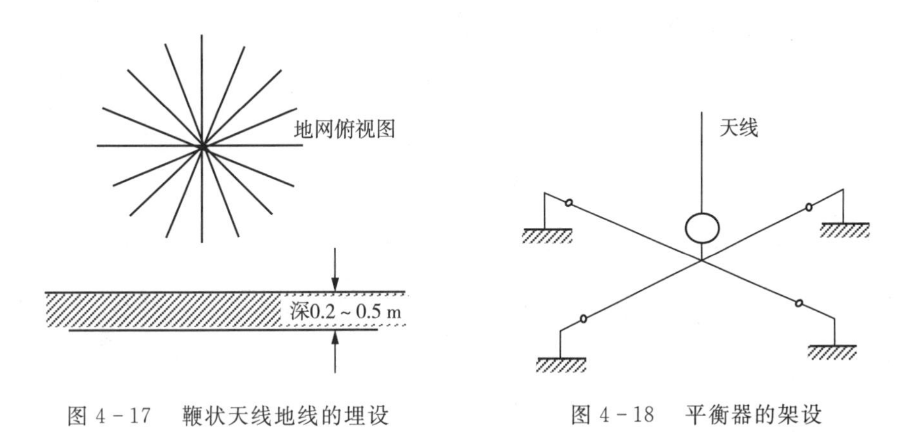

图 4-17　鞭状天线地线的埋设　　　图 4-18　平衡器的架设

若在运动中工作,则架设地网也不可能,这时可利用机器的机壳代替平衡器,对于车载电台可利用其车皮代替平衡器。

4.2.3　鞭状天线的电特性

1. 方向函数

如果大地是理想导电平面,那么根据镜像原理,单极天线的场可以看成与镜像组成垂直放置的双极天线在地面上的辐射场。因此,单极天线的方向函数为

$$f(\Delta,\varphi)=\begin{cases}\left|\dfrac{\cos(kh\cos\Delta\sin\varphi)-\cos kh}{\sqrt{1-\cos^2\Delta\,\sin^2\varphi}}\right|, & 0\leqslant\Delta\leqslant\pi\\ 0, & -\pi<\Delta<0\end{cases}\tag{4-2-15}$$

此时,鞭状天线方向函数在地面上的部分与对应双极天线的表达式相同。

2. 方向系数

根据定义,鞭状天线的方向系数为

$$D=\frac{4\pi}{\displaystyle\int_0^{2\pi}\int_0^{\pi/2}F^2(\theta,\varphi)\sin\theta\mathrm{d}\theta\mathrm{d}\varphi}=\frac{2}{\displaystyle\int_0^{\pi/2}F^2(\theta)\sin\theta\mathrm{d}\theta}\tag{4-2-16}$$

有限大平面直立天线仿真动画

无限大平面直立天线仿真动画

有限大小金属平板上单极子天线方向图计算

有限大小金属平板上单极子天线方向图计算程序代码

令 $x=\cos\theta$ 有

$$\int_{\pi/2}^{\pi} F^2(\theta)\sin\theta\mathrm{d}\theta=\int_{-1}^{0}\frac{[\cos(khx)-\cos kh]^2}{1-x^2}\mathrm{d}x$$

$$=\int_{0}^{1}\frac{[\cos(khx)-\cos kh]^2}{1-x^2}\mathrm{d}x=\int_{0}^{\pi/2}F^2(\theta)\sin\theta\mathrm{d}\theta \tag{4-2-17}$$

由此可得

$$D=\frac{4}{\int_0^{\pi}F^2(\theta)\sin\theta\mathrm{d}\theta}=2D_{\mathrm{d}} \tag{4-2-18}$$

式中,D_{d} 为自由空间相同臂长对称振子天线的方向系数。

当 $h=\frac{\lambda}{4}$ 时,$D_{\mathrm{d}}=1.64$,此时 $D=3.28$。通常鞭状天线的电高度很小,当电高度满足 $\frac{h}{\lambda}<0.1$ 时,$D_{\mathrm{d}}=1.5$,则有 $D=2D_{\mathrm{d}}=3$。

3. 辐射电阻

$$R_{\mathrm{r}}=\frac{120f_{\max}^2}{D}=\frac{R_{\mathrm{rd}}}{2} \tag{4-2-19}$$

式中,R_{rd} 为自由空间相同臂长对称振子天线的辐射电阻。

4. 输入阻抗

考虑到单极天线输入电流与对应对称振子天线输入的激励电流一致,单极天线输入电压只有对称振子天线输入电压的一半,因此可得

$$Z_{\mathrm{i}}=\frac{U_0}{I_0}=\frac{U_{0\mathrm{d}}/2}{I_0}=\frac{Z_{\mathrm{id}}}{2} \tag{4-2-20}$$

式中,Z_{id} 为对应对称振子天线的输入阻抗。

5. 极化

鞭状天线垂直地面架设,在理想导电地面上,最强辐射方向是仰角为零的方向,其最强辐射场的方向垂直于地面,可见,鞭状天线的辐射场为垂直极化。

在实际地面上虽然存在波前倾斜,但仍属于垂直极化波。

当需要电波沿大地传播时,水平极化波将会受到极大的损耗,以至于无法传播,此时就需要采用鞭状天线。

综合前面结论可知,鞭状天线具有以下几个不足:

(1) 天线效率低；

(2) 工作带宽窄，这主要是因为输入电阻小、输入电抗大(类似于短的开路线) 导致天线的 Q 值很高，从而使得工作频带不宽。

(3) 容易过压，因输入电阻小而输入电抗高，当输入功率一定时，有

$$\begin{cases} P_{\text{in}} = I_{\text{in}}^2 R_{\text{in}}/2 \\ U_{\text{in}} = I_{\text{in}}(R_{\text{in}} + \text{j}X_{\text{in}}) \approx \text{j}I_{\text{in}}X_{\text{in}} \end{cases} \tag{4-2-21}$$

可见，天线输入端电流很大且电压很高，顶端电压更高，容易产生过压现象，这是大功率电台必须注意的问题。这也导致天线允许的辐射功率较低。

上述问题主要是针对长波和中波天线而言的。对于短波波段，可得到较宽的绝对通频带，通常收发距离近、电台功率不大，主要考虑效率问题；对于超短波波段，只要天线长度不是太小，上述问题一般可不考虑。

知识链接　知识链接

中馈鞭状天线　套筒天线

4.2.4　鞭状天线的应用

在野外条件下，当天线较长时，需要借助支架、汽车或树木等来辅助架设，综合考虑提高效率的几种方法和实际需求，常见的应用方式有Γ形天线、T 形天线及斜天线三种。

1. Γ形天线

Γ形天线又称为倒 L 形天线，其结构示意图如图 4－19 所示。其与鞭状天线的差别在于多了一条水平臂。Γ形天线上的电流分布如图 4－20 所示。其本质上可看成加顶部负载，由电流分布可以看出，顶部折弯带来的效果就是垂直部分在顶部的电流不为零，从而改善了垂直部分的电流分布，提高了鞭状天线的效率。

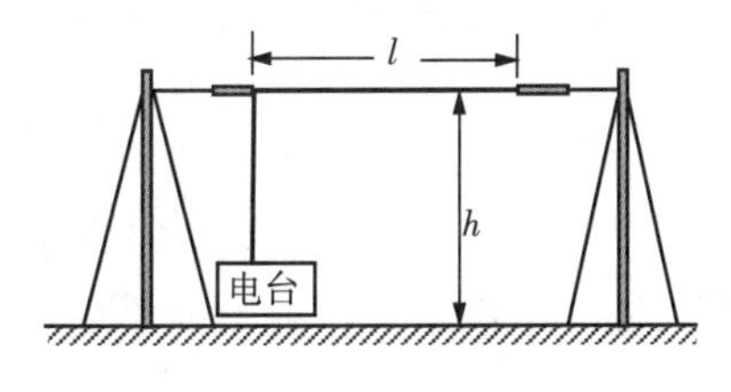

图 4－19　Γ形天线的结构无意间图

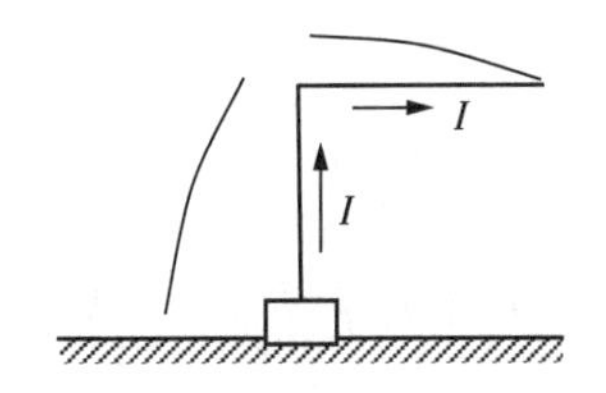

图 4－20　Γ形天线上的电流分布

Γ形天线比较实用，相当于一个鞭状天线和一个双极天线的组合体。看起来是一个长的鞭状天线折弯了。不同情况下Γ形天线的性能如下：

(1) 当垂直部分较低且水平臂长很短时，水平臂的辐射能力很弱，因负镜像的作用，这部分可略而不计；

(2) 当垂直部分较高且水平臂长很短时，水平臂对高空有一定的辐射，但因臂长很短，辐射较弱；

(3) 当垂直部分较高且水平臂长很长时，水平臂对高空有一定的辐射，此时对地面波和天波都有较强辐射，这种天线可以同时工作于两种电波传播方式，故称为复合天线；

(4) 当垂直部分较低且水平臂长很长时，水平臂受其地面负镜像的影响，对高空辐射弱，天线沿地面方向辐射最强，但这种Γ形天线在水平平面有明显的方向性，从不同方向来的电

磁波在Γ形天线上感应不同，突出的天线折角对应的方向是天线辐射方向。

上述最后一种情况是地波传播中最常见的问题。下面从接收的观点来定性分析。由于地面波传播过程中存在波前倾斜现象，因此沿地面传播的电磁波会受到大地的损耗。这个损耗部分相当于一个平行大地的分量，会造成二者的合成场强与大地形成一定的仰角，如图4-21所示。

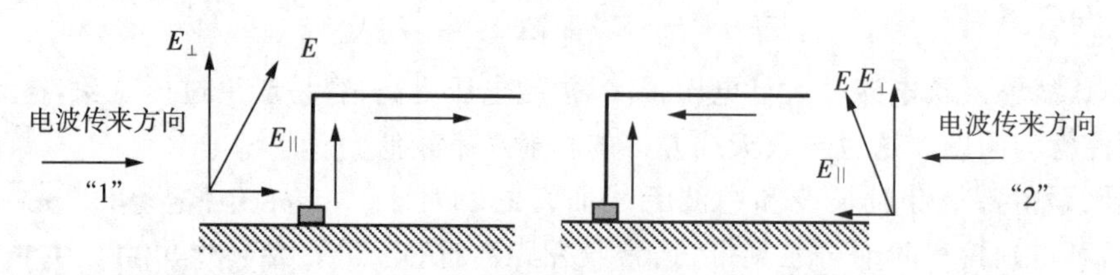

图 4-21　Γ形天线水平平面方向性的解释

由图4-21可知，当电波由"1"方向顺着水平臂传来时，电波在水平臂与垂直臂上的感应电动势方向一致，因而接收最强。反之，当电波由"2"方向顺着水平臂传来时，$E_\perp$ 与 $E_\parallel$ 在垂直臂与水平臂上产生的感应电动势方向相反，接收最弱。若电波从其他方向传来，由于来波方向与水平臂有一夹角，水平臂感应电动势将减小。故这种Γ形天线在水平平面有一定的方向性，在使用时应该注意。

2. T 形天线

T 形天线与Γ形天线架设方法类似，区别是其顶端两边构建了平衡的水平臂。T 形天线水平臂两边电流方向相反，导致水平臂对外几乎没有辐射。有时为了提高带宽，把水平臂部分做成笼形。

T 形天线、Γ形天线是超长波天线的基本形式。T 形天线的结构示意图如图4-22所示，它由水平部分(称为顶容线)、下引线和接地线组成。由图4-22可知，T 形天线类似于加辐射叶的鞭状天线，只是其顶部的辐射叶较长。为了不出现电流反向，T 形天线的尺寸通常选择为

$$h + l \leqslant \frac{\lambda}{2} \tag{4-2-22}$$

且一般使 $l \geqslant h$，尽量让 h 高些。这种尺寸下T形天线上的电流分布如图4-23所示。其垂直部分电流分布比较均匀，但水平部分两臂的电流方向相反。因此，这种天线的垂直平面方向图与没有加顶部负载时的鞭状天线很相似，主要用于地面波传播。

T 形天线结构简单，架设也不困难，其高度 h 可以比普通的鞭状天线高。为了提高 T 形天线的效率，其水平部分可用多根平行导线构成(见图4-24)，也可以敷设地网来降低地面的损耗。

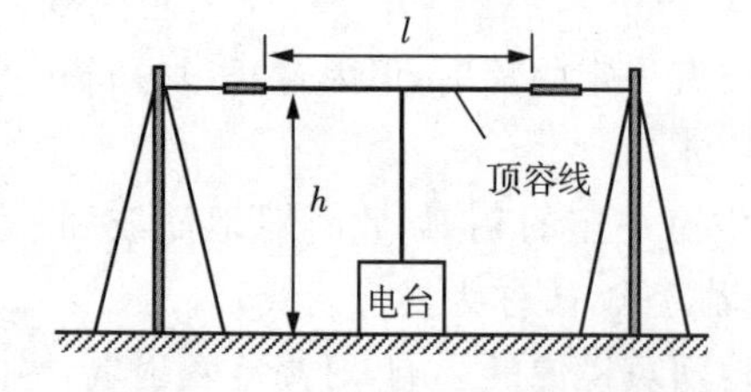

图 4-22　T 形天线的结构示意图

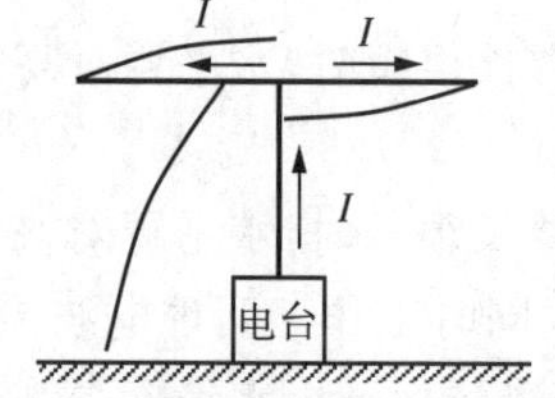

图 4-23　T 形天线的电流分布

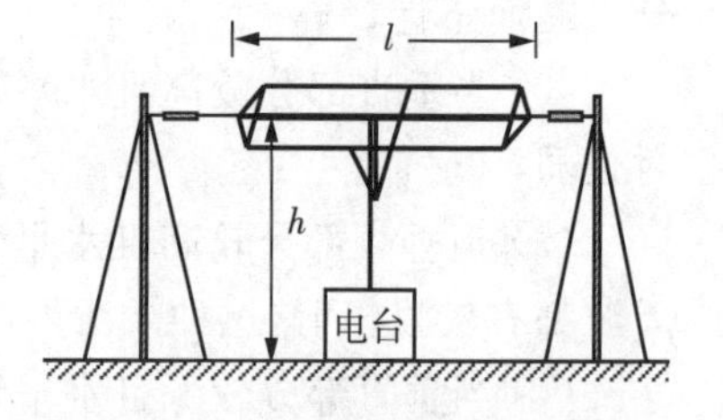

图 4-24　宽 T 形天线

3. 斜天线

把直立软天线倾斜架设就成了斜天线，如图 4－25 所示。这种天线突出的优点是架设比较方便，把单导线一端挂在树木或其他较高的物体上，另一端接电台，并倾斜架设即可。

由于地波传播中存在波前倾斜现象，因此在水平平面内具有微弱的方向性，右边比左边强，如图 4－26(a) 所示；在垂直平面内的 30°～60° 方向上有较明显的方向性，如图 4－26(b) 所示。因此，该天线可用于天波工作。为了提高效率，也可以架设地网。

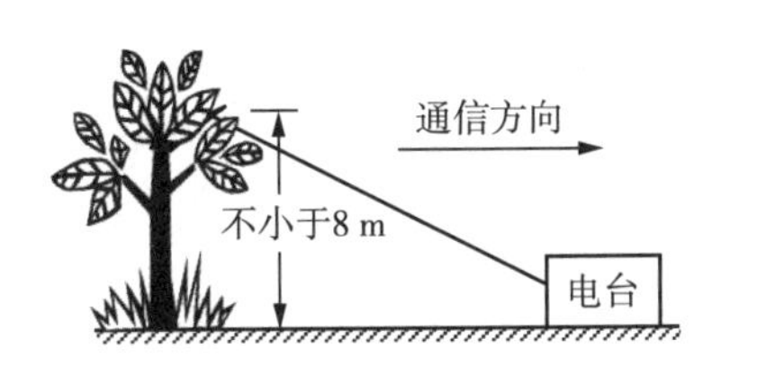

图 4－25　斜天线架设示意图

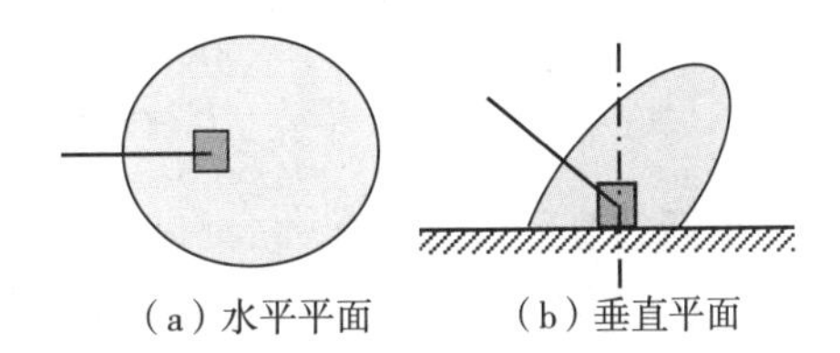

图 4－26　斜天线方向图

4.2.5　螺旋天线

提高天线的有效高度的方法之一是对天线进行加载，前面已讨论了集中加载方法，与之对应的另一方法就是分布式加载。分布式加载的典型天线之一即为螺旋天线 (Helical Antenna)。

1. 天线结构

螺旋天线的结构示意图如图 4－27 所示。其螺旋线是空心的或绕在低耗的介质棒上，圈的直径可以是相同的也可以随高度逐渐变小，圈间的距离可以是等距的或变距的。

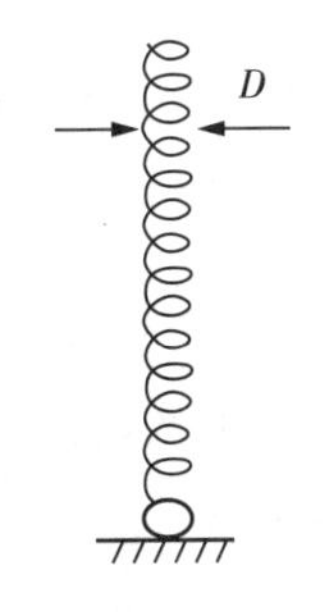

图 4－27　螺旋天线的结构示意图

由图 4－27 可知，它相当于将加载的电感分布在鞭状天线的整段中。这种天线广泛地应用于短波及超短波的小型移动通信电台中。它和单极振子天线相比，最大的优点是天线的长度可以缩短 2/3 或更多。

2. 辐射特性

螺旋天线的辐射特性取决于螺旋线直径与波长的比值 D/λ。其具有三种辐射状态，如图 4－28 所示。这里讨论 $D/\lambda<0.18$ 的细螺旋天线，最大辐射方向在垂直于天

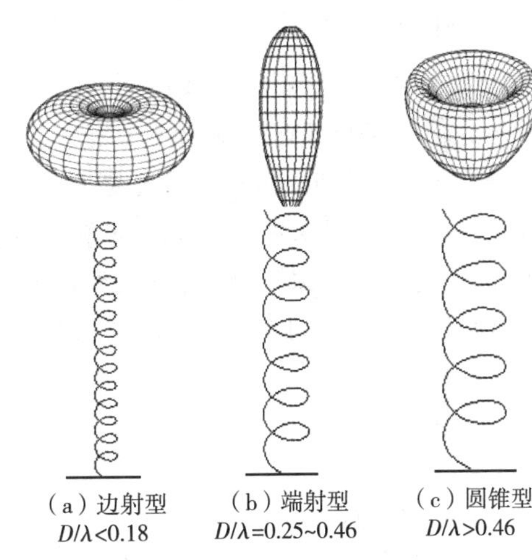

图 4－28　螺旋天线的三种辐射状态

线轴的法向，因此又称为法向模螺旋天线，如图 4-28(a) 所示。图 4-28(b) 为 $0.25 < D/\lambda < 0.46$ 的端射型螺旋天线，这时在天线轴向有最大辐射，因此又称为轴向模螺旋天线。图4-28(c) 为 $D/\lambda > 0.46$ 的圆锥形螺旋天线。

3. 极化特性

可以将法向模螺旋天线看成由 N 个合成单元组成，每个单元又由一个小环和一个电基本振子构成，如图 4-29 所示，由于环的直径很小，合成单元上的电流可以认为是等幅同相的。小环的辐射场只有 E_φ 分量，即

$$E_\varphi = \frac{30\pi^2 I}{r}\frac{\pi D^2}{\lambda^2}\sin\theta \tag{4-2-23}$$

式中，D 为小环的直径。

电基本振子的辐射场只有 E_θ 分量，即

$$E_\theta = \mathrm{j}\,\frac{60\pi I}{r}\frac{\Delta l}{\lambda}\sin\theta \tag{4-2-24}$$

式中，Δl 为螺距，一圈的总辐射场为上两式的矢量和。两个相互垂直的分量均具有 $\sin\theta$ 的方向图，并且相位差 90°，合成电场是椭圆极化波。

椭圆极化波的长轴与短轴之比称为轴比，用 AR 表示，即

$$|AR| = \frac{|E_\theta|}{|E_\varphi|} = \frac{2\lambda\Delta l}{(\pi D)^2} \tag{4-2-25}$$

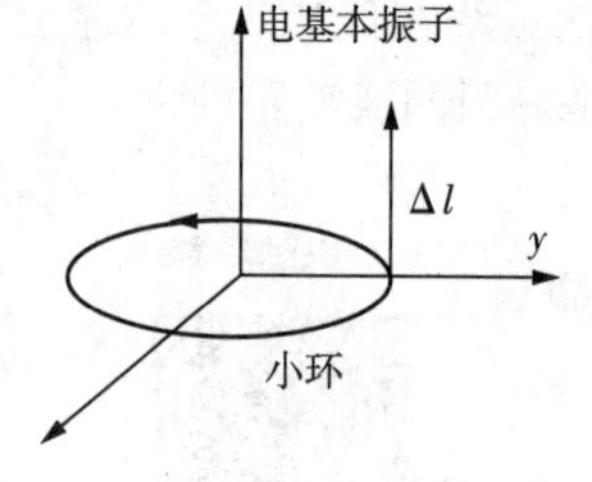

图 4-29　螺旋鞭天线一圈的等效电路

一般而言，由于 $D \ll \lambda$，其辐射场是一轴比很大的椭圆极化波，E_φ 分量很小，因此在计算中主要考虑 E_θ 分量，这与集中加载的情况是相同的。

理论和试验表明，沿螺旋线的轴线方向的电流分布仍接近正弦分布，它是一种慢波结构，电磁波沿轴线传播的相速比沿直导线传播的相速小。

螺旋天线多用作垂直极化方式，以取代车载或船载鞭状天线。由于电磁波沿螺旋轴线传播的相速比垂直偶极天线小，因此其谐振长度可以缩短，从而可使天线的垂直高度大大降低。

4. 辐射效率

螺旋天线因绕制螺旋的导线细而长，导线损耗较大，使得天线效率比同高度的鞭状天线要低一些。但如果与调谐匹配电路一起考虑，其效率并不比一般鞭状天线差，因为螺旋天线可以工作在谐振点附近，其输入阻抗是纯电阻或带有不大的电抗，这样调谐回路可采用低耗的电容元件，而短鞭状天线中的调谐电路的损耗是很大的。

因此，从总的效果来看，螺旋鞭状天线的增益比等高度的普通鞭状天线高。但其带宽比较窄，驻波比小于 1.5 的带宽约为 5%。

4.3　环形天线

与水平对称天线和直立天线不同，环形天线 (Loop Antenna) 是一种结构简单、封闭的天线，它有许多不同的形式，如方形、三角形、菱形和圆形等，如图 4-30 所示。

环形天线因收拢体积小，适用于大口径及超大口径天线，越来越多地应用于通信卫星、对地观测卫星、微波遥感、深空探测器等航天器中。

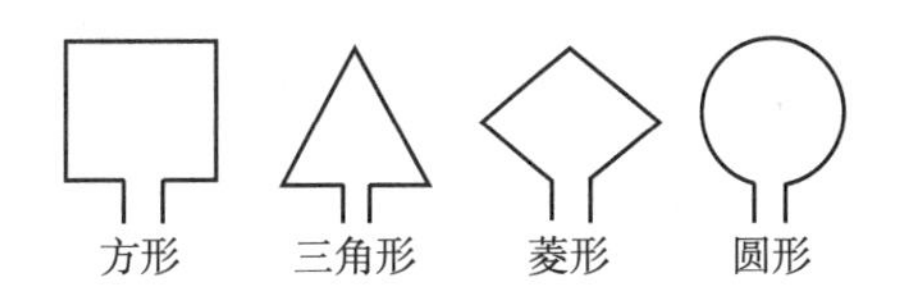

图 4－30　环形天线典型形状

为了分析上和结构上的简单化，通常多使用圆环天线。本节主要讨论的就是圆环天线，对于其他形状环形天线的分析方法与此类似，性能也与具有相同电流分布的圆环天线的性能相似。

圆环天线按尺寸大小可分为小环与大环。若圆环的半径 b 很小，其周长 $C=2\pi b\leqslant 0.2\lambda$，则称为小环天线。小环天线上沿线电流的振幅和相位变化不大，近似均匀分布。当环的周长可以和波长相比拟时，称为大环天线。此时必须考虑导线上电流的振幅和相位的变化，可近似地将电流看成驻波分布，这种天线的电特性和对称振子有明显的相似之处，均属谐振型天线。若在天线适当部位接入负载电阻，使线上载行波电流，便构成了非谐振型环天线（也称为加载环天线），该天线具有较好的宽带特性。

小环天线主要用于测向及广播接收等场合，大环天线主要应用于广播和通信中。本节主要介绍小环天线的电性能和大环天线的方向性。

4.3.1　小环天线

小环天线的特性由环的尺寸及环上电流分布决定。假定小环天线的周长为 C，则其几何特征参量可以用 $\Omega=2\ln\dfrac{2\pi b}{a}$ 表示，其中 a 为导线半径，b 为环的半径。小环天线坐标如图 4－31 所示。

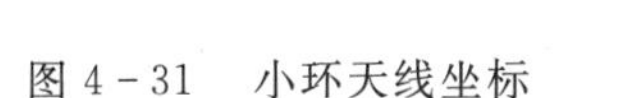

图 4－31　小环天线坐标

1. 小环天线的电性能

根据前面磁流源的分析，小环天线的辐射场为

$$\begin{cases} E_{\varphi}=\dfrac{120\pi^{2}I}{r}\dfrac{S}{\lambda^{2}}\sin\theta \\ H_{\theta}=-\dfrac{E_{\varphi}}{120\pi} \end{cases} \tag{4-3-1}$$

式中，I 为环线上电流；S 为环的面积。

通常环的直径很小，故可认为环上电流沿线均匀分布，因此小环天线的辐射电阻为

$$R_{\mathrm{r}}=20\ (k^{2}S)^{2}=320\pi^{4}\ \frac{s^{2}}{\lambda^{4}} \tag{4-3-2}$$

当电尺寸很小时，小环天线的辐射电阻很小，通常小于导线的损耗电阻，因而天线辐射效率很低。

通常假设小环的损耗电阻与长度为环周长的直导线的损耗电阻相同，设环线的电导率为 σ，导线半径为 a，环半径为 b，则欧姆损耗电阻为

$$R_{\mathrm{l}}=\frac{b}{a}R_{\mathrm{s}} \tag{4-3-3}$$

式中，R_{s} 为表面电阻，$R_{\mathrm{s}}=\sqrt{\omega\mu_{0}/2}$。

可见，小环天线辐射电阻小、效率低，因而在无线电通信中很少用它作为发射天线。在一些通信应用中，常用它作为接收天线，因为在接收情况下，天线效率没有信噪比那样重要。

小环天线的方向系数 $D=1.5$，其有效接收面积为

$$S_e=\frac{\lambda^2}{4\pi}D=\frac{3}{8\pi}\lambda^2 \tag{4-3-4}$$

从电性能上看，为了高效辐射，小环的接收面积通常大大地超出其几何面积。

2. 多匝小环天线

多匝小环天线（多环天线）具有电尺寸小（其绕制导线总长度小于 $\lambda/2$，通常为 $\lambda/4$ 左右），较隐蔽，相对尺寸而言增益较高、结构简单等优点，因而在背负或车载电台、船舶中的高频电台、地震遥测系统中都有应用，适用的频率范围为 2 ~ 300 MHz。N 匝小环天线的辐射电阻为单匝值的 N^2 倍，即

$$R_{rN}=20N^2\ (k^2S)^2=320\pi^4N^2\ \frac{s^2}{\lambda^4} \tag{4-3-5}$$

对于多匝环的损耗电阻，紧挨着的环的邻近效应引起的附加损耗电阻可能大于趋肤效应引起的损耗电阻，N 匝环总的损耗电阻为

$$R_{lN}=\frac{Nab}{a}R_s\left(\frac{R_p}{R_0}+1\right) \tag{4-3-6}$$

式中，R_p 为邻近效应引起的附加损耗电阻；R_0 为单位长度趋肤效应的欧姆电阻。为了给出在数量上的大概取值，举例如下。

例如，设小环天线的半径为 $\lambda/25$，导线半径为$10^{-4}\lambda$，匝间距为 $4\times10^{-4}\lambda$，天线导线是铜制的，电导率为 5.7×10^7 S/m，则工作在 $f=100$ MHz，且 $R_p/R_0=0.38$ 时，单匝小环天线的辐射电阻为 $R_r=0.788\ \Omega$，损耗电阻为 $R_l=\frac{b}{a}\sqrt{\frac{\omega\mu_0}{2\sigma}}=1.053\ \Omega$，辐射效率为 $\eta_A=42.8\%$；8 匝小环天线的辐射电阻为 $R_r=50.43\ \Omega$，损耗电阻为 $R_{lN}=NR_L\left(\frac{R_p}{R_0}+1\right)=11.62\ \Omega$，辐射效率为 $\eta_A=81.3\%$。

计算结果表明，多匝环天线相对于单匝环天线而言，辐射效率有较明显的提高。

提高小环天线效率的另一种方法是在环线内插入高磁导率铁氧体磁芯，以增加磁场强度，从而提高辐射电阻，这种形式的天线称为磁棒天线，如图 4-32 所示。其磁棒通常用锰锌铁氧体（呈黑色）或镍锌铁氧体（呈棕色）制成。前者多用于中波，后者多用于短波。磁棒天线的辐射电阻可由下式求出。

$$R_r'=R_r\left(\frac{\mu_e}{\mu_0}\right)^2 \tag{4-3-7}$$

式中，R_r 为空芯环天线的辐射电阻；μ_e 为铁氧体磁芯的有效磁导率。

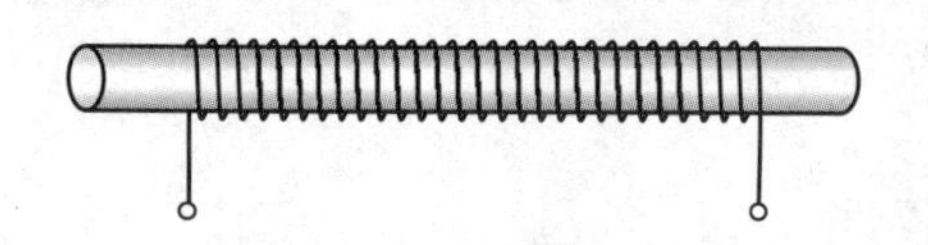

图 4-32　磁棒天线

由于磁棒天线是在小铁氧体棒上绕几匝线圈而成的铁氧体天线的小型化，因此其特别适用于作为袖珍半导体收音机的天线。这种天线通常与射频放大器的调谐电容并联。它除了作为天线外，还提供了一个必需的电感，以构成调

谐回路。这个电感因为只用于多匝线圈，损耗电阻很小，Q 值通常很高，所以具有良好的信号选择能力和较大的感应电压。

4.3.2　大环天线

根据 J. E. Storer 的分析，单匝圆环天线上的电流振幅及电流相位分布如图 4－33 所示。从图 4－33 可见，环上的电流与周长相关，当 $kb=0.1$ 时，电流近似于均匀分布；当 $kb=0.2$ 时，电流变化稍大；随着 kb 的增加，电流变化随之增大。

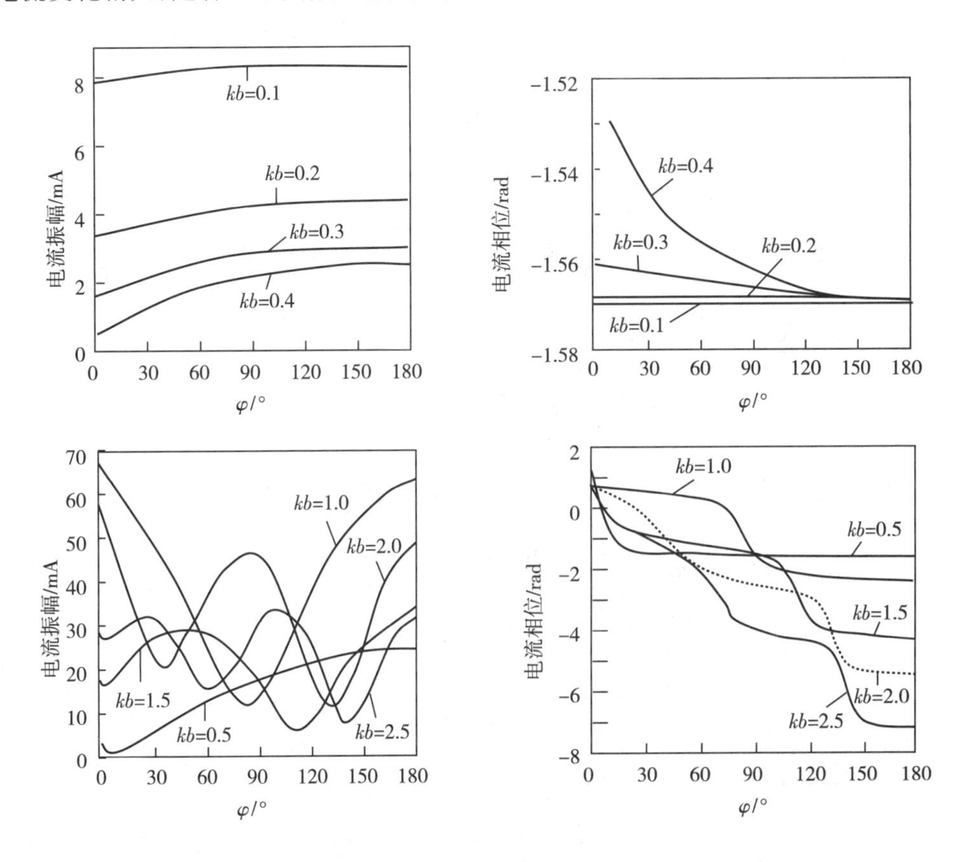

图 4－33　单匝圆环天线上的电流振幅及电流相位分布($\Omega=10$)

由于小环天线可等效为一个磁流元，在前面章节已有介绍，这里就不再分析。

当 $kb\approx 1$ 时，环的周长为一个波长，在 $\varphi=0^\circ$ 和 $\varphi=180^\circ$ 处为电流波腹点，在 $\varphi=90^\circ$ 和 $\varphi=270^\circ$ 处为电流波节点。

1. 辐射场

对于大环,假定环上的电流为

$$I_{\varphi}=I_{\mathrm{m}}\cos\varphi' \tag{4-3-8}$$

已知自由空间矢量位 $\boldsymbol{A}$ 的表示式为

$$\boldsymbol{A}(x,y,z)=\frac{\mu_0}{4\pi}\int_c I_{\varphi}(x',y',z')\frac{\mathrm{e}^{-\mathrm{j}kR}}{R}\mathrm{d}l' \tag{4-3-9}$$

式中,凡带上标"$'$"的表示源点的坐标;凡不带上标"$'$"的表示场点的坐标;R 为环上任一点到观察点的距离。

对于远区的辐射场,因距离较大,可忽略其倒数的高次项,仅保留 r^{-1} 项,则电场可化简为

$$\begin{cases}E_r\approx 0\\ E_{\theta}\approx -\mathrm{j}\omega A_{\theta}\\ E_{\varphi}\approx -\mathrm{j}\omega A_{\varphi}\end{cases} \tag{4-3-10}$$

由于距离 R 可近似为

$$\begin{aligned}R&=\sqrt{r^2+b^2-2br\sin\theta\cos(\varphi-\varphi')}\\ &\approx r-b\sin\theta\cos(\varphi-\varphi)\end{aligned} \tag{4-3-11}$$

将式(4-3-11)代入式(4-3-9),可得球坐标系中矢量位 $\boldsymbol{A}$ 的三个分量分别为

$$\begin{cases}A_r=\dfrac{\mu_0 b}{4\pi r}\mathrm{e}^{-\mathrm{j}kr}\displaystyle\int_0^{2\pi}I_{\varphi}\sin\theta\sin(\varphi-\varphi')\mathrm{e}^{\mathrm{j}kb\sin\theta\cos(\varphi-\varphi')}\mathrm{d}\varphi'\\ A_{\theta}=\dfrac{\mu_0 b}{4\pi r}\mathrm{e}^{-\mathrm{j}kr}\displaystyle\int_0^{2\pi}I_{\varphi}\cos\theta\sin(\varphi-\varphi')\mathrm{e}^{\mathrm{j}kb\sin\theta\cos(\varphi-\varphi')}\mathrm{d}\varphi'\\ A_{\varphi}=\dfrac{\mu_0 b}{4\pi r}\mathrm{e}^{-\mathrm{j}kr}\displaystyle\int_0^{2\pi}I_{\varphi}\cos(\varphi-\varphi')\mathrm{e}^{\mathrm{j}kb\sin\theta\cos(\varphi-\varphi')}\mathrm{d}\varphi'\end{cases} \tag{4-3-12}$$

在 yoz 平面上,$\varphi=90°$,对上式积分可得

$$\begin{cases}A_{\theta}=\dfrac{\mu_0 bI_{\mathrm{m}}}{4r}\cos\theta[J_0(\sin\theta)+J_2(\sin\theta)]\mathrm{e}^{-\mathrm{j}kr}\\ A_{\varphi}=0\end{cases} \tag{4-3-13}$$

式中,J_0 和 J_2 分别是第一类 0 阶和 2 阶贝塞尔函数。

在 xoz 平面上,$\varphi=0°$,对应的有

$$\begin{cases}A_{\theta}=0\\ A_{\varphi}=\dfrac{\mu_0 bI_{\mathrm{m}}}{4r}[J_0(\sin\theta)-J_2(\sin\theta)]\mathrm{e}^{-\mathrm{j}kr}\end{cases} \tag{4-3-14}$$

由式(4-3-10)可求出辐射电场,从而可得这两个平面的方向函数为

yoz 平面
$$f_{\theta}(\theta)=\cos\theta[J_0(\sin\theta)+J_2(\sin\theta)] \tag{4-3-15}$$

xoz 平面
$$f_{\varphi}(\theta)=J_0(\sin\theta)-J_2(\sin\theta) \tag{4-3-16}$$

2. 方向图

根据式(4-3-15)和式(4-3-16)画出一个波长的大圆环天线方向图如图 4-34 所示。

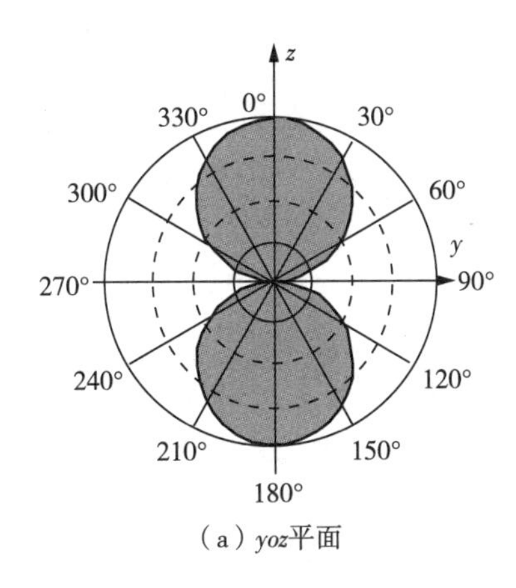

(a) yoz平面

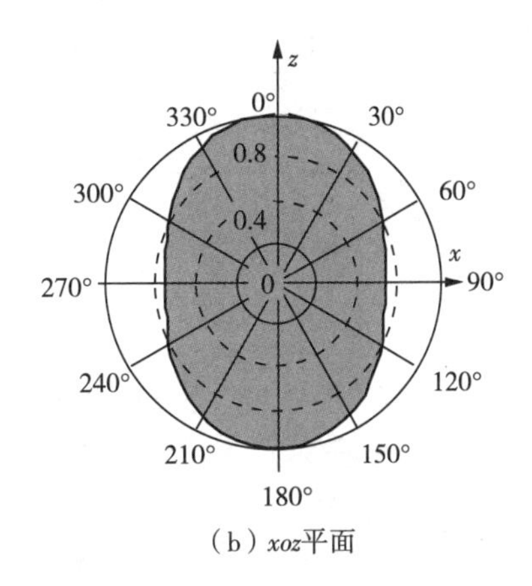

(b) xoz平面

图 4-34　一个波长的大圆环天线方向图

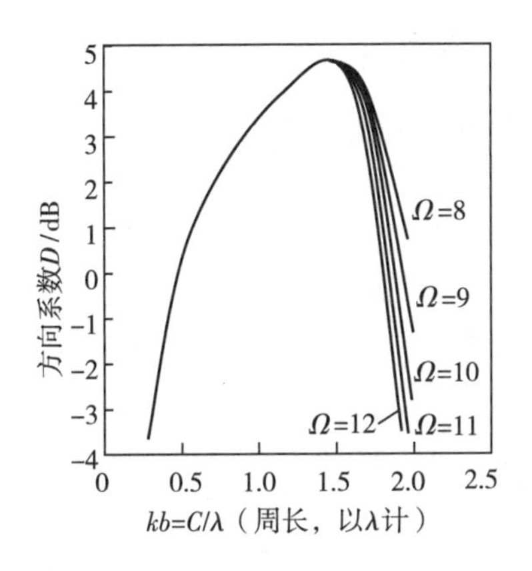

图 4-35　圆环天线轴向增益

由图可见，与小环相比，在辐射方向上，周长为一个波长的大圆环天线在环面法向上有最大辐射，而小环天线在环面法向上无辐射。同时，一个波长的环其方向性与两平行排列、间距为 0.27 的半波振子相似。

图 4-35 给出了不同尺寸时，环的法向方向(轴)上的方向系数。

3. 输入阻抗

根据图 4-33 的电流分布，可计算天线的输入阻抗如图 4-36 所示。图 4-36 中画出了在 $0 \leqslant kb = C/\lambda \leqslant 2.5$ 时输入阻抗随周长(以波长表示)的变化关系。由图可见，天线具有明显的谐振特性，当电尺寸 kb 较小时，小环呈感抗性质。当环周长 C 大约是 $\lambda/2$ 时发生第一个谐振点，其形状十分尖

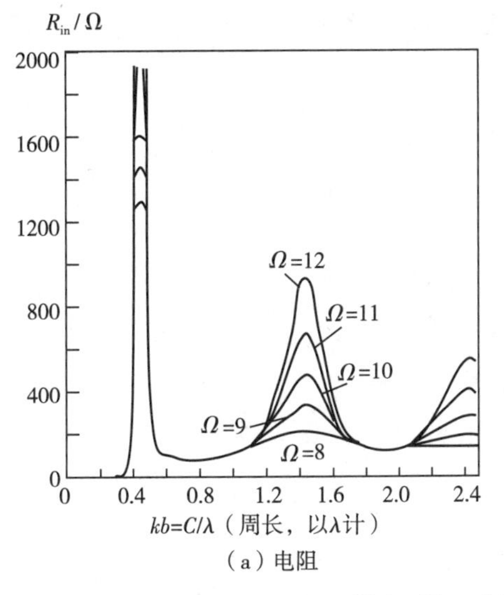

(a) 电阻

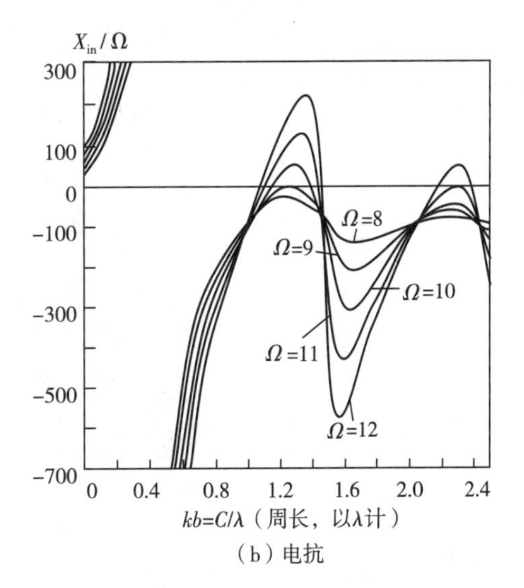

(b) 电抗

图 4-36　大圆环天线的输入阻抗

锐,当环的线径增加时,谐振特性很快消失,若 $\Omega = 2\ln\dfrac{2\pi a}{b} < 9$,阻抗曲线上就只有一个明显的并联谐振点。显然,这对阻抗带宽特性有利。当 $kb > 1$ 时,其电抗曲线在性质上和数值上都与对称振子相似。通常使用一个波长环($kb = 1$),且 $\Omega \approx 8$,则其输入阻抗约为 100 Ω。

4.4 引向天线

引向天线又称为八木天线(Yagi Antenna),全称为八木宇田天线。引向天线通常由一个有源振子、一个反射器及若干个引向器构成,反射器与引向器都是无源振子,所有振子都排列在一个平面内且相互平行。

与常规有源阵不同,引向天线只有一个单元天线是有源的,反射器和引向器是无源振子,引向天线的最大辐射方向在垂直于各个振子且由有源振子指向引向器的方向,所以它是一种端射式天线。

引向天线的优点是体积不大、结构简单牢固、馈电方便、重量轻、便于转动、有一定的增益(可以做到十几个分贝),因此其在超短波和微波波段应用广泛。引向天线的缺点是调整和匹配较困难,工作带宽较窄。

本节主要介绍引向天线的工作原理、电特性及其参数选择,重点分析其有源振子的结构和输入电阻。

4.4.1 引向天线的工作原理

1. 引向天线的结构

引向天线是一个紧耦合的寄生振子端射阵,由一个(有时为两个)有源振子及若干个无源振子构成。有源振子近似为半波振子,主要作用是提供辐射能量;无源振子的作用是使辐射能量集中到天线的端向。其中,稍长于有源振子起反射能量作用的无源振子称为反射器;较有源振子稍短起引导能量作用的无源振子称为引向器。无源振子起引向或反射作用的大小与它们的尺寸及离有源振子的距离有关。

通常有几个振子就称为几单元或几元引向天线。例如,图 4-37 共有 8 个振子,就称为八元引向天线。

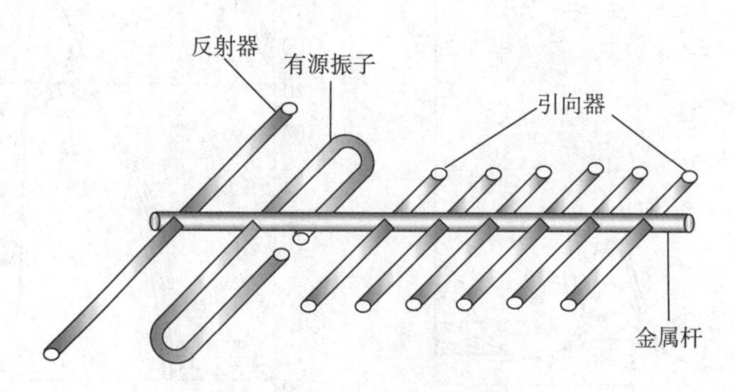

图 4-37　八元引向天线

除了有源振子馈电点必须与金属杆绝缘外,无源振子都与金属杆短路连接,它们可以同时固定在一根金属杆上。由于每个无源振子都近似等于半波长,中点为电压节点,加之各振子又与天线轴线垂直,因此金属杆上不感应电流,也不参与辐射,金属杆对天线性能影响较小。

2. 引向天线的实现条件

引向天线中的引向器和反射器可以分别起到引导和反射的作用,从而形成端射效果,提高天线的增益。

为了说明其中的工作原理,下面通过起到相同作用的有源振子来分析引向天线的实现条件,如图 4-38 所示。为简便起见,这里仅分析二元有源振子的情况,如图 4-38(a) 所示,其中左边振子"1"为参考单元,用于考察右边振子"2"所起的作用。

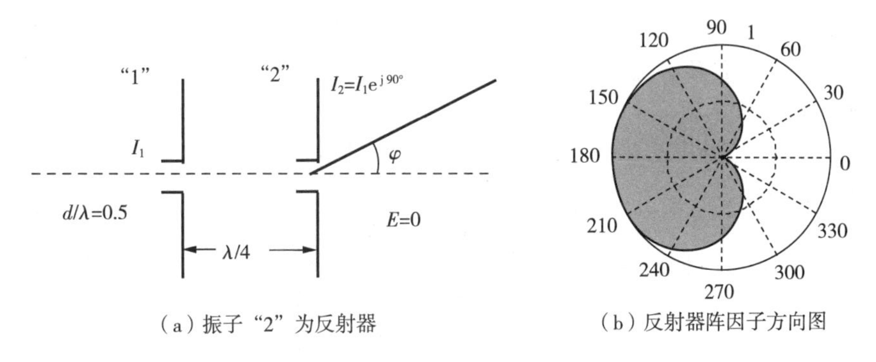

(a) 振子"2"为反射器　(b) 反射器阵因子方向图

图 4-38　反射器工作原理

1) 有源反射器与引向器的实现条件

假定两个相似元振子相距为 d,电流幅度相等相位相差为 ξ,则二元阵的合成电场及阵因子函数分别为

$$\begin{cases} E(\theta,\varphi)=E_1(\theta,\varphi)f_a(\theta,\varphi) \\ f_a(\theta,\varphi)=|1+e^{j\psi}| \end{cases} \tag{4-4-1}$$

式中,$\psi=\xi+kd\cos\varphi$。

振子起到什么作用关键是看阵因子函数,因为电流幅度不相等的情况对方向图的相对关系影响较小,下面主要讨论有源等幅激励情况下反射器和引向器的实现条件。

➢ 有源反射器的实现条件

首先考虑简单情况,设有平行排列且相距 $\lambda/4$ 的两个对称振子,如图 4-38(a) 所示。若两振子的电流幅度相等,但振子"2"的电流相位超前振子"1"的电流相位 90°,即 $I_2=I_1e^{j90°}$。此时,$\psi=\frac{\pi}{2}(1+\cos\varphi)$,于是,可得到阵因子函数为

$$f_a(\theta,\varphi)=\left|2\cos\frac{\pi(1+\cos\varphi)}{4}\right| \tag{4-4-2}$$

由图 4-38(b) 可见,在 $\varphi=0°$ 方向上阵因子增益为零,在 $\varphi=180°$ 方向上阵因子增益最大。也就是说,阵因子此时起到的作用相当于把向右的辐射能量转移到左边了,也就是起到了反射的作用。

由此可见,通过控制两个振子的间距和电流相位差,可以达到反射的作用,从而形成端射的效果。

下面分析一下要实现反射作用需要的一般条件,为了避免出现栅瓣情况,假定单元振子

的间距小于半个波长。

根据阵因子与间距和电流相位的关系可以发现，单元振子间距主要影响可视区的范围大小，而振子间的电流相位差则主要影响可视区的中心位置。根据可视区内阵因子最大值出现的位置可以判定阵因子的作用，可视区中心对应着 $\varphi=\frac{\pi}{2}$、$\psi=\xi$ 的情况，可视区左边界对应着 $\varphi=\pi$、$\psi=\xi-kd$ 的情况，可视区右边界对应着 $\varphi=0$、$\psi=\xi+kd$ 的情况。通常，当最大值出现在可视区的左边时，意味着振子“2”起到了反射的作用，反之则意味着振子“2”起到了引导的作用。对于二元阵，由于图 4-38 对应可视区为[0,π]，最大值在最左端，因此起反射作用。

总体来说，当可视区的左半区最大值大于右半区最大值，即电流相位差满足 $\xi\in(0,180^\circ)$ 时，振子“2”起到反射器的作用。

➢ 有源引向器的实现条件

如图 4-39 所示，对于简单情况，调整振子“2”的馈电电流，使其相位滞后于振子“1”90°，即 $I_2=I_1\mathrm{e}^{-\mathrm{j}90^\circ}$[见图 4-39(a)]，$m=1$，$\psi=\frac{\pi}{2}(\cos\varphi-1)$，于是，可得到阵因子函数为

$$f_a(\theta,\varphi)=\left|2\cos\frac{\pi(1-\cos\varphi)}{4}\right| \tag{4-4-3}$$

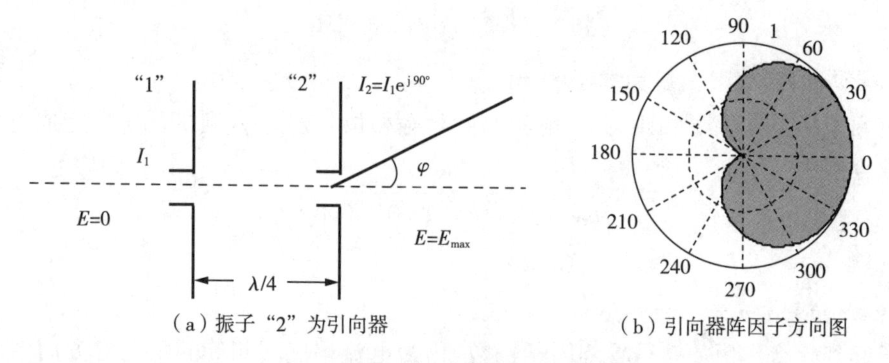

(a) 振子“2”为引向器　　(b) 引向器阵因子方向图

图 4-39　引向器原理

由图 4-39(b) 可见，在 $\varphi=180^\circ$ 方向上阵因子增益为零，在 $\varphi=0^\circ$ 方向上阵因子增益最大。也就是说，阵因子此时起到的作用相当于把向左的辐射能量转移到右边了，也就是起到了引导的作用。

由此可见，通过控制两个振子的间距和电流相位关系，可以达到反射或引导的作用，从而形成端射的效果。

下面我们来分析一下要实现反射或引导作用需要的一般条件。

对于一般情况，单元振子的间距小于半个波长情况下，当可视区的左半区最大值大于右半区最大值，即电流差满足 $\xi\in(-180^\circ,0)$ 时，振子“2”起到引向器的作用。

综上所述，单元阵子的间距小于半个波长情况下(通常满足：$d/\lambda\leqslant0.4$)，振子“2”作为引向器或反射器的电流相位条件是

$$\begin{cases}\text{反射器：}0^\circ<\xi<180^\circ\\ \text{引向器：}-180^\circ<\xi<0^\circ\end{cases} \tag{4-4-4}$$

事实上，当电流满足 $-180° < \xi < 0°$ 时，振子"2"电流相位滞后于振子"1"，因此，在右边辐射方向上，振子"1"相比振子"2"因路程差导致的电流相位滞后得到了补偿，使得在右边的远场比在左边的强，从而起到引向作用。利用同样的思路可以分析电流满足反射器的情况。

2) 无源反射器与引向器的实现条件

前面我们发现有源振子在满足一定条件情况下，可以把辐射能量向一边聚集，起到引向的作用。但是，这需要对每个振子进行馈电，显然，有时候这样做并不方便。

不管采取什么措施，要想振子起到引向的作用，必须使得振子上有电流通过，且与参考振子间的相位差满足式(4-4-4)。显然，前一个条件可以考虑电磁感应，下面进行具体分析。

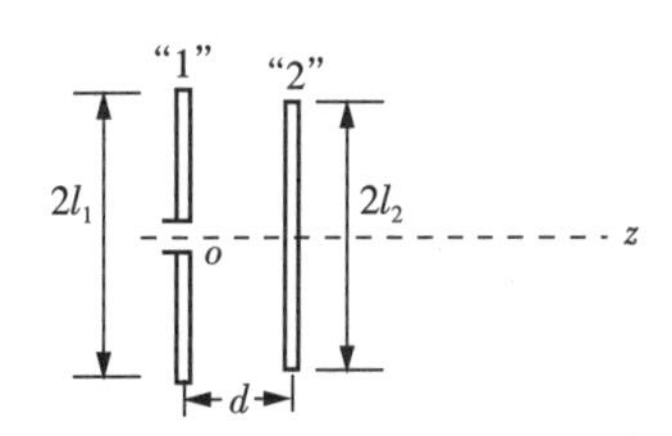

图 4-40　二元引向天线

➢ 无源振子的电流感应

如图 4-40 所示，假定有源振子"1"的全长为 $2l_1$，无源振子"2"的全长为 $2l_2$，二者平行排列，间距为 d。

在有源振子电磁场的作用下，无源振子被感应出电流 I_2，从而产生辐射，无源振子的辐射场将对二元引向天线作出贡献。

采用二端网络的思想，可以得到

$$\begin{cases} U_1 = I_{m1} Z_{11} + I_{m2} Z_{12} \\ 0 = I_{m1} Z_{21} + I_{m2} Z_{22} \end{cases} \tag{4-4-5}$$

考虑到天线阵的阻抗特性，由式(4-4-5)的第二个式子可得振子"2"的电流为

$$\frac{I_2}{I_1} = -\frac{Z_{21}}{Z_{22}} = m e^{j\xi} \tag{4-4-6}$$

式中，m 和 ξ 的含义如下：

$$\begin{cases} m = \sqrt{\dfrac{R_{21}^2 + X_{21}^2}{R_{22}^2 + X_{22}^2}} \\ \xi = \pi + \tan^{-1} \dfrac{X_{21}}{R_{21}} - \tan^{-1} \dfrac{X_{22}}{R_{22}} \end{cases} \tag{4-4-7}$$

其中，R_{21} 和 X_{21} 为两振子间的互阻抗 Z_{21} 的电阻与电抗部分；$\tan^{-1} \dfrac{X_{21}}{R_{21}}$ 为互阻抗 Z_{21} 的幅角；R_{22} 和 X_{22} 为无源振子自阻抗 Z_{22} 的电阻与电抗部分，大小与相同尺寸的对称振子的一样；$\tan^{-1} \dfrac{X_{22}}{R_{22}}$ 为 Z_{22} 的幅角。由式(4-4-7)可以看出，只要适当改变间距 d(可以改变互阻抗 Z_{21})或适当改变无源振子的长度 $2l_2$(可以改变自阻抗 Z_{22})都可以调整 I_2 的振幅和相位，使无源振子"2"起到引向器或反射器的作用。

➢ 无源反射器与引向器的实现

根据有源振子条件，调整无源振子的间距 d 和长度 $2l_2$，使式(4-4-7)的电流相位差输出结果满足式(4-4-4)，则无源振子"2"就会起到引向器或反射器的作用。

在引向天线中，为了高效辐射，有源振子和无源振子的长度基本上都在 $\lambda/2$ 附近，此时方向函数及互阻抗随 l 的变化不太大，所以在近似计算时可以把单元天线的方向函数及单元间的互阻抗均按半波振子处理。至于自阻抗则因其对 l/λ、a/λ 的变化敏感，需要按振子的实

际尺寸计算。

表4-1给出了(按严格计算)有源振子长度 $2l_1=0.475\lambda$，振子半径 a 为 0.0032λ 时，三种不同无源振子长度对应于各种间距 d 的电流比 $\left(\dfrac{I_2}{I_1}=me^{j\alpha}\right)$。无源振子 $2l_2/\lambda$ 为 0.450、0.500，d/λ 分别取 0.1、0.25 及 0.50 时，根据表 4-1 作出的二元引向天线 H 面方向图如图 4-41 所示，无源振子的位置在有源振子的右方。

表 4-1　引向天线的电参数

元数 N	间隔 d/λ	单元长度 $2l/\lambda$			增益/dB	前后辐射比/dB	输入阻抗/Ω	H 面		E 面	
		$2l_r/\lambda$	$2_0/\lambda$	$\dfrac{2l_1}{\lambda}\sim\dfrac{2l_2}{\lambda}$				$2\theta^{\circ}_{0.5H}$	SLL/dB	$2\theta^{\circ}_{0.5E}$	SLL/dB
3	0.25	0.479	0.453	0.451	9.4	5.6	22.3+j15.0	84	−11.0	66	−34.5
4	0.15	0.486	0.459	0.453	9.7	8.2	36.7+j9.6	84	−11.6	66	−22.8
4	0.20	0.503	0.474	0.463	9.3	7.5	5.6+j20.7	64	−5.2	54	−25.4
4	0.25	0.486	0.463	0.456	10.4	6.0	10.3+j23.5	60	−5.8	52	−15.8
4	0.30	0.475	0.453	0.446	10.7	5.2	25.8+j23.2	64	−7.3	56	−18.5
5	0.15	0.505	0.476	0.456	10.0	13.1	9.6+j13.0	76	−8.9	62	−23.2
5	0.20	0.486	0.462	0.449	11.0	9.4	18.4+j17.6	68	−8.4	58	−18.7
5	0.25	0.447	0.451	0.442	11.0	7.4	53.3+j6.2	66	−8.1	58	−19.1
5	0.30	0.482	0.459	0.451	9.3	2.9	19.3+j39.4	42	40	40	−9.6
6	0.20	0.482	0.456	0.437	11.2	9.2	51.3−j1.9	68	−9.0	58	−20.0
6	0.25	0.484	0.459	0.446	11.9	9.4	23.2+j21.0	56	−7.1	50	−13.8
6	0.30	0.472	0.449	0.437	11.6	6.7	61.2+j7.7	56	−7.4	52	−14.8
7	0.20	0.489	0.463	0.444	11.8	12.6	20.6+j16.8	58	−7.4	52	−14.1
7	0.25	0.477	0.454	0.434	12.0	8.7	57.2+j1.9	58	−8.1	52	−15.4
7	0.30	0.475	0.455	0.439	12.7	8.7	35.9+j21.7	50	−7.3	46	−12.6

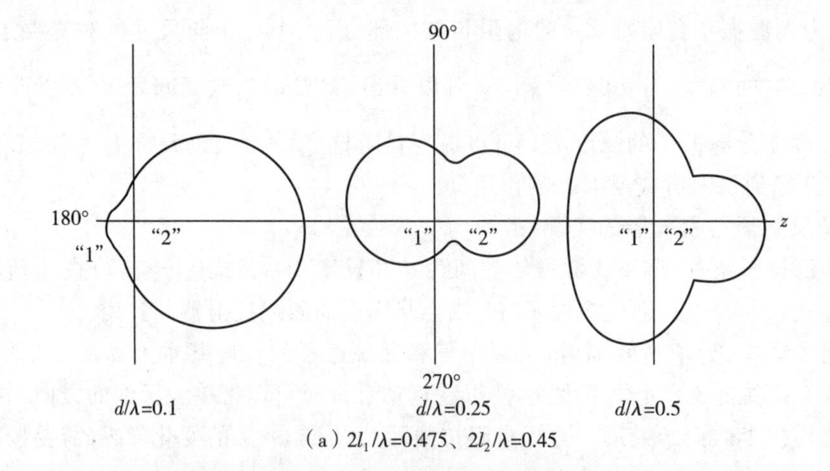

(a) $2l_1/\lambda=0.475$、$2l_2/\lambda=0.45$

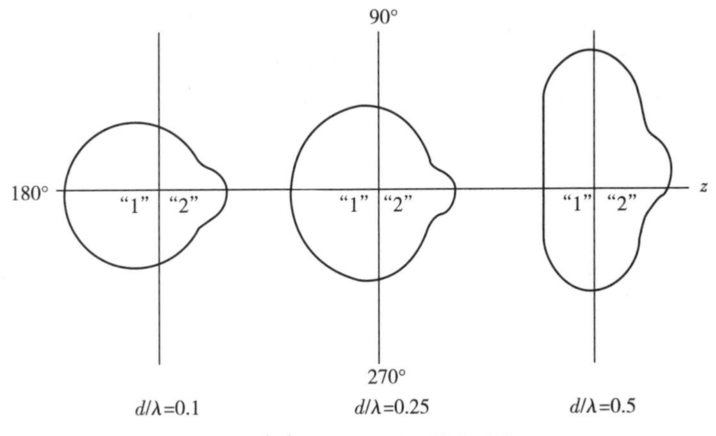

（b）$2l_2/\lambda=0.475$ 、$2l_2/\lambda=0.5$

图 4－41　二元引向天线方向图

分析图 4－41，可以看出：

(1) 当有源振子 $2l_1/\lambda$ 一定时，只要无源振子长度 $2l_2/\lambda$ 及两振子间距 d/λ 选择的合适，无源振子就可以成为引向器或反射器。对应于合适的 d/λ 值，通常将比有源振子小百分之几的无源振子作为引向器，将比有源振子大百分之几的无源振子作为反射器。

(2) 当有源及无源振子长度一定时，d/λ 值不同，无源振子所起的引向或反射作用不同。例如，对于 $2l_2/\lambda=0.450$，当 $d/\lambda=0.1$ 时无源振子有较强的引向作用，而当 $d/\lambda\geqslant 0.25$ 以后无源振子就变成了反射器。所以，为了得到较强的引向或反射作用，应正确选择或调整无源振子的长度及两振子的间距。

(3) 为了形成较强的方向性，引向天线振子间距 d/λ 不宜过大，一般 $d/\lambda<0.4$。

经数值分析，引向器实现的条件要苛刻一些，当长度一定时，随着间距的增大，电流相位差会逐渐从滞后状态过渡到超前状态，从而导致引向作用变成反射作用；而反射器实现的条件则相对容易一些，当振子长度确定后，随着间距的增大，电流相位差一直呈现超前状态，虽然超前值越来越小，但不会变成引向作用。

4.4.2　引向天线的电特性

1. 方向图

引向天线的方向性由反射器和引向器决定，下面分析简单的三元引向天线的方向函数。三元引向天线如图 4－42 所示，由一个有源振子“2”、一个引向器无源振子“1”及一个反射器无源振子“3”组成。

引向天线
近场动画

引向天线方向图
仿真动画

引向天线方向图
计算程序代码

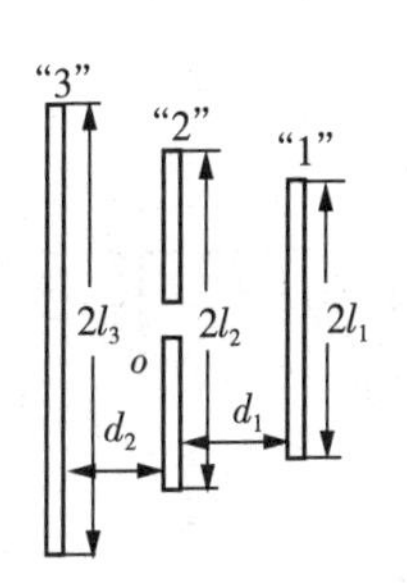

图 4－42　三元引向天线

考虑到半波振子的辐射性能较好，通常振子都选择在半波长附近。假定振子长度分别为 l_1、l_2、l_3，振子“1”与振子“2”的间距为 d_1，振子“1”与振子“2”的间距为 d_2，有源振子的馈线处电压为 U_2，振子线上电流分别为 I_{m1}、I_{m2}、I_{m3}，自阻抗分别为 Z_{11}、Z_{22}、Z_{33}，互阻抗分别为 $\{Z_{ij}\}$，则有

$$\begin{cases} 0 = I_{m1}Z_{11} + I_{m2}Z_{12} + I_{m3}Z_{13} \\ U_2 = I_{m1}Z_{21} + I_{m2}Z_{22} + I_{m3}Z_{23} \\ 0 = I_{m1}Z_{31} + I_{m2}Z_{32} + I_{m3}Z_{33} \end{cases} \tag{4-4-8}$$

考虑到 $Z_{ij} = Z_{ji}$，于是可以得到

$$\begin{cases} \dfrac{I_{m1}}{I_{m2}} = \dfrac{Z_{13}Z_{23} - Z_{12}Z_{33}}{Z_{11}Z_{33} - Z_{13}^2} \\ \dfrac{I_{m3}}{I_{m2}} = \dfrac{Z_{12}Z_{13} - Z_{11}Z_{23}}{Z_{11}Z_{33} - Z_{13}^2} \end{cases} \tag{4-4-9}$$

显然，对于更多振子的引向天线可以类似求解 N 元 1 次方程组即可。

由于各振子都接近于半波振子，因此可简化为

$$f_1(\theta,\varphi) \approx f_3(\theta,\varphi) \approx f_2(\theta,\varphi) = \left| \frac{\cos\left(\frac{\pi}{2}\cos\theta\right)}{\sin\theta} \right| \tag{4-4-10}$$

由此可以得到合成辐射场为

$$f(\theta,\varphi) = f_2(\theta,\varphi)\left[\frac{I_{m1}}{I_{m2}}e^{j\frac{2\pi}{\lambda}d_1\cos\theta} + 1 + \frac{I_{m3}}{I_{m2}}e^{-j\frac{2\pi}{\lambda}d_2\cos\theta}\right] \tag{4-4-11}$$

将电流比与阻抗关系式代入上式，即可得到三元引向天线的方向图。

对于多元引向天线，可以类似得到对应的方向图。

例如，图 4-43(a) 给出六元引向天线的结构示意图($2l_r = 0.5\lambda$，$2l_0 = 0.47\lambda$，$2l_1 = 2l_2 = 2l_3 = 2l_4 = 0.43\lambda$，$d_r = 0.25\lambda$，$d_1 = d_2 = d_3 = 0.30\lambda$，$2a = 0.0052\lambda$)，图 4-43(b)、图 4-43(c)、图 4-43(d) 给出了此引向天线 E 面、H 面和立体方向图。

虽然实际应用的引向天线不一定是等间距的，引向器也不一定是等长的，但是为了使读者大致了解引向天线的电特性，还是通过表 4-1 给出了等间距、引向器等长的一些引向天线的典型数据，包括不同元数、不同振子长度及不同间距时引向天线的增益、输入阻抗、E 面和 H 面方向图的波束宽度、副瓣电平及前后辐射比。所谓前后辐射比是指方向图中前向与后向的电场振幅比，它在引向天线中具有一定的实际意义。

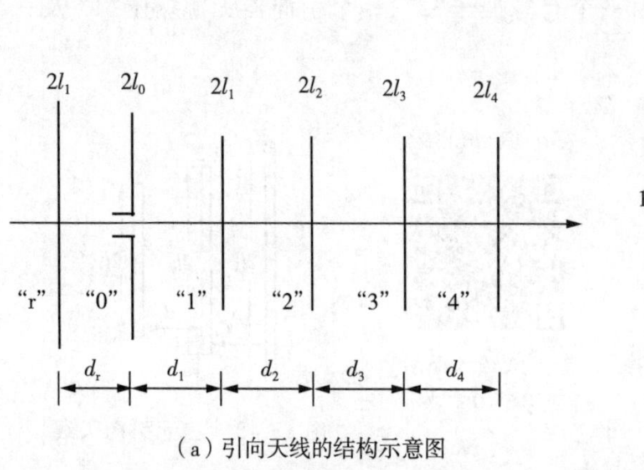

(a) 引向天线的结构示意图

(b) E面方向图

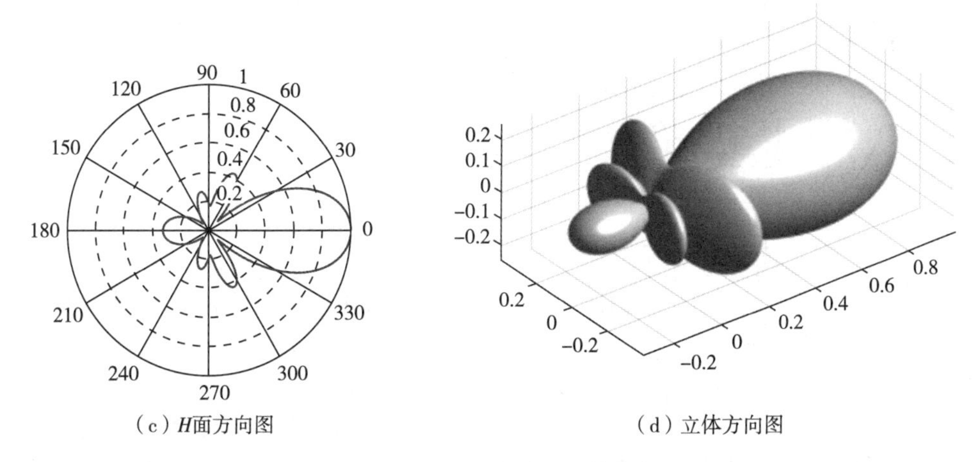

（c）H面方向图　　（d）立体方向图

图 4－43　六元引向天线及其方向图

2. 输入阻抗

引向天线是由若干个振子组成的，因存在着互耦，在无源振子的影响下，有源振子的输入阻抗将发生变化，不再和单独一个振子时相同。

具体来说，在有源振子"2"端口处的输入阻抗为

$$Z_{\text{in}}=\sum_{j=1}^{3}\left|\frac{I_{\text{m}j}}{I_{\text{m}2}}\right|^{2}Z_{j} \tag{4-4-12}$$

式中，$Z_j=\sum_{i=1}^{3}\frac{I_{\text{m}i}}{I_{\text{m}j}}Z_{ji}$，$j\in[1,3]$。

振子数多于 3 个时，可以得出类似计算公式。

在引向天线中一般将半波振子作为有源振子，而单个半波振子的输入电阻是 73.1 Ω。由表 4－1 可知，引向天线的输入阻抗有明显的下降，有的甚至于只有几欧姆。同时，随着间距或长度的小范围调整，输入阻抗也会有较大的变化。

由此可见，无源振子的间距和长度对有源振子输入阻抗的影响主要体现在两个方面：一是使有源振子的输入阻抗下降，二是使输入阻抗随频率变化得更厉害。

输入阻抗的下降，加上有的馈电平衡转换装置（如 U 形管）本身具有阻抗变换作用，使得天线很难与常用的同轴电缆匹配（标准同轴电缆的特性阻抗为 50 Ω 或 75 Ω）。为此，必须设法提高引向天线的输入电阻。除了通过调整天线尺寸提高输入电阻的方法以外，最有效也是最常用的措施是采用后面将要介绍的"折合振子"。

有源振子输入阻抗本身随频率的变化就比较大，加上无源振子的影响，变化得就更厉害。所以引向天线一般只能在很窄的带宽（典型值为 2%）内与馈线保持良好匹配。

实际应用中，人们常常不注重引向天线输入阻抗的精确值，主要以馈线上的驻波比为标准进行调整。当引向天线要求在稍宽的频带内工作时，只能牺牲对驻波比的要求。此时往往只要求驻波比小于 2 或者更差一点。

3. 半功率角与副瓣电平

原则上引向天线的方向图可以用矩量法（MOM）按照实际结构计算，也可以采用方向函数进行计算。由于元数较多时各振子电流的计算比较复杂，因此在工程上多用近似公式、曲线和经验数据来估算。

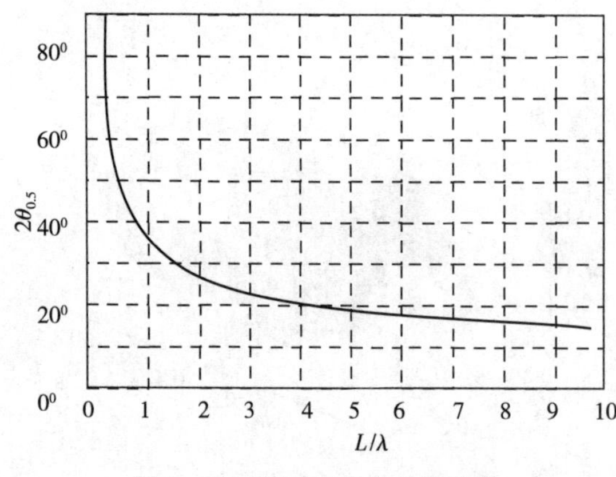

图 4-44　半功率角的估算曲线

下式为引向天线半功率角的估算公式：

$$2\theta_{0.5} \approx 55\sqrt{\frac{\lambda}{L}} \tag{4-4-13}$$

图 4-44 为半功率角的估算曲线。式(4-4-13)及图 4-44 中的 L 为引向天线的长度，是由反射器到最后一个引向器的几何长度，λ 为工作波长。按照式(4-4-13)或图 4-44 得到的半功率角是个平均值。

实际上引向天线的 H 面方向图比 E 面方向图要宽一些，因为单元天线在 H 面内没有方向性，而在 E 面却有方向性。

由图 4-44 可以看出，当 $L/\lambda > 2$ 后，$2\theta_{0.5}$ 随 L/λ 的增大下降得相当缓慢，所以引向天线的半功率角不可能做到很窄，通常都是几十度。

引向天线的副瓣电平一般也只有负几分贝到负十几分贝，H 面的副瓣电平一般总是较正面的高(参看表 4-1)。由表 4-1 还可以看出，引向天线的前后辐射比往往不是很高，即使说引向天线往往具有较大的尾瓣，这也是不够理想的。

减小尾瓣的常用方法是在天线一侧加反射面，而为了降低反射面的重量，通常选择网状。为了进一步减小引向天线的尾瓣，可以将单根反射器换成反射屏或“王”字形反射器等形式。图 4-45 为带“王”字形反射器的引向天线。

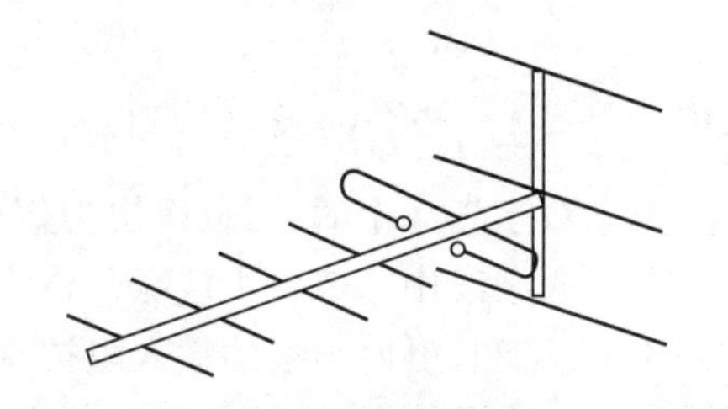

图 4-45　带“王”字形反射器的引向天线

4. *方向系数和增益系数*

引向天线的效率很高，差不多都在 90% 以上，可以近似看成 1。因而引向天线的增益系数也就近似等于它的方向系数，即

$$G = \eta \cdot D \approx D$$

由表 4-1 可以看出，总体上，阵元数越大，引向天线的增益越大。不过，并非振子数越大越好。

图 4-46 给出了包括引向器、反射器在内所有相邻振子间距都是 0.15λ、振子直径均为 0.0025λ 的引向天线增益与元数的关系曲线。由图 4-46 可以看出，若采用一个反射器，当引向器由一个增加到两个($N=3$ 增至 $N=4$)时，天线增益能大约增大 1 dB，而引向器个数由 7 个增至 8 个($N=9$ 增至 $N=10$)时，增益只能增加约 0.2 dB。

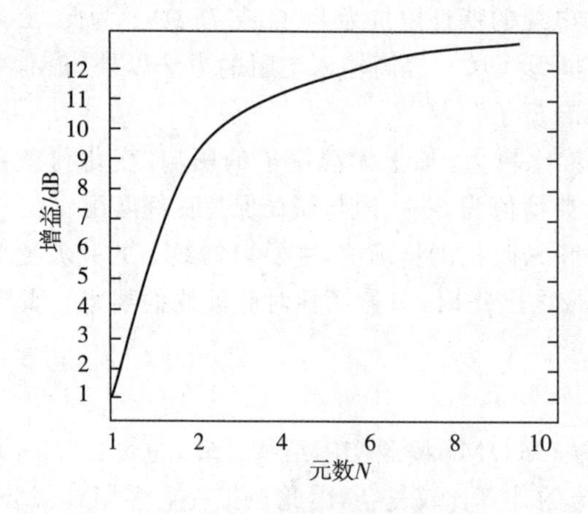

图 4-46　典型引向天线的增益与元数的关系曲线

不仅如此，引向器个数多了还会使天线的带宽变窄、输入阻抗减小，不利于与馈线匹配。加之从机械上考虑，引向器数目过多，会造成天线过长，也不便于支撑。所以在米波波段实际应用的引向天线引向器的数目通常很少超过 13 个。进一步提高天线增益的主要方法是组阵。引向天线的方向系数可由图 4-47 估算。一般的引向天线长度 L/λ 不是很大，它的方向系数只有 10 左右。当要求更强的方向性时，若频率不是很高，可通过将几副引向天线排列成天线阵的方法来提高方向系数。

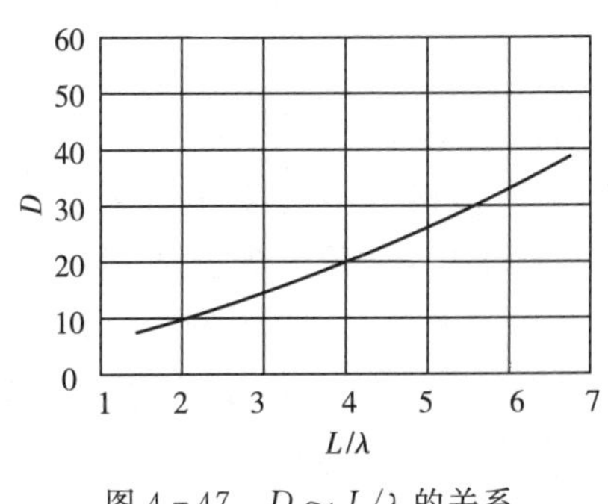

图 4-47　$D \sim L/\lambda$ 的关系

5. 极化特性

常用的引向天线为线极化天线。当振子面水平架设时，工作于水平极化；当振子面垂直架设时，工作于垂直极化。

6. 带宽特性

引向天线的工作带宽主要受方向函数和输入阻抗的限制，一般只有百分之几。在允许馈线上驻波比 $S \leqslant 2$ 的情况下，引向天线的工作带宽可能达到 10%。

将单根无源振子作为反射器时，由于自阻抗、互阻抗及电间距 d/λ 均与频率关系密切，因此引向天线的工作带宽很窄。此时可以采用排成平面的多振子(如“王”字形振子)或由金属线制成的反射屏作为反射器，这样不仅可以增大前后辐射比，还可以增加工作带宽。

有源振子的带宽对引向天线的工作带宽有重要影响。为了宽带工作，可以采用直径较粗的振子，如扇形振子、“X”形振子及折合振子等。图 4-48 为扇形振子和“X”形振子。

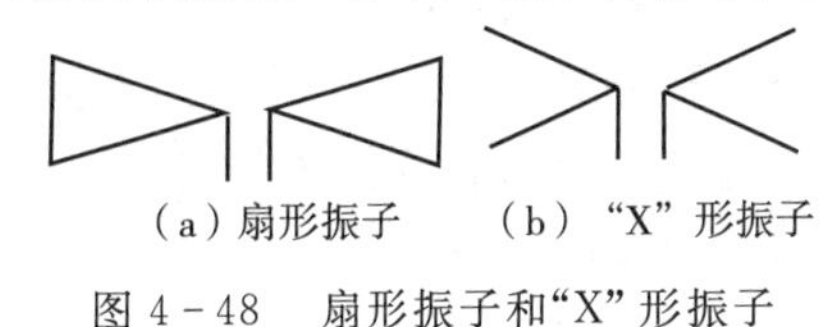

图 4-48　扇形振子和“X”形振子

4.4.3　引向天线的参数选择

在实际应用中，引向天线的主要设计出发点是增强天线的方向性，下面分析无源振子个数、无源振子长度和间距等参数的选择方法。

1. 无源振子个数的选择

由图 4-38 可知，反射器的作用是把辐射过来的能量反射回去，经过一次反射后能量就所剩不多了，即使再加一个反射器，感应的电流也会很小，需要反射的能量也不多，因此，通常选择一个就可以了。

引向器的目的是牵引，相当于一次一次地把方向图压扁，这虽有利于方向系数的提高，但是由于振子间的相互影响等各方面的原因，增益增大到一定程度后就几乎不再增加了，此时再增加引向器已经意义不大，反而会增加天线的复杂性和架设难度，而且对天线的阻抗也有影响，因此通常选择 6 ～ 12 个引向器。

2. 无源振子长度和间距的选择

根据引向天线的辐射场表达式，改变无源振子的长度和间距，通过仿真就可以检查是否达到想要的效果。然而，采用试探的办法很难找到合适的参数。

通常，在无源振子条件的基础上，需要结合实测给出设计范围。

对于有源振子，取半波振子有利于最强辐射，由前面的结论，将短的振子作为引向器，将长的振子作为反射器。

为了得到足够的方向性，实际使用的引向天线大多数是多元的，调整无源振子的长度和振子间的间距，可以使反射器上的感应电流相位超前于有源振子[满足式(4-4-4)]。调整引向器时，让引向器的感应电流相位依次滞后于有源振子，直到最后一个引向器滞后于它前一个。这样就可以把天线的辐射能量集中到引向器的一边，获得较强的方向性。

3. 无源振子参数的选择方法

由于理论计算中有较多的简化处理及未考虑到的问题，一般做法是设计好参数后，再依据实测结果来调整参数，最后确定需要的参数。

(1) 搭出框架。有源振子确定后，无源振子可通过调整自身长度和彼此间距来实现引向或反射。通常选比有源振子长的为发射器，比有源振子短的为引向器。

(2) 参数调整。有源振子和无源振子的个数和尺寸都确定后，无源振子的作用会随间距的变化而改变。为保证强方向性，引向天线间距不宜过大，通常小于 0.4 个波长。

4.4.4 半波折合振子

由于无源振子的影响和平衡器的阻抗变换作用，引向天线的输入阻抗往往会比单元振子的输入阻抗低很多，因此其很难与同轴线直接匹配。这一问题的解决办法是采用半波折合振子。

经试验证明，有源振子的结构与类型对引向天线的方向图影响较小，因此主要从阻抗特性上来选择合适的有源振子的尺寸与结构。工程上常常采用折合振子，因为它的输入阻抗可以提升到普通半波振子的 K 倍($K>1$)。

1. 半波折合振子的结构

半波折合振子的结构示意图如图 4-49 所示，振子长度 $2l \approx \lambda/2$，间隔 $D \ll \lambda$。图 4-49(a) 为等粗细的形式，图 4-49(b) 为不等粗细的形式。

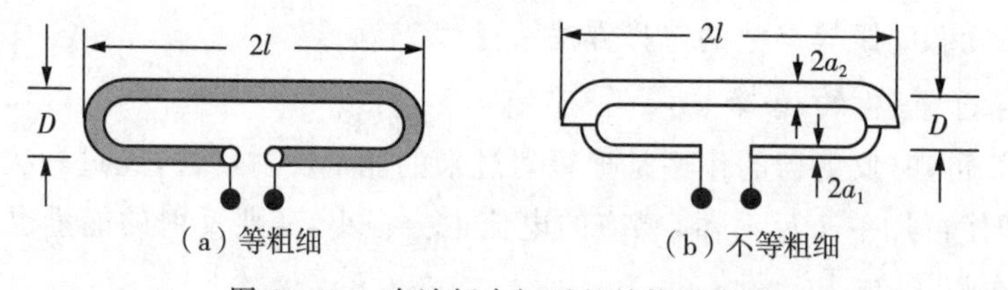

图 4-49 半波折合振子的结构示意图

粗略地说，可以把半波折合振子看作一段 $\lambda/2$ 的短路线从其中点拉开压扁，如图 4-50 所示。折合振子的两个端点为电流节点，导线上电流同相，当 $D \ll \lambda$ 时，折合振子相当于电流为 $I_M = I_{M1} + I_{M2}$ 的半波振子，故方向图和半波振子的一样。

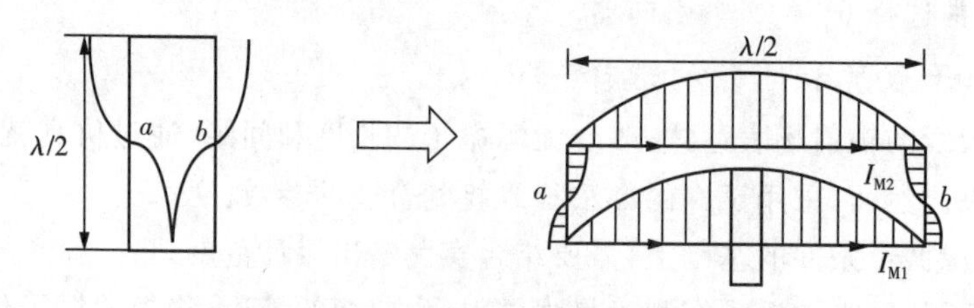

图 4-50 半波折合振子的构成及电流分布

2. 半波折合振子的输入电阻

1) 等粗细的半波折合振子

对于等粗细的半波折合振子，如图 4-49(a) 所示，$I_{M1}=I_{M2}$，折合振子相当于具有波腹电流 $I_M=I_{M1}+I_{M2}=2I_{M1}$ 的一个等效半波振子。所以不仅它的方向性与半波振子的相同，而且它的辐射功率也可以写成：

$$P_r=\frac{1}{2}\ |I_M|^2R_r \tag{4-4-14}$$

式中，R_r 为以波腹电流计算的辐射电阻，其也刚好是等效半波振子的输入电阻，一般为 70 Ω 左右。

对于半波折合振子来说，馈电点的输入电流实际上为 I_{M1}，而不是 I_M，所以它的输入功率为

$$P_{in}=\frac{1}{2}\ |I_{M1}|^2R_{in} \tag{4-4-15}$$

由于天线的效率 $\eta\approx1$，半波折合振子的输入功率 P_{in} 等于它的辐射功率 P_r，令式(4-4-14) 与式(4-4-15) 相等，便可求得

$$R_{in}=\left|\frac{I_M}{I_{M1}}\right|^2R_r \tag{4-4-16}$$

考虑到 $I_M=2I_{M1}$，则

$$R_{in}=4R_r \tag{4-4-17}$$

也就是说，等粗细半波折合振子的输入电阻等于普通半波振子输入电阻的 4 倍。因此，折合振子具有提高输入电阻的突出特点。

2) 不等粗细的半波折合振子

实际工作中不一定刚好要求半波折合振子的输入电阻是半波振子的 4 倍，这时可以采用图 4-49(b) 所示的不等粗细的折合振子。下面将会证明，此时半波折合振子的输入电阻与半波振子输入电阻之间满足以下关系：

$$R_{in}=\left(1+\frac{\ln\dfrac{D}{a_1}}{\ln\dfrac{D}{a_2}}\right)^2R_r\triangleq KR_r \tag{4-4-18}$$

式中，D 为上下振子的间距；a_1、a_2 分别为上下振子的直径；K 为输入电阻提高的倍数。

由式(4-4-18) 可知，当 $a_1=a_2$ 时，$\ln\dfrac{D}{a_1}=\ln\dfrac{D}{a_2}$，$K=4$；当 $a_1>a_2$ 时，$\ln\dfrac{D}{a_1}<\ln\dfrac{D}{a_2}$，$K<4$；当 $a_1<a_2$ 时，$\ln\dfrac{D}{a_1}>\ln\dfrac{D}{a_2}$，$K>4$。

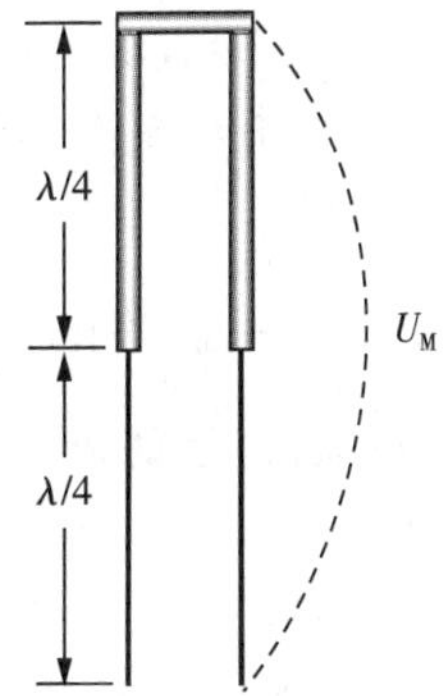

图 4-51　等效短路线

针对 $a_1\neq a_2$ 的情况，可以做如下解释。将折合振子“还原”成图 4-51 所示的短路线时，两段 λ/4 线的特性阻抗不等。当 $a_1>a_2$ 时，$Z_{c1}<Z_{c2}$；当 $a_1<a_2$ 时，$Z_{c1}>Z_{c2}$。

对于终端短路长线，有

$$\begin{cases} I_{M1}=\dfrac{U_{M1}}{Z_{c1}} \\ I_{M2}=\dfrac{U_{M2}}{Z_{c2}} \end{cases} \tag{4-4-19}$$

对于半波折合振子来讲，$U_{M1}=U_{M2}=U_{M}$。将其代入式(4-4-16)可得半波折合振子的输入电阻为

$$R_{in}=\left|\frac{\dot{I}_M}{\dot{I}_{M1}}\right|^2 R_r=\left|\frac{I_{M1}+\dot{I}_{M2}}{\dot{I}_{M1}}\right|^2 R_r=\left|1+\frac{\dot{I}_{M2}}{\dot{I}_{M1}}\right|^2 R_r=\left|1+\frac{Z_{c1}}{Z_{c2}}\right|^2 R_r \tag{4-4-20}$$

由传输线理论可知，平行双导线的特性阻抗 $Z_c=120\ln\dfrac{2D}{d}$，其中 D 为双导线的间距，d 为双导线的直径，$d=2a$，a 为半径。此时，式(4-4-20)就可写成式(4-4-18)。

半波折合振子除了具有输入电阻大的优点之外，因为它的横断面积较大，相当于直径较粗的半波振子，而振子越粗振子的等效特性阻抗越低，输入电阻随着频率的变化就越平缓，这有利于在稍宽一点的频带内保持阻抗匹配，所以半波折合振子还具有工作带宽较普通半波振子稍宽的优点。经试验证明，D 值选得大一些，不仅容易弯曲加工，而且工作频带较宽，但当 D 值太大时，两个窄边会产生辐射，使天线增益下降、方向性变坏，因此通常取 $D=(0.01\sim0.03)\lambda$。

当把半波折合振子用于引向天线时，半波折合振子仍然能把引向天线的输入电阻提高 K 倍。所以在引向天线中半波折合振子被广泛地用作有源振子。

4.5 平衡器

线天线总要通过传输线馈电，常用的传输线有平行双导线和同轴线。前者因为对“地”是对称的，所以是平衡传输线；而后者由于中间芯线被外部屏蔽线包围，连接振子两臂时，两端电流不一致，因此是非平衡传输线。

在实际工作中，许多天线本身是“平衡”的，如对称振子、折合振子及后面将要介绍的等角螺旋天线等都是对称平衡的。因此这些天线要求平衡馈电。用平行双导线馈电，不存在问题，但用同轴线馈电时，就存在“平衡”与“不平衡”之间的转换问题。另外，在平衡传输线与非平衡传输线之间连接时，也同样存在这种问题。为了解决这一问题，就需要采用平衡与不平衡转换器，简称为平衡器(Balancing Device)。术语“巴仑(Balun)”是词组“平衡-非平衡变换器”(Balanced to Unbalanced Transformer)的缩写。

本节主要介绍平衡器的工作原理及三种常见的形式，重点分析引起非平衡馈电的原因和解决的方法。

4.5.1 平衡器的工作原理

1. 对称振子的非平衡馈电

如图 4-52 所示，如果用平行双导线馈电，那么对称振子两臂上的电流是等幅、对称的[见图4-52(a)]。但用同轴线馈电时，若直接把同轴线的内外导体分别端接振子的左右两臂，则同轴线外导体外表面与右臂间的分布电容会使同轴线相当于左臂的一部分，从而起到分流(存在 I_4)的作用，如图 4-52(b) 所示。这种现象被称为电流“外溢”。

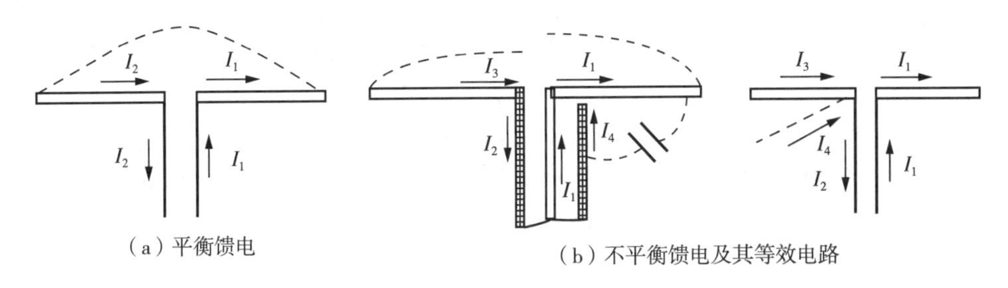

图 4－52　对称振子的平衡与不平衡馈电

根据电流连续性定理，在馈电点 $I_1=I_2$，而 $I_2=I_3+I_4$，故 I_4 的存在，导致 $I_3<I_1$，振子两臂的电流不再相等，从而失去了原来的“对称”性。

2. 非平衡馈电的影响

非平衡馈电导致的两个振子臂上的电流分布不等，会带来以下后果。

(1) 产生附加干扰辐射。同轴线外表面存在电流，一方面会导致馈线可能产生附加干扰辐射，另一方面会增加损耗，导致辐射效率下降。如果在测试中触摸电缆外皮，那么还可能导致测试的读数发生变化。

(2) 出现交叉极化分量。I_4 的电流方向与 I_1、I_3 不同，会导致产生附加辐射，从而造成辐射的交叉极化分量，破坏原来的正常极化。

(3) 改变最大辐射方向。I_1、I_3 不相等会导致天线的方向图两端不对称，从而造成最大辐射方向偏离轴线，这一现象俗称偏头。

(4) 导致馈线与天线失配。溢出的电流会改变天线的输入阻抗，使得设计出来的天线不能与馈线进行良好的匹配。

3. 解决非平衡馈电的常见方法

非平衡馈电的结果是出现了漏电流，导致振子两端电流不相等，因此解决非平衡馈电的目标是使振子两端的电流保持一致。非平衡馈电常见的解决方法如下。

(1) 尽可能降低外溢电流。其主要方法是增大馈电点的阻抗，当馈电点的阻抗为无穷大时，外溢电流近似为零。例如，$\lambda/4$ 扼流套。

(2) 让外溢电流均衡分流。在振子臂之间形成支路，让双臂电流一致，使外溢电流对双臂影响一样，形成均衡分流，同时保证外溢电流不对外产生辐射。例如，附加平衡段平衡器。

(3) 仅用内导体进行馈电。若不用同轴线的外导体，仅用同轴线的内导体进行馈电，则不存在外溢电流的问题。这样，振子的两臂均接同轴线内导体，形成对“地”自然平衡。需要注意的是，要确保两臂等幅馈电。例如，U 形管平衡器。

4.5.2　常见的平衡器

1. $\lambda/4$ 扼流套

$\lambda/4$ 扼流套的结构示意图如图 4－53 所示。它是在原同轴线的外边增加一段长为 $\lambda_0/4$ 的金属罩，罩的下端与同轴线外导体短接。这时，罩的内表面与原同

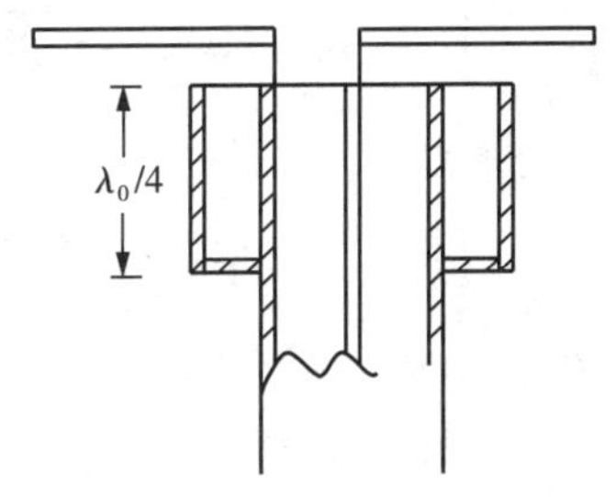

图 4－53　$\lambda/4$ 扼流套的结构示意图

轴线外导体的外表面形成一段终端短路的新同轴线。基于阻抗变换，馈电点处的输入阻抗为无穷大，使得馈电点处的 $I_4=0$，因而扼止了漏电流，保证了振子两臂电流的对称性。

当工作频率改变时，馈电点的输入阻抗不再无穷大，扼流套的输入阻抗会减小，I_4 会相应增大起来，平衡又将遭到破坏。故这种平衡器的工作带宽很窄，属于窄带器件。

由 $\lambda/4$ 扼流套的结构可知，这种平衡器适用于硬同轴线给对称天线馈电的情况。

2. 附加平衡段平衡器

附加平衡段平衡器的结构示意图如图 4-54 所示。它是在同轴线外面平行接上一段（长度为 $\lambda_0/4$）与同轴线等粗细的金属圆柱体，圆柱体底部与同轴线外导体短接，形成一段特性阻抗为 Z_0 的 $\lambda_0/4$ 终端短路平行双导线。同轴线外导体直接接天线一臂，内导体与附加圆柱体连接后接天线的另一臂。

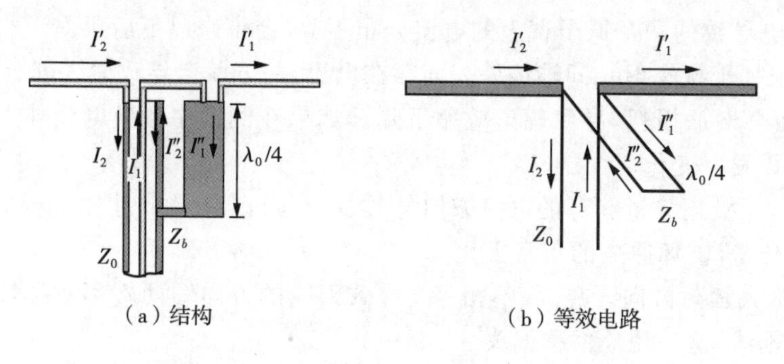

图 4-54　附加平衡段平衡器的结构示意图

由图 4-54(b) 可以看出，同轴线的内外导体被均衡分流，因而天线右臂的电流为 $I_1-I''_1$，左臂的电流为 $I_2-I''_2$，因为 $I''_1=I''_2$，$I_1=I_2$，所以两臂电流相等。

当 $\lambda=\lambda_0$ 时，短路线输入端电流为零（$I''_1=0$），振子两臂电流相等；当 $\lambda\neq\lambda_0$ 时，虽有 I''_1 存在，但电流仍然保持相等。可见，就平衡而言，它是宽带的，因而又称为宽带平衡器。同时，由于其是流入平行双导线的电流，因此对外不会产生对工作不利的附加辐射。

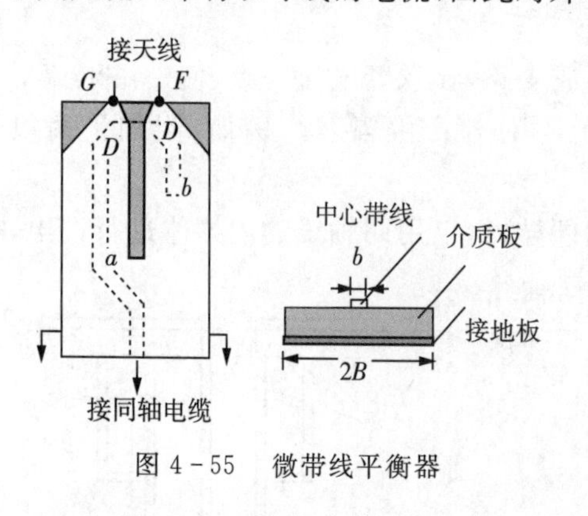

图 4-55　微带线平衡器

图 4-55 是由图 4-54 演变而来的微带线宽带平衡器。图 4-55 中虚线所示的中心带线与接地金属板构成的微带传输线相当于图 4-54 中的主馈同轴线和附加开路同轴线，它们的特性阻抗分别为 Z_0 和 Z_b；中心带线在 DD 处相接相当于图 4-54 中的同轴线在 DD 处连接；金属接地板开槽构成的共面平板薄导体平衡末端短路传输线相当于主馈同轴线和附加圆柱体构成的末端短路双导线；G、F 为馈电点，接天线双臂。

因此，只要尺寸选择合适，微带线平衡器同样可以做到不仅能保证平衡，而且能在较宽的频带内实现阻抗匹配。同时，为了保证微带线无漏辐射，在尺寸上要求接地板宽度 $B>3b$，其中 b 为中心线宽。

3. U 形管平衡器

U 形管平衡器是一段长度为 $\lambda_g/2$ 的同轴线，U 形管平衡器的结构示意图如图 4－56 所示。

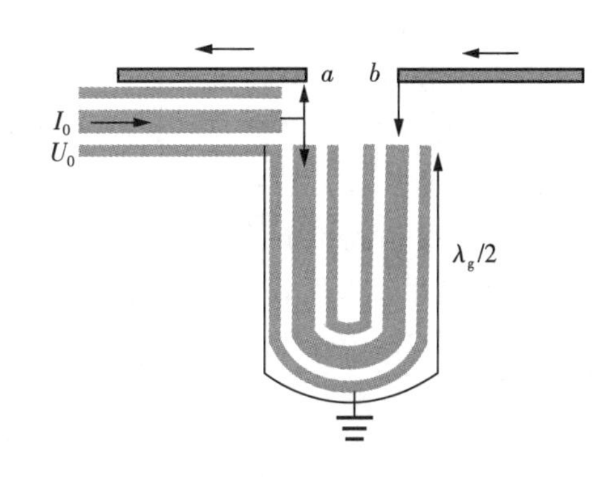

图 4－56　U 形管平衡器的结构示意图

由于 U 形管平衡器的天线二臂均接内导体，对“地”是对称的，因此它是平衡的。同时，由传输线理论可知，由于 a、b 相点相距 $\lambda_g/2$，对地的电位将等幅反相，V_a 为“+”，V_b 为“−”，因此两臂的电流大小相等，对称分布。

U 形管除了有平衡作用之外，由图 4－57 可知，它还兼有阻抗变换作用。

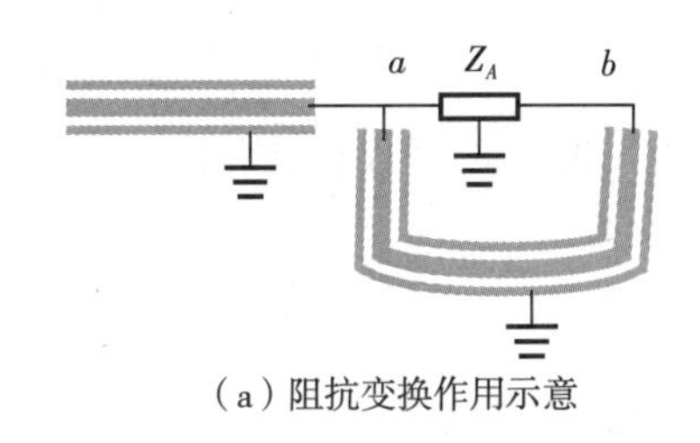

（a）阻抗变换作用示意

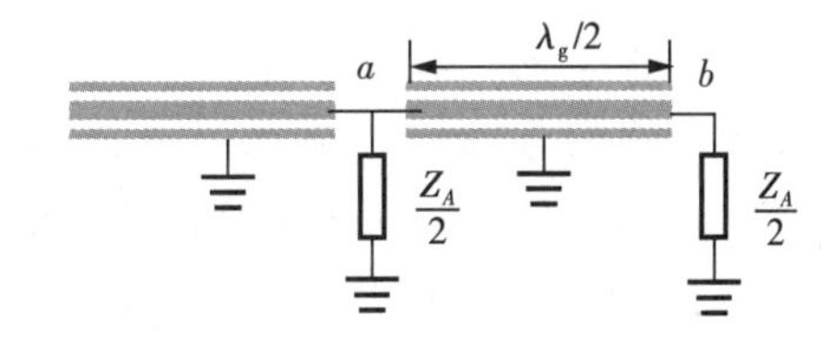

（b）阻抗变换作用等效电路

图 4－57　U 形管等效电路

由于 $\lambda_g/2$ 的阻抗重复性，在主馈同轴线的输入端，输入阻抗为两个 $Z_A/2$ 的并联，因此它的负载是天线输入阻抗 Z_A 的 1/4。在考虑天线与同轴线的阻抗匹配时必须注意到这一点。例如，采用 75 Ω 同轴线给天线馈电时，为达到阻抗匹配要求天线的输入阻抗 $Z_A = 4 \times 75 = 300(\Omega)$，用普通半波振子是不合适的，而用等粗细的半波折合振子就能达到良好的效果。

U 形管平衡器是窄带的。当 $\lambda \neq \lambda_0$ 时，其长度不再是 $\lambda_g/2$，这时就难以保证天线两臂电流的对称性。

通常用软同轴线制作 U 形管平衡器，也可以用微带线制作 U 形管平衡器。

习题 4

1. 有一架设在地面上的水平振子天线，其工作波长 $\lambda = 40$ m。若要在垂直于天线的平面内获得最大辐射仰角为 $\Delta = 30°$，试问该天线应架设多高？

2. 假设在地面上为 $2l = 40$ m 的水平辐射振子，若使水平平面内的方向图保持在与振子轴垂直的方向上有最大辐射且使馈线上的行波系数不低于 0.1，求该天线可以工作的频率范围。

3. 为了保证某双极天线在 4～10 MHz 波段内馈线上的驻波比不致过大且最大辐射方向保持在与振子垂直的方向上，试选定该天线的合适臂长。

4. 有一双极天线，臂长 $l = 20$ m，架设高度 $h = 8$ m，试估算它的工作频率范围及最大辐射仰角范围。

5. 为什么频率为 3～20 MHz 的短波电台通常至少配备两副天线（一副臂长 $l = 10$ m，另

一副臂长 $l=20$ m)?

6. 两半波对称振子分别沿 x 轴和 y 轴放置，等幅、相位差 90°馈电。试求该组合天线在 z 轴和 xy 平面的辐射场；若用同一振荡馈源馈电，馈线应如何连接？

7. 怎样提高鞭状天线的效率？

8. 一紫铜管构成的小圆环，已知 $S=5.8\times10^7$ s/m，环的半径 $b=15$ cm，管的半径 $a=0.5$ cm，求此单匝环形天线的衰减电阻、电感量和辐射电阻，并计算这一天线的效率。若要求提高其辐射电阻，有哪些办法？

9. 设某平行二元引向天线由一个电流 $I_{m1}=e^{j0^\circ}$ 的有源半波振子和一个无源振子构成，两振子间距 $d=\lambda/4$，已知互阻抗 $Z_{12}=40.8-j28.3$，半波振子自阻抗 $Z_{11}=73.1+j42.5$，求解下列问题：

(1) 无源振子的电流 I_{m2}；

(2) 判断无源振子是引向器还是反向器，并由此判断无源振子的长度大于半波长还是小于半波长；

(3) 该二元引向器的总辐射阻抗。

10. 一个七元引向天线，反射器与有源振子间的距离是 $0.15l$，各引向器以及与主阵子之间的距离均为 $0.2l$，试估算其方向系数和半功率波瓣宽度。

11. 为什么引向天线的有源振子常采用折合振子？

12. 天线与馈线连接有什么基本要求？

13. 简述 U 形管平衡-非平衡变换器的工作原理。

第5章　行波天线与非频变天线

天线上的电流呈驻波分布称为驻波天线或谐振天线，如对称振子、双极天线等。驻波天线由于双向辐射，输入阻抗具有明显的谐振特性，因此工作频带较窄，相对带宽为百分之几到百分之十几。

本章将介绍两类（超）宽频带天线，即行波天线和非频变天线。

由传输线理论可知，若在导线末端接匹配负载，则导线上载行波，其输入阻抗等于传输线的特性阻抗，且不随频率改变。我们把天线上电流按行波分布的天线称为行波天线。行波天线的输入阻抗接近于纯电阻，方向图随频率的变化缓慢，因而频带较宽，绝对带宽可达（2 ～ 3）：1，是一种宽频带天线。

现代通信要求天线具有更宽的工作频带特性。以扩频通信为例，扩频信号带宽较之原始信号带宽远远超过 10 倍。再如，通信侦察、电子对抗等领域均要求天线具有很宽的频带。若天线电特性不随频率的变化而变化则称为非频变天线。非频变天线具有无限大的带宽，但因物理的可实现性，这种理想的非频变天线实际上是做不到的。通常，我们把阻抗特性和方向性在 10：1 或更高的频率宽度内保持不变或稍有变化的这一类天线称为非频变天线。

非频变天线是基于相似原理提出的，即若天线的物理尺寸随工作频率以相应的比例变化，使其电尺寸保持不变，则其性能保持不变，与频率无关。实现非频变特性的第一种方法是角度天线，即天线形状完全由角度决定。若天线以任意比例尺寸变换后仍等于原来的结构，则其电性能与频率无关。满足角度条件的天线可在连续变化的频率上得到非频变特性，如无限长双锥天线、平面等角螺旋天线及阿基米德螺旋天线等。实现非频变特性的第二种方法是天线按某一特定的比例因子 τ 变换后仍等于它原来的结构，这时天线在 f 和 τf 两频率上的性能是相同的。只要 f 与 τf 的频率间隔不大，中间频率上天线的性能变化就不会太大，用这种方法构造的天线也具有良好的非频变性能，如对数周期天线。

无论是第一种（按任意比例尺寸变换）还是第二种（按特定比例尺寸变换）的非频变天线都是在相似原理的基础上构成的。但要满足相似原理还必须具备一个条件，即终端效应必须很弱。实际天线的尺寸总是有限的，其与无限长天线的区别就在于它有一个终端的限制。若天线上电流衰减得快，则决定天线辐射特性的主要部分是载有较大电流的部分，延伸部分的作用很小。将延伸部分截除，并不会对天线的电性能造成显著的影响。在这种情况下，有限长天线就具有无限长天线的电性能，这种现象就是终端效应弱的表现，反之则为终端效应强的表现。由于实际结构不可能是无限长，因此实际有限长天线有一工作频率范围，工作频率的下限是截断点处的电流变得可以忽略的频率，而工作频率的上限是馈电端不能再视为一点，通常约为八分之一高端截止波长。

本章前两节将介绍短波波段常用的行波单导线天线、菱形天线、V 形天线和螺旋天线等行波天线，后三节将介绍平面等角螺旋天线、阿基米德螺旋天线和对数周期天线等非频变天线。

5.1　行波线天线

5.1.1　行波单导线天线

1. 行波单导线天线的远区场和方向图

行波单导线（Traveling-Wave Long Wire Antenna）是指天线上电流按行波分布的单导线天线，它是最简单的行波天线。设长度为 l 的导线沿 z 轴放置，如图 5-1 所示，导线上电流按行波分布，即天线沿线各点电流振幅相等，相位连续滞后，其馈电点置于坐标原点。设输入端电流为 I_0，忽略沿线电流的衰减，则沿线电流分布为

$$I(z')=I_0\mathrm{e}^{-\mathrm{j}kz'} \tag{5-1-1}$$

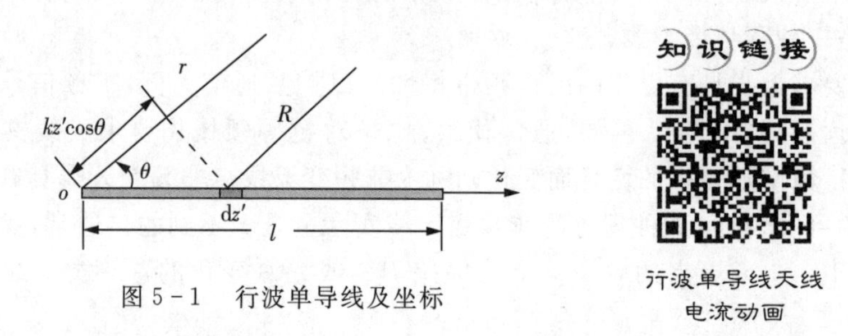

图 5-1　行波单导线及坐标

行波单导线天线辐射场的分析方法与对称振子相似，即把天线分割成许多个电基本振子，再取所有电基本振子辐射场的总和，故

$$\begin{aligned}E_\theta&=\mathrm{j}\frac{60\pi I_0}{r\lambda}\sin\theta\int_0^l\mathrm{e}^{-\mathrm{j}kz'}\mathrm{e}^{-\mathrm{j}k(r-z'\cos\theta)}\mathrm{d}z'\\&=\mathrm{j}\frac{60I_0}{r}\mathrm{e}^{-\mathrm{j}kr}\frac{\sin\theta}{1-\cos\theta}\sin\left[\frac{kl}{2}(1-\cos\theta)\right]\mathrm{e}^{-\mathrm{j}\frac{kl}{2}(1-\cos\theta)}\end{aligned} \tag{5-1-2}$$

式中，r 为原点至场点的距离；θ 为射线与 z 轴之间的夹角。

其余各场分量为

$$\begin{cases}H_\varphi\approx\dfrac{E_\theta}{120\pi}\\E_\mathrm{r}\approx E_\varphi=H_\mathrm{r}=H_\theta=0\end{cases} \tag{5-1-3}$$

由式(5-1-2)可得行波单导线的归一化方向函数为

$$F(\theta)=\left|\sin\theta\frac{\sin\left[\dfrac{kl}{2}(1-\cos\theta)\right]}{\dfrac{kl}{2}(1-\cos\theta)}\right| \tag{5-1-4}$$

式(5-1-4)的物理含义非常清晰：第一项因子 $\sin\theta$ 表示单元天线（电基本振子）的方向性，第二项因子表示连续元直线阵的阵因子方向性，行波单导线的方向性即为二者的乘积。显然，在 $\theta=0°$ 方向上 $\sin\theta$ 为零，所以合成场沿单导线轴线方向为零。

根据式(5-1-4)可画出行波单导线天线的方向图如图 5-2 所示。由图 5-2 可以看出，行波单导线天线的方向性具有如下特点。

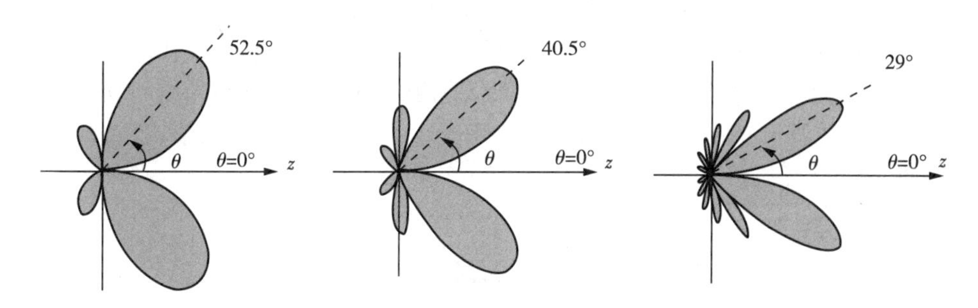

图 5-2　行波单导线天线的方向图

(1) 沿导线轴线方向没有辐射。这是因为基本振子沿轴线方向没有辐射。

(2) 导线长度越长，最大辐射方向越靠近轴线方向，同时主瓣越窄，副瓣数越多，副瓣电平越大。

(3) 当 l/λ 很大时，主瓣最大方向随 l/λ 变化趋缓，即天线的方向性具有宽频带特性。

可通过对 $F(\theta)$ 取导数来求解最大辐射角，也可以按下述方法近似计算：当 l/λ 很大时，方向函数中 $\sin\left[\frac{kl}{2}(1-\cos\theta)\right]$ 项随 θ 的变化比 $\frac{\sin\theta}{1-\cos\theta}=\cot\frac{\theta}{2}$ 项快得多，因此行波单导线的最大辐射方向基本上可由前一个因子决定，即由 $\sin\left[\frac{kl}{2}(1-\cos\theta)\right]_{\theta=\theta_m}=1$ 决定，由该式可得

$$\theta_{m1}=\cos^{-1}\left(1-\frac{\lambda}{2l}\right) \tag{5-1-5}$$

注意，上式是在忽略 $\cot(\theta/2)$ 变化的条件下得出的。

2. 行波单导线天线的辐射电阻和方向系数

可以利用坡印廷矢量在远区封闭球面上的积分求出行波单导线天线的辐射电阻，如图 5-3 所示。这是近似值，因为这一结果是在假设沿线电流无衰减的情况下得出的。但它与实际情况有较好的一致性，特别是对于细而不长的导线。与驻波天线的辐射阻抗图对比可以看出，行波单导线天线的阻抗具有宽频带特性。因导线上载有行波电流，其输入阻抗基本上是一纯电阻。

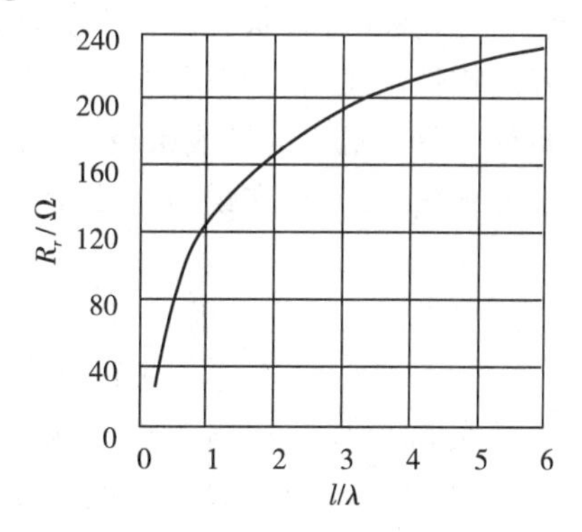

图 5-3　行波单导线天线辐射电阻

在工程上，行波单导线的方向系数也可以用下列近似公式计算：

$$D\approx 10\lg\frac{l}{\lambda}+5.97-10\lg\left(\lg\frac{l}{\lambda}+0.915\right) \tag{5-1-6}$$

5.1.2　菱形天线

1. 菱形天线的结构和工作原理

为了增加行波单导线天线的增益，可以利用排阵的方法。用四根行波单导线可以构成如图 5-4 所示的菱形天线(Rhombic Antenna)，菱形天线水平地悬挂在四根支柱上，从菱形

的一个锐角端馈电，在另一个锐角端接一个与菱形天线特性阻抗相等的匹配负载，使导线上形成行波电流。菱形天线可以看成将一段匹配传输线从中间拉开，由于两线之间的距离大于波长，因此产生辐射。若尺寸设计合理，则最大辐射方向就在沿长对角线指向终端负载的方向上。菱形天线具有单向辐射特性，广泛应用于中、远距离的短波通信，且在米波和分米波也有应用。

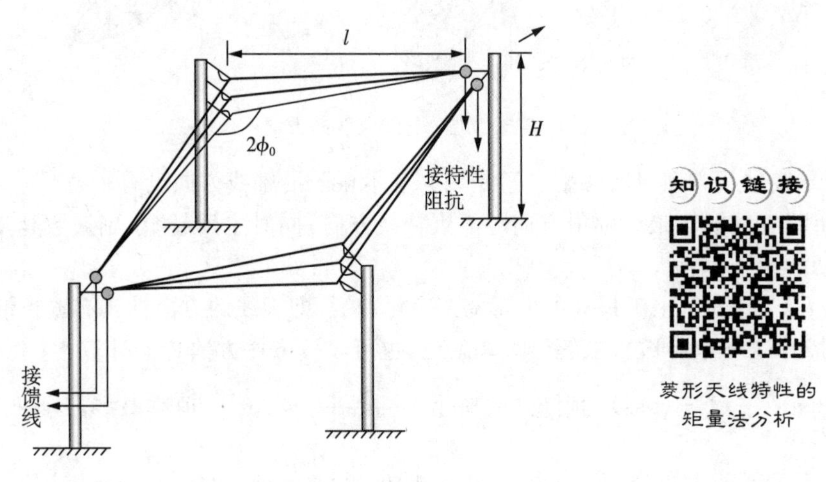

图 5-4　菱形天线结构示意图

本节对菱形天线的所有理论分析均是在假定菱形天线上载有行波电流的条件下，然而实际上，完全消除反射波是不可能的。由于菱形天线两对应边的线间距是变化的，因此菱形线上沿线各点的特性阻抗不等，从锐角端的 600 ～ 700 Ω 变化到钝角处的 1000 Ω，即馈电端的特性阻抗最小，靠近钝角处的特性阻抗最大。各点特性阻抗的不均匀性会引起天线上局部反射，从而破坏行波状态。若不加以改进，菱形天线的行波天线电特性是难以实现的。为了使各点特性阻抗近似相同，导线半径必须随着对应线间距的增加而逐渐加粗，也就是说，在钝角处要具有最大的导线半径。所以，菱形天线的各边通常采用 2 ～ 3 根导线且在钝角处各导线分开一定距离，在锐角端接在一起（见图 5-4），以减小天线各对应线段特性阻抗的变化。

行波单导线天线的辐射场由式(5-1-2) 和式(5-1-3) 已经知道了，求解菱形天线的辐射场即相当于求解四根导线在空间的合成场。如何才能使菱形天线获得最强的方向性，并使最大辐射方向指向负载方向呢？可以通过适当选择菱形锐角 $2\theta_0$、边长 l 来实现。如图5-5 所示，选择菱形半锐角为

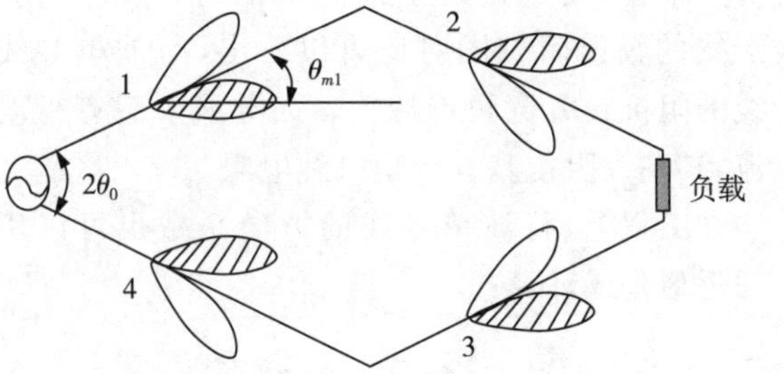

图 5-5　菱形天线的辐射

$$\theta_0 = \theta_{m1} = \cos^{-1}\left(1 - \frac{\lambda}{2l}\right) \tag{5-1-7}$$

即菱形四根导线各有一最大辐射方向指向长对角线方向，下面将证明图 5-5 中四个带阴影波瓣能在长对角线方向同相叠加。

参考图 5-6(a)，在长对角线方向，1、2 两根行波单导线合成电场矢量的总相位差应该由下列三部分组成：

$$\Delta\psi = \Delta\psi_{\mathrm{r}} + \Delta\psi_i + \Delta\psi_E \qquad (5-1-8)$$

知识链接

菱形天线方向图和互阻抗计算程序代码

式中，$\Delta\psi_{\mathrm{r}}$ 为射线行程差所引起的相位差，射线行程从各边的始端起算，$\Delta\psi_{\mathrm{r}} = kl\cos\theta_0$；$\Delta\psi_i$ 为电流相位不同引起的相位差，线上对应点电流滞后 kl，即 $\Delta\psi_i = -kl$；$\Delta\psi_E$ 为电场的极化方向所引起的相位差，由图可直观地看出 $\Delta\psi_E = \pi$。将这些关系代入式(5-1-8)，可以得出总相位差为

$$\begin{aligned}\Delta\psi &= kl\cos\theta_0 \big|_{\theta_0=\theta_{\mathrm{m1}}} - kl + \pi \\ &= kl\left(1-\frac{\lambda}{2l}\right) - kl + \pi \\ &= 0\end{aligned} \qquad (5-1-9)$$

即长对角线方向上导线 1、2 的合成场同相叠加。

再研究行波单导线 1 和 4，如图 5-6(b) 所示。在长对角线方向上射线行程差引起的相位差$\Delta\psi_{\mathrm{r}} = 0$，电流相位差 $\Delta\psi_i = \pi$，电场极化相位差 $\Delta\psi_E = \pi$，因此总相位差 $\Delta\psi = 2\pi$，二场同相叠加。

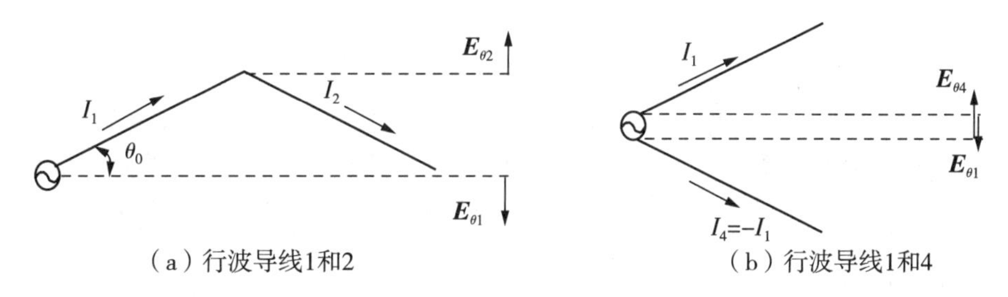

（a）行波导线1和2　　（b）行波导线1和4

图 5-6　菱形天线的工作原理

根据以上分析可知，构成菱形天线的四条边的辐射场在长对角线方向上都是同相的，因此菱形天线在水平平面内的最大辐射方向是从馈电点指向负载的长对角线方向。而在其他方向上，一方面各边行波单导线并不是最大辐射方向，而且不一定能满足各导线辐射场同相的条件，因此会形成副瓣。副瓣多，副瓣电平较大，这也正是菱形天线的缺点。

2. 菱形天线的方向函数

上面我们定性地分析了菱形天线的方向特性，欲定量计算其三维空间辐射是相当复杂的。从实用的观点考虑，人们最关心的还是两主平面的方向性，即天线所在的水平平面和过长轴的垂直平面，这里仅给出在理想地面上的公式。

菱形天线广泛应用于短波通信。因短波波长较长，对于架设于地面上的菱形天线，其架设高度 H 与波长 λ 之比不会很大，当 $H/\lambda \leqslant 1$ 时，必须考虑地面对天线电性能的影响。我们知道，地面影响可用一镜像天线来代替，这样一来，天线及其镜像就构成了一个二元阵，因此过长轴的垂直平面的方向函数为

$$\begin{aligned}f(\Delta) &= \frac{8\cos\Phi_0}{1-\sin\Phi_0\cos\Delta}\sin^2\left[\frac{kl}{2}(1-\sin\Phi_0\cos\Delta)\right]\sin(kH\sin\Delta) \\ &= f_1(\Delta)\cdot f_2(\Delta)\end{aligned} \qquad (5-1-10)$$

式中，$f_1(\Delta)$、$f_2(\Delta)$ 的计算公式如下：

$$f_1(\Delta)=\frac{4\cos\Phi_0}{1-\sin\Phi_0\cos\Delta}\sin^2\left[\frac{kl}{2}(1-\sin\Phi_0\cos\Delta)\right] \tag{5-1-11}$$

$$f_2(\Delta)=2\sin(kH\sin\Delta) \tag{5-1-12}$$

其中，Φ_0 为菱形的半钝角；Δ 为仰角；H 为天线的架设高度。

观察式(5-1-10)～式(5-1-12)可知，式(5-1-10)的第一项因子 $f_1(\Delta)$ 为自由空间菱形天线的方向函数；第二项因子 $f_2(\Delta)$ 为二元阵阵因子的方向函数；架设于地面之上的菱形天线的方向函数为二者的乘积。

当 $\Delta=\Delta_0$ 时(Δ_0 为最大辐射方向仰角)，水平平面的方向函数为

$$\begin{aligned}f(\varphi)=&\left[\frac{\cos(\Phi_0+\varphi)}{1-\sin(\Phi_0+\varphi)\cos\Delta_0}+\frac{\cos(\Phi_0-\varphi)}{1-\sin(\Phi_0-\varphi)\cos\Delta_0}\right]\\&\times\sin\left\{\frac{kl}{2}[1-\sin(\Phi_0+\varphi)\cos\Delta_0]\right\}\sin\left\{\frac{kl}{2}[1-\sin(\Phi_0-\varphi)\cos\Delta_0]\right\}\end{aligned} \tag{5-1-13}$$

式中，φ 为从菱形长对角线量起的方位角。

在上述两个平面上电场仅有水平分量。方向图可由式(5-1-10)和式(5-1-13)绘出，如图 5-7 所示。l/λ 和 H/λ 的改变都会引起天线方向图的变化。l/λ 变化使得自由空间的方向函数发生改变；H/λ 变化则引起阵因子方向函数的改变，尤其是会造成主波束最大辐射方向的仰角发生明显改变，这一点实际上并不利于短波定点通信。一般而言，菱形天线每边的电长度越长，波瓣越窄，仰角越小，副瓣越多。

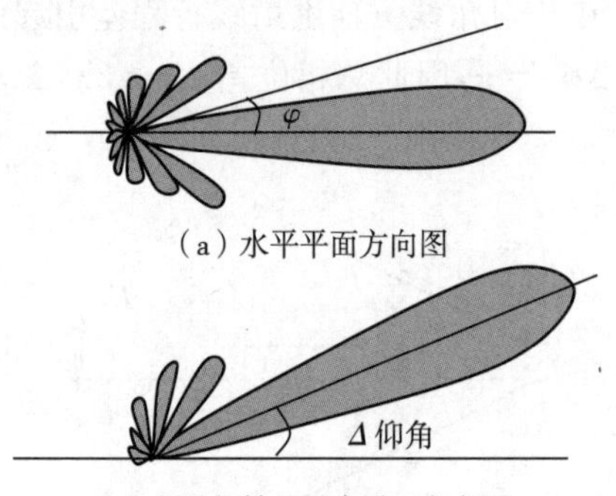

(a) 水平平面方向图

(b) 过长轴的垂直平面方向图

图 5-7　菱形天线的方向图

由于 l/λ 较大，当工作频率变化时，θ_{m1} 基本上没有多大变化，因此自由空间菱形天线的方向图频带是很宽的。然而，实际天线是架设在地面上的，天线在垂直平面上的最大辐射方向的仰角是与架设电高度 H/λ 直接相关的，频率的改变将引起垂直平面方向图的变化，这限制了天线方向图带宽，一般仅能做到2∶1或3∶1。由于菱形天线载行波，其输入阻抗带宽是很宽的，通常可达到5∶1，因此菱形天线的宽波段应用主要受到方向图带宽的限制。

3. 菱形天线的尺寸选择及其变形天线

1) 尺寸选择

菱形天线是一种行波天线，当通信仰角 Δ_0 确定后，通常选择主瓣仰角等于通信仰角。由菱形天线的垂直平面方向函数可知，为使 $f(\Delta_0)$ 最大，可分别确定式(5-1-10)各个因子为最大，要使第三个因子为最大，应有 $\sin(kH\sin\Delta_0)=1$，即选择天线架高为

$$H=\frac{\lambda}{4\sin\Delta_0} \tag{5-1-14}$$

要使第二个因子为最大，应有 $\sin[kl(1-\sin\Phi_0\cos\Delta_0)/2]=1$，即天线每边长度为

$$l=\frac{\lambda}{2(1-\sin\Phi_0\cos\Delta_0)} \tag{5-1-15}$$

要使第一个因子为最大，应有 $\frac{\mathrm{d}}{\mathrm{d}\Phi_0}\left(\frac{8\cos\Phi_0}{1-\sin\Phi_0\cos\Delta_0}\right)=0$，由此得到半钝角 Φ_0 和仰角 Δ_0

应满足如下关系：

$$\Phi_0 = 90° - \Delta_0 \tag{5-1-16}$$

根据式(5-1-14)～式(5-1-16)，在通信方向的仰角 Δ_0 和工作波长 λ 确定以后，便可直接算出 H、l 和 Φ_0。不过根据上述最佳尺寸算出的结果，菱形天线的边长可能很大，特别是当通信距离较远时，往往因占地面积过大难以做到，所以常根据最佳尺寸适当缩小。实践证明，将边长缩短为最佳值的(1 ～ 1.5)/2，增益并不会下降很多，依然可以得到满意的电性能。因此，往往采取先限定边长 l，再根据 l 和 Δ_0 来确定半钝角 Φ_0 的值。

菱形天线一般有 30% ～ 40% 的功率消耗在终端电阻中，特别是作为大功率电台的发射天线，终端电阻必须能承受足够大的功率，通常用几百米长的二线式铁线来代替。铁线的特性阻抗等于天线的特性阻抗，它沿着菱形天线的长对角线的方向平行地架设在天线下面。铁线的长度取决于线上电流的衰减情况，如长度取 300 ～ 500 m，可以使铁线末端电流衰减到始端电流的 20% ～ 30%，这样菱形天线上反射波就很微弱了。铁线末端接碳质电阻或短路后接地，可起到避雷的作用。

菱形天线的主要优点：结构简单，造价低，维护方便；方向性强，增益系数可达 100 dB 左右，适用于短波远距离定点通信；频率降低时，主瓣最大辐射方向的仰角自动增大，满足短波通信要求；频带宽，工作带宽可达(2 ～ 3)∶1；可应用于较大的功率，由于天线上驻波成分很小，因此不会发生电压或电流过大的问题。

菱形天线的主要缺点：结构庞大，占地面积大，只适用于大型固定电台做远距离通信使用；副瓣多，副瓣电平较高；由于终端有负载电阻吸收能量，因此天线效率不高，一般为 50% ～ 80%。

2) 改进型菱形天线

首先，菱形天线由四根互不平行的行波单导线构成，其方向性是利用四根导线辐射场的干涉作用而获得，而在形成主瓣的同时，也产生了很多副瓣，副瓣电平较高。其次，菱形天线虽然具有行波天线的宽频带特性，但因终端接有匹配电阻，其效率不高，可以认为，行波天线的宽频带特性是通过牺牲效率(或增益)来换取的。因此，改进型菱形天线主要就是针对抑制副瓣和提高效率这两个方面的不足而提出的。

为了提高菱形天线的增益，有效地抑制副瓣，常采用水平双菱形天线。它是由两副菱形天线在水平面内并列放置组成的，如图 5-8 所示。水平双菱形天线对角线之间的距离 $d \approx 0.8\lambda$，方向函数表达式为

$$f_2(\Delta,\varphi) = f_1(\Delta,\varphi)\cos\left(\frac{kd}{2}\cos\Delta\sin\varphi\right) \tag{5-1-17}$$

式中，$f_1(\Delta,\varphi)$ 为单菱形天线的方向函数表达式。双菱形天线的旁瓣电平比单菱形天线低，增益系数约为单菱形天线的 1.5 ～ 2 倍。为了进一步改善菱形天线的方向性，可以将两副双菱形天线并联同相馈电，它的增益和天线效率可以比双菱形天线增加 1.7 ～ 2 倍，其缺点是占地面积大。

为了提高效率，可采用回授式菱形天线结构(见图 5-9)。回授式菱形天线没有终端吸收电阻，取而代之的是另一幅菱形天线“2”，它是将菱形天线“1”终端剩余的能量送回输入端，再激励菱形天线“2”。如果送入输入端的电流相位与回授至输入端的电流相位相同，那么剩余的能量就能辐射出去，从而提高天线的效率。显然，回授的相位与回授线的长度及工

作频率有关。当频率改变时，必须相应地改变回授线的长度，图 5-9 中回授线长度调节器就是用来改变长度的。这种结构虽然提高了天线效率，但是由于只能对某一频率做到同相回授，使天线具有频率选择性，而菱形天线主要侧重于它的宽频带特性，因此回授式菱形天线较少采用。

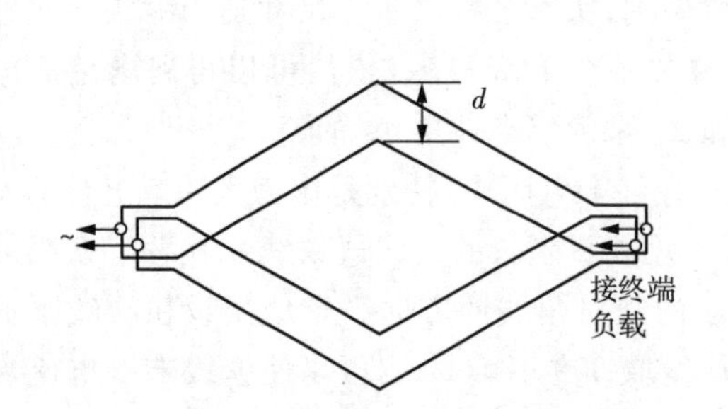

图 5-8 水平双菱形天线的结构示意图

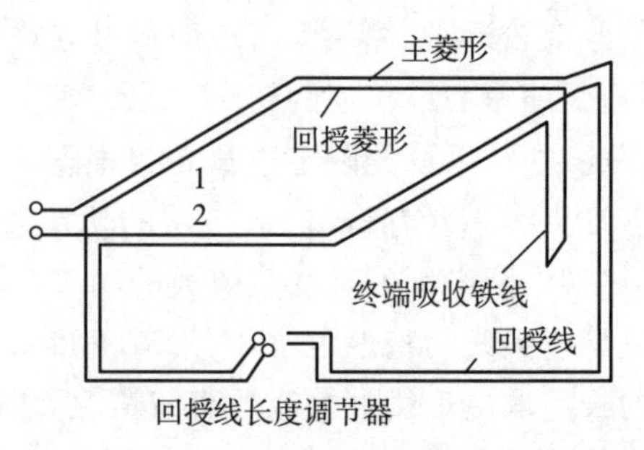

图 5-9 回授式菱形天线的结构示意图

5.1.3 V 形天线

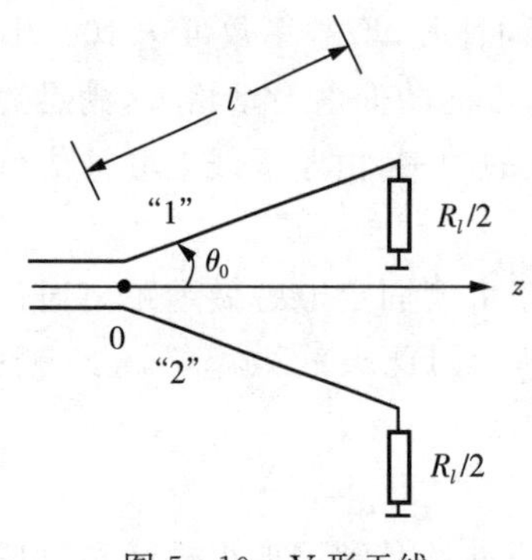

图 5-10 V 形天线

在 5.1.1 节我们介绍了行波单导线天线，然而实际工作中，它的使用场合并不多。原因主要是其主瓣最大值方向随电长度变化而变化，且副瓣较多、副瓣电平较高，与其他类型天线相比，相对其电尺寸而言增益是不高的。可以利用排阵的方法在一定程度上克服以上不足。采用两根行波单导线组成 V 形，即为 V 形天线(Wave Vee Antenna)，如图 5-10 所示。根据行波单导线的辐射特性，对于一定的 l/λ 值，通过选择合适的张角 $2\theta_0$，就可以在角平分线方向上获得最大辐射，即两单导线辐射场的合成波束的峰值指向图中的 z 轴方向。当 l/λ 较大时，V 形天线的最大辐射方向随波长的变化趋缓，因此具有较好的方向图宽带特性。由于其线上载行波，因此也具有阻抗的宽带特性。

在现代高增益的短波天线中，常常使用庞大的天线(如菱形天线)。但由于它们占地面积大，结构和架设都比较复杂，因此只能在固定台站中使用。如图 5-11 所示的 V 形斜天线 (Sloping Vee Antenna) 仅由有一根支杆和两根载有行波电流的导线组成，架设很简单，因而适用于可移动的台站中。

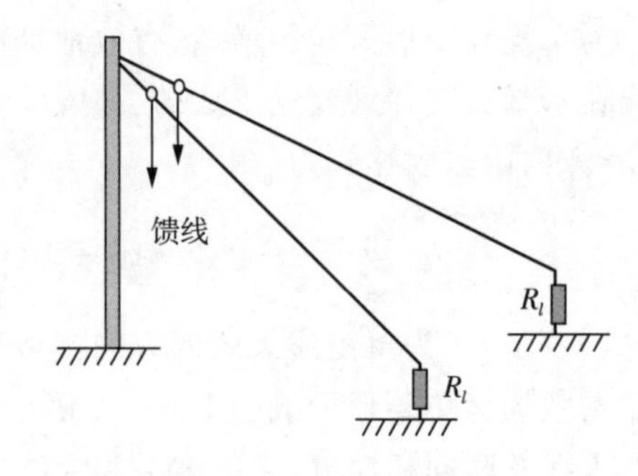

图 5-11 V 形斜天线

V 形斜天线的工作性质是一种行波天线。根据行波单导线的辐射性质可知，V 形斜天线具有如下基本特点。

(1) 最大辐射方向在过角平分线的垂直平面内，与地面有一夹角 Δ，具有单向辐射特性，天线可以宽频带工作，带宽通常可达 2∶1。

(2) 终端接匹配负载，其阻值等于天线的特性阻抗，通常为 400 Ω 左右。由于终端负载要吸收部分功率，因此天线效率为 60% ～ 80%。

(3) 由于天线导线是倾斜架设在地面上的，且彼此不平行，因此考虑地面影响时，电波的极化特性较为复杂。一般而言，在过角平分线的垂直平面内，电波为水平极化波。在其他平面内为椭圆极化波，此时场强就要按水平极化分量和垂直极化分量分别计算。当射线仰角 Δ 较低时，天线主要辐射的是水平极化波；当射线仰角 Δ 较高时，天线的辐射场既有水平分量又有垂直分量。

还有一种 V 形天线是倒 V 形天线 (Inverted Vee Antenna)，其又称为Λ天线，如图5-12所示。它相当于将水平的行波单导线从中部撑起。这种天线可以看成半个菱形天线，适当调节边长及夹角可以使最大辐射方向沿着地面并指向终端负载方向，在包含天线的垂直平面内，电场是垂直极化波。通常其两条臂长不等，相应地它们与地面的夹角也不等，因此计算较复杂。当它工作于地面波时，架设在湿地上可提高天线效率。

倒 V 形天线的优点是只需要一根木杆支撑，当与水平天线架设在一起时，它们之间的影响很小。此外，和其他行波天线一样，其也具有较宽的频带特性，但效率低，占地面积较大。

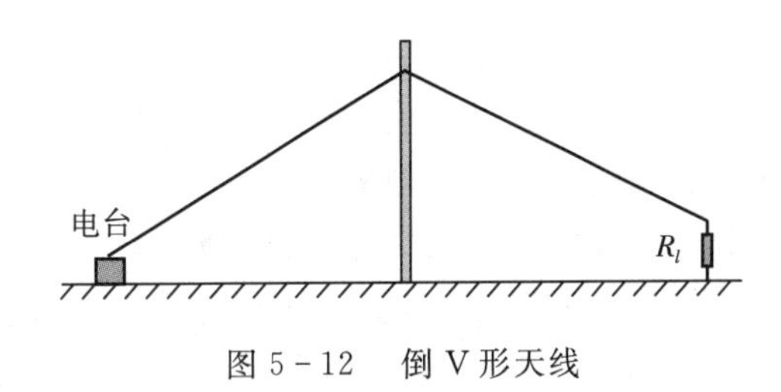

图 5-12　倒 V 形天线

除上述两种外，V 形天线的实际架设有若干形式，如图 5-13 所示。图 5-13(a) 为倾斜架设的行波单导线天线，它与地下镜像构成一 V 形天线，当单导线倾角 α 和 θ_{m1} 近似相等时，最大辐射方向沿地面。图 5-13(b) 为水平 V 形天线，其最大辐射方向在顶角的角平分线方向，辐射水平极化波。

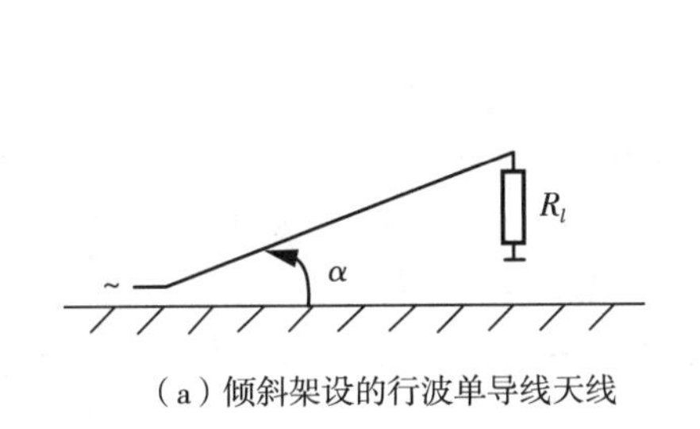

(a) 倾斜架设的行波单导线天线

(b) 水平V形天线

图 5-13　V 形天线的几种架设形式

5.2　螺旋天线

螺旋天线 (Helical Antenna) 的辐射特性基本上取决于螺旋直径与波长的比值，在第 4.2.5 节已经介绍了该天线的三种辐射状态，本节将介绍螺旋柱直径 $D=(0.25\sim0.46)\lambda$ 的端射型螺旋天线，由于其最大辐射方向在螺旋轴线方向，因此这一天线又称为轴向模螺旋天线，简称为螺旋天线。它的主要特点是沿轴线方向有最大辐射；辐射场是圆极化波；天线导线上的电流按行波分布；输入阻抗近似为纯阻；具有宽频带特性。

由于螺旋天线是一种最常用的典型的圆极化天线 (Circular Polarized Antenna)，因此下面先介绍圆极化波的性质及其应用。

5.2.1 圆极化波的性质及其应用

实际应用中,圆极化波具有下述重要性质:

(1) 圆极化波是一等幅旋转场,它可分解为两正交等幅相位相差 90° 的线极化波;

(2) 辐射左旋圆极化波的天线,只能接收左旋圆极化波,反之亦然;

(3) 当圆极化波入射到平面上或球面上时,其反射波旋向相反,即右旋波变为左旋波,左旋波变为右旋波。

圆极化波的上述性质,使其具有广泛的应用价值。第一,使用一副圆极化天线可以接收任意取向的线极化波。第二,为了干扰和侦察对方的通信或雷达目标,需要应用圆极化天线。因为在通信和雷达设备中,天线通常是线极化的,而圆极化对任何线极化都能干扰或接收。第三,如果通信的一方或双方处于方向、位置不定的状态,如在剧烈摆动或旋转的运载体上,那么为了提高通信的可靠性,收发天线之一应采用圆极化天线。在人造卫星和弹道导弹的空间遥测系统中,信号穿过电离层传播后会产生法拉第旋转效应,这也要求地面上安装圆极化天线作为发射或接收天线。第四,在电视中为了克服杂乱反射所产生的重影,也可采用圆极化天线。因为由圆极化波的性质可知,圆极化天线只能接收旋向相同的直射波,不能接收旋向相反的反射波信号,所以抑制了反射波传来的重影信号。当然,这需要对整个电视天线系统进行改造,目前应用的仍是水平线极化天线。此外,在雷达中,可利用圆极化波来消除云雨的干扰,在气象雷达中可利用雨滴散射极化响应的不同来识别目标。

圆极化天线的形式很多,5.3 节的等角螺旋天线和 5.4 节的阿基米德螺旋天线等都是圆极化天线。当然,这些天线仅是在某一定空间角度范围内轴比近似地等于 l,其他角度辐射的则是椭圆极化波或线极化波。

本节主要介绍轴向模螺旋天线,这是一种广泛应用于米波和分米波段的圆极化天线,它既可独立使用,也可用作为反射器天线的馈源或天线阵的辐射单元。

5.2.2 螺旋天线的工作原理

螺旋天线的直径 D 若是固定的则称为圆柱形螺旋天线(见图 5-14);若是渐变的则称为圆锥形螺旋天线(见图 5-15)。将圆柱形螺旋天线改型为圆锥形螺旋天线可以增大带宽。螺旋天线通常用同轴线来馈电,螺旋天线的一端与同轴线的内导体相连接,另一端处于自由状态或与同轴线的外导体相连接。同轴线的外导体一般与垂直于天线轴线的金属板相连接,该板即为接地板。接地板可以减弱同轴线外表面的感应电流,改善天线的辐射特性,同时又可以减弱后向辐射。圆形接地板的直径为$(0.8 \sim 1.5)\lambda$。

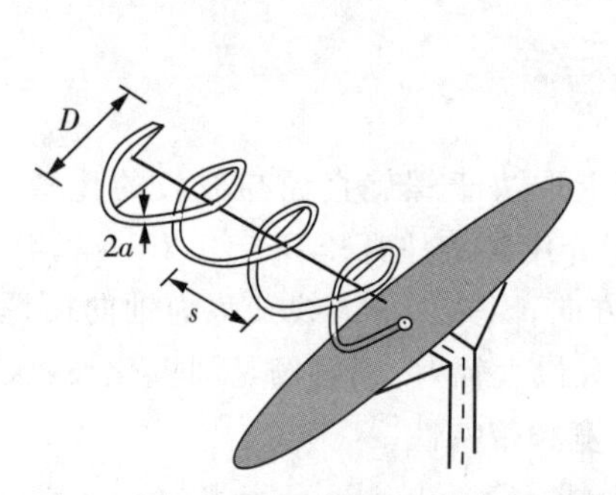

图 5-14 圆柱形螺旋天线的结构示意图

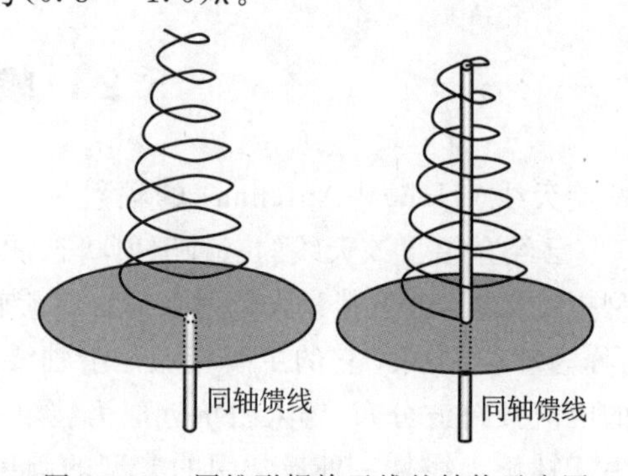

图 5-15 圆锥形螺旋天线的结构示意图

参考图 5-16，螺旋天线的几何参数可用下列符号表示：D 为螺旋的直径；a 为螺旋线导线的半径；s 为螺距，即每圈之间的距离；α 为螺距角，$\alpha=\tan^{-1}\dfrac{s}{\pi D}$；$l_0$ 为一圈的长度，$l_0=\sqrt{(\pi D)^2+s^2}=s/\sin\alpha$；$h$ 为轴向长度，$h=Ns$，其中 N 为圈数。

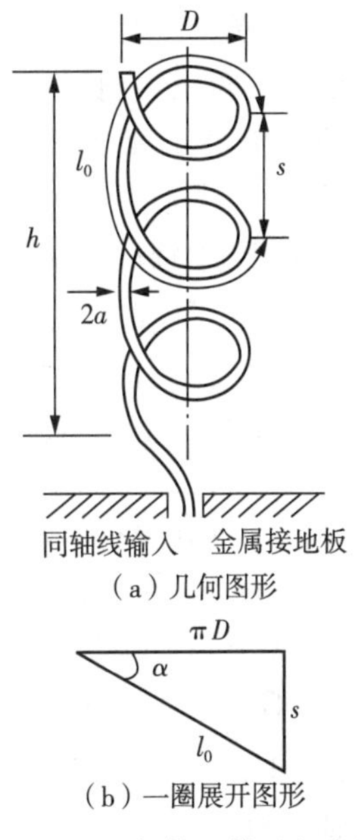

图 5-16　螺旋天线几何参数

分析螺旋天线时，可以近似地将其看成由 N 个平面圆环串接而成，也可以把它看成一个用环形天线作为单元天线所组成的天线阵。下面我们先讨论单个圆环的辐射特性。为简便起见，设螺旋线一圈周长 l_0 近似等于一个波长，则螺旋天线的总长度就为 N 个波长。因为沿线电流不断向空间辐射能量，所以达到终端的能量很小，故终端反射也很小，这样就可以认为沿螺旋线传输的是行波电流。

设在某一瞬间 t_1 时刻，圆环上的电流分布如图 5-17(a) 所示，该图左侧图表示将圆环展成直线时线上的电流分布，右侧图则是圆环的情况。在平面圆环上，对称于 x 轴和 y 轴分布的 A、B、C 和 D 四点的电流都可以分解为 I_x 和 I_y 两个分量，由图可得

$$\begin{cases} I_{xA}=-I_{xB} \\ I_{xC}=-I_{xD} \end{cases} \tag{5-2-1}$$

上式对任意两对称于 y 轴的点都成立。因此，在 t_1 时刻，对环轴(z 轴) 方向辐射场有贡献的只是 I_y，且它们是同相叠加，其轴向辐射场只有 E_y 分量。

由于线上载有行波，线上的电流分布将随时间而沿线移动。为了说明辐射特性，再研究另一瞬间 $t_2=t_1+T/4$(T 为周期) 时刻的情况，此时电流分布如图 5-17(b) 所示，对称点 A、B、C 和 D 上的电流发生了变化，由图可得

$$\begin{cases} I_{yA}=-I_{yB} \\ I_{yC}=-I_{yD} \end{cases} \tag{5-2-2}$$

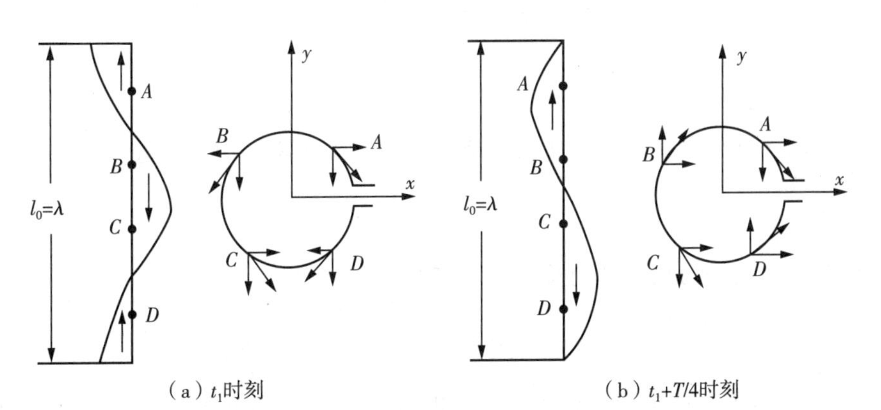

图 5-17　t_1 和 $t_1+T/4$ 时刻平面环的电流分布

同理，此时 y 分量被抵消，而 I_x 都是同相的，所以轴向辐射场只有 E_x 分量。这说明经过 $T/4$ 的时间间隔后，轴向辐射的电场矢量绕天线轴 z 旋转了 90°。显然，经过一个周期 T 的时

间间隔，电场矢量将旋转 360°。由于线上电流振幅值是不变的，因此轴向辐射的场值也不会变。由此可得出，周长为一个波长的载行波圆环沿轴线方向辐射的是圆极化波。

综上所述，螺旋天线上的电流是行波电流，每圈螺旋线上的电流分布绕 z 轴以 ω 频率不断旋转，因而 z 轴方向的电场也绕 z 轴旋转，这样就产生了圆极化波。按右手螺旋方式绕制的螺旋天线，在轴向只能辐射或接收右旋圆极化波；按左手螺旋方式绕制的螺旋天线，在轴向只能辐射或接收左旋圆极化波。此外还应注意，以螺旋天线为抛物面天线的初级馈源，若抛物面天线接收右旋圆极化波，则反射后右旋变成左旋，因此螺旋天线必须是左旋的。

5.2.3　螺旋天线的电参数估算

理论分析表明，螺旋天线上的电流可以用传输模 T_v 表示，下标 v 表示沿一圈螺线电流的相位变化 $2\pi v$。各传输模在螺线天线总电流中所占的地位与螺线圈长 l_0 有很大关系。当 $l_0 < 0.5\lambda$ 时，T_0 模占主要地位，而且电流几乎不衰减地传输，传至终端后发生反射，形成驻波分布，即第 4.2.5 节中螺旋天线的情况。当 $l_0 = (0.8 \sim 1.3)\lambda$ 时，T_1 模占优势，T_1 模表示每圈螺旋线的电流相位变化一个周期，这时 T_0 模很快衰减，天线上的电流接近行波分布，在天线轴向有最大辐射，即本小节所讨论的轴向模螺旋天线。当 $l_0 > 1.25\lambda$ 时，T_2 模被激励起来，T_2 模表示在一圈螺旋线上有两个周期的相位变化，随着 l_0/λ 的增大，T_2 模取代 T_1 模而占支配地位，这时的方向图变为圆锥形。

行波电流使螺旋天线产生沿轴向的端射波瓣，其方向图可通过将其视为 N 元均匀激励等间距端射阵求出，相邻阵元之间电流相差 $\xi = \beta_1 l_0 = k\dfrac{c}{v_{\varphi 1}}\dfrac{s}{\sin\alpha}$，其中 β_1、$v_{\varphi 1}$ 分别为 T_1 模的相移常数和相速。但实际上 $\alpha \neq 0$，这时单个环除 I_x、I_y 分量外还有 I_z 分量，所以严格计算辐射方向图函数的过程较复杂，这里只给出计算结果。按图 5-17 所示的坐标系，当螺线圈数 N 为整数时，电场矢量的两分量 E_θ、E_φ 在相位上有 90° 相差，它们的归一化方向图函数分别为

$$\begin{cases} F_\theta(\theta) \approx \left| \dfrac{2}{\pi N} J_0(ka\sin\theta)\cos\theta \dfrac{\sin(\pi N q)}{q^2 - 1} \right| \\ F_\varphi(\theta) \approx \left| \dfrac{2}{\pi N} J_0(ka\sin\theta) q \dfrac{\sin(\pi N q)}{q^2 - 1} \right| \end{cases} \tag{5-2-3}$$

式中，$q = \dfrac{s}{\lambda}\left(\dfrac{c}{v_{\varphi 1}\sin\alpha} - \cos\theta\right)$。

在 $\theta = 0°$ 的 z 轴方向获得圆极化波的条件为 $q|_{\theta=0} = 1$，即

$$\frac{c}{v_{\varphi 1}} = \frac{\lambda + s}{l_0} \tag{5-2-4}$$

计算两相邻圈的轴向辐射场的总相差时将上式代入，即得

$$\psi_\Sigma = \beta_1 l_0 - ks = \frac{2\pi}{\lambda}\left(\frac{c}{v_{\varphi 1}} l_0 - s\right) = 2\pi \tag{5-2-5}$$

式中，$\beta_1 l_0$ 为相邻两圈之间电流相位差；ks 为相邻两圈之间射线行程差所产生的相位差。可见，式(5-2-4)也是保证各圈的辐射场能在轴向同相叠加的条件，即满足普通端射阵条件。但这时的方向系数并不是最大，按汉森-伍德耶特强方向性端射阵的条件，要在轴向有最大方向系数，第一圈和最后一圈的场强应有一附加相位差 π，据此，相邻圈的相位差应为

$$\psi_{\Sigma}=\frac{2\pi}{\lambda}\left(\frac{c}{v_{\varphi 1\mathrm{opt}}}l_0-s\right)=2\pi+\frac{\pi}{N} \tag{5-2-6}$$

由此可求出

$$\frac{v_{\varphi 1\mathrm{opt}}}{c}=\frac{l_0}{\lambda+s+\dfrac{\lambda}{2N}} \tag{5-2-7}$$

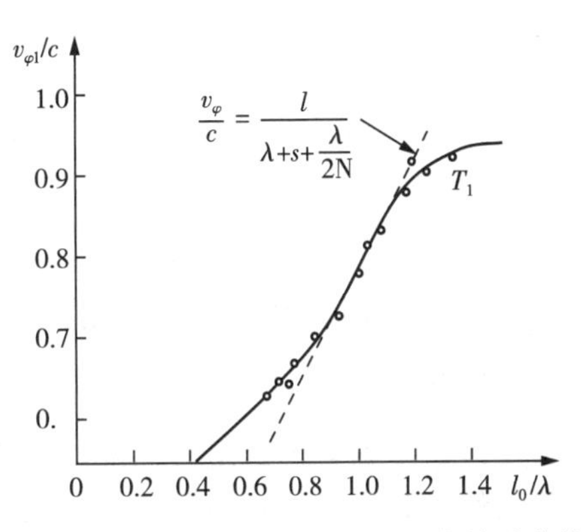

图 5-18　T_1 模相速 $v_{\varphi 1}$ 与 l_0/λ 的关系曲线

当 $v_{\varphi 1}$ 满足上式时，可在沿螺旋轴方向得到最大方向系数。图 5-18 绘出了 $\alpha=12.6°$、$N=6$ 时 $v_{\varphi 1}$ 与 l_0/λ 的关系曲线，图中虚线所表示的就是式(5-2-7)，圈点是实验结果。这说明，T_1 模的相速 $v_{\varphi 1}$ 在很宽的频率范围内($f_{\max}/f_{\min}=1.8\sim 2$) 能自动调整到保持最大方向系数所需要的数值。

当然，在 $v_{\varphi 1}=v_{\varphi 1\mathrm{opt}}$ 时，不能保证圆极化的条件，不过当圈数 N 较大时，式(5-2-4) 和式(5-2-7) 是相差不大的。以上是轴向辐射状态的螺旋天线能在较宽频带工作的重要原因。

根据大量测试可得出有关螺旋天线的方向系数、波束宽度等经验公式。下面介绍工程上常用的估算公式，这些公式适用于螺距角 $\alpha=12°\sim 16°$，圈数 $N>3$，每圈长度 $l_0=(3/4\sim 4/3)\lambda$。

(1) 天线的方向系数为

$$D=15\left(\frac{l_0}{\lambda}\right)^2\frac{Ns}{\lambda} \tag{5-2-8}$$

(2) 方向图的半功率角为

$$2\theta_{3\,\mathrm{dB}}=\frac{52°}{\dfrac{l_0}{\lambda}\sqrt{Ns/\lambda}} \tag{5-2-9}$$

(3) 方向图零功率张角为

$$2\theta_0=\frac{115°}{\dfrac{l_0}{\lambda}\sqrt{Ns/\lambda}} \tag{5-2-10}$$

(4) 输入阻抗为

$$Z_{\mathrm{in}}\approx R_{\mathrm{in}}=140\,\frac{l_0}{\lambda}(\Omega) \tag{5-2-11}$$

(5) 极化椭圆的轴比为

$$|AR|=\frac{2N+1}{2N} \tag{5-2-12}$$

由于螺旋天线在 $l_0=(3/4\sim 4/3)\lambda$ 内保持端射方向图，轴向辐射接近圆极化，因此螺旋天线的绝对带宽可达

$$\frac{f_{\max}}{f_{\min}}=\frac{4/3}{3/4}=1.78 \tag{5-2-13}$$

天线增益 G 与圈数 N 和螺距 s 有关，即与天线轴向长度 h 有关。计算结果表明，当 $N>$

15 以后，随着 h 的增加 G 增加不明显，所以圈数 N 一般不超过 15 圈。为了提高增益，可采用螺旋天线阵。

5.3 平面等角螺旋天线

平面等角螺旋天线 (Planar Equiangular Spiral Antenna) 是由 V. H. Rumsey 提出的一种角度天线。其因超宽的带宽、良好的圆极化性能、简单的结构和低廉的制造成本，在军用和民用方面都具有广阔的应用前景。

5.3.1 平面等角螺旋天线的结构和工作原理

1. 结构

为使天线形状完全由角度规定，拉姆西提出了形状方程，其推导过程如下。

设天线形状满足下列曲线

$$r = r(\varphi) \tag{5-3-1}$$

这里 (r, φ) 为平面曲线上任意点的极坐标。若天线频率变为原来的 K 倍，且新天线与原天线是同一个曲线，只是角度旋转了 α 角度，则可使天线获得频率无关的电特性。因此，当角度 φ 变为 $\varphi+\alpha$ 时，r 仍然可以满足原来的方程，只是 r 需要扩大 K 倍来保持同样的电尺寸，即

$$Kr(\varphi) = r(\varphi+\alpha) \tag{5-3-2}$$

这里旋转角度 α 只取决于 K，与 φ 无关。

为导出 $r(\varphi)$ 的表达式，把上式两边分别对 α 和 φ 求导：

$$\frac{\mathrm{d}K}{\mathrm{d}\alpha} r(\varphi) = \frac{\mathrm{d}r(\varphi+\alpha)}{\mathrm{d}\alpha} \tag{5-3-3}$$

$$K \frac{\mathrm{d}r(\varphi)}{\mathrm{d}\varphi} = \frac{\mathrm{d}r(\varphi+\alpha)}{\mathrm{d}\varphi} \tag{5-3-4}$$

因为 α 和 φ 无关，所以有

$$\frac{\mathrm{d}r(\varphi+\alpha)}{\mathrm{d}\alpha} = \frac{\mathrm{d}r(\varphi+\alpha)}{\mathrm{d}(\varphi+\alpha)} = \frac{\mathrm{d}r(\varphi+\alpha)}{\mathrm{d}\varphi} \tag{5-3-5}$$

上式结合式(5-3-3)和式(5-3-4)可得

$$r(\varphi) \frac{\mathrm{d}K}{\mathrm{d}\alpha} = K \frac{\mathrm{d}r(\varphi)}{\mathrm{d}\varphi} \tag{5-3-6}$$

令 $\frac{1}{K}\frac{\mathrm{d}K}{\mathrm{d}\alpha} = a$，则 $\frac{\mathrm{d}r(\varphi)}{\mathrm{d}\varphi} = ar(\varphi)$，其解为

$$r(\varphi) = r_0 \mathrm{e}^{a\varphi} \tag{5-3-7}$$

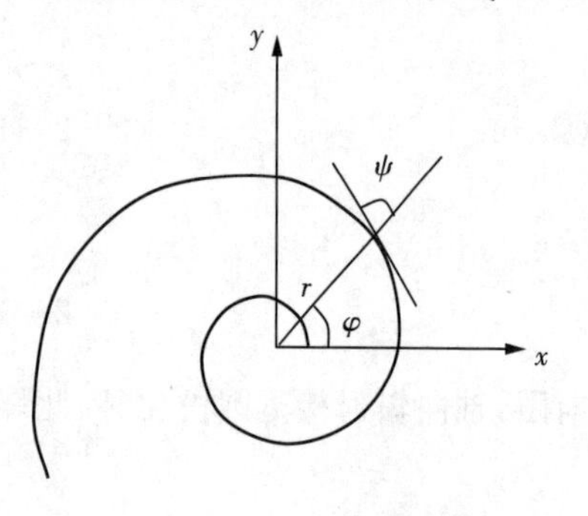

图 5-19　等角螺旋线

式中，r 为螺旋线矢径；φ 为极坐标中的旋转角；r_0 为 $\varphi=0°$ 时的起始半径。式(5-3-7)绘制出来的是一个螺旋线，如图 5-19 所示。$1/a$ 为螺旋率，决定螺旋线张开的快慢。曲线上任意点矢径与螺旋线之间的夹角 ψ 处处相等，并满足

$$\psi = \tan^{-1}\frac{1}{a} \quad (5-3-8)$$

由于该角是常数，因此曲线也称为等角螺旋线。

图 5-20 为平面等角螺旋天线，该天线由两对称的螺旋臂构成，每一臂的边缘线都是等角螺旋线，且具有相同的 a。

将螺旋臂一条边缘线旋转 δ 角，就可得该臂的另一边缘线：

$$\begin{cases} r_1 = r_0 e^{a\varphi} \\ r_2 = r_0 e^{a(\varphi-\delta)} \end{cases} \quad (5-3-9)$$

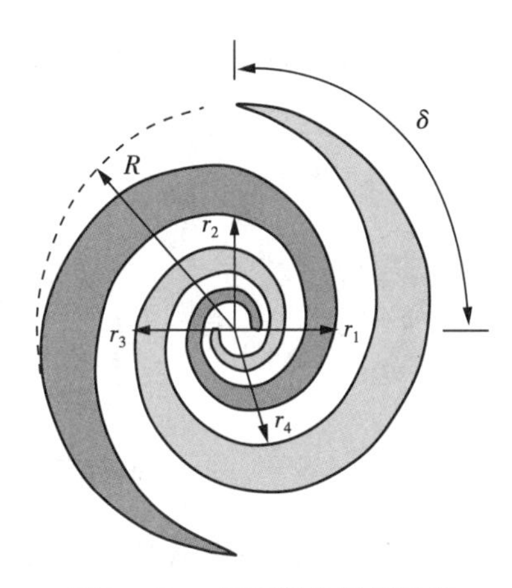

图 5-20　平面等角螺旋天线

该臂旋转 180° 可得另一个臂：

$$\begin{cases} r_3 = r_0 e^{a(\varphi-\pi)} \\ r_4 = r_0 e^{a(\varphi-\pi-\delta)} \end{cases} \quad (5-3-10)$$

若取 $\delta=\pi/2$ 时，天线的金属臂与两臂之间的空气缝隙是同一形状，则称为自补结构。

天线的馈电点在螺旋线的起始点，两臂对称馈电。实际的平面等角螺旋天线每个臂在其终点都是渐削的，以便提供更好的终端匹配。

2. 工作原理

前面已经指出，若能保持天线的电尺寸一定，则天线的电性能就可以保持不变。对于等角螺旋天线而言，λ_1 时电长度为 $r_1/\lambda_1 = r_0 e^{a\varphi_1}/\lambda_1$，$\lambda_2$ 时电长度为 $r_2/\lambda_2 = r_0 e^{a\varphi_2}/\lambda_2$。若使其电长度相等($r_1/\lambda_1 = r_2/\lambda_2$)，则

$$\frac{\lambda_2}{\lambda_1} = \frac{r_2}{r_1} = \frac{e^{a\varphi_2}}{e^{a\varphi_1}} = e^{a(\varphi_2-\varphi_1)} \quad (5-3-11)$$

$$\Delta\varphi = \varphi_2 - \varphi_1 = \frac{1}{a}\ln\frac{\lambda_2}{\lambda_1} \quad (5-3-12)$$

上式表明，对于等角螺旋天线而言，工作波长的变化等效于螺旋转角的变化。同一个等角螺旋天线在不同的频率上，其“形状与尺寸”是相同的，只是旋转了 $\Delta\varphi$ 而已。如果结构是无限大的，那么 φ 便可以连续旋转，天线性能也就可以做到与频率无关。

实际上天线的尺寸是有限的。经实验证实，等角螺旋天线存在“电流截断效应”，当电流离开输入端一个波长后就迅速衰减到 20 dB 以下，因而有限尺寸在一定频带内仍能近似保持无限大结构时的特性。

等角螺旋臂电流随频率变化动画　　等角螺旋天线电流分布图

当等角螺旋天线始端馈电时，可以把天线两臂看成一对变形的传输线，臂上电流沿线边传输、边辐射、边衰减。辐射场主要是由结构中周长为一个波长以内的部分产生的，这个部分通常称为有效辐射区，用于传输行波电流。波长改变后，有效辐射区的几何大小将随波长成比例变化，从而可以在一定的频带内得到近似与频率无关的特性。

典型自补结构平面等角螺旋天线的电流分布如图 5-21 所示，图中最白的区域对应电流的最大值，而最暗的

区域对应零电流，图 5－21 清晰地诠释了前述平面等角螺旋天线的非频变工作原理。

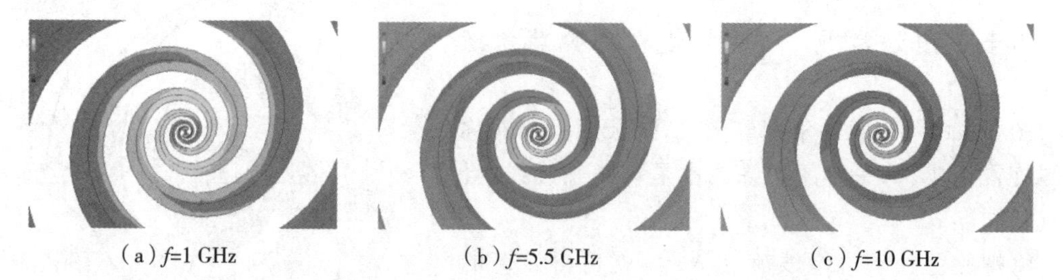

图 5－21 典型自补结构平面等角螺旋天线的电流分布

5.3.2 平面等角螺旋天线的电参数

等角螺旋天线立体方向图

1. 方向性

平面等角螺旋天线是双向辐射的，最大辐射方向在平面两侧的法线方向上。若设 θ 为天线平面的法线与射线之间的夹角，则方向图可近似表示为 $\cos\theta$，半功率点波瓣宽度近似为 90°。

图 5－22 为典型的平面等角螺旋天线的立体方向图。其工作频率为 1 ～ 10 GHz，方向图形状变化不大，体现了良好的宽带特性。

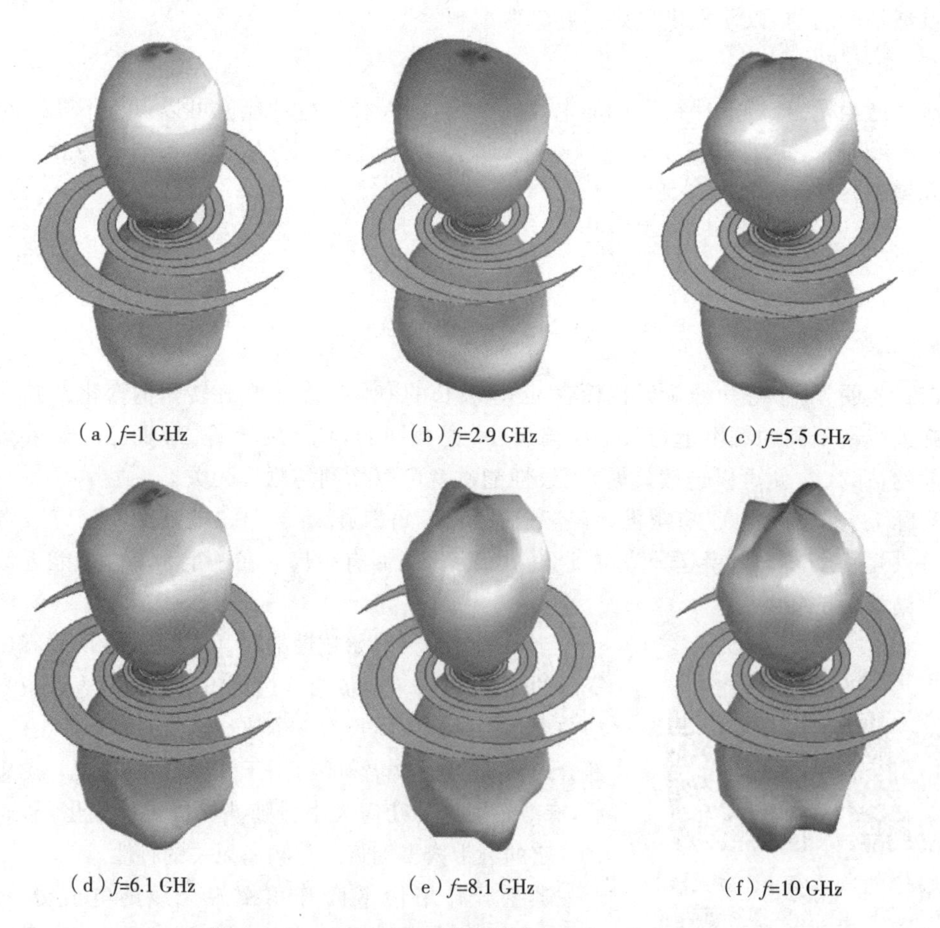

图 5－22 典型的平面等角螺旋天线的立体方向图

2. 阻抗特性

互补天线类似于摄影中的像片和底片，金属带状对称振子和无限大金属平面上的缝隙天线就是互补天线。互补天线的输入阻抗之间具有下列性质：

$$Z_{金属} \cdot Z_{缝隙} = \left(\frac{\eta_0}{2}\right)^2 \tag{5-3-13}$$

若天线的互补是它本身，则这种天线称为自补天线。显然，自补是互补的特殊情况。如前所述，当 $\delta = \pi/2$ 时平面等角螺旋天线具有自补结构。

对于自补结构，可由下式求得

$$Z_{金属} = Z_{缝隙} = \frac{\eta_0}{2} = 188.5\ \Omega \tag{5-3-14}$$

可见具有自补结构的天线，输入阻抗是一纯电阻且与频率无关。

从图 5－23 可以看到，当工作频率为 1 ～ 10 GHz 时，平面等角螺旋天线的输入阻抗几乎不变，输入电抗的变化范围很小，从阻抗的角度充分体现了天线良好的宽带特性。

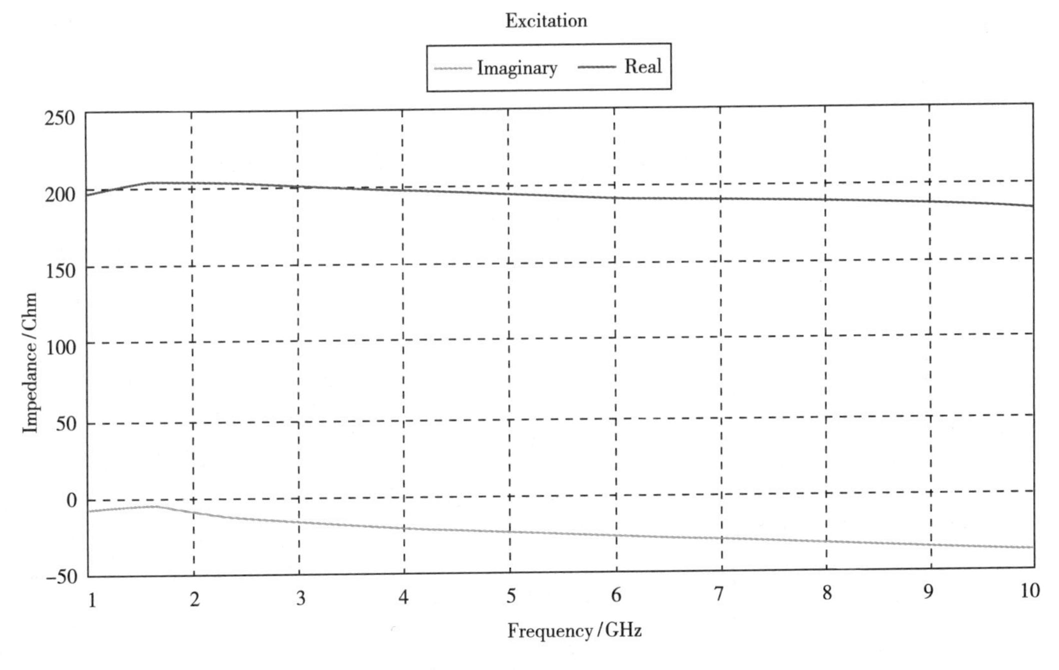

图 5－23　平面等角螺旋天线的输入阻抗

3. 极化特性

一般而言，平面等角螺旋天线在 $\theta \leqslant 70°$ 锥形范围内接近圆极化。天线有效辐射区内的每一段螺旋线都是基本辐射单元，但它们的取向沿螺旋线变化，总的辐射场是这些单元辐射场的叠加，因此等角螺旋天线轴向辐射场的极化与臂长相关。当频率很低，全臂长比波长小得多时为线极化；当频率增高，最终会变成圆极化。在许多实用情况下，轴比小于等于 2 的典型值发生在全臂长约为一个波长时。图 5－24 为平面等角螺旋天线的轴比。从图中可以看到，当 $\theta \leqslant 70°$ 时，天线轴比小于 6 dB。

如图 5－25 所示，天线辐射的圆极化波旋向由螺旋线张开的方向决定。从图 5－25 中可以看出，对于图5－20所示的平面等角螺旋天线，沿纸面对外的方向辐射右旋圆极化波，沿其背向辐射左旋圆极化波。

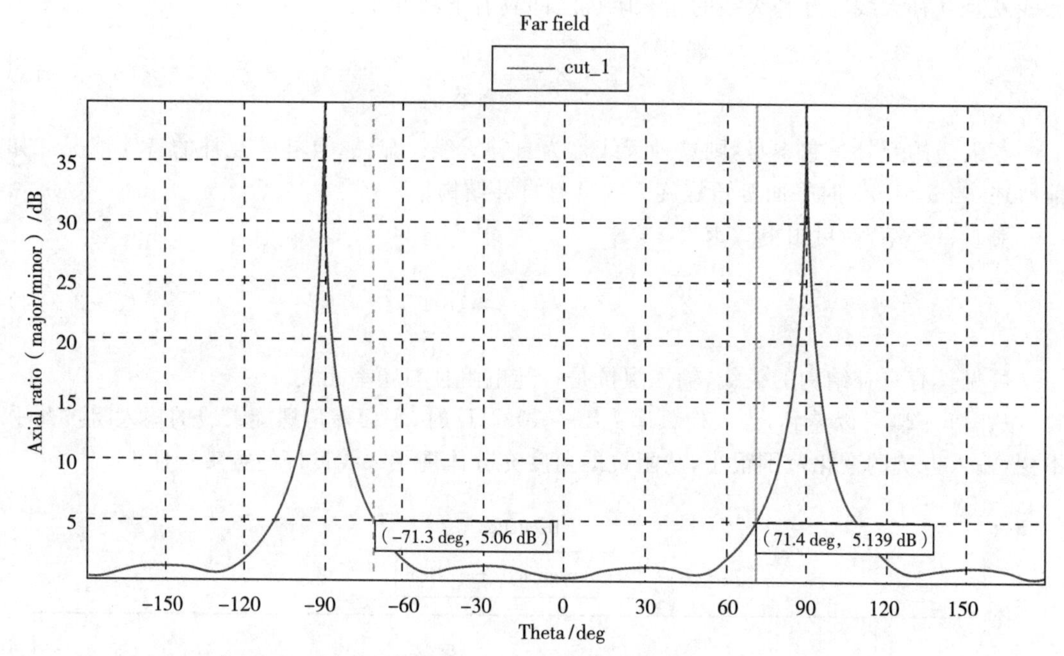

图5－24　平面等角螺旋天线的轴比

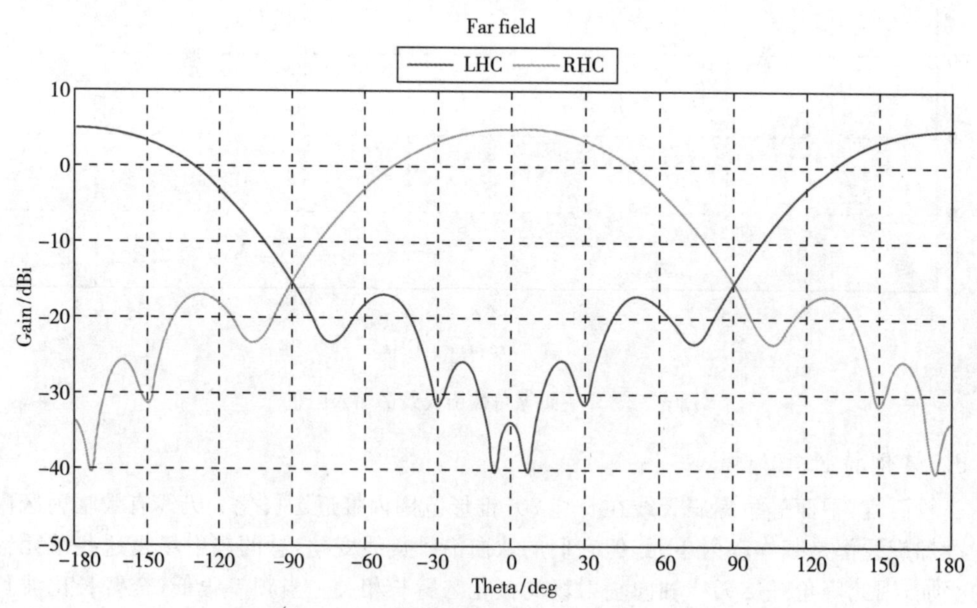

图5－25　平面等角螺旋天线辐射的圆极化波增益

4. 工作带宽

等角螺旋天线的工作带宽受内半径 r_0 和外半径 R 的限制。上限频率由馈电结构决定，常取 $r_0=\lambda_{\min}/4$，下限频率由天线最大半径决定，常取 $R=\lambda_{\max}/4$，其中 $\lambda_{\min}$、$\lambda_{\max}$ 分别为上限频率和下限频率对应的波长。

轻试验发现，半圈至 3 圈的螺旋天线，天线性能对结构参数 a 和 δ 不敏感。最佳设计时螺旋取 1.25 ～ 1.5 圈，而螺旋总长等于或大于一个最大波长 $\lambda_{\max}$。对于 $a=0.221$ 的螺旋天线，1.5 圈螺旋时天线方向图最佳。此时，外半径 $R=r_0 e^{0.221(3\pi)}=8.03r_0=\lambda_{\max}/4$，在馈电点 $r=r_0 e^0=r_0=\lambda_{\min}/4$，所以该天线可具有带宽

$$\frac{f_{\max}}{f_{\min}}=\frac{\lambda_{\max}}{\lambda_{\min}}=\frac{8.03r_0}{r_0}=8.03 \tag{5-3-15}$$

即典型带宽为 8 : 1。增加螺旋线的圈数或改变其参数，带宽有可能达到 20 : 1。

5.3.3　背腔等角螺旋天线和圆锥等角螺旋天线

平面等角螺旋天线是双向辐射的(见图 5-22)，增益较低，为得到单向辐射，可采用反射(或吸收)腔体。图 5-26 为背腔等角螺旋天线的表面电流分布、增益和方向图。

非平面形式的螺旋天线不用反射腔或反射面就可以获得单方向辐射。将等角螺旋绕在一个半锥角为 θ_h 的圆锥上，就构成了圆锥等角螺旋天线，如图 5-27 所示。

圆锥等角螺旋的曲线方程为

$$r=r_0 e^{(a\sin\theta_h)\varphi} \tag{5-3-16}$$

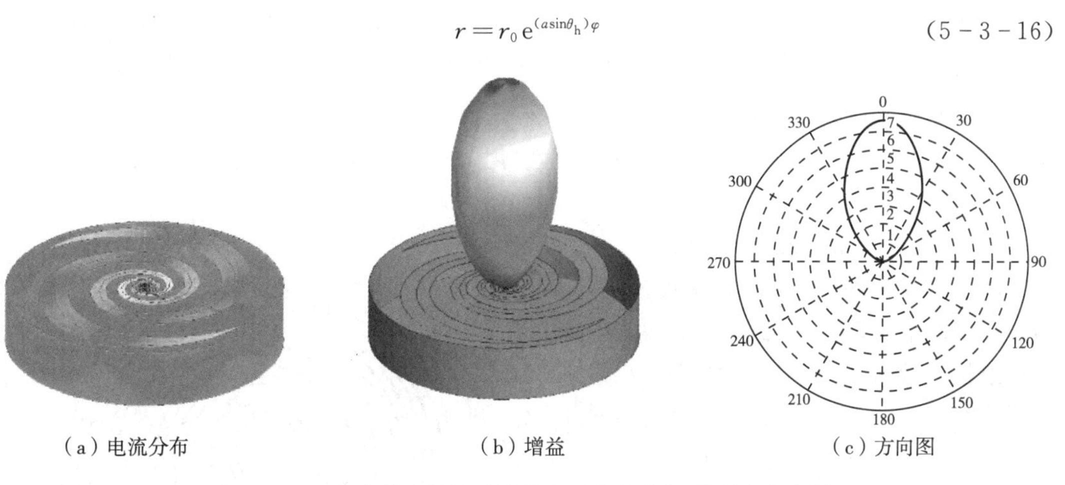

(a) 电流分布　　(b) 增益　　(c) 方向图

图 5-26　背腔等角螺旋天线的表面电流分布、增益和方向图

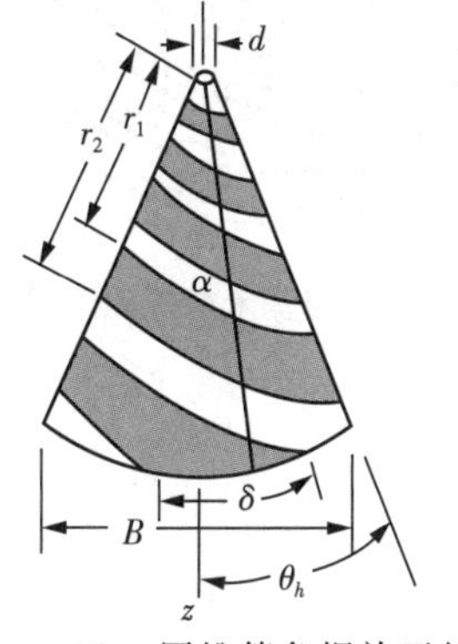

图 5-27　圆锥等角螺旋天线

显然，当 $\theta_h=90°$ 时就退化为平面等角螺旋天线。

圆锥等角螺旋天线具有单一主波束，且指向锥顶方向。图 5-28 为不同频率下圆锥等角螺旋天线的表面电流分布和增益。

圆锥等角螺旋天线在宽频段内具有圆极化、高增益、宽波束覆盖等优点。同时，其结构紧凑，便于实现，在空间卫星通信领域有广阔的应用前景。

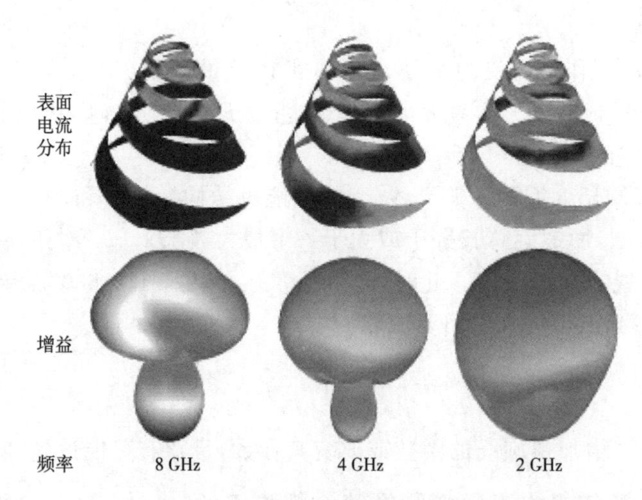

图 5-28 不同频率下圆锥等角螺旋天线的表面电流分布和增益

5.4 阿基米德螺旋天线

5.4.1 阿基米德螺旋天线的结构与工作原理

阿基米德螺旋天线(Archimedean Spiral Antenna)如图5-29所示。阿基米德螺旋天线由两根相同的阿基米德螺旋线构成,其中一根相当于另一根绕原点旋转180°。该天线的两个螺旋臂的极坐标方程分别为

$$\begin{cases} r_1 = r_0 + a\varphi \\ r_2 = r_0 + a(\varphi - \pi) \end{cases} \tag{5-4-1}$$

式中,r_0 为 $\varphi=0^\circ$ 的矢径;a 为增长率。

经试验证实,当在阿基米德螺旋天线的起始点反相馈电时,天线上近似载行波,因而可以近似地把它等效成由双导线按规则绕制而成。根据传输线理论,线上任意一对对应点 P 点和 Q 点处的电流大小相等、相位相反[见图5-30(a)]。将该行波双导线绕成阿基米德螺旋以后,P 点和 Q 点的位置如图5-30(b)所示,设 $\overline{OP}=\overline{OQ}=r$,在与 P 点相邻的螺线上取出 P' 点,且 P' 点与 Q 点在同一螺线上,若螺旋线绕得很密,P' 点和 P 点相距很近,则 Q 点沿螺旋线到 P' 点的弧长 $QP' \approx \pi r$。

图 5-29 阿基米德螺旋天线

因为 P 点和 Q 点的电流相位差180°,P' 点相位落后 Q 点 $\frac{2\pi}{\lambda}\cdot\pi r$,所以 P 点和 P' 点电流的相位差为

$$\psi = \pi + \frac{2\pi}{\lambda}\cdot\pi r \tag{5-4-2}$$

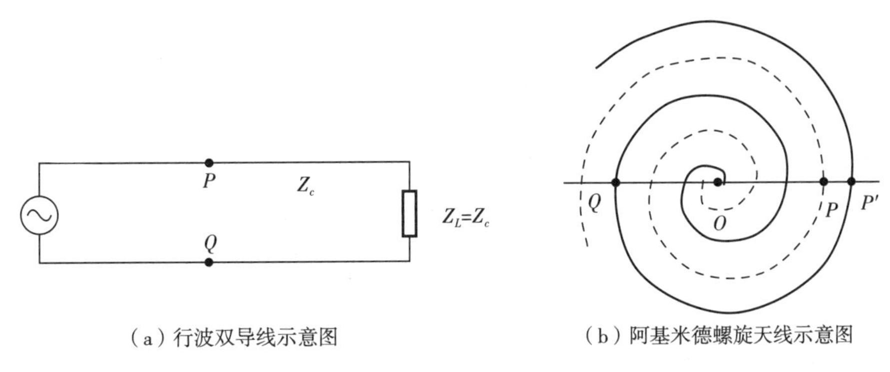

(a) 行波双导线示意图　　(b) 阿基米德螺旋天线示意图

图 5－30　阿基米德螺旋天线工作原理

若要求 $\psi=2\pi$，则

$$r \approx \frac{\lambda}{2\pi} \tag{5-4-3}$$

上式说明若 P 点和 P' 点在 $r=\lambda/2\pi$ 的螺旋线上，则 P 点和 P' 点处的电流大小相等、相位相同，进而两线段的辐射同相叠加，形成有效辐射。

因此，天线的主要辐射集中在半径约为 $\lambda/2\pi$ 处，即周长约等于 λ 的螺旋环带上，此螺旋环带也称为有效辐射带。当频率改变时，有效辐射带在螺旋天线上随之向内或向外移动，因此该天线具有宽频带特性。

有效辐射带以内的各圈螺旋线周长均小于一个波长，相邻臂上的电流接近于反相，两臂的辐射彼此抵消，于是它们就成为一段双线传输线，并将能量馈给有效辐射带。有效辐射带没有辐射完的能量将继续沿螺旋线向外传输。如果阿基米德螺线天线尺寸过大，那么有可能在天线上同时存在周长等于一个波长（相当于 $\psi=2\pi$）、三个波长（相应于 $\psi=4\pi$）和五个波长（相应于 $\psi=6\pi$）等的一阶模有效辐射环带、三阶模有效辐射环带、五阶模有效辐射环带等，后者（三阶模有效辐射环带、五阶模有效辐射环带等）也有较强的辐射，这对圆极化工作是不利的，所以实际工作中往往要求在工作频带内天线上只存在周长 $L=\lambda$ 的一阶模有效辐射环带。

知识链接

阿基米德螺旋天线电流分布图

知识链接

阿基米德螺旋天线立体方向图

5.4.2　阿基米德螺旋天线的电特性

阿基米德螺旋天线的电性能基本上和等角螺旋天线类似。天线产生的是垂直于螺线平面的双向宽波束，半功率点波瓣宽度为 60°～80°，所以阿基米德螺旋天线是低增益、弱方向性的宽带天线。

图 5－31 为不同频率下平面阿基米德螺旋天线的表面电流分布和增益。从图中可以看出，随着频率的变化，有效辐射带随之变化，增益图形变化不大，体现了良好的宽带特性。但不难发现，电流在工作区并未明显减小，也就是说该天线不具备电流截断效应，在螺旋线的末端存在一定的反射。所以阿基米德天线虽然频带较宽，但它不是一个真正的非频变天线，必须在末端加载来避免波的反射。输入阻抗随频率变化的曲线如图 5－32 所示，其工作频率为 0.5～1.5 GHz，输入电阻为 160～200 Ω，输入电抗为－33～－76 Ω，变化范围不大，这从阻抗角度充分说明了天线的宽频带特性。

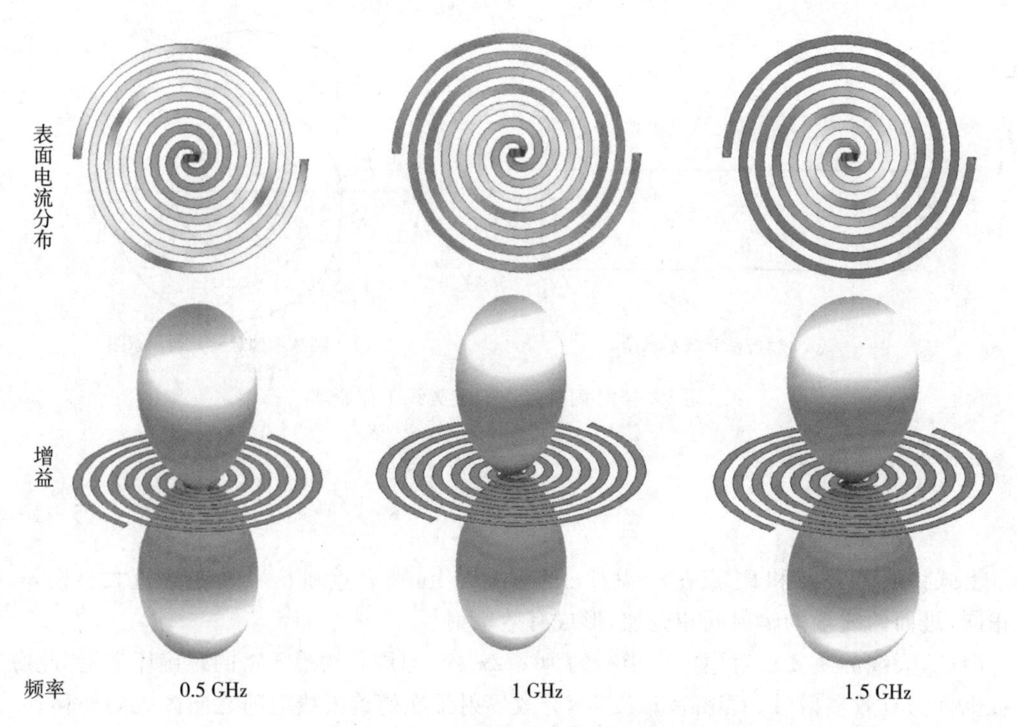

图 5-31　不同频率下平面阿基米德螺旋天线的表面电流分布和增益

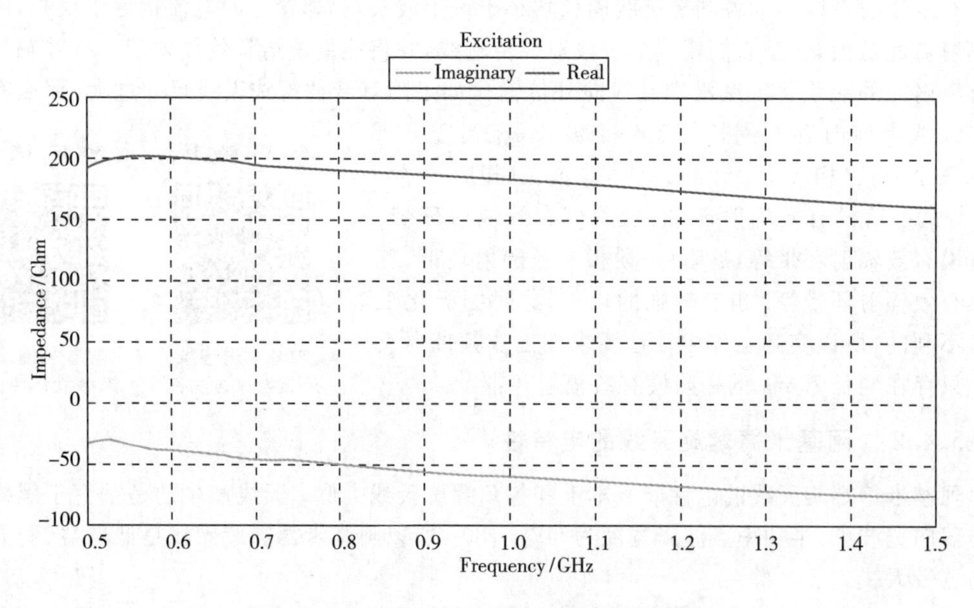

图 5-32　平面阿基米德螺旋天线的输入阻抗

为得到单向辐射可以做成圆锥形阿基米德螺旋天线，也可以附加反射（或吸收）腔体，如图 5-33 所示。通过在螺旋平面一侧装设圆柱形反射腔可以构成背腔式阿基米德螺旋天线（Cavity-Backed Archimedean Spiral Antenna），它可以嵌装在运载体的表面下。图 5-34 为背腔式阿基米德螺旋天线的表面电流分布和增益。从图可以看出，其具有指向锥顶方向的单一主波束。

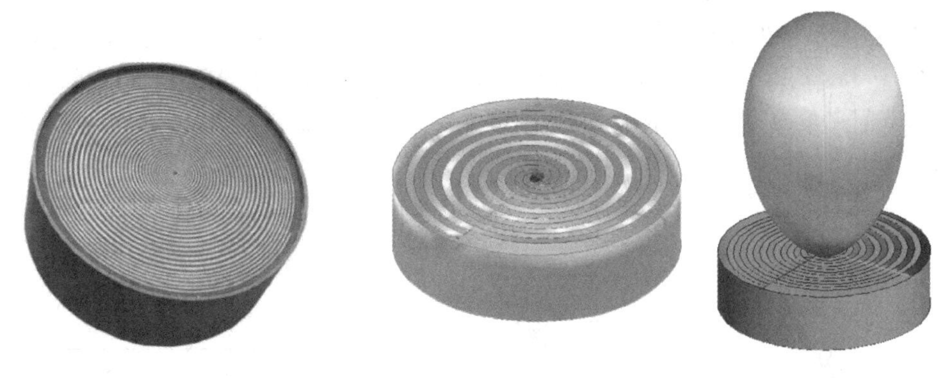

图 5-33　背腔式阿基米德螺旋天线　　图 5-34　背腔式阿基米德螺旋天线的电流分布和方向图

阿基米德螺旋天线辐射的是圆极化波。在有效辐射带，沿螺旋四分之一圈的点有 90° 的相差，电流在空间上是正交的，且电流的幅度也几乎相等，因此可以在空间产生圆极化辐射。这与周长为一个波长载行波的轴向模螺旋天线的分析类似。圆极化波的旋向与螺旋的绕向一致。

与等角螺旋天线一样，阿基米德螺旋天线带宽受螺旋线内外半径限制。一般取

$$2r_0 \leqslant \lambda_{\min}/4 \tag{5-4-4}$$

$$2\pi r_{\max} \geqslant 1.25\lambda_{\max} \tag{5-4-5}$$

式中，$\lambda_{\min}$、$\lambda_{\max}$ 分别为最短工作波长和最长工作波长。

阿基米德螺旋天线具有宽频带、圆极化、小尺寸、易嵌装等优点，所以应用越来越广泛。

5.5　对数周期天线

对数周期天线是 1957 年提出的另一类型的非频变天线，它基于以下相似概念：若天线按某一比例因子 τ 变换后仍等于它原来的结构，则天线在频率为 f 和 τf 时的性能相同。在这一节中我们先简单叙述对数周期天线的发展演变，然后以对数周期振子阵天线为例说明对数周期天线的特性。

无限长双锥天线作为非频变天线的典型代表，是一种理想化天线，通过终结无限长双锥天线的延伸就形成了一种实际天线形式——有限双锥天线[见图 5-35(a)]。有限双锥天线最简单的一种变形就是图 5-35(b) 所示的蝶形天线，但这种天线的终端效应强，带宽并不宽。若在蝶形天线的基础上引入周期性位置的齿对径向电流产生衰减，即可削弱蝶形天线末端的电流而减弱终端效应。这种结构的天线，其性能在很宽的频带内以对数形式做周期性变化，因此被称为对数周期天线，图 5-35(c) 所示的平面齿形对数周期天线是对数周期天线较早的形式之一。

为制作方便，从结构上可以将齿做成直边的，如图 5-35(d) 所示，形成梯齿形齿片结构对数周期天线。经试验证明，这种结构上的简化对天线性能影响很小。金属导体片结构的天线对于较短波长是适用的，但若波长较长(如米波或短波)，庞大的金属导体片结构就失去了使用价值。因此，将齿片的边缘用导线来制作，就出现了梯齿形导线结构对数周期天线，其结构如图 5-35(e) 所示，这一改进对扩展对数周期天线的使用波段范围起着重要的

作用。

如果进一步将齿片和两个臂的中心"鳍"用金属棒代替，并将其平面结构折成楔形，就构成了图 5 - 35(f) 所示的楔形振子结构对数周期天线，其具有指向楔形顶部的单向方向图。当两"鳍"间夹角为零形成共面结构时，则称为对数周期偶极子天线或对数周期振子阵天线(Log - Periodic Dipole Antenna，LPDA)，如图 5 - 35(g) 所示，它出现在 20 世纪 60 年代初期，由于该天线结构简单，工作频带宽，因此在短波及超短波波段获得了广泛的应用。

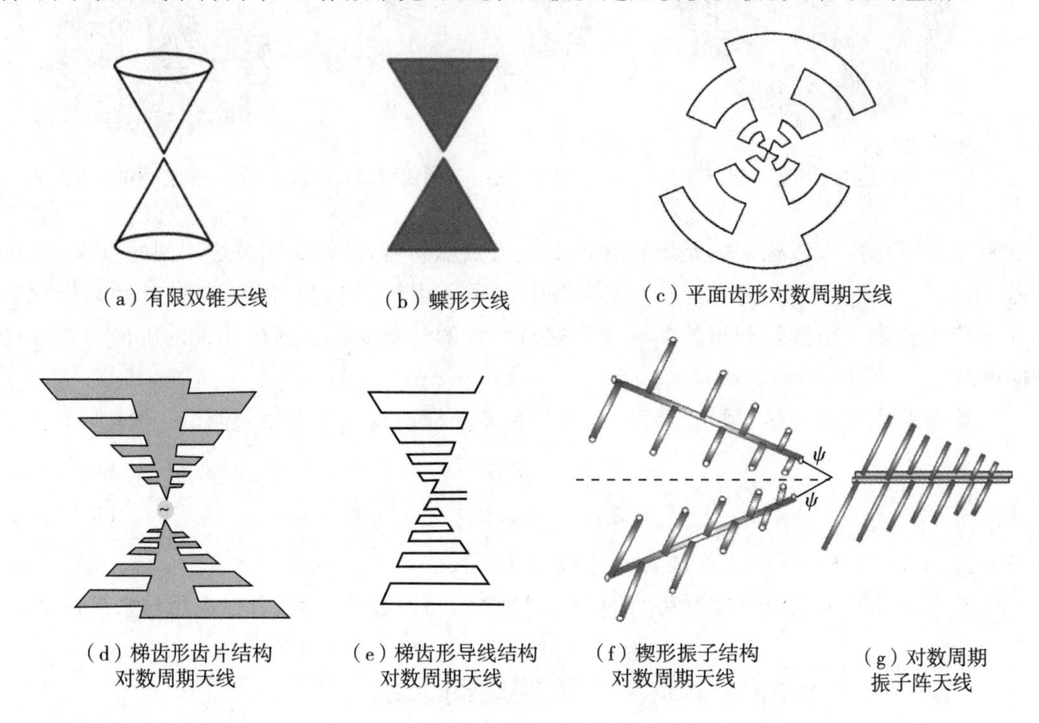

图 5 - 35　对数周期天线的发展演变

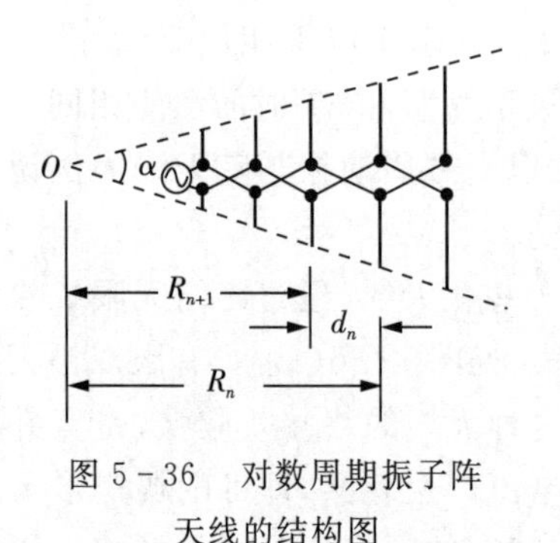

图 5 - 36　对数周期振子阵天线的结构图

5.5.1　对数周期振子阵天线的结构

对数周期振子阵天线的结构示意图如图 5 - 36 所示。它由若干个对称振子组成，在结构上具有以下特点。

(1) 所有振子尺寸及振子之间的距离等都有确定的比例关系。

$$\frac{L_{n+1}}{L_n}=\frac{R_{n+1}}{R_n}=\frac{d_{n+1}}{d_n}=\frac{a_{n+1}}{a_n}=\tau \qquad (5-5-1)$$

式中，n 为从最长振子起算的对称振子的序列编号；L_n 和 a_n 为第 n 个对称振子的全长及半径；R_n 为第 n 个对称振子到天线"顶点"的距离；d_n 表示第 n 个振子与第 $n+1$ 个振子之间的距离；τ 为比例因子或周期率。

天线的结构取决于比例因子 τ 和结构角 α(对数周期振子阵天线的顶角)，有时为了设计上的方便还会引用另一个称为间隔因子的参数 σ，其定义为

$$\sigma=\frac{d_n}{2L_n} \qquad (5-5-2)$$

由图 5-36 中的几何关系可知，$R_n=\frac{L_n}{2}/\tan\left(\frac{\alpha}{2}\right)$，则有

$$d_n=R_n-R_{n-1}=R_n(1-\tau)=(1-\tau)\frac{L_n}{2\tan\left(\frac{\alpha}{2}\right)} \tag{5-5-3}$$

将上式代入(5-5-2)可得

$$\sigma=\frac{d_n}{2L_n}=\frac{1-\tau}{4\tan\left(\frac{\alpha}{2}\right)} \tag{5-5-4}$$

或

$$\alpha=2\tan^{-1}\left(\frac{1-\tau}{4\sigma}\right) \tag{5-5-5}$$

可见，τ、σ 和 α 中只有两个参量是独立的，任意确定其中两个，天线的几何结构就确定了。σ 和 τ（当然也包括 α）对天线电性能有着重要的影响，是设计对数周期振子阵天线的主要参数。

(2) 相邻振子交叉馈电。各对称振子由双导线传输线从短振子到长振子依次馈电，相邻振子的馈电线交叉连接。通常把给各振子馈电的那一段平行线称为“集合线”，以区别于整个天线系统的馈线。实际应用于超短波的对数周期振子阵天线大都采用同轴电缆馈电。为了实现交叉馈电，通常由两根等粗细的金属管构成集合线，让同轴电缆从其中一根穿入到馈电点以后，将外导体焊在该金属管上，将内导体引出来焊到另一根金属管上，振子的两臂分别交替地焊在集合线的两根金属管上，如图 5-37 所示。图 5-37 的对数周期振子阵天线是用同轴电缆作为馈线的，但在给各振子馈电时转换成了平行双导线。作为整个天线系统馈电线的是同轴线，而直接与各振子连接的是集合线。

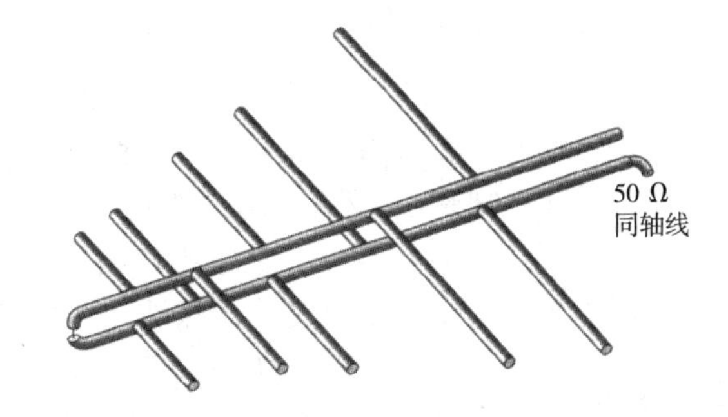

图 5-37　短波对数周期振子阵天线

在集合线的末端（最长振子处）可以端接与它的特性阻抗相等的负载阻抗，也可以端接一段短路支节。适当调节短路支节的长度可以减少电磁波在集合线终端的反射。当然，在最长振子处也可以不端接任何负载，具体情况可由调试结果选定。为了缩小对数周期振子阵天线的横向尺寸，可以对其中较长的几个振子使用类似于鞭状天线加感、加容的方法。

5.5.2　对数周期振子阵天线的工作原理

在前面的学习中我们已经看到天线的方向特性、阻抗特性等都是天线电尺寸的函数。设想当工作频率按比例 τ 变化时，仍然保持天线的电尺寸不变，则在这些频率上天线就能保持相同的电特性。

就对数周期振子阵天线来说，假定当工作频率为 $f_1(\lambda_1)$ 时，只有第“1”个振子工作，电尺寸为 L_1/λ_1，其余振子均不工作；当工作频率升高到 $f_2(\lambda_2)$ 时，换成只有第“2”个振子工

作，电尺寸为L_2/λ_2，其余振子均不工作；当工作频率升高到$f_3(\lambda_3)$时，只有第"3"个振子工作，电尺寸为L_3/λ_3……余下的依次类推。显然，若这些频率能保证$\frac{L_1}{\lambda_1}=\frac{L_2}{\lambda_2}=\frac{L_3}{\lambda_3}$……则在这些频率上天线可以具有不变的电特性。

对数周期振子阵天线结构的等比例特性正好符合这种特性。已知$L_{n+1}/L_n=\tau$，当离散的频率点满足$f_1,f_2=f_1/\tau,\cdots,f_n=f_1/\tau^{n-1}$（对应的波长分别为$\lambda_1,\tau\lambda_1,\cdots,\tau^{n-1}\lambda_1$）时，则有

$$\frac{L_2}{\lambda_2}=\frac{\tau L_1}{\tau\lambda_1}=\frac{L_1}{\lambda_1},\cdots,\frac{L_n}{\lambda_n}=\frac{\tau^{n-1}L_1}{\tau^{n-1}\lambda_1}=\frac{L_1}{\lambda_1} \tag{5-5-6}$$

上式表明，当工作频率进行τ倍的变化时，对数周期天线上总有一个振子，其长度与当前工作波长的比值为一个常数。这种特性就被称作自相似特性。若我们把τ取得十分接近于1，则能满足以上要求的天线的工作频率就趋近连续变化。如果天线的几何结构为无限大，那么该天线的工作频带就可以达到无限宽。

对上述离散的点频取对数可得到

$$\ln f_2=\ln(f_1/\tau)=\ln f_1+\ln(1/\tau)$$
$$\cdots$$
$$\ln f_n=\ln(f_1/\tau^{n-1})=\ln f_1+(n-1)\ln(1/\tau) \tag{5-5-7}$$

该式表明，只有当工作频率的对数做周期性变化时（周期为$\ln\frac{1}{\tau}$），天线的电性能才能保持不变。所以人们把这种天线称为对数周期天线。

实际上并不是每个工作频率只有一个振子在工作，而且天线的结构也是有限的。这样一来，以上的分析似乎完全不能成立。然而，试验证实了对数周期振子阵天线上确实存在着类似于一个振子工作的电尺寸一定的区域，这个区域内的振子长度在$\lambda/2$附近，具有较强的激励，对辐射做出主要贡献，故这个区域被称为"辐射区"或"有效区"。

知识链接

对数周期天线电流分布图

图 5-38 给出了$\tau=0.822$、$\sigma=0.149$、工作频率为 54 ～ 216 MHz 的对数周期振子阵天线在频率分别为 54 MHz、80 MHz 和 156 MHz 时各振子激励电流的分布情况。

图 5-38 表明，在不同频率时对数周期振子阵天线确实存在部分振子得到较强激励的"辐射区"。当工作频率变化时，该区域会在天线上前后移动（频率增加时向短振子一端移动，频率降低时向长振子一端移动），保持天线的电性能不变。另外，我们可以看到"辐射区"后面的较长振子激励电流呈现迅速下降的趋势，即对数周期振子阵天线上存在着电流截断效应，正因为对数周期振子阵天线具有这一特点，才有可能从无限大结构上截去长振子那边无用的部分之后，还能在一定的频率范围内近似保持理想的无限大结构时的电特性。

原则上在$f_{n+1}(=f_n/\tau)$和f_n之间的频率上，天线难以满足电尺寸不变。但对数周期天线可以看作由一系列不同长度的对称振子组成，单个对称振子天线虽然是窄带天线，却也具有一定的工作带宽，只要$f_n\sim f_{n+1}$的频率范围不超过对称振子的工作带宽范围，对数周期振子阵天线就可以在$f_n\sim f_{n+1}$之间的频率上具有相同的电特性，所以对数周期振子阵天线能得到广泛应用。

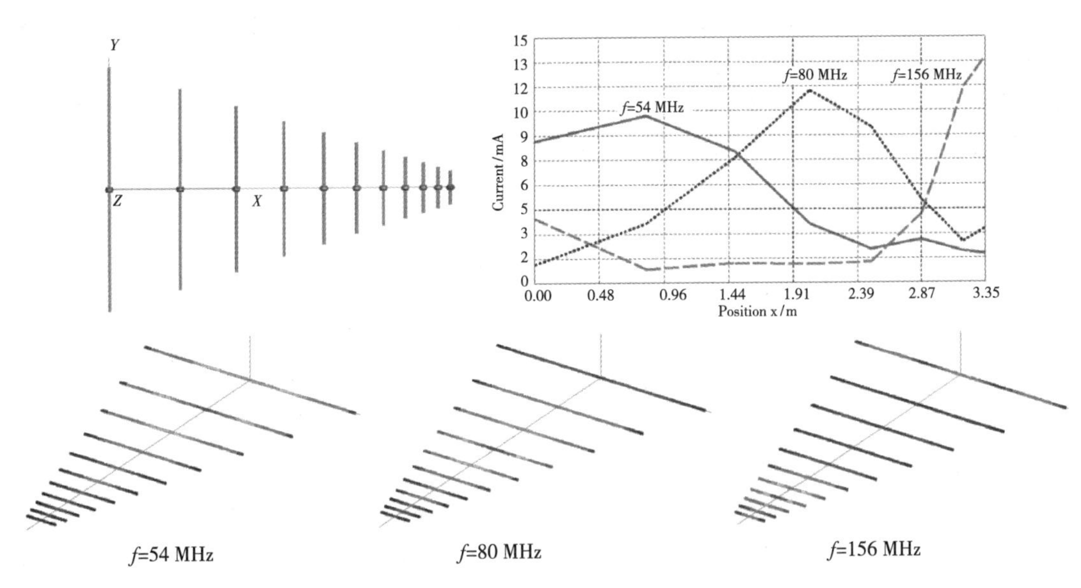

图 5-38　对数周期振子阵天线及其振子激励电流的分布情况

对数周期振子阵天线在工作时通常存在三个区域:传输区、辐射区和非激励区。可以将对数周期振子阵天线的振子看作并联在集合线上的一系列开路线,在集合线位置开路线的输入阻抗为 $Z_{in}(l)=-jZ_o\cot\beta l$。

对于工作频率而言,这些开路线可以分为 3 类:呈容抗的短振子;处于谐振状态的辐射振子;呈感抗的长振子。

处于谐振状态的辐射振子是指长度为$\lambda/2$的振子,在集合线位置其输入阻抗为 Z_{in},电抗值很小。由于从集合线馈入振子臂的输入电流 I_{in} 较大,因此振子向自由空间辐射的电磁能量较大,这部分区域称为"辐射区"。

从电源到辐射区之间的这一段短振子,振子长度小于半个波长,其输入阻抗(容抗)很大,激励电流很小,所以它们的辐射很弱,其主要作用是将馈源的能量输送到辐射区,这部分区域称为"传输区"。

辐射区之后的长振子区域,振子长度大于半个波长,输入阻抗呈较大的感抗,激励电流很小,并由于大部分能量已经在辐射区被辐射出去,传送到此区域的能量剩下很少,因此该区的激励电流也就变得很小,恰好满足"终端效应弱"的条件,这部分区域称为"非激励区"。

通常把辐射区定义为激励电流值等于最大激励电流 1/3 的那两个振子之间的区域。辐射区的振子数一般不少于三个。辐射区内的振子数越多,天线的方向性就越强,增益也会越高。

对数周期振子阵天线是端射式天线,最大辐射方向沿轴线方向由最长振子端朝向最短振子一边。为了简明地分析其定向辐射原理,我们不妨只取三个振子作为代表,如图 5-39(a) 所示。

假定振子"b"谐振($L_b=\lambda/2$),则该振子输入端的电压 U_b 和电流 I_b 同相,如图 5-39(b) 所示。图中假定U_b的相位为0°。对于振子"a"来说,从"b"到"a"要经过一段集合线,由于集合线上近似载行波,如果不进行交叉馈电,那么它输入端的电压 U'_a将比 U_b 落后一个相角

φ_a(通常 $\sigma < 0.25$,由式(5-5-2)可知,$d_n = 2L_n \cdot \sigma$,在辐射区内 L_n 在 $\lambda/2$ 附近,所以 $d_n \approx \lambda \cdot \sigma < \lambda/4$,相邻振子因集合线传输而引起的相差 φ_a 将小于 $\pi/2$)。当交叉馈电时,振子"a"输入端的电压 U_a 的相位比 U_b 落后 $\varphi_a + \pi$,与 U'_a 反相,如图 5-39(b)所示。同理,对于振子"c"来说,如果不交叉馈电,U'_c 应比 U_b 超前 φ_c,交叉馈电以后,U_c 应比 U_b 超前 $\varphi_c + \pi$,如图 5-39(b)所示。

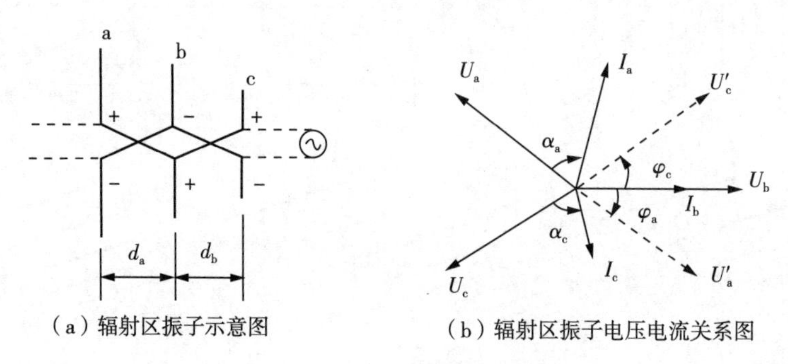

(a)辐射区振子示意图　　(b)辐射区振子电压电流关系图

图 5-39　辐射区的工作原理

振子"a"和振子"c"的输入端电流 I_a 和 I_c(激励电流)的大小与相位不仅与 U_a 和 U_c 有关,而且也与振子的输入阻抗有关。振子"a"的长度比振子"b"的长,即大于半波谐振长度,输入阻抗为感性,所以 I_a 将落后于 U_a,落后的相角为 α_a[见图 5-39(b)],振子"c"的长度比振子"b"的短,即小于谐振长度,输入阻抗为容性,所以 I_c 将超前于 U_c,超前的相角为 α_c[见图 5-39(b)]。这样,我们由图 5-39(b)可知,从 I_a 到 I_c 具有依次落后的电流相位关系。在由"a"到"c"的方向上如果以振子"b"的辐射场 E_b 为基准,那么振子"c"的辐射场 E_c 的相位差在波程差上导前,初相上落后,二者具有相互抵消的作用;振子"a"的辐射场 E_a 的相位差在初相上导前,波程差上落后,也具有相互抵消的作用。所以,对数周期振子阵天线辐射区在短阵子(馈电点)方向可以得到最大辐射,形成端射阵。以上分析表明,对数周期振子阵天线辐射区的工作情况和引向天线的非常相似,较长振子相当于反射器,较短振子相当于引向器。不同之处在于,对数周期振子阵天线辐射区中的各个振子都是有源的,而引向天线的引向器和反射器则是无源的。

5.5.3　对数周期振子阵天线的电特性

1. 输入阻抗

对数周期振子阵天线的输入阻抗是指它在馈电点(集合线始端)所呈现的阻抗。当高频能量从天线馈电点输入以后,电磁能将沿集合线向前传输,传输区振子的主要影响相当于在集合线的对应点并联上一个个附加电容,从而改变集合线的分布参数,使集合线的特性阻抗降低。辐射区是集合线的主要负载,由集合线送来的高频能量几乎被辐射区的振子全部吸收,并向空间辐射。非激励区的振子长度比谐振长度大得多,它们能够得到的高频能量很小,因此能从集合线终端反射的能量也就非常小。再通过适当调整集合线终端所接短路支节的长度就可以使集合线上的反射波成分降到最低程度。因此,可以近似地认为集合线上载行波。也就是说,对数周期振子阵天线的输入阻抗可以近似地等于考虑到传输区振子影响后的集合线特性阻抗,其基本上是电阻性的,电抗成分不大。

对数周期振子阵天线的输入阻抗可表示为

$$Z_{in} \approx \frac{Z_c}{\sqrt{1+\dfrac{Z_c\sqrt{\tau}}{4\sigma Z_{0A}}}} \tag{5-5-8}$$

式中，Z_c 为未考虑加载影响的集合线的特性阻抗；Z_{0A} 为对称振子的平均特性阻抗，见式(2-6-10)。

图 5-40 给出了图 5-38 所示的对数周期振子阵天线输入阻抗 Z_{in} 随频率变化的曲线。由该图可以看出，对数周期振子阵天线的输入阻抗在工作频带(54 ～ 216 MHz) 内确实具有较小的电抗成分而且电阻部分变化也不太大，因此便于在带宽内与馈线实现阻抗匹配。

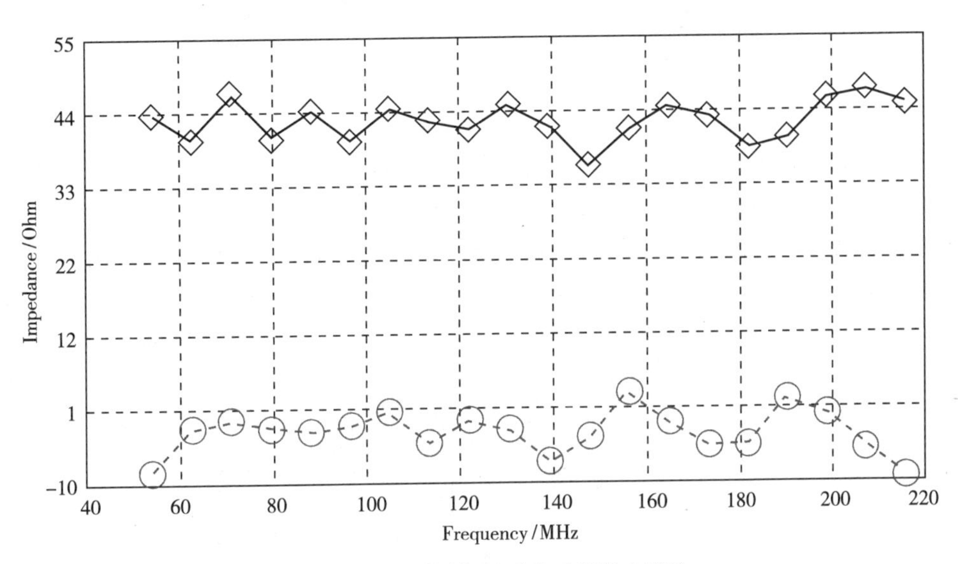

图 5-40　对数周期振子阵天线输入阻抗

对数周期天线立体方向图

合理选择集合线的间距，可以使输入阻抗的取值为 60 ～ 90 Ω。

2. 方向图与方向系数

由前面的分析可知，对数周期振子阵天线为端射式天线，最大辐射方向为沿着集合线从最长振子指向最短振子的方向。因为当工作频率变化时天线的辐射区可以在天线上前后移动而保持相似的特性，所以其方向图随频率的变化较小，如图 5-41 所示。

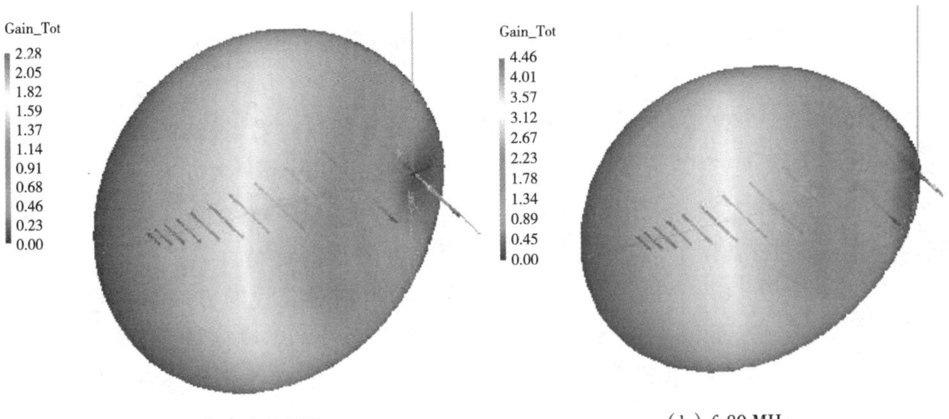

(a) f=54 MHz　　(b) f=80 MHz

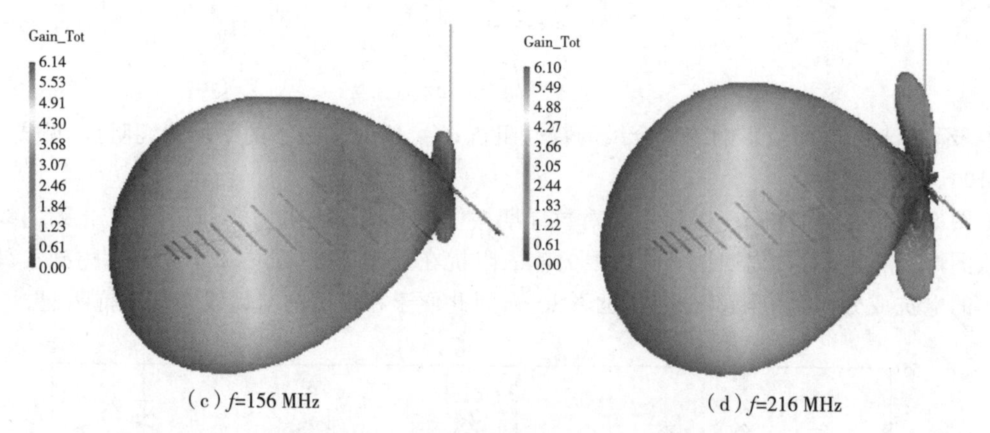

(c) f=156 MHz　　(d) f=216 MHz

图 5-41　对数周期振子阵天线的方向图

另外，对数周期振子阵天线的 E 面方向图总是较 H 面的要窄一些。这是因为单个振子在 H 面内没有方向性而在 E 面却有一定的方向性。

对数周期振子阵天线的方向系数也与几何参数 τ 和 σ 有关。方向系数 D 与比例因子 τ 和间隔因子 σ 的关系曲线如图 5-42 所示。

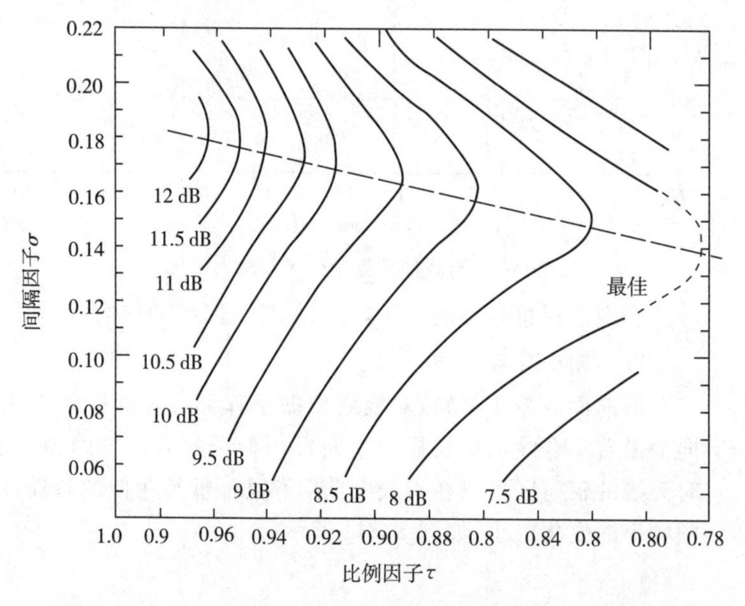

图 5-42　方向系数 D 与比例因子 τ 和间隔因子 σ 的关系曲线

从图中可以看出：

对数周期天线矩量法分析方法

(1)σ 一定时，τ 越大，辐射区的振子数越多，天线的方向性越强。但 τ 太大，会使天线振子过多，天线尺寸过长，通常 τ 取 0.8～0.95。

(2)τ 一定时，间隔因子存在一个最佳值 σ_{opt}。在 τ 和 σ_{opt} 的最佳组合下，各振子上电流比恰当，从而使方向系数最大。

(3) 馈线的特性阻抗和振子的粗细对天线的方向系数也有一定的影响。图 5-42 所示的关系曲线是在集合线的特性阻抗为 100 Ω，$L/2a=125$ 的条件下得到的。当特性阻抗大于 100 Ω，方向系数会有一定下降。若振子的粗细增加一倍，则 D 增加约 0.2 dB。

对数周期天线阻抗和方向图计算程序代码

因为对数周期振子阵天线的效率也比较高，所以它的增益系数近似地等于方向系数，即

$$G = \eta \cdot D \approx D \tag{5-5-9}$$

前面的分析表明，在任何一个工作频率上，对数周期振子阵天线只有辐射区的部分振子对辐射起主要作用，而并非所有振子都对辐射做重要贡献，所以它的方向性不可能做到很强。因此，其方向图的波束宽度一般是几十度，方向系数或天线增益也只有 10 dB 左右，属于中等增益天线范畴。

3. 极化

与引向天线相似，对数周期振子阵天线也是线极化天线。当它的振子面水平架设时，辐射或接收水平极化波；当它的振子面垂直架设时，辐射或接收垂直极化波。

4. 带宽

对数周期振子阵天线的工作带宽定义为

$$B = \frac{B_s}{B_{ar}} \tag{5-5-10}$$

式中，B_s 为结构带宽，其计算公式如下：

$$B_s = \frac{L_{max}}{L_{min}} = \tau^{1-N} \tag{5-5-11}$$

式中，B_{ar} 为辐射区带宽，其是指电流振幅从最大值(0 dB) 下降到 − 10 dB 时，相应的两振子距天线顶点的距离之比。显然，B_{ar} 的大小与设计参数 τ、σ 有关，当 $\tau \geqslant 0.875$ 时，B_{ar} 为

$$B_{ar} = 1.1 + 30.7\sigma(1-\tau) \tag{5-5-12}$$

式(5-5-10) 说明，为保证高、低频段的电特性，工作带宽应小于结构带宽。

工作带宽有时也用下列方法粗略估算。一般要求最长振子长度 L_{max} 满足：

$$L_{max} = \frac{\lambda_{max}}{2} \tag{5-5-13}$$

最短振子长度 L_{min} 满足：

$$L_{min} = \frac{\lambda_{min}}{2} \tag{5-5-14}$$

式(5-5-13) 和式(5-5-14) 中，λ_{max} 和 λ_{min} 分别为最低频率和最高频率对应的工作波长。

5.5.4　短波对数周期振子阵天线

常用的短波对数周期振子阵天线分水平振子式和垂直振子式，前者辐射水平极化波，后者辐射垂直极化波。

1. 水平振子式对数周期天线

对数周期天线架设于地面上时，为保证大地对天线性能的影响基本上与频率无关，须按角度天线的条件来架设，即将天线斜架于地面上，保持天线的顶点恰落在地面上。图5-43为水平振子式对数周期天线，它的阵面对地面倾斜 ψ 角，相位中心到天线顶点的距离为 d，则 $H = d\sin\psi$，如图 5-44 所示。当工作频率变化时，对数周期天线的辐射区随之移动，天线的

相位中心也随频率的变化而移动，从而保持 d/λ 不变，所以天线辐射区的电高度 H/λ 近似为常数，保证了天线与其镜像构成的二元阵的阵因子与频率无关。

按照水平镜像天线理论，天线的最大波束与地面的夹角，即仰角为

$$\Delta=\sin^{-1}\frac{\lambda}{4H}=\sin^{-1}\frac{\lambda}{4d\sin\psi} \tag{5-5-15}$$

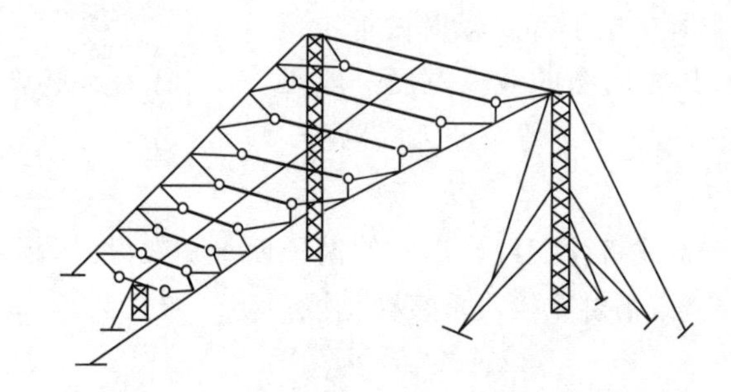

图 5-43　水平振子式对数周期天线

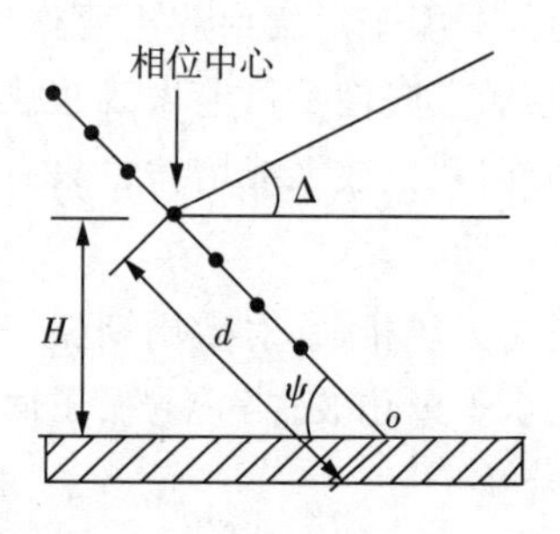

图 5-44　水平振子式对数周期天线的架设

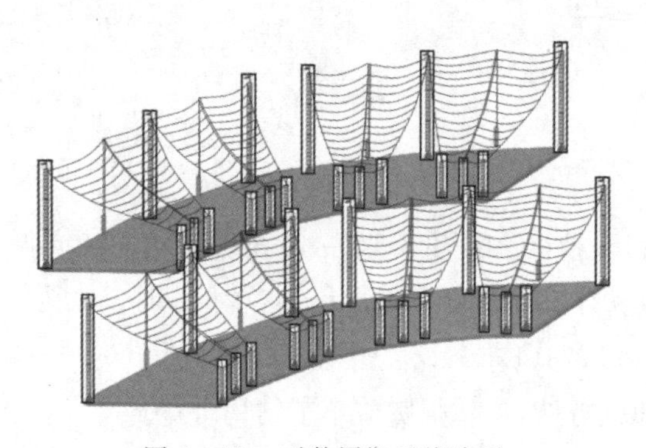

图 5-45　对数周期天线阵列

对数周期天线是满足角度条件的，所以为增强方向性而排阵时，也需按角度条件排列，采用共顶扇形分布，如图 5-45 所示。

2. 垂直振子式对数周期天线

对数周期天线的振子面也可垂直于地面架设，辐射垂直极化波。垂直振子除了可以用对称振子之外，还可做成单极振子式，即利用地的镜像代替振子的另一个臂，图 5-46 为垂直振子式对数周期天线。垂直振子式对数周期天线架设方便，但为减少地面损耗，提高天线效率，并保证其垂直平面方向图具有较稳定的低仰角辐射特性，必须铺设地网。

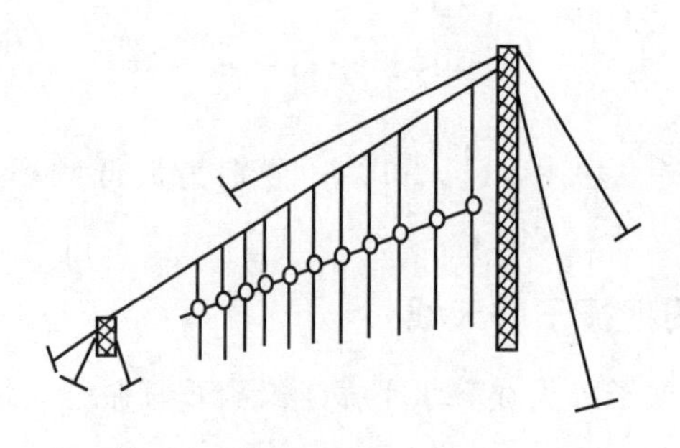

图 5-46　垂直振子式对数周期天线

习题 5

1. 说明行波天线与驻波天线的差别与优缺点。
2. 简述菱形天线的工作原理。

3. 简述轴向模螺旋天线产生圆极化辐射的工作原理。

4. 非频变天线必须满足的两个条件是什么?

5. 简述等角螺旋天线的非频变原理。

6. 简述对数周期天线宽频带的工作原理。

7. 已知某对数周期偶极子天线的周期率 $\tau=0.88$，间隔因子 $\sigma=0.14$，最长振子 $l_1=100\ \text{cm}$，最短振子长 25.6 cm，试估算它的工作频率范围。

第 6 章　缝隙天线与微带天线

缝隙天线是在同轴线、波导管或谐振腔上开缝隙而形成的一种天线，其通过缝隙向外空间辐射电磁波。微带天线是近年来由微带传输线发展起来的一种天线，其通过金属贴片和地板之间的缝隙向外辐射电磁波。前面章节讨论的线天线的辐射是由导体面上的电流元产生的，本章所讨论的两种天线的辐射场都可以等效为缝隙上的磁流元进行分析，并且两种天线均具有结构简单、剖面低的特点，适用于安装在高速载体(飞机、导弹、卫星等) 表面进行共形设计。

6.1　巴俾涅原理

巴俾涅(Babinet)原理原是光学中的概念，后来被用来解决矢量电磁场中理想导电屏和导磁屏对应的互补平面屏问题。通过利用巴俾涅原理，许多缝隙天线问题就可以转化为与其互补的更简单的线天线问题。光学中的巴俾涅原理是说，开有缝隙的屏障之后的场与其互补结构的场相加，其和等于没有屏障时的场。光学中的巴俾涅原理未考虑在天线理论中极为重要的极化，并且主要处理吸收屏。为了使巴俾涅原理适应电磁场的矢量特性，布克(Booker)对其进行了扩展和广义化，并作出如下限定：

(1) 假定屏障是理想导电平面，且无限薄；

(2) 假定理想导电屏障的互补屏障为理想磁导体。

假设在有限区域内存在电流源 $\boldsymbol{J}$，在图 6-1(a) 所示的情况下，P 点处所产生的场为介电常数为ε、磁导率为 μ 的无限大均匀理想介质$\boldsymbol{E}_0$、$\boldsymbol{H}_0$；在图 6-1(b) 所示的情况下，P 点处所产生的场为空间中有开缝面积为 S_a 的 $\boldsymbol{E}_e$、$\boldsymbol{H}_e$；在图 6-1(c) 所示的情况下，P 点处所产生的场为与图 6-1(b) 中理想导电屏相同位置有面积为 S_a 的理想导磁屏，理想导电屏与理想导磁屏恰好互补，叠加构成无限大实屏 $\boldsymbol{E}_m$、$\boldsymbol{H}_m$。

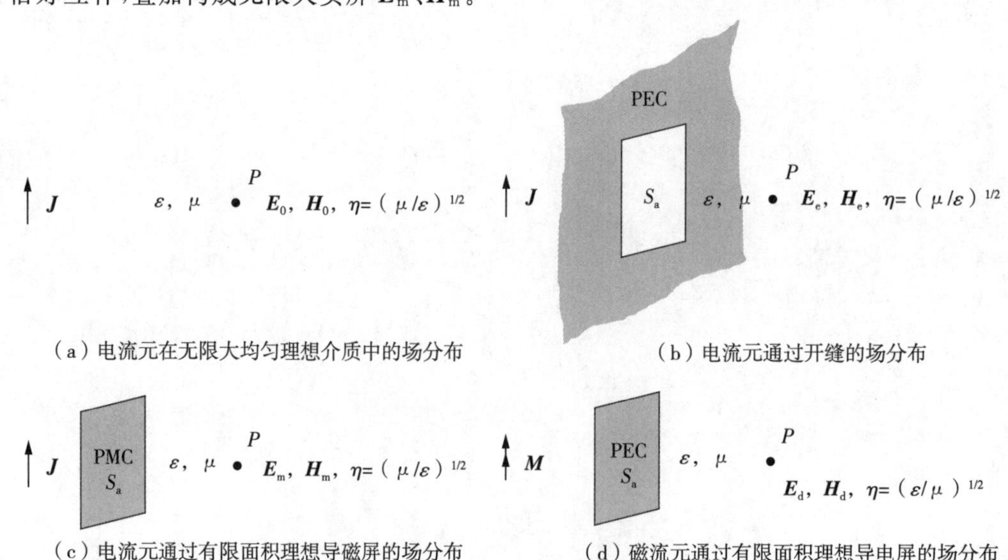

图 6-1　巴俾涅原理

根据巴俾涅原理可知，$\boldsymbol{E}_e+\boldsymbol{E}_m=\boldsymbol{E}_0$，$\boldsymbol{H}_m+\boldsymbol{H}_e=\boldsymbol{H}_0$。

如图 6-1(d) 所示，将图 6-1(c) 中理想导磁屏替换为理想导电屏，电流源 $\boldsymbol{J}$ 替换为磁流元 $\boldsymbol{M}$，则 P 点处的场分布为 $\boldsymbol{E}_d$、$\boldsymbol{H}_d$。根据对偶原理可以得到 $\boldsymbol{E}_d=-\eta_0\boldsymbol{H}_m$，$\boldsymbol{H}_d=\boldsymbol{E}_m/\eta_0$，代入上式可得 $\boldsymbol{E}_0=\boldsymbol{E}_e+\eta_0\boldsymbol{H}_d$，$\boldsymbol{H}_0=\boldsymbol{H}_e-\boldsymbol{E}_d/\eta_0$。

当不存在电流源，即 $\boldsymbol{E}_0=0$，$\boldsymbol{H}_0=0$ 时，开缝无限大理想导电屏与其结构互补的理想导电体的辐射场存在 $\boldsymbol{E}_d=\eta_0\boldsymbol{H}_e$，$\boldsymbol{H}_d=-\boldsymbol{E}_e/\eta_0$ 的关系。由此可知，理想缝隙天线的电磁场可以通过互补形状的感应电流的电磁场来计算。由于感应电流和电流源的电流值等幅反相，因此 $\boldsymbol{E}_d=-\eta_0\boldsymbol{H}$，$\boldsymbol{H}_d=\boldsymbol{E}_e/\eta_0$。若开缝无限大理想导电屏与其结构互补结构的输入阻抗分别为 Z_s 和 Z_d，由推广的巴俾涅原理可以证明 $Z_sZ_d=\eta^2/4$。

6.2　缝隙天线

6.2.1　理想缝隙天线

理想缝隙天线是一种理论上的模型，假设缝隙非常窄且导体平面无限大，其是分析研究缝隙天线的基础。如图 6-2 所示，在无限大、无限薄的理想导体平面(xoz 平面)上开一条长 l 宽 w 的矩形缝隙即构成了理想缝隙天线。该缝隙的宽度很窄($w\ll\lambda$)，缝隙本身看作一段平行双导线，在 $z=\pm l/2$ 处形成短路，对这样一条窄缝进行激励，只会存在切向的电场强度，垂直于缝隙的长边，并且在缝隙上形成驻波，沿缝隙的中点上下对称分布。缝隙上的电场表达式为

$$\boldsymbol{E}(z)=-E_m\sin[k(l/2-|z|)]\boldsymbol{e}_x \tag{6-2-1}$$

式中，E_m 为缝隙中波腹处的场强最大值。

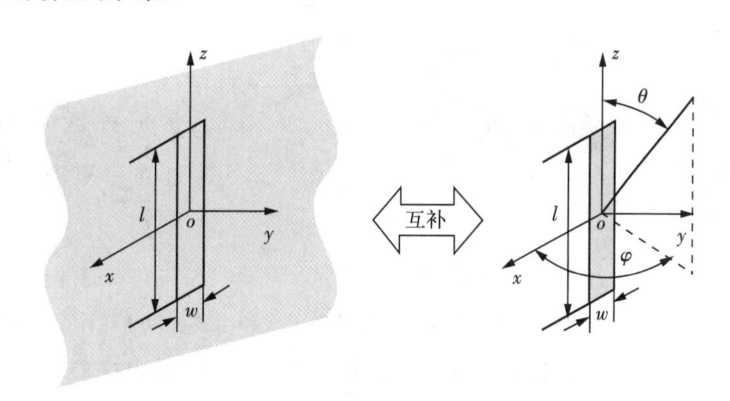

图 6-2　理想缝隙天线与互补电对称振子

由推广的巴俾涅原理可知，理想缝隙天线的互补结构为相同尺寸的片状对称振子。假设片状对称振子的远场与圆柱对称振子的相同，则圆柱对称振子的远场式为

$$\begin{cases} E_{\theta d}=\mathrm{j}60I_m\dfrac{\mathrm{e}^{-\mathrm{j}kr}}{r}f(\theta) \\ H_{\varphi d}=\dfrac{E_{\theta d}}{\eta}=\mathrm{j}\dfrac{60}{\eta}I_m\dfrac{\mathrm{e}^{-\mathrm{j}kr}}{r}f(\theta) \end{cases} \tag{6-2-2}$$

式中，I_{m} 为电流波腹；$f(\theta)=\dfrac{\cos\left(\dfrac{kl}{2}\cos\theta\right)-\cos\left(\dfrac{kl}{2}\right)}{\sin\theta}$。根据推广的巴俾涅原理，理想缝隙天线的远场式为

$$\begin{cases} E_{\varphi s}=\mathrm{j}\,\dfrac{60}{\eta}I^{\mathrm{M}}\,\dfrac{\mathrm{e}^{-\mathrm{j}kr}}{r}f(\theta) \\ H_{\theta s}=-\mathrm{j}\,\dfrac{60}{\eta^2}I^{\mathrm{M}}\,\dfrac{\mathrm{e}^{-\mathrm{j}kr}}{r}f(\theta) \end{cases} \tag{6-2-3}$$

式中，I^{M} 为等效磁流波腹，由于片状振子很窄且无限薄，可以看作截面周长 $2w$ 的圆柱振子，故有 $I^{\mathrm{M}}=2wE_{\mathrm{t}}$。假设 E_{t} 沿着 x 方向均匀分布，可得 $U_{\mathrm{m}}=wE_{\mathrm{t}}$。若 E_{t} 随 x 方向均匀分布，则 $U_{\mathrm{m}}=\int_0^w E_{\mathrm{t}}\mathrm{d}x$。于是式(6-2-3)可写为

$$\begin{cases} E_{\varphi s}=\mathrm{j}\,\dfrac{120}{\eta}U_{\mathrm{m}}\,\dfrac{\mathrm{e}^{-\mathrm{j}kr}}{r}f(\theta) \\ H_{\theta s}=-\mathrm{j}\,\dfrac{120}{\eta^2}U_{\mathrm{m}}\,\dfrac{\mathrm{e}^{-\mathrm{j}kr}}{r}f(\theta) \end{cases} \tag{6-2-4}$$

由式(6-2-2)和式(6-2-4)可以看出，理想缝隙天线的方向图和对称振子相比，具有相同的形状，但E面和H面互换，如图6-3所示。理想缝隙天线的E面垂直于缝隙轴和导电面的平面，H面为过缝隙轴垂直于导电面的平面。

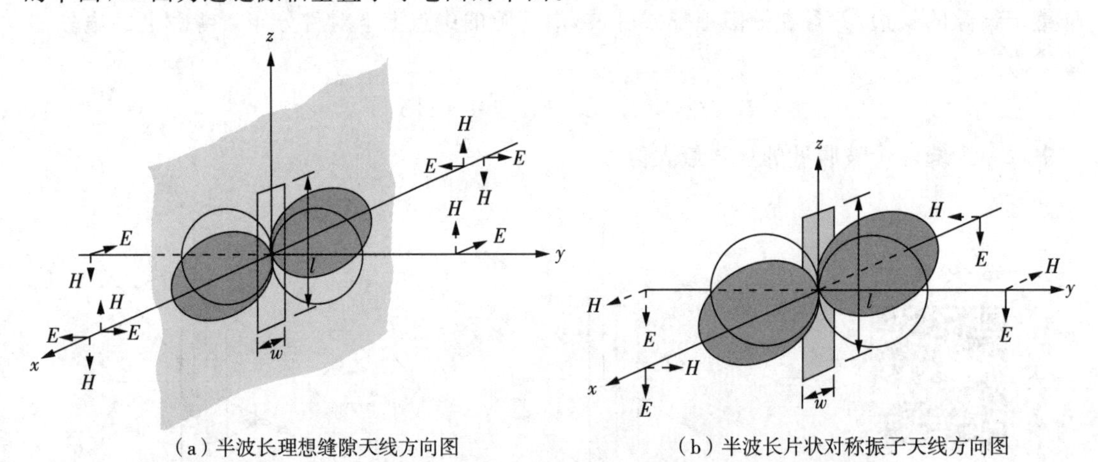

(a) 半波长理想缝隙天线方向图　　(b) 半波长片状对称振子天线方向图

图 6-3　半波长理想缝隙天线和半波长片状对称振子天线方向图

理想缝隙天线的输入阻抗可根据互补对称振子的阻抗求出 $Z_{\mathrm{ins}}=\eta^2/(4Z_{\mathrm{ind}})$。

理想缝隙天线也可以设计成谐振天线，此时与之结构互补的对称振子天线也是谐振的。$l=\lambda/2$ 的半波长理想缝隙天线是最常用的，其归一化方向图函数为

$$F(\theta)=\frac{\cos\left(\dfrac{\pi}{2}\cos\theta\right)}{\sin\theta} \tag{6-2-5}$$

其 E 面方向图为一个圆，H 面方向图为“∞”形。由于半波振子的输入阻抗为 $Z_{\mathrm{ind}}=73.1+\mathrm{j}42.5(\Omega)$，可以计算出半波长理想缝隙天线的输入阻抗为

$$Z_{\mathrm{ins}}=\frac{\eta^2}{4Z_{\mathrm{ind}}}=\frac{376.7^2}{4(73.1+\mathrm{j}42.5)}\approx 362.95-\mathrm{j}211.31(\Omega) \tag{6-2-6}$$

半波对称振子的辐射电阻为 $R_{rd}=73.1\ \Omega$，由巴俾涅原理同样可以计算出半波长理想缝隙天线的辐射电导为

$$G_{rs}=\frac{4R_{rd}}{\eta^2}=\frac{73.1}{(60\pi)^2}(\mathrm{S}) \tag{6-2-7}$$

无限大导电平面实际上很难实现，有限尺寸的导电平面对阻抗的影响比较小。对于缝隙天线的方向图，由于沿缝隙轴向辐射场为零，因此对 H 面方向图的影响不大。由于有限尺寸导电平面时，缝隙天线在沿导电平面方向上辐射为零，因此其 E 面方向图不再是一个圆，而是会出现波动，导电平面尺寸越大，波动次数越多，幅度越小。

6.2.2　波导缝隙天线

波导缝隙天线是指在波导壁上开细缝而形成有效辐射的天线。常见的波导缝隙天线是开在传输 TE_{10} 模矩形波导壁上的半波谐振缝隙。所开缝隙必须截断波导内壁表面电流，由于缝隙的存在改变了电流的路径，因此表面电流的一部分绕过缝隙，另一部分以位移电流的形式沿原方向流过缝隙，位移电流的电力线将向外空间辐射。为获得最强辐射，缝隙必须开在电流密度最大的地方。传输 TE_{10} 模矩形波导壁上电流分布及所开缝隙如图 6-4 所示。

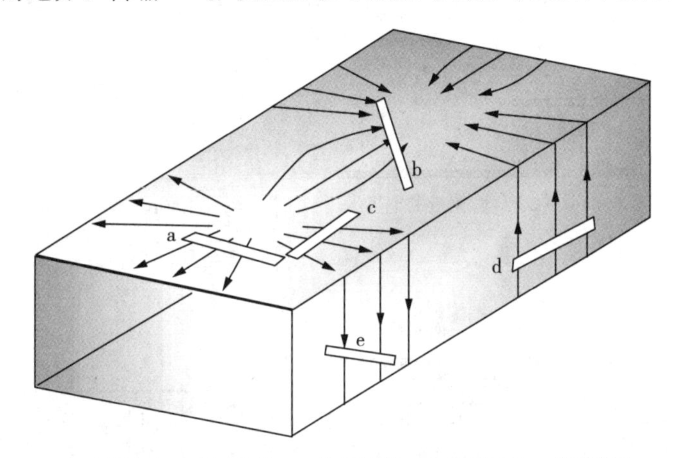

a— 宽壁横缝；b— 宽壁纵缝；c— 宽壁斜缝；d— 窄壁纵缝；e 窄壁斜缝。

图 6-4　传输 TE_{10} 模矩形波导壁上电流分布及所开缝隙

与理想缝隙相比，波导缝隙是开在有限尺寸波导壁上的，并且仅向外空间单向辐射。矩形波导缝隙辐射的严格分析较为困难，一种近似分析方法是把矩形波导视为椭圆柱体，研究椭圆柱体附近磁振子的辐射。工程上主要通过试验确定方向图。图 6-5 为宽壁纵缝和理想缝隙主平面方向图。

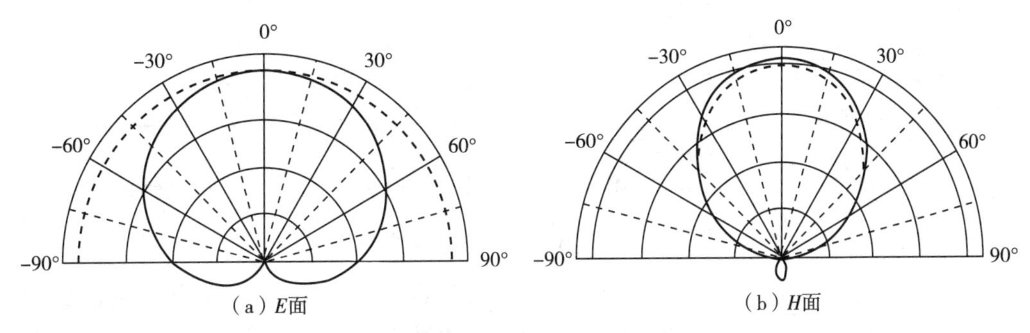

图 6-5　宽壁纵缝和理想缝隙主平面方向图

由于波导缝隙是单向辐射的，辐射功率近似等于理想缝隙的一半，因此半波波导缝隙的辐射电导也为半波长理想缝隙的一半，即

$$G_{rs}=\frac{73.1}{2\ (60\pi)^2}\qquad (S) \qquad (6-2-8)$$

波导开缝后，缝隙附近的场是 TE_{10} 模与高次模的叠加。离开缝隙一定距离后，高次模消失。用场的观点较为复杂，采用等效传输线的概念分析波导开缝后的工作状态则较为方便。波导开缝后，会引起波导负载变化。根据缝隙引起波导纵向电流或电场的变化，可将缝隙等效为并联导纳或串联阻抗。

宽壁横缝引起波导内电场的变化如图 6-6(a) 所示，实线表示 TE_{10} 模的电场力线，虚线表示高次模的电场力线。由于次级电场的垂直分量在缝隙两边反向，因此沿纵向引起电场 E 的突变，故宽壁横缝等效于传输线的串联阻抗，如图 6-6(b) 所示。宽壁纵缝使横向电流向缝隙两端分流，引起缝隙两端纵向电流的突变，故宽壁纵缝等效于传输线上的并联导纳，如图 6-7 所示。偏离中线的宽壁斜缝既引起纵向电场的突变，又引起纵向电流的突变，可等效为四端网络，如图 6-8(a) 所示。与此类似，宽壁对称斜缝、窄壁纵缝和窄壁斜缝的等效电路分别如图 6-8(b)、图 6-8(c) 和图 6-8(d) 所示。

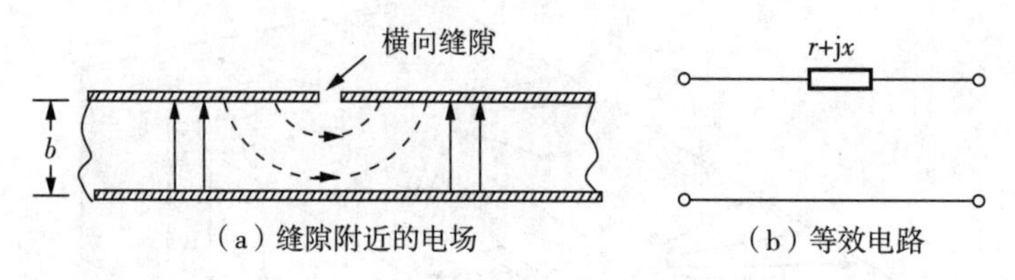

(a) 缝隙附近的电场　　(b) 等效电路

图 6-6　宽壁横缝及其等效电路

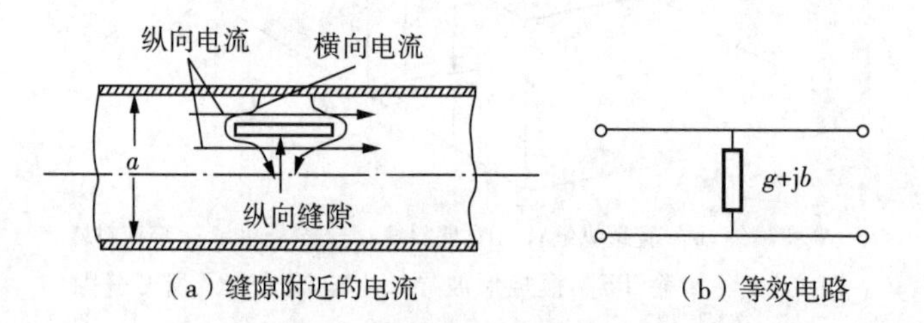

(a) 缝隙附近的电流　　(b) 等效电路

图 6-7　宽壁纵缝及其等效电路

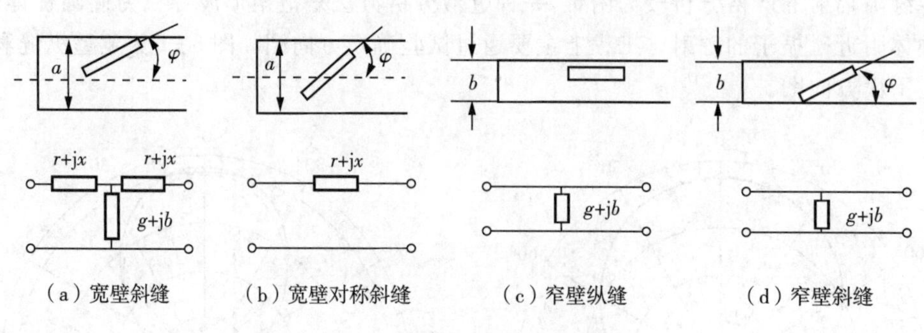

(a) 宽壁斜缝　　(b) 宽壁对称斜缝　　(c) 窄壁纵缝　　(d) 窄壁斜缝

图 6-8　其他波导缝隙及其等效电路

推导波导缝隙的等效电导或电阻，以史蒂文森 (A. F. stevenson) 法较为严格。该方法的具体原理：缝隙受沿 $+z$ 方向(前向) 传播的入射波激励，在波导的内外空间产生散射波；

在波导内沿 $-z$ 方向(后向)传播的散射波形成反射波;沿 $+z$ 方向(前向)传播的散射波与入射波叠加后形成透射波或传输波;利用洛伦兹互易原理,求出前向和后向散射波的场 $\boldsymbol{E}_s$、$\boldsymbol{H}_s$;由功率方程可求得波导缝隙的等效电导或电阻。下面以推导宽壁半波谐振纵缝的归一化等效电导为例,加以说明。

如图 6-9 所示,在波导内引进由原理缝隙的同频辅助源激励的辅助场 $\boldsymbol{E}_1$、$\boldsymbol{H}_1$。在参考面 S_1 和 S_2 之间的波导内无场源,由洛伦兹互易原理可得

$$\oint\!\!\!\oint_S (\boldsymbol{E}_s \times \boldsymbol{H}_1 - \boldsymbol{E}_1 \times \boldsymbol{H}_s) \cdot \mathrm{d}S = 0 \tag{6-2-9}$$

式中,$S = S_1 + S_2 + S_3$,S_3 表示 S_1 和 S_2 之间波导四壁的内表面。由于 $\boldsymbol{E}_1$ 在 S_3 上和 $\boldsymbol{E}_s$ 在 $S_3 - S_a$(S_a 是缝隙表面)上切线分量为零,由上式得出

$$\oint\!\!\!\oint_{S_a} (\boldsymbol{E}_s \times \boldsymbol{H}_1) \cdot \mathrm{d}S = \oint\!\!\!\oint_{S_1+S_2} (\boldsymbol{E}_s \times \boldsymbol{H}_1 - \boldsymbol{E}_1 \times \boldsymbol{H}_s) \cdot \mathrm{d}S \tag{6-2-10}$$

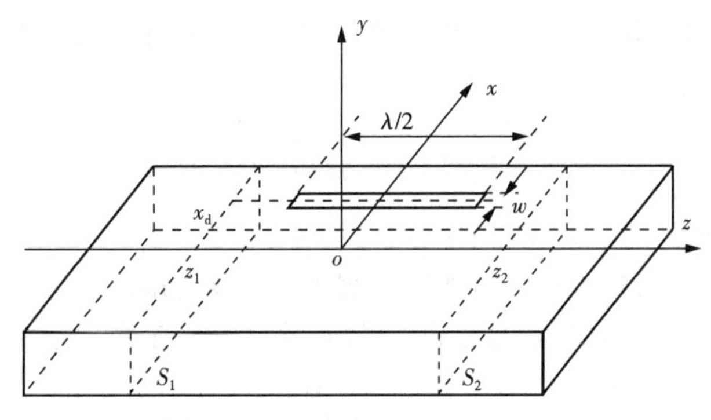

图 6-9　宽壁纵缝等效电导分析

辅助场是 TE_{10} 模,故

$$\begin{cases} E_{1y}(\pm) = \begin{matrix}+\\+\end{matrix}\dfrac{\omega\mu}{\pi/a}\cos\left(\dfrac{\pi x}{a}\right)\mathrm{e}^{\mp \mathrm{j}\gamma z} \\ H_{1x}(\pm) = \mp\dfrac{\gamma}{\pi/a}\cos\left(\dfrac{\pi x}{a}\right)\mathrm{e}^{\mp \mathrm{j}\gamma z} \\ H_{1z}(\pm) = \begin{matrix}+\\+\end{matrix} j\sin\left(\dfrac{\pi x}{a}\right)\mathrm{e}^{\mp \mathrm{j}\gamma z} \end{cases} \tag{6-2-11}$$

式中,$\gamma = k\sqrt{1-(\lambda/2a)^2}$,上下符号分别表示沿 $+z$ 和 $-z$ 方向传播的辅助场。

若参考面 S_1 和 S_2 距离缝隙相当远,则在参考面以外的散射场也为 TE_{10} 模,其中 $\boldsymbol{E}_s(-) = B\boldsymbol{E}_1(-)$,$\boldsymbol{H}_s(-) = B\boldsymbol{H}_1(-)$,$\boldsymbol{E}_s(+) = C\boldsymbol{E}_1(+)$,$\boldsymbol{H}_s(+) = C\boldsymbol{H}_1(+)$,其中 B、C 为常数。

半波长纵缝表面 S_a 上的电场为

$$\boldsymbol{E}_a = E_x \boldsymbol{e}_x = \frac{U_m}{w}\cos(kz)\,\boldsymbol{e}_x \tag{6-2-12}$$

若式(6-2-10)中的 $\boldsymbol{E}_1$、$\boldsymbol{H}_1$,先后取 $\boldsymbol{E}_1(+)$、$\boldsymbol{H}_1(+)$、$\boldsymbol{E}_1(-)$、$\boldsymbol{H}_1(-)$,则可以求得 B、C 的值为

$$B = C = \frac{2U_m k}{\mathrm{j}\omega\mu\gamma ab}\cos\left(\frac{\pi\gamma}{2k}\right)\sin\left(\frac{\pi x_d}{a}\right) \tag{6-2-13}$$

假设缝隙由沿 $+z$ 方向传播的 $\boldsymbol{E}_i$、$\boldsymbol{H}_i$ 激励，即 $\boldsymbol{E}_i=A\boldsymbol{E}_1(+)$，$\boldsymbol{H}_i=A\boldsymbol{H}_1(+)$，则在缝隙处波导的功率方程为

$$\frac{\omega\mu\gamma ab}{4\,(\pi/a)^2}(|A|^2-|B|^2-|A+C|^2)=\frac{1}{2}\,|U_{\rm m}|^2G_{\rm rs} \tag{6-2-14}$$

上式左边第一、二、三项分别是入射波、反射波、传输波的功率，右边为缝隙辐射功率。

由等效电路可知，半波谐振缝隙(只有等效电导 g) 处的反射系数为

$$\Gamma=\frac{B}{A}=-\frac{g}{2+g} \tag{6-2-15}$$

由于 Γ 为实数，且 $B=C$，因此式(6－2－14) 可按实数运算。将式(6－2－15)、式(6－2－13)、式(6－2－8) 代入式(6－2－14) 可得宽壁半波谐振纵缝的归一化等效电导为

$$g=2.09\,\frac{ak}{b\gamma}\cos^2\left(\frac{\pi\gamma}{2k}\right)\sin^2\left(\frac{\pi x_{\rm d}}{a}\right) \tag{6-2-16}$$

当 $x_{\rm d}=0$，$g=0$ 时，宽壁中线纵缝无辐射，因为宽壁中线上无激励纵缝的横向电流。

当 $x_{\rm d}=a/2$ 时，有

$$g=2.09\,\frac{ak}{b\gamma}\left(\frac{\pi\gamma}{2k}\right) \tag{6-2-17}$$

式(6－2－17) 为窄壁纵缝[见图 6－8(c)] 的等效电导。

应当指出，在推导式(6-2-16) 的过程中，已假设纵缝谐振长度 $l=\lambda/2$。经试验证明，纵缝谐振长度不仅与缝宽 w 有关，还与它和中线偏移距离 $x_{\rm d}$ 有关。$x_{\rm d}$ 由小增大时，l 由小于 $\lambda/2$ 增加到大于 $\lambda/2$，但都与 $\lambda/2$ 接近。

类似地，可求出其他半波谐振缝隙的归一化等效电导或电阻：

(1) 波导宽壁横缝为

$$r=0.523\left(\frac{k}{\gamma}\right)^3\frac{\lambda^2}{ab}\cos^2\left(\frac{\pi\lambda}{4a}\right)\cos^2\left(\frac{\pi x_{\rm d}}{a}\right) \tag{6-2-18}$$

(2) 波导宽壁对称斜缝为

$$r=0.131\,\frac{\gamma}{k}\,\frac{\lambda^2}{ab}\left[f_1(\varphi)\sin\varphi+\frac{\pi}{\gamma a}f_2(\varphi)\cos\varphi\right]^2 \tag{6-2-19}$$

式中，$f_{1,2}(\varphi)=\dfrac{\cos(\pi\xi/2)}{1-\xi^2}\pm\dfrac{\cos(\pi\zeta/2)}{1-\zeta^2}$，$\left.\begin{matrix}\xi\\ \zeta\end{matrix}\right\}=\dfrac{\gamma}{k}\cos(\varphi)=\dfrac{\lambda}{2a}\cos(\varphi)$。

(3) 波导窄壁斜缝为

$$g=0.131\,\frac{k}{\gamma}\,\frac{\lambda^4}{a^3b}\left[\sin\varphi\,\frac{\cos\left(\dfrac{\pi\gamma}{2k}\sin\varphi\right)}{1-\left(\dfrac{\gamma}{k}\sin\varphi\right)^2}\right]^2 \tag{6-2-20}$$

(4) 波导宽壁上偏离中线的斜缝的等效参数尚无计算公式，只能由试验测定。

6.3 波导缝隙天线阵

波导缝隙天线阵是指在波导的同一壁上按一定规律开多条缝隙构成的天线阵。

6.3.1　波导缝隙天线阵的形式

1. 谐振式波导缝隙天线阵

谐振式波导缝隙天线阵，也称为驻波阵，其缝隙受到波导管中的驻波激励。其特点是相邻缝隙的间距等于 $\lambda_g/2$(λ_g 是波导内波长)，各缝隙同相激励，在波导末端配置短路活塞。对宽壁纵缝和窄壁斜缝，短路面与终端缝隙中心相距 $\lambda_g/4$(若等效电路为串联元件的宽边横缝，则相距 $\lambda_g/2$；若缝隙间距为 $\lambda_g > \lambda$，则将出现栅瓣，一般不用)。

若缝隙间距为 $\lambda_g/2$，则相邻缝隙的激励需要有 180° 相差。如图 6-10(a) 所示，可以将宽壁纵缝交错地分布于宽壁中线两侧来实现 180° 相差；如图 6-10(b) 所示，若将宽壁纵缝置于中线上，则可以在缝隙两侧交替放置销钉(金属棒)，从而得到激励缝隙的径向电流和 180° 相移；如图 6-10(c) 所示，窄边斜缝则通过交替倾斜方向的方法来获得 180° 相移。

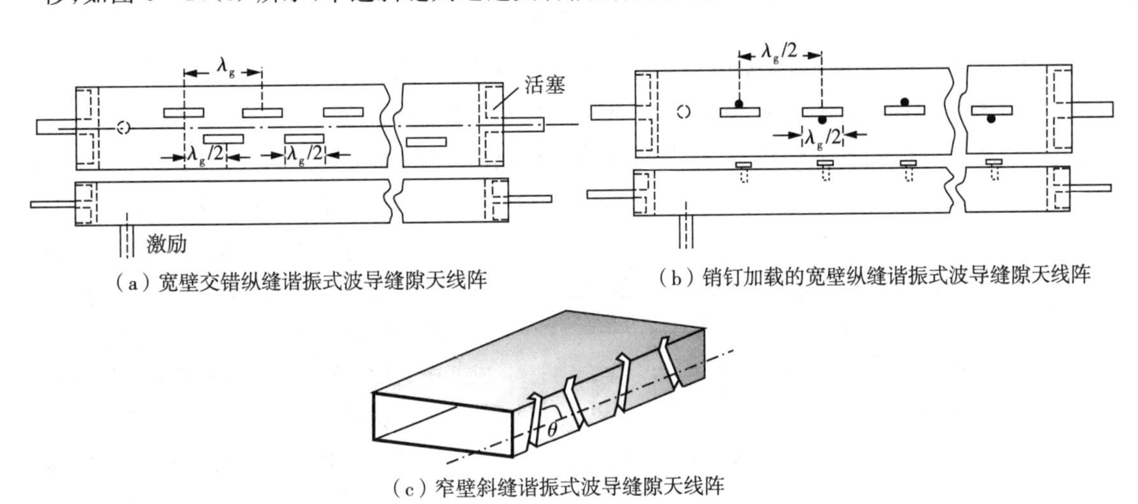

(a) 宽壁交错纵缝谐振式波导缝隙天线阵　(b) 销钉加载的宽壁纵缝谐振式波导缝隙天线阵

(c) 窄壁斜缝谐振式波导缝隙天线阵

图 6-10　谐振式波导缝隙天线阵

2. 非谐振式波导缝隙天线阵

非谐振式波导缝隙天线阵的间距 d 小于 λ_g(对于宽壁横缝) 且不等于 $\lambda_g/2$，末端应接匹配负载。图 6-11 给出了这类缝隙阵的几个例子。

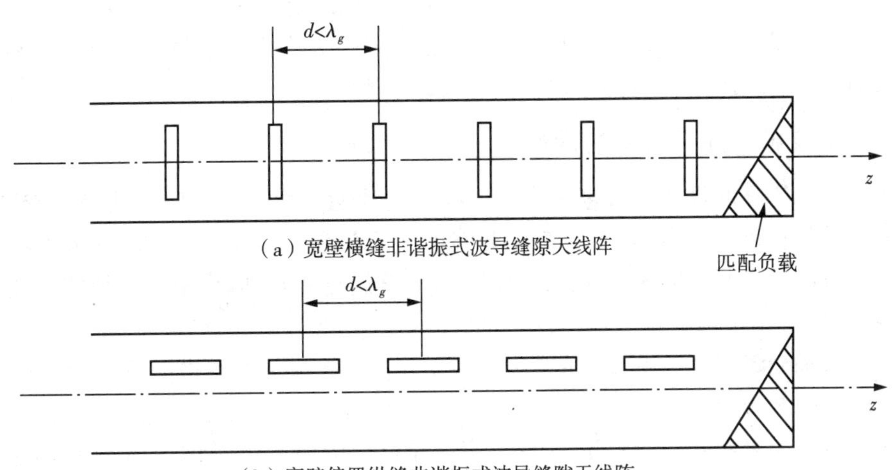

(a) 宽壁横缝非谐振式波导缝隙天线阵

(b) 宽壁偏置纵缝非谐振式波导缝隙天线阵

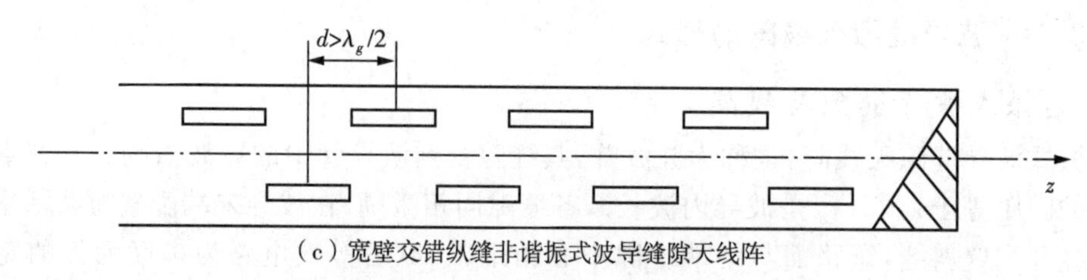

（c）宽壁交错纵缝非谐振式波导缝隙天线阵

图 6 - 11　非谐振式波导缝隙天线阵

非谐振式波导缝隙天线阵的缝隙是由行波激励的，因此天线能在较宽的频带内保持良好的匹配。天线阵的各缝隙激励相位不同，具有线性相位差，所以其方向图的主瓣方向偏离缝隙面的法向，与 z 轴的夹角为

$$\theta_0=\arccos\left(\frac{a}{kd}\right) \tag{6-3-1}$$

式中，d 为相邻缝隙的间距；a 为相邻缝隙的激励相位差，$a=2\pi d/\lambda_g$。

若采取前述获得 180° 相移的措施，使相邻缝隙激励再附加 180° 相差，即 $a=2\pi d/\lambda_g+\pi$，可进一步增大方向图主瓣偏角 θ_0，但其指向将从缝隙面法线的一侧变到另一侧。

3. 匹配偏斜缝隙天线阵

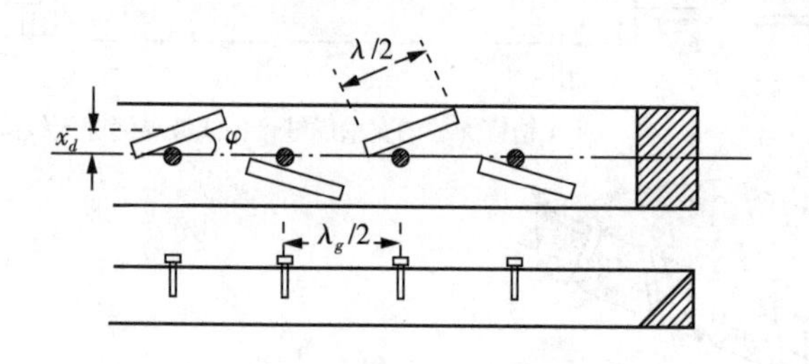

图 6 - 12　波导宽壁上匹配偏斜缝隙天线阵

如果谐振式波导缝隙天线阵中的缝隙都是匹配缝隙（不在波导中产生反射波），末端短路活塞也换接匹配负载，就构成匹配缝隙天线阵。图 6 - 12 为波导宽壁上匹配偏斜缝隙天线阵。这里缝隙匹配的办法是适当地选择缝隙对中线的偏移距离 x_d 和倾斜角 φ，使缝隙处波导的归一化等效输入导纳的电导等于 1，然后用设置在中线上缝隙中点附近的电抗振子补偿电纳。

这种天线在中心频率（$d=\lambda_g$ 或 $\lambda_g/2$）的方向图主瓣指向缝隙面法线方向。工作频率变化时，主瓣指向偏离法线方向，但它能在宽频带内与波导良好匹配，这不仅因为波导末端接匹配负载，还因为产生反射的缝隙可以就地直接匹配。这种缝隙天线阵的带宽主要受增益改变的限制，通常是 5% ～ 10%。它的缺点是调匹配元件会使波导功率容量降低。

波导缝隙天线阵可采用天线阵理论分析。波导缝隙天线阵的缝隙间距不应大到接近或等于 λ_g，以避免阵因子出现栅瓣，通常 $d=(0.25\sim0.8)\lambda_g$。

6.3.2　波导缝隙天线阵的设计

波导缝隙天线阵的设计步骤包括从给定的天线性能参数确定缝隙天线阵的形式、尺寸及各缝隙激励的幅度和相位，而后按激励分布确定缝隙参数。前半部分和一般天线阵的设计相同。下面以设计非谐振式缝隙天线阵为例，忽略缝隙间互耦，介绍设计缝隙天线阵的后半部分特殊问题。

设非谐振式缝隙天线阵由归一化等效电导为 $g_1\sim g_n$ 的 n 个缝隙组成，间距为 d。其等效电路如图 6 - 13 所示。图中 g_{n+1} 为波导末端匹配负载的归一化电导，$g_{n+1}=g_L=1$。

设各缝隙的相对激励幅度为 $f_1\sim f_n$。第 i 个缝隙的辐射功率 P_{ri} 与波导内通过该缝隙处的功率比为

$$e_i = \frac{P_{ri}}{P_{ri} + P_{r(i+1)} + \cdots + P_{rn} + P_{n+1}} = \frac{f_i^2}{f_i^2 + f_{i+1}^2 + \cdots + f_n^2 + f_{n+1}^2} \tag{6-3-2}$$

式中，P_{n+1} 和 f_{n+1} 分别为负载吸收功率和相对激励幅度。

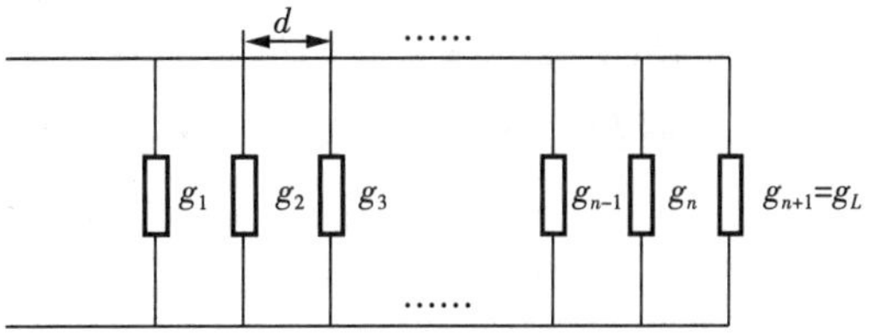

图 6-13　非谐振式缝隙天线阵的等效电路

同理可得

$$e_{i+1} = \frac{f_{i+1}^2}{f_{i+1}^2 + f_{i+2}^2 + \cdots + f_n^2 + f_{n+1}^2} \tag{6-3-3}$$

由式(6-3-2)和式(6-3-3)解得

$$e_i = \frac{e_{i+1}}{e_{i+1} + (f_{i+1}/f_i)^2} \tag{6-3-4}$$

另一方面，从等效电路可得

$$e_i = \frac{g_i}{g_i + g_{iin}} \tag{6-3-5}$$

式中，g_{iin} 是波导第 i 个缝隙右侧的归一化输入电导。

若 n 较大，且工作于行波状态，则 $g_{iin} \approx 1$，因 $g_i \ll 1$，故有

$$e_i \approx \frac{g_i}{g_i + 1} \approx g_i \tag{6-3-6}$$

于是式(6-3-4)变为

$$g_i = \frac{g_{i+1}}{g_{i+1} + (f_{i+1}/f_i)^2} \tag{6-3-7}$$

根据幅度分布和末端缝隙电导 g_n(暂定为某个值)，由上式逆推出各缝隙的电导值，但仅为相对值(电导相对分布)，它们的归一化绝对值可由相对值与天线效率公式联立求出。

天线效率按下式计算：

$$e = 1 - \frac{P_{n+1}}{\sum_{i=1}^{n} P_{ri} + P_{n+1}} = 1 - \prod_{i=1}^{n} (1 - e_i) \tag{6-3-8}$$

将式(6-3-6)代入上式可得

$$e = 1 - \prod_{i=1}^{n} (1 - e_i) \approx 1 - e^{1-(g_1+g_2+\cdots+g_n)} \tag{6-3-9}$$

上式已考虑到 $g_i \ll 1$ 时，$1 - g_i \approx e^{-g_i}$。

给定 e，由上式可求得所有缝隙的归一化等效电导之和。从由式(6-3-7)求得的电导相对值，可求得满足给定幅度分布的各缝隙归一化等效电导的绝对值。从等效电导的绝对值由公式或试验数据，即可确定缝隙偏离波导宽壁中线的距离 x_d 和倾斜角 φ。

然而，式(6-3-7)是近似的，因为推导曾假设 $g_{iin} \approx 1$，即在波导任意截面归一化输入电导都等于1，实际上并非如此，不过多数情况下差异不大。如果要求以更高的精度实现给定

的幅度分布，那么必须修正由上述假设所起的误差。修正时可用逐步逼近法：先利用式(6-3-7)和式(6-3-9)计算各缝隙的归一化等效电导，然后应用长线理论公式或圆图，逐一确定在每个缝隙处的归一化输入导纳 g_{iin}，再将求得的 g_{iin} 和已由式(6-3-2)算出的 e_i 一起代入式(6-3-5)，可得到归一化等效电导的第一次逼近值，即

$$g_i = \frac{e_i g_{iin}}{1 - e_i} \tag{6-3-10}$$

依次类推可得到更高次逼近电导。一般情况下，一次逼近就能很好地实现给定激励幅度分布和天线效率。

以上是把缝隙等效为并联导纳进行计算的。把缝隙等效为串联阻抗时，计算过程相同，如用归一化等效电阻 r_i 代替上述各式中的 g_i 公式仍然适用。

6.4 微带天线

微带天线(Microstrip Antennas)是由导体薄片粘贴在背面有导体接地板的介质基片上形成的天线。微带辐射器的概念首先由 Deschamps 于1953年提出。但是直到20世纪70年代初，当较好的理论模型及对敷铜或敷金的介质基片的光刻技术发展之后，实际的微带天线才被制造出来，此后这种新型的天线得到长足的发展。与常用的微波天线相比，微带天线有如下优点：

(1) 体积小，重量轻，低剖面，能与载体共形；

(2) 制造成本低，易于批量生产；

(3) 天线的散射截面较小；

(4) 能得到单方向的宽瓣方向图，最大辐射方向在平面的法线方向；

(5) 易于和微带线路集成；

(6) 易于实现线极化和圆极化，容易实现双频段、双极化等多功能工作。

近年来，微带天线已得到越来越多的重视，并在100 MHz～100 GHz的宽广频域上得到广泛应用，包括卫星通信、雷达、遥感、制导武器及便携式无线电设备等。相同结构的微带天线组成微带天线阵可以获得更高的增益和更大的带宽。

微带天线的主要缺点如下：

(1) 工作频带窄，阻抗带宽一般只能达到百分之几；

(2) 增益较低，由于介质损耗，单个微带元的增益通常为 4 ～ 8 dB；

(3) 只能向半空间辐射或接收，但形成共形阵后可弥补此缺点；

(4) 端射性能差，功率容量较低。

微带天线的辐射机理：在贴片与地板之间激励起高频电磁场，并通过贴片边沿与地板间的缝隙向空间辐射。辐射场是贴片边沿与地板间的边缘场产生的。

分析微带天线的方法有很多，最常用的方法大致可分三类：传输线模型、空腔模型和全波分析模型(包括有限元法、矩量法、时域有限差分法等)。

1. 传输线模型

1974 年芒森 (R. E. Murson)首先提出传输线模型，而后由德纳瑞特(Derneryd) 等人加以发展。传输线模型主要适用于矩形贴片。它是将矩形微带元看作一段低阻抗传输线分开的两个缝隙来处理。

2. 空腔模型

对于基片厚度远小于波长的薄微带天线,罗远祉（Y. T. Lo）等人提出了空腔模型。空腔模型适用于各种规则形状的贴片。它是将贴片与地板之间的空间处理成上下为电壁,四周为磁壁的 TM 模谐振空腔。天线的辐射场由空腔四周的等效磁流得出。天线的输入阻抗可由天线内场得出。当天线工作于 TM 模谐振频率附近,而又远离其他谐振点时,其阻抗特性如同一个 RLC 并联谐振电路,当馈线特性阻抗等于其谐振电阻时,馈线上的电压驻波比不大于 ρ 的相对带宽为

$$BW=\left[(\rho-1)/Q\sqrt{\rho}\right]\times 100\% \tag{6-4-1}$$

式中,Q 为空腔无载品质因数,它主要由其损耗 Q 值(Q_r)决定。

3. 全波分析模型

在 1981—1982 年,许多学者都提出了全波分析模型。全波分析模型适用于各种微带贴片的精确分析,主要是厚片时的分析和不规则贴片的计算等。其最初的典型处理方法是积分方程法。通常采用矩量法求解积分方程。首先,导出微带贴片上单位电流元满足边界条件的并矢格林函数 $\bar{\boldsymbol{G}}(r/r')$,则场点的电场可表示为

$$E(r)=-\mathrm{j}\omega\mu\iiint_V \bar{G}(r/r')J(r')\,\mathrm{d}V \tag{6-4-2}$$

式中,$J(r')$ 为贴片上的电流源。然后,令此电场在贴片表面的切向分量等于零,便得到 $J(r')$ 的积分方程。最后,对此电流选择适当的基函数和权函数,将积分方程转化为矩阵方程,从而解出贴片电流,并用以计算天线特性。

6.4.1　微带天线的结构

微带天线由薄金属贴片、介质板和地板构成。其中贴片厚度 t 和介质板厚度 h 都远小于自由空间波长 λ_0,通常 $0.003\lambda_0\leqslant h\leqslant 0.05\lambda_0$,辐射贴片的尺寸与波长相比拟。以矩形贴片为例(见图 6-14),辐射贴片长度 L 通常满足 $\lambda_0/3<L<\lambda_0/2$,辐射贴片和地板之间由介质板填充。

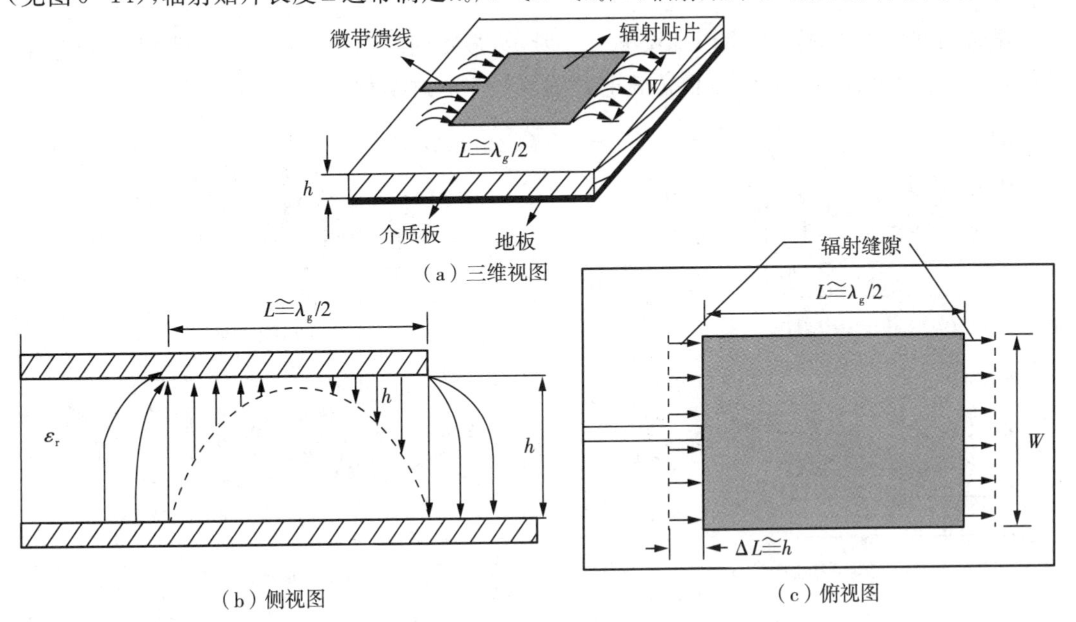

图 6-14　矩形微带天线的结构示意图

微带天线可用的介质板的种类很多，其相对介电常数 ε_r 的范围通常为 $2.2 \leqslant \varepsilon_r \leqslant 12$。对于辐射单元通常需要低介电常数的厚介质板，这样能提供更高的效率，更宽的带宽，更容易使电磁波辐射到自由空间中去，但这样单元尺寸会更大。微波电路要求尽可能小的辐射和耦合，因此需要采用高介电常数的薄介质板。但是薄介质板损耗大，效率低，带宽也相对更窄。微带天线的设计离不开微波电路，通常将两者作为一个整体来设计，因此在设计中要综合考虑天线和电路的性能。

微带天线通常就是指贴片天线，其辐射单元和馈电线通常通过光刻技术蚀刻在介质板上。辐射贴片可以是正方形、矩形、窄条带（偶极子）、圆形、椭圆形、三角形，或其他任意形状。典型的微带贴片形状如图 6-15 所示。正方形、矩形、偶极子、圆形贴片最为常用，因为它们的结构相对易于分析和加工，辐射性能也较好，尤其是具有低交叉极化性。微带偶极子因为其固有的宽带和小尺寸的特点，常被用来组成天线阵，其无论是单个天线单元，还是组成天线阵列，都可以实现线极化和圆极化。阵列天线通常会引入波束扫描功能，并且具有更强的方向性。

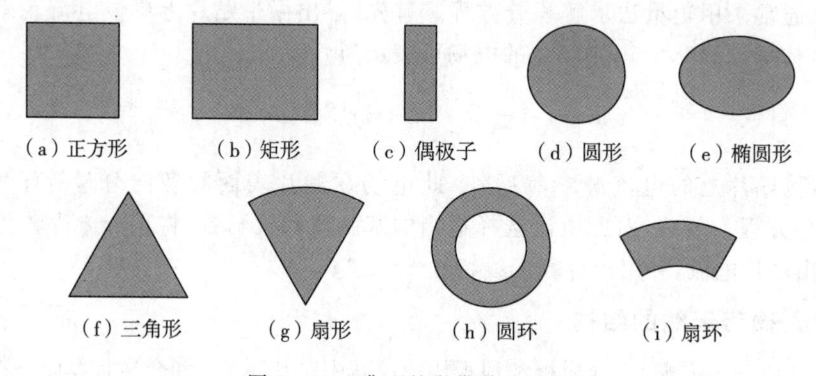

图 6-15　典型的微带贴片形状

6.4.2　微带天线的馈电方式

微带天线的馈电方式很多。如图 6-16 所示，最常用的四种馈电方式为微带线馈电、同轴线馈电、缝隙耦合馈电和邻接耦合馈电。图 6-17 为这四种馈电方式的等效电路。

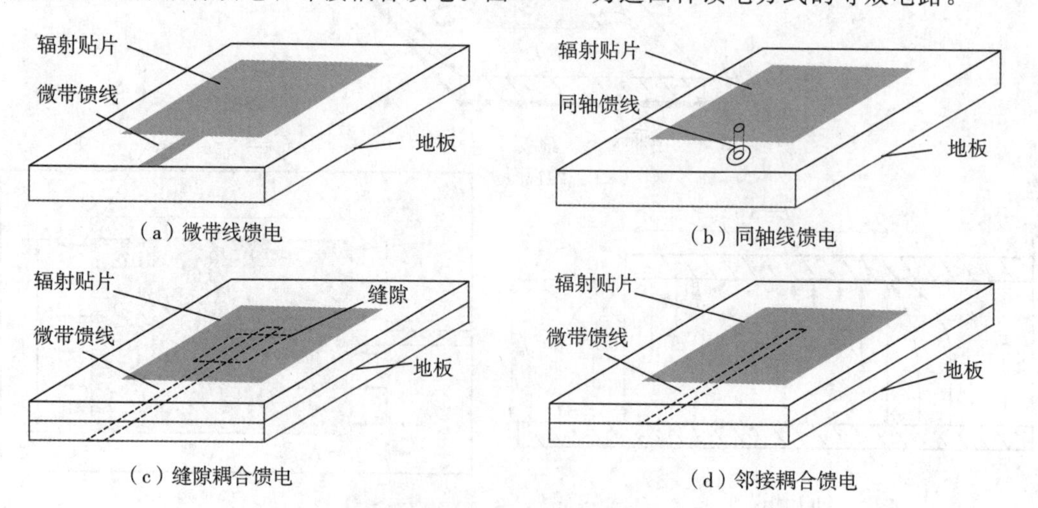

图 6-16　微带天线典型的馈电方式

微带馈线也是导体条带，通常其宽度相比于辐射贴片要窄很多。微带馈线易于加工，通过调整其位置容易实现匹配，也易于建模。但随着介质板厚度的增加，表面波和寄生辐射也会增加，因此限制了其实际设计中的带宽。

同轴线馈电同样应用广泛，其同轴线的内导体和辐射贴片相连，外导体和地板相连。同轴线馈电也便于加工和匹配，且寄生辐射较低。但是其带宽窄，且建模较难。

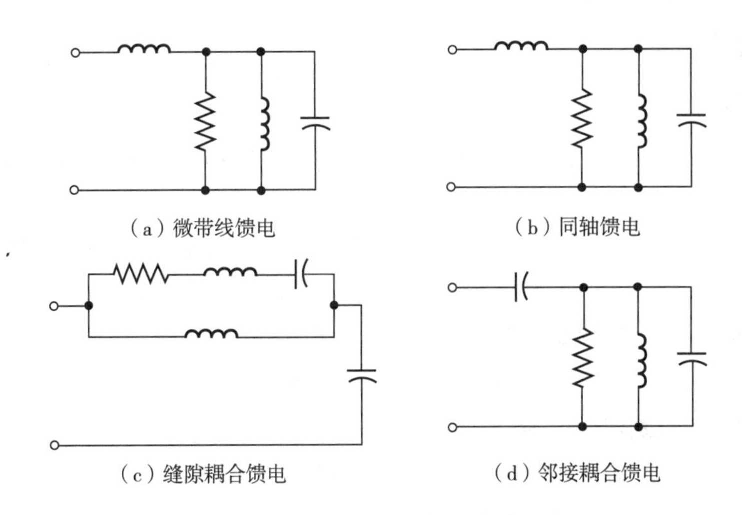

图 6－17　四种馈电方式的等效电路

微带线馈电和同轴线馈电都会因固有的不对称结构而引起高阶模，从而产生交叉极化辐射。为了克服这些问题，引入了不接触的缝隙耦合和邻接耦合，如图 6－16(c) 和图 6－16(d) 所示。图 6－16(c) 所示的缝隙耦合是这四种馈电结构中最难加工的，并且带宽较窄。但是其相对容易建模，并且寄生辐射水平较为适中。缝隙耦合结构由两层介质板构成，中间由地板隔开，下层介质板的底部有微带馈线，其能量通过地板上的缝隙耦合传递给上层介质板顶部的辐射贴片。这样的结构设置使馈电部分和辐射单元可以独立优化。其典型的例子是，下层可以采用薄的高介电常数的介质板，上层可以采用厚的低介电常数的介质板。地板将辐射部分和馈电部分隔离开来，尽可能地减小了寄生辐射对方向图和极化纯度的影响。在这种设计中，介质板的介电常数、微带馈线的宽度、缝隙的大小和位置都可以进行调整优化。通常通过调整微带馈线的宽度和缝隙的长度来达到匹配。通过缝隙耦合馈电的方式可以用贝特理论（由 Hans Bethe 提出，也称为贝特拟设）建模分析。在这个理论中，缝隙可以由等效的法向电偶极子表示电场的法向分量，由等效的水平磁偶极子表示磁场的切向分量。如果缝隙位于辐射贴片的中心下方（理想情况下此处电场为零，磁场最强，磁耦合将主导），那么能在主平面获得更低的交叉极化辐射和更高的极化纯度。

这四种馈电方式中，邻接耦合馈电的带宽是最宽的，且其相对容易建模分析、寄生辐射水平较低，但加工相对麻烦。通常通过调节微带馈线的长度和和辐射贴片的长宽比来实现匹配。

6.4.3　矩形微带天线的辐射特性

矩形微带天线是应用最为广泛的结构之一，其辐射特性可以通过分析单缝的辐射特性来理解。图 6－14 为一个长为 L、宽为 W 的矩形微带天线，一般取 $L \approx \lambda_g/2$，λ_g 为微带线上波长。矩形微带天线的辐射贴片可看作一段微带传输线，辐射贴片和地板间的电场分布如图

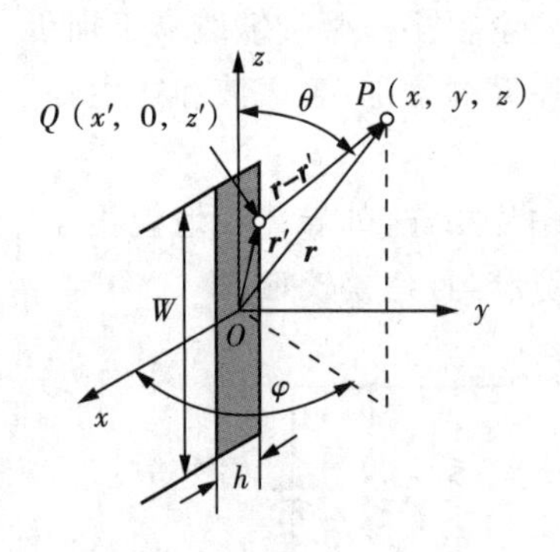

图 6-18　单缝的几何关系

6-14(b) 所示，其两端会形成电压波腹和电流的波节点。矩形微带天线辐射贴片两端的电场可以分解为垂直分量和水平分量(相对于辐射贴片)。由于 $L\approx\lambda_g/2$，在两端的电场水平分量同相，在垂直于辐射贴片方向上产生最大辐射；在电场垂直分量反相，在平行于辐射贴片方向上辐射相互抵消。假设电场的水平分量在沿辐射贴片两端延伸的一个长度等于基片厚度 h 的矩形区域内存在，则矩形微带天线的辐射可以看作两端长为 W、宽为 h 的辐射缝隙组成的二元阵。

1. 单缝分析

单缝的几何关系如图 6-18 所示，单缝口径电场为

$$\boldsymbol{E}_0=-\boldsymbol{e}_x E_0 \qquad |x|\leqslant h/2$$

根据等效原理，等效磁流密度为

$$\boldsymbol{M}=-\boldsymbol{e}_n\times\boldsymbol{E}_0=\boldsymbol{e}_z E_0 \tag{6-4-3}$$

考虑地板的影响，磁流密度为

$$\boldsymbol{M}=-2\boldsymbol{e}_z E_0 \tag{6-4-4}$$

电矢量为

$$\boldsymbol{F}=-\boldsymbol{e}_z\frac{\varepsilon}{4\pi r}\iint_{S_0}2E_0\mathrm{e}^{-\mathrm{j}k\boldsymbol{e}_\mathrm{r}\cdot\boldsymbol{r}'}\mathrm{d}s' \tag{6-4-5}$$

式中，$\boldsymbol{e}_\mathrm{r}$、$\boldsymbol{r}'$ 的计算公式如下：

$$\boldsymbol{e}_\mathrm{r}=\boldsymbol{e}_x\sin\theta\cos\varphi+\boldsymbol{e}_y\sin\theta\sin\varphi-\boldsymbol{e}_z\cos\theta \tag{6-4-6}$$

$$\boldsymbol{r}'=\boldsymbol{e}_x x'+\boldsymbol{e}_z z' \tag{6-4-7}$$

$$\boldsymbol{e}_\mathrm{r}\cdot\boldsymbol{r}'=x'\sin\theta\cos\varphi+z'\cos\theta \tag{6-4-8}$$

将式(6-4-8) 代入式(6-4-5) 可得

$$\begin{aligned}F_z&=-\frac{\mathrm{e}^{-\mathrm{j}kr}}{4\pi r}2\varepsilon E_0\int_{-h/2}^{h/2}\int_{-W/2}^{W/2}\mathrm{e}^{-\mathrm{j}k(x'\sin\theta\cos\varphi+z'\cos\theta)}\,\mathrm{d}y'\mathrm{d}z'\\&=-\frac{\mathrm{e}^{-\mathrm{j}kr}}{4\pi r}2\varepsilon E_0 hW\frac{\sin\left(\frac{kh}{2}\sin\theta\cos\varphi\right)}{\frac{kh}{2}\sin\theta\cos\varphi}\frac{\sin\left(\frac{kW}{2}\cos\theta\right)}{\frac{kW}{2}\cos\theta}\end{aligned} \tag{6-4-9}$$

令 $E_0 h=V_0$，即跨缝电压，因 $kh\ll1$，式(6-4-9) 可简化为

$$F_z=-\frac{\mathrm{e}^{-\mathrm{j}kr}}{4\pi r}2\varepsilon V_0 W\frac{\sin\left(\frac{kW}{2}\cos\theta\right)}{\frac{kW}{2}\cos\theta} \tag{6-4-10}$$

在球坐标中，有

$$\begin{cases}F_\mathrm{r}=F_z\cos\theta\\F_\theta=-F_z\sin\theta\end{cases} \tag{6-4-11}$$

由于 $\boldsymbol{E}=-\frac{1}{\varepsilon}\nabla\times\boldsymbol{F}$，因此在远场条件下求解电场只需考虑辐射项，即 r^{-1} 项，从而可得

$$\nabla\times \boldsymbol{F}=\boldsymbol{e}_{\varphi}\ \frac{1}{r}\left[\frac{\partial}{\partial r}(rF_{\theta})-\frac{\partial F_{r}}{\partial \theta}\right] \tag{6-4-12}$$

将式(6-4-10)和式(6-4-11)代入式(6-4-12)可得

$$E_{\varphi}=-\frac{1}{\varepsilon}\mathrm{j}kF_{z}\sin\theta$$

$$=-\mathrm{j}\ \frac{V_0}{\pi}\ \frac{\mathrm{e}^{-\mathrm{j}kr}}{r}\ \frac{\sin\left(\dfrac{\pi W}{\lambda}\cos\theta\right)}{\cos\theta}\sin\theta \tag{6-4-13}$$

式中，$\dfrac{\sin\left(\dfrac{\pi W}{\lambda}\cos\theta\right)}{\cos\theta}\sin\theta$ 为单缝的方向图函数。

对坡印廷矢量的实部进行积分可以求得单缝的辐射功率，即

$$P=\frac{1}{2}\int_0^{\pi}\int_0^{\pi}E_{\varphi}H_{\theta}r^2\sin\theta\mathrm{d}\theta\mathrm{d}\varphi$$

$$=\frac{1}{2\eta}\int_0^{\pi}\int_0^{\pi}E_{\varphi}^2r^2\sin\theta\mathrm{d}\theta\mathrm{d}\varphi$$

$$=\frac{V_0^2}{2\pi\eta}\int_0^{\pi}\frac{\sin^2\left(\dfrac{k_0W}{2}\cos\theta\right)}{\cos^2\theta}\sin^3\theta\mathrm{d}\theta \tag{6-4-14}$$

由辐射电导的定义 $P=\frac{1}{2}V_0^2G_r$ 可以得出单缝辐射的电导为

$$G_r=\frac{1}{\pi\eta}\int_0^{\pi}\frac{\sin^2\left(\dfrac{k_0W}{2}\cos\theta\right)}{\cos^2\theta}\sin^3\theta\mathrm{d}\theta$$

$$=\frac{I}{120\pi^2} \tag{6-4-15}$$

式中，I 的计算公式如下：

$$I=\int_0^{\pi}\frac{\sin^2\left(\dfrac{k_0W}{2}\cos\theta\right)}{\cos^2\theta}\ \sin^3\theta\mathrm{d}\theta \tag{6-4-16}$$

对于不同的 W/λ 值，式(6-4-15)的近似值为

$$G_r=\begin{cases}\dfrac{1}{90}\left(\dfrac{W}{\lambda}\right)^2, & W\ll\lambda\\[2ex] \dfrac{1}{120}\left(\dfrac{W}{\lambda}\right), & W\gg\lambda\end{cases} \tag{6-4-17}$$

在缝隙所在截断端附近，电场分布发生变形，其电力线要延伸到截断端的外侧，表面在该局部区域内要储存电能，就像接了一个电容负荷。因为一段很短的理想开路线等效于一个电容，所以这个电容负荷也可等效为一小段理想开路线。也就是说，矩形微带天线辐射贴片的每个等效开路截面，比实际的截断面向外延伸一段 ΔL 的距离。根据传输线的一般公式可得

$$\omega C=\frac{1}{Z_0}\tan K_g\Delta L\approx\frac{K_g\Delta L}{Z_0}$$

$$C=\frac{\Delta L}{vZ_0} \tag{6-4-18}$$

式中，Z_0 为将矩形微带天线辐射贴片视作微带传输线时的特性阻抗；v 为介质中的相速；ΔL 的近似表达式为

$$\frac{\Delta L}{h}=0.412\,\frac{(\varepsilon_e+0.3)}{(\varepsilon_e-0.258)}\,\frac{(W/h+0.264)}{(W/h+0.8)} \tag{6-4-19}$$

式中，ε_e 是有效介电常数，其计算公式为

$$\varepsilon_e=\frac{\varepsilon_r+1}{2}+\frac{\varepsilon_r-1}{2}\left(1+\frac{12h}{W}\right)^{-\frac{1}{2}} \tag{6-4-20}$$

由所得到的 G_r 和 C 可得出，单缝的等效导纳 $Y=G_r+\mathrm{j}B$。单缝的最大辐射强度发生在垂直于缝隙口径的方向，即 $\theta=90°$，因此有

$$\begin{aligned} U_{\max}&=\frac{1}{2}E_\varphi\ H_\theta\Big|_{\theta=90°} \\ &=\frac{1}{2}\,\frac{V_0^2}{120\pi^3}\,\frac{\sin^2\left(\frac{k_0W}{2}\cos\theta\right)}{\cos^2\theta}\sin^2\theta\Big|_{\theta=90°} \end{aligned} \tag{6-4-21}$$

平均辐射强度为

$$U_{av}=\frac{P_r}{4\pi}=\frac{V_0^2}{8\pi}\,\frac{I}{120\pi^2} \tag{6-4-22}$$

式中，I 由式(6-4-16)确定。根据方向性系数的定义得出，单缝的方向性系数为

$$D=\frac{U_{\max}}{U_{av}}=\frac{4\sin^2\left(\frac{\pi W}{\lambda}\cos\theta\right)}{I\cos^2\theta}\sin^2\theta\Big|_{\theta=90°} \tag{6-4-23}$$

当 $\theta=90°$ 时，上式 $D=0/0$，为不定式，应用洛必达法则可得

$$D=\frac{4\pi^2W^2}{I\lambda^2} \tag{6-4-24}$$

当 $W/\lambda\ll 1$ 时，根据 I 的数值积分结果可求得

$$D\approx 3 \tag{6-4-25}$$

2. 矩形微带天线分析

因为矩形微带天线可以看作两个等幅同相激励的缝隙组成的二元阵，所以根据二元阵理论，式(6-4-16)的矩形微带天线的方向图函数可以由单缝辐射的方向图函数与二元阵的阵因子相乘得到，即

$$F(\theta,\varphi)=\frac{\sin\left(\frac{\pi W}{\lambda}\cos\theta\right)}{\cos\theta}\sin\theta\cdot\cos\left(\frac{kL}{2}\sin\theta\cos\varphi\right) \tag{6-4-26}$$

由于在最大辐射方向上($\theta=90°,\varphi=90°$)，矩形微带天线的辐射场是单缝辐射的 2 倍，辐射强度是单缝辐射的 4 倍，而平均辐射强度是单缝辐射的 2 倍，因此矩形微带天线的方向性系数是单缝辐射的 2 倍，即

$$D=2\times 3=6 \tag{6-4-27}$$

单缝的等效导纳 $Y=G_r+\mathrm{j}B$，矩形微带天线的等效电路如图 6-19 所示，因此矩形微带天

线的输入导纳为

$$Y_{in}=G_r+jB=Y_0\ \frac{G_r+j(B+Y_0\tan K_gL)}{Y_0-B\tan K_gL+jG_r\tan K_gL} \tag{6-4-28}$$

式中，$Y_0=1/Z_0$；K_g 为介质中的相位常数，$K_g=2\pi\sqrt{\varepsilon_e}/\lambda$。令式(6-4-29)的虚部等于零，可解出矩形微带天线的谐振长度。

$$\tan K_gL=\frac{2Y_0B}{G_r^2+B^2-Y_0^2} \tag{6-4-29}$$

实际的谐振长度略短于半个介质波长。采用聚四氟乙烯玻璃纤维层压板作为介质板时，矩形微带天线的谐振长度约为 $0.49\lambda_g$，而谐振时的输入导纳为

$$Y_{in}=2G_r \tag{6-4-30}$$

若馈电点的位置如图 6-20 所示，只需要把缝隙导纳换算到该点即可得到输入导纳，其最终表达式为

$$Y_{in}(Z)=2G_r\left[\cos^2(K_gz)+\frac{G_r^2+B^2}{Y_0^2}\sin^2(K_gz)-\frac{B}{Y_0}\sin(2K_gz)\right]^{-1} \tag{6-4-31}$$

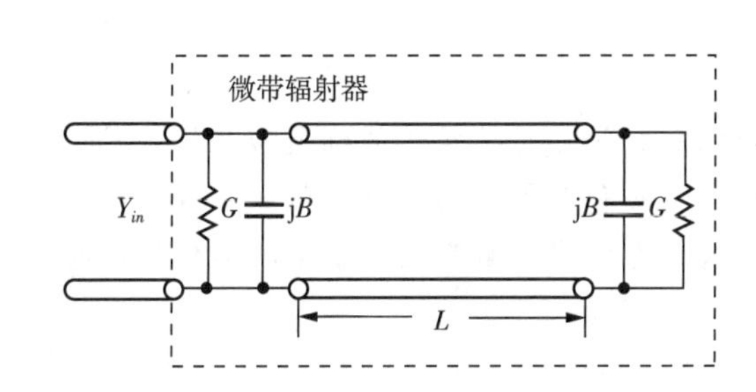

图 6-19　矩形微带天线的等效电路

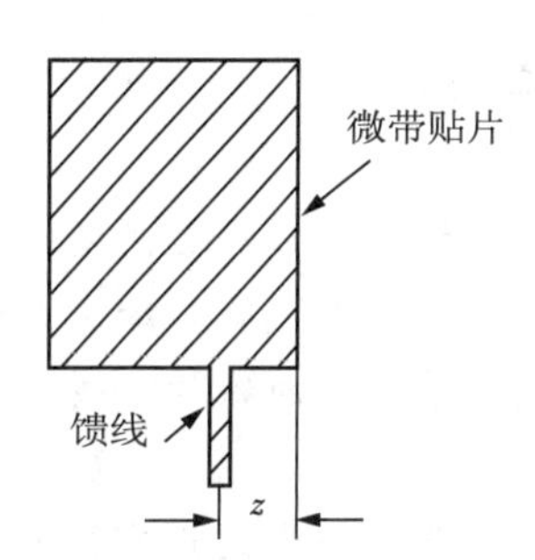

图 6-20　任意馈电点的矩形微带天线

一般情况下，$G_r/Y_0\ll 1$、$B/Y_0\ll 1$，因此式(6-4-31)可简化为

$$Y_{in}(Z)=\frac{2G_r}{\cos^2(K_gz)} \tag{6-4-32}$$

式中，z 为馈电点距离拐角处的距离。上式除 $K_gz=\pi/2$ 外，均成立。馈电点沿谐振矩形微带天线的宽度方向移动，可得到输入阻抗的大范围变化，因此对所有实际的阻抗值均可实现匹配。

若采用同轴线底馈，如图 6-21(a) 所示，馈电点离两端的距离分别为 L_1 和 L_2，其等效电路如图 6-21(b) 所示，则根据传输线理论，馈电点的输入导纳为

$$Y_1=Y_0\left[\frac{Z_0\cos(K_gL_1)+jZ_W\sin(K_gL_1)}{Z_W\cos(K_gL_1)+jZ_0\sin(K_gL_1)}+\frac{Z_0\cos(K_gL_2)+jZ_W\sin(K_gL_2)}{Z_W\cos(K_gL_2)+jZ_0\sin(K_gL_2)}\right] \tag{6-4-33}$$

式中，Y_W 为壁导纳，其计算公式为

$$Y_W=\frac{1}{Z_W}0.00836\,\frac{W}{\lambda}+j0.01668\,\frac{\Delta L}{k}\,\frac{W}{\lambda}\varepsilon_e \tag{6-4-34}$$

在同轴线端口处，探针可用集中感抗表示，即

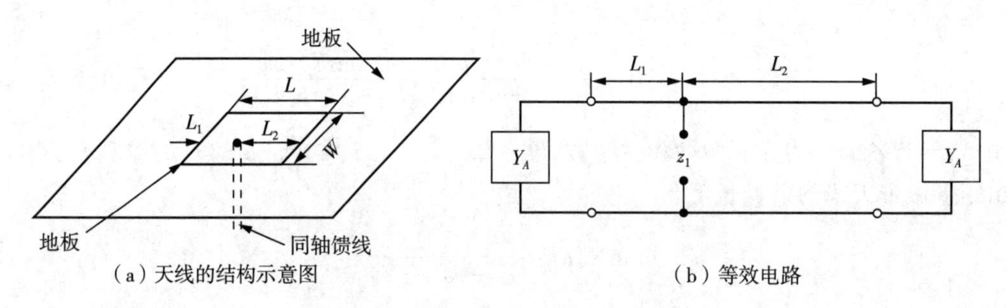

(a) 天线的结构示意图　　(b) 等效电路

图 6-21　同轴线底馈的矩形微带天线

$$X_{\mathrm{L}}=\frac{377}{\sqrt{\varepsilon_{\mathrm{r}}}}\tan Kh \tag{6-4-35}$$

因而,输入阻抗为

$$Z_{\mathrm{in}}=\frac{1}{Y_{\mathrm{in}}}=\frac{1}{Y_{1}}+\mathrm{j}X_{\mathrm{L}} \tag{6-4-36}$$

移动馈电点的位置,即改变 L_1 和 L_2,可使输入阻抗改变,从而获得匹配。

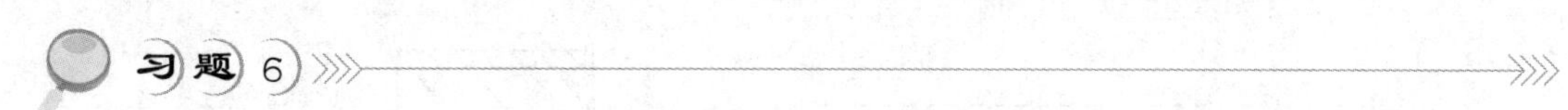

1. 什么是缝隙天线? 理想缝隙天线和与之互补的电对称振子的辐射场有何异同?

2. 什么是缝隙天线阵? 缝隙天线阵主要有哪几种? 各自的特点是什么?

3. 简述微带天线的结构? 微带天线的优缺点有哪些? 微带天线常见的形状和馈电形式有哪些?

4. 为什么矩形微带天线有辐射边和非辐射边之分?

第7章　面天线

面天线（Aperture Antennas）常用在无线电频谱的高频端，尤其是微波波段。面天线的种类很多，常见的有喇叭天线、抛物面天线、卡塞格伦天线。这类天线所载的电流是分布在金属面上的，而金属面的口径尺寸远大于工作波长。面天线在雷达、导航、卫星通信及射电天文和气象等无线电技术设备中获得了广泛的应用。

分析面天线的辐射问题，通常采用口径场法。它基于惠更斯-菲涅尔原理，即在空间任一点的场是包围天线的封闭曲面上各点的电磁扰动产生的次级辐射在该点叠加的结果。对于面天线而言，常用的分析方法就是根据初级辐射源求出口径面上的场分布，进而求出辐射场。

面天线有各种各样的形状，喇叭天线是最简单的面天线。图7-1为几种常用的反射面天线。图7-1(a)所示的抛物面天线将焦点处馈源的辐射聚焦成笔形波束，从而获得高的增益和小的波束宽度。图7-1(b)所示的抛物柱面天线在一个平面实现平行校正，但在另一平面允许使用线性阵列，从而使该平面内的波束能够赋形或可灵活控制。可以使波束在一个平面内赋形的另一种天线示于图7-1(c)，图中的表面不再是抛物面。这是一种较简单的结构，但由于孔径上只有波的相位变化，因此对波束形状的控制不如既可调整线性阵列的振幅又可调整其相位的抛物柱面天线灵活。

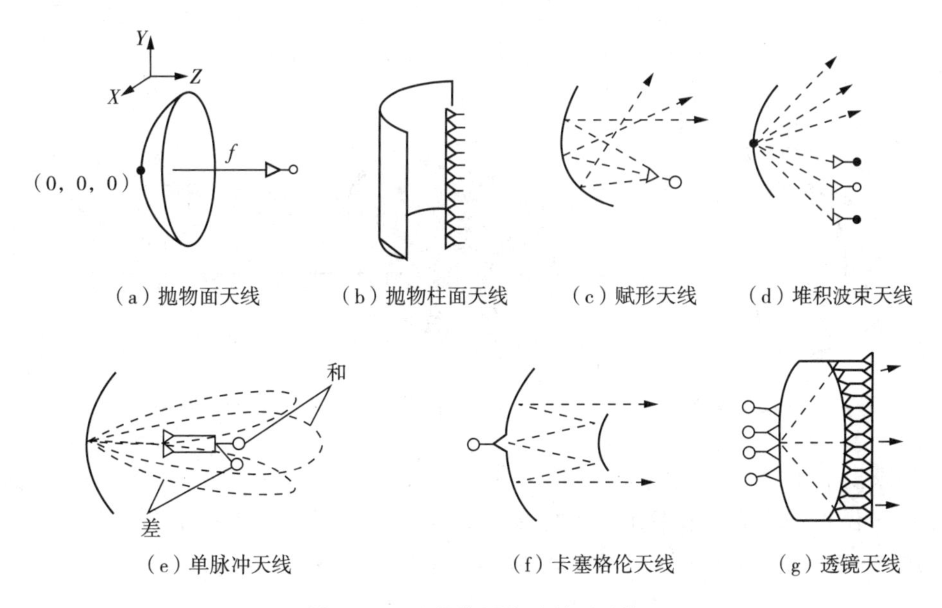

图7-1　几种常用的反射面天线

雷达常常需要多个波束来实现空域覆盖或角度测量。图7-1(d)示出多个不同位置馈源产生的一组不同角度的二次波束。其对增加馈源的限制是它们离焦点越远，散焦越严重，且对孔径的遮挡越大。更常见的多波束设计是图7-1(e)所示的单脉冲天线，顾名思义，它是用单个脉冲来确定角度的。在该天线中，第二个波束通常是差波束，它的零点正好在第一个波束的峰值处。典型的多反射体系统是图 7-1(f) 所示的卡塞格伦天线，它通过一次波束的赋形多提供一个自由度，并使馈源系统方便地置于主反射体的后面。图 7-1(f) 所示的对称配置存在明显的遮挡，但使用偏置配置预期能够实现更好的性能。

透镜天线[见图 7-1(g)] 使用较少，这主要是因为相控阵天线可提供透镜天线能够提供的众多功能。透镜天线的优点是能避免遮挡，而在有大尺寸馈源系统的反射面天线中是不允许遮挡的。

7.1 平面口径的辐射

7.1.1 平面口径辐射场的一般计算公式

1. 平面口径的远区场

如图 7-2 所示，面天线通常由金属面 S_1 和初级辐射源组成。设包围天线的封闭曲面由金属面的外表面 S_1 和金属面的口径面 S_2 共同组成。由于 S_1 为导体的外表面，其上的场为零，因此面天线的辐射问题就转化为口径面 S_2 的辐射问题。口径面上存在着口径场E_s 和 H_s，根据惠更斯原理 (Huygen's Principle)，可将口径面 S_2 分割成许多面元，这些面元称为惠更斯元或二次辐射源。所有惠更斯元的辐射之和即为整个口径面的辐射场。为方便计算，口径面 S_2 通常取为平面。因此，讨论平面口径的辐射具有代表性。

如图 7-3 所示，设有一任意形状的平面口径位于 xoy 平面内，口径面积为 S，取口径场为

$$\begin{cases} E_a(x_s, y_s) = e_y E_y(x_s, y_s) \\ H_a(x_s, y_s) = \dfrac{1}{\eta} e_z \times e_y E_y(x_s, y_s) = -e_x \dfrac{E_y(x_s, y_s)}{\eta} \end{cases} \tag{7-1-1}$$

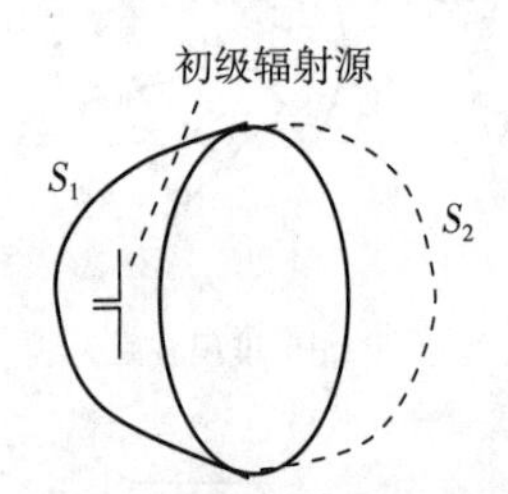

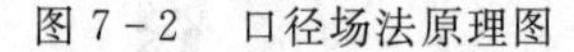
图 7-2 口径场法原理图

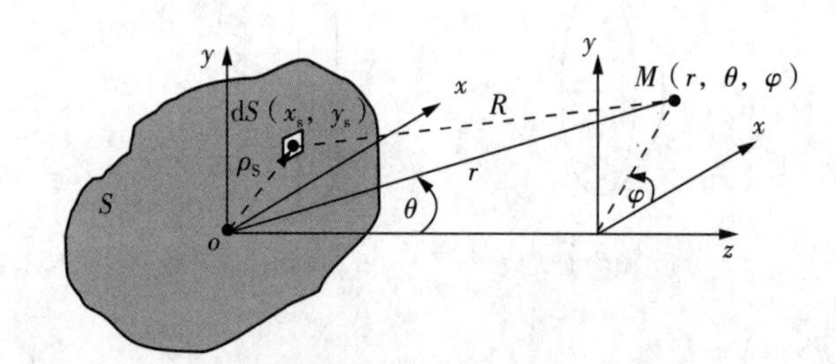

图 7-3 平面口径坐标系

首先求出平面 (x_s, y_s) 位置面元 $dS(x_s, y_s)$ 在观测点 $M(r, \theta, \varphi)$ 产生的辐射场，然后通过对平面 S 做积分求出整个平面口径在 M 点产生的总辐射场。依据 1.3.3 小节式(1-3-29) 和式(1-3-30)，面元 $dS(x_s, y_s)$ 在 M 点的辐射场为

$$dE_\theta = j\,\frac{kE_y(x_s, y_s)}{4\pi R}(1+\cos\theta)\sin\varphi e^{-jkR} dx_s dy_s \tag{7-1-2}$$

$$dE_\varphi = j\,\frac{kE_y(x_s, y_s)}{4\pi R}(1+\cos\theta)\cos\varphi e^{-jkR} dx_s dy_s \tag{7-1-3}$$

观察点通常都位于远场区域，可近似认为 R 与 r 平行。在求解时，上式出现的 R 可做以下处理：

(1) 位于振幅位置的 R:$R \approx r$;

(2) 位于相位位置的 R:$R \approx r - \rho_s \cdot e_r = r - x_s \sin\theta\cos\varphi - y_s \sin\theta\sin\varphi$。

将上述近似结果用于式(7-1-2)和式(7-1-3),同时对整个口径面 S 做积分,整理后可得

$$E_\theta = \frac{\mathrm{j}k}{4\pi r} \mathrm{e}^{-\mathrm{j}kr}(1+\cos\theta)\sin\varphi \int_S E_y(x_s, y_s)\, \mathrm{e}^{\mathrm{j}k(x_s \sin\theta\cos\varphi + y_s \sin\theta\sin\varphi)} \mathrm{d}x_s \mathrm{d}y_s \quad (7-1-4)$$

$$E_\varphi = \frac{\mathrm{j}k}{4\pi r} \mathrm{e}^{-\mathrm{j}kr}(1+\cos\theta)\cos\varphi \int_S E_y(x_s, y_s)\, \mathrm{e}^{\mathrm{j}k(x_s \sin\theta\cos\varphi + y_s \sin\theta\sin\varphi)} \mathrm{d}x_s \mathrm{d}y_s \quad (7-1-5)$$

并有

$$E_\mathrm{p} = \sqrt{E_\theta^2 + E_\varphi^2} = \frac{\mathrm{j}k}{4\pi r} \mathrm{e}^{-\mathrm{j}kr}(1+\cos\theta) \int_S E_y(x_s, y_s)\, \mathrm{e}^{\mathrm{j}k(x_s \sin\theta\cos\varphi + y_s \sin\theta\sin\varphi)} \mathrm{d}x_s \mathrm{d}y_s$$

$$(7-1-6)$$

对于 E 面(yoz 平面),$\varphi = \frac{\pi}{2}$,$R \approx r - y_s \sin\theta$,辐射场为

$$E_E = E_\theta = \frac{\mathrm{j}k}{4\pi r} \mathrm{e}^{-\mathrm{j}kr}(1+\cos\theta) \int_S E_y(x_s, y_s)\, \mathrm{e}^{\mathrm{j}ky_s \sin\theta} \mathrm{d}x_s \mathrm{d}y_s \quad (7-1-7)$$

对于 H 面(xoz 平面),$\varphi = 0$,$R \approx r - x_s \sin\theta$,辐射场为

$$E_H = E_\varphi = \frac{\mathrm{j}k}{4\pi r} \mathrm{e}^{-\mathrm{j}kr}(1+\cos\theta) \int_S E_y(x_s, y_s)\, \mathrm{e}^{\mathrm{j}kx_s \sin\theta} \mathrm{d}x_s \mathrm{d}y_s \quad (7-1-8)$$

式(7-1-7)和式(7-1-8)是计算平面口径辐射场的常用公式。只要给定口径面的形状和口径面上的场分布,就可以求得两个主平面的辐射场,分析其方向性变化规律。

2. 平面口径的方向系数

平面口径的方向系数可由式 $D = \frac{r^2 \left| E_{\max} \right|^2}{60 P_r}$ 求得。对于图7-3所示的平面口径,其最大辐射方向位于 z 轴,即 $\theta = \varphi = 0$。由式(7-1-7)或是式(7-1-8)可知,电场的最大值为

$$\left| E_{\max} \right| = \left| \frac{\mathrm{j}k}{4\pi r} 2 \int_S E_y(x_s, y_s) \mathrm{d}x_s \mathrm{d}y_s \right| = \frac{1}{r\lambda} \left| \int_S E_y(x_s, y_s) \mathrm{d}x_s \mathrm{d}y_s \right| \quad (7-1-9)$$

式中,P_r 为天线辐射功率,即整个口径面向空间辐射的功率,其计算公式为

$$P_r = \mathrm{Re}\left[\int_S \frac{1}{2} E_a \times H_a^* \cdot \mathrm{dS} \right] = \frac{1}{240\pi} \int_S \left| E_y(x_s, y_s) \right|^2 \mathrm{d}x_s \mathrm{d}y_s \quad (7-1-10)$$

于是,方向系数 D 可以表示为

$$D = \frac{4\pi}{\lambda^2} \frac{\left| \int_S E_y(x_s, y_s) \mathrm{d}x_s \mathrm{d}y_s \right|^2}{\int_S \left| E_y(x_s, y_s) \right|^2 \mathrm{d}x_s \mathrm{d}y_s} \quad (7-1-11)$$

定义面积利用系数为

$$\nu = \frac{\left| \int_S E_y(x_s, y_s) \mathrm{d}x_s \mathrm{d}y_s \right|^2}{S \int_S \left| E_y(x_s, y_s) \right|^2 \mathrm{d}x_s \mathrm{d}y_s} \quad (7-1-12)$$

当口径均匀分布时(口径场处处等幅同相),面积利用系数 $\nu = 1$,取最大值。当口径不均

匀分布(如口径场不等幅分布或口径场不同相分布)时,ν 值都小于1。因此,ν 值大小反映了口径场分布的均匀程度。口径场分布越均匀,ν 值越大。

引入面积利用系数后,式(7-1-11)可改写为

$$D=\frac{4\pi}{\lambda^2}S\nu \tag{7-1-13}$$

7.1.2 同相平面口径辐射

1. 矩形同相平面口径辐射

采用如图7-4所示的坐标系,矩形口径位于 $z=0$ 平面,口径沿 x 方向的边长为 a,沿 y 方向的边长为 b。假设口径场分布函数为 $E_a=e_yE_y(x_s,y_s)$,口径场向 $+z$ 方向传播,它在观测点 $M(r,\theta,\varphi)$ 产生的辐射场可以用式(7-1-4)和式(7-1-5)求得。

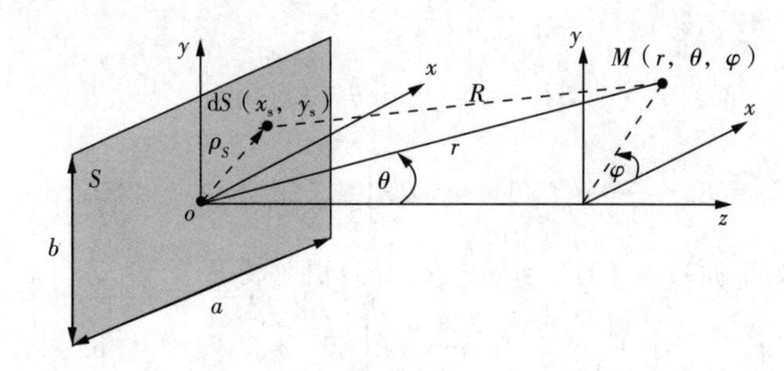

图7-4　矩形平面口径坐标系

对于 E 面(yoz 平面),辐射场为

$$E_E=E_\theta=\mathrm{j}\,\frac{1}{2r\lambda}(1+\cos\theta)\mathrm{e}^{-\mathrm{j}kr}\int_{-a/2}^{a/2}\mathrm{d}x_s\int_{-b/2}^{b/2}E_y(x_s,y_s)\mathrm{e}^{\mathrm{j}ky_s\sin\theta}\mathrm{d}y_s \tag{7-1-14}$$

对于 H 面(xoz 平面),辐射场为

$$E_H=E_\varphi=\mathrm{j}\,\frac{1}{2r\lambda}(1+\cos\theta)\mathrm{e}^{-\mathrm{j}kr}\int_{-b/2}^{b/2}\mathrm{d}y_s\int_{-a/2}^{a/2}E_y(x_s,y_s)\mathrm{e}^{\mathrm{j}kx_s\sin\theta}\mathrm{d}x_s \tag{7-1-15}$$

1) $E_a=e_yE_0$(E_0 为常数)

当口径场均匀分布时,引入如下变量:

$$\begin{cases}\psi_1=\dfrac{1}{2}kb\sin\theta\\[2ex]\psi_2=\dfrac{1}{2}ka\sin\theta\end{cases} \tag{7-1-16}$$

则两主平面的方向函数为

$$\begin{cases}F_E=\left|\dfrac{(1+\cos\theta)}{2}\cdot\dfrac{\sin\psi_1}{\psi_1}\right|\\[2ex]F_H=\left|\dfrac{(1+\cos\theta)}{2}\cdot\dfrac{\sin\psi_2}{\psi_2}\right|\end{cases} \tag{7-1-17}$$

从式(7-1-17)可以看出,上述 E 面和 H 面的方向图函数在形式上非常相似。对于 $a=3\lambda$、$b=2\lambda$ 的均匀分布矩形口径,其 H 面方向图如图7-5所示。可见,口径天线的方向图仍可表示成“单元”天线(惠更斯元)方向图与“阵因子”方向图 F_a 的乘积。只是这里的天线阵是

由若干惠更斯元组成的连续阵。

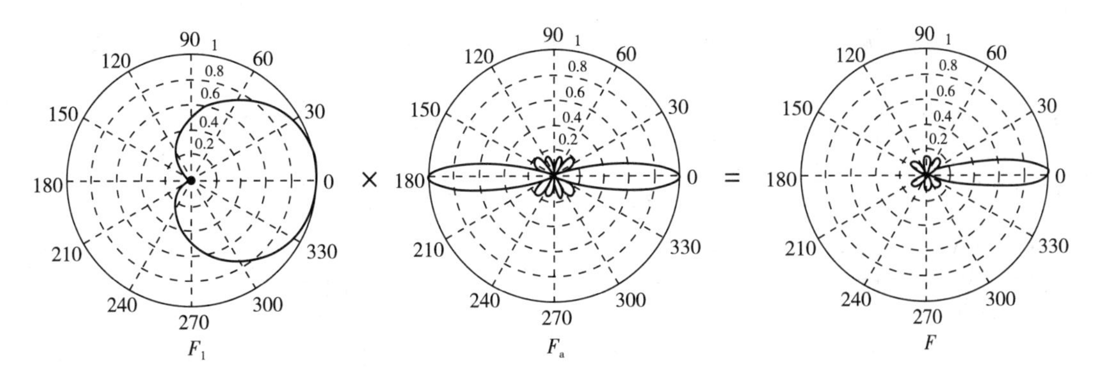

图 7-5　均匀分布矩形口径的 H 面方向图($a=3\lambda$, $b=2\lambda$)

对于 $a=3\lambda$、$b=2\lambda$ 的均匀分布矩形口径，其三维立体方向图如图 7-6 所示，它的主瓣指向口径面的方向。

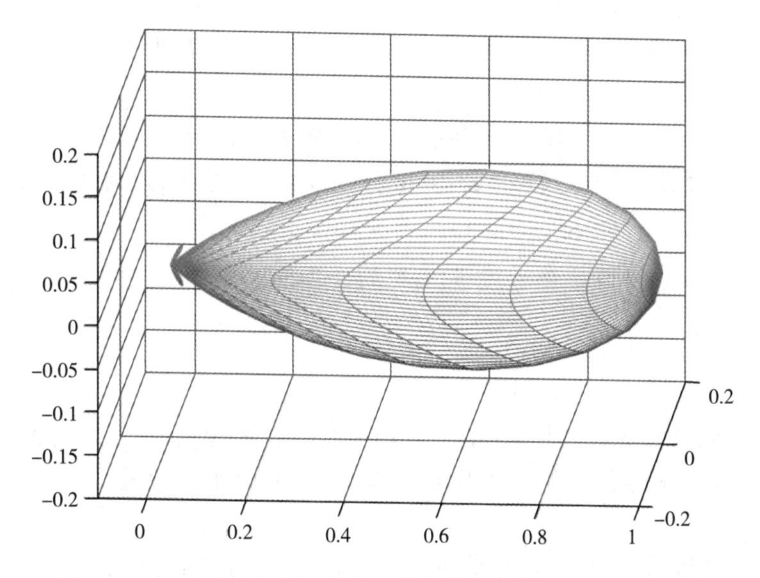

图 7-6　均匀分布矩形口径的三维立体方向图($a=3\lambda$, $b=2\lambda$)

口径天线的方向图主要由阵因子函数决定。对于均匀分布矩形口径而言，其阵因子函数形式为 $F_a(u)=\dfrac{\sin u}{u}$, $u=\dfrac{ka}{2}\sin\theta$ 或 $u=\dfrac{kb}{2}\sin\theta$。图 7-7 给出了 $F_a(u)$ 随变量 u 变化的直角坐标方向图。由图可以方便地求出阵因子函数的半功率点波瓣宽度($HPBW$)为

$$\begin{cases} F_a(u=1.39)=0.707 \\ \dfrac{ka}{2}\sin\theta_{0.5H}=1.39 \\ \dfrac{kb}{2}\sin\theta_{0.5E}=1.39 \end{cases} \tag{7-1-18}$$

$$(HPBW)_E=2\theta_{0.5,E}=2\arcsin\left(1.39\,\frac{\lambda}{\pi b}\right)\approx 0.89\,\frac{\lambda}{b}=51°\,\frac{\lambda}{b} \tag{7-1-19}$$

$$(HPBW)_H = 2\theta_{0.5,H} = 2\arcsin\left(1.39\frac{\lambda}{\pi a}\right) \approx 0.89\frac{\lambda}{a} = 51^\circ\frac{\lambda}{a} \tag{7-1-20}$$

此结果与 N 元等幅同相均匀直线阵的结果相同。

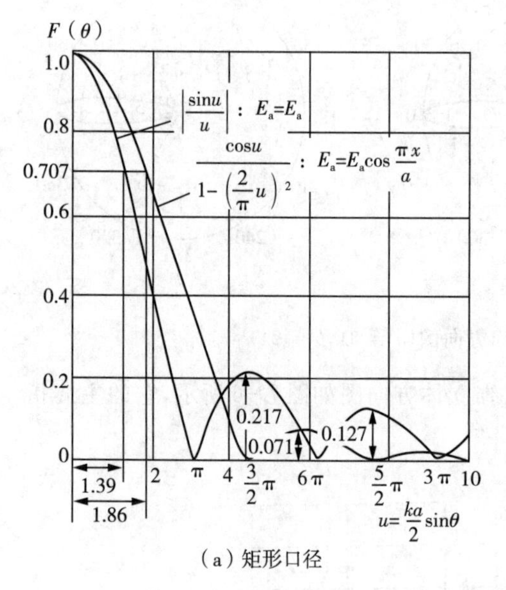

(a) 矩形口径

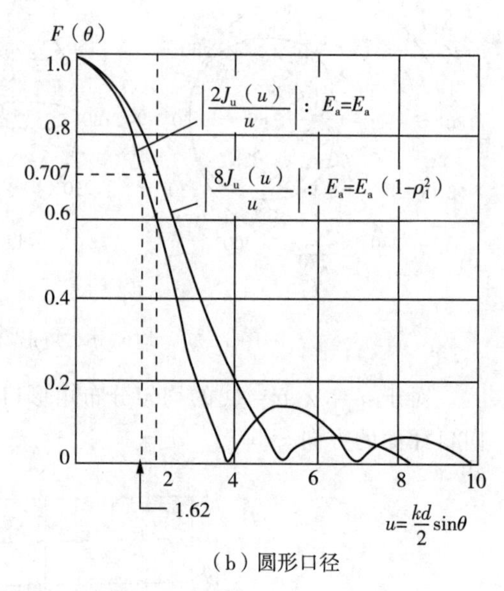

(b) 圆形口径

图 7-7　同相口径的阵因子方向图

由图 7-7 易知，第一旁瓣为最高副瓣，因此口径面阵因子函数的副瓣电平为

$$SLL = 20\lg(0.217) = -13.2(\text{dB}) \tag{7-1-21}$$

方向系数可由式(7-1-11)求出。注意：对于均匀分布的口径面天线而言，其面积利用系数 $\nu = 1$。

2) $E_a = e_y E_0 \cos\frac{\pi x_s}{a}$

对于满足余弦分布的口径场，它沿 x 方向成余弦分布，但沿 y 方向仍为均匀分布。在实际应用中，这种分布是存在的。工作在 TE_{10} 模式下的矩形波导的波导口就满足这种分布。

将余弦分布函数代入 H 面(xoz 平面)的场强计算表达式中，可得

$$E_\varphi = \frac{jE_0}{2\lambda r}e^{-jkr}(1+\cos\theta)\int_{-a/2}^{a/2}\cos\left(\frac{\pi x_s}{a}\right)e^{jkx_s\sin\theta}dx_s\int_{-b/2}^{b/2}dy_s \tag{7-1-22}$$

$$= \frac{jE_0 ab}{2\lambda r}e^{-jkr}(1+\cos\theta)\frac{\cos\left(\frac{ka}{2}\sin\theta\right)}{1-\left(\frac{2}{\pi}\frac{ka}{2}\sin\theta\right)^2} \tag{7-1-23}$$

H 面方向图函数为

$$F_H(\theta) = (1+\cos\theta)\frac{\cos\left(\frac{ka}{2}\sin\theta\right)}{1-\left(\frac{2}{\pi}\frac{ka}{2}\sin\theta\right)^2} \tag{7-1-24}$$

图 7-7(a)也给出了余弦分布时阵因子函数的直角方向图。由图易知，H 面的半功率点波瓣宽度和旁瓣电平为

$$(HPBW)_H = 2\theta_{0.5,H} = 2\arcsin\left(1.86\frac{\lambda}{\pi a}\right) \approx 1.18\frac{\lambda}{a} = 68^\circ\frac{\lambda}{a} \qquad (7-1-25)$$

$$SLL = 20\lg(0.071) = -23(\mathrm{dB}) \qquad (7-1-26)$$

由上分析可知，在 H 面，口径场呈余弦分布，这是一种非均匀分布。这种非均匀分布可以降低旁瓣电平，但付出的代价是主瓣宽度展宽了一些。这给波束设计提供了一种思路，即通过非均匀分布的口径场设计来获得降低旁瓣电平的目的。

由于在 E 面（yoz 平面），口径场仍是均匀分布的，因此可以通过式(7-1-19)～式(7-1-21)计算 E 面阵因子函数的半功率点波瓣宽度和旁瓣电平。

将余弦分布代入式(7-1-12)，可求出面积利用系数为

$$\nu = \frac{\left|\int_{-a/2}^{a/2} E_0\cos\left(\frac{\pi x_s}{a}\right)\mathrm{d}x_s\int_{-b/2}^{b/2}\mathrm{d}y_s\right|^2}{ab\int_{-a/2}^{a/2}\left|E_0\cos\left(\frac{\pi x_s}{a}\right)\right|^2\mathrm{d}x_s\int_{-b/2}^{b/2}\mathrm{d}y_s} = \frac{\left|\frac{a}{\pi}2b\right|^2}{ab\,\frac{a}{2}b} = \frac{8}{\pi^2} = 0.81 \qquad (7-1-27)$$

于是，方向系数为

$$D = \frac{4\pi}{\lambda^2}(ab)\left(\frac{8}{\pi^2}\right) \qquad (7-1-28)$$

2. 圆形同相平面口径辐射

1) 均匀分布圆形口径

在实际应用中，经常有圆形口径（Circular Aperture）的天线。若对圆形口径建立如图 7-8 所示的柱坐标系，则直角坐标(x_s, y_s)与极坐标(ρ_s, φ_s)的关系式为

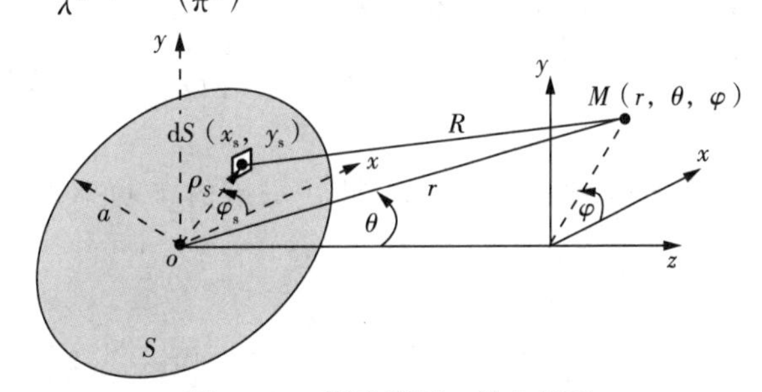

图 7-8　圆形平面口径坐标系

$$\begin{cases} x_s = \rho_s\cos\varphi_s \\ y_s = \rho_s\sin\varphi_s \end{cases} \qquad (7-1-29)$$

因而有 $x_s\sin\theta\cos\varphi + y_s\sin\theta\sin\varphi = \rho_s\sin\theta\cos(\varphi-\varphi_s)$，$\mathrm{d}S = \mathrm{d}x_s\mathrm{d}y_s = \rho_s\mathrm{d}\rho_s\mathrm{d}\varphi_s$。

将上述关系式代入式(7-1-6)可得到口径场为 $E = e_yE_y(\rho_s,\varphi_s)$ 的圆形口径的远区场：

$$E_M = \frac{\mathrm{j}k}{4\pi r}\mathrm{e}^{-\mathrm{j}kr}(1+\cos\theta)\int_0^a\int_0^{2\pi}E_y(\rho_s,\varphi_s)\,\mathrm{e}^{\mathrm{j}k\rho_s\sin\theta\cos(\varphi-\varphi_s)}\rho_s\mathrm{d}\rho_s\mathrm{d}\varphi_s \qquad (7-1-30)$$

为方便起见，令

$$\begin{cases} C = \frac{\mathrm{j}}{2r\lambda}\mathrm{e}^{-\mathrm{j}kr}(1+\cos\theta) \\ \rho_1 = \frac{\rho_s}{a} \\ u = ka\sin\theta \end{cases} \qquad (7-1-31)$$

则式(7-1-30)改写为

$$E_M = Ca^2\int_0^1\int_0^{2\pi}E_y(\rho_s,\varphi_s)\,\mathrm{e}^{\mathrm{j}u\rho_1\cos(\varphi-\varphi_s)}\rho_1 d\rho_1\mathrm{d}\varphi_s \qquad (7-1-32)$$

当圆形口径场为均匀分布($E_y = E_0 =$ 常量)时，它在远区产生的辐射场具有轴对称特性。因此，无论对 E 面还是 H 面，均有(这里取 $\varphi = 0$)

$$E_M = CE_0 a^2 \int_0^1 \int_0^{2\pi} e^{ju\rho_1 \cos\varphi_s} \rho_1 \mathrm{d}\rho_1 \mathrm{d}\varphi_s \tag{7-1-33}$$

计算此积分需要用到贝塞尔函数的下列积分公式：

$$\begin{cases} \int_0^{2\pi} e^{jx\cos\varphi} \cos n\varphi \mathrm{d}\varphi = j^n 2\pi J_n(x) \\ \int_0^{2\pi} e^{jx\cos\varphi} \mathrm{d}\varphi = 2\pi J_0(x) \end{cases} \tag{7-1-34}$$

$$\begin{cases} \int_0^x x^n J_{n-1}(x) \mathrm{d}x = x^n J_n(x) \\ \int_0^x x J_0(x) \mathrm{d}x = x J_1(x) \end{cases} \tag{7-1-35}$$

利用以上性质，式(7-1-33)可整理为

$$E_M = CE_0 a^2 2\pi \int_0^1 \rho_1 J_0(u\rho_1) \mathrm{d}\rho_1 = CE_0 a^2 2\pi \left[\frac{1}{u^2}(u\rho_1) J_1(u\rho_1)\right]_0^1 = 2CE_0(\pi a^2) \frac{J_1(u)}{u} \tag{7-1-36}$$

其空间因子的归一化函数为

$$F(u) = \frac{2J_1(u)}{u} \tag{7-1-37}$$

依据$\frac{2J_1(u_{0.5})}{u_{0.5}} = 0.707$求其主瓣的半功率点波瓣宽度。从图 7-7(b) 中可以查得 $u_{0.5} = 1.62$，则

$$HPBW = 2\theta_{0.5} = 2\arcsin\left(1.62\frac{\lambda}{2\pi a}\right) \approx 1.02\frac{\lambda}{2a} = 58°\frac{\lambda}{2a} \tag{7-1-38}$$

同理，查图可得其旁瓣电平为

$$SLL = 20\lg 0.131 = -17.6(\mathrm{dB}) \tag{7-1-39}$$

同均匀分布矩形口径一样，它的面积利用系数 $\nu = 1$。

同样都是均匀分布，等口径大小矩形口径远区场的主瓣比圆形口径的窄一些，但旁瓣电平比圆形口径的高，结合图 7-9($d=2a$)可以解释出现这种情况的原因。对于同相分布口径而言，其主瓣方向位于面的法线方向，假设在法线方向远区有一点 P。前面已经假设口径场沿e_y方向分布，因此 E 面为 yoz 平面，H 面为 xoz 平面。以 H 面的辐射场来解释这种情况：由于在口径面上沿等 x 直线分布的惠更斯元到点 P 处没有波程差，它们可用位于 x 轴处的一个惠更斯元代替，该等效惠更斯元的强度等于沿该直线的全部惠更斯元强度之和。于是，整个口径在 H 面的辐射就等效为所有这些惠更斯元沿 x 轴组成的等效直线阵在该平面的辐射。如图 7-9(a) 所示，矩形口径的等效直线阵是均匀分布的；圆形口径的等效直线阵的强度分布则是由中央向两边渐降[见图 7-9(b)]，因而前者主瓣窄但旁瓣高，后者主瓣展宽但旁瓣低。

这一结果表明，当口径场均匀分布时，改变天线口径形状可以降低其对应平面方向图的旁瓣电平。

2) 渐降分布圆形口径

对于口径场分布沿半径方向呈锥削状分布的圆形口径，口径场分布一般拟合为

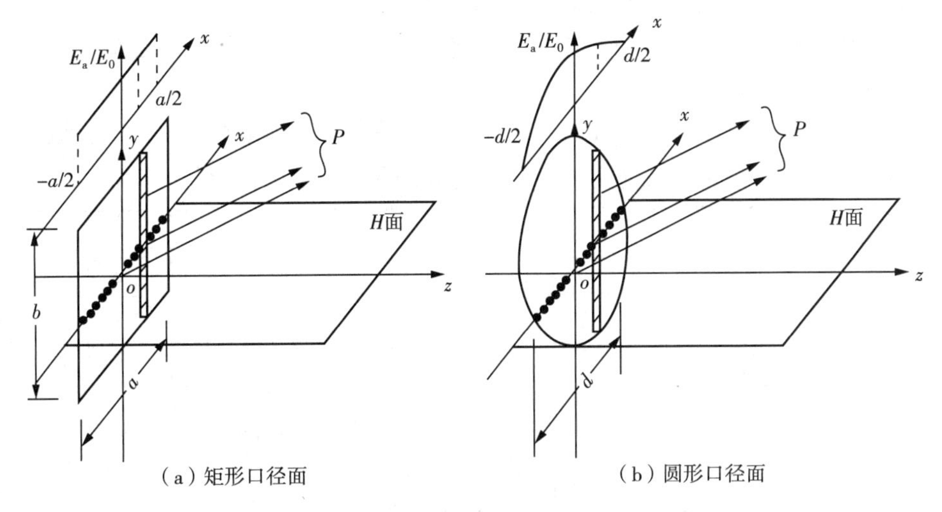

（a）矩形口径面　　（b）圆形口径面

图 7-9　矩形和圆形口径在 H 面的等效直线阵

$$E_y = E_0\left[1-\left(\frac{\rho_s}{a}\right)^2\right]^P \tag{7-1-40}$$

式中，指数 P 反映了振幅由口径中心向边缘渐降衰减的快慢程度，P 值越大，衰减越快。抛物反射面天线口径上的场分布与 $P=1$ 时口径场分布较为接近。

将式(7-1-40)代入式(7-1-32)可求得其远区场为

$$E_M = CE_0a^2\int_0^1\int_0^{2\pi}(1-\rho_1^2)\,e^{ju\rho_1\cos(\varphi-\varphi_s)}\rho_1\,d\rho_1\,d\varphi_s \tag{7-1-41}$$

这里已经考虑到口径分布的轴对称性，因此取 $\varphi=0$。引用贝塞尔函数的积分性质，式(7-1-41)可整理为

$$\begin{aligned}E_M &= CE_0a^2 2\pi\int_0^1(1-\rho_1^2)\rho_1 J_0(u\rho_1)\,d\rho_1\\ &= CE_0(\pi a^2)\,2\left\{\left[(1-\rho_1^2)\frac{1}{u^2}(u\rho_1)J_1(u\rho_1)\right]_0^1+\int_0^1\frac{1}{u^2}(u\rho_1)J_1(u\rho_1)\,2\rho_1\,d\rho_1\right\}\\ &= CE_0(\pi a^2)\frac{2}{u^4}(u\rho_1)^2J_2(u\rho_1)\Big|_0^1\\ &= CE_0(\pi a^2)\frac{4J_2(u)}{u^2}\end{aligned} \tag{7-1-42}$$

其空间因子的归一化值为

$$f(u)=\frac{8J_2(u)}{u^2} \tag{7-1-43}$$

从图 7-7(b) 中可以查得，式(7-1-43)取 0.707 时对应的 u 值为 $u_{0.5}=2.0$，因此其半功率点波瓣宽度为

$$HPBW = 2\theta_{0.5} = 2\arcsin\left(2.0\,\frac{\lambda}{2\pi a}\right)\approx 1.27\,\frac{\lambda}{2a}=73^\circ\,\frac{\lambda}{2a} \tag{7-1-44}$$

旁瓣电平为

$$SLL = 20\lg 0.059 = -24.6(\text{dB}) \tag{7-1-45}$$

应用式(7－1－12)可计算出当前口径场分布的面积利用系数为$\nu=0.75$。

这说明，当圆形口径分布从中心向边缘渐降时，其半功率点波瓣宽度变宽，旁瓣电平降低，面积利用系数减小。

表7－1列出了不同口径形状对应的口径场分布情况及其辐射场的方向图参数。

表7－1　同相口径辐射特性一览表

口径形状	口径场分布	$2\theta_{0.5}$/弧度	SLL/dB	ν	方向函数
矩形	$E_y=E_0$	E面：$0.89\dfrac{\lambda}{b}$	－13.2	1	E面：$\left\|\dfrac{\sin\psi_1}{\psi_1}\right\|$
		H面：$0.89\dfrac{\lambda}{a}$	－13.2		H面：$\left\|\dfrac{\sin\psi_2}{\psi_2}\right\|$
	$E_y=E_0\cos\dfrac{\pi x_s}{a}$	E面：$0.89\dfrac{\lambda}{b}$	－23.0	0.81	E面：$\left\|\dfrac{\sin\psi_1}{\psi_1}\right\|$
		H面：$1.18\dfrac{\lambda}{a}$			H面：$\left\|\dfrac{\cos\psi_2}{1-\left(\dfrac{2}{\pi}\psi_2\right)^2}\right\|$
圆形	$E_y=E_0\left[1-\left(\dfrac{\rho_s}{a}\right)^2\right]^P$	$P=0$　$1.02\dfrac{\lambda}{2a}$	－17.6	1	$\left\|\dfrac{2J_1(\psi_3)}{\psi_3}\right\|$
		$P=1$　$1.27\dfrac{\lambda}{2a}$	－24.6	0.75	$\left\|\dfrac{8J_2(\psi_3)}{\psi_3^2}\right\|$
		$P=2$　$1.47\dfrac{\lambda}{2a}$	－30.6	0.56	$\left\|\dfrac{48J_3(\psi_3)}{\psi_3^3}\right\|$
	$E_y=E_0\left\{0.3+0.7\left[1-\left(\dfrac{\rho_s}{a}\right)^2\right]^P\right\}$	$P=0$　$1.02\lambda/(2a)$	－17.6	1	
		$P=1$　$1.14\lambda/(2a)$	－22.4	0.91	
		$P=2$　$1.72\lambda/(2a)$	－27.5	0.87	

综合所述，对于同相口径场而言，可归纳出如下重要结论：

(1) 平面同相口径的最大辐射方向一定位于口径面的法线方向；

(2) 在口径场分布规律一定的情况下，口径的电尺寸越大，主瓣越窄，方向系数越大；

(3) 当口径电尺寸一定时，口径场分布越均匀，其面积利用系数越大，方向系数越大，但是副瓣电平越高；

(4) 口径辐射的副瓣电平和面积利用系数只取决于口径场的分布情况，而与口径的电尺寸无关。

7.1.3　相位偏移对口径辐射场的影响

因天线制造或安装的技术误差，或者为了得到特殊形状的波束或实现电扫描功能，口径场的相位分布常常按一定的规律分布，这属于非同相平面口径的情况。

假设口径场振幅分布仍然均匀，则常见的口径场相位偏移有如下几种：

(1) 直线律相位偏移,口径场分布为

$$E_y = E_0 e^{-j\frac{2x_s}{a}\varphi_m} \tag{7-1-46}$$

(2) 平方律相位偏移,口径场分布为

$$E_y = E_0 e^{-j\left(\frac{2x_s}{a}\right)^2\varphi_m} \tag{7-1-47}$$

(3) 立方律相位偏移,口径场分布为

$$E_y = E_0 e^{-j\left(\frac{2x_s}{a}\right)^3\varphi_m} \tag{7-1-48}$$

直线律相位偏移相当于一平面波倾斜投射到平面口径上,平方律相位偏移相当于球面波或柱面波的投射。图 7-10 ~ 图 7-12 分别给出了以上三种情况的矩形口径方向图。从图可以看出,直线律相位偏移带来了最大辐射方向的偏移,可以利用此特点产生电扫描效应;平方律相位偏移带来了零点模糊、主瓣展宽、主瓣分裂及方向系数下降,在天线设计中应力求避免;立方律相位偏移不仅产生了最大辐射方向偏转,而且还会导致方向图不对称,在主瓣的一侧产生较大的副瓣,对于雷达而言,此种情况极易混淆目标。

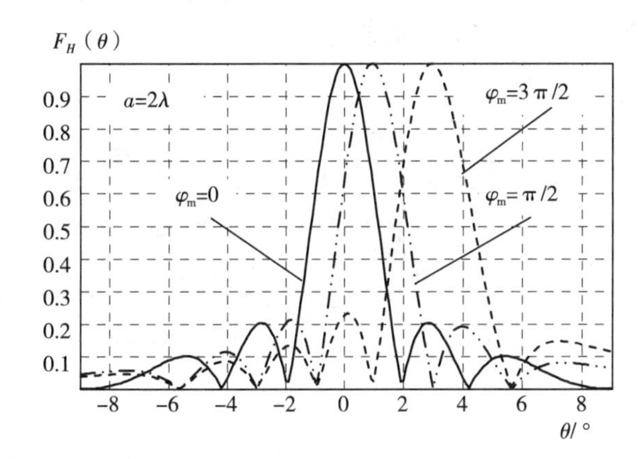

图 7-10　直线律相位偏移的矩形口径方向图

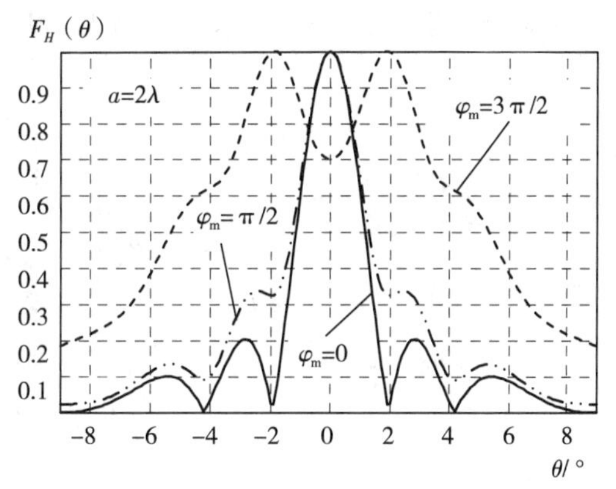

图 7-11　平方律相位偏移的矩形口径方向图

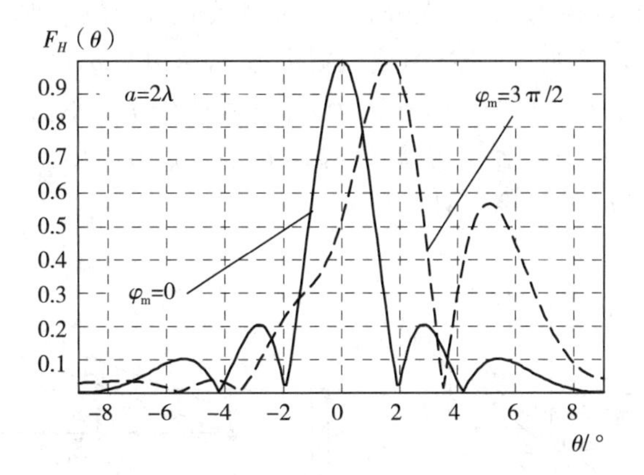

图 7-12　立方律相位偏移的矩形口径方向图

应该指出,实际天线口径的相位偏移往往比较复杂,其理论也比较困难,但是计算机的数值分析易于实现,因此在面天线的设计中,计算机辅助设计显得尤为重要。

7.2 喇叭天线

喇叭天线(Horn Antennas)是较广泛使用的微波天线之一。它的出现与早期应用可追溯到19世纪后期。喇叭天线除了大量作为反射面天线的馈源以外，也是相控阵天线的常用单元，还可以作为对其他高增益天线进行校准和增益测试的通用标准。它的优点是具有结构简单、馈电简便、频带较宽、功率容量大和高增益的整体性能。

喇叭天线由逐渐张开的波导构成。如图7-13所示，逐渐张开的过渡段既可以保证波导与空间的良好匹配，又可以获得较大的口径尺寸以加强辐射的方向性。根据口径的形状喇叭天线有矩形喇叭天线和圆形喇叭天线等。图7-13(a)为保持矩形波导的窄边尺寸不变，逐渐展开宽边而得到的 H 面扇形喇叭(H-Plane Sector Horn)；图7-13(b)为保持矩形波导的宽边尺寸不变，逐渐展开窄边而得到的 E 面扇形喇叭(E-Plane Sector Horn)；图7-13(c)为矩形波导的宽边和窄边同时展开而得到的角锥喇叭(Pyramidal Horn)；图7-13(d)为圆波导逐渐展开形成的圆锥喇叭。因为喇叭天线是反射面天线的常用馈源，它的性能直接影响反射面天线的整体性能，所以喇叭天线还有很多其他的改进型。

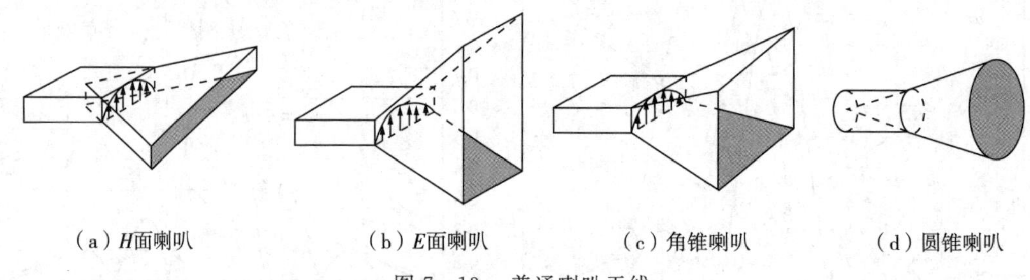

(a) H面喇叭　(b) E面喇叭　(c) 角锥喇叭　(d) 圆锥喇叭

图7-13　普通喇叭天线

7.2.1 角锥喇叭

角锥喇叭天线
Feko建模方法

1. 角锥喇叭的口径场

在分析角锥喇叭的口径场之前，先分析 H 面喇叭的口径场。对于如图7-14(a)所示的 H 面喇叭，其波导横截面宽边为 a，窄边为 b，张开后喇叭口宽边变为 a_h，窄边不变。如图7-14(b)所示，在喇叭的 xoz 平面上，窄边反向延迟线交于点 o'，o' 与口径面的垂直距离 $o'o=L_H$，$o'B=P_H$，x 轴上任意一点 $M(x,0,0)$ 与 o' 的长度 $o'M=R$。

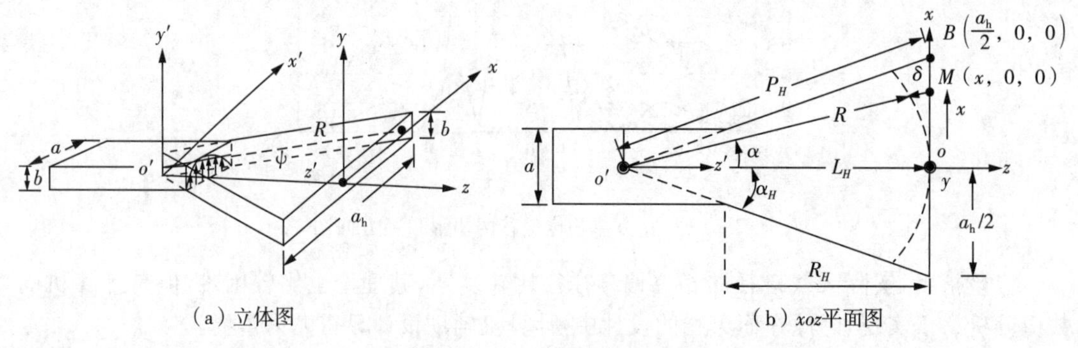

(a) 立体图　(b) xoz平面图

图7-14　H 面喇叭

H 面喇叭的口径场由矩形波导向喇叭口横截面传过来的导行波产生的。通常矩形波导工作在 TE_{10} 这个主模模式下，波导至喇叭段的电力线和磁力线如图 7－15 所示。

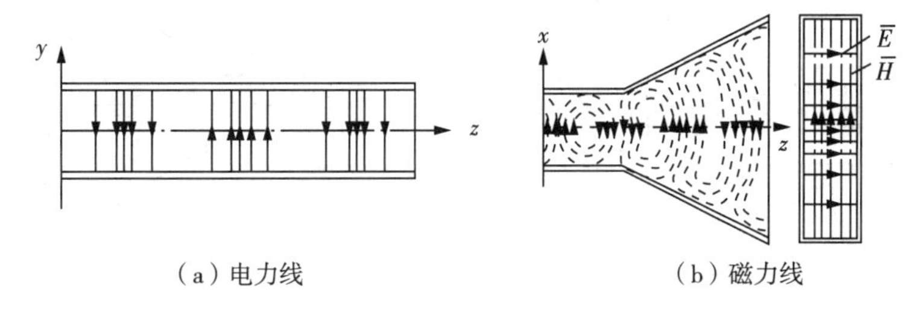

（a）电力线　　（b）磁力线

图 7－15　喇叭剖面电力线、磁力线

由于喇叭是逐渐张开的，因此扇形喇叭内传输的为柱面波，喇叭口径场不再同相分布。图 7－14(b) 中 o' 可视为喇叭天线的相位中心，在直角三角形 $o'oM$ 中，由于 $o'o=L_H$，$o'M=R$，两者之间的路程差以及相应的波长差为

知识链接

角锥喇叭天线近场动画

$$\begin{cases}\delta \approx R-L_H=\dfrac{x^2}{2L_H}\\ \psi^H=k\delta=\dfrac{2\pi}{\lambda}\dfrac{x^2}{2L_H}=\dfrac{\pi}{\lambda}\dfrac{x^2}{L_H}\end{cases} \tag{7-2-1}$$

其最大相位差出现在 $x=\dfrac{a_h}{2}$ 处，其值为

$$\psi_M^H=\frac{\pi}{4}\frac{a_h^2}{\lambda L_H} \tag{7-2-2}$$

在忽略不连续区域和喇叭口径处的反射后，口径场沿 x 方向的振幅分布仍为余弦分布，因此 H 面喇叭的口径场为

$$E=E_0\cos\frac{\pi x}{a_h}e^{-j\frac{\pi}{\lambda}\frac{x^2}{L_H}}e_y \tag{7-2-3}$$

下面接着分析角锥喇叭的口径场。如图 7－16 所示，H 面视图与 H 面喇叭的 H 面相同，因此沿 x 轴上任意一点与中点 o 的相位差仍可由式(7－2－1)计算。而 E 面视图[见图 7－16(c)]在形式上与 H 面视图[见图 7－16(b)]相同，因此沿 y 轴上任意点与中点的相位差可由下式计算：

知识链接

角锥喇叭天线方向图动画

$$\psi^E=\frac{\pi}{\lambda}\frac{y^2}{L_E} \tag{7-2-4}$$

其最大相位差为

$$\psi_M^E=\frac{\pi}{4}\frac{b_h^2}{\lambda L_E} \tag{7-2-5}$$

基于以上分析，角锥喇叭口径面上任意点 (x,y) 与口径中点 o 的相位差可表示为

$$\psi=\frac{\pi}{\lambda}\left(\frac{x^2}{L_H}+\frac{y^2}{L_E}\right) \tag{7-2-6}$$

因此，在一级近似的条件下，喇叭口径上场的相位分布为平方律。口径场的最大相位偏

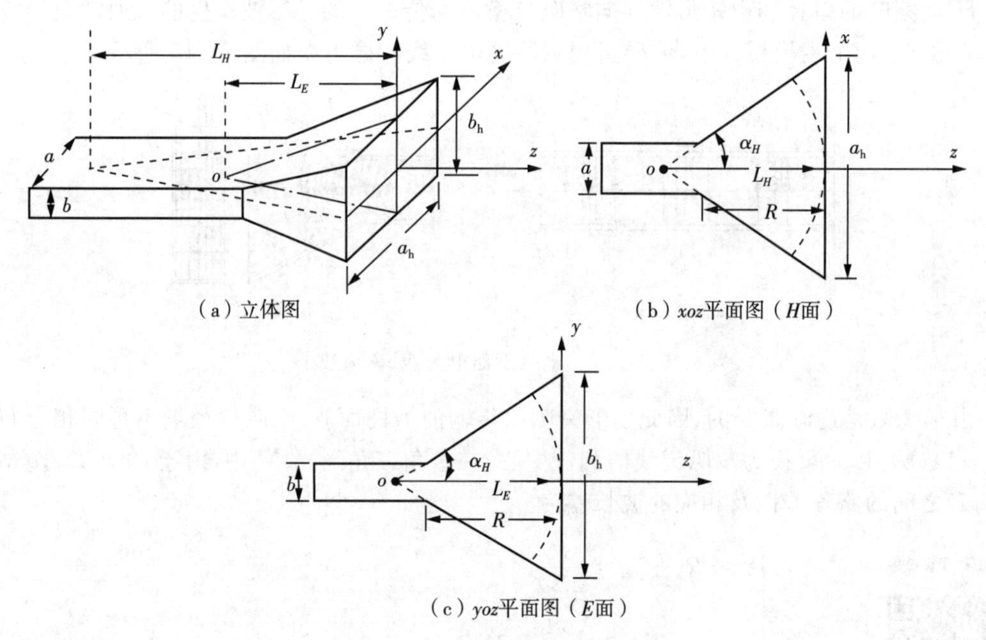

(a) 立体图　　(b) xoz平面图（H面）

(c) yoz平面图（E面）

图 7-16　角锥喇叭的尺寸与坐标

移发生在口径的四个顶点位置$\left(x=\pm\frac{a_h}{2}, y=\pm\frac{b_h}{2}\right)$，最大值为

$$\varphi_m = k\Delta r = \frac{\pi}{4\lambda}\left(\frac{a_h^2}{L_H}+\frac{b_h^2}{L_E}\right) \tag{7-2-7}$$

口径场振幅分布与波导的 TE_{10} 模式波一样，沿 x 轴按余弦分布，沿 y 轴按均匀分布。综合考虑振幅和相位两方面因素，角锥喇叭口径场为

$$\begin{cases} \boldsymbol{E} = E_y\, \boldsymbol{e}_y = E_0 \cos\dfrac{\pi x}{a_h} e^{-j\frac{\pi}{\lambda}\left(\frac{x^2}{L_H}+\frac{y^2}{L_E}\right)}\, \boldsymbol{e}_y \\ \boldsymbol{H} = H_x\, \boldsymbol{e}_x \approx -\dfrac{E_y}{120\pi}\, \boldsymbol{e}_x \end{cases} \tag{7-2-8}$$

2. 角锥喇叭的远区场

研究表明，对于大尺寸喇叭口径，不用考虑喇叭结构的边缘绕射等情况，其远区场可仅用口径场求得。将式(7-2-8)代入式(7-1-6)得

$$E_p = CE_0 \int_{-a_h/2}^{a_h/2} \cos\frac{\pi x}{a_h} e^{-j\left(\frac{\pi}{\lambda}\frac{x^2}{L_H}-kx\sin\theta\cos\varphi\right)}\,dx \int_{-b_h/2}^{b_h/2} e^{-j\left(\frac{\pi}{\lambda}\frac{y^2}{L_E}-ky\sin\theta\sin\varphi\right)}\,dy \tag{7-2-9}$$

式中，$C=\frac{jk}{4\pi r}e^{-jkr}(1+\cos\theta)$。

1) H 面($\varphi=0$，xoz 平面)

代入 $\varphi=0$ 条件，式(7-2-9)简化为

$$E_H = CE_0 \int_{-a_h/2}^{a_h/2} \cos\frac{\pi x}{a_h} e^{-j\left(\frac{\pi}{\lambda}\frac{x^2}{L_H}-kx\sin\theta\right)}\,dx \int_{-b_h/2}^{b_h/2} e^{-j\frac{\pi}{\lambda}\frac{y^2}{L_E}}\,dy \tag{7-2-10}$$

上式中，对 y 的积分值与 θ 角度无关，因此空间因子仅取决于对 x 的积分值。将 H 面的方向图函数记作：

$$f_H(\theta)=\int_{-a_h/2}^{a_h/2}\cos\frac{\pi x}{a_h}e^{-j\left(\frac{\pi}{\lambda}\frac{x^2}{L_H}-kx\sin\theta\right)}dx \tag{7-2-11}$$

上式积分可用菲涅尔积分表示，详细推导过程可见参考文献[20]，下面直接给出结论：

$$f_H(\theta)=\frac{1}{2}\sqrt{\frac{\lambda L_H}{2}}\{e^{j\frac{\pi\lambda L_H}{4}\left(\frac{1}{a_h}+\frac{2\sin\theta}{\lambda}\right)^2}([C(\nu_2)-C(\nu_1)]-j[S(\nu_2)-S(\nu_1)])$$

$$+e^{j\frac{\pi\lambda L_H}{4}\left(\frac{1}{a_h}-\frac{2\sin\theta}{\lambda}\right)^2}([C(\nu_4)-C(\nu_3)]-j[S(\nu_4)-S(\nu_3)])\} \tag{7-2-12}$$

式中，$C(\cdot)$、$S(\cdot)$ 分别表示正弦和余弦菲涅尔积分；ν_1、ν_2、ν_3 和 ν_4 的具体值可见参考文献[20]。

为了便于反映口径面相位差的影响，把式(7-2-2)表示的最大相差用 $2\pi t$ 表示，即

$$\psi_M^H=\frac{\pi}{4}\frac{a_h^2}{\lambda L_H}=2\pi t \tag{7-2-13}$$

式中，$t=\dfrac{a_h^2}{8\lambda L_H}$。

2)E 面($\varphi=90°$，yoz 平面)

代入 $\varphi=90°$ 条件，式(7-2-9)简化为

$$E_E=CE_0\int_{-a_h/2}^{a_h/2}\cos\frac{\pi x}{a_h}e^{-j\frac{\pi}{\lambda}\frac{x^2}{L_H}}dx\int_{-b_h/2}^{b_h/2}e^{-j\left(\frac{\pi}{\lambda}\frac{y^2}{L_E}-kx\sin\theta\right)}dy \tag{7-2-14}$$

同理，E 面方向图函数仅由对 y 求积分项决定，记作：

$$f_E(\theta)=\int_{-b_h/2}^{b_h/2}e^{-j\left(\frac{\pi}{\lambda}\frac{y^2}{L_E}-kx\sin\theta\right)}dy \tag{7-2-15}$$

上式依然可以通过菲涅尔积分求得，详细推导过程可见参考文献[20]，下面直接给出结论：

$$f_H(\theta)=\sqrt{\frac{\lambda L_E}{2}}e^{j\frac{\pi L_H}{2}\sin^2\theta}([C(w_2)-C(w_1)]-j[S(w_2)-S(w_1)]) \tag{7-2-16}$$

式中，w_1、w_2 的具体值可见参考文献[20]。

为了便于反映口径相差的影响，把式(7-2-5)表示的 E 面最大相差用 $2\pi s$ 表示，即

$$\psi_M^E=\frac{\pi}{4}\frac{b_h^2}{\lambda L_E}=2\pi s \tag{7-2-17}$$

式中，$s=\dfrac{b_h^2}{8\lambda L_E}$。

3. 角锥喇叭的方向图

式(7-2-12)和式(7-2-16)分别给出了角锥喇叭天线的 H 面、E 面方向图函数。

根据式(7-2-12)可绘制出以 t 为参量、以 $(a_h/\lambda)\sin\theta$ 为横坐标的 H 面通用方向图，如图7-17所示。图7-17中纵坐标的相对振幅是以无口径相差($t=0$)时的主瓣最大值来归一化的。由图易知，随着 t 增大，即口径场的平方律相位偏移变大，主瓣展宽，旁瓣电平升高，零点消失。

同理，根据式(7-2-16)可绘制出以 s 为参量、以 $(b_h/\lambda)\sin\theta$ 为横坐标的 E 面通用方向图，如图7-18所示。由图易知，随着 s 的增大，最大方向场强下降，主瓣展宽，旁瓣电平升高，

零点消失。

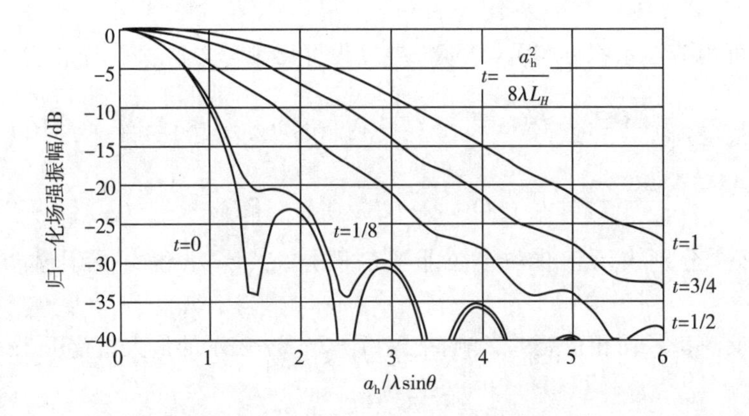

图 7-17　H 面喇叭和角锥喇叭的通用 H 面方向图，不包含因子 $(1+\cos\theta)/2$

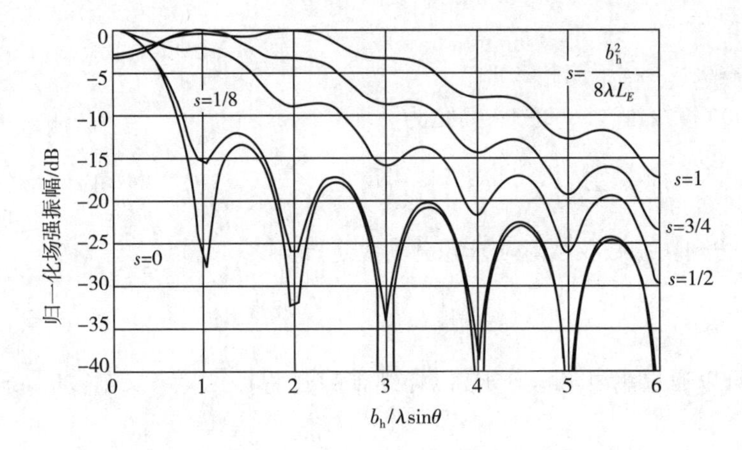

图 7-18　E 面喇叭和角锥喇叭的通用 E 面方向图，不包含因子 $(1+\cos\theta)/2$

4. 角锥喇叭的增益

一般喇叭天线的欧姆损耗较小，因此天线的增益与方向系数相差不大，通常可将方向系数作为增益使用，其计算式为

$$G\approx D=\frac{4\pi}{\lambda^2}a_h b_h \nu \tag{7-2-18}$$

根据面积利用系数 ν 的定义，角锥喇叭的 ν 值计算公式为

$$\nu=\frac{\left|\int_S E_a \mathrm{d}S\right|^2}{S\int_S |E_a|^2 \mathrm{d}S}=\frac{\left|\int_{-a_h/2}^{a_h/2}\cos\frac{\pi x}{a_h}\mathrm{e}^{-\mathrm{j}\frac{\pi}{\lambda}\frac{x^2}{L_H}}\mathrm{d}x\right|^2}{a_h\int_{-a_h/2}^{a_h/2}\left|\cos\frac{\pi x}{a_h}\right|^2\mathrm{d}x}\frac{\left|\int_{-b_h/2}^{b_h/2}\mathrm{e}^{-\mathrm{j}\left(\frac{\pi}{\lambda}\frac{y^2}{L_E}-kx\sin\theta\right)}\mathrm{d}y\right|^2}{b_h\int_{-b_h/2}^{b_h/2}\mathrm{d}y} \tag{7-2-19}$$

或者表示为

$$\nu=\nu_t\nu_{ph}^H\nu_{ph}^E \tag{7-2-20}$$

式中，ν_t 为由口径振幅渐降（Tapered）分布所引起的口径效率；ν_{ph}^H 为由 H 面相位平方律分布所引起的口径效率；ν_{ph}^E 为由 E 面相位平方律分布所引起的口径效率。它们的具体表达式为

$$\begin{cases} \nu_{\mathrm{t}}=\dfrac{\left|\displaystyle\int_{-a_{\mathrm{h}}/2}^{a_{\mathrm{h}}/2}\cos\frac{\pi x}{a_{\mathrm{h}}}\mathrm{d}x\right|^{2}}{a_{\mathrm{h}}\displaystyle\int_{-a_{\mathrm{h}}/2}^{a_{\mathrm{h}}/2}\left|\cos\frac{\pi x}{a_{\mathrm{h}}}\right|^{2}\mathrm{d}x}=\dfrac{8}{\pi^{2}} \\ \nu_{\mathrm{ph}}^{H}=\dfrac{\left|\displaystyle\int_{-a_{\mathrm{h}}/2}^{a_{\mathrm{h}}/2}\cos\frac{\pi x}{a_{\mathrm{h}}}\mathrm{e}^{-\mathrm{j}\frac{\pi}{\lambda}\frac{x^{2}}{L_{H}}}\mathrm{d}x\right|^{2}}{\left|\displaystyle\int_{-a_{\mathrm{h}}/2}^{a_{\mathrm{h}}/2}\cos\frac{\pi x}{a_{\mathrm{h}}}\mathrm{d}x\right|^{2}} \\ \nu_{\mathrm{ph}}^{E}=\dfrac{\left|\displaystyle\int_{-b_{\mathrm{h}}/2}^{b_{\mathrm{h}}/2}\mathrm{e}^{-\mathrm{j}\left(\frac{\pi}{\lambda}\frac{y^{2}}{L_{E}}-kx\sin\theta\right)}\mathrm{d}y\right|^{2}}{b_{\mathrm{h}}\displaystyle\int_{-b_{\mathrm{h}}/2}^{b_{\mathrm{h}}/2}\mathrm{d}y} \end{cases} \tag{7-2-21}$$

式中，ν_{t}、ν_{ph}^{H}、ν_{ph}^{E} 的具体推导过程可见参考文献[20]。

通过积分，可求出角锥喇叭天线的增益为

$$G=\frac{8\pi L_{H}L_{E}}{a_{\mathrm{h}}b_{\mathrm{h}}}\{[C(u)-C(\nu)]^{2}+[S(u)-S(\nu)]^{2}\}[C^{2}(w)+S^{2}(w)] \tag{7-2-22}$$

式中，$u=2\sqrt{t}-\dfrac{1}{4\sqrt{t}}$；$\nu=-2\sqrt{t}-\dfrac{1}{4\sqrt{t}}$；$w=2\sqrt{s}$。

增益 G 又可写作：

$$G=\frac{\pi}{32}\left(\frac{\lambda}{b}D_{H}\right)\left(\frac{\lambda}{a}D_{E}\right) \tag{7-2-23}$$

式中，D_H 为口径面积为 $a_{\mathrm{h}}b$ 的 H 面扇形喇叭天线的方向系数，$D_{H}=\dfrac{b}{\lambda}\dfrac{32}{\pi}\left(\dfrac{a_{\mathrm{h}}}{\lambda}\right)\nu_{\mathrm{ph}}^{H}=\dfrac{4\pi}{\lambda^{2}}a_{\mathrm{h}}b\nu_{\mathrm{t}}\nu_{\mathrm{ph}}^{H}$；$D_E$ 为口径面积为 ab_{h} 的 E 面扇形喇叭天线的方向系数，$D_{E}=\dfrac{a}{\lambda}\dfrac{32}{\pi}\left(\dfrac{b_{\mathrm{h}}}{\lambda}\right)\nu_{\mathrm{ph}}^{E}=\dfrac{4\pi}{\lambda^{2}}ab_{\mathrm{h}}\nu_{\mathrm{t}}\nu_{\mathrm{ph}}^{E}$；$(\lambda/b)D_{H}$ 和 $(\lambda/a)D_{E}$ 分别为角锥喇叭的 H 面尺寸和 E 面尺寸对其增益的贡献。

按照上式计算的增益值可绘制增益曲线图。图 7-19 是以 L_H/λ 为参数，$(\lambda/b)D_H$ 对 a_{h}/λ 的曲线族；图 7-20 是以 L_E/λ 为参数，$(\lambda/a)D_E$ 对 b_{h}/λ 的曲线族。

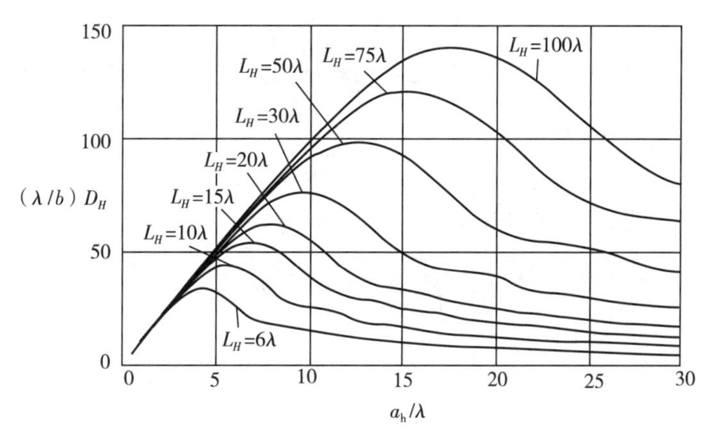

图 7-19　H 面喇叭和角锥喇叭的通用 H 面的方向系数

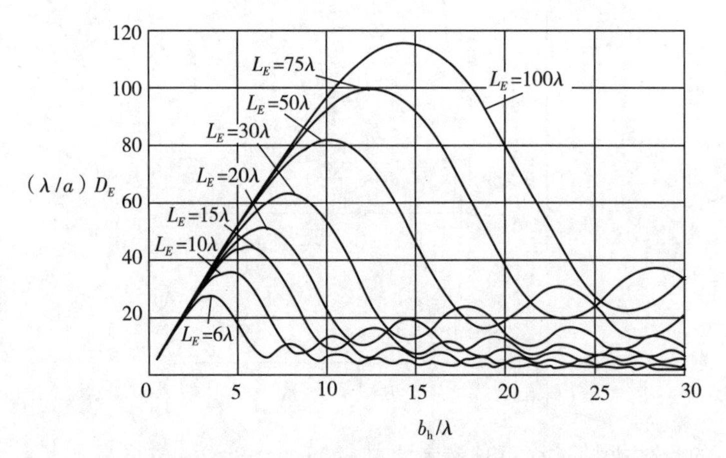

图 7-20　E 面喇叭和角锥喇叭的通用 E 面的方向系数

经分析，可得出以下结论：

(1) 对于 H 面扇形喇叭，从图 7-19 可以看出，对于每个给定的长度 L_H，随着口径尺寸 a_h 的增大，方向系数值 D_H 先随着口径面积($a_h b$)的增大而增大，但当口径尺寸增大到超过某定值后，口径面积的增大已经无法抵消由口径场不均匀所引起的面积利用系数 ν_{ph}^H 值的下降，此时方向系数随之减小。每一个峰值对应的 a_h/λ 称为当前 L_H 条件下的最佳喇叭尺寸，即

$$a_{hopt}=\sqrt{3\lambda L_H} \tag{7-2-24}$$

例如，对于图中 $L_H=100\lambda$ 的曲线，峰值点处 $a_h\approx 17.3\lambda$。

当方向系数取峰值时，H 面相差参数 t 的最佳值为

$$t_{opt}=\frac{a_{hopt}^2}{8\lambda L_H}=\frac{3}{8} \tag{7-2-25}$$

此时 H 面相差的最大值为

$$\psi_M^H=2\pi t_{opt}=\frac{3\pi}{4} \tag{7-2-26}$$

对于最佳 H 面喇叭尺寸，可求得 $\nu_{ph}^H=0.79$，于是面积利用系数 $\nu=\nu_t\nu_{ph}^H=\frac{8}{\pi^2}0.79\approx 0.64$。

(2) 对于 E 面扇形喇叭，从图 7-20 可看到相同现象。对于给定的 L_E，D_E 取最大值的最佳口径尺寸 b_h 约为

$$b_{hopt}=\sqrt{2\lambda L_E} \tag{7-2-27}$$

此时对应的 E 面相差参数和 E 面相差的最大值分别为

$$\begin{cases} s_{opt}=\dfrac{b_h^2}{8\lambda L_E}=\dfrac{1}{4}=0.25 \\ \psi_M^E=2\pi s_{opt}=\dfrac{\pi}{2} \end{cases} \tag{7-2-28}$$

对于最佳 E 面喇叭尺寸，可求得 $\nu_{ph}^E=0.80$，于是面积利用系数 $\nu=\nu_t\nu_{ph}^E=\frac{8}{\pi^2}0.80$

≈ 0.64。

(3) 对于角锥喇叭天线，当长度 L_H、L_E 确定后，喇叭的最佳尺寸为

$$\begin{cases} a_{\text{hopt}} = \sqrt{3\lambda L_H} \\ b_{\text{hopt}} = \sqrt{2\lambda L_E} \end{cases} \tag{7-2-29}$$

对于最佳角锥喇叭天线，$\nu = \nu_t \nu_{\text{ph}}^H \nu_{\text{ph}}^E = \dfrac{8}{\pi^2} \times 0.79 \times 0.80 \approx 0.51$。

满足最佳尺寸的喇叭称为最佳喇叭。对于具有最佳尺寸的 E 面扇形喇叭，其 E 面、H 面的主瓣宽度分别为

$$2\theta_{0.5E}(\text{rad}) = 0.94\,\frac{\lambda}{b_{\text{h}}} \tag{7-2-30}$$

$$2\theta_{0.5H}(\text{rad}) = 1.18\,\frac{\lambda}{a} \tag{7-2-31}$$

对于具有最佳尺寸的 H 面扇形喇叭，其 E 面、H 面的主瓣宽度分别为

$$2\theta_{0.5E}(\text{rad}) = 0.89\,\frac{\lambda}{b} \tag{7-2-32}$$

$$2\theta_{0.5H}(\text{rad}) = 1.36\,\frac{\lambda}{a_{\text{h}}} \tag{7-2-33}$$

最佳扇形喇叭的面积利用系数 $\nu = 0.64$，所以其方向系数为

$$D_H = D_E = 0.64\,\frac{4\pi}{\lambda^2} S \tag{7-2-34}$$

角锥喇叭的最佳尺寸就是其 E 面扇形和 H 面扇形都取最佳尺寸，因此其面积利用系数 $\nu = 0.51$，方向系数为

$$D_H = D_E = 0.51\,\frac{4\pi}{\lambda^2} S \tag{7-2-35}$$

设计喇叭天线时，首先应根据工作带宽，选择合适的波导尺寸。如果给定了方向系数，那么应根据方向系数曲线，将喇叭天线设计成最佳喇叭。

对于角锥喇叭，还必须做到喇叭与波导在颈部的尺寸配合。由图 7-21 可知，必须使 $R_E = R_H = R$，于是由几何关系可得

$$\frac{L_H}{L_E} = \frac{1 - \dfrac{b}{b_{\text{h}}}}{1 - \dfrac{a}{a_{\text{h}}}} \tag{7-2-36}$$

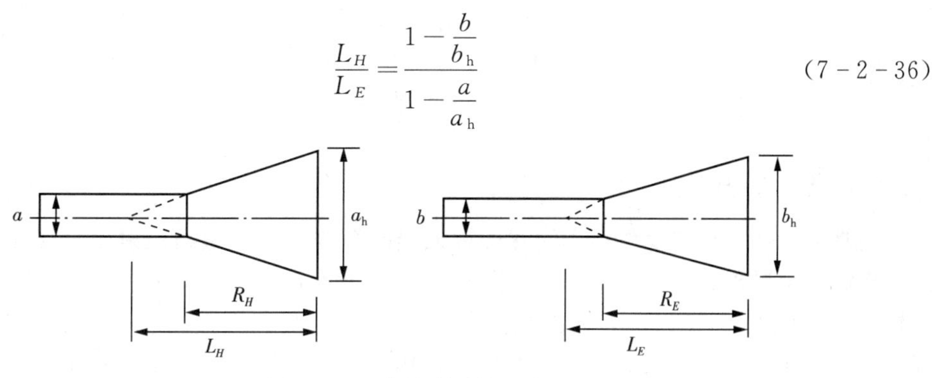

图 7-21　角锥喇叭的尺寸

若所选择的喇叭尺寸不满足上式，则应加以调整。

7.2.2 圆锥喇叭

如图 7-22 所示，圆锥喇叭（Conical Horn）通常由圆波导慢慢从边缘向周边张开形成，其主要结构参数有圆波导直径 d、圆锥喇叭的口径直径 d_m、喇叭长度 L。圆波导的主模为 TE_{11} 模，在主模激励条件下，圆锥喇叭口径场的振幅分布与 TE_{11} 模相同，但相位与口径面面元所在位置的半径 ρ 成平方律变化。由口径场求辐射场的分析方法与前面介绍相同，但因相位成平方律分布，数学推导过程复杂，具体可见参考文献[20]。

图 7-23 给出了以 L 为参变量，圆锥喇叭的方向系数随口径直径（d_m/λ）的变化曲线。与喇叭天线一样，对于每一个 L 值，圆锥喇叭存在最大方向系数值，其对应的（d_m/λ）是当前 L 条件下的最佳喇叭尺寸，按照该尺寸设计的喇叭称为最佳圆锥喇叭。

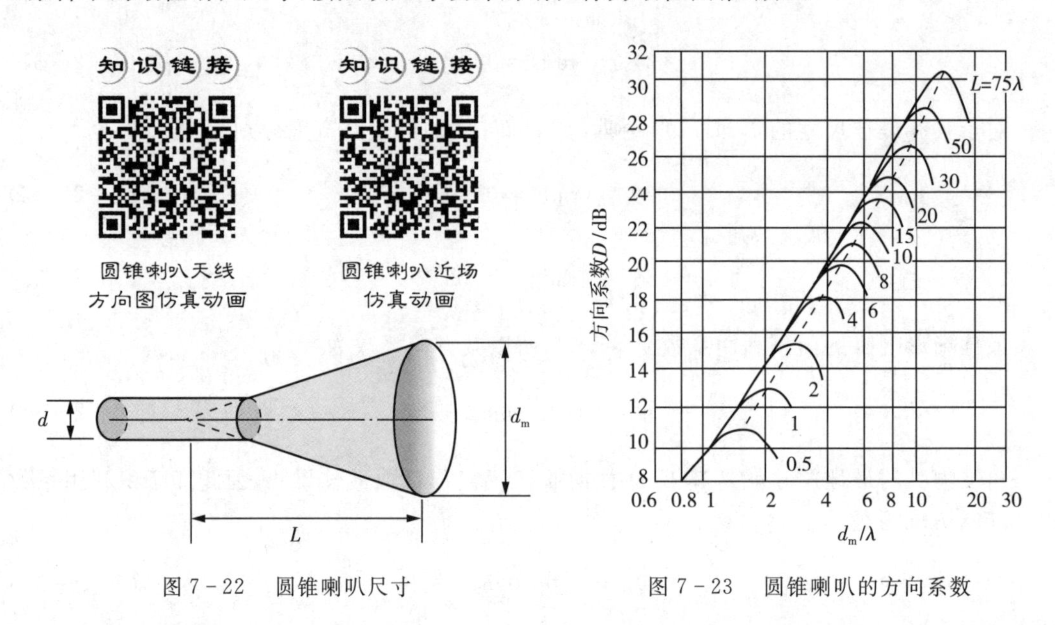

图 7-22 圆锥喇叭尺寸

图 7-23 圆锥喇叭的方向系数

最佳圆锥喇叭的主瓣宽度与方向系数可以由以下公式近似计算：

$$\begin{cases} 2\theta_{0.5H}(\mathrm{rad})=1.22\dfrac{\lambda}{d_m} \\ 2\theta_{0.5E}(\mathrm{rad})=1.05\dfrac{\lambda}{d_m} \\ D=0.5\left(\dfrac{\pi d_m}{\lambda}\right)^2 \end{cases} \tag{7-2-37}$$

7.2.3 馈源喇叭

喇叭天线常常用作反射面天线和透镜天线的馈源。对于抛物反射面天线而言，其馈源的波瓣满足轴对称条件，交叉极化电平低，且天线效率高。然而，即使采用几何上轴对称的圆锥喇叭，由于其主模 TE_{11} 的场结构并非轴对称，因此其 E 面波瓣和 H 面波瓣的宽度是不同的。1963 年，波特（P. D. Potter）最先提出用附加高次模来获得轴对称的方向图。其所用的附加模是 TM_{11} 模，结果是 E 面和 H 面主瓣等化（近于重合），且 E 面旁瓣降低。这种喇叭通常称为(波特) 双模喇叭。随后相继出现了多种形式附加高次模的喇叭,如变张角的多模喇叭、附加介质圆环的介质加载喇叭及附加同心环的同轴馈源等,同时又发明了利用混合模的波纹喇叭,其举例如图 7 - 24 所示。用这些喇叭作为抛物面天线馈源后,能获得比用普通的主模圆锥喇叭作为馈源时更高的效率,因此这类喇叭统称为高效率馈源。因卫星通信和大型射电望远镜反射面天线的需求,自 1963 年起,这类喇叭获得了广泛的研究和应用。

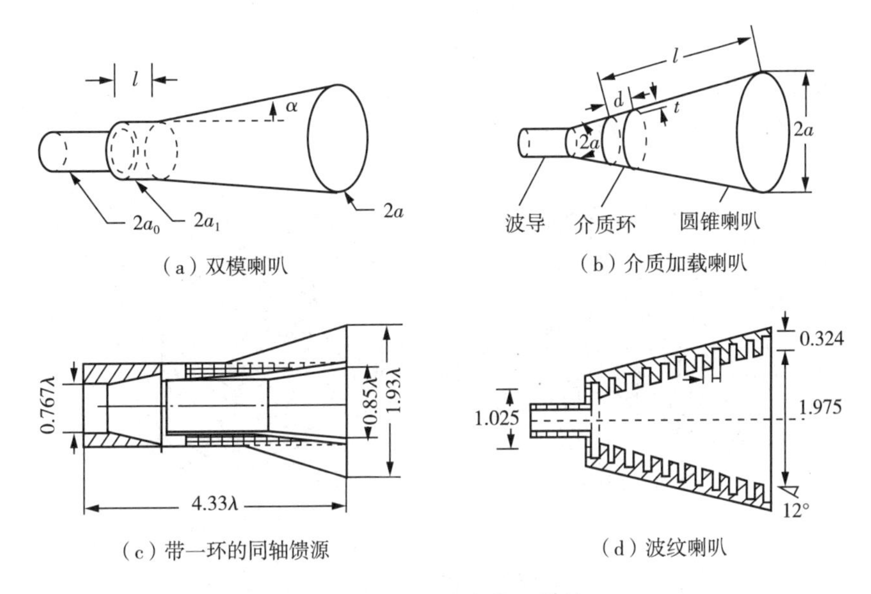

图 7 - 24　高效率馈源举例

1. 多模喇叭 (Multimode Horn)

由于主模喇叭 E 面的主瓣宽度比 H 面窄,副瓣高,E 面的相位特性和 H 面的相位特性又不相同,因此以主模喇叭为反射面天线的馈源会使天线的效率提高受到限制。为了提高天线口径的面积利用系数,必须设法给主反射器提供等幅同相且轴向对称的方向图,即所谓的等化方向图。多模喇叭就是应此要求而设计的。它利用不连续截面激励起数个幅度及相位配置适当的高次模,可以使喇叭口径面上合成的 E 面及 H 面的相位特性基本相同,可以获得等化和低副瓣的方向图,从而成为反射面天线的高效率馈源。

多模喇叭可以由圆锥喇叭和角锥喇叭演变而成,但一般都采用圆锥喇叭,并利用其锥角和半径的变化以产生所需要的高次模。下面介绍双模喇叭形成均匀口径场的原理。

双模喇叭 (Dual - ModeConicalHorn) 的口径场分布可由图 7 - 25 清楚地看出。在 TE_{11} 模上增加 TM_{11} 模后,若二模在口径中心同相(边缘处反相),且二模振幅比(称为模比) $|TM_{11}/TE_{11}|$ 选择得当,则可以使二模叠加结果在沿 y 轴的边缘处近于零,从而使 E 面方向图与 H 面方向图近于重合。主模喇叭和双模喇叭的口径场等强度线如图 7 - 26 所示。由图可见,双模喇叭沿 E 面的场分布有了改善,接近于 H 面的分布。图 7 - 27 是当双模喇叭 TM_{11} 模对 TE_{11} 模的模比系数 α 取不同值时的计算方向图。不难看出,当 TM_{11} 模对 TE_{11} 模的模比得当时(对应于 $\alpha \approx 0.653$),可获得 E 面和 H 面相等的半功率点波瓣宽度,而且 E 面旁瓣电平低至 -38 dB(实测值约 -33 dB)。

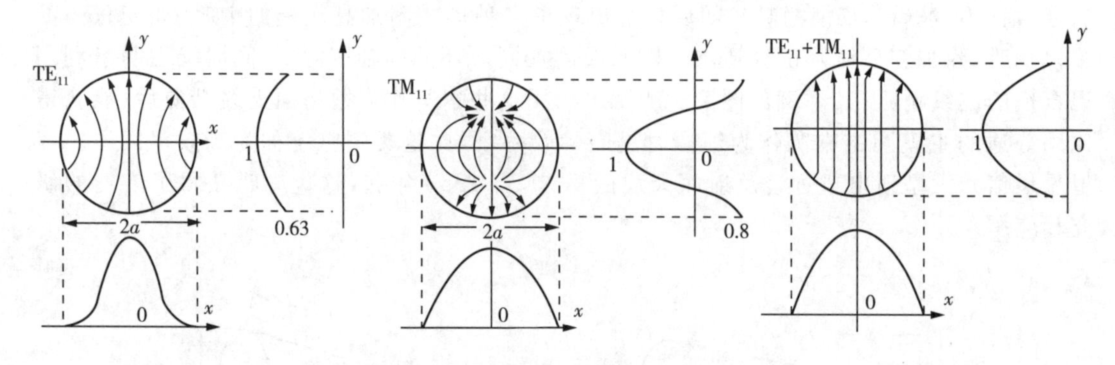

图 7-25　双模喇叭的口径场分布

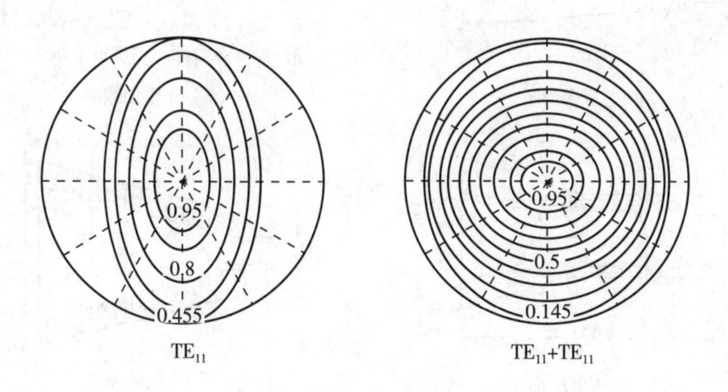

图 7-26　主模喇叭和双模喇叭的口径场等强度线

2. 波纹喇叭(Corrugated Horn)

自1966年A. J. Simons、A. F. Kay 及 R. E. Lawrie、L. Peters 提出波纹喇叭以来,这种馈源已在测控、通信、射电望远镜及卫星接收天线等系统中广泛应用。经过三十多年的发展,波纹喇叭的理论与实践已日趋完善。

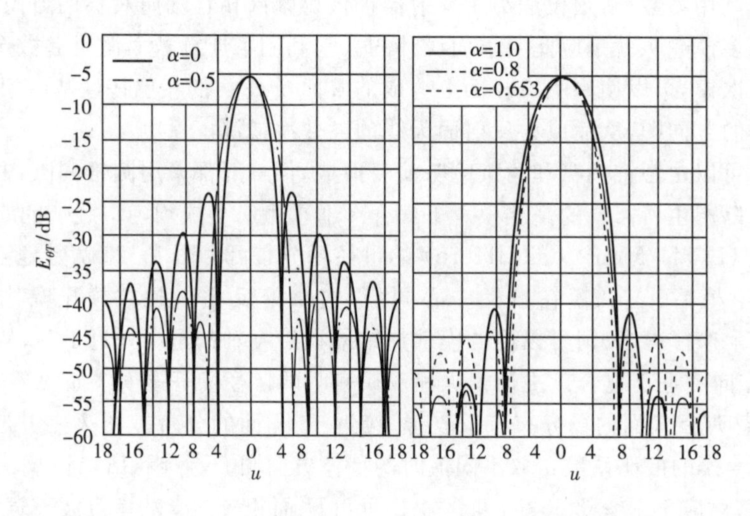

图 7-27　计算的双模圆锥喇叭的方向图

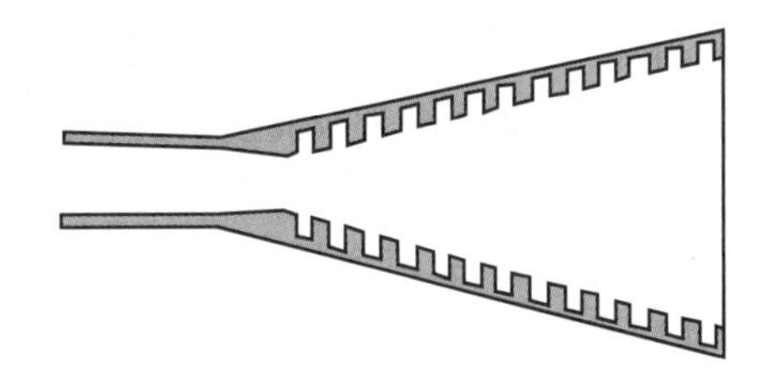
图 7-28　圆锥波纹喇叭侧视图

圆锥波纹喇叭侧视图如图7-28所示。在喇叭的内壁上对称地开有一系列 $\lambda/4$ 深的沟槽，它们对纵向传播的表面电流呈现出很大的阻抗。与几何尺寸相同的光壁喇叭比较，这些纵向的表面传导电流将大大减弱。由全电流连续性定理可知，其不可避免地会使法向位移电流减弱，从而使喇叭口径上边壁附近的电场法向分量减弱。即使 E 面场分布变为由口径中心向边缘下降，最终也会使 E 面方向图与 H 面方向图对称。

3. 混合模介质加载圆锥喇叭 (Dielectric Hybrid mode Conical Horn)

多模喇叭由于主模和高次模的传播速度不一样，因此频带特性较差，不宜在频谱复用体制中使用。波纹喇叭尽管具有优良的辐射特性，且频带很宽，但是加工复杂、昂贵、重量较重，特别是在毫米波频段或更高的频段，其加工更为困难。因此，需要一种具有和波纹喇叭一样的优良性能，但加工简单、成本低、重量轻的新型高效率馈源。

混合模介质加载圆锥喇叭就是一种非常有发展前景的馈源，其剖面的结构示意图如图7-29所示。它是由填充两层介质的金属壁圆锥喇叭组成，且内层中心介质的介电常数大于外层介质的介电常数。在这样的结构中，纯 TE 模和纯 TM 模均不能满足边界条件(零阶模 TE_{0n} 和 TM_{0n} 除外)，只有 TE + TM 的混合模才能满足边界条件。计算和试验结果表明，该喇叭可以支持 HE_{11} 平衡混合模，且具有和波纹喇叭类似的口径场分布和远场辐射特性。和波纹喇叭相比，其分析和设计简单、加工容易、重量轻、成本低，在毫米波及以上的频段应用中优势更为明显，但其缺点是功率容量小，因此需要研制新型的低损耗、耐高温的材料。

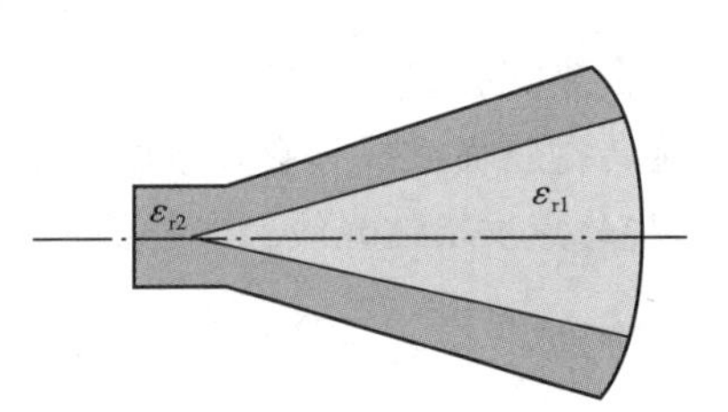

图 7-29　混合模介质加载圆锥喇叭剖面的结构示意图

7.3　抛物面天线

旋转抛物面天线 (Paraboloidal Reflector Antennas) 是应用较广泛的天线之一，它由馈源和反射面组成。天线的反射面由形状为旋转抛物面的导体表面或导线栅格网构成。馈源是放置在抛物面焦点上的具有弱方向性的初级照射器，它可以是单个振子或振子阵、单喇叭或多喇叭、开槽天线等。利用抛物面的几何特性，抛物面天线可以把方向性较弱的初级辐射器的辐射反射为方向性较强的辐射。

7.3.1　抛物反射面天线

1. 几何特性与工作原理

如图7-30所示，抛物线上动点 $M(\rho,\psi)$ 所满足的极坐标方程为

$$\rho=\frac{2f}{1+\cos\psi}=f\sec^2\frac{\psi}{2} \tag{7-3-1}$$

$M(y,z)$ 所满足的直角坐标方程为

知识链接

观中国“天眼”，树民族自信

$$y^2 = 4fz \tag{7-3-2}$$

式(7-3-1)和式(7-3-2)中,f 为抛物线的焦距;ψ 为抛物线上任一点 M 到焦点的连线与焦轴(oz)之间的夹角;ρ 为点 M 与焦点 F 之间的距离。

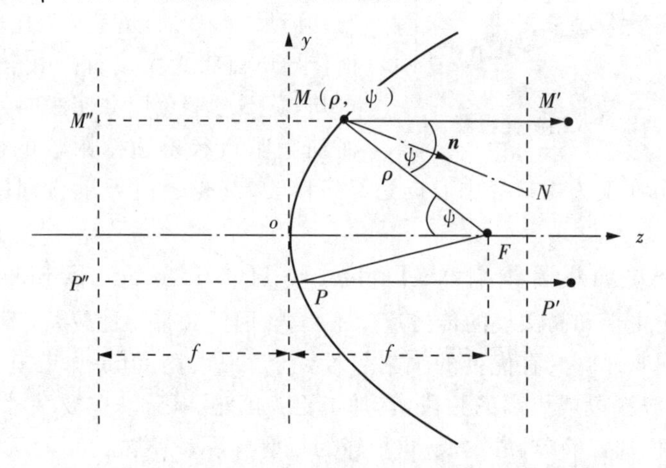

图 7-30　抛物面的几何关系

一条抛物线绕其焦轴(oz)旋转所得的曲面就是旋转抛物面。旋转抛物面所满足的方程为

$$\text{直角坐标}: x^2 + y^2 = 4fz \tag{7-3-3}$$

其极坐标方程与式(7-3-1)相同。

旋转抛物面天线具有以下两个重要性质:

(1)F 点发出的光线经抛物面反射后,所有的反射线都与抛物面轴线平行,即

$$\angle FMN = \angle NMM' = \frac{\psi}{2} \Rightarrow MM' // oF \tag{7-3-4}$$

(2) 由 F 点发出的球面波经抛物面反射后成为平面波。等相面是垂直 oF 的任一平面,即

$$FMM' = FPP' \tag{7-3-5}$$

根据抛物线上任一点到焦点的距离等于其到准线的距离的性质可以证明式(7-3-5)。

以上两个光学性质是抛物面天线工作的基础。若馈源是理想的点源,抛物面尺寸无限大,则馈源辐射的球面波经抛物面反射后,将成为理想的平面波。考虑到一些实际情况,如反射面尺寸有限、口径边缘的绕射和相位畸变,尽管馈源的辐射经抛物面反射后不是理想的平面波,但是反射后的方向性会大大加强。

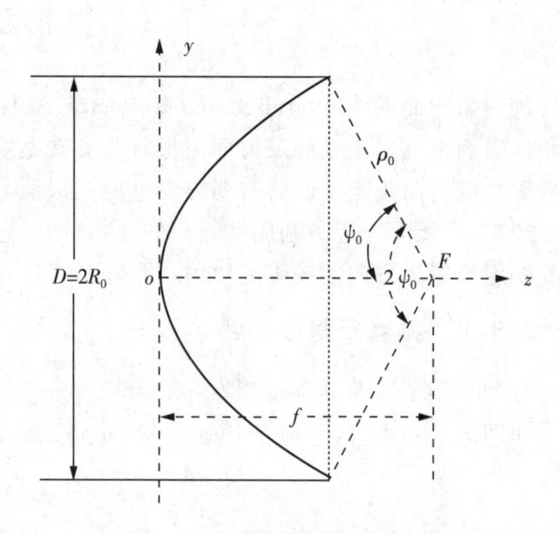

图 7-31　抛物面的口径与张角

如图 7-31 所示,抛物面天线主要的结构参数:f 为抛物面焦距;$2\psi_0$ 为抛

物面口径张角；R_0 为抛物面反射面的口径半径；D 为抛物面反射面的口径直径，$D=2R_0$。

另外，根据极坐标方程：$\rho=\dfrac{2f}{1+\cos\psi}$ 得

$$\rho_0=\frac{2f}{1+\cos\psi_0} \tag{7-3-6}$$

根据图 7-31 所示的几何关系，有

$$\sin\psi_0=\frac{R_0}{\rho_0}=\frac{R_0(1+\cos\psi_0)}{2f} \tag{7-3-7}$$

由上式$\dfrac{R_0}{2f}=\dfrac{\sin\psi_0}{1+\cos\psi_0}=\tan\dfrac{\psi_0}{2}$，即可得到焦距口径比为

$$\frac{f}{D}=\frac{1}{4}\cot\frac{\psi_0}{2} \tag{7-3-8}$$

根据抛物面张角的大小，抛物面的形状分为如图 7-32 所示的三种。一般而言，长焦距抛物面天线的电特性较好，但天线的纵向尺寸太长，机械结构复杂。焦距口径比 f/D 是一个重要的参数。抛物面天线设计可以先从增益出发确定口径 D，然后再选定 f/D，此时抛物面的形状就可以确定了。根据式(7-3-8)，求出馈源需要照射的角度 $2\psi_0$，此时也就给定了设计馈源的基本出发点。

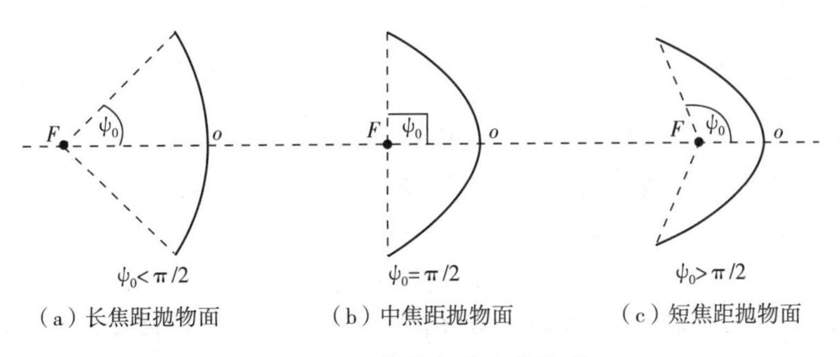

图 7-32　抛物面张角的类型

2. 抛物面天线的口径场

抛物面的分析设计有一套成熟的方法，基本上是采用几何光学和物理光学导出口径面上的场分布，然后依据口径场分布求出辐射场。由于抛物面是电大尺寸，因此用这种方法计算是合理的。

利用几何光学法计算口径面上场分布时作如下假定：

(1) 馈源的相位中心置于抛物面的焦点上，且辐射球面波；

(2) 抛物面的焦距远大于一个波长，因此反射面处于馈源远区，且对馈源的影响忽略；

(3) 服从几何光学的反射定律($f\gg\lambda$ 时满足)。

根据抛物面的几何特性，口径场是一同相口径面。如图 7-33 所示，设馈源的总辐射功率为 P_r，方向系数为 $D_f(\psi,\xi)$，则抛物面上 M 点的场强为

$$E_i(\psi,\xi)=\frac{\sqrt{60P_rD_f(\psi,\xi)}}{\rho} \tag{7-3-9}$$

因此，由 M 点反射至口径上 M' 点的场强为(平面波不扩散)

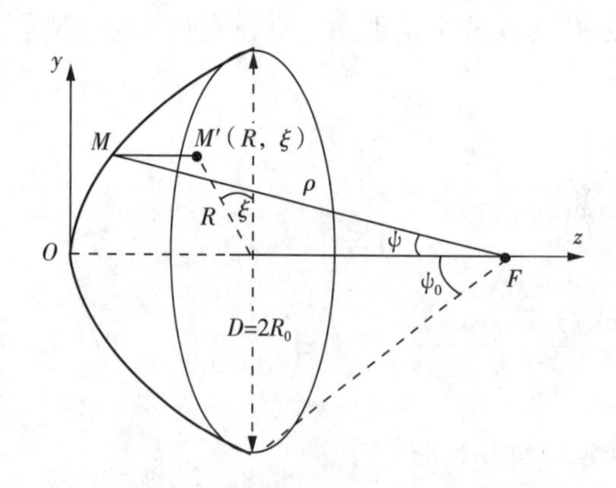

图 7-33　抛物面天线的口径场及其计算

$$E_s(R,\xi)=E_i(\psi,\xi)$$

$$=\frac{\sqrt{60P_r D_{fmax}(0,\xi)}}{\rho}F(\psi,\xi) \tag{7-3-10}$$

式中，$F(\psi,\xi)$ 是馈源的归一化方向函数。

将式(7-3-1)代入上式可得

$$E_s(R,\xi)=\frac{\sqrt{60P_r D_{fmax}}}{2f}(1+\cos\psi)F(\psi,\xi) \tag{7-3-11}$$

式(7-3-11)即为抛物面天线口径场振幅分布的表示式。从式(7-3-11)可以看出，口径场的振幅分布是 ψ 的函数。口径边缘与中心的相对场强为

$$\frac{E_s(R_0,\psi_0)}{E_0}=F(\psi_0,\xi)\frac{1+\cos\psi_0}{2} \tag{7-3-12}$$

其衰减的分贝数为

$$20\lg\frac{E_s(R_0,\psi_0)}{E_0}=20\lg F(\psi_0,\xi)+20\lg\frac{(1+\cos\psi_0)}{2} \tag{7-3-13}$$

由于馈源方向图 $F(\psi,\xi)$ 一般是随着 ψ 的增大而下降，而上式中 $20\lg\frac{(1+\cos\psi_0)}{2}$ 空间衰减因子又表示入射到抛物面边缘的射线长于入射到中心的射线会导致边缘场扩散，使得边缘场强较中心场强低，因此抛物面口径场沿径向的减弱程度超过馈源的方向图，即下降得更快。这种情况，在短焦距抛物面天线中更为突出。

口径场的极化情况取决于馈源类型与抛物面的形状、尺寸。一般口径场有两个垂直极化分量。如图7-34所示，如果馈源的极化为 y 方向极化，口径场的极化为 x 和 y 两个极化方向，那么在长焦距情况下，口径场 E_y 分量远大于 E_x 分量，E_y 为主极化分量，而 E_x 为交叉极化 (Cross Polarization) 分量。如图 7-35 所示，如果是短焦距抛物面天线，那么口径上还会出现反向场区域，它们在最大辐射方向起抵消主场的作用，这些区域称为有害区，因此一般不宜采用短焦距抛物面。若因某种特殊原因必须采用短焦距抛物面天线，则最好切去有害区。如果馈源方向图具有理想的轴对称，那么口径场无交叉极化分量。

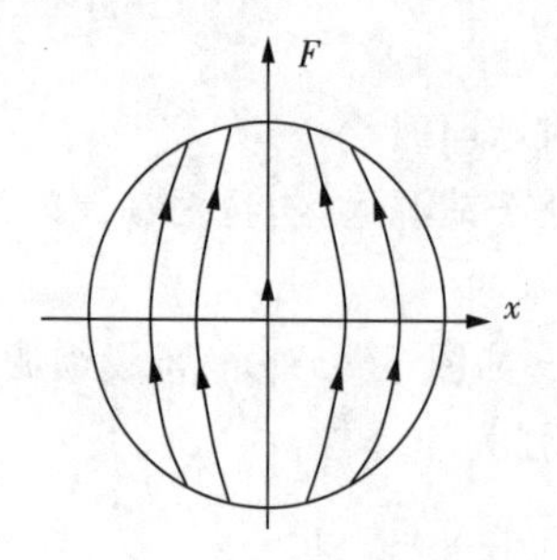

图 7-34　抛物面口径场的极化

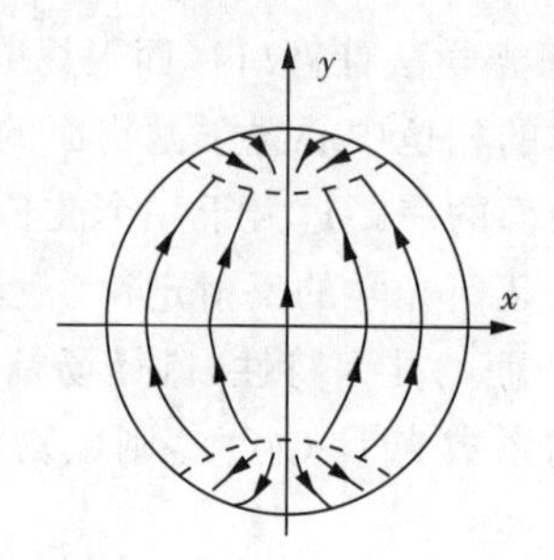

图 7-35　短焦距抛物面口径场的极化

因对称关系，交叉极化分量 E_x 在两个主平面内的贡献为零，但在其他平面内，交叉极化的影响必须考虑。

3. 抛物面天线的辐射场

求出了抛物面天线的口径场分布以后，就可以利用圆形同相口径辐射场积分表达式来计算抛物面天线 E 面、H 面的辐射场和方向图。参照图 7-33 可得口径上的坐标关系为

$$\begin{cases} R=\rho\sin\psi=\dfrac{2f}{1+\cos\psi}\sin\psi=2f\tan\dfrac{\psi}{2} \\ \mathrm{d}R=f\sec^2\dfrac{\psi}{2}\cdot\mathrm{d}\psi=\rho\mathrm{d}\psi \\ x_s=R\sin\xi \\ y_s=R\cos\xi \\ \mathrm{d}S=R\mathrm{d}R\mathrm{d}\xi=\rho^2\sin\psi\mathrm{d}\psi\mathrm{d}\xi \end{cases} \tag{7-3-14}$$

将以上关系代入式(7-1-7) 和式(7-1-8) 得 E 面、H 面的辐射场为

$$\begin{aligned} E_E&=\mathrm{j}\frac{\mathrm{e}^{-\mathrm{j}kr}}{2\lambda r}(1+\cos\theta)\iint_S\frac{\sqrt{60P_rD_f}}{\rho}F(\psi,\xi)\mathrm{e}^{\mathrm{j}kR\sin\theta\cos\xi}R\mathrm{d}R\mathrm{d}\xi \\ &=C\int_0^{2\pi}\int_0^{\psi_0}F(\psi,\xi)\tan\left(\frac{\psi}{2}\right)\mathrm{e}^{\mathrm{j}2kf\tan\left(\frac{\psi}{2}\right)\sin\theta\cos\xi}\mathrm{d}\psi\mathrm{d}\xi \end{aligned} \tag{7-3-15}$$

$$\begin{aligned} E_H&=\mathrm{j}\frac{\mathrm{e}^{-\mathrm{j}kr}}{2\lambda r}(1+\cos\theta)\iint_S\frac{\sqrt{60P_rD_f}}{\rho}F(\psi,\xi)\mathrm{e}^{\mathrm{j}kR\sin\theta\sin\xi}R\mathrm{d}R\mathrm{d}\xi \\ &=C\int_0^{2\pi}\int_0^{\psi_0}F(\psi,\xi)\tan\left(\frac{\psi}{2}\right)\mathrm{e}^{\mathrm{j}2kf\tan\left(\frac{\psi}{2}\right)\sin\theta\sin\xi}\mathrm{d}\psi\mathrm{d}\xi \end{aligned} \tag{7-3-16}$$

故 E 面、H 面的方向函数分别为

$$F_E=\int_0^{2\pi}\int_0^{\psi_0}F(\psi,\xi)\tan\left(\frac{\psi}{2}\right)\mathrm{e}^{\mathrm{j}2kf\tan\left(\frac{\psi}{2}\right)\sin\theta\cos\xi}\mathrm{d}\psi\mathrm{d}\xi \tag{7-3-17}$$

$$F_H=\int_0^{2\pi}\int_0^{\psi_0}F(\psi,\xi)\tan\left(\frac{\psi}{2}\right)\mathrm{e}^{\mathrm{j}2kf\tan\left(\frac{\psi}{2}\right)\sin\theta\sin\xi}\mathrm{d}\psi\mathrm{d}\xi \tag{7-3-18}$$

若馈源为沿 y 轴放置的带圆盘反射器的偶极子，则可以证明

$$F(\psi,\xi)=\sqrt{1-\sin^2(\psi)\cos^2(\xi)}\sin\left(\frac{\pi}{2}\cos\psi\right) \tag{7-3-19}$$

图 7-36 计算了这种馈源的旋转抛物面天线在不同 R_0/f 条件下两主平面方向图。从图中可以看出，由于馈源在 E 面方向性较强，对抛物面 E 面的照射不如 H 面均匀，因此抛物面天线的 H 面方向性反而强于 E 面方向性。

4. 抛物面天线的方向系数和增益系数

抛物面天线的方向系数仍然由 $D=\dfrac{4\pi}{\lambda^2}S\nu$ 来计算。其中，ν 为面积利用系数；S 为抛物面的口径面积，$S=\pi R_0^2=4\pi f^2\tan^2\dfrac{\psi_0}{2}$。

在超高频天线中，因天线本身的损耗很小，可以认为天线效率 $\eta_A\approx1$，所以 $G\approx D$，但在

抛物面天线中，天线口径截获的功率 P_{rs} 只是馈源所辐射的总功率 P_r 的一部分，还有一部分为漏射损失。

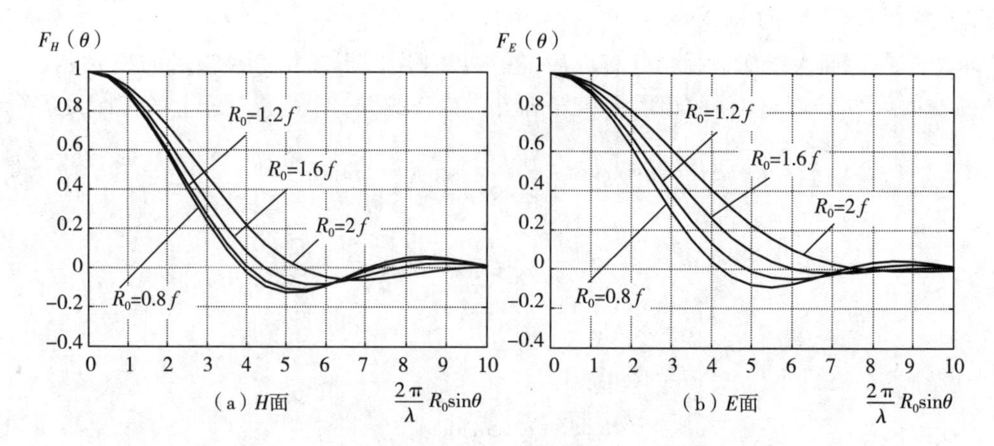

图 7-36　馈源为带反射器的偶极子馈源抛物面天线方向图

如图 7-37 所示，定义口径截获效率为

$$\eta_A=\frac{P_{rs}}{P_r} \tag{7-3-20}$$

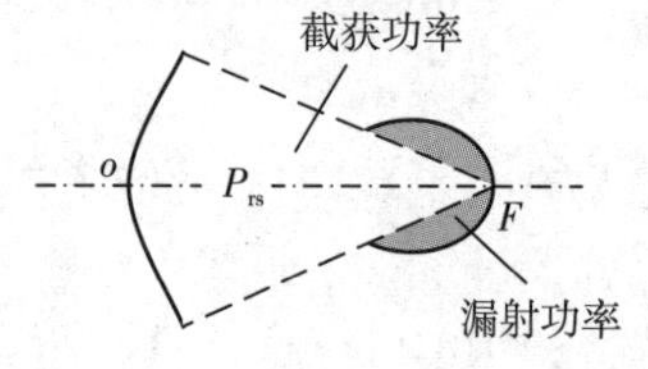

图 7-37　截获功率与漏射功率

则抛物面天线的增益系数 G 可写成

$$G=D\eta=\frac{4\pi}{\lambda^2}S\nu\eta_A=\frac{4\pi}{\lambda^2}Sg \tag{7-3-21}$$

式中，g 为增益因子 $g=\nu\eta_A$。

如果馈源也是旋转对称的，其归一化方向函数为 $F(\psi)$，根据式(7-3-10)可得

$$E_s=\frac{\sqrt{60P_rD_{fmax}}}{\rho}F(\psi) \tag{7-3-22}$$

从而可以得到面积利用系数为

$$\nu=\frac{\left|\iint_S E_s\mathrm{d}S\right|^2}{S\iint_S |E_s|^2\mathrm{d}S}=2\cot^2\frac{\psi_0}{2}\frac{\left|\int_0^{\psi_0}F(\psi)\tan\frac{\psi}{2}\mathrm{d}\psi\right|^2}{\int_0^{\psi_0}F^2(\psi)\sin\psi\mathrm{d}\psi} \tag{7-3-23}$$

口径截获效率为

$$\eta_A=\frac{P_{rs}}{P_r}=\frac{\int_0^{\psi_0}F^2(\psi)\sin\psi\mathrm{d}\psi}{\int_0^{\pi}F^2(\psi)\sin\psi\mathrm{d}\psi} \tag{7-3-24}$$

在多数情况下，馈源的方向函数近似地表示为下列形式：

$$\begin{cases}F(\psi)=\cos^n\psi, & 0\leqslant\psi\leqslant\frac{\pi}{2}\\ F(\psi)=0, & \psi\geqslant\frac{\pi}{2}\end{cases} \tag{7-3-25}$$

式中，n 越大，表示馈源方向图越窄，反之则越宽。

图 7-38 为抛物面天线的面积利用系数、效率及增益因子随口径张角的变化曲线。从图中可以看出，因为面积利用系数、效率与口径张角之间的变化关系恰好相反，所以存在**最佳张角**，使增益因子对应最大值 $g_{max} \approx 0.83$。尽管最佳张角与馈源方向性有关，但是和此最佳张角对应的口径边缘的场强都比中心场强低 10 ～ 20 dB。因此可以得到如下结论：不论馈源方向如何，当口径边缘电平比中心低 11 dB 时，抛物面天线的增益因子最大。考虑到实际的安装误差、馈源的旁瓣及支架的遮挡等因素，增益因子比理想值要小，通常取 g 为 0.5 ～ 0.6，使用高效率馈源时，g 可达 0.7 ～ 0.8。

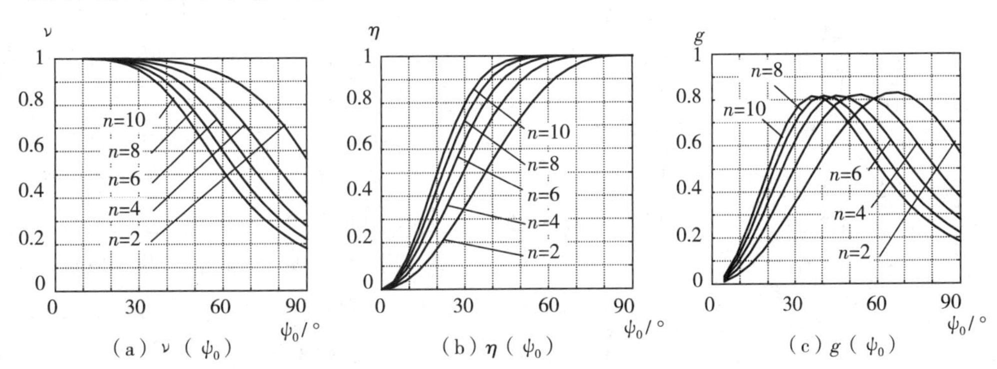

图 7-38　抛物面天线的面积利用系数、效率及增益因子随口径张角的变化曲线

在最大增益因子条件下，抛物面天线的半功率点波瓣宽度可按下列公式近似计算：

$$2\theta_{0.5} = (70^\circ \sim 75^\circ)\frac{\lambda}{2R} \qquad (7-3-26)$$

5. 抛物面天线的馈源

馈源(Feeds)是抛物面天线的基本组成部分，它的电性能和结构对天线有很大的影响。为了保证天线性能良好，对馈源有以下基本要求：

(1) 馈源应有确定的相位中心，并且此相位中心置于抛物面的焦点，以使口径上得到等相位分布；

(2) 馈源方向图的形状应尽量符合最佳照射，同时副瓣和后瓣尽量小，以避免天线的增益下降、副瓣电平抬高；

(3) 馈源应有较小的体积，以减少对抛物面口面的遮挡；

(4) 馈源应具有一定的带宽，因为抛物面天线的带宽主要取决于馈源的带宽。

馈源的形式很多，所有弱方向性天线都可作为抛物面天线的馈源。例如，振子天线、喇叭天线、对数周期天线、螺旋天线等。馈源的设计是抛物面天线设计的核心问题。现在的通信体制多样化，对馈源的要求也不尽相同，但高效率的馈源势必会有效地提高抛物面天线的整体性能。

6. 抛物面天线的偏焦及应用

安装等工程或设计上的因素会使馈源的相位中心不与抛物面的焦点重合，这种现象称为偏焦。对于普通抛物面天线而言，偏焦会使天线的电性能下降。但是偏焦也有可利用之处。偏焦分为两种：馈源的相位中心沿抛物面的轴线偏焦，这种偏焦称为纵向偏焦；馈源的相位中心垂直于抛物面的轴线偏焦，这种偏焦称为横向偏焦。纵向偏焦使抛物面口径上发生旋转对称的相位偏移，方向图主瓣变宽，但是最大辐射方向不变，有利于搜索目标。当其正焦时，方向图主瓣窄，有利于跟踪目标。这样一部雷达可以同时兼作搜索与跟踪两种用途。当小尺寸横向偏焦时，抛物面口径上发生直线率相位偏移，天线的最大辐射方向偏转，但波束形状几乎不变。若馈源以横向偏焦的方式绕抛物面的轴线旋转，则天线的最大辐射方向就会在空间产生圆锥式扫描，从而扩大搜索空间。

7.3.2 抛物柱面天线

图 7-39　抛物柱面雷达天线

在通常情况下，俯仰或方位波束中有一个需可控或赋形，而另一个则不要求。由线源馈电的抛物柱面反射面能够以最适当的代价实现这一灵活性。可以设想线源馈电的多种形式，从平行平板透镜到缝隙波导，乃至采用标准设计的相控阵。甚至在两个方向图均为固定形状的场合也能用到抛物柱面天线，图 7-39 所示就是一例，其中俯仰波束形状在水平面方向必须为陡峭的裙形，以便能工作在低仰角而不受地面反射的影响。垂直阵列能够比等高度的赋形抛物面产生更陡峭的裙形，因为赋形抛物面将其高度的一部分用于高仰角覆盖。这种阵列将高波束和低波束叠加在公用孔径上，从而使每一波束能利用全部高度。

基本的抛物柱面如图 7-40 所示，图中反射面的轮廓线是

$$z = y^2/4f \tag{7-3-27}$$

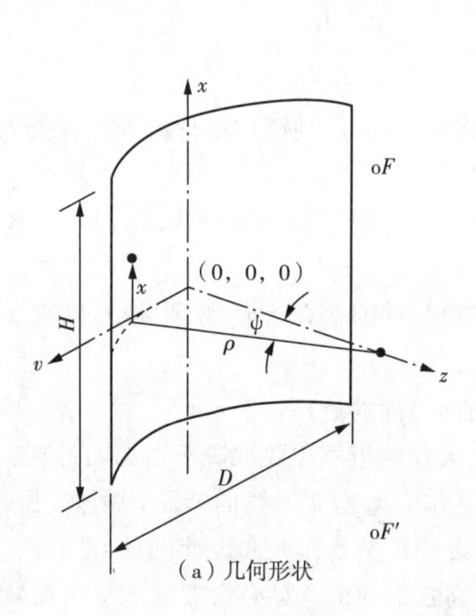

(a) 几何形状

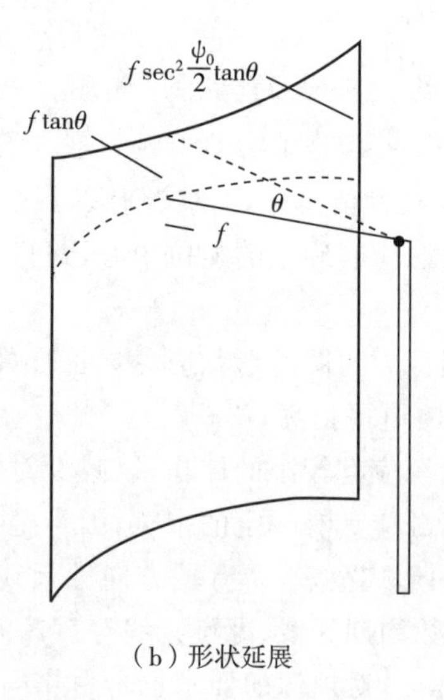

(b) 形状延展

图 7-40　基本的抛物柱面

馈源在焦线 FF' 上，反射面上的点相对于馈源中心的位置为 x 和 $\rho = f\sec^2(\psi/2)$。除空间衰减外，抛物面的许多准则都能用在抛物柱面上。由于馈源的能量发散到柱面上，而不是球面上，因此功率密度随 ρ 下降，而不是随 ρ^2 下降。

抛物柱面的高度或长度必须与线性馈源阵的有限波束宽度、形状和扫描角相适应。正如图 7-40 所示，在与侧射面的夹角为 θ 处，一次波束在距顶点 $f\tan\theta$ 处与反射面相交。来自受控线源的一次波束的峰值落在一个圆锥上，使之与反射体顶部的左右拐角的相应交线更

远，即在 $f\sec^2(\psi_0/2)\tan\theta$ 处。基于这一原因，抛物柱面的拐角实际上很少是圆的。

若抛物柱面对称，则受到的遮挡很大，因此常常制成偏置的。然而，适当设计的多单元偏置线源馈电的柱面能够具有优良的性能（见图 7－41）。这种设计的变形反射体的轴线是水平的，并由线阵馈电，以便获得低副瓣的方位方向图，而在高度上被赋形以满足俯仰覆盖。

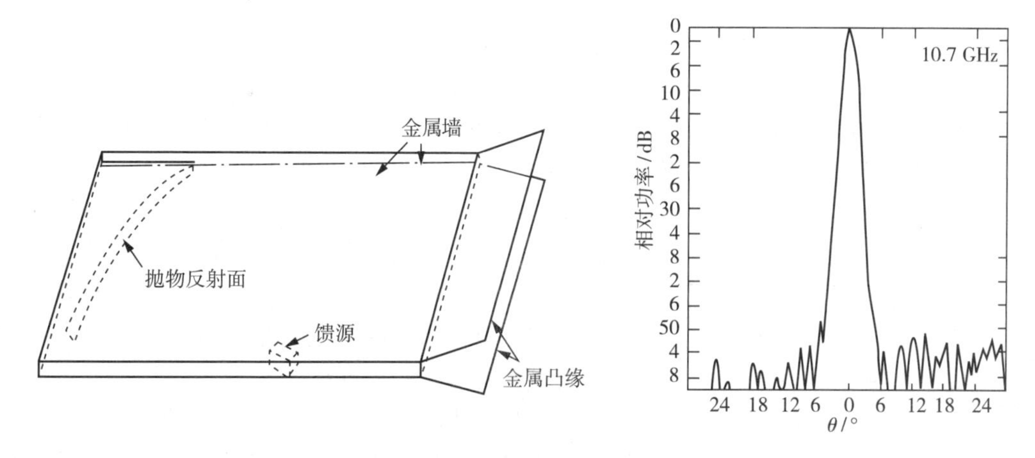

图 7－41　用于测试低副瓣抛物柱面的盒状结构及所测方向图

7.3.3　赋形反射体

由于种种原因，需要具有指定形状的扇形波束。最常见的需求是俯仰波束能提供等高度覆盖。如果忽略一些次要的因素，并且发射和接收波束相同，那么功率方向图与 $\csc^2\theta$ 成正比能够做到这一点，这里 θ 为仰角。

给波束赋形的最简单的方法是给反射面赋形，如图 7－42 所示。反射面的每一部分指向一个不同的方向，且在几何光学的适用范围内，该角度处的振幅是来自馈源在这一部分上的功率密度积分和。Silver 用图形说明了确定余割平方波束轮廓线的过程。利用现代计算机能够通过对被反射的一次波束直接求积分而精确地逼近任意的波束形状。这样做可使近似达到任何所需的精度。

大多数赋形反射面都利用赋形使馈源置于二次波束之外。图 7－43 显示，即使馈源看来对着反射面，遮挡实际上也是可以消除的。

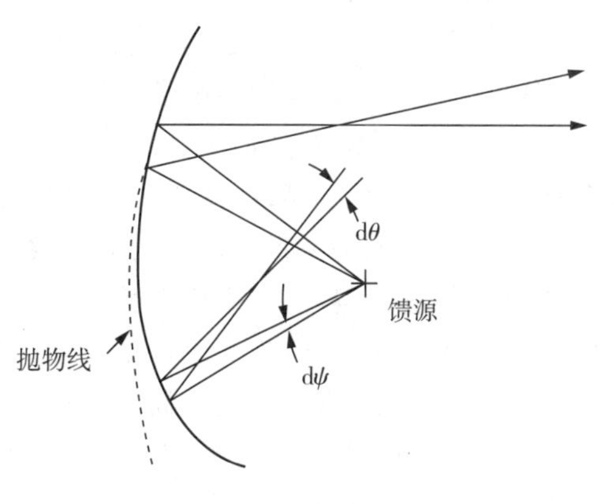

图 7－42　反射面的赋形

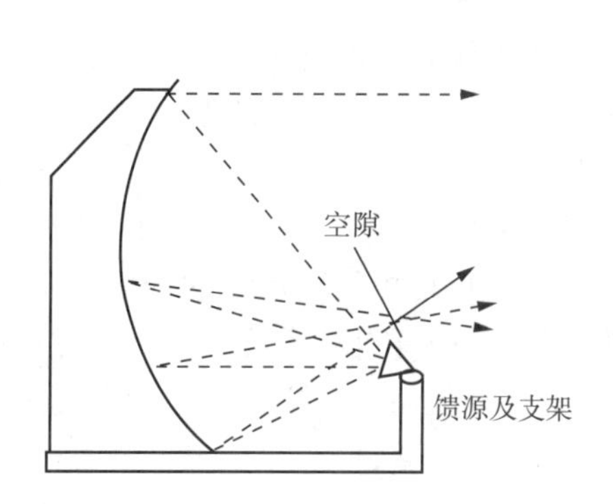

图 7－43　遮挡的消除

赋形反射面的局限性使孔径的相当大部分没有用于形成主波束。若馈源方向图是对称的，且功率的一半指向宽角，则主波束将只利用孔径的一半，从而有两倍的波束宽度。这只用于相位形成阵列方向图。但若要形成尖锐的裙形方向图，则可能会导致严重的问题。通过增加馈源可以避免此类问题发生。

7.4 卡塞格伦天线

卡塞格伦天线是由卡塞格伦光学望远镜发展起来的一种微波天线，它在单脉冲雷达、卫星通信及射电天文等领域中得到了广泛的应用。

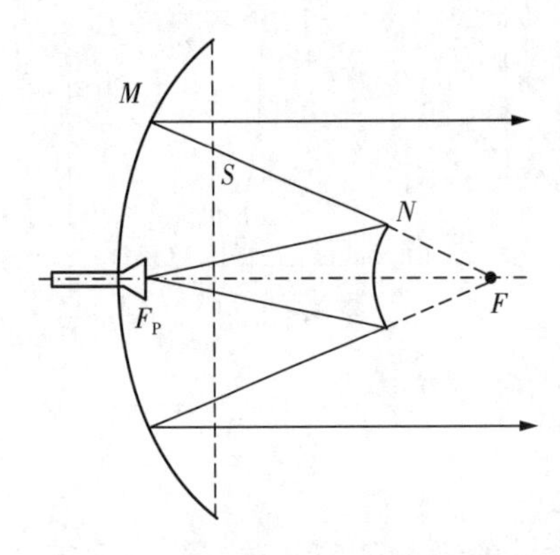

图 7-44　卡塞格伦天线的结构示意

如图 7-44 所示，标准的卡塞格伦天线由馈源、主反射面及副反射面组成。主反射面为旋转抛物面 M，副反射面为双曲面 N。主、副反射面的对称轴重合，双曲面的实焦点位于抛物面的顶点附近，馈源置于该位置上，其虚焦点和抛物面的焦点重合。

根据双曲线的几何性质，置于其实焦点 F_P 上的馈源向双曲面辐射球面波，经双曲面反射后，所有的反射线的反向延长线汇聚于虚焦点 F，并且反射波的等相位面为以 F 点为中心的球面。由于此点重合于抛物面的焦点，因此对于抛物面而言相当于在其焦点处放置了一个等效球面波源，抛物面的口径仍然为一等相位面。但是相对于单反射面的抛物面天线而言，由馈源到口径的路程变长，因此卡塞格伦天线等效于焦距变长的抛物面天线。

与抛物面天线相比，卡塞格伦天线具有以下优点：

(1) 以较短的纵向尺寸实现了长焦距抛物面天线的口径场分布，因而具有高增益，锐波束；

(2) 馈源后馈缩短了馈线长度，减少了由传输线带来的噪声；

(3) 设计时自由度多，可以灵活地选取主射面、反射面形状，对波束赋形。

卡塞格伦天线虽然有上述优点，但是也存在着缺点。卡塞格伦天线的副反射面的边缘绕射效应较大，容易引起主面口径场分布的畸变，副面的遮挡也会使方向图变形。

标准的卡塞格伦天线和普通单反射面天线都存在着要求对口面照射尽可能均匀和要求从反射面边缘溢出的能量尽可能少的矛盾，从而限制了反射面天线增益因子的提高。若修正卡塞格伦天线副反射面的形状，使其顶点附近的形状较标准的双曲面更凸起一些，则馈源辐射到修正后的副反射面中央附近的能量就会被向外扩散到主反射面的非中央部分，从而使口径场振幅分布趋于均匀。如此，就能以很低的副面边缘电平来保证较大的截获效率，同时又可实现口径场较为均匀的振幅分布。在此基础上，再进一步修正主面形状以确保口径场为同相场，即可提高增益系数。这种修改主、副面形状后的天线，称为改进型卡塞格伦天线，它是可以提高天线增益因子的研究成果之一。改进型卡塞格伦天线与高效率馈源相结合，可使天线增益因子达到 0.7 ～ 0.85，这一结合已在实践中得到了较多的应用。

表 7-2 中列举了在无线电技术设备中三种实际使用的天线的电参数，以供参考。

表7-2　三种实际使用的天线的电参数

天线形式	旋转抛物面天线	标准卡塞格伦天线	改进型卡塞格伦天线
用途	无线电测高仪	机载微波辐射计	卫星通信地面站
工作频段/MHz	5700～5900	9250～9450	5925～6425 3700～4200
反射面尺寸/cm	63	主面直径80 副面直径15	主面直径1000 副面直径910
馈源	角锥喇叭 4.5 cm×3.5 cm	波纹喇叭	变张角多模喇叭
增益系数/dB	28.5	34.5	53(6175 MHz) 50.5(3950 MHz)
增益因子	0.48	0.54	0.78
波瓣宽度	H面：5.5° E面：5.9°	2°47′ 2°40′	0.43° 0.45°
副瓣电平/dB	−15	−16	−15
驻波比	1.3	1.2	≤1.5
其他	—	—	噪声温度 仰角$\Delta=10°$

习题7

1. 假设口径场分布如下时，推导其在远区观测点产生的辐射场表达式。

$$\begin{cases}\boldsymbol{E}_a(x_s,y_s)=\boldsymbol{e}_yE_y(x_s,y_s)\\ \boldsymbol{H}_a(x_s,y_s)=\dfrac{1}{\eta}\boldsymbol{e}_z\times\boldsymbol{e}_yE_y(x_s,y_s)=-\boldsymbol{e}_x\dfrac{E_y(x_s,y_s)}{\eta}\end{cases}$$

2. 一个X波段抛物面天线的直径$d=1.5$ m，工作波长为3.2 cm，其面积利用系数$\nu=0.7$，求此天线方向系数。

3. 计算余弦分布的矩形口径的面积利用系数。

4. 均匀同相的矩形口径尺寸为$a=6\lambda$，$b=4\lambda$，利用图7-7求出H面内的主瓣宽度$2\theta_{0.5H}$，第一零点波瓣宽度$2\theta_{0H}$及第一副瓣位置和副瓣电平SLL(dB)。

5. 设矩形口径尺寸为$a\times b$，口径场振幅同相但沿a边呈余弦分布，欲使两主平面内主瓣宽度相等，求a/b应为多少？

6. 口径相位偏差主要有哪几种？它们对方向图的影响如何？

7. 角锥喇叭、E面喇叭和H面喇叭的口径场各有什么特点？

8. 何谓最佳喇叭？喇叭天线为什么存在着最佳尺寸？

9. 工作波长$\lambda=3.2$ cm的某最佳角锥喇叭天线的口径尺寸为$a_h=26$ cm，$b_h=18$ cm，试求$2\theta_{0.5E}$，$2\theta_{0.5H}$及方向系数D。

10. 设计一个工作于$\lambda=3.2$ cm的E面喇叭天线，要求它的方向系数$D=100$，馈电波导采用BJ-100标准波导，尺寸为$a=22.86$ mm，$b=10.16$ mm。

11. 设计一个工作于$\lambda=3.2$ cm的角锥喇叭，要求它的E面、H面内主瓣宽度均为8°，求喇叭的口径尺寸，喇叭长度及方向系数。

12. 计算最佳圆锥喇叭的口径直径为7 cm并工作于$\lambda=3.2$ cm时的主瓣宽度及方向系数。

13. 简述旋转抛物面天线的结构及工作原理。

14. 要求旋转抛物面天线的增益系数为35 dB，并且工作频率为1.2 GHz，若增益因子为0.55，试估算其口径直径。

15. 某旋转抛物面天线的口径直径$D=3$ m，焦距口径比$f/D=0.6$，求：

(1) 抛物面半张角ψ_0；

(2) 若馈源的方向函数为$F(\psi)=\cos^2\psi$，求面积利用系数ν、口径截获效率η_A和增益因子g；

(3) 频率为2 GHz时的增益系数。

16. 对旋转抛物面天线的馈源有哪些基本要求？

17. 卡塞格伦天线有哪些特点？

第8章　新型天线

在无线通信系统中，天线是无线电波的出入口，实现了高频电流(或导波)能量和电磁波能量之间的转换。1886年，赫兹建立了第一个天线系统，其以终端加载的偶极子和开口导线圆环分别为发射天线和接收天线。在一百多年的发展过程中，人们在天线的实际工程应用中碰到了许多棘手的问题，通过研究者们的努力，天线领域涌现出了很多新技术和新发现，解决了天线设计中遇到的许多实际问题。

8.1　共形天线

8.1.1　共形天线的概念

天线在现代飞行器上的应用十分广泛，如飞机上的通信、导航、敌我识别、电子战、雷达等设备都离不开天线。共形天线是一种特殊形式的天线，它的特殊之处就在于其形状与常规天线不同，常规天线的形状取决于天线的电性能要求，而共形天线的形状既要满足天线的电性能要求，还要兼顾飞行器的气动特性。IEEE标准中给出了共形天线的定义：共形天线是指和物体外形保持一致的天线或天线阵，这里所说的物体外形是由非电气因素决定的，如空气动力学因素或流体力学因素。抛物面型地面卫星接收天线，利用抛物面的凹表面为反射面，这种天线对飞行器的气动特性有不利影响，因此，在飞行器上使用时只能安装在飞行器的内部，需要用天线罩来改善飞行器的气动性能。如果改变抛物面天线的结构形式，以凸表面为天线口面，就可以把它装到飞行器表面了，这时的抛物面天线就称为共形天线。共形天线有助于提高飞行器的气动性能、降低雷达散射截面(Radar Cross Section，RCS)，是天线领域目前研究的热点问题。

8.1.2　共形天线的关键技术

共形天线在理论研究和演示验证方面取得了一定的进展，并在通信和雷达领域获得了一定的应用。但是这种技术还不够成熟，在理论研究和工程实践中仍存在许多技术难题，特别是在大型共形天线应用时问题更为突出。这些问题主要表现为以下五个方面。

1. 共形天线的方向图仿真计算问题

在平面阵列天线方向图计算时，阵列天线的方向函数等于阵函数乘以单元天线的方向函数，而在共形天线中，不同天线单元所在的位置不同，其轴线方向也不同，方向图是有区别的，这就破坏了方向图乘积原理成立的条件。因此，共形天线的方向图不能表示成一个显式，必须采用数值计算方法。另外，共形天线一般属于电大、超电大尺寸，且电磁结构十分复杂，目前缺乏可供使用的商用软件，只能对某些简单情况近似求解。因而，在设计上必须借助大量的试验工作。

2. 复杂馈电网络问题

对于共形天线而言，当波束扫描到某一方向时，并不是所有天线单元都对主波束有贡献。为避免增加副瓣电平和降低天线效率，必须断开或者改善对主波束无贡献的单元激励，这样势必增加馈电网络的复杂性。在很多情况下，共形天线的复杂性、成本和重量主要取决于馈电网络。

3. 材料与工艺问题

目前，微带天线的制作主要依赖覆铜板，其介质材料为有机复合材料，铜箔通过热压与基板结合在一起。在制作微带天线和微带电路时，通过绘图、照相、光刻、腐蚀等工艺，去掉铜箔的多余部分，形成微带天线及其馈线。这存在如下问题：首先，有机材料基板及其铜箔的耐热性能对于常规飞行器能满足要求，但对于高速导弹的高温要求则不能满足。其次，要解决陶瓷表面金属化、金属表面陶瓷化、厚膜工艺尺寸精确控制、材料热膨胀匹配及电路金属材料在高温下的稳定性问题。

4. 天线单元之间的耦合问题

共形天线的单元天线间距接近半波长，距离很近，天线单元之间的耦合问题十分严重。耦合将导致天线阵的电流分布发生变化，引起副瓣电平抬高、增益下降和主瓣宽度变宽等不良后果。耦合会使天线单元的反射增加，并会随天线扫描角度的变化而变化。天线单元与馈线中各节点间场的来回反射，会使天线阵的匹配更加困难，导致天线扫描出现“盲角”。因相互耦合的影响，当天线波束扫描至接近出现栅瓣的方向时，有源反射系数将可能突然增大到接近1。这意味着所有加在天线单元上的发射信号几乎全部被反射回来，从而使该天线波束指向的天线波瓣出现一个很深的凹口，甚至零点。与此对应，天线增益将急剧下降，出现“盲视现象”。因此，研究减小耦合的影响是十分重要的。

5. 雷电防护问题

一般情况下，共形天线是非金属材料和金属材料的组合体，共形天线的外面不再配置传统的天线罩。当共形天线直接暴露在飞行器外部时，雷电防护问题就显得十分突出。出于电磁辐射方面的考虑，共形天线多安装在飞行器上比较突出的位置，这些位置属于雷电区，雷电先导(从雷云开始向下延伸的放电通道)很容易附着到这些地方。若雷电附着到共形天线上，则可能损坏天线，甚至天线的接收设备，极端情况下甚至会造成机毁人亡。在传统的天线加天线罩情况下，雷电防护的任务主要由天线罩承担。对于共形天线而言，雷电防护的主要任务是避免雷电附着或者使雷电附着所造成的损失在可接受的范围内。

8.1.3 共形天线的应用

军用飞机上往往装有多种天线，通常情况下一架飞机有20多种，多的达到70多种，这些天线只有极少部分安装在机身内部，绝大多数都突出在机身外部。为了在机身内部安装天线，需要配套天线罩，天线罩要突出机身，形成鼓包。突出在机身外部的天线多为刀形天线或鞭状天线。飞机上的这些传统天线，无论是装在飞机内部，还是装在飞机外部，都对飞机的气动特性有不利的影响，还会增大飞机的RCS，对隐身飞机来讲，这也是致命的弱点。所以，从改善飞机的气动外形和降低RCS角度出发，都希望对传统天线加以改进。改进的方向之一就是采用共形天线。共形天线具有低剖面的特点，可以安装在飞机表面而不增加风阻。

在飞机上采用共形天线的另一个原因是为了增大天线的孔径。这一用途在预警机上体现得尤其充分。为了在复杂的战场环境下探测隐身飞机等作战对象，要求预警机具有更远的探测距离、更多的工作模式、更灵活的能量管理方案和更好的抗干扰措施。这就意味着需要更大的功率孔径积。有两种方式可以提高功率孔径积：一是增大发射功率，二是增大天线尺寸。单纯增大发射功率需要载机提供更多的电源，受到载机资源的制约。天线孔径在雷达收发双程起作用，因此扩大天线孔径比提高发射功率更有利于增大天线的功率孔径积。所以，在 E-2、E-3、A-50、空警 2000、空警 200 等预警机上都有一个很大的天线和天线罩。图 8-1 是我国第一款自主研发的大型预警机空警 2000 的照片。大孔径天线在载机平台上的安装会带来许多新的矛盾，机头空间有限，装在机背上又影响飞机的气动性能。因此，较好的解决办法是把天线和机身融合在一起，把天线安装在飞机蒙皮内，采用共形相控阵天线是未来机载预警雷达的一个发展趋势，以色列研制的费尔康预警机就使用了共形相控阵天线，如图 8-2 所示。

图 8-1　大型预警机空警 2000

图 8-2　费尔康预警机

对于相控阵天线而言，为了克服平面相控阵天线的某些缺点，也需要采用共形天线方案。平面相控阵天线的波束宽度随扫描角的变化而变化，这会导致雷达的角度分辨率与测角精度变差。并且天线增益随扫描角的增大而降低，从而使发射信号功率在整个观察空域里分配不均匀。此外，平面相控阵天线的扫描范围较窄、瞬时信号带宽有限、难以实现宽角扫描匹配。采用共形相控阵天线在一定程度上可以解决这一问题。当然，所付出的代价就是增加了共形天线的复杂程度。

在双模或者多模导引头上也需要共形天线。双/多模导引头在一个导引头内布置两种或两种以上的传感器。复合传感器主要采用共口径复合、叠合复合和口径分置复合等方案，但是无论采用哪一个方案，都存在许多问题。传统的天线或平面天线已无法适应双模导引头的发展需要。一种新的尝试是把共形天线技术引入导弹制导领域，实现天线与天线罩一体化。这项技术利用微带天线的低剖面特性，把宽带无源天线直接印刷在天线罩或者红外头罩根部外表面上，而在天线罩或红外头罩内部，是常规安装的主动窄频带、窄波束天线，或红外敏感元件。

8.2 可重构天线

8.2.1 可重构天线的概念

可重构天线提供了与多个单功能天线相同的功能，这节省了成本、重量、体积和维护资源。在无线通信和雷达系统迅猛发展的趋势下，天线技术也面临着巨大的挑战。一方面，单个系统集成多种功能或服务，需要天线能够在多个频带工作，具有多种工作模式，并具有良好的传输性能。另一方面，设备小型化的趋势又要求减轻天线的重量、减小天线体积，并降低成本。为了满足上述需求，前人提出了可重构天线的概念，并在此领域做了大量研究工作，且成果显著。1983 年，D. H. Schaubert 在他的专利“Frequency - Agile, Polarization Diverse Microstrip Antenna and Frequency Scanned Arrays”中首次引入了可重构天线的概念。1999 年，美国国防部高级研究计划署开展了名为“Reconfigurable Aperture Program”的研究项目，组织部署并资助了 12 家著名大学、研究所和公司，对可重构天线进行初步探索和研究，并取得了一定进展，验证了可重构天线的实际可行性。国内对可重构天线进行研究较早的是王秉中等人，他们取得了一定的成果；随后郭英杰、梁昌洪等人也紧跟前沿对其进行了进一步的深入研究，并设计出了一系列结构新颖、性能良好、实用性强的可重构天线。

评价和描述天线性能的主要参数包括阻抗特性、方向特性、极化特性、增益和辐射效率等。可重构天线采用可移动机械部件、移相器、衰减器、二极管、可调谐材料或活性材料来改变天线表面电流分布，从而实现天线性能的重构。如今在实际应用中，许多无线通信系统往往集成了多项应用，需要不同性能的天线来满足需求。可重构天线可以将这些不同的性能需求集成在一副天线上，通过重构实现，避免了使用多天线系统会引入电磁兼容的问题，更加便于无线通信系统的设计。

为了在可重构天线工作时实现良好的增益、稳定的方向图和良好的阻抗匹配，在设计过程中必须关注以下问题：系统对天线的哪些特性参数有重构需求（如频率、方向图或极化）；如何设计天线的结构以实现所需的重构性能；选用哪种重构技术可以最大限度地减少对天线性能的负面影响。

8.2.2 可重构天线的分类

根据可重构天线能够调整的特性参数，如工作频率、辐射方向图、极化或这些特性参数的任意组合，可重构天线可以分成如下几类。

1. 频率可重构天线

频率可重构天线（也称为可调谐天线）可以分为两类：连续可调谐天线和开关可调谐天线。频率连续可调谐天线能够在可调工作频段内平滑地改变工作频率，而不会发生跳变。频率开关可调谐天线使用某种开关器件，使天线能够在离散的工作频段上进行切换。总体上，这两种天线的重构原理是一致的，都是通过改变天线的有效长度来改变天线的工作频率，只是具体实现所采用的方法和器件有所不同。

2. 极化可重构天线

天线上电流的方向决定了天线远场中电场的极化。为了实现天线的极化可重构，必须改变电流在天线上流动的方向。极化可重构天线可以使天线的远区辐射场在不同的线极化之间、右旋和左旋圆极化之间、线极化和圆极化之间转换。这类天线不仅可以用于消除因极化失配而引起的多径衰落加剧的影响，还能增加频率的极化复用。可采取实现的方法包括改变天线结构或材料属性，这一点与频率可重构天线基本相同。极化可重构天线设计中的主要困难在于，必须在实现极化重构的同时保持阻抗或频率特性没有显著的变化。

3. 方向图可重构天线

天线结构上的电流分布直接决定了该天线辐射场的空间分布。电流源和辐射场之间的固有关系使得在不改变天线工作频率的情况下实现方向图可重构很具挑战性。为了实现具有特定可重构方向图的天线，设计者须确定电流源的分布情况（包括幅度和相位）。根据所需电流源的分布情况来确定基本天线结构，然后对其结构进行重构性设计，从而实现方向图可重构。这类天线的设计过程类似于阵列合成。

4. 混合可重构天线

前三种可重构天线在重构天线的某一项性能参数的同时其他特性保持基本不变，而混合可重构天线则可以同时重构天线的两项或多项特性（如频率和方向图）。通过寄生像素层独立地重新配置工作频率、辐射模式和极化。尽管任意混合可重构天线的基本设计理论与普通可重构天线没什么不同，但是混合可重构天线需要同时关注多个维度特性参数，其设计和控制显然更加复杂。除了和前三种可重构天线类似的设计方法，混合可重构天线还可以通过开关元件连接亚波长辐射单元矩阵构建可重构口径的方式来实现。通过计算的方法得出要求天线特性的最佳设计结构，通过控制开关器件的状态实现天线口径的可重构，从而达成天线特性的可重构。

8.2.3　可重构天线的技术

知识链接

可重构微带天线仿真教程

可重构天线具备通过电或机械方式改变天线特性参数的能力。理想情况下，可重构天线可以根据系统所需来改变谐振频率、输入阻抗、带宽、极化和辐射模式等参数。概括来讲，可重构技术主要有以下四种类型：机械控制、电子开关、光控开关和可调材料。

1. 机械可重构天线

机械可重构是早期可重构天线设计中经常使用且非常经典的技术。这类天线通过机械系统改变天线结构来调整天线特性。随着机械控制技术的发展，机械可重构天线也出现了一些创新的设计。例如，采用步进电机和线性驱动器这类器件可以实现天线物理尺寸结构的渐变调整。如图 8-3 所示，将单极子天线的辐射贴片设计成卷筒状，采用电机控制单极子天线的卷曲程度实现天线工作频段的可调谐，同时保持天线方向图的相对稳定。如图 8-4 所示，通过磁控驱动器调整金属贴片天线倾斜角度，从而获得所需的谐振频率。如图 8-5 所示，利用液态金属的延展性可以实现天线物理尺寸的调整，从而实现天线波束的可调。

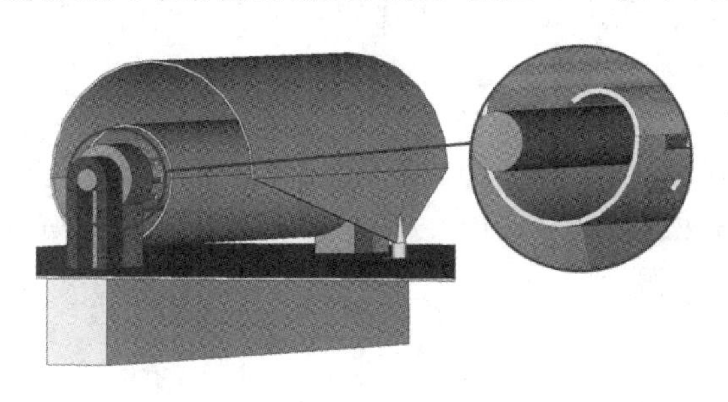

图 8-3　卷筒可重构天线

图 8-4　磁控可重构天线

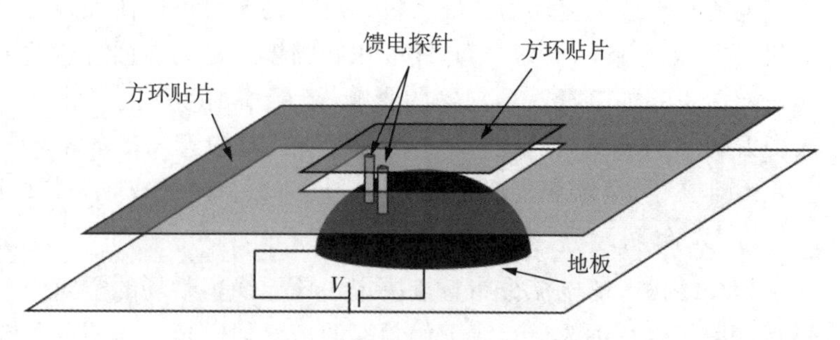

图 8-5　液态金属可重构天线

虽然在许多可重构天线设计中成功应用了机械控制技术，但是它有一些固有缺点，如速度慢、寿命周期短，以及依赖于天线的物理尺寸。尽管如此，它仍有其特有的应用前景，在高频段的应用中机械控制性能更为稳定，而其他技术会因一些电气特性而受到限制。

2. 电子开关可重构天线

电子开关可重构天线通过集成电子开关元件，不需要机械控制系统就可以改变天线结构以获得所需的天线特性参数。因为电子开关元件易于集成与低剖面天线兼容性好的特点，采用电子开关元件是实现可重构天线最具应用前景的技术。用于实现可重构天线的电子开关元件主要有两类：一类是射频开关，如 PIN 二极管、射频微机械开关(RF-MEMS)和 GaAs 场效应管(FET)；另一类是称为变容二极管的可调电容器。这些电子开关元件可以改变天线的阻抗匹配、表面电流分布和辐射性能。

PIN 二极管由 PN 结及在 P 和 N 半导体材料之间的本征半导体薄层(I 层)组成。PIN 二极管在直流正—反偏压下在高频呈现近似导通或断开的阻抗特性，从而实现良好的射频开关功能。PIN 二极管是电流控制的，只需要毫瓦量级的功率就可以导通二极管。PIN 二极管因具有鲁棒性、低插入损耗、大功率射频信号控制能力和高速开关性能而在实际中广泛应用。

知识链接

重构天线动画 Off

RF-MEMS 因具有低功耗、低插入损耗、高隔离度和良好的线性特性，而被认为是半导体开关的替代品。常见的两类 RF-MEMS 开关结构为悬臂式和桥式。图 8-6(a)为悬臂式 RF-MEMS 开关，当上下电极接电时，静电力驱动悬臂梁下压接触触点，实现传输线连通。图 8-6(b)为桥式 RF-MEMS 开关，当电极接电时，桥受到静电力驱动形变下压，桥接触电介质形成短路，实现信号终止。但由于其功率容量较低和昂贵的封装，RF-MEMS 并不适用于微波和毫米波频段。

尽管电子开关元件有许多优点，但是其需要偏置电路进行驱动。偏置电路的引入会影响天线的阻抗匹配，并且偏置电路和天线辐射元件产生耦合也会影响天线的辐射性能。天线设计时会采取偏置线长度最小化、偏置电路置于低场强区、高电阻材料上感性加载偏置线等方法，来尽量降低偏置电路对天线性能的影响。

3. 光控开关可重构天线

光控半导体开关通过光照来控制通断，相较于电子开关元件，不需要任何复杂的偏置电路。这种技术可以避免直流偏置电路对天线性能的干扰，也使得可重构天线的结构设计更

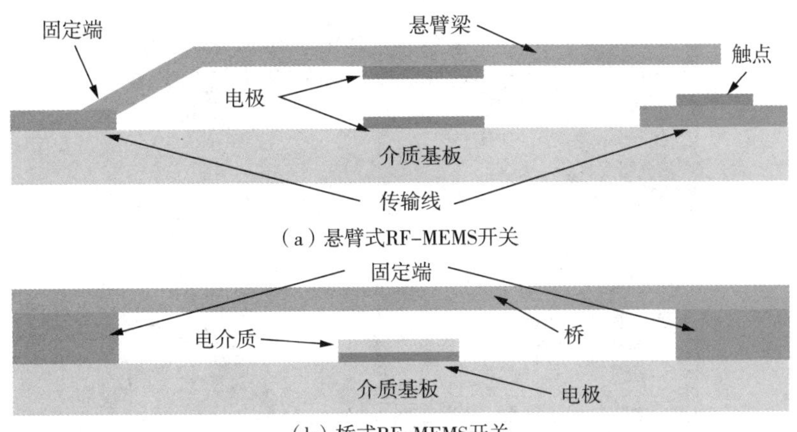

图 8-6　RF-MEMS 开关结构示意

加简单。当激光对开关进行照射时，材料中的电荷密度增加，导电性也随之增加，从而实现导通。光控开关技术已在许多可重构天线设计中成功应用。但这种光控半导体开关本身的结构较为复杂，且需要额外的光纤对其进行控制。

图 8-7 为一款采用光控开关设计的频率可重构环形圆形贴片天线，用激光来激活这些开关可以使天线在两个应用频带之间切换。图 8-8 为一款基于共面波导(CPW) 到共面带状线(CPS) 馈电的频率和方向图可重构偶极子天线。该偶极子天线集成了两个光控开关，通过开关的通断可以控制振子的有效长度，从而实现频率和方向图的可重构。

表 8-1 列出了电子开关元件(RF-MEMS/PIN 二极管 /FET) 和光控开关元件的性能比较。FET 相比于 PIN 二极管，所需的驱动电压更低，约为 3.3 V，导通电流约为5 μA，所以其直流功耗非常低。这使其在便携式低功耗系统中的应用非常广泛。但在高频下 FET 射频功率易过载、对温度很敏感，插入损耗比 PIN 二极管更高。RF-MEMS 具有低功耗、低插入损耗、高隔离度等特性，但其驱动电压较高，且开关速度远慢于 PIN 二极管和 FET。光控开关不需要偏置电路驱动，但与电子开关元件相比，插入损耗较大、开关速度较慢。

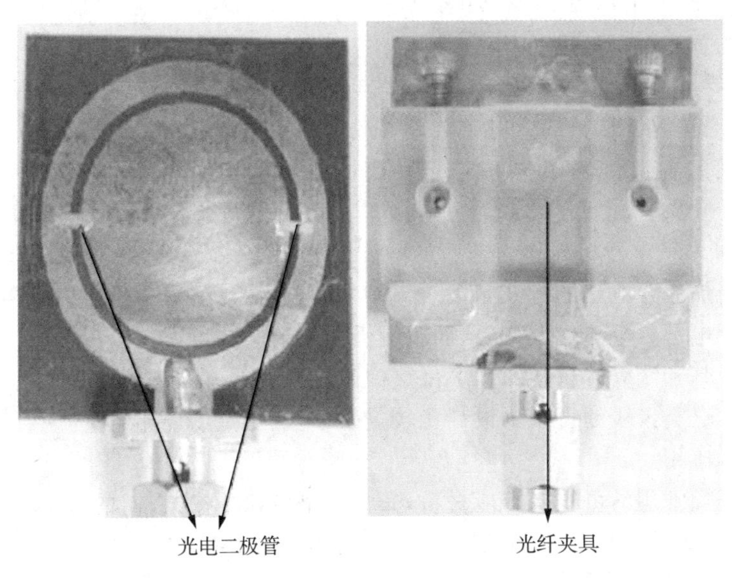

图 8-7　光控频率可重构环形圆形贴片天线

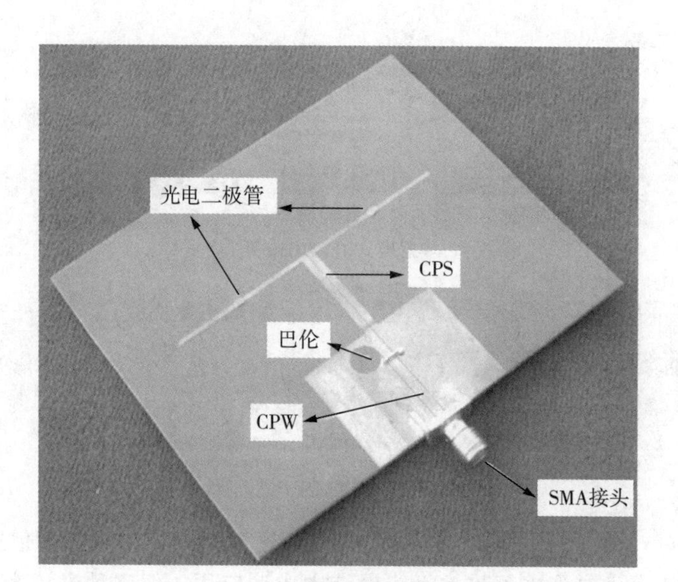

图 8-8　光控可重构偶极子天线

表 8-1　电子开关元件和光控开关元件的性能比较

性能	RF MEMS	PIN 二极管	FET	光控开关
驱动电压 /V	20 ～ 100	3 ～ 5	1.8 ～ 3.3	1.8 ～ 1.9
电流 /mA	0	3 ～ 20	0.005	0 ～ 87
功耗 /mW	0.05 ～ 0.1	5 ～ 100	＜0.033	0 ～ 50
开关速度 /μs	1 ～ 200	1 ～ 100	0.02	3 ～ 9
隔离度(1 ～ 10 GHz)	非常高	高	22 ～ 25 dB	高
插入损耗(1 ～ 10 GHz)/dB	0.05 ～ 0.2	0.3 ～ 1.2	0.7 ～ 0.9	0.5 ～ 1.5

4. 基于可调材料的可重构天线

参数可调的智能材料是可重构天线中另一项很有应用前景的技术。材料的电磁特性(介电常数和磁导率)对天线的性能有很大影响。通过材料特性的变化可以实现可重构天线的设计。例如,通过改变材料的介电常数可以改变天线的电长度。对于铁电性材料,施加静电场可以改变其介电常数;对于铁氧体材料,施加磁场可以改变其磁导率。

改变天线的介质基底的介电常数可以用来实现相移调谐,从而控制天线的波束指向。图 8-9 为一款采用铁电性材料作为基底的漏波缝隙阵列天线。其通过在顶部导电层和底部接地基板之间施加偏置电压的方式来改变基底材料的介电常数。当改变偏置电压大小时,铁电性材料的介电常数会随之改变,从而重构天线辐射的波束方向。

图 8-10 为基于铁氧体材料的频率可重构微带贴片天线。其通过改变磁场强度调谐天线的工作频率。这类天线的可重构设计比较复杂,施加的磁场分布容易产生不均匀性,这限制了它们的实际应用。

液晶也是一类常用的可重构智能材料,其分子呈棒状结构,它们的分子可以像液体一样流动,同时保持着大致一样的排列方向。20 世纪初,德国物理学家 Fredericksz 发现通过施加电场或磁场可以使液晶分子发生形变,当偏置电场与磁场消失时形变也会消失。如图

8-11所示，液晶材料被填充在一对平行金属板之间，上层金属板设置不同的电压 V_{CC}，下层金属板接地。当偏置电压处在阈值电压与满偏电压之间时，液晶分子的取向偏转角度与电场强度正相关，且连续变化。这意味着液晶材料可以作为一种连续可调的微波介质材料，应用于可重构天线的设计中。如图 8-12 所示，该天线在反射阵列和地板之间填充液晶材料，通过施加电压调整液晶分子的排布方向，从而实现天线波束的可调谐。

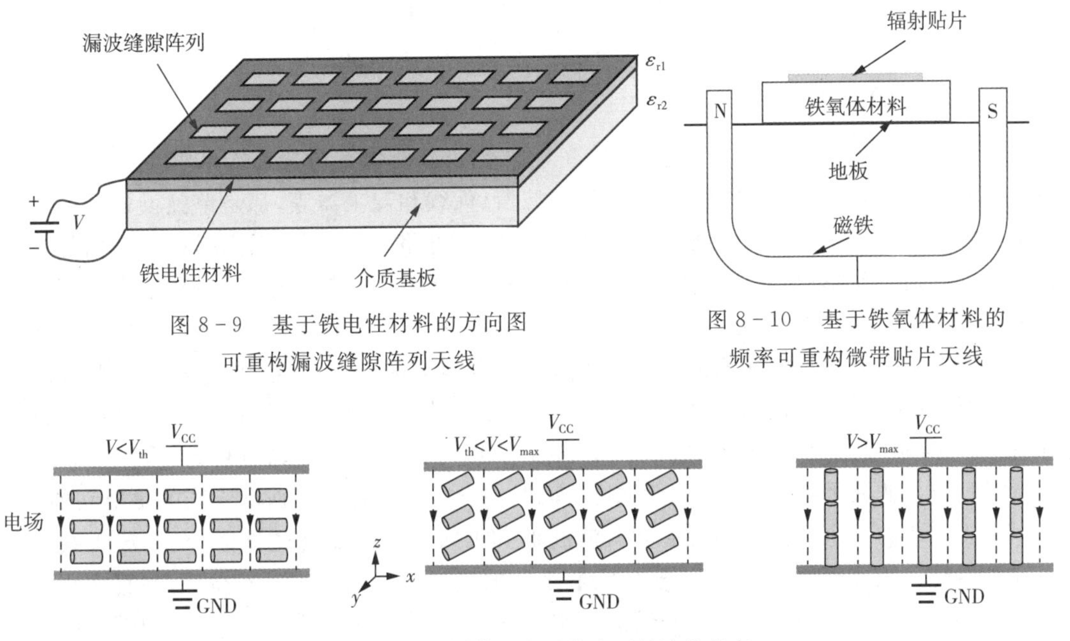

图 8-9　基于铁电性材料的方向图可重构漏波缝隙阵列天线

图 8-10　基于铁氧体材料的频率可重构微带贴片天线

图 8-11　不同偏置电压状态下的液晶状态

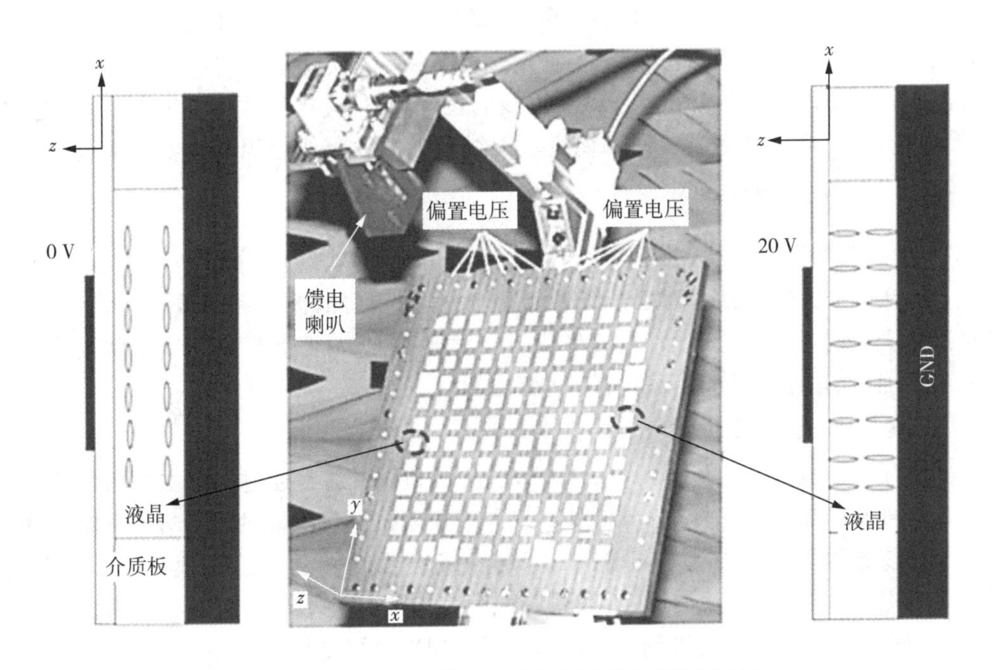

图 8-12　基于液晶基板的波束可调反射阵列天线

可调材料可以通过施加外部控制变量(电场、磁场、温度等)来实现连续的可重构,然而,它们都是有损耗的,并且只能在有限的范围内提供可重构性。因此,在可重构天线设计过程中,如何克服这些限制并利用其潜力,以保证实现可重构天线的可靠性、灵敏度等,仍是非常值得研究和有意义的课题。

8.3 滤波天线

8.3.1 滤波天线的概念

随着无线通信技术的不断快速发展,高集成度和小型化是射频前端系统重要的发展方向。传统设计中,射频前端的无源元件,如滤波器、天线和双工器等,都是单独设计并通过级联的方式来实现。这不可避免地会引起物理尺寸大、电路设计复杂、插入损耗高和信号失真大等问题,并在工作频带边缘更为明显。通信基站是典型的多频段通信系统,通常使用工作在不同频率的几个独立天线阵来实现多频段。由于基站上布置天线的空间有限,多天线阵的设计方案可能会使不同频段的服务之间形成严重的干扰。高度集成的多功能射频前端将为这类多功能无线系统提供更高效的解决方案。滤波器和天线是射频前端系统中的关键部件,将二者集成可以显著提高系统的频率选择性和带宽,增强带内增益稳定性、带外抑制性和系统效率。滤波天线作为一种新型组件,同时结合了滤波器的滤波和天线的辐射功能。

滤波天线的一个最重要的特征就是滤波器和天线不再能够清楚地区分,滤波天线去除了滤波器和天线之间的级联接口,避免它们之间的接口引入额外的插入损耗,并且实现结构更加紧凑。滤波天线因良好的带外辐射抑制特性,可以用于多频带、口径共享的基站阵列天线设计,并能在不增加总的天线尺寸的情况下,大大改善不同频段服务之间的隔离度。毫米波射频芯片系统通常需要高 Q 值和低损耗的滤波器来确保频率选择性,这在毫米波频段非常具有挑战性,而采用集成滤波天线是一种现实可行的解决方案。

滤波天线应用的最多的就是基于微带天线的设计,其他应用形式还有很多,包括缝隙天线、波导缝隙天线、介质谐振器天线和偶极子天线等。滤波天线也用于周期结构设计,如超材料天线和频率选择表面。

8.3.2 滤波天线的设计方法

学者们在滤波天线设计方面已经做了大量研究,期望将滤波器和天线融合设计成一个单端口器件。目前,滤波天线设计主要有以下三种典型方法:滤波器与天线级联设计、基于耦合滤波器理论的协同设计、无滤波电路的融合设计。

1. 滤波器与天线级联设计

级联设计是滤波天线最传统的解决方法,滤波器和天线通常通过一个端口级联,以滤出所需要的信号并抑制带外不良干扰,如图 8-13(a) 所示。这种级联的设计方法简单方便,因为天线和滤波器可以单独设计和调谐。为保证系统正常工作,通常会集成一个窄带带通滤波器和一个宽带天线,整个滤波器-天线系统的频率响应特性主要由带通滤波器决定,如图 8-13(b) 所示。因此,可以通过调整带通滤波器实现频率可重构。

然而,这种级联结构设计存在一些问题。首先,需要天线工作带宽比带通滤波器宽来保证系统功能,这对于一些高 Q 值天线(如微带天线)是非常具有挑战性的。此外,滤波器和天线分离设计，不可避免地会造成射频前端整体尺寸较大。因滤波器和天线之间连接的不完全匹配，这种级联结构还可能存在额外的插入损耗，尤其在频带边缘可能导致信号失真。

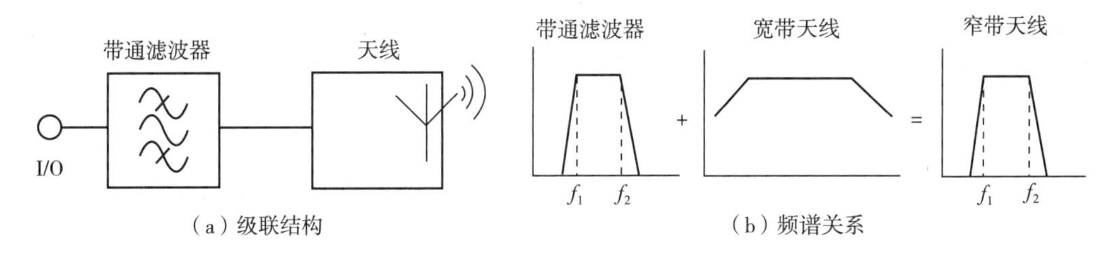

图 8-13　滤波器与天线级联结构与频谱关系

2. 基于耦合滤波器理论的协同设计

为了克服级联设计滤波天线的缺点，学者已经研究了很多不同的协同设计方法来实现滤波器和天线之间的无缝集成。基于耦合滤波器理论的协同设计方法是最流行的方法之一。天线作为辐射单元，同时也作为滤波器的最后一阶进行协同设计。设计过程可以用耦合矩阵进行表示。图 8-14(a) 为二阶协同设计滤波天线的等效电路。天线作为滤波器的最后一阶谐振器，可以建模为分流电阻-电感-电容谐振器，R_L 代表辐射电阻。另一个谐振器由并联 LC 谐振器表示，它们之间的耦合由 J 反相器表示。这种滤波天线设计的频率响应曲线如图 8-14(b) 所示。通常，谐振天线的工作带宽有限，采用级联设计会限制滤波天线的阻抗带宽。当采用基于耦合滤波器理论的协同设计时，可以实现具有两个谐振点的二阶滤波响应，这可以显著提高天线的带宽和频率选择性。

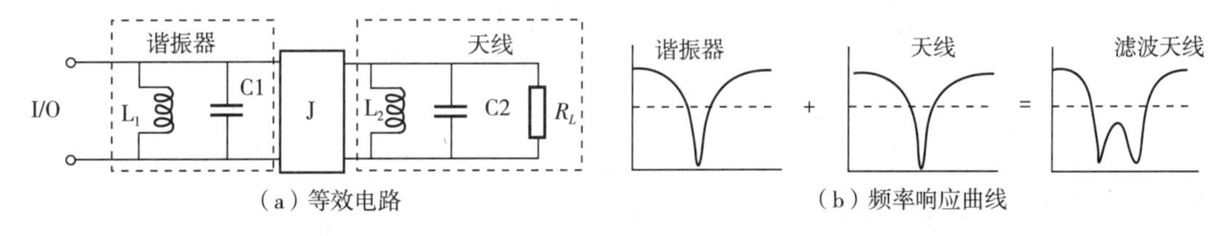

图 8-14　二阶协同设计滤波天线的等效电路和频率响应曲线

与级联方法相比，这种协同设计方法具有许多优点。首先，由于去除了天线与滤波器直接的接口，射频前端系统的体积和复杂性显著降低。其次，可以放宽对天线带宽的要求，使设计更加灵活。此外，使用这种协同设计的方法，可以改善天线带宽和高次谐波抑制。

3. 无滤波电路的融合设计

近年来，研究者提出了一种天线与滤波器融合设计的新方法，不使用外加滤波电路，通过交叉耦合馈电、加载寄生单元、蚀刻 U 形槽等手段形成辐射零点，来改善普通天线的阻抗匹配，产生带外抑制。这种类型的滤波天线可以用并联等效电路来建模，如图 8-15(a) 所示。与以前的设计方法不同，融合设计方法的设计思想是集成与天线并联的谐振结构，以在通带的两侧产生带阻功能。因此，可以形成类似带通的增益响应，如图8-15(b) 所示。因为并联谐振结构的谐振点设计在通带外，所以它们对带内天线性能几乎没有影响。此外，由于采用并联结构，很容易引入交叉耦合或源负载耦合，导致频带边缘附近出现辐射零点。这些辐射零点可以被设计来控制天线的带宽和频率选择性。这种融合设计方法实现的滤波天线的主要优点是低插入损耗和高效率。

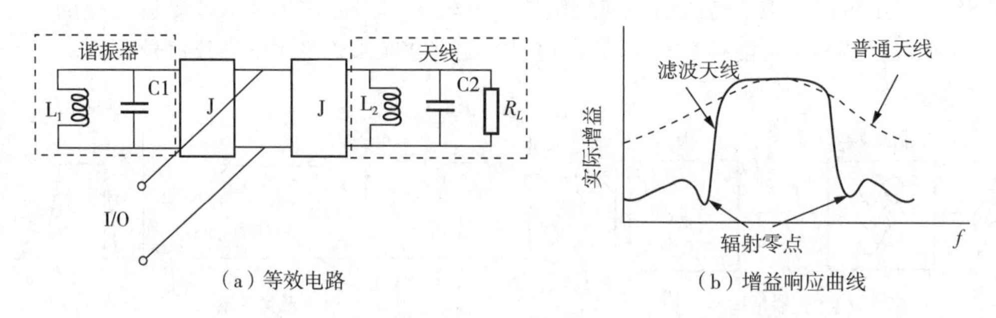

（a）等效电路　　（b）增益响应曲线

图 8-15　融合设计滤波天线的等效电路和增益响应曲线

8.3.3　滤波天线的主要形式

滤波天线因具有改善频率选择性，优化带内增益响应、带外抑制和系统效率等特性，在商业和军事领域应用广泛。其主要实现形式包括微带天线、偶极子天线、波导缝隙天线、介质谐振天线、毫米波天线和双工天线等。

1. 微带天线

最流行的滤波天线类型就是基于微带天线的设计。在卫星和基站应用中，需要共享口径的双频双极化天线设计。为了实现双极化，需要设计正交放置的辐射单元。图 8-16 为 C/X 双频段双极化天线的结构示意图。该天线由一对嵌套放置的方环和方形微带贴片及两个短截线加载的谐振器组成。方环和方形微带贴片分别作为C波段和X波段辐射单元。在这个设计中，双模谐振器作为馈电，两个频带上的两种极化可以同时激发。这种协同设计方式，容易实现两个目标工作频带上的宽频率比。此外，耦合谐振器和贴片形成二阶谐振结构，可以提高两个频段的带宽和频率选择性。

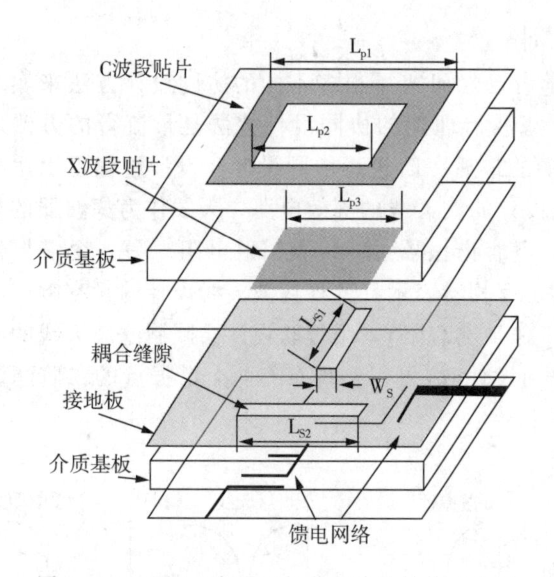

图 8-16　C/X 双频段双极化天线的结构示意图

利用两个耦合谐振器之间固有的 90° 相位延迟，协同设计的思想为宽带、低剖面、圆极化微带天线设计提供了一种新方法。图 8-17 为双圆极化微带天线的结构示意图。F形微

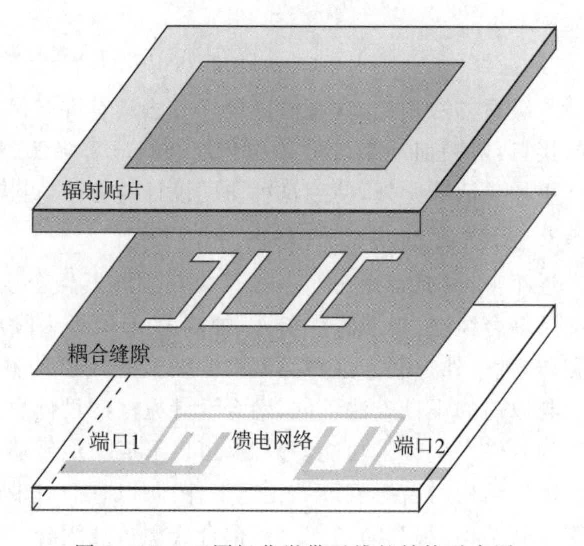

图 8-17　双圆极化微带天线的结构示意图

带作为一阶谐振器，它通过中间层上的两条C形缝隙和一条U形缝隙耦合馈电到上层的金属贴片上。中心U形缝隙的谐振频率与贴片相同，作为二阶谐振器。两侧的C形缝隙是非谐振的，这就产生了两条信号路径，它们带来90°的相位延迟，从而能够实现圆极化辐射。使用这种方法，贴片可以由两组具有90°相位延迟的谐振器激励，因此，在不增加天线厚度的情况下，阻抗和轴比带宽都可以得到显著改善。

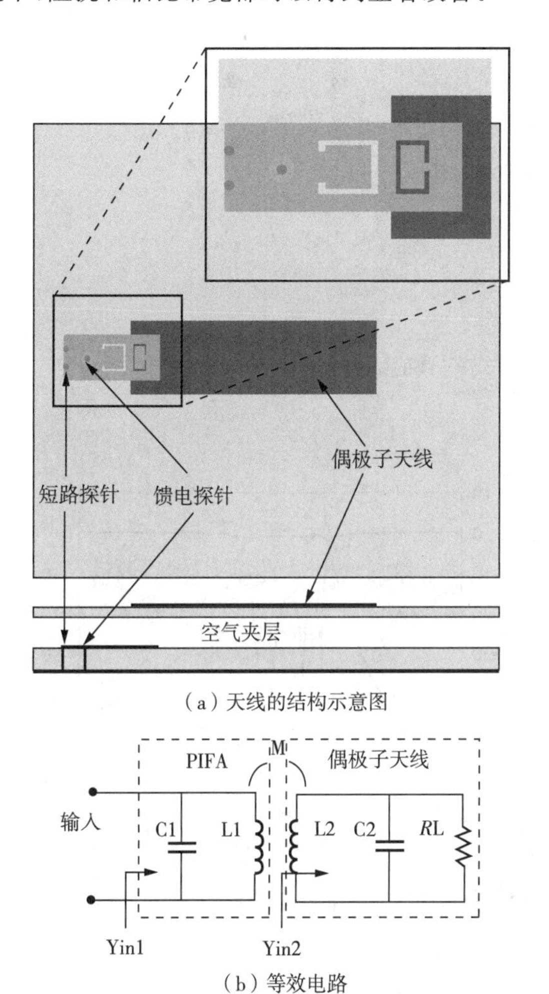

(a) 天线的结构示意图

(b) 等效电路

图8-18　偶极子天线的结构示意图和等效电路

2. 偶极子天线

偶极子天线是最常见、使用最广泛的天线之一。这种结构简单的天线也可以通过应用滤波天线的设计方法来提高其带宽、频率选择性和带外抑制性能。图8-18为偶极子天线的结构示意图和等效电路。该天线以上层的印刷偶极子为辐射单元，以下层的刻有C形缝隙的金属条带为馈电。短路端和开路端可以分别等效为电感和电容，形成一个并联谐振器，然后耦合到偶极子天线上，实现一个带宽提高的二阶滤波天线，带宽约为原偶极子天线的三倍。馈电条带上的C形缝隙在高频时起到带阻滤波器的作用，以消除不需要的带外干扰。因此，通过滤波天线设计方法，可以显著提高偶极子天线的带宽和带外抑制性能。

与传统偶极子天线相比，磁电偶极子天线具有固有的宽带和稳定的辐射特性，因此在基站天线设计中得到越来越多的应用。基于磁电偶极子的滤波天线设计重点在于提高频率选择性。图8-19为滤波磁电偶极子天线的结构示意图。该天线由辐射贴片、驱动短截线、叉状功分器和两个U形短路线组成。辐射零点是由堆叠驱动短截线和并联U形短路线引入的，它们可以被视为四分之一波长谐振器。因此，可以通过调整驱动短截线和并联U形短路线的尺寸来控制辐射零点的位置。

3. 波导缝隙天线

波导缝隙天线，包括传统的全金属波导和基片集成波导（Substrate Integrated Waveguide, SIW）天线，具有损耗低、结构坚固和散热性好等特点。SIW技术能够将金属波导结构集成到介质基片上，使外形尺寸大大减小，并且易于制造。图8-20(a)为SIW缝隙天线的结构示意图。该SIW缝隙天线采用四个耦合的SIW腔，在最后一个腔中蚀刻一个槽作为辐射器，产生一个四阶谐振结构。需要注意的是，第四个SIW腔比其他腔体尺寸要小，这是由辐射缝隙的负载效应引起的。如图 8－20(b) 所示,该 SIW 缝隙天线表现出反射零点明显的四阶滤波响应,表明其具有良好的频率选择特性。在目标工作频段,SIW 缝隙天线表现出类似滤波器的平坦增益响应。

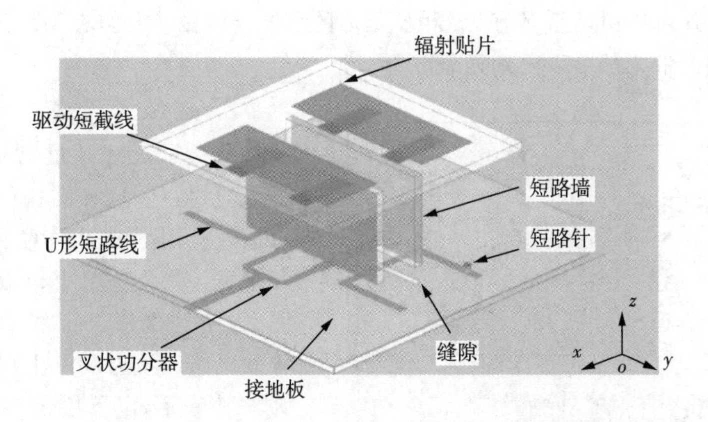

图 8－19　滤波磁电偶极子天线的结构示意图

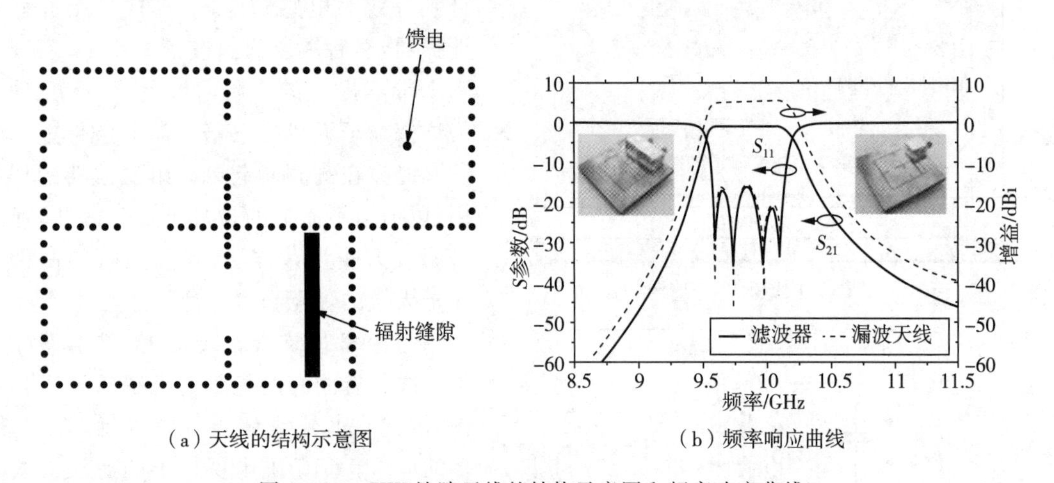

（a）天线的结构示意图　　（b）频率响应曲线

图 8－20　SIW 缝隙天线的结构示意图和频率响应曲线

8.4　智能天线

8.4.1　智能天线的概念

智能天线 (Smart Antenna) 是在自适应滤波和阵列信号处理技术的基础上发展起来的。20 世纪 90 年代初,随着移动通信的发展,阵列信号处理技术被引入移动通信领域,形成了智能天线这个新的研究领域。智能天线的基本思想是利用各用户信号空间特征的差异,采用阵列天线技术,根据某个接收准则自动调节各天线阵元的加权向量,达到最佳接收和发射,使得在同一信道上接收和发送多个用户的信号而不互相干扰。智能天线技术以其独特的抗多址干扰和扩容能力,不仅是目前解决个人通信多址干扰、容量限制等问题的最有效的手段,也被认为是未来移动通信的一种发展趋势。

智能天线分为两大类:自适应天线和多波束天线。自适应天线是一种控制反馈系统,它根据一定的准则采用数字信号处理技术形成天线阵列的加权向量。通过对接收到的信号进行加权合并，在有用信号方向上形成主波束，而在干扰方向上形成零陷，从而提高信号的输出信干噪比。多波束天线采用多个波束覆盖整个用户区，每个波束的指向固定，波束宽度随天线阵元数目的确定而确定。系统根据用户的空间位置选取相应的波束，使接收的信号最佳。

8.4.2　智能天线的基本原理

智能天线是一种阵列天线，排阵方式多样，其中等间距直线阵最为常见。如图 8-21 所示，首先建立智能天线的信号模型。设等间距直线阵的阵元个数为 N，阵元间距为 d，以第 1 个阵元作为参考阵元，信号 $s(t)$ 的入射方向与天线阵法线方向的夹角为 θ。$s(t)$ 到达第 i 个阵元与到达参考阵元的时间差为

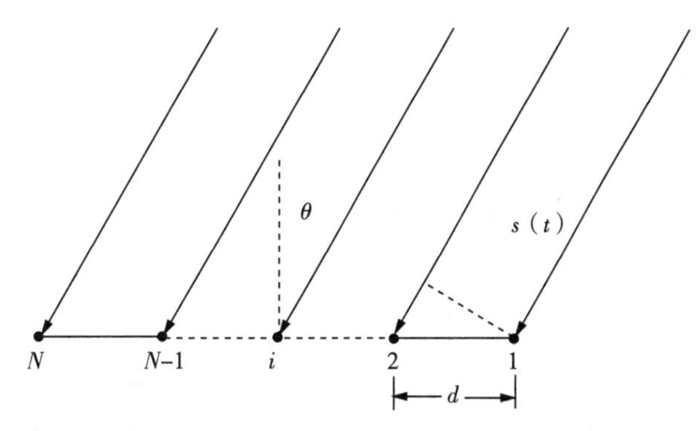

图 8-21　等间距直线阵

$$\tau_i(\theta)=(i-1)\frac{d}{c}\sin\theta \tag{8-4-1}$$

式中，c 为光速。如果载波频率为 f，信号 $s(t)$ 在参考阵元上的感应信号通常可以用复数表示为

$$x_1(t)=u(t)\mathrm{e}^{\mathrm{j}2\pi ft} \tag{8-4-2}$$

信号 $s(t)$ 在第 i 个阵元上的感应信号可表示为

$$x_i(t)=u(t)\mathrm{e}^{\mathrm{j}2\pi f[t-\tau_i(\theta)]}=x_1(t)\mathrm{e}^{-\mathrm{j}2\pi f\tau_i(\theta)} \tag{8-4-3}$$

把信号 $s(t)$ 在天线阵上感应的信号用向量表示为

$$\boldsymbol{X}(t)=[x_1(t)\quad x_2(t)\quad \cdots\quad x_N(t)]^{\mathrm{T}}=\boldsymbol{a}(\theta)x_1(t) \tag{8-4-4}$$

式中，$\boldsymbol{a}(\theta)$ 称为引导向量，可表示为

$$\boldsymbol{a}(\theta)=\left[1\quad \mathrm{e}^{-\mathrm{j}\frac{2\pi}{\lambda}d\sin\theta}\quad \cdots\quad \mathrm{e}^{-\mathrm{j}(N-1)\frac{2\pi}{\lambda}d\sin\theta}\right]^{\mathrm{T}} \tag{8-4-5}$$

其中，λ 为载波波长。

由于每一个阵元上都存在着有热噪声，噪声向量为

$$\boldsymbol{n}(t)=[n_1(t)\quad n_2(t)\quad \cdots\quad n_N(t)]^{\mathrm{T}} \tag{8-4-6}$$

若空间还存在着干扰，可令干扰向量为

$$\boldsymbol{J}(t)=[J_1(t)\quad J_2(t)\quad \cdots\quad J_N(t)]^{\mathrm{T}} \tag{8-4-7}$$

于是 $x(t)$ 可表示为

$$\boldsymbol{X}(t)=\boldsymbol{a}(\theta)x_1(t)+\boldsymbol{n}(t)+\boldsymbol{J}(t) \tag{8-4-8}$$

如图 8-22 所示，智能天线的核心部分为波束形成器。在波束形成器中，自适应信号处理器是核心部分，其主要功能是依据某种准则实时地求出满足该准则的当前权向量值。我们把这种准则称为波束形成算法，它是实现波束形成的关键技术。

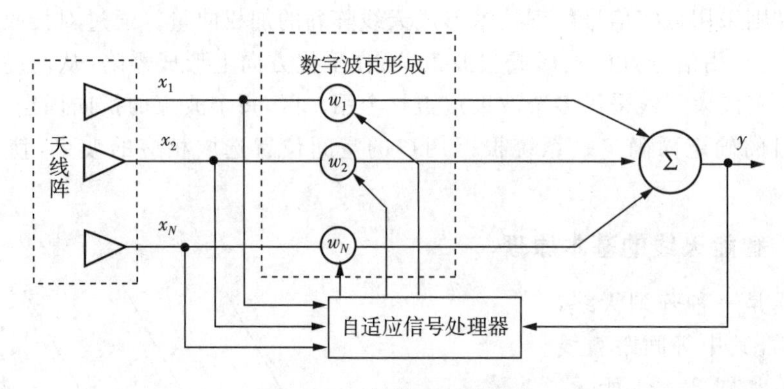

图 8-22　波束形成器结构

波束形成器的数学表述为

$$\boldsymbol{W}=[w_1 \quad w_2 \quad \cdots \quad w_N]^{\mathrm{T}} \tag{8-4-9}$$

阵列最后输出的信号为

$$y(t)=\boldsymbol{W}^{\mathrm{T}}\boldsymbol{X}(t) \tag{8-4-10}$$

根据不同的准则选取加权向量$\boldsymbol{W}$,达到控制天线阵方向图动态地在有用信号方向产生高增益窄波束,在干扰和无用信号方向产生较深零陷的目的。

8.4.3　自适应数字波束形成

自适应数字波束形成(Digital Beam Forming,DBF)算法有很多种,其中最基本的是基于时域参考信号的自适应算法。

在接收系统中设置与有用信号具有较大相关性的本地参考信号$d(t)$,于是阵列输出与参考信号之间的误差为

$$\varepsilon=d(t)-y(t)=d(t)-W^{\mathrm{T}}X(t) \tag{8-4-11}$$

均方误差为

$$\begin{aligned}\xi=\overline{|\varepsilon|^2}&=\overline{|d(t)|^2}-2\boldsymbol{W}^{\mathrm{H}}\,\overline{\boldsymbol{X}^*\,d(t)}+\boldsymbol{W}^{\mathrm{H}}\,\overline{\boldsymbol{X}^*\,\boldsymbol{X}^{\mathrm{T}}}\boldsymbol{W}\\&=\overline{|d(t)|^2}-2\boldsymbol{W}^{\mathrm{H}}\boldsymbol{r}_{\mathrm{xd}}+\boldsymbol{W}^{H}\boldsymbol{R}_{\mathrm{xx}}\boldsymbol{W}\end{aligned} \tag{8-4-12}$$

式中,$\boldsymbol{r}_{\mathrm{xd}}$为输入与参考信号的相关向量$\boldsymbol{r}_{\mathrm{xd}}=\boldsymbol{X}^*\,d(t)$;$\boldsymbol{R}_{\mathrm{xx}}$为输入相关矩阵,$\boldsymbol{R}_{\mathrm{xx}}=\overline{\boldsymbol{X}^*\,\boldsymbol{X}^{\mathrm{T}}}$。

根据B. Widrow提出的误差均方最小准则(Minimum Mean Squared Error,MMSE),由式(8-4-12),将ξ对加权向量$\boldsymbol{W}$求梯度,得到

$$\nabla_{\mathrm{W}}(\xi)=-2\boldsymbol{r}_{\mathrm{xd}}+2\boldsymbol{R}_{\mathrm{xx}}\boldsymbol{W} \tag{8-4-13}$$

令其为零,则可得出最佳维纳解为

$$\boldsymbol{W}_{\mathrm{opt}}=\boldsymbol{R}_{\mathrm{xx}}^{-1}\boldsymbol{r}_{\mathrm{xd}} \tag{8-4-14}$$

在实际应用中,$\boldsymbol{R}_{\mathrm{xx}}$和$\boldsymbol{r}_{\mathrm{xd}}$事先未知,一般不能直接使用上式求解最佳加权向量$\boldsymbol{W}_{\mathrm{opt}}$。权向量必须根据某种自适应算法自适应地随着输入数据的变化而更新。最简便的是最小均方(Least Mean Squares,LMS)算法,它基于梯度估计的最陡下降原理,适用于工作环境中信号的统计特性平稳但未知的情况。LMS算法的迭代公式如下:

$$\boldsymbol{W}(k+1)=\boldsymbol{W}(k)+2\mu\varepsilon(k)\boldsymbol{X}^*(k) \tag{8-4-15}$$

式中,μ为迭代步长,它控制算法收敛的速度,它的取值必须满足:

$$0 < \mu < \frac{1}{\lambda_{\max}} \tag{8-4-16}$$

式中，$\lambda_{\max}$ 为 $\boldsymbol{R}_{xx}$ 的最大特征根。

图 8－23 是一个间隔距离为 0.45λ 的十元均匀直线阵 LMS 算法的实例，在信噪比为 2，信干比为 5，有用信号方向为－20°，干扰来向为 50° 的条件下，LMS 算法约 1000 步以后达到了自适应的目的。

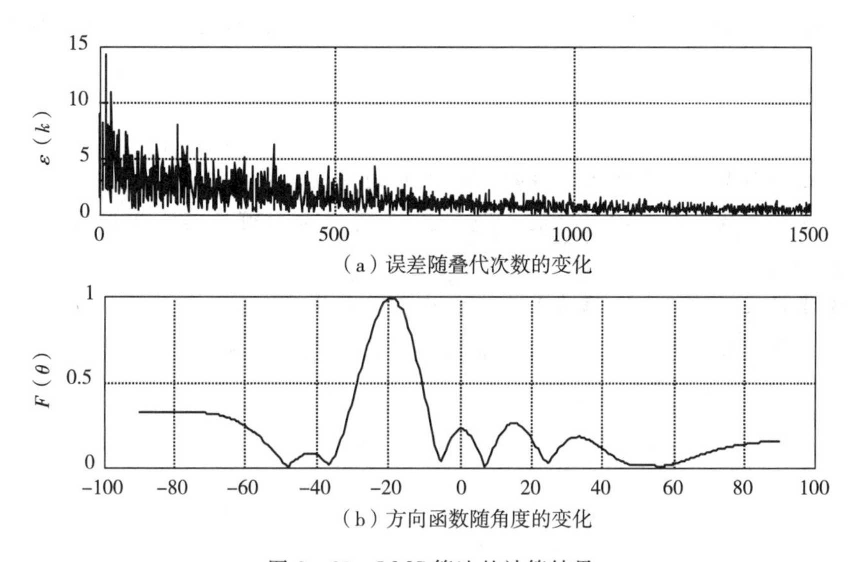

图 8－23　LMS 算法的计算结果

自适应数字波束形成算法中的另一类就是不需要参考信号的盲自适应算法，这样可以提高频谱的有效利用率。盲算法利用信号的某些特性进行自适应波束形成，这些特性包括空域特性、时域特性、频域特性等，由此形成了多种类型的盲自适应波束形成算法。

随着智能天线越来越受人们关注，DBF 算法也在不断地被改进，相信在不远的将来，一定会有更好的算法来满足日益增长的移动通信需求。

8.4.4　多波束天线

多波束天线是智能天线的另一个重要内容，它利用各个移动通信用户空间特征的差异，通过阵列天线技术在同一信道上接收和发送多个用户信号而不发生相互干扰，即空分多址(Spatial Division Multiple Access，SDMA)。要达到上述目的，智能天线需设计为智能化的多波束天线。

可以通过直接加主瓣偏移形成特定的多波束，也可以认为此时的发射波束是各组权单独形成的波束的空间场强矢量和。该方法的主瓣数目受天线阵元个数限制，如载波波长为 λ、相邻阵元间距为 d 的 N 元等间距直线阵最多形成 $N-1$ 个主瓣。各主瓣间距受到主瓣宽度限制，即主瓣间最小间距必须大于 $0.886\lambda/(Nd)$。在实际系统中，可以对主瓣进行加窗调整，控制主瓣宽度和副瓣电平，以实现不同方向上的波束形成的幅度控制，从而实现功率强弱有别的数字多波束。

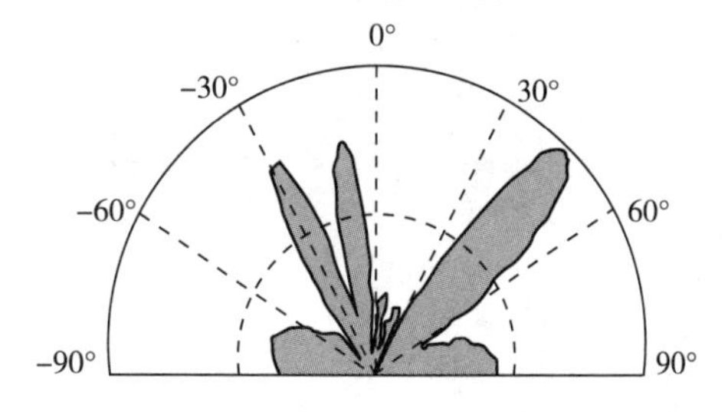

图 8－24　十元均匀直线阵多波束场强方向图

图 8-24 为十元均匀直线阵利用上述方法实现的多波束场强方向图。其波束指向分别为 45°、-10°和-30°方向，调整-10°和-30°方向的加权向量幅度，使得这两个方向上的功率强度比 45°方向上的功率强度低 3 dB。

多波束的形成还有其他方法，如快速傅里叶逆变换(Inverse Fast Fourier Transform，IFFT)算法等，但是各波束之间的间距恒定且可调性差。

人们对智能天线寄予了很大期望，但它仍然还有很多问题需要研究。目前的主要研究热点有算法的优化、波束的赋形、互耦的修正、智能化的下行选择性发射以及阵列技术等。

习题 8

1. 什么是共形天线？共形天线在航空航天应用中的优势主要有哪些？

2. 什么是可重构天线？按照功能，可重构天线可以分为哪几类？常用的实现可重构天线的技术有哪些？

3. 简述滤波天线的概念。漏波天线的典型设计方法有哪些？

4. 智能天线与传统天线有何区别？常见的智能天线有哪两类？

第9章　电波传播的基础知识

前面九章我们介绍了各种天线的基本理论。从本章开始，我们开始研究电波传播的基本理论和计算方法。

1901年12月12日，马可尼在其助手的协助下，首次成功发送第一封“无线电报”，从此电波传播理论研究和应用如雨后春笋般迅速发展起来。经过一个世纪的发展，电波传播理论已经逐渐走向成熟，已成为电磁理论研究中的一个重要分支，已成为现代通信、广播、导航、探测及诸多军事应用的基本参考依据之一。

地球及地球附近空间大体上可以看成球面分层分布，由内到外分别为地核、地幔、地壳（或海洋）、大气层（对流层、平流层）、电离层，每一层都具有不同的特性，对电磁波的影响也各不相同。地核对电磁波具有很强的吸收能力；地幔对电磁波也有较强的吸收能力，甚低频的电磁波可以穿透地壳进入地幔，地下探测雷达基本就是使用这个频段；地壳（或海洋）对电磁波的影响则主要表现在地形的变化造成散射和绕射，以及各种不同类型对不同频段的电磁波的吸收衰减；对流层是最贴近地面的一层大气，对流层顶部在极区为6 km，在赤道可达18 km，该区域大气折射率严重影响短波以上波段的电波传播；从对流层顶部到大约50 km高度的空间为平流层，一般来说，这段空间的大气比较稳定，对电波传播影响不大；电离层是指60 km以上的高层大气，在太阳辐射的影响下大气物质发生电离，这层区域的电离状态显著影响中波及短波波段的电波传播。

正是因为地球表面附近的环境对不同频段的电波的影响不尽相同，所以对于特定的频段范围，有与之对应的主要传播方式。一般来说，电波的传播方式主要分为地面波传播、天波传播、视距传播等。对于不同类型的电波传播问题，都有与之适应的分析方法。

本章共分四节，9.1节建立电磁波谱概念、介绍常用的电波传播方式，9.2节重点讨论电波传播四种损耗的定义，9.3节主要分析电波传播的菲涅尔区概念及其应用，9.4节讨论在后续专业课程经常用到的电波传播的弗里斯传输方程。

9.1　概述

9.1.1　电磁波谱

人类正在观测研究和利用的电磁波，其频率低至千分之几赫兹（地磁脉动），高达10^{30} Hz量级（宇宙射线），相应的波长从10^{11}(m)短至10^{-20}(m)以下。按序排列的频率分布称为频谱（或波谱），在整个电磁波谱中，无线电波频段(Radio - Frequency Band)的划分见表9-1所列。

表9-1　无线电波频段的划分

波段名		波长 λ	频率 f	频段名
亚毫米波(Sub millimeter Wave)		0.1～1 mm	3000～300 GHz	超极高频
毫米波	微波(Micro Wave)	1～10 mm	300～30 GHz	EHF 极高频
厘米波		1～10 cm	30～3 GHz	SHF 超高频
分米波		10～100 cm	3000～300 MHz	UHF 特高频

（续表）

波段名	波长 λ	频率 f	频段名
超短波（Metric Wave）	1～10 m	300～30 MHz	VHF 甚高频
短波（Short Wave）	10～100 m	30～3 MHz	HF 高频
中波（Medium Wave）	100～1000 m	3000～300 kHz	MF 中频
长波（Long Wave）	1～10 km	300～30 kHz	LF 低频
甚长波	10～100 km	30～3 kHz	VLF 甚低频
特长波	100～1000 km	3000～300 Hz	ULF 特低频
超长波	10^3～10^4 km	300～30 Hz	SLF 超低频
极长波	10^4 km 以上	30 Hz 以下	ELF 极低频

从电波传播特性出发，并考虑系统技术问题，频段的典型应用如下。

超低频：典型应用为地质结构（包括孕震效应）探测、电离层与磁层研究、对潜通信、地震电磁辐射前兆检测。超低频因波长太长，辐射系统庞大且效率低。该频段中，人为系统难于建立，因此其主要由太阳风与磁层相互作用、雷电及地震活动所激发。近年来，在频段高端已有人为发射系统用于对潜艇发射简单指令和地震活动中检测深地层特性变化。

极低频：典型应用为对潜通信、地下通信、极稳定的全球通信、地下遥感、电离层与磁层研究。极低频因频率低，信息容量小、信息速率低（～ 1 bit/s）。该频段中，垂直极化的天线系统不易建立，并且受雷电干扰强。

甚低频：典型应用为 Omega 、α 超远程及水下相位差导航系统、全球电报通信、对潜指挥通信、时间频率标准传递、地质探测。该波段难于实现电尺寸高的垂直极化天线和定向天线，传输数据率低，雷电干扰也比较强。

低频：典型应用为 Loran－C 及我国长河二号远程脉冲相位差导航系统、时间频率标准传递、远程通信广播。该频段不易实现定向天线。

中频：典型应用为广播、通信、导航（机场着陆系统）。该波段采用多元天线可实现较好的方向性，但天线结构庞大。

高频：典型应用为远距离通信广播、超视距天波及地波雷达、超视距地-空通信。

米波：典型应用为语音广播、移动（包括卫星移动）通信、接力（～ 50 km 跳距）通信、航空导航信标。该波段容易实现具有较高增益系数的天线系统。

分米波：典型应用为电视广播，飞机导航、着陆，警戒雷达，卫星导航，卫星跟踪、数传及指令网，移动无线电通信。

厘米波：典型应用为电视信道、雷达、卫星遥感、固定及移动卫星信道、5G 移动通信。

毫米波：典型应用为短路径通信、制导雷达、卫星遥感、汽车无人驾驶雷达。

亚毫米波：典型应用为短路径通信。

9.1.2 常用的电波传播方式

电波传播特性同时取决于媒质结构特性和电波特征参量。对于一定频率和极化的电波与特定媒质条件相匹配，将具有某种占优势的传播方式。常用的电波传播方式分为地面波传播、天波传播、视距传播、散射传播和波导传播。

1. 地面波传播

如图 9-1 所示，电波沿着地球表面传播的方式称为地面波传播。此种方式要求天线的最大辐射方向沿着地面，采用垂直极化，工作的频率多位于超长、长、中和短波波段，地面对电波的传播有着强烈的影响。这种传播方式的优点是传播的信号质量好，但是频率越高，地面对电波的吸收越严重。

2. 天波传播

如图 9-2 所示，发射天线向高空辐射的电波在电离层内经过连续折射而返回地面到达接收点的传播方式称为天波传播。尽管中波、短波都可以采用这种传播方式，但是仍然以短波为主。这种传播方式的优点是能以较小的功率进行可达数千千米的远距离传播。天波传播的规律与电离层密切相关，由于电离层具有随机变化的特点，因此天波信号的衰落现象也比较严重。

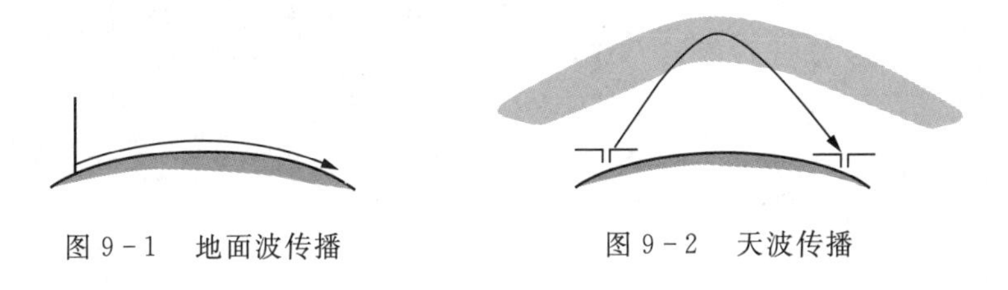

图 9-1　地面波传播　　　　图 9-2　天波传播

3. 视距传播

如图 9-3 所示，电波依靠发射天线与接收天线的直视的传播方式称为视距传播。它可以分为地-地视距传播、中继视距传播和地-空视距传播。视距传播的工作频段为超短波及微波波段。此种传播方式要求天线具有强方向性，并且有足够高的架设高度。信号在传播中所受到的主要影响是视距传播中的直射波和地面反射波之间的干涉。在几千兆赫兹和更高的频率上，还必须考虑雨和大气成分的衰减及散射作用。在较高的频率上，山、建筑物和树木等对电磁波的散射和绕射作用变得更加显著。

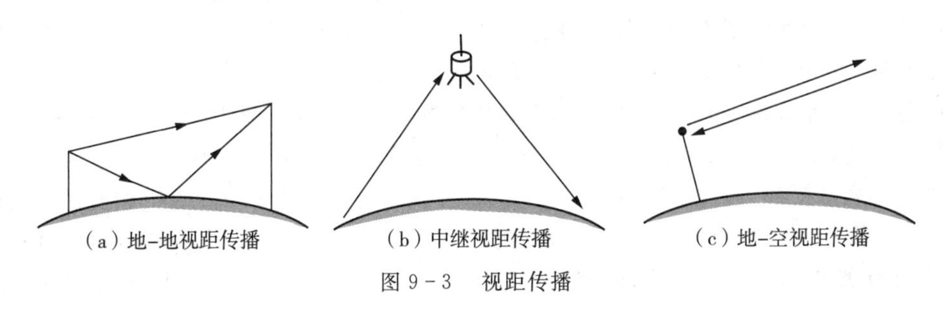

(a) 地-地视距传播　(b) 中继视距传播　(c) 地-空视距传播

图 9-3　视距传播

4. 散射传播

如图 9-4 所示，散射传播是利用低空对流层、高空电离层下缘的不均匀的“介质团”对电波的散射，以达到传播目的。散射传播的距离可以远远超过地-地视距传播的距离。对流层散射主要用于 100 MHz ~ 10 GHz 频段，从地表面向上直到(13 ± 5)km 的空间称为对流层，传播距离一般 $r < 1000$ km；电离层散射主要用于 30 ~ 100 MHz 频段，传播距离 $r > 1000$ km。散射传播的主要优点是距离远，抗毁性好，保密性强。在电子对抗领域，散射传播可以用于对雷达信号的超视距侦察。

5. 波导传播

对流层的电性能可以用介电常数 ε 或是折射指数 $n=\sqrt{\varepsilon_r}$ 来描述。研究表明，大气折射率与诸多因素密切相关，包括温度、湿度、气压、风速等。大气折射是造成雷达定位误差、卫星导航误差和雷达盲区的主要原因。当对流层的折射指数梯度满足一定条件时，对于米波至厘米波的无线电射线会出现弯曲(见图 9-5)，还可能引起一些反常传播现象，如大气波导传播。雷达可以利用大气波导探测到低空目标，也正是因为大气波导，雷达波被陷获在其中，从而造成雷达探测的盲区。实现大气波导传播需要有特定的气象条件与地理环境。

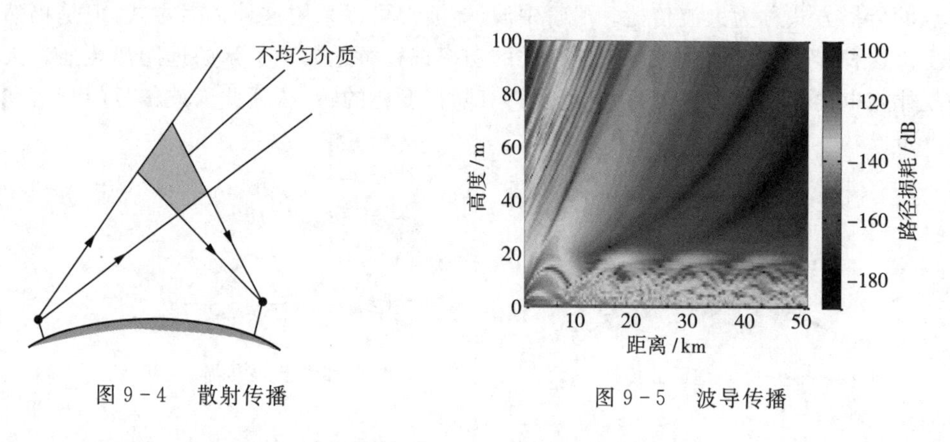

图 9-4　散射传播　　　　图 9-5　波导传播

在各种传播方式中，媒质的电参数(包括介电常数、磁导率与电导率)的空间分布和时间变化及边界状态是传播特性的决定性因素。

9.2　电波传播损耗的定义

不同的电波传播方式反映在不同的传播媒质中对电波传播的影响不同，带来的损耗也不同。但是即使在自由空间传播，电波在传播的过程中功率密度也会不断衰减。电波传播损耗在雷达、通信和电子对抗系统的设计和性能评估中非常重要。为了便于对各种传播方式进行定量的比较，有必要先进行电波传播损耗的定义。

如图 9-6 所示的传播链路，信号从发射机发射，经过发射端馈线、天线、空间的传播，再到接收端天线、馈线，进入接收机接收处理。每一步都会对信号产生衰减和放大，连接的电缆一般会有衰减损耗，假设发射端损耗为 L_{tc}，接收端电缆损耗为 L_{rc}；发射机和发射天线连接时产生的失配称为匹配损耗 L_{tm}，接收端匹配损耗为 L_{rm}；天线在发射和接收时对信号有放大作用，发射天线的增益为 G_t，接收天线的增益为 G_r。下面我们对图中的四种传播损耗进行定义。

系统传播损耗 L_s：定义发射天线输入功率 P_t 与接收天线输出功率 P_r(匹配时)之比为该传输链路的系统传播损耗，以分贝表示为

$$L_s=10\lg\frac{P_t}{P_r}=P_t(\text{dBW})-P_r(\text{dBW})\quad(\text{dB})\tag{9-2-1}$$

这里强调一下 $P(\text{dBW})=10\times\log_{10}P(\text{W})$，$L_s(\text{dB})=10\times\log_{10}L_s$(倍数)，$L_s$ 是一个功率倍数关系，没有确定的物理单位，而 $P(\text{dBW})$ 实际对应的物理单位是 W。

如图 9-7 所示，假设有一天线置于自由空间 A 处，其发射功率为 P_t，增益为 G_t，在最大

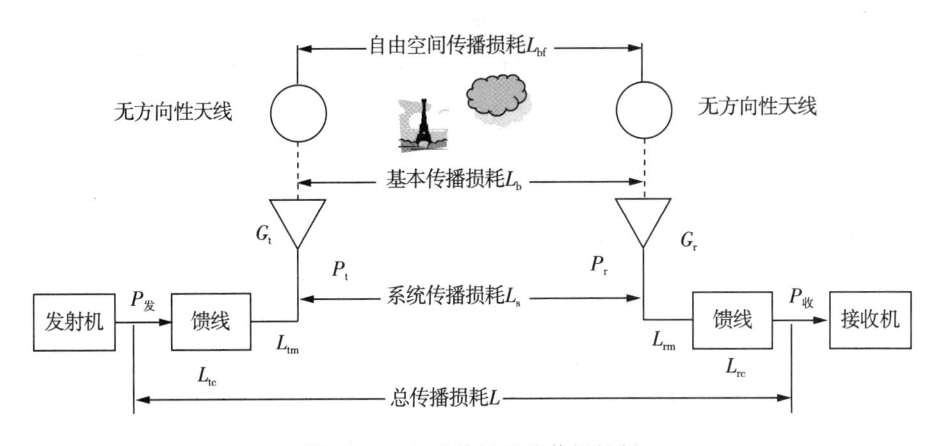

图 9-6　电波传播链路传播损耗

辐射方向上距离为 r 的 M 点处产生的场强振幅为

$$S=\frac{P_tG_t}{4\pi r^2}=\frac{E_m^2}{2\eta_0}\quad\Rightarrow\quad E_m=\frac{\sqrt{60P_tG_t}}{r}\tag{9-2-2}$$

若使用有效值表示，则有

$$E_0=\frac{\sqrt{30P_tG_t}}{r}\tag{9-2-3}$$

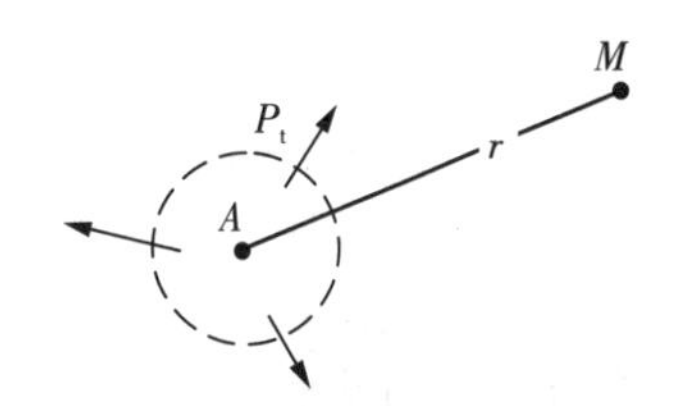

图 9-7　自由空间的电波传播

电波在传播过程中，实际的传播媒质对电波有吸收作用，这将导致电波的衰减。如果实际情况下，接收点的场强为 E，自由空间传播的场强为 E_0，那么定义比值 $|E/E_0|$ 为衰减因子（Attenuation Factor），记为 A，于是

$$A=|E/E_0|\tag{9-2-4}$$

有文献将之称为路径传播因子（Propagation Factor）。相应的衰减损耗为

$$L_F(\text{dB})=20\lg\frac{1}{A}=20\lg\left|\frac{E_0}{E}\right|\tag{9-2-5}$$

A 与工作频率、传播距离、媒质电参数、地貌地物、传播方式等因素有关。有部分文献所述的电波传播衰减是指该参数，如我们在计算视距传播时的大气衰减、雨衰、障碍物遮挡衰减等均指该衰减。以后在不发生混淆的情况下，我们称之为**媒质传播损耗 L_F**(dB)。

考虑上述损耗之后，系统在接收点的功率流密度 S 和接收天线输出功率 P_r 分别为

$$S=\frac{P_tG_t}{4\pi r^2}A^2\tag{9-2-6}$$

$$P_r=SA_e=\frac{P_tG_t}{4\pi r^2}A^2\ \frac{\lambda^2G_r}{4\pi}=\left(\frac{\lambda}{4\pi r}\right)^2P_tG_tA^2G_r\tag{9-2-7}$$

A_e 是我们第 2 章介绍的天线有效接收面积。由式(9-2-7)，系统传播损耗 L_s 以分贝表示为

$$L_s(\text{dB})=20\lg\left(\frac{4\pi r}{\lambda}\right)+L_F(\text{dB})-G_r(\text{dB})-G_t\qquad(\text{dB})\tag{9-2-8}$$

系统传播损耗一般在几十分贝到 200 dB 之间。

基本传播损耗 L_b:定义发射天线输出功率与接收天线输入功率(匹配时)之比为该传播链路的基本传播损耗(Basic Transmission Loss)或称为路径传播损耗(Propagation Path Loss),以分贝表示为

$$L_b(\mathrm{dB}) = 20\lg\left(\frac{4\pi r}{\lambda}\right) + L_F \quad (\mathrm{dB}) \tag{9-2-9}$$

由定义可知,基本传播损耗与天线无关,仅取决于路径的传输情况。如图 9-7 所示,若令 $G_r = G_t = 1 = 0(\mathrm{dB})$,即假设收发天线是无方向性天线,则此时基本传播损耗与系统传播损耗一致。将 $G_r = G_t = 1$ 代入式(9-2-7)中,即将 $G_r = G_t = 0(\mathrm{dB})$ 代入式(9-2-8)中,可得式(9-2-9)。因为该损耗值只与路径有关,故又称为路径传播损耗。一般在电波传播计算中都是计算路径传播损耗,绕射损耗、地波传播损耗、大气衰减损耗都包含在其中。

自由空间传播损耗 L_{bf}:在自由空间环境下,定义发射天线输出功率与接收天线输入功率(匹配时)之比为该传播链路的自由空间传播损耗,以分贝表示为

$$\begin{aligned} L_{bf}(\mathrm{dB}) &= 20\lg\left(\frac{4\pi r}{\lambda}\right) \\ &= 32.45 + 20\lg f(\mathrm{MHz}) + 20\lg r(\mathrm{km}) \\ &= 121.98 + 20\lg r(\mathrm{km}) - 20\lg\lambda(\mathrm{cm}) \end{aligned} \tag{9-2-10}$$

若假设电波在自由空间传播,没有媒质传播损耗 $L_F(\mathrm{dB})$,即衰减因子 $A = 1$,$L_F = 0(\mathrm{dB})$,将其代入式(9-2-9)中就可得到自由空间传播损耗 L_{bf} 式(9-2-10)。

虽然自由空间是一种理想介质,是不会吸收能量的,但是随着传播距离的增大,发射天线的辐射功率分布在更大的球面上,因此自由空间传播损耗是一种扩散式的能量自然损耗。从式(9-2-10)可见,当电波频率提高一倍或传播距离增加一倍时,自由空间传播损耗分别增加 6 dB。对于波长 $\lambda = 1$ m,传播距离 $r = 50$ km 的天线而言,$L_{bf} = 116$ dB 是一个不小的数据。

虽然按照直觉,自由空间传播损耗是与频率无关的,但是式(9-2-10)为什么与频率有关呢?从推导过程可以看出,频率引入是在强制接收天线增益为 0 dB 的条件下产生的,因为接收天线的有效面积是与增益、频率有关的。如果我们强制接收天线的有效面积固定,那么损耗就与频率无关了。

总体传播损耗 L:定义发射机输出功率与接收机输入功率(匹配时)之比为该传播链路的总体传播损耗,由图 9-6 以分贝表示为

$$\begin{aligned} L(\mathrm{dB}) &= L_S(\mathrm{dB}) + L_{rc}(\mathrm{dB}) + L_{tc}(\mathrm{dB}) + L_{rm}(\mathrm{dB}) + L_{tm}(\mathrm{dB}) \\ &= 20\lg\left(\frac{4\pi r}{\lambda}\right) + L_F(\mathrm{dB}) - G_r(\mathrm{dB}) - G_t(\mathrm{dB}) + L_{rc}(\mathrm{dB}) \\ &\quad + L_{tc}(\mathrm{dB}) + L_{rm}(\mathrm{dB}) + L_{tm}(\mathrm{dB}) \end{aligned} \tag{9-2-11}$$

总体传播损耗是进行电路设计的最终目标。从图 9-7 可以看出,在考虑系统总体传播损耗 L 时,它在系统传播损耗的基础上,还要考虑收发双方馈线产生的损耗、失配产生的损耗等。

在实际通信、电子对抗侦察和干扰过程中,经常关心接收机能否接收到信号,根据上述分析,接收机接收的功率为

$$\begin{aligned} P_{收}(\mathrm{dBW}) &= P_{发}(\mathrm{dBW}) - L(\mathrm{dB}) \\ &= P_{发}(\mathrm{dBW}) + G_r(\mathrm{dB}) + G_t(\mathrm{dB}) - L_{bf}(\mathrm{dB}) - L_F(\mathrm{dB}) - L_{rc}(\mathrm{dB}) \\ &\quad - L_{tc}(\mathrm{dB}) - L_{rm}(\mathrm{dB}) - L_{tm}(\mathrm{dB}) \end{aligned} \tag{9-2-12}$$

在基本传播损耗 L_b 为客观存在的前提下，降低收发端匹配和电缆损耗外，提高接收功率的重要措施就是提高收、发天线的增益系数和增大发射机的发射功率。

例 9-2-1　设微波中继通信的段距为 $r=50$ km、工作波长为 7.5 cm，收发天线的增益都为 45 dB，收发端馈线及匹配损耗均为 3.6 dB，该路径的衰减因子 $A=0.7$，若发射机输出功率为 10 W，求其自由空间传播损耗、基本传播损耗、系统传播损耗、总体传播损耗和接收机输入功率。

解：首先，利用式(9-2-10)求出自由空间传播损耗为

$$
\begin{aligned}
L_{bf}(\text{dB}) &= 121.98 + 20\lg d(\text{km}) - 20\lg\lambda(\text{cm}) \\
&= 121.98 + 20\lg 50 - 20\lg 7.5 \\
&= 121.98 + 33.98 - 17.5 = 138.46(\text{dB})
\end{aligned}
$$

由式(9-2-9)和式(9-2-5)求出基本传播损耗为

$$
\begin{aligned}
L_b(\text{dB}) &= L_{bf}(\text{dB}) + L_F(\text{dB}) = 138.46(\text{dB}) + 20\lg\frac{1}{A} \\
&= 138.46(\text{dB}) + 3.10(\text{dB}) = 141.56(\text{dB})
\end{aligned}
$$

其次，考虑到收发天线增益后，该通信链路的系统传播损耗为

$$L_s(\text{dB}) = L_b(\text{dB}) - G_r(\text{dB}) - G_L(\text{dB}) = 141.56 - 2\times 45 = 51.65(\text{dB})$$

进一步考虑到馈线及系统匹配损耗后，该通信链路的总体传播损耗 L 为

$$L(\text{dB}) = L_s(\text{dB}) + 2\times 3.6 = 58.85(\text{dB})$$

因发射天线的输入功率为 $P_{in}=10(\text{W})=10\times\lg 10^4(\text{mW})=40(\text{dBm})$（注：dBm 为分贝毫瓦），于是收信电平，即接收机输入功率为

$$P_{收}(\text{dBm}) = P_{发}(\text{dBm}) - L(\text{dB}) = 40 - 58.85 = -18.85(\text{dBm})$$

9.3　电波传播的菲涅尔区

理想的自由空间应是无边际的，但是这样的空间是不存在的。对于某一特定方向而言，存在着能否视为自由空间传播的概念，更有其实际的意义。对此，需要介绍电波传播的菲涅尔区概念。

9.3.1　惠更斯-菲涅耳原理

惠更斯原理：波在传播过程中，波面上的每一点都是一个进行二次辐射球面波（子波）的波源，任意时刻这些子波的包络就是新的波面。惠更斯-菲涅耳原理：波在传播过程中，空间任意点的波场是包围波源的任意封闭面上各点的二次源（惠更斯源）发出的子波在该点相互干涉叠加的结果。

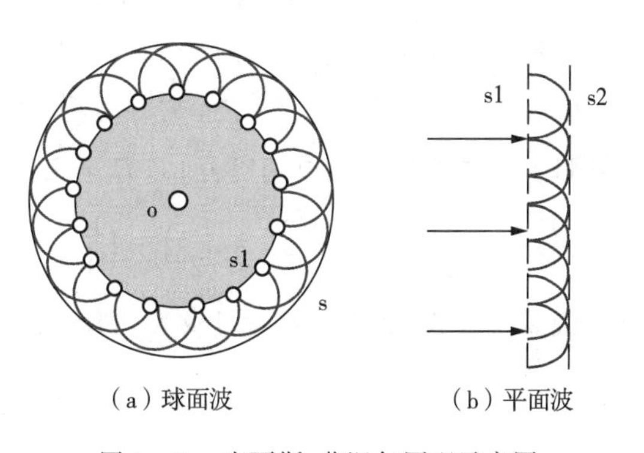

（a）球面波　　（b）平面波

图 9-8　惠更斯-菲涅尔原理示意图

图 9-8(a) 为一个点源以球面波向

外传播的二次源辐射过程，图 9-8(b) 显示了一个平面波向右传播的二次源辐射过程。

9.3.2 菲涅尔区与电磁波绕射

如图 9-9 所示，空间 A 处有一球面波源，为了讨论它的辐射场的大小，根据惠更斯-菲涅尔原理，可以做一个与之同心、半径为 R 的球面，该球面上所有的同相惠更斯源对于远区观察点 P 来说，可以视为二次波源。如果 P 点与 A 点相距 $d=R+r_0$，那么为了计算方便起见，我们将球面 S 分成许多环形带 $N_n(n=1,2,3\cdots)$，并使相邻两带的边缘到观察点的距离相差半个波长(物理学上称这种环带为菲涅尔带)，即

$$\begin{cases} R+r_1=R+r_0+\lambda/2 \\ R+r_2=R+r_0+2(\lambda/2) \\ \qquad\vdots \\ R+r_n=R+r_0+n(\lambda/2) \end{cases} \tag{9-3-1}$$

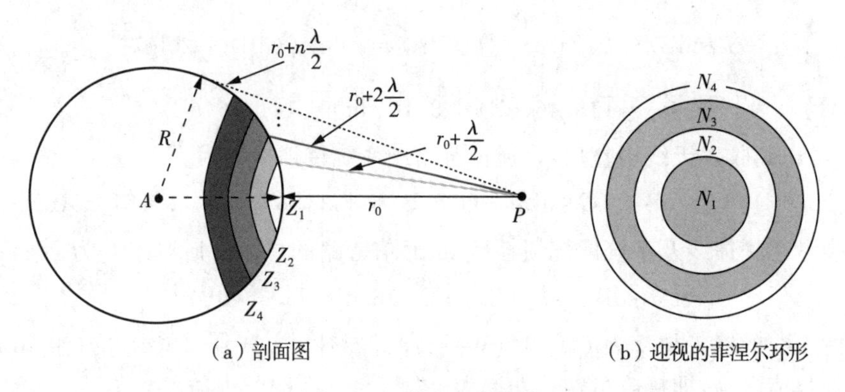

(a) 剖面图　　(b) 迎视的菲涅尔环形

图 9-9　菲涅尔半波带

在这种情况下，相邻两带的对应部分的惠更斯源在 P 点的辐射将有 $\lambda/2$ 的波程差，因而具有180°的相位差，起着互相削弱的作用。

可以证明，当 $r_0 \gg \lambda$ 时，各带的面积大致相等。设第 n 个菲涅尔半波带在 P 点产生的场强振幅为 $E_n(n=1,2,3\cdots)$，由于每个菲涅尔半波带的辐射路径不一样，因此有以下关系式：

$$E_1 > E_2 > E_3 > \cdots E_n > E_{n+1} > \cdots \tag{9-3-2}$$

从平均角度而言，相邻两带对 P 点的贡献反相，于是 P 点的合成场振幅为

$$E=E_1-E_2+E_3-E_4+\cdots \tag{9-3-3}$$

若将上式的奇数项拆成两部分，即 $E_n=E_n/2+E_n/2$，则式(9-3-3)可以重新写为

$$E=\frac{E_1}{2}+\left(\frac{E_1}{2}-E_2+\frac{E_3}{2}\right)+\left(\frac{E_3}{2}-E_4+\frac{E_5}{2}\right)+\left(\frac{E_5}{2}-E_6+\frac{E_7}{2}\right)+\cdots \tag{9-3-4}$$

仔细观察上式，如果总带数足够大，利用式(9-3-2)的结论，可以认为

$$E\approx\frac{E_1}{2} \tag{9-3-5}$$

上式给我们一个重要的启示，从波动光学的观点看可以认为，尽管在自由空间从波源 A 辐射到观察点 P 的电波是通过许多菲涅尔区传播的，但是起最重要作用的是第一菲涅尔

区。作为粗略近似，只要保证第一菲涅尔区不被地形地物遮挡，就能得到自由空间传播时的场强。所以在实际的通信系统设计中，对第一菲涅尔区的尺寸非常关注，下面我们就来求出第一菲涅尔区半径。

令第一菲涅尔区的半径为 F_1，当各参数如图 9-10 所示时，根据第一菲涅尔区半径的定义

$$\sqrt{F_1^2+d_1^2}+\sqrt{F_1^2+d_2^2}=d+\lambda/2 \tag{9-3-6}$$

以及 $d_1 \gg F_1$、$d_2 \gg F_1$，对上式进行一级近似，可得

$$F_1=\sqrt{\frac{d_1 d_2 \lambda}{d}} \tag{9-3-7}$$

显然，该半径在路径的中央 $d_1=d_2=d/2$ 处达到最大值，最大值为

$$F_{1\max}=\frac{1}{2}\sqrt{d\lambda} \tag{9-3-8}$$

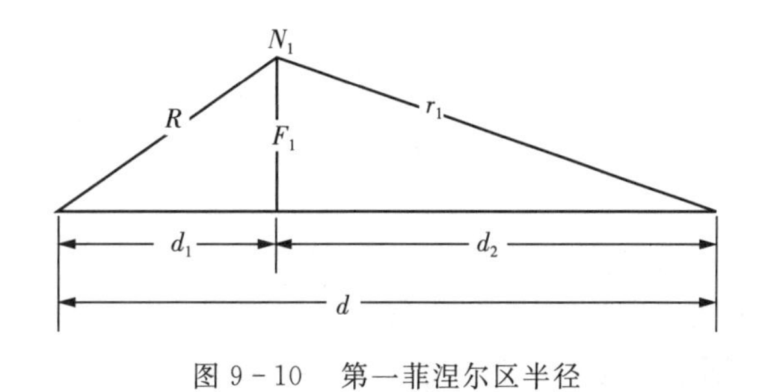

图 9-10　第一菲涅尔区半径

实际上，划分菲涅尔半波带的球面是任意选取的，因此当球面半径 R 变化时，尽管各菲涅尔区的尺寸也在变化，但是它们的几何定义不变。而它们的几何定义恰恰就是以 A、P 两点为焦点的椭圆定义。如图 9-11 所示，如果考虑以传播路径为轴线的旋转对称性，不同位置的同一菲涅尔半波带的外围轮廓线应是一个以收、发两点为焦点的旋转椭球。我们称第一菲涅尔椭球为电波传播的主要通道。

由式(9-3-7)可知，波长越短，第一菲涅尔区半径越小，对应的第一菲涅尔椭球越细长。对于波长非常短的光学波段，椭球体更加细长，因而产生了光学中研究过的纯粹的射线传播。

由于电波传播的主要通道并不是一条直线，因此即使某凸出物并没有挡住收、发两点间的几何射线，但是已进入了第一菲涅尔椭球，此时接收点的场强已经受到影响，该收、发两点之间不能被视为自由空间传播。而当凸出物未进入第一菲涅尔椭球时，即电波传播的主要通道，此时才可以认为该收、发两点之间被视为自由空间传播，也就是说，此时才可以用式(9-2-1)计算接收点的场强振幅。

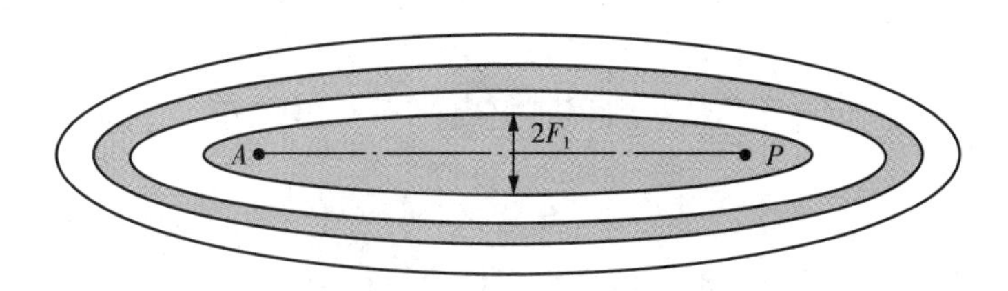

图 9-11　菲涅尔椭球

如图 9-12 所示，即使地面上的障碍物遮住收、发两点间的几何射线，但是由于电波传播的主要通道未被全部遮挡住，因此接收点仍然可以收到信号，此种现象被称为电波具有绕射能力。在地面上的障碍物高度一定的情况下，波长越长，电波传播的主要通道的横截面积越大，相对遮挡面积就越小，接收点的场强越大，因此频率越低，绕射能力越强。

实际上电磁信号在各种特定的媒质中传播的过程，除了以上所介绍的基本特性之外，还

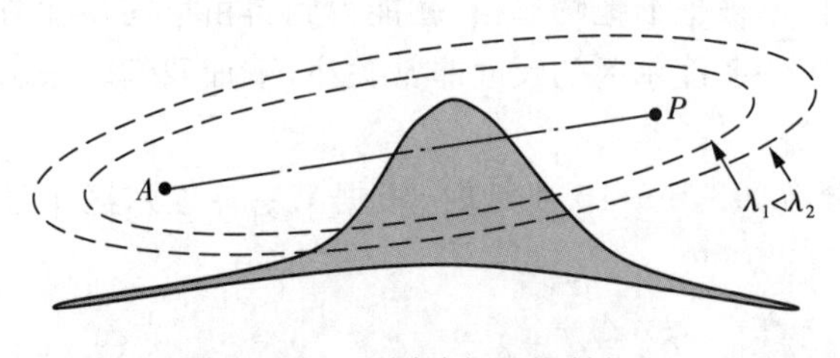

图 9-12　不同波长的绕射能力

可能遭受衰落、反射和折射、极化偏移、干扰和噪声、时域畸变、频域畸变等效应，并因此而具有复杂的时空频域变化特性。这些媒质效应对信息传输的质量和可靠性常常产生严重的影响，因此各种媒质中各频段电磁波的传播效应是电波传播研究的主要对象。鉴于本书篇幅有限，将只对地面波传播、天波传播和视距传播进行初步的探讨。至于更深入的研究，读者除了查阅有关电波传播的专著之外，国际无线电咨询委员会(CCIR) 的有关报告或建议也会提供专门的资料。

那么究竟菲涅尔区被遮挡多少会影响视距自由空间传播呢？下面进行一些定量分析。如图 9-13 所示，S 为辐射源，R 为接收点，两者相距 $d=d_1+d_2$，收发站之间有一个障碍物，其从 $-\infty$ 延伸到 h_c，h_c 为正表示障碍物收发连线，h_c 为负表示其没有遮挡收发站之间的连线。现在来分析 h_c 高度对信号传播产生的影响。根据惠更斯-菲涅尔原理，在障碍物中间的虚线设置惠更斯面，发射点 S 到达接收点 R 的场强，是由惠更斯面上二次辐射源产生的，因此在有障碍物和没有障碍物的情况下，接收场强之比为

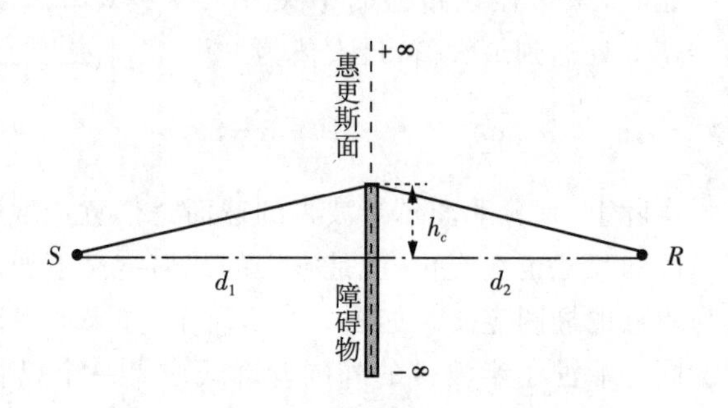

图 9-13　菲涅尔-基尔霍夫绕射示意图

$$\frac{E}{E_0}\approx\frac{\int_{h_c}^{\infty}\mathrm{e}^{-\mathrm{j}kd(z)}\,\mathrm{d}z}{\int_{-\infty}^{\infty}\mathrm{e}^{-\mathrm{j}kd(z)}\,\mathrm{d}z} \tag{9-3-9}$$

式中，$d(z)$ 为从发射点 S 到惠更斯面上任一点再到接收点 R，与从发射点 S 直接到接收点 R 距离的差，当 $h_c\ll d$ 时，有

$$\begin{aligned}d(z)&=\sqrt{\mathrm{d}_1^2+z^2}+\sqrt{\mathrm{d}_2^2+z^2}-d_1-d_2\\&\approx\frac{z^2}{2d_1}+\frac{z^2}{2d_2}=\frac{z^2}{2}\left(\frac{1}{d_1}+\frac{1}{d_2}\right)\end{aligned} \tag{9-3-10}$$

将式(9-3-10) 代入式(9-3-9)，进行变量代换得到

$$\left|\frac{E}{E_0}\right|\approx\left|\frac{\int_{\nu}^{\infty}\mathrm{e}^{-\mathrm{j}\frac{\pi s^2}{2}}\,\mathrm{d}s}{\int_{-\infty}^{\infty}\mathrm{e}^{-\mathrm{j}\frac{\pi s^2}{2}}\,\mathrm{d}s}\right| \tag{9-3-11}$$

式中，ν 的计算公式为

$$\nu=h_c\sqrt{\frac{2}{\lambda}\left(\frac{1}{d_1}+\frac{1}{d_2}\right)} \tag{9-3-12}$$

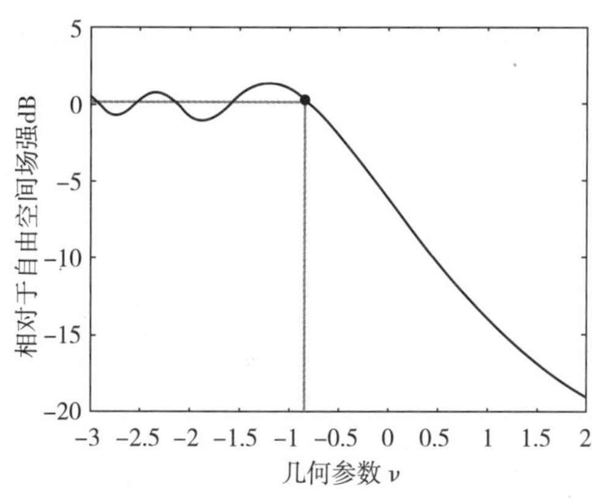

图 9-14　边缘绕射相对场强计算曲线

将式(9-3-11)绘制成参数 ν 的曲线,如图 9-14 所示。从图中可以看出:当 $\nu=-0.816$ 时,障碍物仍然可以认为影响较小,可以视为自由空间传播。将式(9-3-7)代入式(9-3-12)可得

$$\nu=\frac{\sqrt{2}h_c}{F_1}=-0.816\Rightarrow h_c=-0.577F_1 \tag{9-3-13}$$

该式说明障碍物进入传播路径第一菲涅尔区,不超过菲涅尔半径的一半,基本可视为自由空间传播。

9.4　电波传播的弗里斯传输方程

弗里斯传输方程(Friis Equation)是针对两个站点视距通信的最基本的电波传播模型,它描述了接收站接收功率与发射站发射功率之间的关系。前面在 9.2 节已经介绍了各种传播损耗,但在接收功率的计算中,并没有关注极化不匹配、阻抗不匹配、最大接收方向未对准来波方向三个因素所产生的影响。

图 9-15 为收发站配置示意图,相关参数在图中都有标注。首先看发射站在接收站方向产生的功率密度。理想情况下,不考虑路径的衰减因子,发射天线主波束对准接收站,发射天线处于匹配状态,则有

$$S_{\max}=\frac{P_tG_t}{4\pi r^2} \tag{9-4-1}$$

式中,P_t 为发射机产生的功率;G_t 为发射机的天线增益。如果发射天线主波束没有对准接收站(见图 9-15)。假设发射站在接收站方向的归一化方向函数为 $F_t(\theta_t,\varphi_t)$,发射天线在接收站方向的实际功率增益为 $G_tF_t^2(\theta_t,\varphi_t)$。若天线也存在匹配损耗如图 9-16 所示,发射机产生的功率,经过传输线进入天线,由于发射机内阻 Z_s 和传输线特性阻抗 Z_0 与天线输入阻抗 Z_L 不匹配,因此产生反射,则发射天线输入端的反射系数 Γ_t 为

$$\Gamma_t=\frac{Z_L-Z_0}{Z_L+Z_0} \tag{9-4-2}$$

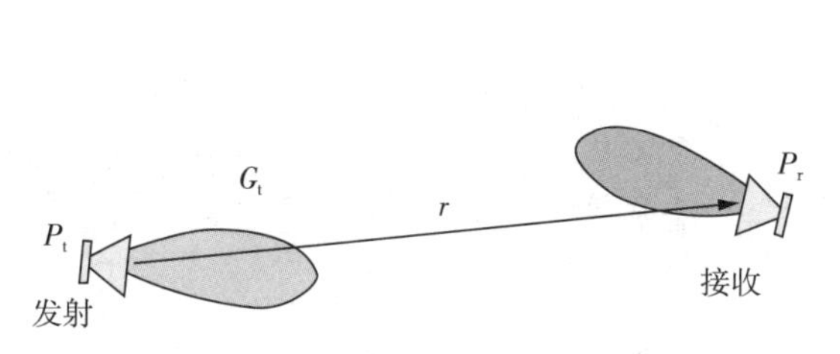

图 9-15　收发站配置示意图

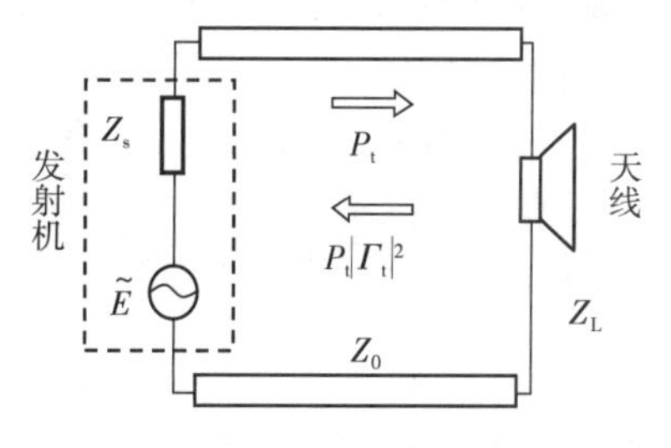

图 9-16　天线阻抗匹配的等效电路

实际进入发射天线的功率为 $P_t(1-|\Gamma_t|^2)$。此时发射机实际在接收站位置产生的功率密度为

$$S=\frac{P_tG_t}{4\pi r^2}A^2F_t^2(\theta_t,\varphi_t)(1-|\Gamma_t|^2) \tag{9-4-3}$$

式中，A 为路径的衰减因子。

经过类似推导，假设接收天线的增益为 G_r，接收天线的有效接收面积为 A_e，接收站在发射站方向的归一化方向函数为 $F_r(\theta_r,\varphi_r)$，接收天线输入端的反射系数为 Γ_r，则接收站接收的功率为

$$P_r=A_eF_r^2(\theta,\varphi)\times S\times(1-|\Gamma_r|^2)\times\nu_p=\frac{\lambda^2}{4\pi}G_rF_r^2(\theta,\varphi)\times S\times(1-|\Gamma_r|^2)\times\nu_p \tag{9-4-4}$$

式中，$A_eF_r^2(\theta_r,\varphi_r)$ 为接收天线在发射站方向的实际有效接收面积；$(1-|\Gamma_r|^2)$ 为实际进入接收天线的功率匹配因子；ν_p 为接收天线与发射天线之间的极化匹配因子。

定义极化匹配因子为实际收到的功率与极化匹配时应收到的功率之比，则极化匹配因子计算表达式为

$$\nu_p=\left|\frac{\boldsymbol{E}_{12}\cdot\boldsymbol{E}_{21}}{|\boldsymbol{E}_{12}||\boldsymbol{E}_{21}|}\right|^2 \tag{9-4-5}$$

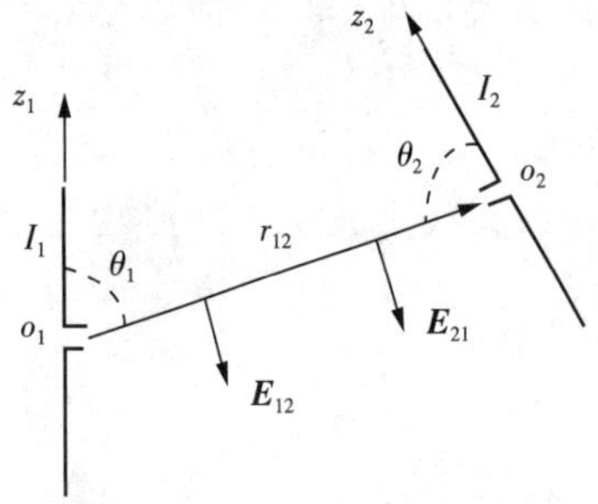

图 9-17 极化匹配示意图

接收天线的极化状态与发射天线的极化状态相一致，此时称为极化匹配，可获得最大的接收能力。假如收发天线均为线天线，如图 9-17 所示，当发射天线在接收站方向产生的电场 $\boldsymbol{E}_{12}$ 与接收天线作为发射天线使用在发射站方向产生的电场 $\boldsymbol{E}_{21}$ 相互平行时，即认为其极化匹配。极化匹配因子的值在 0 到 1 之间。

一个容易引起误解的问题是图 9-17 所示的两个线天线处于同一个平面内组成收发系统，一般认为极化是失配的。实际上图 9-17 所示的电场 $\boldsymbol{E}_{12}$ 与电场 $\boldsymbol{E}_{21}$ 相互平行，不存在极化失配。产生这一误解的原因是把主辐射方向没有对准产生的接收信号损失，误以为是极化失配。

对于线极化天线，通过分析极化匹配因子 ν_p 可以得到：ν_p 是发射平面与接收平面所构成的二面角的余弦的平方，其中发射平面是收发天线的连线与发射天线轴线构成的平面；接收平面是收发天线的连线与接收天线轴线构成的平面。因此，发射天线与接收天线共面时，天线是极化匹配的。

将式(9-4-3)和式(9-4-5)代入式(9-4-4)可得到

$$P_r=\left(\frac{\lambda}{4\pi r}\right)^2P_tG_tG_rF_r^2(\theta,\varphi)F_t^2(\theta_t,\varphi_t)\times A^2(1-|\Gamma_t|^2)\times(1-|\Gamma_r|^2)\times\left|\frac{\boldsymbol{E}_{12}\cdot\boldsymbol{E}_{21}}{|\boldsymbol{E}_{12}||\boldsymbol{E}_{21}|}\right|^2 \tag{9-4-6}$$

此式称为弗里斯传输方程(Friis Equation)。它在雷达方程、通信链路分析、电子对抗侦察方程和干扰方程中都有重要应用。

在极化匹配、阻抗匹配、方向彼此对准且没有媒质传播损耗(自由空间传播)的情况下,有

$$P_r=\left(\frac{\lambda}{4\pi r}\right)^2 P_t G_t G_r \tag{9-4-7}$$

习题 9

1. 电波有哪五种常用的传播方式?散射传播和大气波导传播可以有什么样具体应用?

2. 电波传播损耗的定义有几种方式?各有什么特点?

3. 推导自由空间传播损耗的公式,并说明其物理意义。

4. 有一广播卫星系统,其下行线中心工作频率 f=700 MHz,卫星发射功率为 200 W,发射天线在接收天线方向的增益为 26 dB,接收点至卫星的距离为 37740 km,接收天线的增益为 30 dB,试计算接收机的最大输入功率。

5. 在同步卫星与地面的通信系统中,卫星位于 36000 km 高度,工作频率为 4 GHz,卫星天线的输入功率为 26 W,地面站抛物面接收天线增益为 50 dB,假如接收机所需的最低输入功率是 1 pW,这时卫星上发射天线在接收天线方向上的增益至少应为多少?

6. 什么是电波传播的主要通道?它对电波传播有什么影响?

7. 求在收、发天线的架高分别为 50 m 和 100 m,水平传播距离为 20 km,频率为 80 MHz 的条件下,第一菲涅尔区半径的最大值。计算结果意味着什么?

8. 为什么说电波具有绕射能力?绕射能力与波长有什么关系?为什么?

第10章　地面波传播

上一章中,介绍了五种常用的电波传播方式,即地面波传播、天波传播、视距传播、散射传播和波导传播。本章主要介绍地面波传播。

无线电波沿地球表面传播,称为地面波传播 (Ground Wave Propagation)或表面波传播(Surface - Wave Propagation) 。当天线低架于地面上(天线的架设高度比波长小得多),且最大辐射方向沿地面时,主要是地面波传播,如使用直立的鞭状天线就是这种情况。这种传播方式,信号稳定,基本上不受气象条件、昼夜及季节变化的影响。但随着电波频率的增高,传播损耗迅速增大。因此,这种传播方式适用于中波、长波和超长波传播。在军事通信中,可以使用短波、超短波进行几十千米或几千米以内的近距离通信、侦察和干扰。

本章共分四节,10.1 节介绍地球表面的电特性,10.2 节对电波沿光滑、均匀平面地的传播情况进行理论分析,10.3 节主要分析地面波场强的工程计算,10.4 节讨论地面不均匀性对地面波传播的影响。

10.1　地球表面的电特性

地球,形似一略扁的球体。根据地震波的传播证明,地球从里到外可分为地核、地幔和地壳三层,如图 10 - 1 所示。表层 70 ～ 80 km 厚的坚硬部分称为地壳。地壳各处的厚度不同,海洋下面较薄,最薄处约 5 km,陆地处的地壳较厚,总体的平均厚度约 33 km。地壳的表面是电导率较大的冲积层。地球内部作用(如地壳运动、火山爆发等) 和外部的风化作用,使得地球表面形成高山、深谷、江河、平原等地形地貌,再加上人为所创建的城镇田野等,这些不同的地质结构及地形地物,在一定程度上影响着无线电波的传播。

由于地面波是沿着空气与大地交界面传播的,因此传播情况主要取决于地面条件。地面的性质、地貌地物的情况都对电波传播有一定的影响。概括地说,地面对电波传播的影响主要表现在以下两个方面。

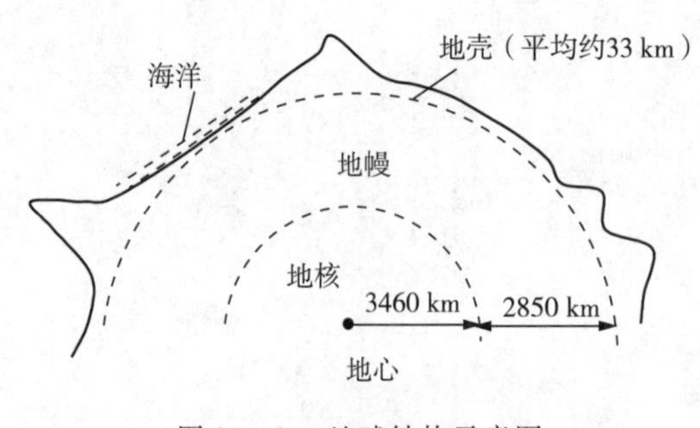

图 10 - 1　地球结构示意图

一是地面的不平坦性,其对电波传播的影响视无线电波的波长而不同。当地面起伏不平的程度相对于电波波长来说很小时,地面可近似看成光滑地面。对于长波和中波来说,除高山外均可视地面为平坦的;而对于分米波和厘米波来说,即便是草地上丛生的植物,对电波传播也有一定程度的障碍作用。

二是地质的情况,实际地面的情况复杂多样,但我们主要研究的是它的电磁特性对电波传播的影响。对于地面波传播而言,其传播情况与地面的电参数有着更为密切的关系。所以在研究地面波传播特性时,必须首先了解地球表面与电磁现象有关的物理性能。

描述大地电磁特性的主要参数有介电常数 ε(或相对介电常数 ε_r)、电导率 σ 和磁导率 μ。根据实际测量,绝大多数地质(磁性体除外)的磁导率都近似等于真空中的磁导率 μ_0,如不作特别说明,本书均按 $\mu=\mu_0$ 处理。表 10-1 给出了几种不同地面的电参数。表 10-1 说明,虽然几乎所有地面都是半导电媒质,但是不同种类地面的电参数之间又有很大的区别,如陆地与海洋、干地与湿地之间就有明显的差异。

表 10-1　地面的电参数

地面类型	ε_r		$\sigma(\mathrm{S\cdot m^{-1}})$	
	平均值	变化范围	平均值	变化范围
海水	80	80	4	$0.66\sim6.6$
淡水	80	80	10^{-3}	$10^{-3}\sim2.4\times10^{-2}$
湿土	10	$10\sim30$	10^{-2}	$3\times10^{-3}\sim3\times10^{-2}$
干土	4	$2\sim6$	10^{-3}	$1.1\times10^{-5}\sim2\times10^{-3}$

由于大地是半导电媒质,其可使电波的场结构发生变化并引起对电波的吸收损耗,因此必须考虑电导率 σ 对电波传播的影响。以电磁场随时间做简谐振荡为例,在无源、线性、各向同性的半导电媒质内,麦克斯韦第一、二方程的复数形式可表示为

$$\begin{cases}\nabla\times\boldsymbol{H}=\mathrm{j}\omega\varepsilon\boldsymbol{E}+\sigma\boldsymbol{E}\\ \nabla\times\boldsymbol{E}=-\mathrm{j}\omega\mu\boldsymbol{H}\end{cases}\tag{10-1-1}$$

将麦克斯韦第一方程改写为

$$\nabla\times\boldsymbol{H}=\mathrm{j}\omega\left(\varepsilon-\mathrm{j}\frac{\sigma}{\omega}\right)\boldsymbol{E}\tag{10-1-2}$$

上式括号内的部分是一个复数,可将它看成一等效的介电常数,用 $\tilde{\varepsilon}$ 表示,并称为复介电常数,即

$$\tilde{\varepsilon}=\varepsilon-\mathrm{j}\frac{\sigma}{\omega}\tag{10-1-3}$$

复介电常数 $\tilde{\varepsilon}$ 是表征地质电特性的重要参数。它既反映媒质的介电性,又反映媒质的导电性。具体来说,其实数部分就是大地的介电常数,反映媒质的介电性;虚数部分表示媒质的导电性能。根据式(10-1-3),相对复介电常数可表示为

$$\tilde{\varepsilon}_r=\frac{\tilde{\varepsilon}}{\varepsilon_0}=\varepsilon_r-\mathrm{j}\frac{\sigma}{\omega\varepsilon_0}\tag{10-1-4}$$

将真空中的介电常数 $\varepsilon_0=1/36\pi\times10^{-9}$ 代入上式,可得

$$\tilde{\varepsilon}_r=\varepsilon_r-\mathrm{j}60\lambda_0\sigma\tag{10-1-5}$$

式中,λ_0 为自由空间的波长。

在交变电磁场的作用下,大地中既存在位移电流也存在传导电流。怎样判断某种地质是呈现导电性还是呈现介电性呢?通常把传导电流密度 $J_f=\sigma E$ 和位移电流密度 $J_D=\omega\varepsilon E$ 之比

$$\frac{J_f}{J_D}=\frac{\sigma}{\omega\varepsilon}=60\lambda_0\sigma/\varepsilon_r\tag{10-1-6}$$

作为衡量标准。当传导电流比位移电流大得多，即 $60\lambda_0\sigma/\varepsilon_r \gg 1$ 时，大地具有良导体性质；反之，当位移电流比传导电流大得多，即 $60\lambda_0\sigma/\varepsilon_r \ll 1$ 时，可将大地视为电介质；而二者相差不大时，称为半电介质。表 10-2 给出了各种地质中 $60\lambda_0\sigma/\varepsilon_r$ 随频率的变化情况。

表 10-2　各种地质的 $60\lambda_0\sigma/\varepsilon_r$ 值

地质	频率					
	300 MHz	30 MHz	3 MHz	300 kHz	30 kHz	3 kHz
海水($\varepsilon_r=80, \sigma=4$)	3	3×10	3×10^2	3×10^3	3×10^4	3×10^5
湿土($\varepsilon_r=20, \sigma=10^{-2}$)	3×10^{-2}	3×10^{-1}	3	3×10^1	3×10^2	3×10^3
干土($\varepsilon_r=4, \sigma=10^{-3}$)	1.5×10^{-2}	1.5×10^{-1}	1.5	1.5×10^1	1.5×10^2	1.5×10^3
岩石($\varepsilon_r=6, \sigma=10^{-7}$)	10^{-6}	10^{-5}	10^{-4}	10^{-3}	10^{-2}	10^{-1}

表 10-2 中所列数值仅就平均状况而言。由表可见，对于海水来说，在中、长波波段呈现良导体性质，到微波波段则呈现介质性质；湿土和干土在长波波段呈良导体性质，在短波以上波段就呈现介质性质；而岩石则几乎整个无线电波段都呈现介质性质。

这样，在大地中的无源区域内，麦克斯韦第一、二方程的复数形式可写为

$$\begin{cases}\nabla\times\boldsymbol{H}=\mathrm{j}\omega\,\tilde{\varepsilon}\boldsymbol{E}\\ \nabla\times\boldsymbol{E}=-\mathrm{j}\omega\mu\boldsymbol{H}\end{cases} \tag{10-1-7}$$

10.2　地面波传播基本理论分析

为了能对地面波传播的特性建立明确的概念，我们首先讨论理想的简化情况 —— 假设地面是光滑、均匀且为平面时的电波传播问题。

当电波沿着地球表面传播时，地表两侧(一侧为空气，另一侧为半导电地面)的电场、磁场必须满足一定的边界条件。当在分界面处无自由面电荷和面电流时，电场强度 $\boldsymbol{E}$、磁场强度 $\boldsymbol{H}$ 的切向分量是连续的；电位移矢量 $\boldsymbol{D}$、磁感应强度 $\boldsymbol{B}$ 的法向分量是连续的。这些特定的边界条件的存在，使得电磁波能量能够紧密地束缚在地球表面上，并沿着该表面行进。这种电磁波通常称为导行电磁波或简称为导行波，而地球表面就构成了一个引导电磁波的体系，从广义上说可以称为波导。换句话说，无线电波之所以能够沿着地球表面传播，是因为地空界面具有引导电磁波传播的能力。

10.2.1　地面波传播的场分量

分析这类问题，就是求波动方程在该边界条件下的解。为简化讨论，假设忽略地球曲率的影响，即视地面为平面地。取直角坐标系，令 $x=0$ 平面为两媒质的分界面，$x>0$ 上半无限大空间的媒质"1"为空气，$x<0$ 下半无限大空间的媒质"2"为大地。设辐射源 T 置于坐标原点，求分界面上接收点 R 处的场量。以收、发两点为焦点的椭球，称为电波传播过程中的"菲涅尔区"。此空间区域与地平面的截面为一椭圆。当收、发两点间的距离足够远时，此椭球非常狭长，也就是说椭球的短轴相对其长轴而言小得多(参看图 10-2)，因此可以认为电波沿地表面传播时，场沿 y 轴方向近似是无变化的。当波沿 z 轴方向传播时，由于在分界面处任一点、任一瞬间的电磁场都必须满足边界条件，因此在两种媒质内传播的波应具有相

同的传播常数 γ，即各场分量中均应包含有 $e^{-\gamma z}$ 因子。

根据理论分析可知，沿实际的半导电地面传播的波一般只能是横磁波（垂直极化波）模式，即在波的传播方向上只有电场的纵向分量 E_z。

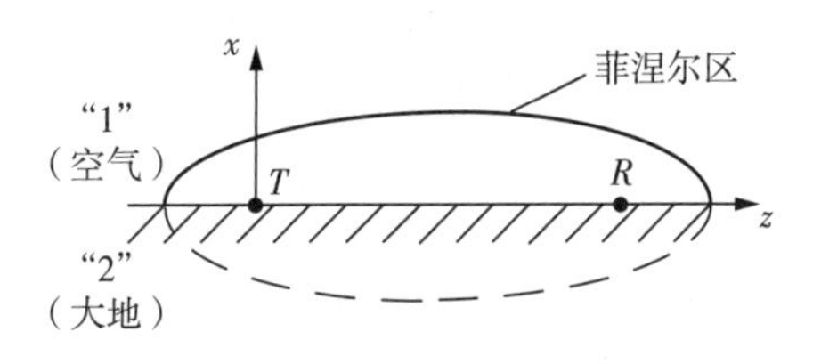

图 10-2　地面波传播"菲涅尔区"示意图

空气中横磁波的各场分量为

$$\begin{cases} E_{z1} = A e^{jk_1 x} e^{-\gamma z} \\ E_{x1} = -\dfrac{j\gamma}{k_1} A e^{jk_1 x} e^{-\gamma z} \\ H_{y1} = \dfrac{\omega \varepsilon_0}{k_1} A e^{jk_1 x} e^{-\gamma z} \\ E_{y1} = H_{x1} = 0 \end{cases} \tag{10-2-1}$$

大地中横磁波的各场分量为

$$\begin{cases} E_{z2} = A e^{jk_2 x} e^{-\gamma z} \\ E_{x2} = -\dfrac{j\gamma}{k_2} A e^{jk_2 x} e^{-\gamma z} \\ H_{y2} = \dfrac{\omega \tilde{\varepsilon}}{k_2} A e^{jk_2 x} e^{-\gamma z} \\ E_{y2} = H_{x2} = 0 \end{cases} \tag{10-2-2}$$

式中，A 为常数，由辐射源的情况确定；k_1、k_2 分别为空气及大地中的复波数，$k_1^2 = \omega^2 \mu_0 \varepsilon_0 + \gamma^2$，$k_2^2 = \omega^2 \mu_0 \tilde{\varepsilon} + \gamma^2$；$\gamma$ 为传播常数。它们的表示式分别为

$$k_1 = \frac{\omega}{c} \frac{1}{\sqrt[4]{(1+\varepsilon_r)^2 + (60\lambda_0 \sigma)^2}} e^{j\frac{1}{2}\left(\arctan\frac{60\lambda_0\sigma}{1+\varepsilon_r}\right)} \tag{10-2-3}$$

$$k_2 = \frac{\omega}{c} \frac{\sqrt{\varepsilon_r^2 + (60\lambda_0 \sigma)^2}}{\sqrt[4]{(1+\varepsilon_r)^2 + (60\lambda_0 \sigma)^2}} e^{j\left(\frac{1}{2}\arctan\frac{60\lambda_0\sigma}{1+\varepsilon_r} - \arctan\frac{60\lambda_0\sigma}{\varepsilon_r}\right)} \tag{10-2-4}$$

$$\gamma = j\frac{\omega}{c} \frac{\sqrt[4]{\varepsilon_r^2 + (60\lambda_0 \sigma)^2}}{\sqrt[4]{(1+\varepsilon_r)^2 + (60\lambda_0 \sigma)^2}} e^{j\psi} = \frac{\omega}{c} \frac{\sqrt[4]{\varepsilon_r^2 + (60\lambda_0 \sigma)^2}}{\sqrt[4]{(1+\varepsilon_r)^2 + (60\lambda_0 \sigma)^2}} e^{j\left(\frac{\pi}{2}+\psi\right)} = \alpha + j\beta \tag{10-2-5}$$

式中，c 为光速，$c = \dfrac{1}{\sqrt{\mu_0 \varepsilon_0}}$；$\alpha$ 为衰减常数；β 为相移常数。

$$\psi = \frac{1}{2}\left(\arctan\frac{60\lambda_0\sigma}{1+\varepsilon_r} - \arctan\frac{60\lambda_0\sigma}{\varepsilon_r}\right) < 0 \tag{10-2-6}$$

$\psi < 0$ 说明 γ 有一正的实部，使波沿地表向 z 轴方向传播时受到衰减。当电波波长 λ_0 很长或者大地的电导率 σ 值很大，使得 $60\lambda_0\sigma \gg \varepsilon_r$ 时，$\psi \approx 0$，则衰减常数 α 值很小。说明此时地面波的传播损耗很小。因此，地面波传播方式主要适用于长波和超长波波段。而且，沿高电导率地面传播时情况较好，如电波沿海面传播就比沿陆地传播时的传播距离要远。同时，随着传播距离的增大，场的相位是连续滞后的。

由式(10-2-3)和式(10-2-4)可知，k_1 有一正的虚部，k_2 有一负的虚部，所以各场量沿高度 $|x|$ 的分布是变化的。随着高度 $|x|$ 的增加，各场量的振幅按指数规律衰减。在空气中的一侧，场的衰减率由指数项中 k_1 的虚部决定，而 k_1 值和大地的电参数有关，参看式(10-2-3)，因此地质情况将影响空气中场的分布。对于电导率 σ 较大的地质，由式(10-2-4)可知，k_2 值较大，这就意味着电波从边界处向地下($x<0$ 区域)传播时，由 e^{jk_2x} 因子中 k_2 的虚部所决定的衰减是急剧的，换言之，电波只能穿透到地下一段很短的距离，σ 越大，穿透深度越小。

研究地面波传播的问题，人们最关心的还是在地表两侧 $x\approx 0$ 的边界处各场分量间的关系。将 k_1、k_2 及 γ 的表示式代入式(10-2-1)和(10-2-2)中，得

$$\frac{E_{z1}}{E_{x1}}=\frac{1}{\sqrt[4]{\varepsilon_r^2+(60\lambda_0\sigma)^2}}e^{j\frac{1}{2}\left(\arctan\frac{60\lambda_0\sigma}{\varepsilon_r}\right)}=\frac{1}{\sqrt{\varepsilon_r-j60\lambda_0\sigma}} \tag{10-2-7}$$

$$\frac{E_{z2}}{E_{x2}}=\sqrt[4]{\varepsilon_r^2+(60\lambda_0\sigma)^2}\,e^{-j\frac{1}{2}\left(\arctan\frac{60\lambda_0\sigma}{\varepsilon_r}\right)}=\sqrt{\varepsilon_r-j60\lambda_0\sigma} \tag{10-2-8}$$

$$\frac{H_{y1}}{E_{x1}}=\sqrt{\frac{\varepsilon_0}{\mu_0}}\frac{\sqrt[4]{(1+\varepsilon_r)^2+(60\lambda_0\sigma)^2}}{\sqrt[4]{\varepsilon_r^2+(60\lambda_0\sigma)^2}}e^{-j\frac{1}{2}\left(\arctan\frac{60\lambda_0\sigma}{1+\varepsilon_r}-\text{arctg}\frac{60\lambda_0\sigma}{\varepsilon_r}\right)} \tag{10-2-9}$$

当 $60\lambda_0\sigma\gg\varepsilon_r$ 时，

$$\frac{H_{y1}}{E_{x1}}\approx\sqrt{\frac{\varepsilon_0}{\mu_0}}=\frac{1}{120\pi} \tag{10-2-10}$$

考虑到在 $x\approx 0$ 边界处满足下列边界条件：

$$\begin{cases}E_{z1}=E_{z2}\\ H_{y1}=H_{y2}\end{cases} \tag{10-2-11}$$

经整理，若已知在边界处空气一侧的电场分量 E_{x1} 值，则在 $x\approx 0$ 处，其他各场量表示式为

$$\begin{cases}E_{z1}=E_{z2}=\dfrac{E_{x1}}{\sqrt{\varepsilon_r-j60\lambda_0\sigma}}\\[2ex] E_{x2}=\dfrac{E_{x1}}{\varepsilon_r-j60\lambda_0\sigma}=\dfrac{E_{z2}}{\sqrt{\varepsilon_r-j60\lambda_0\sigma}}\\[2ex] H_{y1}=H_{y2}\approx\dfrac{E_{x1}}{120\pi}\end{cases} \tag{10-2-12}$$

式(10-2-12)只是列出了当 z 一定时，在该点处紧贴大地表面两侧的各场分量与 E_{x1} 的关系。当然，E_{x1} 的大小是由辐射源及地面波传播情况来确定的，而后者的影响就体现在 $e^{-\gamma z}$ 因子上。下一节就将讨论 E_{x1} 的计算。根据式(10-2-12)可画出分界面处地面波场结构，如图 10-3 所示。由式(10-2-12)可知，E_{z1} 和 E_{x1} 不但大小不等($|E_{x1}|\gg|E_{z1}|$)，而且也不同相，这表明合成场是一种椭圆极化波。对于一般的地质，这个椭圆可能是非常狭长的形状，因此也可以近似地认为合成波是在椭圆长轴方向上的线极化的平面波，如图 10-4 所示。

由式(10-2-12)可求出波前倾斜的角度为

$$\psi=\arctan\sqrt[4]{\varepsilon_r^2+(60\lambda_0\sigma)^2} \tag{10-2-13}$$

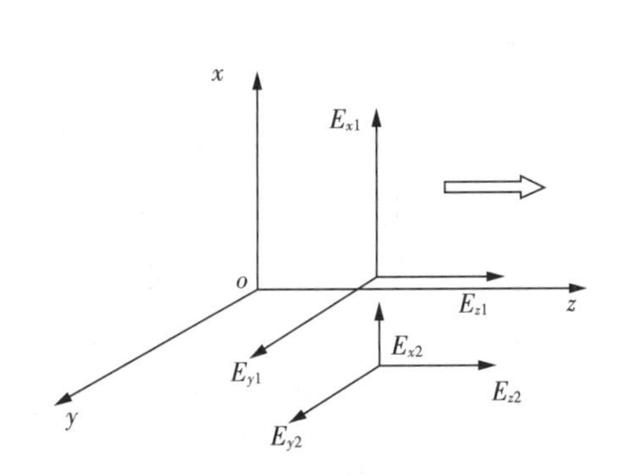

图 10-3　分界面处地面波场结构

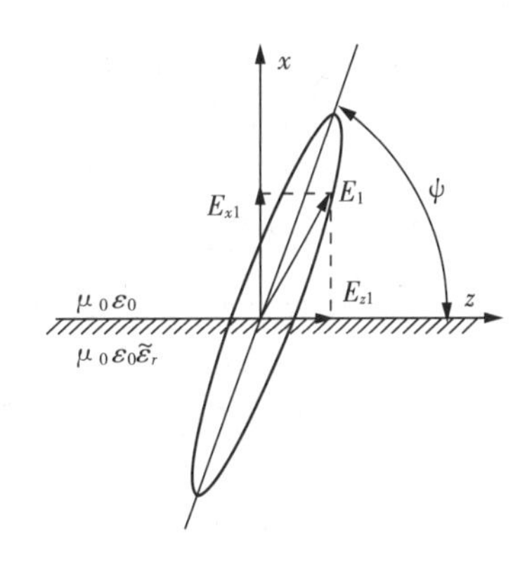

图 10-4　地面上传播椭圆极化波

这就是通常所说的地面波波前倾斜现象，本节后续将会介绍。

此外，还可以看出，在空气中电场的垂直分量 E_{x1} 明显地大于其水平分量 E_{z1}，而在土壤中，电场的水平分量 E_{z2} 以同样的倍数大于其垂直分量 E_{x2}。因此，在空气中较适宜使用直立天线进行无线电波的接收；若在地下接收无线电波，则宜选用水平天线接收。考虑到地下波的场强振幅随着传播深度的增加按指数规律衰减，因此接收天线的埋地深度不宜过大，浅埋为好。

10.2.2　波前倾斜现象

地面波传播的重要特点之一是存在波前倾斜现象。波前倾斜现象是指由于地面损耗造成电场向传播方向倾斜的一种现象，如图 10-5 所示。现针对波前倾斜现象作出如下解释。

设有一直立天线沿垂直地面的 x 轴放置，辐射垂直极化波，电波能量沿 z 轴方向，即沿地表面传播，其辐射电磁场为 E_{x1} 和 H_{y1}，如图 10-5(a) 所示。实际地面并非理想导体，当某一瞬间 E_{x1} 位于 A 点时，感应出电荷，这些电荷随着电波前进便产生了沿 z 轴方向的感应电流。由于大地是半导电媒质，有一定的地电阻，因此在 z 轴方向产生电压降，也即在 z 轴方向产生新的水平分量 E_{z2}。根据电场切向分量连续的边界条件，即存在 E_{z1}，这样靠近地面的合成场 E_1 就向传播方向倾斜，此现象即为波前倾斜现象。

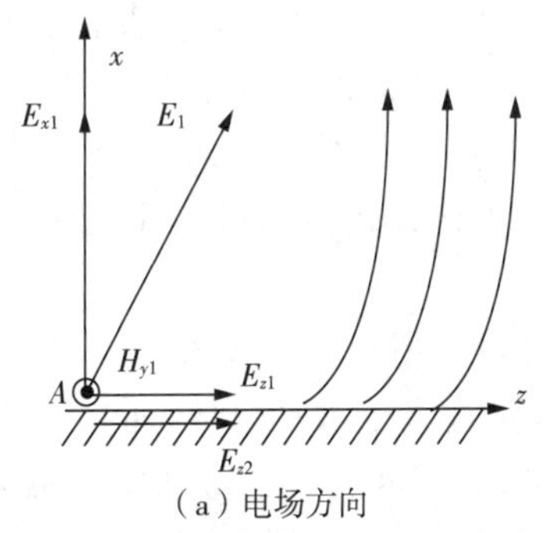

(a) 电场方向

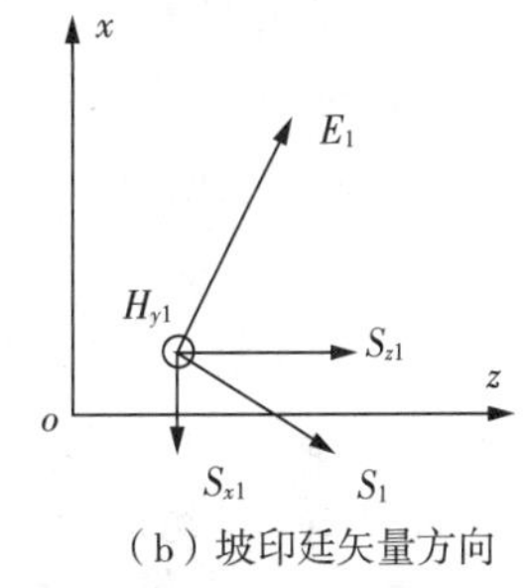

(b) 坡印廷矢量方向

图 10-5　波前倾斜现象

从能量的角度来看，因地面是半导电媒质，电波沿地面传播时产生衰减，这就意味着有一部分电磁能量由空气层进入大地内。坡印廷矢量 $\boldsymbol{S}_1=\frac{1}{2}\mathrm{Re}(\boldsymbol{E}_1\times\boldsymbol{H}_1^*)$ 的方向不再平行于地面而发生倾斜，如图 10－5(b) 所示，于是便出现了垂直于地面向地下传播的功率流密度 S_{x1}，这一部分电磁能量被大地所吸收，这也是地面波传播时引起损耗的原因。由电磁场理论可知，坡印廷矢量是与等相位面即波前垂直的，故当存在地面吸收时，在地面附近的波前将向传播方向倾斜。显然，地面吸收越大，S_{x1} 越大，倾斜将越严重。只有沿地面传播的 S_{z1} 分量才是有用的。

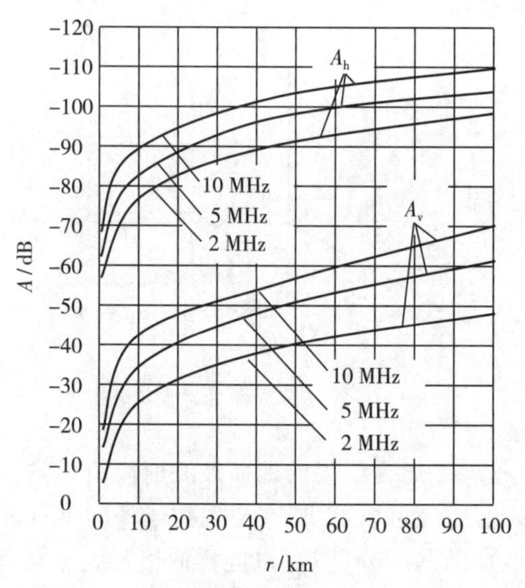

图 10－6 中度土壤($\varepsilon_r = 15, \sigma = 10^{-3}$ S·m^{-1})水平极化波和垂直极化波的地面波衰减

地面波传播还与电波的极化有关，理论计算和实际使用均证明地面波不宜采用水平极化波传播。图 10－6 给出了一组计算曲线，图中横坐标为传播距离 r，由图可见，水平极化波的衰减因子 A_h 远大于垂直极化波的衰减因子 A_v。这是因为水平极化波的电场分量与地面平行，传播过程中在地面上引起较大的感应电流，致使电波能量产生很大的衰减。对于垂直极化波(通常由直立天线辐射)，其电波能量同样要被吸收，但由于电场方向与地面垂直，它在地面上产生的感应电流远比水平极化波的要小，因此地面的吸收小。故在地面波传播中通常采用垂直极化波。

10.2.3 地面波传播特性

根据前面的讨论，可以得出有关地面波传播的一些重要特性。

地波超视距雷达

(1) 沿地表传播的地面波主要是横磁波模式，即沿传播方向上存在电场分量，不存在磁场分量。

(2) 地面波在传播过程中有衰减。地面波沿地表传播时，由于大地是半导电媒质，因此对电波能量的吸收产生了沿传播方向的电场纵向分量 E_{z1}，相应地沿 $-x$ 方向传播的功率流密度 S_{x1} 就代表着电波的传播损耗。当电波频率越低(波长越长)或者地面的电导率越大时，地面波的传播损耗就越小，即地面对电波的吸收越小。因此，地面波传播方式特别适宜于长波和超长波波段，短波和超短波波段采用这种传播方式时只能用作几十千米或几千米以内的近距离通信。

(3) 波前倾斜现象具有很大的实用意义。可以采用相应形式的天线，有效地接收各场强分量。若 $|\tilde{\varepsilon}_r| \gg 1$，由于在空气中电场的垂直分量远大于水平分量，而在地面下电场的水平分量则远大于其垂直分量，因此地面上接收电波时，既可以用直立天线接收，也可以用低架或铺地的水平天线接收。但由于地面上的电场垂直分量远大于水平分量，因此采用直立天线为宜，接收天线附近地质宜选用湿地。在某些场合，若受条件限制，也可采用低架或水平铺地天线接收，但要注意提高接收天线的有效长度，并且接收天线附近地质宜选用 ε_r 和 σ 较小的干地。当接收地面下的无线电波时，必须采用水平埋地天线接收。由于地下波传播随着深度的增加，场强振幅按指数规律迅速衰减，因此天线的埋地深度不宜过大，浅埋为好，附

近地质宜选用电导率低的干地。

(4) 地面上电场为椭圆极化波，这是因为紧贴地面空气一侧的电场横向分量 E_{x1} 远大于纵向分量 E_{z1}，且相位不等，合成场为一狭长椭圆极化波。在短波、超短波波段 E_{z1} 虽较大，但相位差趋于零，所以可近似认为电场是与椭圆长轴方向一致的线极化波。

(5) 有绕射损耗。由于地面波是沿着地表面传播的，除了大地吸收使电波能量受到损耗外，地球曲率和地面障碍物对电波传播也有一定的阻碍作用，因此会产生绕射损耗。电波的绕射损耗与地形的起伏度和电波波长的比值有关。障碍物越高，波长越短，则绕射损耗越大。长波绕射能力最强，中波次之，短波较弱，而超短波绕射能力最弱。从这个角度也不难理解，长波和超长波最适合地面波传播，其次是中波、短波、超短波。

(6) 传播较稳定。这是由于地面波是沿地表面传播的，地表面的电特性、地貌地物等不会随时间很快地改变，并且地面波基本上不受气候条件的影响，因此地面波传播信号稳定。这是地面波传播的突出优点。

需要指出的是，地面波的传播情况与电波的极化形式有很大关系。大多数地质的磁导率近似等于真空中的值 μ_0，由前述分析可知，这种情况下很难存在横电波模式。因此，以上关于地面波传播情况的讨论均是针对横磁波模式的。根据横磁波存在的各场分量，其电场分量在入射面内，所以又称为垂直极化波。换言之，只有垂直极化波才能进行地面波传播。有计算表明，电波沿一般地质传播时，水平极化波比垂直极化波的传播损耗要高数十分贝。所以地面波传播采用垂直极化波，天线则多采用直立天线的形式。

10.3　地面波场强的工程计算

知识链接

地波传播计算程序代码

上一节我们对地面波传播进行了基本理论分析，得出了当电波以横磁波模式沿地表面传播时，分界面处各场分量之间的关系，但并未考虑它们与场源的联系。在实际工作中，当采用地面波传播时，一般多以直立天线为发射天线，它在沿地面方向会产生较强的辐射，即较大的 E_{x1} 分量。同时，由上节分析可知，若已知接收点的 E_{x1} 值，其他场分量可根据相关公式推出。因此，本节就是讨论在远区 E_{x1} 的场强计算问题。

地面波场强的严格计算实则十分复杂，尤其是地球曲率影响不可忽略时还应计及绕射场，更是烦琐。但我们可以分别列出地面上和地面下的麦克斯韦方程，然后利用边界条件和场源的具体情况求得场强分量的严格解。

对于均匀、光滑地面，当传播距离较近时，可忽略地球曲率的影响，将大地视为平面地来计算场强。若场源为直立天线，其辐射的电磁波是以球面波的形式向空间传播的，在传播过程中又不断地遭到媒质的吸收，并存在地面吸收损耗。一般计算 E_{x1} 有效值的表达式为

$$E_{x1}=\frac{173\sqrt{P_r\dot{D}}}{r}A \qquad (\mathrm{mV/m}) \tag{10-3-1}$$

式中，P_r 为辐射功率(kW)；D 为考虑了地面影响后发射天线的方向系数；r 为传播距离(km)；A 为地面的衰减因子，表征地面的吸收作用。地面衰减因子 A 的严格计算是非常复杂的，一般用工程计算公式得到或查表得到。

当传播距离较远，超出 $80/\sqrt[3]{f(\mathrm{MHz})}$ km 时，还必须计及地球曲率影响，考虑球面地造

成的绕射损耗。对于沿着有限电导率的球形地面传播的地面波场强计算是非常复杂的，从工程应用的角度来看，本节介绍国际无线电咨询委员会(CCIR) 推荐的一组曲线，作为计算地面波场强的方法。现摘录其中部分内容，如图 10－7 ～ 图 10－9 所示。这一曲线称为布雷默 (Bremmer) 计算曲线，本书用此曲线计算 E_{x1}。此曲线的使用条件：假设地面是光滑的，地质是均匀的；发射天线使用短于 $\lambda/4$ 的直立天线(其方向系数 $D \approx 3$)，辐射功率 $P_r =$ 1 kW；计算的是 E_{x1} 的有效值。

将 $P_r = 1$ kW、$D = 3$ 代入式(10－3－1) 可得

$$E_{x1} = \frac{173\sqrt{1 \times 3}}{r} A(\mathrm{mV/m}) = \frac{3 \times 10^5}{r} A(\mu\mathrm{V/m}) \tag{10-3-2}$$

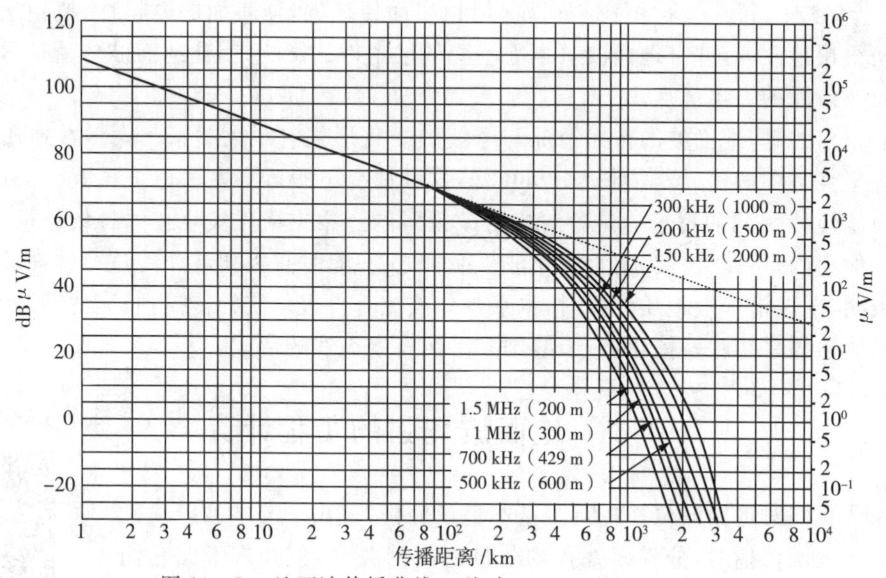

图 10－7 地面波传播曲线 1(海水：$\sigma = 4$ s/m，$\varepsilon_r = 80$)

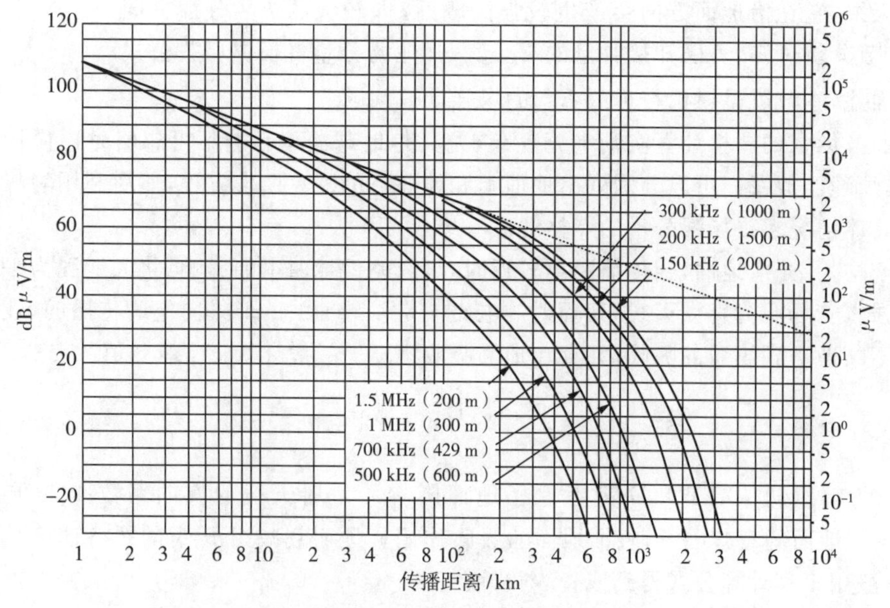

图 10－8 地面波传播曲线 2(湿地：$\sigma = 10^{-2}$ s/m，$\varepsilon_r = 4$)

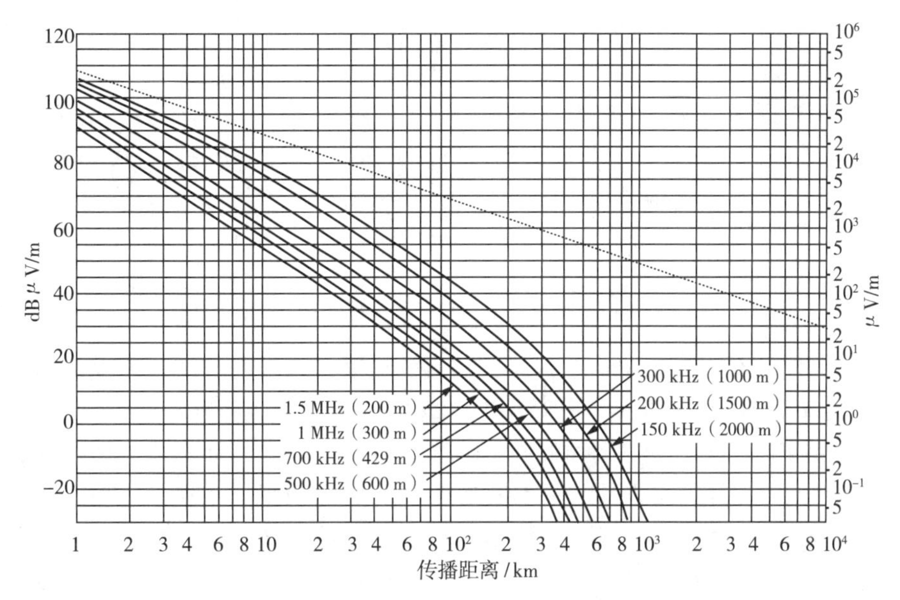

图 10－9　地面波传播曲线 3（陆地：$\sigma = 10^{-4}$ s/m，$\varepsilon_r = 4$）

图 10－7～图 10－9 中衰减因子 A 值已计入大地的吸收损耗及球面地的绕射损耗。从图中可以看出，对于中波和长波，传播距离超过 100 km 后，场强值急剧衰减，这主要是由绕射损耗增大所致。显然，距离越远，绕射损耗越大。这种现象对微波传播的影响更为严重，这也是微波不能进行地面波传播的原因。

当 $P_r \neq 1$ kW、$D \neq 3$ 时，换算关系为

$$E_{x1} = E_{x1\text{查表}} \sqrt{P_r D/3} \qquad (\text{mV/m}) \tag{10-3-3}$$

10.4　地面不均匀性对地面波传播的影响

前面讨论了地面波在一种均匀地面上的传播情形。实际上，常常碰到地面波在几种不同性质的地面上传播的问题。例如，船与岸上基站的通信，电波传播途径就经历陆地—海洋的突变。因此，必须考虑这种情况下电波传播的特点及场强计算的方法。下面介绍其近似计算方法。

如图 10－10 所示，假设电波在第 2 段路径遭受到的吸收与第 1 段的吸收无关，可以分段计算。首先按下式计算 B 点的场强

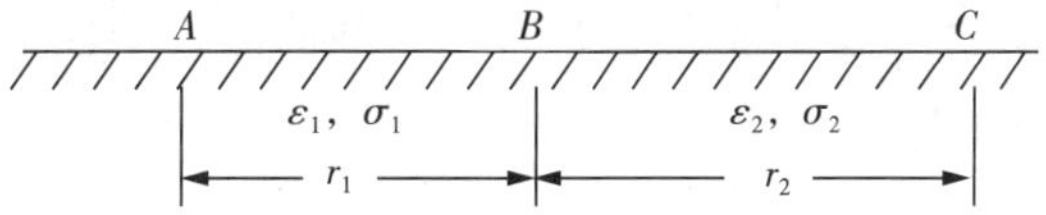

图 10－10　不同性质的传播路径示意图

$$E_B = \frac{173\sqrt{P_r D}}{r_1} A_1(r_1) \qquad (\text{mV/m}) \tag{10-4-1}$$

式中，$A_1(r_1)$ 为第 1 种地面上距离为 r_1 的衰减因子。如果把第 1 段地面用与第 2 段性质相同的地面代替，则要在 B 点保持场强不变，天线辐射功率应由原来的 P_r 调整到一个新的数值 P'_r，其大小由下式确定：

$$E_B = \frac{173\sqrt{P_r D}}{r_1} A_1(r_1) = \frac{173\sqrt{P'_r D}}{r_1} A_2(r_1) \tag{10-4-2}$$

因此，有

$$P_r{}' = P_r \left[\frac{A_1(r_1)}{A_2(r_1)}\right]^2 \qquad (10-4-3)$$

式中，$A_2(r_1)$为地质为ε_2、σ_2，距离为r_1的衰减因子。现在，辐射功率P'_r在完全是第2种地质情况下传播至C点的场强就认为是原来的数值。因而可求得图10－10中C点的场强为

$$E_C = \frac{173\sqrt{P_r{}'D}}{(r_1+r_2)}A_2(r_1+r_2) = \frac{173\sqrt{P_rD}}{(r_1+r_2)}\frac{A_1(r_1)A_2(r_1+r_2)}{A_2(r_1)}$$

$$= E_1(r_1)\frac{E_2(r_1+r_2)}{E_2(r_1)} \quad (\mathrm{mV/m}) \qquad (10-4-4)$$

式中，$E_1(r_1)$为电波在第1种媒质传播r_1距离后的场强；$E_2(r_1)$为以第2种媒质代替第1种媒质传播r_1距离后的场强；$E_2(r_1+r_2)$为以第2种媒质代替第1种媒质传播(r_1+r_2)距离后的场强。因为地面波所经过的几种性质的地面彼此间互有影响，而不能彼此孤立起来予以考虑，所以用以上方法计算出来的结果不满足互易原理，即发射天线在A点时计算出C点的场强E_{AC}与发射天线在C点时计算出A点的场强E_{CA}不等。这是这一方法的假设前提不全面的必然结果。为了补救这一缺点，密林顿（Millington）提出取两者的几何平均作为近似解，即接收点场强为

$$E = \sqrt{E_{AC}E_{CA}} \qquad (10-4-5)$$

用上述方法计算场强虽然不严格，但方法简便，结果符合工程要求，所以应用很广。上述方法可以推广到多种不同电参数组成的混合路径的传播。

对电波在不同性质地面上的传播进行计算，所得结果对合理选择收发两点的地质情况具有重要意义。例如，在图10－11所示的条件下，地面波从A点出发，经混合路径到达B点，可算出衰减因子如图10－12所示。由图可见，虽然总的路径是相等的，但“海水 — 干土 — 海水”的路径损耗小于“干土 — 海水 — 干土”的路径损耗。这说明地面波路径的各段起的作用不相同，邻近发射天线和接收天线的地区，对地面波的吸收起决定性的作用，而路径中段的地质情况对整个路径衰减的影响不如两端大。因此，可以把地面波的传播过程和飞机的飞行相比拟，好像电波是从发射天线地区起飞，在离开地表面一定高度上向接收天线方向飞行，到达接收天线的区域后再降落。只有在起飞和降落时，地面才对飞机起作用。这种现象称为地面波的“起飞 — 着陆”效应，图10－13为地面波传播的“起飞 — 着陆”效应。所以在实际工作中适当选择发射、接收天线附近的地质是很重要的。

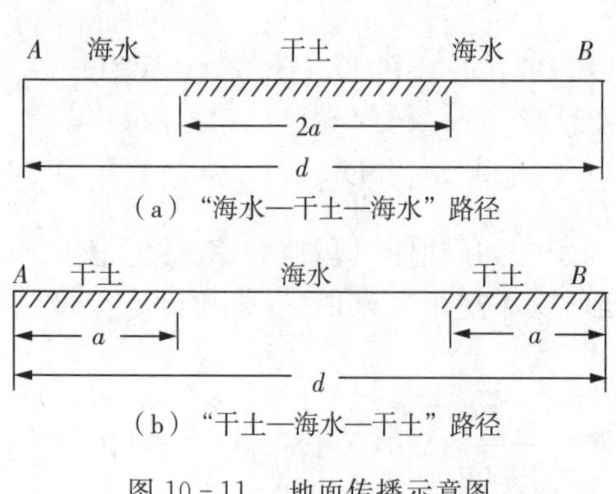

图10－11　地面传播示意图

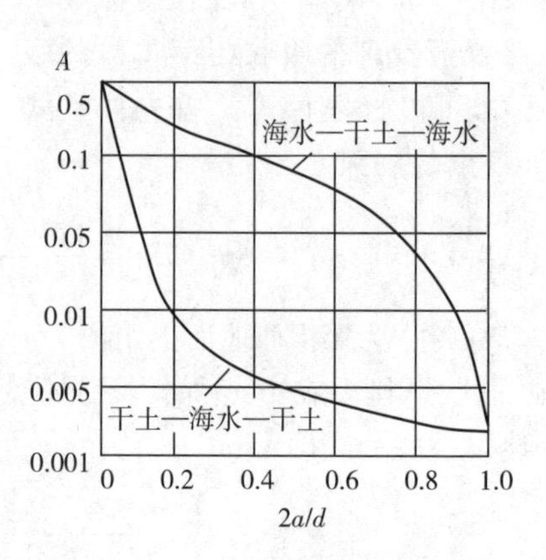

图10－12　地面传播的衰减因子

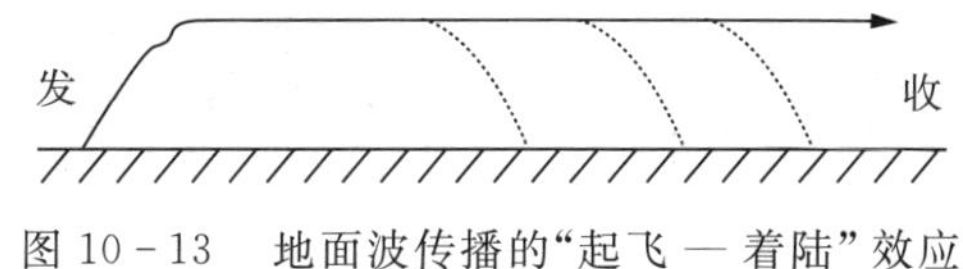

图 10－13　地面波传播的“起飞 — 着陆”效应

习题 10

1. 在地面波传播过程中，地面吸收的基本规律是什么？

2. 为什么地面波传播会出现波前倾斜现象？波前倾斜的程度与哪些因素有关？为什么？

3. 当发射天线为辐射垂直极化波的鞭状天线，在地面上和地面下接收地面波时，各采用何种天线比较合适？为什么？

4. 某广播电台工作频率为 1 MHz，辐射功率为 100 kW，使用短直立天线。试由地面波传播曲线图，计算电波分别在干土、湿土及海水三种地面上传播时，$r=100$ km 处的场强。

5. 地面波传播宜采用水平极化波还是垂直极化波？为什么？

第11章　天波传播

前面两章分析了电波传播的基础知识、地面波传播的特点及规律。本章讨论如何利用较小的功率就可以实现远距离传输的天波传播。

天波传播(Sky Wave Propagation)是指电波由发射天线向高空辐射,经高空电离层(Ionosphere)反射后到达地面接收点的传播方式,其也称为电离层反射传播。长、中、短波都可以利用天波传播。天波传播的主要优点是传播损耗小,因此其可以用较小的功率进行远距离通信。但其电离层经常变化,在短波波段内信号很不稳定,会有较严重的衰落现象,有时还会因电离层暴等异常情况造成信号中断。近年来,科学技术的发展,特别是高频自适应通信系统的使用,大大提高了短波通信的可靠性,因此天波传播仍广泛地应用于短波远距离通信中。

本章共分四节,11.1节介绍电离层的结构概况,11.2节重点讨论电磁波在电离层中传播遇到的反射与吸收,11.3节主要分析短波天波传播的模式及其主要特点,11.4节介绍短波天波传播损耗的计算方法。

11.1　电离层概况

1901年12月,马可尼成功地进行了英格兰到加拿大东海岸的跨越大西洋的无线电传输试验,这个结果是当时流行的地波绕射公式所不能解释的。于是,1902年美国人Kennelly和欧洲人Heaviside独立地指出高层大气中的导电层反射无线电波是马可尼跨越大西洋无线电通信成功的原因。人们称这种能够反射无线电波的导电层为“Kennelly - Heaviside”层。1924年12月11日,英国物理学家阿普尔顿(Appleton)利用新英国广播公司设在波内茅斯的发射台以恒定的速率发射周期性变频信号,在牛津接收站接收到的信号显示距离地面90 km处存在电波反射层,同时也发现该层在夜间反射能力大大降低。1927年他在更高的230 km处发现反射能力更强的层,并命名为阿普尔顿层,他也因此于1947年获得诺贝尔奖。自此人们展开了对电离层物理的研究热潮。

11.1.1　电离层的结构特点

包围地球的是厚达2万km的大气层,大气层里发生的运动变化对无线电波传播影响很大,对人类生存环境影响也很大。地面上空大气层概况如图11-1所示。在离地面10～12 km(两极地区为8～10 km,赤道地区达15～18 km)的空间里,大气是相互对流的,因此这一区域称为对流层。由于地面吸收太阳辐射(红外、可见光及波长大于3000 Å的紫外波段)能量,转化为热能而向上传输,因此引起强烈的对流。对流层空气的温度是下面高上面低,顶部气温约在−50℃。对流层集中了约3/4的全部大气质量和90%以上的水汽,几乎所有的气象现象如下雨、下雪、雷电、云、雾等都发生在对流层内。

离地面10～60 km的空间,气体温度随高度的增加而略有上升,但气体的对流现象减弱,主要是沿水平方向流动,故这一区域称为平流层。平流层中水汽与沙尘含量均很少,大气透明度高,很少出现像对流层中的气象现象。对流层中复杂的气象变化对电波传播影响特别大,而平流层对电波传播影响很小。

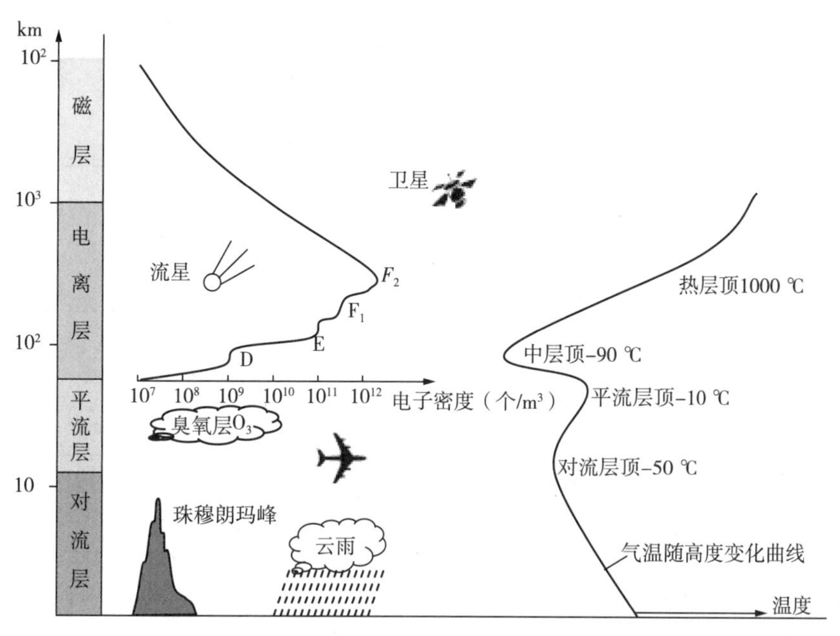

图 11-1　地面上空大气层概况

从平流层以上到离地面 1000 km 的区域称为电离层，该层是由自由电子、正离子、负离子、中性分子和原子等组成的等离子体。使高空大气电离的主要电离源有太阳辐射的紫外线、X 射线、高能带电微粒流、为数众多的微流星、其他星球辐射的电磁波及宇宙射线等，其中最主要的电离源是太阳光中的紫外线。该层虽然只占全部大气质量的 2% 左右，但因为存在大量带电粒子，所以对电波传播有极大的影响。

从电离层到离地面几万千米的高空存在着由带电粒子组成的两个辐射带，这一区域称为磁层。磁层顶是地球磁场作用所及的最高处，出了磁层顶就是太阳风横行的空间。在磁层顶以下，地磁场起了主宰的作用，地球的磁场就像一堵墙把太阳风挡住了，磁层是保护人类生存环境的第一道防线。而电离层吸收了太阳辐射的大部分 X 射线及紫外线，从而成为保护人类生存环境的第二道防线。平流层内含有极少量的臭氧（O_3），太阳辐射的电磁波进入平流层时，尚存在不少数量的紫外线，这些紫外线在平流层中被臭氧大量吸收，气温上升。在离地面 25 km 高度附近，臭氧含量最多，所以常常称这一区域为臭氧层。臭氧吸收了对人体有害的紫外线，成为保护人类生存环境的第三道防线。臭氧含量极少，其含量只占该臭氧层内空气总量的四百万分之一，臭氧的含量容易受外来因素的影响。

大气电离的程度以电子密度 N（电子数 /m^3）来衡量，地面电离层观测站及利用探空火箭、人造地球卫星对电离层的探测结果表明，电离层的电子密度随高度的分布如图 11-1 所示。电子密度的大小与气体密度及电离能量有关。气体在 90 km 以上的高空按其分子的重量分层分布，如在离地面 300 km 的高空中主要成分是氮原子，在离地面 90 km 以下的空间，因大气的对流作用，各种气体均匀混合在一起，如图 11-2 所示。对于每层

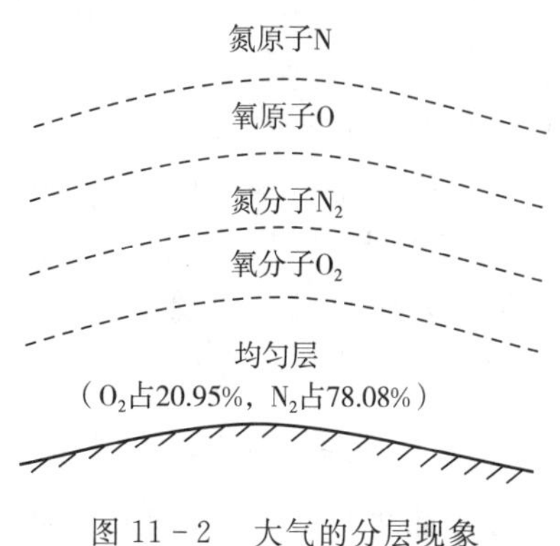

图 11-2　大气的分层现象

气体而言，气体密度是上疏下密，而太阳照射则是上强下弱，因而被电离出来的最大电子密度将出现在几个不同的高度上，每一个最大值所在的范围叫作一个层，由下而上我们分别以D、E、F_1、F_2 等符号来表示，电离层各层的主要参数见表 11－1 所列。

表 11－1　电离层各层的主要参数

层的名称	D层	E层	F_1 层	F_2 层
夏季白天高度 /km	60 ～ 90	90 ～ 150	150 ～ 200	200 ～ 450
夏季夜间高度 /km	消失	90 ～ 140	消失	150 以上
冬季白天高度 /km	60 ～ 90	90 ～ 150	160 ～ 180(经常消失)	170 以上
冬季夜间高度 /km	消失	90 ～ 140	消失	150 以上
白天最大电子密度 /(个 /m³)	2.5×10^{9}	2×10^{11}	$2\times10^{11}\sim4\times10^{11}$	$8\times10^{11}\sim2\times10^{12}$
夜间最大电子密度 /(个 /m³)	消失	5×10^{9}	消失	$10^{11}\sim3\times10^{11}$
电子密度最大值的高度 /km	80	115	180	200 ～ 350
碰撞频率 /(次 /s)	$10^{6}\sim10^{8}$	$10^{5}\sim10^{6}$	10^{4}	$10\sim10^{3}$
白天临界频率 /MHz	＜0.4	＜3.6	＜5.6	＜12.7
夜间临界频率 /MHz	—	＜0.6	—	＜5.5
半厚度 /km	10	20 ～ 25	50	100 ～ 200
中性原子及分子密度 /(个 /m³)	2×10^{21}	6×10^{18}	10^{16}	10^{14}

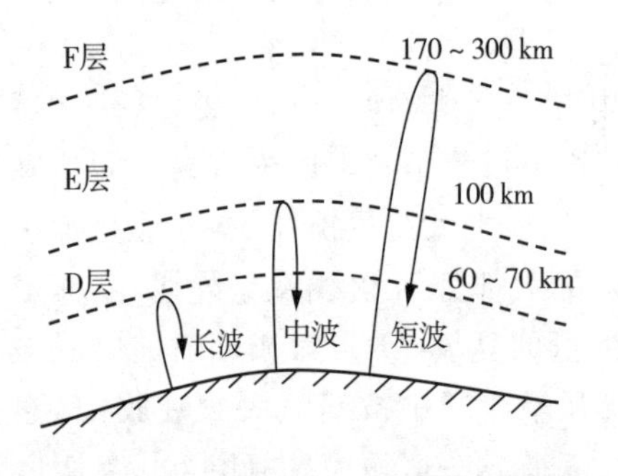

图 11－3　长、中、短波从不同高度反射情况

表 11－1 中的半厚度是指电子密度下降到最大值一半时之间的厚度，临界频率是指垂直向上发射的电波能被电离层反射下来的最高频率。各层反射电波的大致情况如图 11－3 所示。

D层是最低层，因为空气密度较大，电离产生的电子平均仅几分钟就与其他粒子复合而消失，因此到夜间没有日照 D 层就消失了。D 层在日出后出现，并在中午时达到最大电子密度，之后又逐渐减小。由于该层中的气体分子密度大，被电波加速的自由电子和大气分子之间的碰撞使电波在这个区域损耗较多的能量。D 层变化的特点是在固定高度上电子密度随季节有较大的变化。

E 层是电离层中高度为 90 ～ 150 km 的区域，可反射几兆赫的无线电波，在夜间其电子密度可以降低一个量级。

F 层在夏季白天又可分为上下两层，170 ～ 200 km 高度为 F_1 层，200 km 高度以上称为 F_2 层。在晚上，F_1 与 F_2 合并为一层。F_2 层的电子密度是各层中最大的，在白天可达 $2\times10^{12}/m^3$，冬天最小，夏天达到最大。F_2 层空气极其稀薄，电子碰撞频率极低，电子可存在几小时才与其他粒子复合而消失。F_2 层的变化很不规律，其特性与太阳活动性紧密相关。

11.1.2　电离层的变化规律

天波传播和电离层的关系特别密切，只有掌握了电离层的运动变化规律，才能更好地了解天波传播。

因大气结构和电离源的随机变化，电离层是一种随机的、色散的、各向异性的半导电媒质，它的参数如电子密度、分布高度、电离层厚度等都是随机量，电离层的变化可以区分为规则变化和不规则变化两种情况，这些变化都与太阳有关。

1. 电离层的规则变化

太阳是电离层的主要能源，电离层的状态与阳光照射情况密切相关，因此电离层的规则变化如下。

(1) 日夜变化。日出之后，电子密度不断增加，到正午稍后时分达到最大值，以后又逐渐减小。夜间由于没有阳光照射，有些电子和正离子就会重新复合成中性气体分子。D 层由于这种复合而消失；E 层仍然存在，但其高度比白天低，电子密度比白天小；F_1 层和 F_2 层合并称为 F 层且电子密度下降。到拂晓时各层的电子密度达到最小。一日之内，在黎明和黄昏时分，电子密度变化最快。

(2) 季节变化。由于不同季节太阳的照射不同，因此一般夏季的电子密度大于冬季。但 F_2 层例外，F_2 层冬季的电子密度反而比夏季的大，并且在一年的春分和秋分时节两次达到最大值，其层高夏季高冬季低。这可能是因为 F_2 层的大气在夏季变热向高空膨胀，致使电子密度减小。F_1 层多出现在夏季白天。

(3) 随太阳黑子 11 年周期的变化。太阳黑子 (Sunspot) 是指太阳光球表面有较暗的斑点，其直径一般有十万千米或更大。由于太阳温度极高，因此它的运动变化极其猛烈。可以极粗浅地把太阳黑子类比于地球上的火山爆发，当然，黑子运动的猛烈程度是火山爆发的亿万倍。从地球上看，黑子中间是巨大的旋涡，黑子上巨大的旋风将大量带电粒子向上喷射、体积迅速膨胀，从而使温度下降，比太阳表面温度低一千多度。因此看上去中间部分形成凹坑，颜色较暗，故称为黑子。太阳黑子数与太阳活动性之间有着较好的统计关系，人们常常以黑子数的多少为“太阳活动”强弱的主要标志。当黑子数目增加时，太阳辐射的能量增强，因而各层电子密度增大，特别是 F_2 层受太阳活动影响最大。黑子的数目每年都在变化，但根据天文观测，它的变化也有一定的规律性，太阳黑子数的变化周期大约是 11 年，如图 11-4 所示。因此电离层的电子密度也与这 11 年变化周期有关。

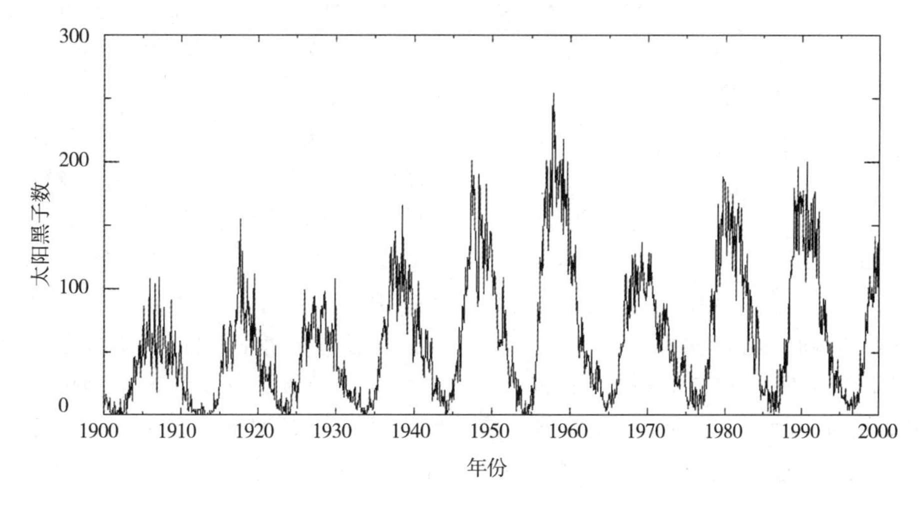

图 11-4　太阳黑子数随年份的变化

(4) 随地理位置变化。地理位置不同，太阳光照强度也不相同。在低纬度的赤道附近，太阳光照最强，电子密度最大。越靠近南北极，太阳的光照越弱，电子密度也越小。我国处于北半球，南方的电子密度就比北方的大。

2. 电离层的不规则变化

电离层的不规则变化是其状态的随机的、非周期的、突发的急剧变化，主要有以下几种。

(1) 突发E层(Sporadic E layer或称E_s层)。受到电离层相对运动中性剪切风的作用，以及极区对流电场的调制作用，有时在E层中约120 km高度会出现一大片不正常的电离层，其电子密度大大超过E层，有时比正常E层高出几个数量级，有时可反射50 ~ 80 MHz的电波。突发E层的存在，将使电波难以穿过E_s层而被它反射下来，产生"遮蔽"现象，对原来由F层反射的正常工作造成影响，从而使定点通信中断，造成高频信号的散射和折射效应，使无线电信号闪烁、卫星信号失锁及测距产生误差。一般E_s层仅存在几个小时，在我国夏季出现较频繁，在赤道和中纬度地区，白天出现的概率多于晚上，而高纬度地区则相反。另外，在黑子少的年份里，突发E层多。

(2) 电离层突然骚扰(Sudden Ionospheric Disturbances)。太阳黑子区域常常发生耀斑爆发，即太阳上"燃烧"的氢气发生巨大爆炸，辐射出极强的X射线和紫外线，还喷射出大量的带电微粒子流。当耀斑发生8分18秒左右，太阳辐射出的极强X射线到达地球，穿透高空大气一直达到D层，使得各层电子密度均突然增加，尤其D层可能达到正常值的10倍以上，如图11-5所示。突然增大的D层电子密度将使原来正常工作的电波遭到强烈吸收，造成信号中断。由于这种现象是突然发生的，因此有时又称它为D层突然吸收现象。

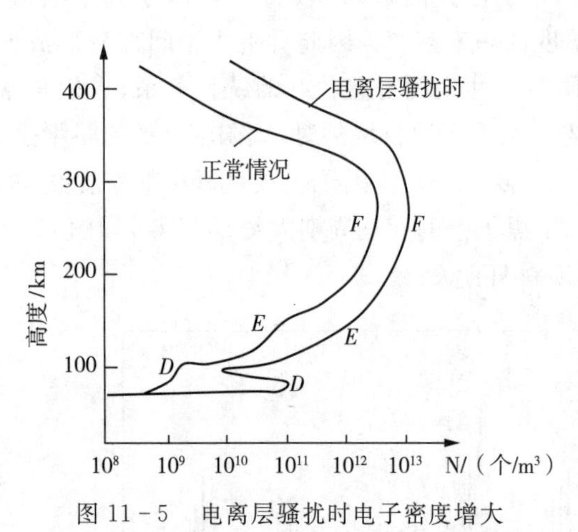

图11-5　电离层骚扰时电子密度增大

一般电离层突然骚扰发生在白天，由于耀斑爆发时间很短，因此电离层骚扰持续时间不超过几分钟，但个别情况可持续几十分钟甚至几个小时。

(3) 电离层暴(Ionospheric Storm)。太阳耀斑爆发时除辐射大量紫外线和X射线，还以很高的速度喷射出大量带电的微粒流即太阳风，其到达地球需要30 h左右。当带电粒子接近地球时，大部分被挡在地球磁层之外绕道而过，只有一小部分穿过磁层顶到达磁层。带电粒子的运动和地球磁场相互作用使地球磁场产生变动，比较显著的变动则称作磁暴。带电粒子穿过磁层到达电离层，使电离层正常的电子分布发生剧烈变动，这种现象叫作电离层暴，其中F_2层受影响最大，它的厚度扩展，电子密度经历急剧升高的"正相"和下降的"负相"过程，有时电子密度增加，有时电子密度下降，最大电子密度所处高度上升。当出现电子密度下降的情况时，原来由F_2层反射的电波可能穿过F_2层而不被反射，从而造成信号中断。电离层暴的持续时间可从几小时到几天之久。因为太阳耀斑爆发喷射出的带电粒子流的空间分布范围较窄，所以在电离层骚扰之后不一定会随之发生电离层暴。

电离层的异常变化中对电波传播影响最大的是电离层骚扰和电离层暴。例如，2001 年 4 月份多次出现太阳耀斑爆发，发生近年来最强烈的 X 射线爆发，出现极其严重的电离层骚扰和电离层暴，造成我国满洲里、重庆等电波观测站发射出去的探测信号全频段消失，即较高频率部分的信号因电子密度的下降而穿透电离层飞向宇宙空间，较低频率部分的电波因遭受电离层的强烈吸收而衰减掉。其他电波观测站的最低起测频率比正常值上升 3～5 倍，临界频率下降了 50%，使得可通信频段急剧变窄。电离层暴致使短波通信、卫星通信、短波广播、航天航空、长波导航、雷达测速定位等信号质量大大下降，甚至中断。

11.1.3　电离层的等效电参数

在电波未射入电离层之前，电离层中的中性分子和离子与电子一起进行着漫无规律的热运动。当电波进入电离气体时，自由电子在入射波电场作用下做简谐运动。一般情况下，运动中的电子还将与中性分子等发生碰撞，将它由电波得来的能量转移给中性分子，变成热能损耗，这种损耗叫作媒质的吸收损耗。

设 $\boldsymbol{v}$ 为电子运动速度，e 为电子电量，m 为电子质量，υ 为碰撞频率(表示一个电子在 1 s 内与中性分子的平均碰撞次数)，并设碰撞时电子原有动量全部转移给中性分子，故每秒钟动量的改变为 $m\boldsymbol{v}\upsilon$，则电子运动方程为

$$-e\boldsymbol{E}=m\frac{\mathrm{d}\boldsymbol{v}}{\mathrm{d}t}+m\boldsymbol{v}\upsilon \tag{11-1-1}$$

对于谐变电磁场，上式可改写为

$$-e\boldsymbol{E}=\mathrm{j}\omega m\boldsymbol{v}+m\boldsymbol{v}\upsilon \tag{11-1-2}$$

由此可得

$$\boldsymbol{v}=\frac{-e\boldsymbol{E}}{\mathrm{j}\omega m+m\upsilon} \tag{11-1-3}$$

因为电子运动形成的运流电流密度为

$$\boldsymbol{J}_{\mathrm{e}}=-Ne\boldsymbol{v} \tag{11-1-4}$$

所以电离层中的麦克斯韦第一方程为

$$\begin{aligned}\nabla\times\boldsymbol{H}&=\mathrm{j}\omega\varepsilon_0\boldsymbol{E}+\boldsymbol{J}_{\mathrm{e}}\\&=\mathrm{j}\omega\varepsilon_0\boldsymbol{E}+\frac{Ne^2\boldsymbol{E}}{\mathrm{j}\omega m+m\upsilon}\\&=\mathrm{j}\omega\varepsilon_0\left\{\left[1-\frac{Ne^2}{m\varepsilon_0(\upsilon^2+\omega^2)}\right]+\frac{Ne^2\upsilon}{\mathrm{j}\omega m\varepsilon_0(\upsilon^2+\omega^2)}\right\}\boldsymbol{E}\\&=\mathrm{j}\omega\varepsilon_0\tilde{\varepsilon}_{\mathrm{r}}\boldsymbol{E}\end{aligned} \tag{11-1-5}$$

式中，$\tilde{\varepsilon}_{\mathrm{r}}$ 为电离层的等效相对复介电常数，$\tilde{\varepsilon}_{\mathrm{r}}=\varepsilon_{\mathrm{r}}+\frac{\sigma}{\mathrm{j}\omega\varepsilon_0}$；$\varepsilon_{\mathrm{r}}$ 为等效相对介电常数，$\varepsilon_{\mathrm{r}}=1-\frac{Ne^2}{m\varepsilon_0(\upsilon^2+\omega^2)}$；$\sigma$ 为等效电导率，$\sigma=\frac{Ne^2\upsilon}{m(\upsilon^2+\omega^2)}$。电离层的介电常数小于真空的介电常数，即 $\varepsilon_{\mathrm{r}}<1$，且是频率的函数，说明电离层是色散媒质。在电波传播中，把电波等相位面传播的速度称为相速，能量传播的速度称为群速，群速也即组成信号的波群的传播速度。在 $\varepsilon_{\mathrm{r}}<1$ 的电离层内，相速 $v_{\mathrm{p}}=c/\sqrt{\varepsilon_{\mathrm{r}}}$ 大于光速 c，群速 $v_{\mathrm{g}}=c^2/v_{\mathrm{p}}$ 恒小于光速 c。在讨论电波在电离层中的传播轨迹时，必须用相速来决定，而在讨论信号从电离层反射回来的往返时间时，就要

用群速来决定了。

由式(11-1-5)可见,电离层对不同频率的电波呈现出不同的电导率。若$\upsilon=\omega$,则电离层的电导率最大,若$\upsilon \ll \omega$,则电导率很小,近似为零。反之,若$\upsilon \gg \omega$,则电导率也很小。在电离层中,碰撞频率υ主要取决于大气分子热运动速度及气体密度,因而它是随高度而变化的。D层,$\upsilon=10^6 \sim 10^7$次/s;E层,$\upsilon=10^5$次/s;F层,$\upsilon=10^2 \sim 10^3$次/s;而在更高的高度上如800 km处$\upsilon=1$次/s。当短波在电离层内传播时,D层对短波呈现的电导率最大,E层次之,故电离层的吸收损耗主要由D层引起,有时称D层、E层为吸收层。

当考虑地磁场的影响时,电子不仅受到入射电场的作用,还要受到地磁场的作用,其作用力为

$$\boldsymbol{F}_{\mathrm{B}}=-e\boldsymbol{v}\times\boldsymbol{B}_0 \tag{11-1-6}$$

式中,$\boldsymbol{F}_{\mathrm{B}}$为洛仑兹力;$\boldsymbol{v}$为电子的运动速度;$\boldsymbol{B}_0$为地磁场的磁感应强度。由式(11-1-6)可知,当电子沿入射波电场方向运动时,若电场方向与地磁场方向一致,则$\boldsymbol{F}_{\mathrm{B}}=0$,地磁场对电子运动不产生任何影响。若电场方向与地磁场方向垂直,则$\boldsymbol{F}_{\mathrm{B}}$值最大,电子将围绕地磁场的磁力线以磁旋角频率$\omega_H=eB_0/m$做圆周运动。显然,不同的电波传播方向和不同的极化形式,都会引起不同的电子运动情况,表现出不同的电磁效应。这时电离层就具有各向异性的媒质特性,等效介电常数就具有张量的性质。

一个向任意方向传播的无线电波可以看成两个无线电波的叠加:其中一个的电场与地磁场平行,另一个的电场与地磁场垂直,由于地磁场对它们的影响不同,它们的传播速度也变得不同,因此这两个波在电离层中有不同的折射率和不同的传播轨迹。这种现象称为双折射现象,会对线极化波产生法拉第旋转效应。

11.2 无线电波在电离层中的传播

在讨论无线电波在电离层中的传播问题时,为了使问题简化而又能建立起基本概念,可作如下假设:(1) 不考虑地磁场的影响,即电离层是各向同性媒质;(2) 电子密度N随高度h的变化较之沿水平方向的变化大得多,即认为N只是高度的函数;(3) 在各层电子密度最大值附近,$N(h)$分布近似为抛物线状。

11.2.1 电离层对电波传播的折射与反射

当不考虑地磁场影响时,电离层等效相对介电常数为一标量ε_{r},若满足$\omega^2 \gg \upsilon^2$条件,同时将$m=9.106\times10^{-31}$ kg,$\varepsilon_0=1/36\pi\times10^{-9}$ F/m,$e=1.602\times10^{-19}$ C代入$\varepsilon_{\mathrm{r}}=1-\dfrac{Ne^2}{m\varepsilon_0(\upsilon^2+\omega^2)}$可得

$$\varepsilon_{\mathrm{r}}=1-\frac{80.8N}{f^2} \tag{11-2-1}$$

式中,N为电子密度(1/m^3);f为频率(Hz)。电离层的折射率n为

$$n=\sqrt{\varepsilon_{\mathrm{r}}}=\sqrt{1-80.8\frac{N}{f^2}} \tag{11-2-2}$$

假设电离层是由许多厚度极薄的平行薄片构成,每一薄片内电子密度是均匀的。设空气中电子密度为零,而后由低到高,如图11-1所示,在$N_{\max}$以下空域,各薄片层的电子密度

依次为

$$0 < N_1 < N_2 < \cdots < N_n < N_{n+1} \tag{11-2-3}$$

则相应的折射率为

$$n_0 > n_1 > n_2 > \cdots > n_n > n_{n+1} \tag{11-2-4}$$

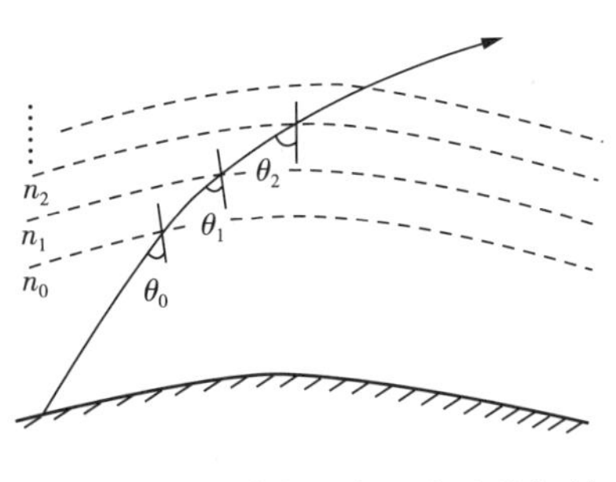

图 11-6　电波在电离层内连续折射

如图 11-6 所示，当频率为 f 的无线电波以一定的入射角 θ_0 由空气射入电离层后，电波在通过每一薄片层时折射一次，当薄片层数目无限增多时，电波的轨迹变成一条光滑的曲线。根据折射定理，可得

$$n_0 \sin\theta_0 = n_1 \sin\theta_1 = n_2 \sin\theta_2 = \cdots = n_n \sin\theta_n \tag{11-2-5}$$

由于随着高度的增加 n 值逐渐减小，因此电波将连续地沿着折射角大于入射角的轨迹传播。当电波深入到电离层的某一高度 h_n 时，恰使折射角 $\theta_n = 90°$，即电波经过折射后其传播方向变成水平的，等相位面是垂直的。这时电波轨迹到达最高点。在等相位面的高处相速大，而在等相位面的低处相速小，电波就会形成向下弯曲的传播轨迹，继续应用折射定律，电磁波向下传播时，由光疏媒质进入光密媒质，射线沿着折射角逐渐减小的轨迹由电离层深处逐渐折回。因为电子密度随高度变化是连续的，所以电波传播的轨迹是一条光滑的曲线。将 $n_0 = 1$、$\theta_0 = 90°$ 代入式(11-2-5)可得电波从电离层内反射下来的条件是

$$\sin\theta_0 = \sqrt{\varepsilon_n} = \sqrt{1 - 80.8 N_n / f^2} \tag{11-2-6}$$

式中，N_n 是反射点的电子密度。上式表明了电波能从电离层返回地面时，电波频率 f、入射角 θ_0 和反射点的电子密度 N_n 之间必须满足的关系。由该式可得出如下结论。

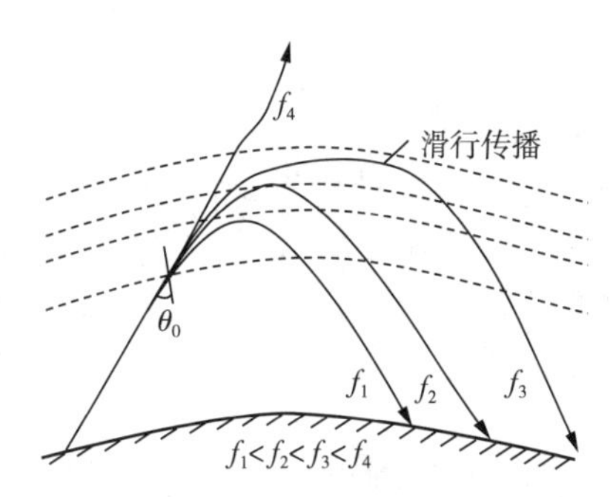

图 11-7　不同频率的电波传播轨迹（入射角相同）

(1) 电离层反射电波的能力与电波频率有关。在入射角 θ_0 一定时，电波频率越低，越易反射。因为当频率越低时，所要求的反射点电子密度就越小，所以电波可以在电子密度较小处得到反射。与此相反，频率越高，反射条件要求的 N_n 越大，电波需要在电离层的较深处才能折回，如图 11-7 所示。若频率过高，致使反射条件所要求的 N_n 大于电离层的最大电子密度 N_{max} 值，则电波将穿透电离层进入太空而不再返回地面。一般而言，长波可在 D 层反射下来，在夜晚因 D 层消失，长波将在 E 层反射；中波将在 E 层反射，但白天 D 层对电波的吸收较大，故中波仅能在夜间由 E 层反射；短波将在 F 层反射；超短波则穿出电离层。

(2) 电波在电离层中的反射情况还与入射角 θ_0 有关。当电波频率一定时，入射角越大，越易反射。这是因为入射角越大，相应的折射角也越大，稍经折射电波射线就能满足 $\theta_n = 90°$ 的条件，从而使电波从电离层中反射下来，如图 11-8 所示。

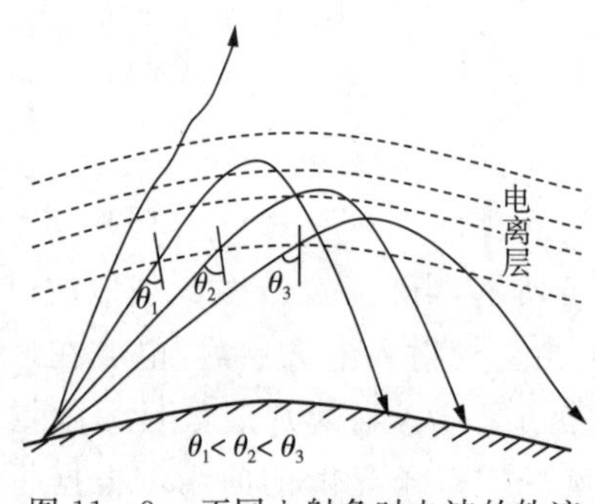

图 11-8　不同入射角时电波的轨迹（电波频率相同）

当电波垂直向上发射，即 $\theta_0=0°$ 时，能从电离层反射回来的最高频率称为临界频率（Critical Frequency），用 f_c 表示。将 $\theta_0=0°$、$N_n=N_{max}$ 代入式(11-2-6)可得临界频率为

$$f_c=\sqrt{80.8N_{max}} \tag{11-2-7}$$

由式(11-2-1)可知，此时 $\varepsilon_r=0$。若 $f<f_c$、$\varepsilon_r<0$，则此时电磁波垂直入射到电离层中，其传播的波数 $k=\omega\sqrt{\mu_0\varepsilon_0\varepsilon_r}=-j\omega\sqrt{\mu_0\varepsilon_0|\varepsilon_r|}$ 是一个虚数，此时电离层相当于一个截止波导，电磁波呈指数截止衰减，最终被反射回来。

对于以某一 θ_0 斜入射的电波，能从电离层最大电子密度 N_{max} 处反射回来的最高频率由上两式可得

$$f_{max}=\sqrt{\frac{80.8N_{max}}{\cos^2\theta_0}}=f_c\sec\theta_0 \tag{11-2-8}$$

对于一般的斜入射频率 f 及在同一 N 处反射的垂直入射频率 f_v 之间，也有类似的关系：

$$f=f_v\sec\theta_0 \tag{11-2-9}$$

上式称为电离层的正割定律，如图 11-9 所示。它表明当反射点电子密度一定时（f_v 一定时），通信距离越大（θ_0 越大），允许频率越高。

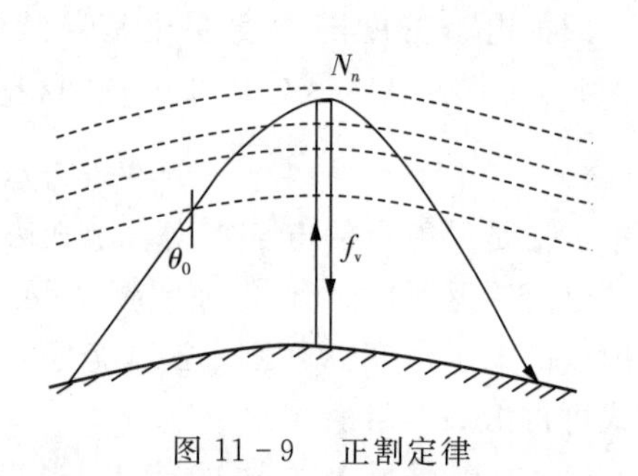

图 11-9　正割定律

临界频率是一个重要的物理量，所有频率低于 f_c 的电波，都能从电离层反射回来。而 $f>f_c$ 的电波，若入射角大于式(11-2-6)，或者 f 小于式(11-2-8)最高频率，则能从电离层反射下来，否则穿出电离层。由表11-1可知，F_2 层的最高电子浓度为 $2\times10^{12}/m^3$。由式(11-2-8)可知，电离层的最大临界频率 $f_{max}=12.7$ MHz。

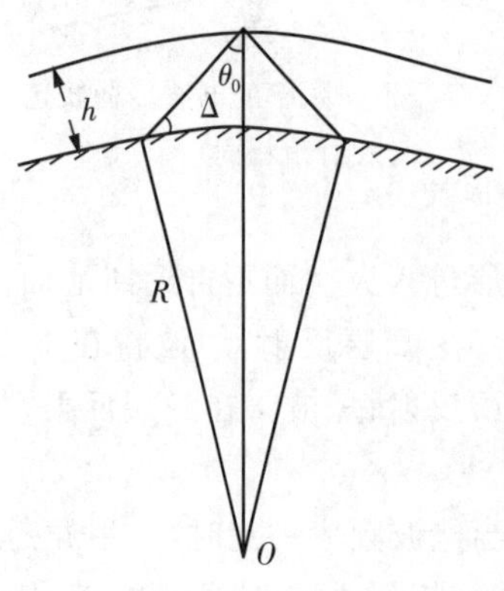

图 11-10　入射角 θ_0 与射线仰角 Δ 的关系

通常总是以一定仰角来投射电波，受地球曲率关系影响，入射角 θ_0 与射线仰角 Δ 的关系如图 11-10 所示，设 R 为地球半径，h 为电离层高度，由正弦定律可得

$$\frac{\sin\theta_0}{R}=\frac{\sin(90°+\Delta)}{R+h}=\frac{\cos\Delta}{R+h} \tag{11-2-10}$$

$$\cos^2\theta_0\approx\frac{\sin^2\Delta+\dfrac{2h}{R}}{1+2h/R} \tag{11-2-11}$$

将上式代入式(11-2-8)，在仰角为 Δ 的条件下，电离层能反射的最高频率为

$$f_{max}=\sqrt{\frac{80.8N_{max}(1+2h/R)}{\sin^2\Delta+2h/R}} \tag{11-2-12}$$

可见,在远距离情况下,Δ 很小,可反射的频率明显增大。我们曾经从合肥到哈密进行测试,距离2400 km,在秋季下午时分,可在 28 MHz 进行天波通信。

(3) 电离层的电子密度有明显的日变化规律,白天电子密度大,临界频率高,则允许使用的频率就高;夜间电子密度小,则必须降低频率才能保证天波传播。

11.2.2　电离层对电波传播的吸收

在电离层中,除了自由电子外还有大量的中性分子和离子的存在,它们都处于不规则的热运动中,当受电场作用的电子与其他粒子相碰撞时,就将从电波得到的动能传递给中性分子或离子,转化为热能,这种现象称为电离层对电波的吸收。电离层吸收可分为偏移吸收和非偏移吸收。

非偏移区是指电离层中折射率 n 接近 1 的区域,在这个区域电波射线几乎是直线,故得名非偏移区。例如,在短波波段,当电波由 F_2 层反射时,D 层、E 层、F_1 层便是非偏移区。在 D 层、E 层和 F 层下缘,特别是 D 层,虽然电子密度较低,但存在大量中性分子和离子,碰撞频率 υ 很高,比 E 层高出一个数量级,比 F 层高出四个数量级,因此电波通过 D 层时受到的吸收较大,也就是说,D 层吸收对非偏移吸收有着决定性的作用。计算非偏移吸收,可根据电磁场理论,已知有耗媒质的 ε_r 和 σ,则衰减常数 α 为

$$\alpha = \omega\sqrt{\frac{\mu_0\varepsilon_0}{2}\left[\sqrt{\varepsilon_r^2 + \left(\frac{\sigma}{\omega\varepsilon_0}\right)^2} - \varepsilon_r\right]} \tag{11-2-13}$$

对于短波传播,通常满足 $\sigma/\omega\varepsilon_0 \ll 1$,同时将式(11-1-5)代入上式,则有

$$\alpha \approx \frac{60\pi\sigma}{\sqrt{\varepsilon_r}} = \frac{60\pi N e^2 \upsilon}{\sqrt{\varepsilon_r}\, m(\omega^2 + \upsilon^2)} \tag{11-2-14}$$

在非偏移区,通常有 $\varepsilon_r \approx 1$,电波在电离层内传播时总衰减可按 $e^{-\int \alpha dl}$ 求出,其中 l 是电波在电离层中所经过的路径。一般来说,这个吸收比较小,电离层参数的中值计算结果表明,电离层吸收损耗仅为几个分贝,通常是在十分贝以下。

偏移区主要是指接近电波反射点附近的区域,在该区域内射线轨迹弯曲,故称为偏移区,其电离层中折射率 n 很小,F 层或 E 层反射点附近的吸收就称为偏移吸收(又称为反射吸收)。对于短波天波传播,通常在 F 层反射,该层碰撞频率很低,因此它比非偏移吸收小得多。因此,在工程计算中,通常把该项吸收和其他一些随机因素引起的吸收合在一起进行估算。

综上所述,由式(11-2-14)可知,电离层对电波的吸收与电波频率、电波入射角及电离层电子密度等有关,其基本规律总结如下。

(1) 电离层的碰撞频率越大或者电子密度越大,电离层对电波的吸收就越大。这是因为由于总的碰撞机会增多,吸收就会增大。一般而言,夜晚电离层对电波的吸收小于白天的吸收。

(2) 电波频率越低,吸收越大。这是因为电波的频率越低,其周期($T=1/f$)就越长,自由电子受单方向电场力的作用时间越长,运动速度也就越大,走过的路程也更长,与其他粒子碰撞的机会也越大,碰撞时消耗的能量也就越多,电离层对电波的吸收就越大。所以短波天波工作时,在能反射回来的前提下,尽量选择较高的工作频率。

11.3 短波天波传播

短波天波传播是天波传播中最常用的频段，短波利用天波传播时，由于电离层的吸收随着频率的升高而减小，因此能以较小的功率借助电离层反射完成远距离传播，可以传播到几百到一二万千米的距离，甚至环球传播。这一节主要介绍短波天波传播的规律及其主要特点。

11.3.1 传播模式

所谓传播模式就是电波从发射点辐射后传播到接收点的传播路径。由于短波天线波束较宽，射线发散性较大，同时电离层是分层的，因此在一条通信电路中存在着多种传播路径，也即存在着多种传播模式。

当电波以与地球表面相切的方向，即射线仰角为零度的方向发射时，可以得到电波经电离层一次反射(也称为一跳)时最长的地面距离。按平均情况来说，从E层反射的一跳最远距离约为2000 km，从F层反射的一跳最远距离约为4000 km。若通信距离更远时，必须经过几跳才能到达。通信距离小于2000 km时，电波可能通过F层一次反射到达接收点，也可能通过E层一次反射到达接收点，前者称为1F传播模式，后者称为1E传播模式，当然也可能存在2F或2E传播模式等，如图11-11所示。对于某一通信电路而言，可能存在的传播模式与通信距离、工作频率、电离层的状态等因素有关。表11-2列出了各种距离可能存在的传播模式。

表11-2 传播模式

通信距离 /km	可能存在的传播模式
0 ～ 2000	1E、1F、2E
2000 ～ 4000	2E、1F、2F、1F1E
4000 ～ 6000	3E、4E、2F、3F、4F、1E1F、2E1F
6000 ～ 8000	4E、2F、3F、4F、1E2F、2E2F

通常，若通信距离小于4000 km，则主要传播模式为1F模式。但即使是1F传播模式，一般也存在着两条传播路径，如图11-12所示，其射线仰角分别为Δ_1和Δ_2。低仰角射线由于以较大的入射角投射电离层，因此在较低的高度上就从电离层反射下来。国际电信联盟推荐的电波传播计算标准ITU-533是使用表11-2中一跳到三跳的三个E传播模式和六个F传播模式的传输场强叠加来计算天波传播。

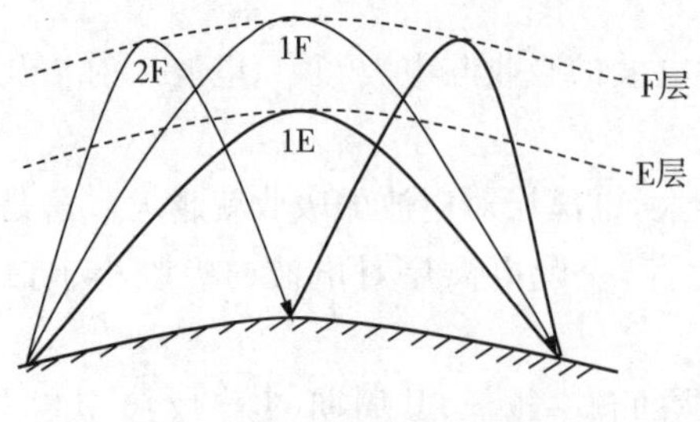

图11-11 传播模式示意图

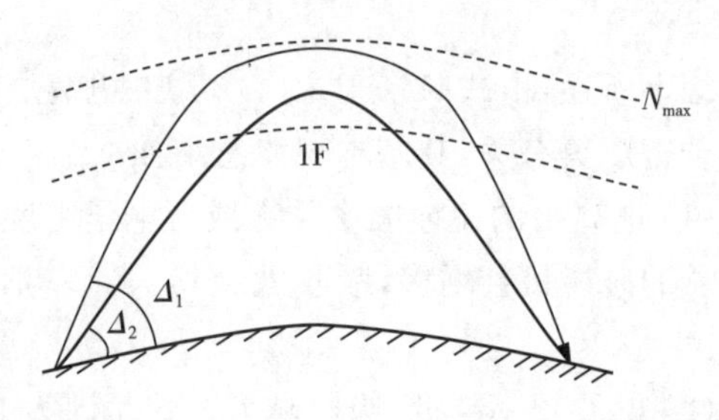

图11-12 1F传播模式的两条传播路径

短波传播在某特定条件下存在远距离滑行传播（Sliding Propagation）模式，当电波频率介于临界频率和最高频率之间，电波可在电离层中滑行传播，如图11-12所示，通过滑行传播可到达很远距离，有可能实现离地面站很远的、在电离层极大电子密度以上或以下的卫星与地面站之间的通信。

以上现象说明，对于一定的传播距离，电波传播可能存在几种传播模式和几条射线路径，这种现象称为多径传输。电离层的随机变异性，会使接收电平有严重的衰落现象，从而引起传输失真。

11.3.2　短波天波传播工作频率的选择

从前面所讨论的电离层对电波的反射和吸收来看，工作频率的选择是影响短波通信质量的关键性问题之一。若选用频率太高，虽然电离层的吸收小，但电波容易穿出电离层；若选用频率太低，虽然能被电离层反射，但电波将受到电离层的强烈吸收。一般来说，选择工作频率应根据下述原则考虑。

(1) 不能高于最高可用频率 f_{MUF}（MUF 即 Maximum Usable Frequency 的缩写）。f_{MUF} 是指当工作距离一定时，能被电离层反射回来的最高频率。

最高可用频率与电离层的电子密度及电波入射角有关。电子密度越大，f_{MUF} 值越高。因为电子密度随年份、季节、昼夜、地点等因素而变化，所以 f_{MUF} 也随这些因素变化。对于一定的电离层高度，通信距离越远，f_{MUF} 就越高。这是因为通信距离越远，其电波入射角 θ_0 就越大，由正割定律可知，频率可以用得高些。图 11－13 为不同通信距离时 f_{MUF} 的昼夜变化情况，从图可以看出，白天的 f_{MUF} 高于夜晚的。

(2) 不能低于最低可用频率 f_{LUF}（LUF 即 Lowest Usable Frequency 的缩写）。在短波天波传播中，频率越低，电离层吸收越大，接收点信号电平越低。短波波段的噪声是以外部噪声为主，而外部噪声（人为噪声、天电噪声等）的噪声电平却随着频率的降低而增强，结果使信噪比变坏。通常定义能保证所需的信噪比的频率为最低可用频率，以 f_{LUF} 表示。

f_{LUF} 也与电子密度有关，白天电离层的电子密度大，对电波的吸收就大，所以 f_{LUF} 就高些。另外，f_{LUF} 还与发射机功率、天线增益、接收机灵敏度等因素有关。图 11－14 给出了某电路最高可用频率 f_{MUF} 和最低可用频率 f_{LUF} 的典型日变化曲线。

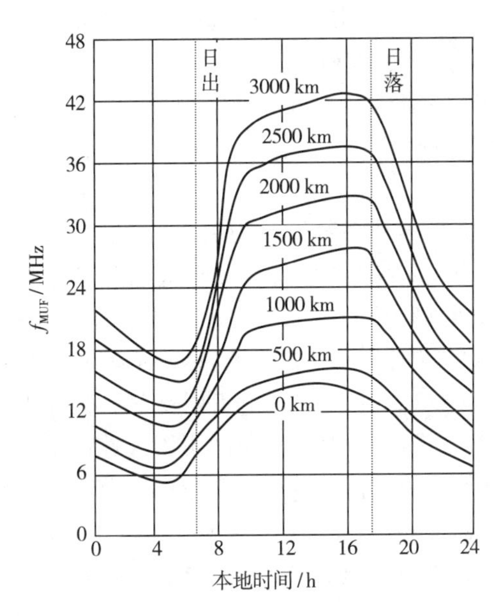

图 11－13　不同通信距离时 f_{MUF} 的昼夜变化情况

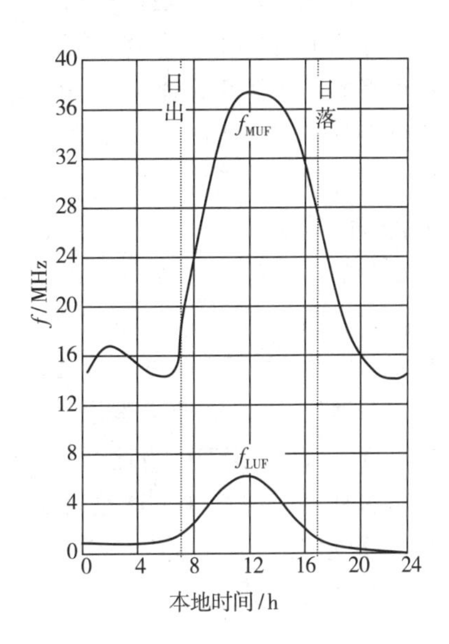

图 11－14　f_{MUF} 和 f_{LUF} 日变化曲线

由以上讨论可知，工作频率应低于最高可用频率以保证信号能被反射到接收点，而高于最低可用频率，以保证有足够的信号强度，即

$$f_{LUF} < f < f_{MUF} \tag{11-3-1}$$

在保证可以反射回来的条件下，尽量把频率选得高些，这样可以减少电离层对电波能量的吸收。但是，不能把频率选在 f_{MUF}，因为电离层很不稳定，当电子密度变小时，电波很可能穿出电离层。通常选择工作频率为最高可用频率的 85%，这个频率称为最佳工作频率，用 f_{OWF} 表示，即

$$f_{OWF} = 85\% f_{MUF} \tag{11-3-2}$$

(3) 一日之内适时改变工作频率。因为电离层的电子密度随时变化，相应地最佳工作频率也随时变化，但是电台的工作频率不可能随时变化，所以实际工作中通常选用两个或三个频率作为该电路的工作频率，选用白天适用的频率称为“日频”，选用夜间适用的频率称为“夜频”。显然，日频高于夜频。对换频时间要特别注意，通常是在电子密度急剧变化的黎明和黄昏时刻适时地改变工作频率。例如，在清晨时分，若过早地将夜频换为日频，则有可能频率过高，而电离层的电子密度仍较小，致使电波穿出电离层，从而使通信中断。若改频时间过晚，则有可能频率太低，而电离层电子密度已经增大，致使对电波吸收太大，接收点信号电平过低，从而不能维持通信。

为了适应电离层的时变性特点，使用技术先进的实时选频系统即时地确定信道的最佳工作频率，可极大地提高短波通信的质量。

11.3.3 短波天波传播的几个主要问题

短波天波传播时，电波比较深入地进入电离层，受电离层的影响较大，信号不稳定。即使工作频率选择得正确，有时也难以正常工作。下面简单介绍短波天波传播的几个影响正常工作的主要问题。

1. 衰落现象严重

衰落 (fading) 现象是指接收点信号振幅忽大忽小，无次序不规则的变化现象。衰落时，信号强度有几十倍到几百倍的变化。通常衰落分为快衰落和慢衰落两种。

慢衰落的周期从几分钟到几小时甚至更长。慢衰落是一种吸收型衰落，主要是由电离层电子密度及高度变化造成电离层吸收的变化而引起的。克服慢衰落的有效措施之一是在接收机中采用自动增益控制。

快衰落的周期在十分之几秒到几秒之间。快衰落是一种干涉型衰落，产生的原因是发射天线辐射的电波是经几条不同路径到达接收点的(多径效应)，由于电离层状态是随机变化的，因此天波射线路径也会随之改变，从而造成在接收点各条路径间的相位差随之变化，信号便会忽大忽小。图11-15(a) 是地面波与天波同时存在造成的衰落，因为其只发生在离发射天线不远处，所以这种衰落称为近距离衰落；图 11-15(b) 是由不同反射次数的天波干涉形成的衰落，这种衰落称为远距离衰落；图 11-15(c) 是由电离层的不均匀性产生漫射现象而引起的衰落；图 11-15(d) 是由地磁场影响出现的双折射效应而引起的衰落。受地磁场的影响，电离层具有各向异性的性质，线极化平面波经电离层反射后为一椭圆极化波，当电离层电子密度随机变化时，椭圆主轴方向及轴比随之相应地改变，从而影响接收点场强的稳定性。

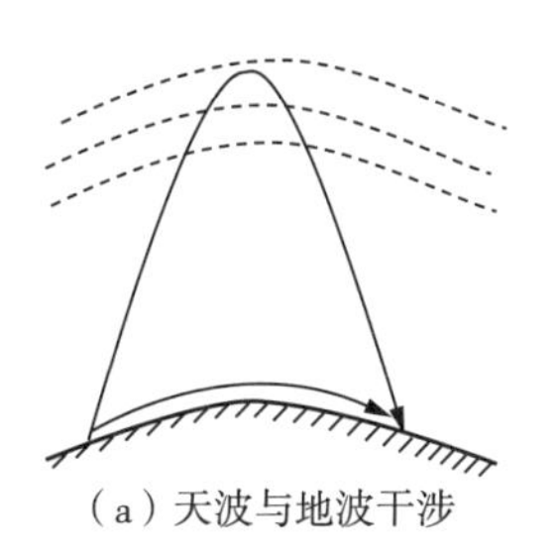
(a) 天波与地波干涉

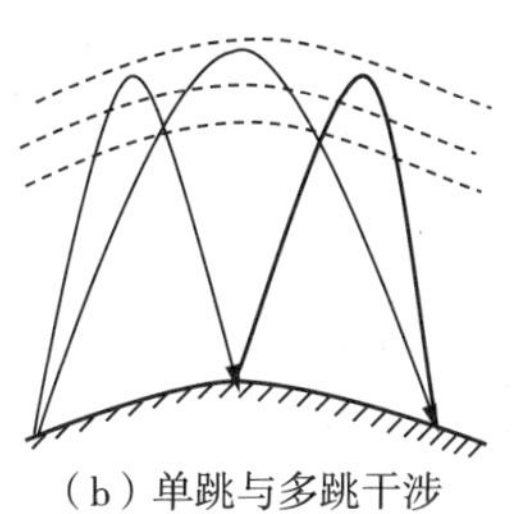
(b) 单跳与多跳干涉

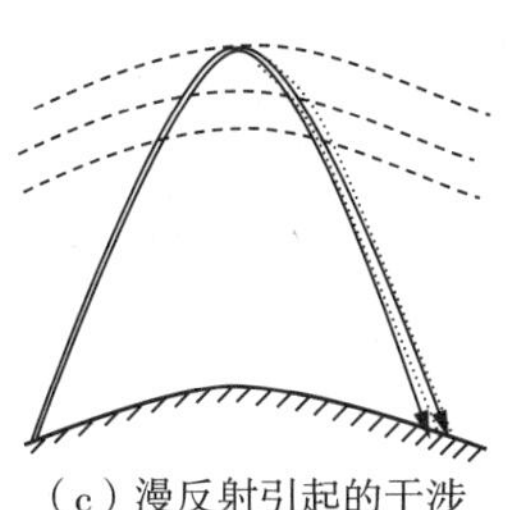
(c) 漫反射引起的干涉

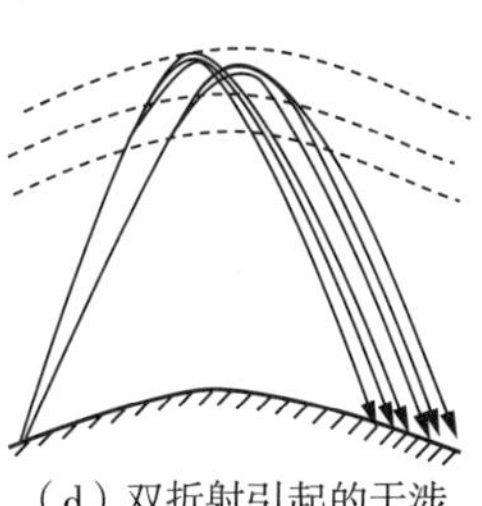
(d) 双折射引起的干涉

图 11-15　干涉性衰落

综上所述,由于电离层电子密度 N 及高度不断变化,使得多条路径传来的电波不能保持固定的相位关系,因此接收点场强振幅总是不断地变化着。这种变化是随机的,而且变化很快,故称为快衰落。波长越短,相位差的变化越大,衰落现象越严重。

克服干涉性快衰落方法之一是采用分集接收 (Diversity Receiving) 。顾名思义,“分集”二字就含有“分散” 与“集合” 两重含义,一方面将载有相同信息的两路或几路信号,经过统计特性相互独立的途径分散传输,另一方面设法将分散传输后到达接收的几路信号最有效地收集起来,以降低信号电平的衰落幅度,具有优化接收的含义。较普遍使用的分集方式有空间分集、频率分集、时间分集和极化分集等,其中空间分集使用尤为广泛。空间分集就是设置多个接收点,分布在相距若干个波长$(5\sim10)\lambda$ 的地方。因为同一工作频率的信号在这些接收点的衰落并不同时发生,再加上传输衰落的随机特性,所以在两个足够分散的点上同时衰落的概率是很小的,这就有可能在两个以上的点同时进行接收,若再采用相应的接收方法互相补偿信号电平,则可极大地减小在接收机输出端的信号衰落深度。

2. 多径时延效应

短波天波传播中,随机多径传输现象不仅引起信号幅度的快衰落,而且使信号失真或使信道的传输带宽受到限制。

多径时延 (Multipath Time Delay) 是指多径传输中最大的传输时延与最小的传输时延之差,以 τ 表示,其大小与通信距离、工作频率、时间等有关。

1) 多径时延 τ 与工作距离有较明显的关系

图 11-16 为萨拉曼 (Salaman) 依据实验资料做出的多径时延与通信距离的关系曲线。由图可见,在 200 ~ 300 km 的短程电路上,多径时延可达 8 ms,这主要是因为在几百千米的短程电路上,通常都使用弱方向性天线(如双极天线等),电波传播模式较多,射线仰角相差不大,吸收损耗也相差不大,故在接收到的信号分量中,各种模式都有相当的贡献,这样在短程电路中就会造成严重的多径时延。在 2000 ~ 5000 km 的距离上,可能存在的传播模式较少,多径时延 3 ms 左右。而在 5000 ~ 20000 km 的长程电路上,由于不可能有单跳模式,可能存在 2E、2F、1E1F 等传播模式,传播情况更为复杂,因此多径时延又逐渐增加到 6 ms 左右。

2) 多径时延与工作频率有关

当频率接近最高可用频率时,多径时延最小,特别是在中午,D 层、E 层吸收较大,多跳难以实现,容易得到真正的单跳传播。当频率降低时,传播模式的种类就会增加,因而多径时延增大。当频率进一步降低时,电离层吸收增强,某些模式遭到较大的吸收而减弱,可以忽略不计,多径时延又可能减小。因此,要减小多径时延,必须选用比较高的工作频率。在短

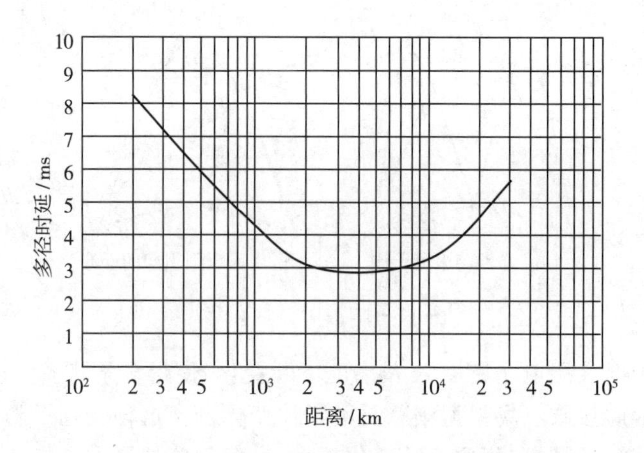

图 11-16　多径时延与通信距离的关系曲线

波数字通信中，多径时延会引起码元畸变，增大误码率，因此选用工作频率一般要比短波模拟通信时略高一些才更有利。

3) 多径时延随时间变化

电离层电子密度的变化，会造成多径时延随着时间而变化。在日出日落时刻，电离层电子密度剧烈变化，多径时延现象最严重最复杂，而中午和子夜时多径时延一般较小且较稳定。多径时延不仅随日时变化，而且在零点几秒到几秒时间内都会有变化。

3. 静区

在短波电离层传播的情况下，有些地区天波和地波都收不到，而在离发射机较近或较远的地区均可收到信号，这种现象称为越距，收不到任何信号的地区称为"静区"(Silent Zone)，也称为"哑区"，如图 11-17 所示。静区是一个围绕发射机的某一环行地带(设发射天线水平面是无方向性的)。

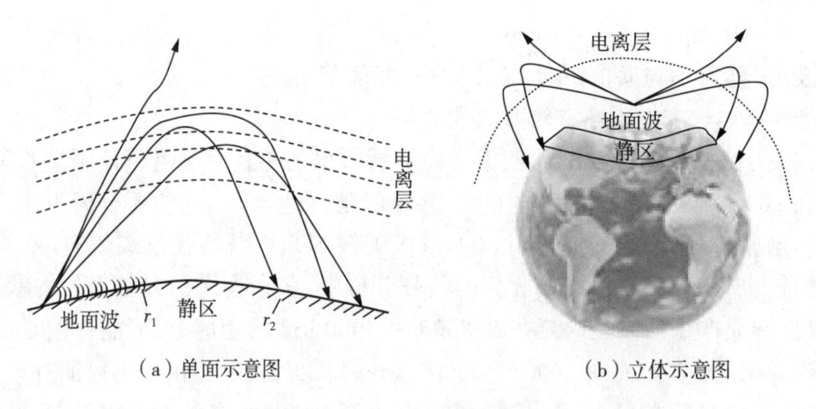

(a) 单面示意图　　(b) 立体示意图

图 11-17　短波传播的静区

产生静区的原因：一方面，短波的地面波传播因受地面吸收，随距离的增加衰减较快，设其能达到的最远距离为 r_1；另一方面，对于天波传播来说，因距离太近，射线仰角太大，电波穿出电离层而没有天波到达，出现天波的最近距离，就是静区的外边界 r_2。

频率越低，地面波能传播的距离越远，天波可以到达的距离越近，静区范围越小。增大发射功率，也可以使地面波传播的距离更远，使静区范围缩小。

对于短波小功率近距离通信（0 ～ 300 km），通常选用较低的工作频率，并采用主要向高空辐射的天线（又称为高射天线）。

4. 环球回波现象

我们知道，无线电波传播速度 $c = 3 \times 10^8$ m/s，一条长 6000 km 的通信线路，电波只要 20 ms 即可到达。可是，有时候电波由发射点出发要经过一百多毫秒才能到达接收点，这种奇怪的现象该如何解释呢？

经过研究发现，在适当的条件下，电波可经电离层多次反射，或者在地面与电离层之间来回反射，可能环绕地球再度出现，如图 11 - 18 所示。 这种现象称为环球回波。环球回波有反向回波和正向回波两种。

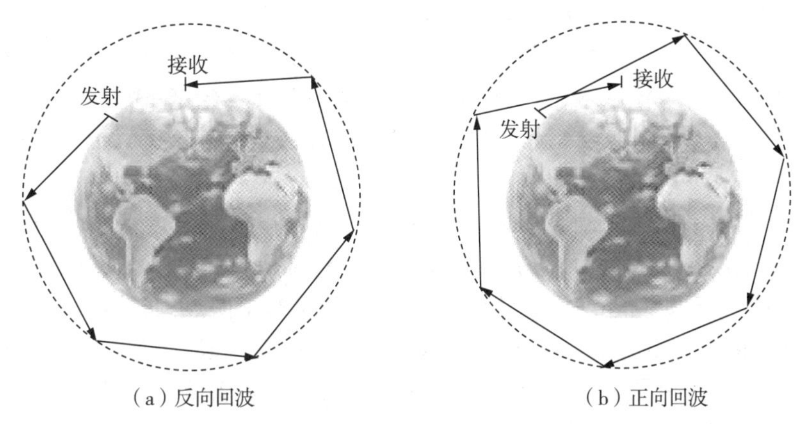

（a）反向回波　　（b）正向回波

图 11 - 18　环球回波

滞后时间较大的回波信号将使接收机中出现不断地回响，影响正常通信，故应尽可能地消除回波的发生。采用单方向性辐射的收发天线可以消除反向回波，去除正向回波比较困难，可以通过适当降低辐射功率和选择适当的工作频率来防止回波的发生。

5. 电离层暴的影响

在收听短波信号时，即使收、发设备都正常，有时也会出现信号突然中断现象，这往往是由电离层暴或电离层骚扰引起的。当太阳表面突然出现耀斑时，太阳辐射出强大的紫外线和大量的带电粒子，使电离层的正常结构遭到破坏，特别是对最上面的 F_2 层影响最大，可能造成信号突然中断。

为了防止电离层暴的影响，通常可采取的措施是进行电离层暴的预测预报，以便事先采取适当措施；选择较低的工作频率，当发生信号突然中断时，立即使用较低的工作频率利用 E 层反射；增大发射机功率，使反射回地面的电波增强；在电离层暴最严重时刻，若利用以上方法尚不能恢复正常时，可采用转播方法以绕过暴变地区。

11.3.4　短波天波传播的特点

综合以上讨论，短波天波传播的基本特点如下。

（1）能以较小的功率进行远距离传播。由于天波传播是靠高空电离层反射来实现的，因此不受地面吸收及障碍物的影响。此外，这种传播方式的损耗主要是自由空间的传播损耗，而电离层吸收及地面损耗则较小，在中等距离（1000 km 左右）上，电离层的平均损耗只不过 10 dB 左右。因此，利用小功率电台可以完成远距离通信。例如，发射功率为 150 W 的电台，用 64 m 双极天线，通信距离可达 1000 km。对于超过 2000 km 远距离电波传播，需要电波的发射波束仰角压到 10° 以下，对常规的天波天线架高要求较高，但采用常规地波传播使用的鞭状天线发射，也能够达到较好的效果。

(2) 白天和夜间要更换工作频率。由于电离层的电子密度、高度在白天和夜间是不同的，因此工作频率也应不同，白天工作频率高，夜间工作频率低。在日出日落前后要更换工作频率，而不像地面波传播那样昼夜可使用同一频率。

(3) 传播不太稳定，衰落严重。由于电离层的情况随年份、季节、昼夜和地理位置的不同而变化，因此天波传播不如地面波稳定，且衰落严重。

(4) 天波传播由于随机多径效应严重，多径时延 τ 较大，多径传输媒质的相关带宽 $\Delta f = 1/\tau$ 较小，因此对传输的信号带宽有较大的限制。

(5) 电台拥挤、干扰大。由于电离层能反射电波的频率范围是很有限的，一般是短波以下（只有在太阳活动最大年份达到 50 MHz 左右），波段范围比较窄，因此短波波段内的电台特别拥挤，电台间的干扰很大。尤其是夜间，因为电离层吸收减弱，干扰更大，所以晚间海边的短波信号的基底噪声抬高较多。

近年来，人们进一步认识到电离层媒质抗毁性好，对电波能量的吸收作用小，特别是短波通信电路建立迅速、机动灵活、设备较简单及价格低廉等突出优点，加强了人们对短波电离层信道的研究，并不断改进短波通信技术，使通信质量有了明显的提高。尽管目前已有性能优良的卫星通信、微波中继通信、光纤通信等多种通信方式，但是短波通信仍然是一种十分重要的通信手段，特别是在移动通信方面，短波更占有重要的地位，如船舶、飞机、车辆、野战部队等仍广泛采用短波通信，应用其他无线电通信设备往往比短波通信技术要求高、造价高。

除了短波之外，中波和长波也会受到电离层反射实现天波传播。中波（300 kHz ～ 3 MHz）通常在 E 层反射，但在白天，因 D 层吸收大，大部分中波不能用天波传播，而只能依靠地面波传播；在夜晚，D 层消失，吸收较小，所以夜间中波既可利用地面波传播又可利用天波传播。波长为 2000 ～ 200 m（频率为 150 kHz ～ 1.5 MHz）的中波主要用于广播业务，故此分波段又称为广播波段。基于上述原因，中波波段的广播电台信号晚上比白天多。

对于频率为 30 kHz ～ 300 kHz 的长波信号来说，电离层就像一层导体，电波能够被很好地反射。因为地表的土壤和海水对于长波来说也是良导体，所以传播可以在由地球表面和电离层之间构成的超大型波导中来回反射传输，可以传输的距离非常远，甚至可以实现绕地球传播。

知识链接

天波传播损耗计算方法

11.4 短波天波传播损耗的估算

短波天波的传播损耗框图如图 11 - 19 所示，其中基本传播损耗 L_b 通常是指电波在实际媒质中传播时，由能量扩散和媒质对电波的吸收、反射、散射等作用而引起的电波能量衰减，这里主要介绍基本传播损耗 L_b。

基本传播损耗 L_b 可分成四部分，其中最主要的一部分是自由空间传播损耗 L_{bf}，第二部分是电离层吸收损耗 L_a，第三部分是多跳传输时地面反射所产生的地面反射损耗 L_g，除此之外还有一些额外系统损耗 L_p。若各部分损耗均用分贝表示，则天波传播的基本传播损耗 L_b 可表示为

$$L_b = L_{bf} + L_a + L_g + L_p \quad (\text{dB}) \tag{11-4-1}$$

它们是工作频率、传播模式、通信距离和时间的函数。

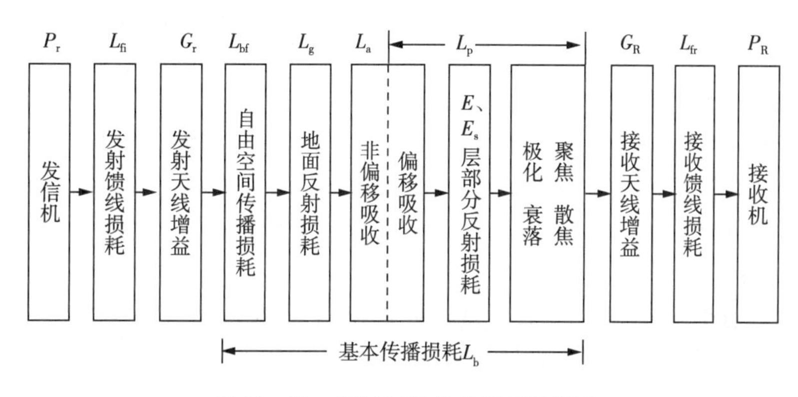

图 11－19　短波天波的传播损耗框图

1. 自由空间传播损耗 L_{bf}

自由空间传播损耗 L_{bf} 是电波在传播过程中，随着距离的增大，能量扩散到越来越大的球面上，从而引起功率流密度的下降，形成电波场强的"扩散衰减"，L_{bf} 的计算公式已由式(9－2－10) 给出，即

$$L_{bf} = 32.45 + 20\lg f(\text{MHz}) + 20\lg r(\text{km}) \quad (\text{dB})$$

式中，r 为电波传播的实际路径长度，应根据传播模式、通信距离和电离层高度进行计算。L_{bf} 是天波传播损耗中的第一因素。

2. 电离层吸收损耗 L_a

电离层吸收损耗 L_a 是天波传播损耗中的第二因素。对于短波而言，其主要是指电波穿过电离层时由 D 层、E 层引起的吸收损耗，即非偏移吸收。电离层的吸收损耗可近似按 $e^{-\int \alpha dl}$ 求出，其中衰减系数由式(11－2－14) 求出，即

$$\alpha \approx \frac{60\pi\sigma}{\sqrt{\varepsilon_r}} = \frac{60\pi N e^2 \upsilon}{\sqrt{\varepsilon_r}\, m(\omega^2 + \upsilon^2)}$$

3. 地面反射损耗 L_g

地面反射损耗 L_g 是在多跳传输时地面反射产生的，它与电波的极化、频率、射线仰角及地质情况等因素有关。由于电波经电离层反射后极化面旋转且随机变化，入射到地面时的电波是杂乱极化的，因此严格计算 L_g 值是有困难的，工程上处理的办法是对圆极化波进行计算。

假设入射电波是圆极化波，即水平极化分量和垂直极化分量相等，则地面反射损耗为

$$L_g = 10\lg\left(\frac{|R_V|^2 + |R_H|^2}{2}\right) \quad (\text{dB}) \tag{11-4-2}$$

式中，R_V 和 R_H 分别是垂直极化和水平极化的地面反射系数，并由下式给出：

$$R_V = \frac{(\varepsilon_r - \text{j}60\lambda\sigma)\sin\Delta - \sqrt{(\varepsilon_r - \text{j}60\lambda\sigma) - \cos^2\Delta}}{(\varepsilon_r - \text{j}60\lambda\sigma)\sin\Delta + \sqrt{(\varepsilon_r - \text{j}60\lambda\sigma) - \cos^2\Delta}} \tag{11-4-3}$$

$$R_{\mathrm{H}}=\frac{\sin\Delta-\sqrt{(\varepsilon_{\mathrm{r}}-\mathrm{j}60\lambda\sigma)-\cos^2\Delta}}{\sin\Delta+\sqrt{(\varepsilon_{\mathrm{r}}-\mathrm{j}60\lambda\sigma)-\cos^2\Delta}} \tag{11-4-4}$$

式中，Δ 为射线仰角。

4. 额外系统损耗 L_{p}

额外系统损耗 L_{p} 包括除上述三种以外的其他所有原因引起的损耗，如偏移吸收、E_{s} 层附加损耗、极化损耗、电离层非镜面反射损耗等。实际电离层等效反射面往往是弯曲的，当这个面类似凹面反射镜时，电波经电离层反射到达地面的功率流密度就比电离层为平面时反射的功率流密度要大，这就是电离层聚焦。通常电离层可能或多或少地出现这种情况。当电离层等效反射面类似于凸面反射镜时，电波经电离层反射到达地面的功率流密度就比平面时反射的小，这就是电离层散焦。电离层的聚焦和散焦效应，可使天波传播损耗产生 5 ～ 10 dB 的变化。

L_{p} 是一项综合估算值，它是由大量电路实测的天波传播损耗数据，扣除已指明的三项损耗后而得到的。L_{p} 值与反射点的本地时间 T(h) 有关，可按下述数值估算：

$$\begin{cases} 22<T\leqslant 04, & L_{\mathrm{p}}=18.0\ \mathrm{dB} \\ 04<T\leqslant 10, & L_{\mathrm{p}}=16.6\ \mathrm{dB} \\ 10<T\leqslant 16, & L_{\mathrm{p}}=15.4\ \mathrm{dB} \\ 16<T\leqslant 22, & L_{\mathrm{p}}=16.6\ \mathrm{dB} \end{cases} \tag{11-4-5}$$

1. 引起电离层规则性周期变化的因素有哪几种？简要说出原因。

2. 何谓临界频率？临界频率与电波能否反射有何关系？

3. 设某地冬季 F_2 层的电子密度为白天：$N=2\times10^{12}$ 个 /m^3；夜间：$N=1\times10^{11}$ 个 /m^3，试分别计算其临界频率。

4. 试求频率为 6 MHz 的电波在电离层电子密度为 $N=1.5\times10^{11}$ 个 /m^3 处反射时所需要的电波最小入射角。当电波的入射角大于或小于该角度时将会发生什么现象？是否小到一定角度就会穿出电离层呢？

5. 设某地某时的电离层临界频率为 5 MHz，电离层等效高度 $h=350$ km，试求：

(1) 该电离层的最大电子密度；

(2) 当电波以怎样的方向发射时，可以得到电波经电离层一次反射时最长的地面距离；

(3) 上述情况下能反射回地面的最短波长。

6. 若一电波的波长 $\lambda=50$ m，入射角 $\theta_0=45°$，试求能使该电波反射回来的电离层的电子密度。

7. 已知某电离层在入射角 $\theta=30°$ 的情况下的最高可用频率为 6×10^6 Hz，试计算该电离层的临界频率。

8. 天波传播的最主要特点有哪四个？

9. 在短波天波传播中，频率选择的基本原则是什么？为什么在可能的条件下频率尽量选择得高一些？

10. 在短波天波通信中，为什么有日频和夜频之分？傍晚时分若过早或过迟地将日频改为夜频，凌晨时分若过早或过迟地将夜频改为日频，接收信号有什么变化，为什么？

11. 天波传播损耗主要包括哪几部分？电离层吸收损耗主要是什么损耗，它在什么时间段对什么样频段信号吸收最大？

12. 什么叫衰落？短波天波传播中产生衰落的主要原因有哪些？克服衰落的一般方法有哪些？

13. 为什么我们晚上可以收到很远的短波电台信号？而白天收到的相对较少？

第12章　视距传播

地波和天波传播主要针对的是信号频率较低的情况，信号波段在超短波以上时，比如频率超过1 GHz的信号，采用地波传播损耗比较大，而选择天波传播则可能直接穿透电离层到外太空去了，此时就需要使用视距传播。此外，当需要对目标精确定位时，信号频率通常要求选择高一点，因为信号的频率通常与方向图的半功率角成反比，此时电波传播方式就只能选择可以通视的视距传播了。

应用方面，地面波通常在对潜通信中采用长波波段，在短距离通信中采用短波或超短波波段，一般采用直立天线；天波远距离通信通常采用短波波段，一般采用水平对称天线；视距传播通常用在雷达、移动通信和卫星导航等场合，多采用超短波或微波波段，一般采用面天线，此时电波传播主通道较小，绕射能力弱。

视距传播方式与地波和天波传播主要存在两个方面的差异。一是电波传播的通道不同。根据传播路径所对应的空间，地波传播沿着地表面传播，决定传播性能的主要因素是地表面的介电常数、电导率及磁导率等电参数；天波传播过程是电波穿过对流层和平流层，到达电离层，在电离层反射回地面，决定传播性能的主要因素是电离层的电子浓度及其在高度上的分布；而视距传播的过程则主要是电波在电离层下存在直接到达目标的路径。二是电波传播的路径数目不同。与只需考虑一条传播路径的情况不同，视距传播除了直达波以外，通常还需要考虑经地面反射的反射波，即视距传播通常需要考虑两条主要传播路径，最后接收点接收的是直达波与反射波的合成信号。

视距传播方式主要研究三个问题。一是地表面的反射，二是地表球面导致的最大可视距离，三是传播路径中对流层的大气衰减和折射。第一个问题是因为反射波与直达波传播路径不同，长度相近但相位差异受反射点地面的电特性影响大，当收发距离不远时，一般可以把地面看成平面；第二个问题是球形地表导致本可接收的信号因为地表弯曲而接收不到，问题通常存在于收发距离较远的情况，此时地面必须看成球形；第三个问题是大气的影响，大气的密度和电参数都随高度变化而变化，从而造成传播路径上的吸收损耗及路径的偏转，对于定位精度需求较高的场合需要精细建模分析。

本章共分两节，12.1节分析地表的影响，包括反射影响和可视距离的计算，12.2节分析对流层大气对视距传播的影响，包括吸收损耗和折射。

12.1　地面对视距传播的影响

为了简化地面对视距传播的影响的讨论，本章假定地面没有障碍物，虽然忽略了大部分实际情况下地面起伏的影响，得到的计算数据与真实情况会有一定的偏差，但是并不影响结论的普遍性。

地面对视距传播的影响主要包含两个方面：一是可能存在一条电波经地面反射到达接收点的传播路径；二是地球的球形结构导致超过一定距离后就不再能够直视。

12.1.1　光滑平面地情况

对于收发天线距离短，天线架高不高的情况，通常忽略地球的曲率，地表可以看成平面地。

1. 光滑平面地条件下视距传播场强的计算

对于光滑地面而言，影响反射波的主要因素是地面的反射系数，决定地面反射系数的是地面的电参数，包括介电常数、电导率和磁导率。第 3 章讨论理想导电地面的影响时，没有考虑地面电参数的影响，默认电导率为无穷大。

如图 12-1 所示，假设发射天线 A 的架高为 H_1，接收天线 B 的高度为 H_2，直达波的传播路径为 r_1，地面反射波的传播路径为 r_2，与地面之间的投射角为 Δ，收发两点间的水平距离为 d。

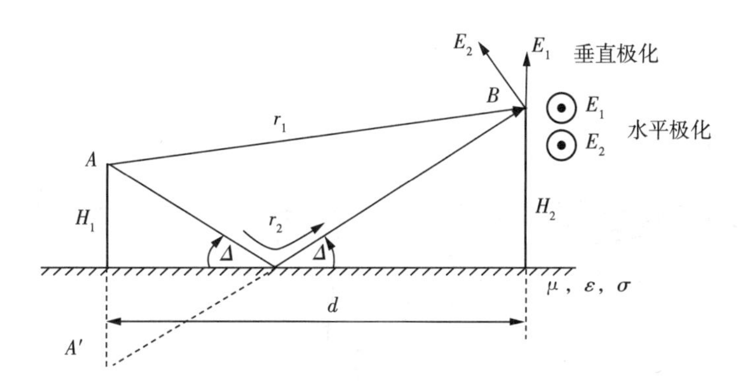

图 12-1　平面地的反射

此时，忽略感应场强和地面的二次效应，接收点 B 处的场强理论上为直达波、地面反射波及地波的矢量叠加，考虑天线架设较高或频率大于 150 MHz 时，可以忽略地波的影响。

忽略直达波与反射波因传播路径长度不同而引起的幅度差异及方向图上的增益差异，定义 D_1 为发射天线在直达波射线方向的方向系数，D_2 为发射天线在反射波射线方向的方向系数，则 $r_1 \approx r_2$，$D_1 \approx D_2$，接收点 B 处的场强为

$$
\begin{aligned}
E &= E_1 + E_2 = \frac{\sqrt{60P_r D_1}}{r_1} + \frac{\sqrt{60P_r D_2}}{r_2}\,|\Gamma|\,\mathrm{e}^{\mathrm{j}[k(r_2-r_1)+\varphi]} \\
&\approx E_1\left[1 + |\Gamma|\,\mathrm{e}^{\mathrm{j}[k(r_2-r_1)+\varphi]}\right]
\end{aligned}
\tag{12-1-1}
$$

式中，P_r 为发射信号的辐射功率；$k(r_2-r_1)$ 为直达波和反射波路程差引起的相位差；φ 为地面反射带来的相位差。

由图 12-1 可知，投射角 Δ 和直达波距离 r_1，反射波距离 r_2 分别为

$$
\begin{cases}
\Delta = \arctan \dfrac{H_1 + H_2}{d} \\
r_1 = \sqrt{d^2 + (H_2 - H_1)^2} \\
r_2 = \sqrt{d^2 + (H_2 + H_1)^2}
\end{cases}
\tag{12-1-2}
$$

由于 $d \gg H_1$，$d \gg H_2$，因此 $r_1 \approx d + \dfrac{(H_2-H_1)^2}{2d}$，$r_2 \approx d + \dfrac{(H_2+H_1)^2}{2d}$。

于是直达波和反射波路程差为

$$
\Delta r = r_2 - r_1 = \sqrt{(H_2+H_1)^2 + d^2} - \sqrt{(H_2-H_1)^2 + d^2} \approx \frac{2H_1H_2}{d} \tag{12-1-3}
$$

2. 地面的反射系数

地面的反射系数 Γ 与电波的投射角 Δ、电波的极化、波长 λ，以及地面的电参数 σ、ε_r、μ_r 有

关，一般可表示为 $\Gamma=|\Gamma|\mathrm{e}^{-\mathrm{j}\varphi}$，默认为 $\mu_r=1$。

对于水平极化波有

$$\Gamma_{\mathrm{H}}=\frac{\sin\Delta-\sqrt{(\varepsilon_r-\mathrm{j}60\lambda\sigma)-\cos^2\Delta}}{\sin\Delta+\sqrt{(\varepsilon_r-\mathrm{j}60\lambda\sigma)-\cos^2\Delta}} \tag{12-1-4}$$

对于垂直极化波有

$$\Gamma_{\mathrm{V}}=\frac{(\varepsilon_r-\mathrm{j}60\lambda\sigma)\sin\Delta-\sqrt{(\varepsilon_r-\mathrm{j}60\lambda\sigma)-\cos^2\Delta}}{(\varepsilon_r-\mathrm{j}60\lambda\sigma)\sin\Delta+\sqrt{(\varepsilon_r-\mathrm{j}60\lambda\sigma)-\cos^2\Delta}} \tag{12-1-5}$$

图 12-2 绘制了海水及干土情况下地面的反射系数随电波投射角变化的曲线，图中 H3.0 表示水平极化且频率为 3.0 GHz，V0.1 表示垂直极化且频率为 0.1 GHz。

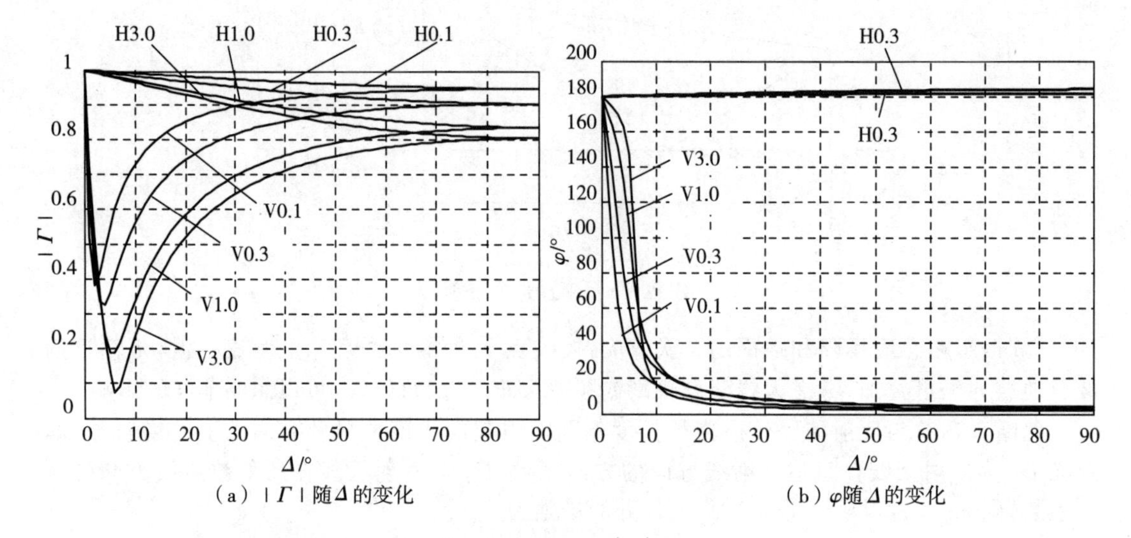

(a) $|\Gamma|$ 随 Δ 的变化　　(b) φ 随 Δ 的变化

图 12-2　海水的反射系数 $\Gamma=|\Gamma|\mathrm{e}^{-\mathrm{j}\varphi}(\varepsilon_r=80,\sigma=4)$

从图 12-2 中可以得到以下结论：

(1) 垂直极化波反射系数的模存在布鲁斯特角，此时对应的反射系数模值最小，当投射角 Δ 远小于布鲁斯特角时，$\Gamma_{\mathrm{H}}\approx-1$，$\Gamma_{\mathrm{V}}\approx-1$；

(2) 地表面的导电性能越好，也即 $\frac{60\lambda\sigma}{\varepsilon_r}$ 越大，反射系数的模越趋于 1，导电性较差时地表面的反射系数模值存在较大的衰减；

(3) 水平极化波地面的反射系数相角近似为 180°，垂直极化波地面的反射系数相角在投射角小于布鲁斯特角时近似为 180°，大于布鲁斯特角时近似为 0°。

在实际应用中，若传播距离远大于收发天线的架高之和，则

$$\begin{cases}\Delta\approx\dfrac{H_1+H_2}{d}\\ r_1\approx r_2\approx d\end{cases} \tag{12-1-6}$$

此时投射角 Δ 较小，无论水平极化波还是垂直极化波，反射系数都近似为 -1。需要注意的是，这与理想地面时垂直极化波反射系数为 1 的结论是相反的，主要是因为布鲁斯特角的存在。同时，由图 12-2 可以看出，频率越低或投射角越小的区域近似程度越高。

对于投射角 Δ 较大的情况，需要查表或根据式(12-1-5)精确计算。

3. 接收点的合成场强

满足传播距离远大于收发天线的架高之和时，有

$$|E|=|E_1[1-\mathrm{e}^{\mathrm{j}k(r_2-r_1)}]|=2\left|E_1\sin\left(\frac{k\Delta r}{2}\right)\right|=2\left|E_1\sin\left(\frac{2\pi H_1H_2}{\lambda d}\right)\right| \quad (12-1-7)$$

由此可见，合成场是直达波与地面反射波的干涉结果，最小值为 0，最大值为原来的 2 倍；合成电场是电波波长、收发天线间距、收发天线架高的函数。

图 12－3 以 $|E/E_1|$ 为纵坐标计算了垂直极化波在海平面上的干涉效应。

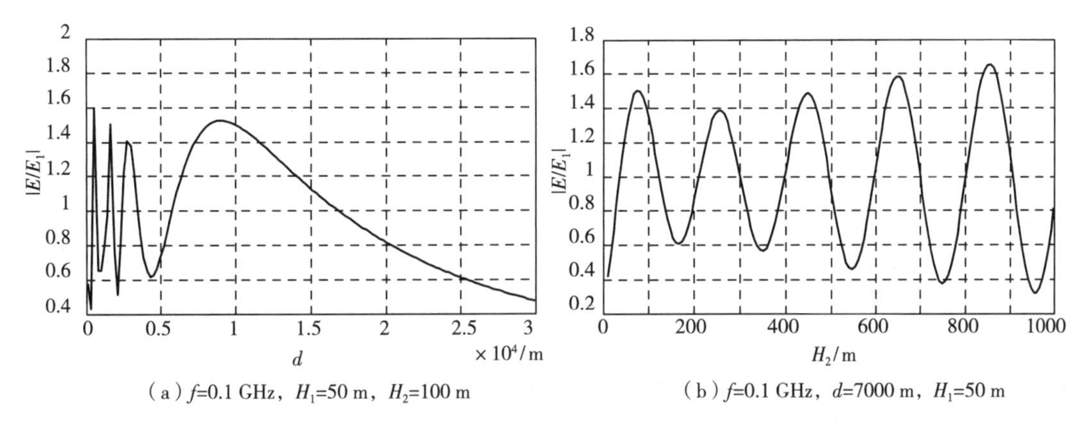

图 12－3　垂直极化波在海平面上的干涉效应($\varepsilon_r=80,\sigma=4$)

由图 12－3 可见，合成场强随距离和架高的影响非常大，这主要是因为正弦函数的波动。在实际应用中，当接收天线前后移动或上下移动时，接收场强可能发生剧烈变化的现象，甚至于完全接收不到信号，同时我们也可以利用这个规律调整天线达到最佳接收。

例 12－1－1　某通信线路，工作频率 $\lambda=0.05$ m，通信距离 $d=50$ km，发射天线架高 $H_1=100$ m。若选接收天线架高 $H_2=100$ m，则在地面可视为光滑平面地的条件下，接收点的 $|E/E_1|$ 为多少？欲使接收点场强为最大值，则调整后的接收天线高度是多少(要求调整范围最小)？

解：地面反射波与直达波之间的相位差为

$$\psi=-\pi-k\Delta r=-\pi-\frac{2\pi}{\lambda}\frac{2H_1H_2}{d}=-\pi-\frac{2\pi}{0.05}\times\frac{2\times100\times100}{50000}=-17\pi$$

所以接收点处的 $|E/E_1|=0$，此时接收点无信号。若欲使接收点场强为最大值，则可以调整接收天线高度使接收点处地面反射波与直达波同相叠加，接收天线高度最小的调整应使 $\psi=-16\pi$。

若令 $\psi=-\pi-k\Delta r=-\pi-\frac{2\pi}{\lambda}\frac{2H_1H_2}{d}=-\pi-\frac{2\pi}{0.05}\times\frac{2\times100\times H_2}{50000}=-16\pi$，可以解出 $H_2=93.75$ m，接收天线高度可以降低 6.25 m。

进一步的，当收发距离足够大，且满足 $\frac{2\pi H_1H_2}{\lambda d}\leqslant\frac{\pi}{9}$ 时，可做如下近似处理：

$$\sin\left(\frac{2\pi H_1H_2}{\lambda d}\right)\approx\frac{2\pi H_1H_2}{\lambda d} \quad (12-1-8)$$

由 $E_1=\dfrac{\sqrt{60P_rD}}{d}$ 与式(12-1-7) 和式(12-1-8) 可得维建斯基干涉场公式：

$$|E|=\frac{4\pi\sqrt{60P_rD}}{d^2}\cdot\frac{H_1H_2}{\lambda} \tag{12-1-9}$$

其有效值为

$$|E_m|=\frac{4\pi\sqrt{30P_rD}}{d^2}\cdot\frac{H_1H_2}{\lambda} \tag{12-1-10}$$

上式用常用单位表示时，可得到

$$|E_m|(\mathrm{mV/m})=\frac{2.18}{\lambda(\mathrm{m})\mathrm{d}^2(\mathrm{km})}H_1(\mathrm{m})H_2(\mathrm{m})\sqrt{P_r(\mathrm{kW})D} \tag{12-1-11}$$

由式(12-1-11) 可知，在收发距离足够大时，因存在地面反射，接收场强受天线架高影响较大，而且其与距离不再是反比关系而是与距离的平方成反比。除此之外，随着距离的增大，衰减比较快。

一个相对容易的解决办法是破坏反射波形成的条件，这样接收点处就只有直达波，场强与距离成反比关系。

4. 接收点的合成功率

根据场强与接收功率之间的关系，可以得到接收功率为

$$P_L=S_{av}A_e=\left(\frac{\lambda}{4\pi r}\right)^2P_rD_rD_L\cdot 4\left|\sin\left(\frac{2\pi H_1H_2}{\lambda d}\right)\right|^2 \tag{12-1-12}$$

式中，P_r 为辐射功率；D_r 为反射天线方向系数；D_L 为接收天线的方向系数。

当收发距离足够大时，有

$$P_L\approx P_rD_rD_L\left(\frac{H_1H_2}{d^2}\right)^2 \tag{12-1-13}$$

由式(12-1-13) 可以看出，此时的接收功率与收发距离的四次方成反比，与天线高度的平方成正比。值得注意的是，此时接收功率与信号频率无关，频率影响的主要是传播方式。因此，收发距离较近时，反射波的存在将导致接收功率随架高和距离大小剧烈波动，最小时完全为零，最大时达到没有反射波情况的 4 倍；当收发距离足够远时，接收功率随收发距离增大而快速衰减。

5. 地面上的有效反射区

由于地面反射点处的反射系数与该地的电参数密切相关，因此有必要确定反射波在地面上的反射区域大小及其位置，通常称此区域为有效反射区。

有效反射区的大小可以通过镜像法及电波传播的主通道在地面形成的菲涅尔区来确定。如图 12-4 所示，可以认为反射波射线由天线的镜像 A' 点发出，根据电波传播的菲涅尔区概念，反射波的主要空间通道是以 A' 和 B 为焦点的第一菲涅尔椭球体，而这个椭球

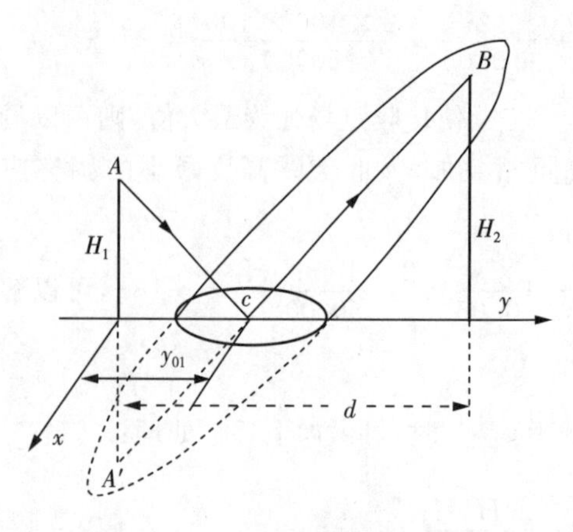

图 12-4　地面上的有效反射区

体与地平面相交的区域为一个椭圆，由这个椭圆所限定的区域内的散射体对反射波具有重要意义，这个椭圆就是地面上的有效反射区。

地面上椭圆的中心位置 c 的坐标为

$$\begin{cases} x_{01}=0 \\ y_{01}\approx \dfrac{d}{2}\dfrac{\lambda d+2H_1(H_1+H_2)}{\lambda d+(H_1+H_2)^2} \end{cases} \tag{12-1-14}$$

长轴的长度为

$$a\approx \frac{d}{2}\frac{[\lambda d(\lambda d+4H_1H_2)]^{1/2}}{\lambda d+(H_1+H_2)^2} \tag{12-1-15}$$

短轴的长度为

$$b\approx \frac{a}{d}[\lambda d+(H_1+H_2)^2]^{1/2} \tag{12-1-16}$$

显然，在天线架高不变的情况下，收发距离越远则地面上反射区越大。反射区域越大则受区域周边障碍物影响的范围越大，假定 F_c 为椭圆的焦距，d_c 为第一菲涅尔区障碍物距离椭圆中心的距离，则根据主通道半径 F_1 的计算公式有

$$\begin{cases} F_1=\sqrt{\dfrac{(F_c^2-d_c^2)\lambda}{2F_c}} \\ F_c=\sqrt{a^2-b^2} \end{cases} \tag{12-1-17}$$

由式(12-1-17)可见，d_c 不变时，焦距越大障碍物的影响越小。

确定出反射区域的位置和范围，将有利于了解反射电波支路的衰减和相位变化情况，为合成场强计算提供基础。

6. 瑞利准则——光滑地面的判别准则

前面的讨论都假设地面是光滑的，实际上除了平静的水面和经过平整的地面以外，一般地面都是起伏不平的。在电参数不变的情况下，粗糙地面的反射系数将小于光滑地面的反射系数。

所谓“平坦”地面，只是指那些起伏不超过允许程度的地面。例如，假定地面存在高度为 Δh 的起伏，若反射波的投射角为 Δ，则在起伏区的凸出部分(c 处)反射的电波 a 与原平面地(c' 处)反射的电波 b 之间具有相位差，这是不平坦地面在投射方向引起的最大流程差导致的相位差，若这两路电波的相位相差较大，将会发生彼此相消的现象。

这两条路径由波程差导致的相位差为

$$\begin{aligned} \Delta\varphi &= k\Delta r=k(cc'-cc_1) \\ &= k[cc'-cc'\cos(2\Delta)] \\ &= k\frac{\Delta h}{\sin\Delta}[1-\cos(2\Delta)] \\ &= 2k\Delta h\sin\Delta \end{aligned} \tag{12-1-18}$$

为了能近似地将反射波视为平面波，要求 $\Delta\varphi<\dfrac{\pi}{2}$，于是有

$$\frac{\Delta h}{\lambda}<\frac{1}{8\sin\Delta} \tag{12-1-19}$$

这就是判别地面光滑与否的依据，也叫作瑞利准则。满足判别条件时，地面可视为光

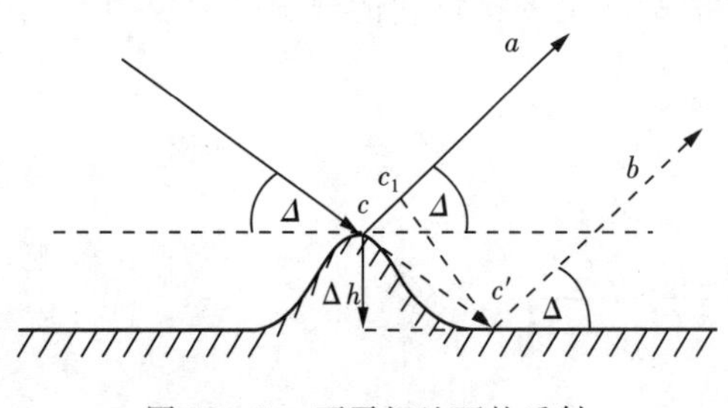

图 12-5 不平坦地面的反射

滑；当不满足这个条件时，地面被视为粗糙。

由此可见，若投射角固定，地面起伏高度与波长之比小于一个常数时即可看成光滑地面。

例如，若投射角为 30°，电波波长为 1 m，则地面起伏不超过 0.25 m 时可把地面看成光滑地面。

同时，由瑞利准则可知，地面起伏高度越高，或波长越短，或投射角越大，则地面的起伏情况越难以视为光滑地面。

例如，对于超长波来说，一个几百米高的山峰或者几十层高的大楼基本上可以认为是"平坦"的；但是，对于分米波特别是厘米波来说，即使起伏高度只有几厘米的草地也可能不满足光滑地面条件。

若地面不满足瑞利准则要求，则可认为反射具有漫散射特性，反射能量呈扩散性，其作用相当于反射系数下降。若地面非常粗糙，则可以忽略进入到接收机的反射波对直达波的干涉影响，接收点场强只计直达波，场强幅度受天线架高影响较小。

12.1.2 光滑球面地情况

对于收发天线距离较远的情况，通常不能忽略地球的曲率，此时地表需要按照球面来对待。如图 12-6 所示，当 A、B 两点处天线的高度 H_1、H_2 满足 AB 成为地球切线时，刚好保证能够实现 A、B 两点之间的直视，若降低其中任意一点处的天线高度，则两点不可直视。

显然，收发天线架高越高，或者收发之间距离越近，则越容易满足直视条件。

1. 视线距离

在图 12-6 中，发射天线和接收天线高度分别为 H_1 和 H_2，由于地球表面的弯曲，当收发两点 B、A 之间的直视线与地球表面相切时，存在着一个极限距离。在通信工程中常常把由 H_1、H_2 限定的极限地面距离 $\widehat{A'B'}$ 称为视线距离。

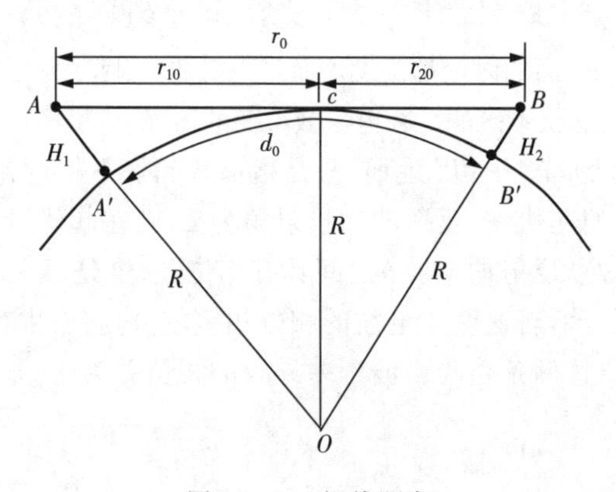

图 12-6 视线距离

如图 12-6 所示，若收发点直视线正好与地表相切，c 点为 $\overline{AB}$ 与地球的切点，为了计算视线距离也即视距的大小，首先假定地球是规则球面体，令收发两点的地面距离为 d_0，则

$$\begin{cases} r_{10} = R\tan(\angle AOC) \\ \widehat{A'C} = R\angle AOC \\ r_{20} = R\tan(\angle BOC) \\ \widehat{B'C} = R\angle BOC \end{cases} \tag{12-1-20}$$

通常满足 $\widehat{A'C} \ll R$，$\widehat{B'C} \ll R$，则有 $\angle AOC \approx \tan(\angle AOC)$，$\angle BOC \approx \tan(\angle BOC)$，于是 $\widehat{A'C} + \widehat{B'C} \approx r_{10} + r_{20}$，于是

$$d_0 \approx r_0 \tag{12-1-21}$$

因此，工程实际中常用 r_0 来计算视线距离。

通常 H_1、H_2 远小于地球半径 R，于是

$$\begin{aligned} r_{10} &= \sqrt{(R+H_1)^2 - R^2} = \sqrt{2RH_1 + H_1^2} \approx \sqrt{2RH_1} \\ r_{20} &= \sqrt{(R+H_2)^2 - R^2} = \sqrt{2RH_2 + H_2^2} \approx \sqrt{2RH_2} \end{aligned} \tag{12-1-22}$$

由此可知，

$$r_0 = r_{10} + r_{20} \approx \sqrt{2R}(\sqrt{H_1} + \sqrt{H_2}) \tag{12-1-23}$$

将地球半径 $R = 6370$ km 代入上式，并且 H_1、H_2 均以米为单位时，有

$$r_0 \approx 3.57(\sqrt{H_1(\mathrm{m})} + \sqrt{H_2(\mathrm{m})}) \qquad (\mathrm{km}) \tag{12-1-24}$$

若考虑在标准大气折射时的路径弯曲，视线距离将增加到

$$r_0 \approx 4.12(\sqrt{H_1(\mathrm{m})} + \sqrt{H_2(\mathrm{m})}) \qquad (\mathrm{km}) \tag{12-1-25}$$

在实际情况下，一般都不会正好满足收发点直视线与地表相切的条件，实际通信的距离 d 与视线距离 r_0 的关系，通常分为以下三种情况：

(1) $d < 0.7r_0$，接收点处于亮区；

(2) $0.7r_0 < d < 1.2r_0$，接收点处于半阴影区；

(3) $d > 1.2r_0$，接收点处于阴影区。

前面光滑平面地情况下的场强计算就是默认满足亮区条件。

当接收点处于阴影或半阴影区时，将存在绕射损耗，通信距离越大损耗越大。为了降低损耗，保证通信质量，在实际工程应用设计中也会尽可能满足亮区条件。

若传播环境不在地球，比如在月球上，则需要用月球半径来代替式中的 R。

2. 天线的等效高度

视距是一个极限距离，是由收发天线架高计算出来的指标量，架高不同则对应的地面距离不同。

若固定收发点的地面位置，则收发点的地面距离不变。若天线架高并不满足极限情况下的架高条件，则把天线实际高度减去极限情况下的高度所得到的结果称为天线的等效高度，如图 12-7 所示。

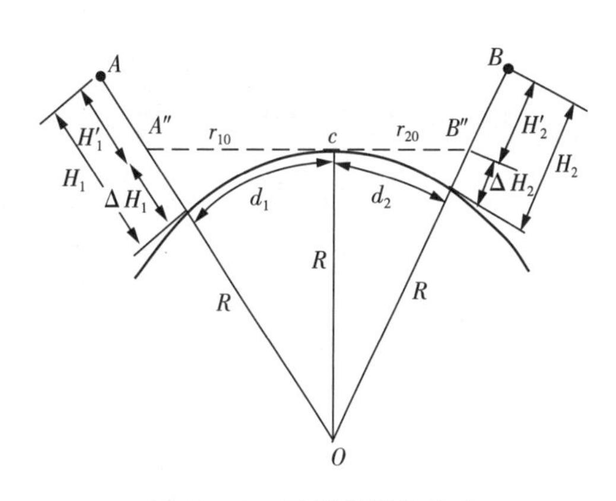

图 12-7　天线的等效高度

在收发点地面距离 $d = d_1 + d_2$ 不变的情况下，极限情况下的天线高度在标准大气下需要满足关系：

$$d \approx 4.12(\sqrt{\Delta H_1(\mathrm{m})} + \sqrt{\Delta H_2(\mathrm{m})}) \qquad (\mathrm{km}) \tag{12-1-26}$$

显然，$(\Delta H_1, \Delta H_2)$ 组合的值是不唯一的，而是与图 12-7 中极限情况下的切点位置一一对应。同时，收发距离 d 越远，对应的 $(\Delta H_1, \Delta H_2)$ 值至少有一项会增大。

对切点位置 c 的确定可采用等效的方法，将球面下的收发情况等效为平面地情况，此时收发天线的地面点为 A'' 和 B''，由等效高度 H'_1 和 H'_2 就可以确定切点的准确位置。

事实上，由图 12-7 的几何关系（A 经 c 点反射到 B），容易计算出切点 c 离 A'' 点的距离为

$$d_1 \approx r_{10} = \frac{dH'_1}{H'_1 + H'_2} \tag{12-1-27}$$

同时，由可视距离可计算出

$$\Delta H_1 \approx \frac{d_1^2}{2R} \tag{12-1-28}$$

同理，可计算得到

$$\begin{cases} r_{20} = \dfrac{dH'_2}{H'_1 + H'_2} \\ \Delta H_2 \approx \dfrac{d_2^2}{2R} \end{cases} \tag{12-1-29}$$

再根据

$$\begin{cases} H'_1 \approx H_1 - \Delta H_1 \\ H'_2 \approx H_2 - \Delta H_2 \end{cases} \tag{12-1-30}$$

即可计算出切点位置和收发点天线的等效高度。

$$\begin{cases} H'_1 \approx H_1 - \dfrac{d_1^2}{2R} \\ H'_2 \approx H_2 - \dfrac{d_2^2}{2R} \end{cases} \tag{12-1-31}$$

若反射点位置已知，则可直接由式(12-1-31)计算出等效高度。

事实上，由式(12-1-27)和式(12-1-29)可以看出

$$\begin{cases} \dfrac{d_1}{d_2} = \dfrac{H'_1}{H'_2} \\ d = d_1 + d_2 \end{cases} \tag{12-1-32}$$

于是，联立式(12-1-31)，可以得到

$$\begin{cases} 2d_1^3 - 3dd_1^2 + (d^2 - 2RH_1 - 2RH_2)d_1 + 2RdH_1 = 0 \\ 2d_2^3 - 3dd_2^2 + (d^2 - 2RH_1 - 2RH_2)d_2 + 2RdH_2 = 0 \end{cases} \tag{12-1-33}$$

若假定

$$\begin{cases} d_1 = \dfrac{d}{2}(1 + \Delta_d) \\ d_2 = \dfrac{d}{2}(1 - \Delta_d) \end{cases} \tag{12-1-34}$$

则，将式(12-1-33)上下两式相减，并忽略 Δ_d 高阶项，可得到

$$\Delta_d = \frac{4R(H_1 - H_2)}{4R(H_1 + H_2) + d^2} \tag{12-1-35}$$

考虑到 $d^2 \approx 2R(\Delta H_1 + \Delta H_2 + 2\sqrt{\Delta H_1 \Delta H_2})$，若满足 $H_1 + H_2 \gg \dfrac{\Delta H_1 + \Delta H_2}{2} +$

$\sqrt{\Delta H_1 \Delta H_2}$，则有

$$\Delta_d \approx \frac{H_1 - H_2}{H_1 + H_2} \tag{12-1-36}$$

于是，可以直接解出距离 d_1 和 d_2，从而计算出 ΔH_1 与 ΔH_2，以及等效高度 H'_1 与 H'_2。

显然，若收发距离 d 增大，保持收发天线高度不变，则收发天线的等效高度都会下降。

其实，除了 $H_1 = H_2$ 之外，计算反射点的确切位置都比较复杂，工程上可以查阅相关图表。

3. 球面地的扩散因子

除了曲率会导致天线存在等效高度外，发射波也会因为发射区域的曲率导致波束扩散。

如图 12-8 所示，由于球面地的反射有扩散作用，因此常采用扩散因子来表征扩散的程度。

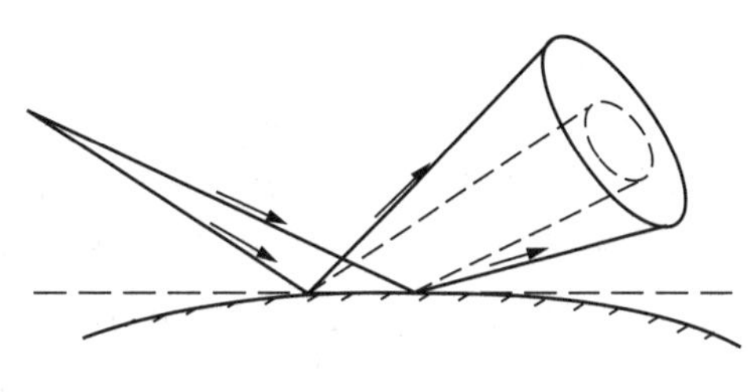

图 12-8　球面地的扩散

若假定球面地和平面地的反射系数分别为 Γ_q 和 Γ_p，球面地的扩散因子为 D_f，则

$$D_f = \frac{|\Gamma_q|}{|\Gamma_p|} \tag{12-1-37}$$

通常，球面地的扩散因子小于 1。

扩散因子的计算公式为

$$D_f = \frac{1}{\sqrt{1 + \frac{2d_1^2 d_2}{RdH'_1}}} = \frac{1}{\sqrt{1 + \frac{2d_2^2 d_1}{RdH'_2}}} \tag{12-1-38}$$

将视距传播的有关计算公式中的反射系数 Γ 替换成 $D_f\Gamma$ 就完成了球面地条件下的另一个修正。

波束的扩散导致球面地上反射波场强要小于平面地情形。

12.2　对流层大气对视距传播的影响

视距传播的传播路径与地波和天波的不同，影响电波传播的主要因素是对流层的大气，在分析天波传播时，虽然电波也要穿透对流层，但因为对电波的影响不是主要因素，所以不必特别分析。

对流层是从海平面到大约 12 公里高度范围内的大气，其特性随风、云、雨、雾等天气变化而变化，实质上是一种随机湍流的连续介质，其中还可能随机分布一些雨滴、雪、冰雹等颗粒介质。

因为对流层大气的非均匀性，所以其压力、温度及湿度都随地区及离开地面的高度而变化，这样的媒质使得传播通道的电参数随高度的变化而变化，从而导致电波传播过程中发生折射、散射和吸收等现象。

折射会导致传播路径不再是直线，而散射和吸收会导致接收信号的衰减。

12.2.1 电波在对流层中的折射

在不均匀的对流层中，电波的折射效果与环境指标密切相关。折射率主要是高度的函数，由此可以得到传播路径上各点的曲率半径，再通过等效方法就可以把折射影响折算到均匀媒质下的地球等效半径，从而使问题简化为常规问题。

1. 对流层大气的折射率

根据大量的实验结果证实，大气折射率 n 近似满足下面的关系式：

$$(n-1)\times 10^6=\frac{77.6}{T}P+\frac{3.73\times 10^5}{T^2}e \tag{12-2-1}$$

式中，P 为大气压强(mb，毫巴)；T 为大气的绝对温度(K)；e 为大气的水汽压强(mb)。湿度对折射率的影响很小，通常会被忽略不计。

通常可以认为大气沿水平方向是均匀的，温度、湿度、压力等参数主要随高度的变化而变化，变化程度常用 $\mathrm{d}n/\mathrm{d}h$ 表示。一般来说，水汽和气压变化快，温度变化慢，总体上，折射率 n 将随高度的增加而减小，即 $\mathrm{d}n/\mathrm{d}h<0$。

工作中常常把具有平均状态的大气称为标准大气。1925 年，国际航空导航委员会规定：当海面上气压 $P=1013$ mb，气温 $T=288$ K，$\mathrm{d}T/\mathrm{d}h=-6.5^0$ C/km，相对湿度为 60%，$e=10$ mb，$\mathrm{d}e/\mathrm{d}h=-3.5$ mb/km 时的大气叫作标准大气。

实际上，对流层中的折射率比 1 大，但非常接近，为了更好地体现出其随高度的变化差异，通常用折射指数 N 来表征随高度变化的折射率。

$$N=(n-1)\times 10^6 \tag{12-2-2}$$

其单位称为 N 单位。可见，折射指数是把折射率减去 1 后的部分放大百万倍，更精细地体现出差异。在标准大气条件下，$\mathrm{d}N/\mathrm{d}h=-0.039$ N/m。

另外，不同的地区折射率也是不同的。从表 12-1 可以看出我国八个重要地区的折射指数在总体上差异并不大。

表 12-1 折射指数数据

地区	N
海南岛	350 ~ 380
华南、华东	330 ~ 360
四川盆地	320 ~ 340
华北	310 ~ 330
华东	280 ~ 320
云南、贵州	260 ~ 320
内蒙古、新疆	260 ~ 300
青海、西藏	170 ~ 220

2. 对流层大气折射的类型

在对流层中，折射率随高度的变化而变化，导致电波传播的方式也不同，主要体现在电波弯曲方向和弯曲程度上的差异，通常把折射造成传播路径弯曲的现象称为大气折射。

为了研究传播路径的弯曲现象，通常对路径中发生折射的点进行曲率半径分析，如图 12-9 所示，假定对流层电参数仅在高度维上不同，任取一个路径点 a，电波传播到此处时的入射角为 φ，此处折射率为 n，在高度维上取 dh 的微分层，可认为在此微分层内电参数保持不变，区域内折射率为 $n + dn$，折射角为 $\varphi + d\varphi$，根据折射定律有

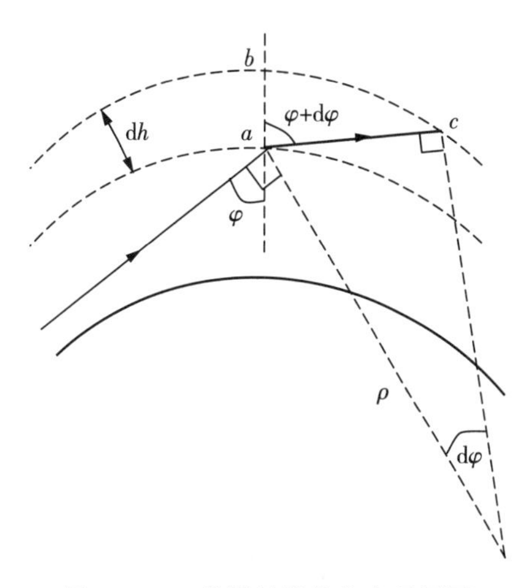

图 12-9　推导射线曲率半径用图

$$n\sin\varphi = (n + dn)\sin(\varphi + d\varphi) \tag{12-2-3}$$

将方程的右边展开，根据 $d\varphi \approx 0$，$dn \approx 0$，有

$$\begin{aligned}(n + dn)\sin(\varphi + d\varphi) &= (n + dn)\sin\varphi\cos(d\varphi) + (n + dn)\cos\varphi\sin(d\varphi) \\ &\approx (n + dn)\sin\varphi + (n + dn)d\varphi\cos\varphi \\ &\approx n\sin\varphi + dn\sin\varphi + nd\varphi\cos\varphi\end{aligned} \tag{12-2-4}$$

联立上面两式，于是有

$$d\varphi\cos\varphi = -\frac{dn}{n}\sin\varphi \tag{12-2-5}$$

由图 12-9 所示的几何关系可知，路径点 a 处的曲率半径 ρ 应为

$$\rho = \lim_{dh \to 0}\frac{\overline{ac}}{d\varphi} \tag{12-2-6}$$

在 $\triangle abc$ 中，$\angle abc \approx 90°$，有

$$\overline{ac} \approx \frac{dh}{\cos(\varphi + d\varphi)} \tag{12-2-7}$$

由于 $d\varphi$ 很小，$\cos(\varphi + d\varphi) \approx \cos\varphi$，联立上面三式，得

$$\rho = \frac{n}{-\dfrac{dn}{dh}\sin\varphi} \tag{12-2-8}$$

考虑到对流层中 $n \approx 1$，对大多数情况而言，射线仰角低，$\varphi \approx 90°$，可计算出曲率半径为

$$\rho \approx -\frac{1}{dn/dh} \tag{12-2-9}$$

正常情况下，对流层中折射率随高度成线性关系，且随高度的增大而减小。此时，传播射线向地球弯曲，因此，曲率半径通常是一个常数，且为正值。

异常情况下，也可能出现折射率随高度的增大而增大的现象，此时传播射线远离地球弯曲。在距地面 1 km 多的对流层中的大气基本上是标准大气，但在几百米以下，则可能出现超折射。

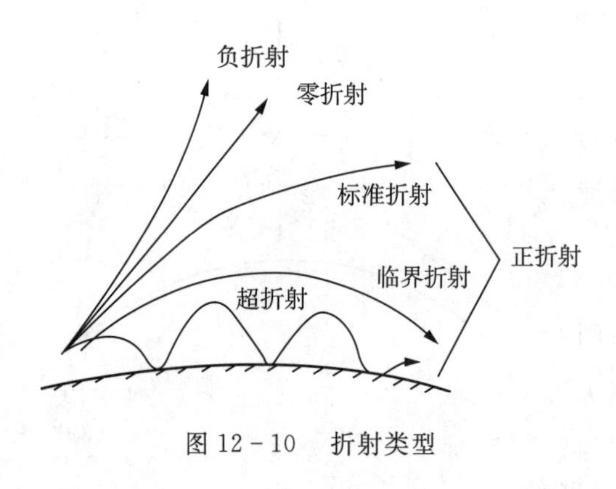

图 12－10　折射类型

如图 12－10 所示，根据射线弯曲的情况可以将大气折射分为以下三类。

（1）零折射：此时 $\mathrm{d}n/\mathrm{d}h=0$，意味着对流层大气为均匀大气，电波射线轨迹为直线，射线的曲率半径为 ∞。

（2）负折射：此时 $\mathrm{d}n/\mathrm{d}h>0$，射线上翘，曲率半径为负值。负折射现象形成的典型原因是冷空气移到暖洋面上，或者是高纬度海岸地区的冬天和下雪天，高空温度比地面温度低得多，折射率随高度的增加而增加。负折射对通信不利。

（3）正折射：此时 $\mathrm{d}n/\mathrm{d}h<0$，射线向下弯曲，这是经常发生的情况。正折射又可以根据 $\mathrm{d}n/\mathrm{d}h$ 值有以下三种特殊的折射。

① 标准折射，$\mathrm{d}n/\mathrm{d}h\approx-4\times10^{-8}\,\mathrm{m}^{-1}$，射线的曲率半径 $\rho=2.5\times10^{7}\,\mathrm{m}$。标准折射通常出现在阴天和有风天气，此时气体混合均匀，这个条件在对流层中比较容易满足。

② 临界折射，$\mathrm{d}n/\mathrm{d}h\approx-15.7\times10^{-8}\,\mathrm{m}^{-1}$，射线的曲率半径 $\rho=6.37\times10^{6}\,\mathrm{m}$，水平发射的电波射线将与地球同步弯曲，形成一种临界状态。

③ 超折射，$\mathrm{d}n/\mathrm{d}h<-15.7\times10^{-8}\,\mathrm{m}^{-1}$，射线的曲率半径小于地球半径。

超折射通常出现在温度随高度递减程度远小于标准折射的场合，比如雨后或雪后的稳定晴朗天气，湿度随高度急剧下降，此时大气的折射能力特别强，电波靠大气折射与地面反射向前传播，很像电波在波导管内来回反射的传播方式，因此称为大气波导传播。

临界折射和超折射可使电波传播距离远远超过视距，特别是海上或大的水域上空逆温（气温随高度上升）显著的时候，容易形成大气波导，这也是有时能收到远处的超短波信号的主要原因。但是，大气波导是随机产生的，内部也容易发生多径效应导致严重的衰落，因此不能用作稳定的远距离通信手段。

3. 等效地球半径

对流层存在折射现象，电波在里面传播时，传播路径呈现出一条曲线，这与视距传播中传播路径为直线的假设不符合，为了修正弯曲路径带来的影响，通常采用等效方法，引入等效地球半径，在半径为等效半径的地球上，通过电波在等效地面上空的直线传播来等效实际情况下的折射传播情况，保证弯曲路径上任意一点到实际地面的距离等于等效到直线传播路径情况下对应点到等效地面的距离。

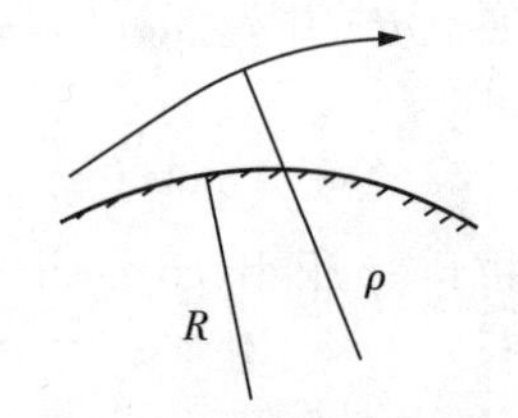

（a）实际地球上电波射线

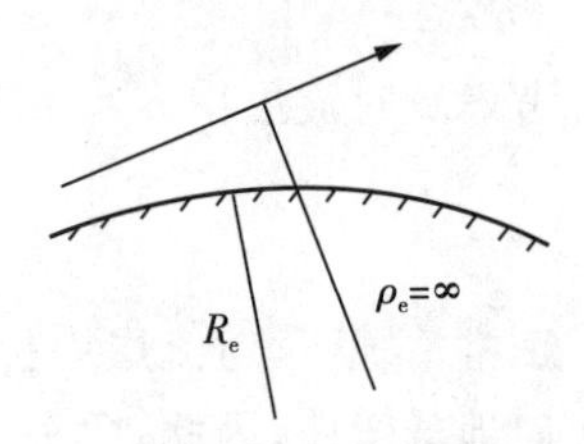

（b）等效地球上的电波射线

图 12－11　等效地球半径

根据几何原理，可证明两种情况下传播路径曲线与地表面的曲率之差相等，即可保证两种情况下路径上的对应点到地面的距离相等。

由图 12－11 的几何关系，定义 R_e 为等效地球半径，则有

$$\frac{1}{R}-\frac{1}{\rho}=\frac{1}{R_e}-\frac{1}{\infty} \qquad (12-2-10)$$

由此，可得

$$R_e = \frac{R}{1 - \dfrac{R}{\rho}} \tag{12-2-11}$$

常见的低仰角情况下，将式(12-2-9)代入上式，则等效地球半径为

$$R_e = \frac{R}{1 + R\dfrac{dn}{dh}} \tag{12-2-12}$$

定义等效地球半径因子 K 为

$$K \triangleq \frac{R_e}{R} = \frac{1}{1 + R\dfrac{dn}{dh}} \tag{12-2-13}$$

于是，根据前面折射分类情况，对应等效地球半径因子如下：零折射时，$K=1$；负折射时，$0<K<1$；标准折射时，$K=4/3$；临界折射时，$K=\infty$；超折射时，$K<0$。

一般来说，K 的平均值为4/3，这正是把 $K=4/3$ 时的折射称为标准折射的原因。就平均值而言，温带区域近似为4/3，寒带区域略小于4/3，热带区域略大于4/3。

根据等效原理，电波在对流层的弯曲传播可以直接等效为半径 $R_e=KR$ 的直线传播。特别的，对于标准大气情况，$R_e=4R/3$，此时的视距传播距离为

$$r_0 \approx \sqrt{2R_e}(\sqrt{H_1}+\sqrt{H_2}) = 3.57 \times \sqrt{\frac{4}{3}}(\sqrt{H_1(\mathrm{m})}+\sqrt{H_2(\mathrm{m})}) \quad (\mathrm{km})$$

$$= 4.12(\sqrt{H_1(\mathrm{m})}+\sqrt{H_2(\mathrm{m})}) \quad (\mathrm{km}) \tag{12-2-14}$$

显然，除去临界折射和超折射，正折射在 $K>1$ 时，视距是增大的；负折射因为 $0<K<1$，使得视距减小，若碰到恶劣天气下的负折射情况，则需要考虑原本处于亮区的接收点落在了半阴影区或阴影区，使衰减增大。

不同的折射也会导致反射点在地面上移动，等效高度也会发生变化，同时，在正折射 $K>1$ 时，扩散系数增大；在负折射时，扩散系数减小。

12.2.2 大气衰减(Attenuation by Atmospheric Gases)

知识链接

大气衰减计算程序代码

视距传播的传播衰减主要考虑对流层对电波的衰减。具体体现在以下两个方面。

一是吸收衰减。总体原因是云、雾、雨等小水滴对电波的热吸收，以及水分子、氧分子对电波的谐振吸收。

二是散射衰减。总体原因是云、雾、雨等小水滴对电波的散射，导致对原方向传播的电波衰减。

1. 吸收衰减

谐振吸收与工作波长有关，水分子的谐振吸收发生在1.35 cm与1.6 mm的波长上(22 GHz、183 GHz)；氧分子的谐振吸收发生在5 mm与2.5 mm的波长上(60 GHz、118 GHz)。

在选择工作频率时，要注意避开这些谐振吸收频率，工作于吸收最小的频率附近(通常将这些频率称为大气窗口)。典型的100 GHz以下的大气窗口有以下三个：19 GHz、35 GHz、90 GHz。

氧气和水分子随频率变化的衰减曲线如图 12-12 所示，可见，水分子和氧气引起的吸收衰减只有几个分贝，大气吸收衰减 dB 值粗略的与地面距离成正比。

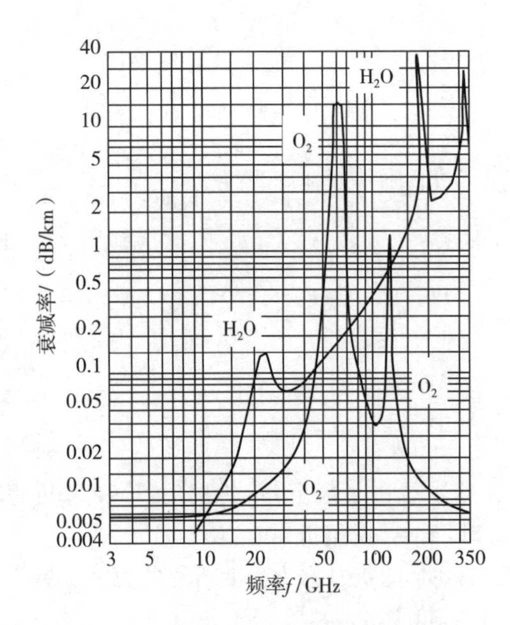

图 12-12　氧气和水分子随频率变化的衰减曲线

2. 散射衰减

当电波投射到小水滴颗粒上时，粒子内部的自由电子和束缚电荷将受到外界电场力的作用而做强迫谐振，造成对电波的吸收或散射，形成衰减。

降雨随频率变化的衰减曲线如图 12-13 所示。由图可见，降雨在 0.2 ～ 3 GHz 频段内衰减不明显，一般可以忽略不计，但在更高频率范围内却不容忽视，而且热吸收与小水滴的密度有关。例如，大雨比小雨对电波的吸收要大，所以下暴雨时手机信号没有天气晴好时手机信号好。

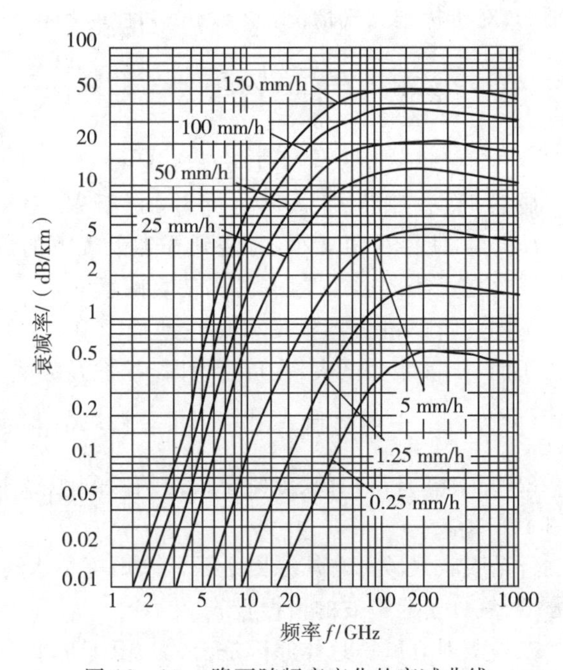

图 12-13　降雨随频率变化的衰减曲线

总体来说，降雨的影响包括雨滴对电波的散射和吸收会使微波衰减；雨滴对电波的散射会引起散射干扰；电波穿过雨滴后极化面旋转，会引起去极化（电磁能量由一种极化状态转移到另一种与之正交的极化状态，也称为退极化）现象。

散射引起的对流层大气衰减特性如下。

（1）随距离的增大而增大。这主要是因为距离的增大会导致在更高的区域形成散射，而更高的区域电参数通常会降低，散射角会增大，从而导致散射面积更大。

（2）随频率的增加而增大。此时对流层中颗粒电尺寸增大。

（3）随季节有较明显的变化。大量资料表明，冬季衰减比夏季衰减大，一年内波动达 15 ～ 20 dB。

习题 12

1. 假定通信频率为 102 MHz，发射天线高为 16 m，接收天线架高为 100 m，解释收发距离的变化导致接收信号场强变化的规律。

2. 判断地面是否光滑的目的是什么？判断依据是什么？若地面的最大起伏高度为 5 cm，电波的投射角为 25°，则工作在什么频率范围可以将地面视为平面地？

3. 信号频率为 2 GHz，收发天线架高都为 125 m，分别计算标准大气条件下的视线距离和亮区距离。

4. 简述对流层中出现的大气折射现象，说明大气折射有哪些类型。

5. 为什么会引入等效地球半径？标准大气条件下的等效地球半径有多大？

6. 对流层大气对电波传播有哪些影响？

第13章　基于抛物线方程理论的电波传播场强预测

前面三章分析了地面波传播、天波传播和视距传播的特点及规律。天波传播主要受电离层影响，天波传播的衰减分析，我们在第11章进行了较为详细的推导，并给出了场强的预测方法；对于地面波传播和视距传播，在平坦地面且无障碍物遮挡情况下，给出了场强的计算公式和相关可供查对的曲线，但在非平坦地面且存在障碍物环境下，电波传播的衰减计算将变得非常复杂，特别是在存在大气波导环境下，电波传播的路径都会发生变化。本章讨论存在地面起伏和大气非均匀环境下，对流层中电波传播的抛物线方程计算方法。

用于计算预测对流层电波传播的方法主要有模式理论、射线追踪方法、半经验公式法(ITU-R标准)、时域有限差分法、抛物线方程(Parabolic Equation，PE)法。其中，PE法是由波动方程近似简化后得到的，属于一种迭代步进方法，是研究电波传播问题时最常用的方法，具有稳定性好和计算精度高的优点。PE法是目前对流层大尺度电波传播特性分析最精确的方法之一，该方法能精确描述复杂大气结构和复杂地表的电磁特性，还可以同时准确计算出复杂大气结构对电波传播所产生的折射效应。因此，本章主要分析抛物线方程的推导过程，以及抛物线方程计算过程中涉及的波源设置、地面起伏的处理、吸收边界、阻抗边界和快速计算问题。

本章共分七节，13.1节建立电波传播的抛物线方程，13.2节重点讨论波源设置问题，13.3节主要分析计算区域的上吸收边界处理，13.4节分析地面起伏的处理方法，13.5节主要分析地面阻抗边界条件问题，13.6节主要分析抛物线方程混合傅里叶变换计算方法，13.7节给出利用抛物线方程分析电波传播损耗的计算方法。

13.1　抛物线方法的基本原理

13.1.1　抛物线方法理论基础

知识链接

平坦地球模型

首先考虑如图13-1所示的二维空间电波传播问题，它是三维空间的一个切片，这里假设电磁波不随 y 变化而变化，我们的目的是分析电磁波在 xoz 平面上的分布规律。所有的电磁理论都离不开其最基本的理论——麦克斯韦方程组。在无源情况下，若媒质是 $\mu=\mu_0$，则此时大气折射率 $n=\sqrt{\varepsilon_r}$，考察时谐场 $e^{j\omega t}$ 的情况，则麦克斯韦方程组可写为

$$\begin{cases}\eta_0\ \nabla\times\boldsymbol{H}=\mathrm{j}kn^2\boldsymbol{E}\\ \nabla\times\boldsymbol{E}=-\mathrm{j}k\eta_0\boldsymbol{H}\\ \nabla\cdot(n^2\boldsymbol{E})=0\\ \nabla\cdot\boldsymbol{H}=0\end{cases}\tag{13-1-1}$$

式中，k 为波数。该方程组中 (E_x,E_y,E_z) 和 (H_x,H_y,H_z) 为待求量，如果将式(13-1-1)在直角坐标系下展开，并考虑各分量对 y 求导为零，那么一个六变量的联立方程组，可以拆分

为两个关于 (E_y, H_x, H_z) 和 (H_y, E_x, E_z) 的三变量的方程组,即

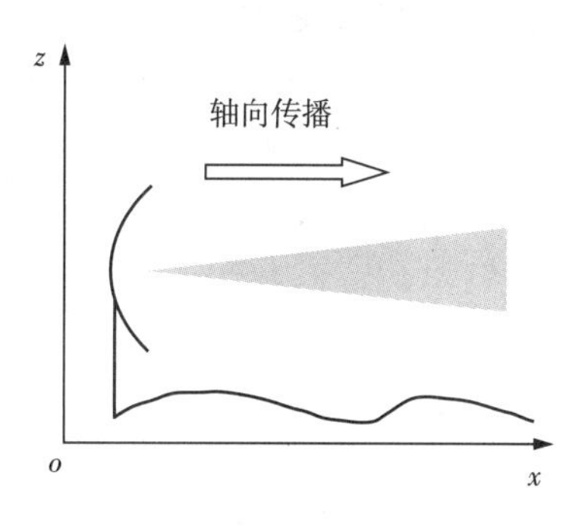

图 13－1　起伏地形电波传播示意图

$$\begin{cases} -\dfrac{\partial H_y}{\partial z} = \mathrm{j}\omega\varepsilon E_x \\ \dfrac{\partial H_x}{\partial z} - \dfrac{\partial H_z}{\partial x} = \mathrm{j}\omega\varepsilon E_y \\ \dfrac{\partial H_y}{\partial x} = \mathrm{j}\omega\varepsilon E_z \end{cases} \tag{13-1-2}$$

$$\begin{cases} -\dfrac{\partial E_y}{\partial z} = -\mathrm{j}\omega\mu H_x \\ \dfrac{\partial E_x}{\partial z} - \dfrac{\partial E_z}{\partial x} = -\mathrm{j}\omega\mu H_y \\ \dfrac{\partial E_y}{\partial x} = -\mathrm{j}\omega\mu H_z \end{cases} \tag{13-1-3}$$

这样我们可以分两种情况进行讨论:(1) 计算 (E_y, H_x, H_z),电场方向平行于地面则称为水平极化波,此时在传播方向上没有电场分量则称之为 TE 波;(2) 计算 (H_y, E_x, E_z),磁场方向平行与地面则称为垂直极化波,此时在传播方向上没有磁场分量则称之为 TM 波。

如果传播媒质的折射率 n 只随距离 x 和高度 z 变化,那么由式(13－1－1) 第二式两边求旋度,并利用第一和第三式可得到

$$\nabla^2 \boldsymbol{E} + \nabla\left(\boldsymbol{E} \cdot \frac{\nabla\varepsilon}{\varepsilon}\right) + \omega^2 \mu_0 \varepsilon \boldsymbol{E} = 0 \tag{13-1-4}$$

对于水平极化波,电场 $\boldsymbol{E}$ 只有非零分量 E_y,则有

$$\begin{cases} \boldsymbol{E} = E_y \boldsymbol{e}_y \\ \nabla\varepsilon = \dfrac{\partial\varepsilon}{\partial x}\boldsymbol{e}_x + \dfrac{\partial\varepsilon}{\partial z}\boldsymbol{e}_z \end{cases} \tag{13-1-5}$$

将式(13－1－5) 代入式(13－1－4) 可得到

$$\nabla^2 E_y + k^2 n^2 E_y = 0 \qquad (n = \sqrt{\varepsilon_r}) \tag{13-1-6}$$

令

$$\psi(x, z) = E_y(x, z) \tag{13-1-7}$$

则场量 ψ 满足二维标量方程:

$$\frac{\partial^2 \psi}{\partial x^2} + \frac{\partial^2 \psi}{\partial z^2} + k^2 n^2 \psi = 0 \tag{13-1-8}$$

对于垂直极化波,磁场 $\boldsymbol{H}$ 只有非零分量 H_y,令

$$\psi(x, z) = H_y(x, z) \tag{13-1-9}$$

同样可以得到式(13－1－8)。引入 x 轴向解调后函数为

$$u(x, z) = \mathrm{e}^{\mathrm{j}kx} \psi(x, z) \tag{13-1-10}$$

也即令 $\psi(x, y) = \mathrm{e}^{-\mathrm{j}kx} u(x, z)$,这样可将原来的场分量分解出其相位的快变部分。引入该函数的目的是它能在轴向上缓慢变化,可以得到方便的数值属性,并排除相位干扰。将式

(13－1－10) 代入式(13－1－8) 可得关于 $u(x,z)$ 的标量方程为

$$\frac{\partial^2 u}{\partial x^2}-2\mathrm{j}k\frac{\partial u}{\partial x}+\frac{\partial^2 u}{\partial z^2}+k^2(n^2-1)u=0 \tag{13-1-11}$$

进行因式分解得

$$\left[\frac{\partial}{\partial x}-\mathrm{j}k(1-Q)\right]\left[\frac{\partial}{\partial x}-\mathrm{j}k(1+Q)\right]u=0 \tag{13-1-12}$$

式中,Q 为伪微分算子,是从偏微分和常微分函数变化中构造而来的,其定义为 $Q=\sqrt{\frac{1}{k^2}\frac{\partial^2}{\partial z^2}+n^2(x,z)}$。这个算子必须满足同一类型中所有的 $u(x,z)$ 函数。更多的时候我们假设 Q 有明确的定义,可以看作普通的平方根函数。

式(13－1－12) 成立的前提条件是折射率 n 不随距离 x 的变化而变化,如果随 x 变化,算子 Q 将不能与对 x 的微分交换次序,这种近似会有内在误差。但在 $n(x,z)\approx 1$ 的情况下,这种交换误差很小。将式(13－1－12) 分解为两个伪微分方程:

$$\frac{\partial u}{\partial x}=\mathrm{j}k(1-Q)u \tag{13-1-13}$$

$$\frac{\partial u}{\partial x}=\mathrm{j}k(1+Q)u \tag{13-1-14}$$

式(13－1－13) 和式(13－1－14) 分别对应于前向和后向传播,在坐标图上即分别向 x 轴正向和负向传播。这两个方程其实就是描述电磁波前向传播和后向传播的抛物线波动方程。

在水平均匀媒质中,可以很好地对式(13－1－12) 进行分解,式(13－1－13) 和式(13－1－14) 的解会自动满足式(13－1－11)。然而这样求得的解不能直接应用于实际电磁场,比如前向传播方程[式(13－1－13)] 就忽视了后向散射场。不过在电波传播计算过程中,大部分情况下我们只关心正向传播的波。

要得到式(13－1－11) 的解,式(13－1－13) 和式(13－1－14) 就必须在同一系统中进行求解,即

$$\begin{cases} u=u_{+}+u_{-} \\ \dfrac{\partial u_{+}}{\partial x}=\mathrm{j}k(1-Q)u_{+} \\ \dfrac{\partial u_{-}}{\partial x}=\mathrm{j}k(1+Q)u_{-} \end{cases} \tag{13-1-15}$$

我们求解方程组中每一项都采用轴向近似,比如对于前向传播波动方程,我们假设能量在 x 轴正向锥形区域传播来求解。离开抛物线轴线方向,该计算将不再成立。

式(13－1－13) 和式(13－1－14) 都是对 x 求一阶导数的伪微分方程。因此给定初始值和底部、顶部的边界值,就可以用步进法求解,即

$$u_{+}(x+\Delta x,.)=\mathrm{e}^{\mathrm{j}k\Delta x(1-Q)}u_{+}(x,.) \tag{13-1-16}$$

13.1.2 平方根算子的近似和宽角处理

由式(13－1－12) 可以得到 Q 的近似表达式为

$$Q=\sqrt{1+\frac{1}{k^2}\frac{\partial^2}{\partial z^2}+n^2(x,z)-1}=\sqrt{1+Z}=1+\frac{1}{2}Z-\frac{1}{8}Z^2+\cdots\qquad(-1\leqslant Z\leqslant 1)\tag{13-1-17}$$

式(13-1-13)最简单的近似可以靠方根指数函数的一阶泰勒展开得到。将Q用泰勒展开,并取一阶近似,整理得

$$\frac{\partial^2 u}{\partial z^2}(x,z)-2\mathrm{j}k\frac{\partial u}{\partial x}(x,z)+k^2(n^2(x,z)-1)u(x,z)=0\tag{13-1-18}$$

式(13-1-18)称为标准抛物线方程(SPE)。此式相当于忽略了式(13-1-11)的$\partial^2 u/\partial x^2$。

这个简单的抛物线方程形式可以有效地处理对流层远距离无线电传播问题。如果大气折射指数在水平方向上比较均一,那么一般不会出现明显的失真。从式(13-1-17)可以看出,近似引起的误差的主要由Z大小决定。它要求

$$|Z|=\left|\frac{1}{k^2}\frac{\partial^2}{\partial z^2}+n^2(x,z)-1\right|\ll 1\tag{13-1-19}$$

因为$n^2(x,z)-1\ll 1$,所以误差的主要来源是第一项。由式(13-1-10)代换可以看出,它只解决了x方向的相位补偿问题,并没有解决z方向的相位变化问题。当波传播偏离x轴线方向α时,可以近似认为

$$\frac{1}{k^2}\left|\frac{\partial^2 u}{\partial z^2}\right|=\sin^2\alpha\tag{13-1-20}$$

因此其二阶项误差与$\sin^4\alpha$成正比,其精度关系为$1°$对应10^{-7},$10°$对应10^{-3},$20°$对应10^{-2}。角度误差示意图如图 13-2 所示。

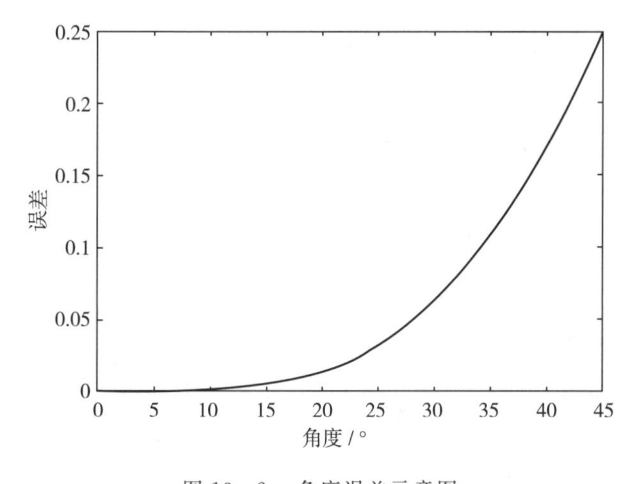

图 13-2　角度误差示意图

知识链接

相关宽角展开方法

标准抛物线方程的限制主要在于难以准确计算大传播仰角的波束。由此可见,标准抛物线方程是一个窄角处理方法。

另外一种适应宽角下算子的近似是将Q按 Feit-Fleck 模型展开,即在$|\alpha\beta|\ll 1$的情况下,有

$$\sqrt{1+\alpha+\beta}\approx\sqrt{1+\alpha}+\sqrt{1+\beta}-1\tag{13-1-21}$$

对应Q的展开式为

$$Q=\sqrt{\frac{1}{k^2}\frac{\partial^2}{\partial z^2}+n^2(x,z)}=\sqrt{1+\frac{1}{k^2}\frac{\partial^2}{\partial z^2}+n^2(x,z)-1}$$

$$\approx\sqrt{1+\frac{1}{k^2}\frac{\partial^2}{\partial z^2}}+n(x,z)-1 \tag{13-1-22}$$

将 Q 的展开式代入式(13-1-13)可得 Feit-Fleck 近似下的前向波动方程为

$$\frac{\partial u(x,z)}{\partial x}=-\mathrm{j}k\left[\sqrt{1+\frac{1}{k^2}\frac{\partial^2}{\partial z^2}}-1\right]u(x,z)-\mathrm{j}k[n(x,z)-1]u(x,z) \tag{13-1-23}$$

其步进解可近似为

$$u(x+\Delta x,z)=\mathrm{e}^{-\mathrm{j}k(n-1)\Delta x}\cdot\mathrm{e}^{-\mathrm{j}k\Delta x\left(\sqrt{1+\frac{1}{k^2}\frac{\partial}{\partial z^2}}-1\right)}u(x,z) \tag{13-1-24}$$

我们可以把这种分离指数因子的分步解法看成场量是在一系列相屏中传播的，如图13-3所示。如果将场量看成是在均匀媒质的小薄片中传播的，那么应乘以指数因子 $-\mathrm{j}k\Delta x\left(\sqrt{1+\frac{1}{k^2}\frac{\partial}{\partial z^2}}-1\right)$（因为它与 n 无关），这解决的是传播过程中的绕射问题；然后将折射率指数模拟的相位屏应用到其中，这样就将原问题近似转化为传播方向一系列调制的相位屏问题，也就解决了传播的折射效应；最后使绕射因子和折射率指数因子 $-\mathrm{j}k(n-1)\Delta x$ 分离开来就忽略了互易误差。分离变量后用分步傅里叶变换来处理即可递推得到空间内场强。

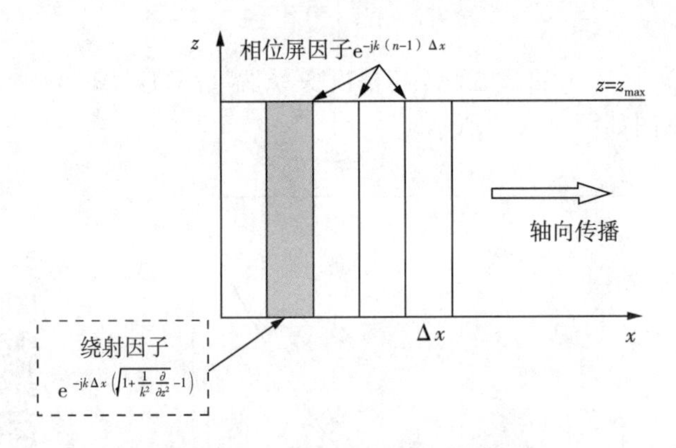

图 13-3 电波传播步进法求解

13.1.3 无界空间抛物线方程的计算流程

下面我们看看真空情况下，电波传播的抛物线方程计算过程。在真空中，折射率 n 等于1，标准抛物线方程[式(13-1-18)]变为

$$\frac{\partial^2 u}{\partial z^2}(x,z)-2\mathrm{j}k\frac{\partial u}{\partial x}(x,z)=0 \tag{13-1-25}$$

用傅里叶变换的方法对方程进行求解。傅里叶变换对可以写为

$$\begin{cases}U(x,k_z)=F[u(x,z)]=\int_{-\infty}^{\infty}u(x,z)\mathrm{e}^{\mathrm{j}k_z z}\,\mathrm{d}z\\u(x,z)=F^{-1}[U(x,k_z)]=\frac{1}{2\pi}\int_{-\infty}^{\infty}U(x,k_z)\,\mathrm{e}^{-\mathrm{j}k_z z}\,\mathrm{d}k_z\end{cases} \tag{13-1-26}$$

其中，

$$F\left[\frac{\partial^2 u}{\partial z^2}\right]=-k_z^2 F[u] \tag{13-1-27}$$

$$F\left[\frac{\partial u}{\partial x}\right]=\frac{\partial(F[u])}{\partial x} \tag{13-1-28}$$

这里我们采用式(13－1－26) 对式(13－1－25) 的 z 进行傅里叶变换，得到

$$-k_z^2 U(x,k_z)-2\mathrm{j}k\frac{\partial U}{\partial x}(x,k_z)=0 \tag{13-1-29}$$

该方程的解为

$$\frac{\partial U}{\partial x}(x,k_z)=\mathrm{j}\frac{k_z^2}{2k}U(x,k_z)\Rightarrow U(x,k_z)=\mathrm{e}^{\mathrm{j}\frac{k_z^2}{2k}x}U(0,k_z) \tag{13-1-30}$$

利用指数函数的傅里叶变换特点：

$$F^{-1}\left[\mathrm{e}^{\mathrm{j}\frac{k_z^2}{2k}x}\right]=\frac{1}{2\pi}\int_{-\infty}^{\infty}\mathrm{e}^{\mathrm{j}\frac{k_z^2}{2k}x}\mathrm{e}^{-\mathrm{j}k_z z}\mathrm{d}k_z=\sqrt{\frac{1}{\lambda x}}\mathrm{e}^{\mathrm{j}\frac{\pi}{4}}\mathrm{e}^{-\frac{\mathrm{j}kz^2}{2x}} \tag{13-1-31}$$

式中，λ 为波长，$\lambda=2\pi/k$。

同时利用卷积定理 $f_1(t)*f_2(t)\Leftrightarrow F_1(\omega)F_2(\omega)$，可以将式(13－1－30) 写为

$$u(x,z)=\sqrt{\frac{1}{\lambda x}}\mathrm{e}^{\mathrm{j}\frac{\pi}{4}}\int_{-\infty}^{\infty}u(0,z')\mathrm{e}^{-\frac{\mathrm{j}k(z-z')^2}{2x}}\mathrm{d}z' \tag{13-1-32}$$

从式(13－1－32) 可以看出，一个沿轴向传输的电磁波远处场 $u(x,z)$ 是由近处的初级微分源 $u(0,z')\mathrm{d}z'$ 叠加产生的，即蕴涵有惠更斯原理；每一个微分源幅度衰减按 $\sqrt{1/x}$ 进行，这是因为二维情况讨论，近似为柱面波；式(13－1－32) 的指数项为相位补偿项，可以由式(13－1－10) 理解为

$$-\mathrm{j}k\left[\sqrt{x^2+(z-z')^2}-x\right]=-\mathrm{j}\left[x\sqrt{1+\frac{(z-z')^2}{x^2}}-x\right]\approx-\frac{\mathrm{j}k(z-z')^2}{2x} \tag{13-1-33}$$

因为傅里叶变换有快速算法，所以我们可以不用式(13－1－32) 来求解，而直接从式(13－1－30) 出发，即

$$u(x,z)=F^{-1}\{\mathrm{e}^{\mathrm{j}\frac{k_z^2}{2k}x}F[u(0,z)]\} \tag{13-1-34}$$

考虑一种特殊情况，即

$$\begin{cases}u(0,z)=1, & z>0\\ u(0,z)=0, & z\leqslant 0\end{cases} \tag{13-1-35}$$

由式(13－1－32) 可得

$$\begin{aligned}u(x,z)&=\sqrt{\frac{1}{\lambda x}}\mathrm{e}^{\mathrm{j}\frac{\pi}{4}}\int_0^{\infty}\mathrm{e}^{-\frac{\mathrm{j}k(z-z')^2}{2x}}\mathrm{d}z'=\sqrt{\frac{1}{\lambda x}}\mathrm{e}^{\mathrm{j}\frac{\pi}{4}}\int_{-z}^{\infty}\mathrm{e}^{-\frac{\mathrm{j}k(z')^2}{2x}}\mathrm{d}z'\\&=\sqrt{\frac{1}{\lambda x}}\mathrm{e}^{\mathrm{j}\frac{\pi}{4}}\left(\int_0^{\infty}+\int_{-z}^{0}\right)\mathrm{e}^{-\frac{\mathrm{j}k(z')^2}{2x}}\mathrm{d}z'=\sqrt{\frac{1}{\lambda x}}\mathrm{e}^{\mathrm{j}\frac{\pi}{4}}\left(\left(\int_0^{\infty}+\int_{-\infty}^{0}-\int_{-\infty}^{-z}\right)\mathrm{e}^{-\frac{\mathrm{j}k(z')^2}{2x}}\mathrm{d}z'\right)\\&=\sqrt{\frac{1}{\lambda x}}\mathrm{e}^{\mathrm{j}\frac{\pi}{4}}\left(\left(2\int_0^{\infty}-\int_z^{\infty}\right)\mathrm{e}^{-\mathrm{j}t^2}\sqrt{\frac{2x}{k}}\mathrm{d}t\right)=\sqrt{\frac{1}{\lambda x}}\mathrm{e}^{\mathrm{j}\frac{\pi}{4}}\sqrt{\frac{2x}{k}}\left(\sqrt{\pi}\mathrm{e}^{-\mathrm{j}\frac{\pi}{4}}-\int_z^{\infty}\mathrm{e}^{-\mathrm{j}t^2}\mathrm{d}t\right)\end{aligned}$$

$$=1-\sqrt{\frac{1}{\lambda x}}\mathrm{e}^{\mathrm{j}\frac{\pi}{4}}\sqrt{\frac{2x}{k}}F_{-}(z)=1-\sqrt{\pi}\mathrm{e}^{\mathrm{j}\frac{\pi}{4}}F_{-}(z) \tag{13-1-36}$$

其中，$F_{\pm}(z)$ 和 $F_{\pm}(0)$ 分别为

$$\begin{cases}F_{\pm}(z)=\int_{z}^{\infty}\mathrm{e}^{\pm\mathrm{j}t^{2}}\mathrm{d}t\\ F_{\pm}(0)=\frac{\sqrt{\pi}}{2}\mathrm{e}^{\pm\mathrm{j}\frac{\pi}{4}}\end{cases} \tag{13-1-37}$$

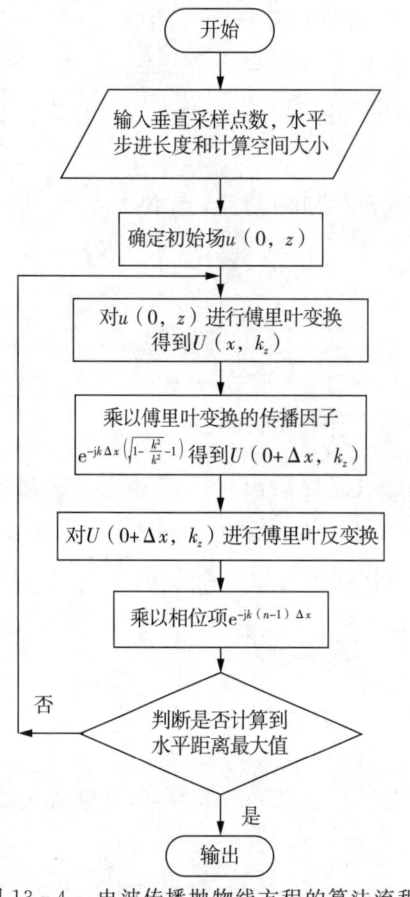

图 13-4　电波传播抛物线方程的算法流程

式(13-1-37)即著名的半屏绕射的菲涅尔公式。由于其忽略了边缘后向效应，因此它只在主轴向有效，在深阴影区无效。这也给我们提供了一种利用傅里叶变换计算菲涅尔积分的方法。

对于非自由空间情况，由标准抛物线方程[式(13-1-18)]，类似式(13-1-25)求解过程，得到

$$u(x+\Delta x,z)=\mathrm{e}^{-\frac{\mathrm{j}k(n^{2}-1)}{2}\Delta x}\times F^{-1}\{\mathrm{e}^{\mathrm{j}\frac{k_{z}^{2}}{2k}\Delta x}F[u(x,z)]\} \tag{13-1-38}$$

根据式(13-1-23)，同样可以采用傅里叶变换方式进行求解，可以得到宽角下抛物线方程的解为

$$u(x+\Delta x,z)=\mathrm{e}^{-\mathrm{j}k(n-1)\Delta x}\times F^{-1}\{\mathrm{e}^{-\mathrm{j}k\Delta x\left(\sqrt{1-\frac{k_{z}^{2}}{k^{2}}}-1\right)}F[u(x,z)]\} \tag{13-1-39}$$

这样得到宽角近似下电波传播抛物线方程的计算步骤(见图 13-4)如下。

(1) 输入垂直采样点数，水平步进长度和计算空间大小；

(2) 确定初始场 $u(0,z)$；

(3) 对 $u(0,z)$ 进行傅里叶变换得到 $U(0,k_z)$；

(4) 乘以傅里叶变换后的传播因子 $\mathrm{e}^{-\mathrm{j}k\Delta x\left(\sqrt{1-\frac{k_{z}^{2}}{k^{2}}}-1\right)}$ 得到 $U(0+\Delta x,k_z)$；

(5) 对 $U(0+\Delta x,k_z)$ 进行傅里叶反变换；

(6) 乘以相位项 $\mathrm{e}^{-\mathrm{j}k(n-1)\Delta x}$，即得到下一个步进的场值 $u(0+\Delta x,z)$；

(7) 重复步骤(3) ~ 步骤(6)，直到计算到水平距离最大值。

13.1.4　有界空间抛物线方程计算结构

我们得到的式(13-1-38)的步进形式的解是在无界的自由空间下得到的。实际情况下，电波传播计算不可能在一个无界空间进行，而是会遇到地面或障碍物，同时为了降低计算量，一般只计算我们关注的点或区域的场强。下面分析在有界非自由空间下，前向抛物线

方程[式(13-1-23)]求解涉及的具体问题。

如图 13-5 所示，考虑电磁波的传播方向，我们求解的区域只关心 x 轴正向、高度为地面到 Z_0 的范围。电磁场中亥姆赫兹定理告诉我们，求解一个封闭区域的电磁场，需要知道其边界条件和麦克斯韦方程，而抛物线方程就是从麦克斯韦方程推导出来的，因此我们重点分析计算区域的边界条件。

从图 13-5 可以看出，计算区域边界包括上下左右四个部分。第一部分是左边界。从式(13-1-24)可以看出，步进计算抛物线方程时，我们需要初始场 $u(0,z)$，这就是左边界条件，而这个初始场的提出是由发射天线及发射功率决定的，这里称之为波源设置，或者叫作初始场确定。第二部分是右边界。右边界实际是抛物线方程步进计算要到达的位置，它与我们实际电波传播计算的距离有关，该边界不用考虑，相当于有一个无穷远边界。第三部分是下边界。下边界一般就是我们电波传播经过的大地，大地是一个介质地面，其边界条件由第三类混合边界条件表达，后面我们将引入阻抗边界条件来处理。此外，地面通常是起伏的，下边界不规则，所以还需要进行下边界起伏地形的处理。第四部分是上边界。因为在 Z_0 以上的空间基本是自由空间，电磁波进入该空间是无反射的辐射出去，因此，我们可以在上边界安排一个吸收层，电磁波达到该层被完全吸收，完全吸收和完全透射对于计算空间来说是等价的边界条件。

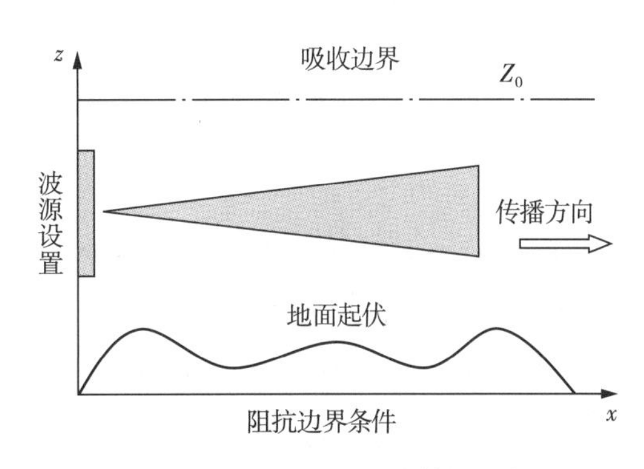

图 13-5　复杂环境电波传播示意图

此外，式(13-1-24)的解通过傅里叶变换后得到式(13-1-39)的解，由式(13-1-26)傅里叶变换是在 $z \in [-\infty, +\infty]$ 的情况下得到的，现在的计算区间有限，不能采用普通的傅里叶变换求解，这就需要采用新的求解方法。因此，复杂环境下抛物线方程法的具体求解还需要考虑波源设置、吸收边界、阻抗边界、起伏地形四个边界条件的影响。接下来从式(13-1-24)中宽角近似下的抛物线方程求解出发，结合这四个方面对抛物线方程法的具体求解进行分析说明。

13.2　抛物线方程法的初始场设置

从图 13-5 可以看出，利用抛物线方程法采用步进方式计算电波传播时，需要确定初始场 $u(0,z)$，这个初始场通常是由辐射天线产生的。波源设置就是建立初始场与辐射天线之间的关系，从而确定抛物线方程法的初始场 $u(0,z)$。下面讨论两种基于方向图的初始场设置，一种基于电流分布的初始场设置。

13.2.1　基于方向图的初始场设置

在自由空间情况下，折射率 $n(x,z)=1$，对式(13-1-23)两边的 z 进行如式(13-1-26)形式的傅里叶变换可得到

$$\frac{\partial U(x,k_z)}{\partial x}=-\mathrm{j}k[M(k_z)-1]U(x,k_z) \tag{13-2-1}$$

式中，$M(k_z)$ 的计算公式为

$$M(k_z)=\begin{cases}\sqrt{1-\dfrac{k_z^2}{k^2}}, & |k_z|\leqslant k\\ \mathrm{j}\sqrt{\dfrac{k_z^2}{k^2}-1}, & |k_z|>k\end{cases} \tag{13-2-2}$$

式(13-2-2)的解为

$$U(x,k_z)=U(0,k_z)\mathrm{e}^{-\mathrm{j}k(M-1)x} \tag{13-2-3}$$

对式(13-2-3)左右进行傅里叶反变换得到(见参考文献[19])

$$u(x,z)=F^{-1}\{\mathrm{e}^{-\mathrm{j}k(M-1)x}F[u(0,z)]\} \tag{13-2-4}$$

根据特殊函数间的关系，进行整理化简可得

$$F^{-1}\{\mathrm{e}^{-\mathrm{j}k(M-1)x}\}=\frac{-\mathrm{j}kx}{2\sqrt{x^2+z^2}}\mathrm{e}^{\mathrm{j}kx}H_1^{(2)}(k\sqrt{x^2+z^2}) \tag{13-2-5}$$

式中，$H_1^{(2)}()$ 为一阶第2类汉克儿函数，将式(13-2-5)代入式(13-2-4)，利用傅里叶变换性质，可求得自由空间下抛物线方程的解析解如下：

$$u(x,z)=\frac{-\mathrm{j}kx}{2}\mathrm{e}^{\mathrm{j}kx}\int_{-\infty}^{\infty}u(0,z')\frac{H_1^{(2)}(k\sqrt{x^2+(z-z')^2})}{\sqrt{x^2+(z-z')^2}}\mathrm{d}z' \tag{13-2-6}$$

通过式(13-2-6)中远场与初始场之间的关系，就可以在给定远场情况下反推求得抛物线方程法所需的初始场。更进一步令

$$\begin{cases}\rho=\sqrt{x^2+z^2}\\ r=\sqrt{x^2+(z-z')^2}\end{cases} \tag{13-2-7}$$

$$\begin{cases}x=\rho\cos\theta\\ z=\rho\sin\theta\end{cases} \tag{13-2-8}$$

考虑远场情况，以及汉克儿函数，远场近似有

$$\begin{cases}r=\sqrt{x^2+(z-z')^2}=\rho-z'\sin\theta+O\left(\dfrac{z'^2}{\rho}\right)\approx\rho-z'\sin\theta\\ H_1^{(2)}(kr)=\sqrt{\dfrac{2}{\pi kr}}\mathrm{e}^{-\mathrm{j}kr+\mathrm{j}\frac{3}{4}\pi}+O\left(\dfrac{z'^2}{r}\right)\approx\sqrt{\dfrac{2}{\pi k\rho}}\mathrm{e}^{-\mathrm{j}k\rho+\mathrm{j}kz'\sin\theta+\mathrm{j}\frac{3}{4}\pi}\end{cases} \tag{13-2-9}$$

将式(13-2-9)代入式(13-2-6)得到远场表达式为

$$\begin{aligned}u(\rho\cos\theta,\rho\sin\theta)&\approx\frac{-\mathrm{j}k\rho\cos\theta}{2}\int_{-\infty}^{\infty}u(0,z')\sqrt{\frac{2}{\pi k\rho}}\mathrm{e}^{-\mathrm{j}k\rho+\mathrm{j}kz'\sin\theta+\mathrm{j}\frac{3}{4}\pi}\frac{1}{\rho}\mathrm{d}z'\\ &\approx\sqrt{\frac{k}{2\pi}}\mathrm{e}^{\mathrm{j}\frac{\pi}{4}}\frac{\cos\theta}{\sqrt{\rho}}\mathrm{e}^{-\mathrm{j}k\rho}\int_{-\infty}^{\infty}u(x_0,z')\mathrm{e}^{\mathrm{j}kz'\sin\theta}\mathrm{d}z'\end{aligned} \tag{13-2-10}$$

这里实际上我们是希望通过式(13-2-10)用远场与近场之间的关系，对于给定的远场来反推近场的表达式。根据柱坐标系下的抛物线方程存在的关系式(见参考文献[19])

$$\psi(x,z)=\frac{1}{\sqrt{kx}}u(x,z) \tag{13-2-11}$$

将式(13-2-10)代入式(13-2-11)得到

$$\psi(\rho\cos\theta,\rho\sin\theta)\approx\sqrt{\frac{1}{2\pi}}\mathrm{e}^{\mathrm{j}\frac{\pi}{4}}\frac{\sqrt{\cos\theta}}{\rho}\mathrm{e}^{-\mathrm{j}k\rho}\int_{-\infty}^{\infty}u(0,z')\mathrm{e}^{\mathrm{j}kz'\sin\theta}\mathrm{d}z' \tag{13-2-12}$$

式(13-2-12)左边实际上就是远场场强在球坐标系的表达,用 $\mathrm{e}^{-\mathrm{j}k\rho}/\rho$ 归一化后可以得到远场的方向函数为

$$B(\theta)\approx\sqrt{\frac{\cos\theta}{2\pi}}\mathrm{e}^{\mathrm{j}\frac{\pi}{4}}\int_{-\infty}^{\infty}u(0,z')\mathrm{e}^{\mathrm{j}kz'\sin\theta}\mathrm{d}z' \tag{13-2-13}$$

由式(13-1-26),式(13-2-13)可以看作傅里叶变换,对其两边应用傅里叶反变换得到

$$u(0,z)=\sqrt{\frac{1}{2\pi}}\mathrm{e}^{-\mathrm{j}\frac{\pi}{4}}\int_{-\infty}^{\infty}\frac{B(\theta)}{\sqrt{\cos\theta}}\mathrm{e}^{-\mathrm{j}k_z z}\mathrm{d}k_z \tag{13-2-14}$$

式中,$k_z=k\sin\theta$,所以 k_z 的积分区间一般取 $-k\sim+k$,特别是抛物线方程要求 θ 取值较小,也就是 $B(\theta)$ 只在一个较窄的范围内有值。当 θ 较小时,$\cos\theta\approx1,\theta\approx\sin\theta=k_z/k$,有

$$u(0,z)=\sqrt{\frac{1}{2\pi}}\mathrm{e}^{-\mathrm{j}\frac{\pi}{4}}\int_{-\infty}^{\infty}B\left(\frac{k_z}{k}\right)\mathrm{e}^{-\mathrm{j}k_z z}\mathrm{d}k_z \tag{13-2-15}$$

这就提供了初始场的计算方法,该方法建立了初始场与天线方向图间的直接联系。式(13-2-14)适合宽角下使用,而式(13-2-15)适合窄角下使用。

一般波束设置采用高斯形,即

$$B\left(\frac{k_z}{k}\right)=A\mathrm{e}^{-\frac{k_z^2\ln2}{2k^2\sin^2(\theta_{\mathrm{bw}}/2)}} \tag{13-2-16}$$

式中,θ_{bw} 为半功率点波瓣宽度;A 为归一化常数,需要设置 $B_{\max}=A=1/\sqrt{2\pi}$,这样保证发射机等效辐射功率为 η_0^{-1},由式(13-2-12)可得辐射功率密度为

$$S=\frac{|B_{\max}|^2}{2\eta_0 r^2}=\frac{\eta_0^{-1}}{4\pi r^2} \tag{13-2-17}$$

式(13-2-14)是假设天线中心高度在 0 点、仰角为 0°得到的。当天线的中心高度为 z_s 时,根据傅里叶变换的平移性,修正 $B(\theta)$ 为 $B(\theta)\mathrm{e}^{\mathrm{j}k_z z_s}$ 即可。当仰角为 θ_0 时,依据相控阵原理,应修正 $u(0,z)$ 为 $u(0,z)\mathrm{e}^{-\mathrm{j}k(\sin\theta_0)(z-z_s)}$,在窄角情况下,$\cos\theta\approx1$,所以将其代入式(13-2-15),并利用式(13-2-16)可得到

$$\begin{aligned}u(0,z)&=\sqrt{\frac{1}{2\pi}}\mathrm{e}^{-\mathrm{j}\frac{\pi}{4}}\int_{-\infty}^{\infty}B\left(\frac{k_z}{k}\right)\mathrm{e}^{-\mathrm{j}k_z(z-z_s)}\mathrm{e}^{-\mathrm{j}k(\sin\theta_0)(z-z_s)}\mathrm{d}k_z\\&=\frac{1}{2\pi}\mathrm{e}^{-\mathrm{j}\frac{\pi}{4}}\int_{-\infty}^{\infty}\mathrm{e}^{-\frac{k_z^2\ln2}{2k^2\sin^2(\theta_{\mathrm{bw}}/2)}}\mathrm{e}^{-\mathrm{j}k_z(z-z_s)}\mathrm{e}^{-\mathrm{j}k(\sin\theta_0)(z-z_s)}\mathrm{d}k_z\\&=\mathrm{e}^{-\mathrm{j}\frac{\pi}{4}}\mathrm{e}^{-\mathrm{j}k(\sin\theta_0)(z-z_s)}\frac{k\sin(\theta_{\mathrm{bw}}/2)}{\sqrt{2\pi\ln2}}\mathrm{e}^{-\frac{k^2\sin^2(\theta_{\mathrm{bw}}/2)}{2\ln2}(z-z_s)^2}\end{aligned} \tag{13-2-18}$$

上式推导利用了

$$\sqrt{\pi}\,\tau\mathrm{e}^{-\left(\frac{\omega\tau}{2}\right)^2}=\int_{-\infty}^{\infty}\mathrm{e}^{-\left(\frac{t}{\tau}\right)^2}\mathrm{e}^{-\mathrm{j}\omega t}\mathrm{d}t \tag{13-2-19}$$

在宽角情况下,要按照式(13-2-14)积分进行计算。至此,我们得到了高斯波束下,初始场的表达式。

13.2.2 基于电流分布的初始场设置

下面我们来讨论另外一种初始场的设置方法，利用天线上的电流分布，建立初始场。在图 13-1 所示坐标系的基础上，假设有一个在 y 方向无限长、电流方向为 z 向的横向电流带

$$\boldsymbol{J}=\delta(x)\delta(z)\boldsymbol{e}_z \tag{13-2-20}$$

则该电流产生的磁矢位式为

$$\boldsymbol{A}(x,z)=-\frac{\mathrm{j}\mu}{4}H_0^{(2)}\left(k\sqrt{x^2+z^2}\right)\boldsymbol{e}_z \tag{13-2-21}$$

其产生的磁场为

$$\boldsymbol{H}(x,z)=\frac{1}{\mu}\nabla\times\boldsymbol{A}(x,z)=-\frac{1}{4}\frac{\mathrm{j}kx}{\sqrt{x^2+z^2}}H_1^{(2)}\left(k\sqrt{x^2+z^2}\right)\boldsymbol{e}_y \tag{13-2-22}$$

在此基础上，假设该电流带是沿 z 方向有分布的二维横向电流带

$$\boldsymbol{J}=\delta(x)J(0,z)\boldsymbol{e}_z \tag{13-2-23}$$

则产生的磁场为

$$H_y(x,z)=-\frac{\mathrm{j}kx}{4}\int_{-\infty}^{\infty}J(0,z')\frac{H_1^{(2)}\left(k\sqrt{x^2+(z-z')^2}\right)}{\sqrt{x^2+(z-z')^2}}\mathrm{d}z' \tag{13-2-24}$$

同理，如果有一个沿 z 方向流动的在 y 方向无限长的横向磁流带

$$\boldsymbol{M}=\delta(x)M(0,z)\boldsymbol{e}_z \tag{13-2-25}$$

由对偶可得，该磁流产生的电场为

$$E_y(x,z)=\frac{\mathrm{j}kx}{4}\int_{-\infty}^{\infty}M(0,z')\frac{H_1^{(2)}\left(k\sqrt{x^2+(z-z')^2}\right)}{\sqrt{x^2+(z-z')^2}}\mathrm{d}z' \tag{13-2-26}$$

比较式(13-2-6)中自由空间下远场与初始场之间的关系与式(13-2-24)、式(13-2-26)可以发现，三者具有相同的形式。因此得出可以直接用二维的电流密度分布等效垂直极化的初始场，用二维磁流密度分布等效水平极化的初始场，即

$$u(0,z)=\begin{cases}\dfrac{1}{2}J(0,z) & \text{垂直极化}\\ -\dfrac{1}{2}M(0,z) & \text{水平极化}\end{cases} \tag{13-2-27}$$

基于式(13-2-26)，可以通过天线上实际电流分布直接求解抛物线方程法初始场。该波源设置方法建立了与天线上等效电流分布的直接联系，为后面利用矩量法分析验证抛物线方程法的计算精度提供了统一的入射源环境。此外，还可以求解抛物线方程法的初始场，下面针对具体步进求解中对上吸收边界的设置进行分析说明。

13.3 抛物线方程法的吸收边界

如图 13-5 所示，在抛物线方程法的步进求解中，吸收边界的设置属于上边界问题。因为一般情况下我们感兴趣的区域都在低海拔部分，通常需要人为地设置一个吸收边界来减小计算负担，为防止这种突然的区域截断导致的计算误差，我们需要根据计算情况的不同，添加不同类型的吸收边界。吸收边界有多种形式，常用的是在计算区域的上边界上附加一

个吸收层，让进入吸收层的电磁波被完全吸收，而且没有反射，这与我们在微波暗室见到的吸收尖劈作用是一样的，不过这里是采用数值方法实现的。汉宁窗（Hanning）吸收层在远距离传播的问题上吸收效率较高，所以在抛物线方程法的计算中使用汉宁窗来处理上边界问题。

汉宁窗形式为

$$\varphi(t)=\frac{1+\cos(\pi t)}{2}=\cos^2\left(\frac{\pi t}{2}\right) \tag{13-3-1}$$

它满足 $\varphi(0)=1$，$\varphi(1)=0$，并且在终点处的导数为零，能使能量平滑衰减。假定吸收层高度设置为 H，此时吸收窗函数的计算公式为

$$\varphi(z)=\frac{1+\cos\left(\pi\,\frac{z-z_0}{H}\right)}{2}=\cos^2\left(\frac{\pi}{2}\,\frac{z-z_0}{H}\right) \tag{13-3-2}$$

如图 13-6 所示，在式(13-1-24)的计算过程中，直接使用 $u(x,z)\varphi(z)$ 代替 $u(x,z)$ 参与计算，不影响计算区域的场，但进入吸收层的场在 Z_0+H 处衰减到零，因此，在进行式(13-1-24)的傅里叶变换计算时，上限只要取到 Z_0+H 即可。

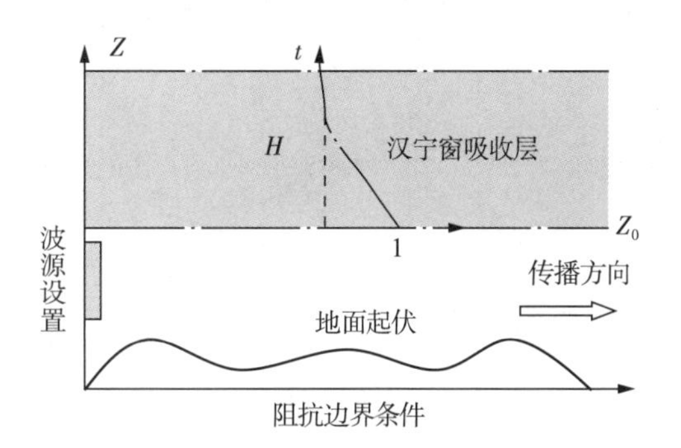

图 13-6　汉宁窗吸收层示意图

因为在抛物线方程法步进求解中，垂直方向上的计算区域是经过网格离散化的，所以整个路径衰减只与垂直方向的网格数有关，汉宁窗函数离散化的表达形式为

$$\varphi(n)=\frac{1+\cos\left(\pi\,\frac{n}{N}\right)}{2}=\cos^2\left(\frac{\pi}{2}\,\frac{n}{N}\right)\qquad(n=0,1,\cdots,N) \tag{13-3-3}$$

在抛物线方程法的计算过程中对汉宁窗函数的具体使用如下：

$$\varphi(z)=\begin{cases}1, & |z|\leqslant Z_0\\ 0.5+0.5\cos\left(\pi\,\frac{z-Z_0}{H}\right), & Z_0+H>|z|>Z_0\end{cases} \tag{13-3-4}$$

式(13-3-4)中，H 大小的选取要达到数个波长到数十个波长。

13.4　抛物线方法的不规则地形处理

设置完上吸收边界，在双向抛物线方程法的计算中还需要考虑下边界问题。下边界问题的求解主要分为地面起伏和阻抗边界两类，接下来首先推导分析不规则地形下双向抛物线方程法的处理问题。

在复杂环境下电波传播问题的求解中，实际地形往往都不是光滑平坦的，起伏的地形会对空间中传播的电波产生遮蔽，甚至会产生反射及后向传播的电磁波。在抛物线方法的计算中，起伏越明显后向反射场的计算越困难，所以对不规则地形的处理是一个非常复杂的问

题。在这种起伏地形下，只能利用近似方法来预测一段区域内的电波传播特性。为准确地预测不规则地形时电磁波的传播特性，需要建立精确地形模型及相应的算法。抛物线方程法常用阶梯地形模型（Staircase Terrain Modeling）和分段线性地形模型（Piecewise Linear Terrain）。

13.4.1 阶梯地形模型

如图 13－7(a) 所示，阶梯地形模型的主要思想就是将不规则地形等效为许多具有上下沿的阶梯形式。这种模型以一系列连续的水平的阶梯单元模拟地形，在高度不变化的每一段上应用适当的边界条件，此时场就按照通常的情况进行传播迭代计算。当地形高度改变的时候，如图 13－7(b) 和图 13－7(c) 所示，在垂直地形剖面只考虑 S_1 面上场的传播，当处于上升地形时，S_2 面上的后面场值则简单的设置为零，其中实线圆点则表示需要计算的不为零场值。当处于下降地形时，S_2 面上的后面场值则又恢复不再为零。简单地来说就是阶梯以上部分计算，阶梯以下部分场值直接设置为 0。

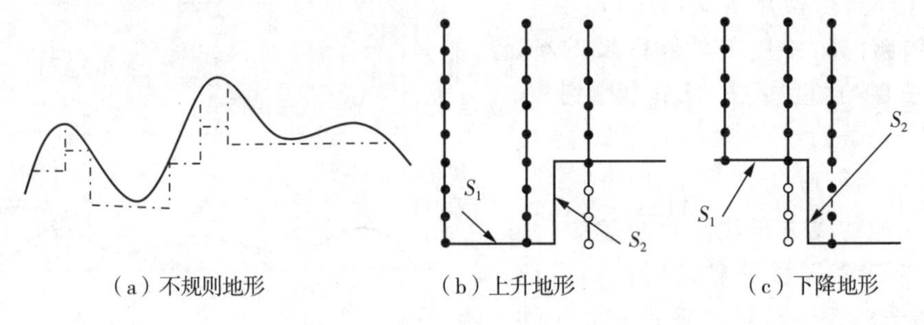

图 13－7 阶梯地形法示意图

这种方法没有考虑衍射，如果地形本身就类似于阶梯的形式，那么采用阶梯地形模型模拟的结果会比较准确，但是如果地形是斜率稳定变化的倾斜表面，那么该模型模拟的结果精度就很低。但这种方法非常方便考虑后向传播，直接在上升和下降沿上设置反射场，就可以进行双向抛物线方程计算。

13.4.2 分段线性地形模型

知识链接

地面起伏分段非线性处理方法

分段线性地形模型的主要思想就是在整个计算域的地形剖面上新建一个坐标系，通过坐标变换将不规则地形上的抛物线方程转换成平面地表上的形式。假设地面高度起伏的函数为

$$z = h(x) \tag{13-4-1}$$

同时假设 $h(x)$ 是线性函数，首先定义一个新坐标系，即

$$\begin{cases} \xi = x \\ \zeta = z - h(x) \end{cases} \tag{13-4-2}$$

则在 (ξ,ζ) 的坐标系下地面是平坦的。同时定义一个新的函数，即

$$v(\xi,\zeta) = \mathrm{e}^{\mathrm{j}\theta(\xi,\zeta)} u(x,z) \tag{13-4-3}$$

式中，$\theta(\xi,\zeta)$ 为一个依赖于地形的相位函数，其表达式未知。

这个函数补偿相对于地形的波前相移，为了保证在新坐标系下，满足抛物线方程。因此，由式(13－4－3)，我们可以得到对 u 的偏导数如下：

$$\frac{\partial u}{\partial x}=-\mathrm{j}\mathrm{e}^{-\mathrm{j}\theta}\left[\frac{\partial \theta}{\partial \xi}+\frac{\partial \theta}{\partial \zeta}\frac{\partial \zeta}{\partial x}\right]v+\mathrm{e}^{-\mathrm{j}\theta}\left[\frac{\partial v}{\partial \xi}+\frac{\partial v}{\partial \zeta}\frac{\partial \zeta}{\partial x}\right]$$

$$=\mathrm{e}^{-\mathrm{j}\theta}\left[\frac{\partial v}{\partial \xi}-h'(x)\frac{\partial v}{\partial \zeta}-\mathrm{j}\left(\frac{\partial \theta}{\partial \xi}-h'(x)\frac{\partial \theta}{\partial \zeta}\right)\right] \tag{13-4-4}$$

$$\frac{\partial u}{\partial z}=\mathrm{e}^{-\mathrm{j}\theta}\left(-\mathrm{j}v\frac{\partial \theta}{\partial \zeta}+\frac{\partial v}{\partial \zeta}\right) \tag{13-4-5}$$

$$\frac{\partial^2 u}{\partial z^2}=-\mathrm{j}\mathrm{e}^{-\mathrm{j}\theta}\frac{\partial \theta}{\partial \zeta}\left(-\mathrm{j}v\frac{\partial \theta}{\partial \zeta}+\frac{\partial v}{\partial \zeta}\right)+\mathrm{e}^{-\mathrm{j}\theta}\left(-\mathrm{j}v\frac{\partial^2 \theta}{\partial \zeta^2}-\mathrm{j}\frac{\partial v}{\partial \zeta}\frac{\partial \theta}{\partial \zeta}+\frac{\partial^2 v}{\partial \zeta^2}\right)$$

$$=\mathrm{e}^{-\mathrm{j}\theta}\left[\frac{\partial^2 v}{\partial \zeta^2}-2\mathrm{j}\frac{\partial v}{\partial \zeta}\frac{\partial \theta}{\partial \zeta}-\left(\frac{\partial \theta}{\partial \zeta}\right)^2 v-\mathrm{j}v\frac{\partial^2 \theta}{\partial \zeta^2}\right] \tag{13-4-6}$$

因为假设 $h(x)$ 是线性函数，所以此时$\frac{\partial^2 h(x)}{\partial x^2}=0$。下面我们将式(13 - 4 - 4) ～ 式(13 - 4 - 6) 代入窄角抛物线方程和宽角抛物线方程，进一步确定 $\theta(\xi,\zeta)$ 函数的具体形式。

(1) 窄角情况。将上述偏导数带入标准抛物线方程[式(13 - 1 - 18)] 化简后得到

$$\frac{\partial^2 v}{\partial \zeta^2}-2\mathrm{j}k\frac{\partial v}{\partial \xi}+k^2(n^2-1)v-2\mathrm{j}\left(\frac{\partial \theta}{\partial \zeta}-kh'\right)\frac{\partial v}{\partial \zeta}-\left[\left(\frac{\partial \theta}{\partial \zeta}\right)^2+2k\left(\frac{\partial \theta}{\partial \xi}-h'\frac{\partial \theta}{\partial \zeta}\right)\right]v-\mathrm{j}v\frac{\partial^2 \theta}{\partial \zeta^2}=0 \tag{13-4-7}$$

为了消除对 v 对 ζ 的一阶偏导数，则有

$$\frac{\partial \theta}{\partial \zeta}=kh'(x) \tag{13-4-8}$$

为了满足标准抛物线方程，希望

$$\left[\left(\frac{\partial \theta}{\partial \zeta}\right)^2+2k\left(\frac{\partial \theta}{\partial \xi}-h'\frac{\partial \theta}{\partial \zeta}\right)\right]v-\mathrm{j}v\frac{\partial^2 \theta}{\partial \zeta^2}=0 \tag{13-4-9}$$

将式(13 - 4 - 8) 代入式(13 - 4 - 9)，并考虑到 $h(x)$ 是线性函数，可得到

$$\frac{\partial \theta}{\partial \xi}=\frac{k}{2}\left[h'(x)\right]^2 \tag{13-4-10}$$

因而由式(13 - 4 - 8) 与式(13 - 4 - 10) 可知，若相位函数 $\theta(\xi,\zeta)$ 满足：

$$\theta(\xi,\zeta)=\frac{k}{2}\left[h'(x)\right]^2\xi+kh'\zeta \tag{13-4-11}$$

则新函数 $v(\xi,\zeta)$ 满足标准抛物线方程：

$$\frac{\partial^2 v}{\partial \zeta^2}-2\mathrm{j}k\frac{\partial v}{\partial \xi}+k^2(n^2-1)v=0 \tag{13-4-12}$$

式(13 - 4 - 12) 与式(13 - 1 - 18) 的标准抛物线方程一致，因此其解同式(13 - 1 - 38) 为

$$v(\xi+\Delta\xi,\zeta)=\mathrm{e}^{-\frac{\mathrm{j}k(n^2-1)}{2}\Delta\xi}S^{-1}\left\{\mathrm{e}^{\mathrm{j}\frac{k_z^2}{2k}\Delta\xi}S\left[v(\xi,\zeta)\right]\right\} \tag{13-4-13}$$

根据步进求解的 $v(\xi,\zeta)$，然后由式(13 - 4 - 3)，以及式(13 - 4 - 2) 和式(13 - 4 - 11) 的关系，就可以求出 $u(x,z)$。

(2) 宽角情况。宽角情况我们从前向波动方程[式(13 - 1 - 13)] 出发，则有

$$\frac{\partial u}{\partial x}=\mathrm{j}k\left(1-\sqrt{\frac{1}{k^2}\frac{\partial^2}{\partial z^2}+n^2}\right)u \tag{13-4-14}$$

此时式(13-4-6)改写为

$$\frac{\partial^2 u}{\partial z^2}=\left[\frac{\partial^2}{\partial \zeta^2}-2\mathrm{j}\frac{\partial \theta}{\partial \zeta}\frac{\partial}{\partial \zeta}-\left(\frac{\partial \theta}{\partial \zeta}\right)^2-\mathrm{j}\frac{\partial^2 \theta}{\partial \zeta^2}\right]v\mathrm{e}^{-\mathrm{j}\theta} \tag{13-4-15}$$

将式(13-4-4)和式(13-4-15)偏导数代入式(13-4-14)得到

$$\frac{\partial v}{\partial \xi}-h'\frac{\partial v}{\partial \zeta}-\mathrm{j}\left(\frac{\partial \theta}{\partial \xi}-h'\frac{\partial \theta}{\partial \zeta}\right)v=\mathrm{j}k\left(1-\sqrt{\frac{\partial^2}{k^2\partial \zeta^2}+n^2-2\mathrm{j}\frac{\partial \theta}{\partial \zeta}\frac{\partial}{k^2\partial \zeta}-\left(\frac{\partial \theta}{k\partial \zeta}\right)^2-\mathrm{j}\frac{\partial^2 \theta}{k^2\partial \zeta^2}}\right)v \tag{13-4-16}$$

根据宽角近似表达式

$$\sqrt{1+\alpha+\beta+\varepsilon}\approx\sqrt{1+\alpha}+\sqrt{1+\beta}+\frac{1}{2}\varepsilon-1 \tag{13-4-17}$$

令

$$\begin{cases}\alpha=\dfrac{1}{k^2}\dfrac{\partial^2}{\partial \zeta^2}\\ \beta=n^2-1\\ \varepsilon=-\dfrac{2\mathrm{j}}{k^2}\dfrac{\partial \theta}{\partial \zeta}\dfrac{\partial}{\partial \zeta}-\left(\dfrac{\partial \theta}{k\partial \zeta}\right)^2-\mathrm{j}\dfrac{\partial^2 \theta}{k^2\partial \zeta^2}\end{cases} \tag{13-4-18}$$

利用式(13-4-17)和式(13-4-18),将式(13-4-16)化简得到

$$\begin{aligned}&\frac{\partial v}{\partial \xi}+\frac{\partial v}{\partial \zeta}\left(\frac{1}{k}\frac{\partial \theta}{\partial \zeta}-h'\right)-\mathrm{j}\left(\frac{\partial \theta}{\partial \xi}-h'\frac{\partial \theta}{\partial \zeta}+\frac{1}{2k}\left(\frac{\partial \theta}{\partial \zeta}\right)^2\right)v\\&=-\mathrm{j}k\left(\sqrt{1+\frac{\partial^2}{k^2\partial \zeta^2}}-1\right)v-\mathrm{j}k(n-1)v-\frac{1}{2k}\frac{\partial^2 \theta}{\partial \zeta^2}v\end{aligned} \tag{13-4-19}$$

为了满足宽角抛物线方程,消除 v 对 ζ 的一阶偏导数,则有

$$\frac{\partial \theta}{\partial \zeta}=kh'(x) \tag{13-4-20}$$

希望

$$-\mathrm{j}\left(\frac{\partial \theta}{\partial \xi}-h'\frac{\partial \theta}{\partial \zeta}+\frac{1}{2k}\left(\frac{\partial \theta}{\partial \zeta}\right)^2\right)+\frac{1}{2k}\frac{\partial^2 \theta}{\partial \zeta^2}=0 \tag{13-4-21}$$

将式(13-4-20)代入式(13-4-21),并考虑到 $h(x)$ 是线性函数,可得到

$$\begin{cases}\dfrac{\partial^2 \theta}{\partial \zeta^2}=0\\ \dfrac{\partial \theta}{\partial \xi}=\dfrac{k}{2}\left[h'(x)\right]^2\end{cases} \tag{13-4-22}$$

因而若相位函数 $\theta(\xi,\zeta)$ 满足:

$$\theta(\xi,\zeta)=\frac{k}{2}\left[h'(x)\right]^2\xi+kh'\zeta \tag{13-4-23}$$

则新函数 $v(\xi,\zeta)$ 满足宽角抛物线方程:

$$\frac{\partial v}{\partial \xi}=-\mathrm{j}k\left(\sqrt{1+\frac{\partial^2}{k^2\partial \zeta^2}}-1\right)v-\mathrm{j}k(n-1)v \tag{13-4-24}$$

由此可见,在分段线性情况下,宽角[式(13-4-23)]条件与窄角[式(13-4-11)]条件是

一致的。式(13-4-24)与式(13-1-23)宽角抛物线方程一致,因此其解同式(13-1-38)为

$$v(\xi+\Delta\xi,\zeta)=\mathrm{e}^{-\mathrm{j}k(n-1)\Delta\xi}\cdot F^{-1}\left\{\mathrm{e}^{-\mathrm{j}k\Delta\xi\left(\sqrt{1-\frac{k_z^2}{k^2}}-1\right)}F\left[v(\xi,\zeta)\right]\right\} \tag{13-4-25}$$

根据步进求解的 $v(\xi,\zeta)$,然后由式(13-4-3),并利用式(13-4-2)和式(13-4-23)关系,就可以求出 $u(x,z)$。

13.5　抛物线方程法的阻抗边界

因为空间场值求解中,我们通常只关心地面以上的场值,当地面为理想导体时,可以直接使用式(13-1-38),利用导体地面的镜像原理,对于水平极化波,将傅里叶变换改为正弦变换即可;对于垂直极化波,将傅里叶变换改为余弦变换即可。当地面为均匀介质时,需要用阻抗边界条件来处理地面以下对空间中电波传播的影响,通常是第三类边界条件形式。一种简便的处理方法是采用阻抗边界条件,来获取边界上的场值关系。传统的阻抗边界处理条件有广义阻抗边界条件和 Leontovich 阻抗边界条件。

13.5.1　广义阻抗边界条件

如图 13-8 所示,在求解电波传播问题时,如果只关心上半空间的场强,那么通常选择采用阻抗边界条件来处理下半空间对电波传播的影响,这样无须计算下半空间的场分布,计算量和存储空间将大大节省。

假设空间中存在如图 13-8 所示的上下两种媒质,媒质 1、2 都是均匀的,都是非磁性媒质,其中复相对介电常数及波数分别为

$$\begin{cases}\tilde{\varepsilon}_{r1}=n_1^2=\varepsilon_{r1}-\mathrm{j}\dfrac{\sigma_1}{\omega\varepsilon_0}\\ k_1=k_0\cdot n_1\\ \tilde{\varepsilon}_{r2}=n_2^2=\varepsilon_{r2}-\mathrm{j}\dfrac{\sigma_2}{\omega\varepsilon_0}\\ k_2=k_0\cdot n_2\end{cases} \tag{13-5-1}$$

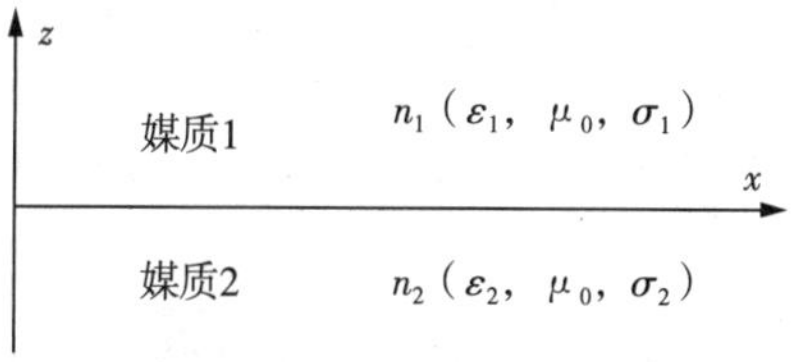

z
媒质1　$n_1(\varepsilon_1,\ \mu_0,\ \sigma_1)$
x
媒质2　$n_2(\varepsilon_2,\ \mu_0,\ \sigma_2)$

图 13-8　边界条件示意图

它们的磁导率与自由空间一致。

在水平极化波情况下,电场仅有 E_y 分量,由式(13-1-6)和式(13-1-9)可以看出,抛物线方程求解的 $u(x,z)$ 对应 E_y,由切向电场、切向磁场连续条件,两种媒质中边界上的电场满足的边界条件为

$$\begin{cases}u_1=u_2\\ \dfrac{\partial u_1}{\partial z}=\dfrac{\partial u_2}{\partial z}\end{cases} \tag{13-5-2}$$

在垂直极化波情况下,磁场仅有 H_y 分量,由式(13-1-8)和式(13-1-9)可以看出,抛物线方程求解的 $u(x,z)$ 对应 H_y,由切向电场、切向磁场连续条件,两种媒质中边界上的磁场满足的边界条件为

$$\begin{cases}u_1=u_2\\ \dfrac{\partial u_1}{n_1^2\partial z}=\dfrac{\partial u_2}{n_2^2\partial z}\end{cases} \tag{13-5-3}$$

假设在界面下初始场为零，近似认为两种媒质$\tilde{\varepsilon}_r$在分段内不是关于x的函数，由式(13-1-12)和式(13-1-13)地面以下空间也满足正向传播的波动方程为

$$\frac{\partial u}{\partial x}=\mathrm{j}k_0\left(1-\sqrt{\frac{1}{k_0^2}\frac{\partial^2}{\partial z^2}+n_2^2(x,z)}\right)u \tag{13-5-4}$$

对式(13-5-4)中的x分量两边进行拉普拉斯变换，则有

$$sU(s,z)=\left(\mathrm{j}k_0-\mathrm{j}\sqrt{\frac{\partial^2}{\partial z^2}+k_0^2\,\tilde{\varepsilon}_{r2}(z)}\right)U(s,z) \tag{13-5-5}$$

因为媒质2是均匀、有耗的，所以其电磁波在$z\to-\infty$是有界的，甚至是指数衰减的，因此$U(s,z)$具有形式

$$U(s,z)=\alpha(s)\mathrm{e}^{\mathrm{j}k_0\alpha(s)z} \tag{13-5-6}$$

式中，$\alpha(s)$应该具有负虚部。

将式(13-5-6)代入式(13-5-5)，并利用频域求导的思想，可得到

$$\alpha(s)=\sqrt{\tilde{\varepsilon}_{r2}(z)+\left(\frac{s}{k_0}-\mathrm{j}\right)^2} \tag{13-5-7}$$

这样由式(13-5-6)，媒质2在边界处满足：

$$\frac{\partial U(s,0_-)}{\partial z}=\mathrm{j}k\alpha(s)U(s,0_-) \tag{13-5-8}$$

利用两种媒质边界上切向场的连续性，两种媒质边界上的场强应该具有相同的变化形式，可得媒质1边界上的场强满足的表达式为

$$\frac{\partial U(s,0_+)}{\partial z}=[\mathrm{j}k\delta(s)+\beta]U(s,0_+) \tag{13-5-9}$$

其中在水平极化下，满足式(13-5-2)，所以有

$$\begin{cases}\delta(s)=\alpha(s)=\sqrt{\tilde{\varepsilon}_{r2}(z)+\left(\dfrac{s}{k_0}-\mathrm{j}\right)^2}\\ \beta=0\end{cases} \tag{13-5-10}$$

在垂直极化下，满足式(13-5-3)，所以有

$$\begin{cases}\delta(s)=\dfrac{\tilde{\varepsilon}_{r1}}{\tilde{\varepsilon}_{r2}}\sqrt{\tilde{\varepsilon}_{r2}(z)+\left(\dfrac{s}{k_0}-\mathrm{j}\right)^2}\\ \beta=0\end{cases} \tag{13-5-11}$$

这里给出了边界条件的变换域表达式。

13.5.2 Leontovich 阻抗边界条件

式(13-5-9)～式(13-5-11)的广义阻抗边界，只给出变换域形式，不便于应用，这里对其进一步化简，即给出 Leontovich 阻抗边界条件。假设空间中一个平面波以入射角γ入射到分界面上，此时

$$u(x,z)=\mathrm{e}^{\mathrm{j}k_0x}\,\mathrm{e}^{-\mathrm{j}k_0(x\cos\gamma+z\sin\gamma)}=\mathrm{e}^{\mathrm{j}k_0(1-\cos\gamma)x}\,\mathrm{e}^{-\mathrm{j}k_0z\sin\gamma} \tag{13-5-12}$$

式中，$\mathrm{e}^{\mathrm{j}k_0x}$对应式(13-1-9)的解调因子，对其进行 Laplace 变换，得到$s=\mathrm{j}k_0(1-\cos\gamma)$，将其代入式(13-5-10)可得到

$$\delta(s)=\sqrt{\widetilde{\varepsilon}_{r2}(z)-\cos^2\gamma} \tag{13-5-13}$$

当$\widetilde{\varepsilon}_{r2}(z)$具有大的模值，电波传播距离较远时，入射波近似掠入射到边界上，$\cos\gamma$ 项近似取 1。因此阻抗边界条件几乎与入射角无关，此时式(13-5-13)为 Leontovich 阻抗边界条件，对于水平极化波，Leontovich 阻抗边界条件为

$$\delta_{\parallel}(s)\approx\sqrt{\widetilde{\varepsilon}_{r2}(z)-1} \tag{13-5-14}$$

对于垂直极化波，将 $s=\mathrm{j}k_0(1-\cos\gamma)$ 代入到式(13-1-11)类似得到其 Leontovich 阻抗边界条件为

$$\delta_{\perp}(s)\approx\frac{\widetilde{\varepsilon}_{r1}(z)}{\widetilde{\varepsilon}_{r2}(z)}\sqrt{\widetilde{\varepsilon}_{r2}(z)-1} \tag{13-5-15}$$

可以看出，式(13-5-14)和式(13-5-15)中的$\delta(s)$都与 s 无关。所以对式(13-5-9)进行拉普拉斯反变换，得到 Leontovich 阻抗边界条件：

$$\frac{\partial u(x,0_+)}{\partial z}+\alpha u(x,0_+)=0 \tag{13-5-16}$$

式中，α 的计算公式为

$$\alpha=\begin{cases}-\mathrm{j}k_0\sqrt{\widetilde{\varepsilon}_{r2}(z)-1} & \text{水平极化}\\ -\mathrm{j}k_0\dfrac{\widetilde{\varepsilon}_{r1}(z)}{\widetilde{\varepsilon}_{r2}(z)}\sqrt{\widetilde{\varepsilon}_{r2}(z)-1} & \text{垂直极化}\end{cases} \tag{13-5-17}$$

此时的 Leontovich 阻抗边界条件就是我们在电磁场中学过的第三类边界条件。值得指出的是，该边界条件存在近似，特别在短波波段，地面是干地情况下，$\widetilde{\varepsilon}_{r2}(z)$模值较小时，由于实际入射角度可能不满足掠入射条件，因此该边界条件受入射角影响误差较大。

13.6　抛物线方程法的混合傅里叶变换计算

前面几节已经对图 13-5 所示的代表传播计算区域的三个边界进行了细致分析，在抛物线方程法的步进求解过程中，当地面为均匀介质时，为处理式(13-5-16)中的阻抗边界问题，通常采用混合傅里叶变换方法(DMFT)来求解空间中的场强分布。

13.6.1　混合傅里叶变换

在讨论混合傅里叶变换之前，首先来考虑一个具体情况。假设图 13-5 所示的地面是理想导体，怎样来求解抛物线方程呢？由于地面是导体，因此对于水平极化边界电场为零，对于垂直极化磁场的法向导数为零，即

$$\begin{cases}u=0 & \text{水平极化}\\ \dfrac{\partial u}{\partial z}=0 & \text{垂直极化}\end{cases} \tag{13-6-1}$$

前面我们得到的抛物线方程步进计算，式(13-1-38)和式(13-1-39)都引入了傅里叶变换，而由式(13-1-26)可知，傅里叶变换是在 $z\in[-\infty,+\infty]$ 的情况下得到的。由图 13-5 可知，现在的计算区间有限位于 $z\in[0,Z_0]$，引入吸收边界后，增加厚度为 H 的吸收层，在 Z_0+H 高度之上场值为零，等效将空间延伸到 $z\in[0,+\infty]$。

对于水平极化波 $u=0$，我们可以将 $u(x,z)$ 进行奇函数延拓，即 $u(x,-z)=-u(x,z)$，

这样就将已知区域延伸到 $z\in[-\infty,+\infty]$。这样既满足了边界条件,又可以进行傅里叶变换求解,此时由式(13-1-26)可得

$$
\begin{aligned}
U(x,k_z)=F[u(x,z)]&=\int_{-\infty}^{\infty}u(x,z)\mathrm{e}^{\mathrm{j}k_z z}\,\mathrm{d}z\\
&=\int_{0}^{\infty}u(x,z)\mathrm{e}^{\mathrm{j}k_z z}\,\mathrm{d}z-\int_{0}^{\infty}u(x,z)\mathrm{e}^{-\mathrm{j}k_z z}\,\mathrm{d}z\\
&=2\mathrm{j}\int_{0}^{\infty}u(x,z)\sin(k_z z)\,\mathrm{d}z
\end{aligned}\tag{13-6-2}
$$

定义正弦傅里叶变换为

$$
S[u(x,z)]=\int_{0}^{\infty}u(x,z)\sin(k_z z)\,\mathrm{d}z \tag{13-6-3}
$$

则正弦逆变换为

$$
\begin{aligned}
F^{-1}[U(x,k_z)]&=\frac{1}{2\pi}\int_{-\infty}^{\infty}U(x,k_z)\,\mathrm{e}^{-\mathrm{j}k_z z}\,\mathrm{d}k_z\\
&=\frac{1}{2\pi}\int_{0}^{\infty}2\mathrm{j}S[u(x,z)]\,\mathrm{e}^{-\mathrm{j}k_z z}\,\mathrm{d}k_z-\frac{1}{2\pi}\int_{0}^{\infty}2\mathrm{j}S[u(x,z)]\,\mathrm{e}^{\mathrm{j}k_z z}\,\mathrm{d}k_z\\
&=4\,\frac{1}{2\pi}\int_{0}^{\infty}S[u(x,z)]\sin(k_z z)\,\mathrm{d}k_z
\end{aligned}\tag{13-6-4}
$$

因为满足 $S^{-1}[S[u(x,z)]]=u(x,z)$,定义

$$
S^{-1}[U(x,k_z)]=4\,\frac{1}{2\pi}\int_{0}^{\infty}U(x,k_z)\sin(k_z z)\,\mathrm{d}k_z \tag{13-6-5}
$$

对于垂直极化波 $\partial u/\partial z=0$,我们可以将 $u(x,z)$ 进行偶函数延拓,即 $u(x,-z)=u(x,z)$,这样就将已知区域延伸到 $z\in[-\infty,+\infty]$。这样既满足了边界条件,又可以进行傅里叶变换求解,类似式(13-6-2) ~ 式(13-6-5) 的推导,可以得到余弦变换为

$$
C[u(x,z)]=\int_{0}^{\infty}u(x,z)\cos(k_z z)\,\mathrm{d}z \tag{13-6-6}
$$

$$
C^{-1}[U(x,k_z)]=4\,\frac{1}{2\pi}\int_{0}^{\infty}U(x,k_z)\cos(k_z z)\,dk_z \tag{13-6-7}
$$

因此对于导体地面,抛物线方程的求解只要将式(13-1-38)和式(13-1-39)步进解表达式中傅里叶变换换为正弦变换(水平极化)和余弦变换(垂直极化)即可。

但对于介质地面,其边界条件为式(13-5-16),不妨定义一个新函数

$$
v=\frac{\partial u}{\partial z}+\alpha u \tag{13-6-8}
$$

由边界条件式(13-5-16)可知,在边界上 $v=0$,则它与水平极化边界条件式(13-6-1)一致,因此它也满足正弦变换的条件,则有

$$
\begin{aligned}
U(x,k_z)=S[v(x,z)]&=\int_{0}^{\infty}\left(\frac{\partial u}{\partial z}+\alpha u\right)\sin(k_z z)\,\mathrm{d}z\\
&=u\sin(k_z z)\,\Big|_{0}^{\infty}+\int_{0}^{\infty}-uk_z\cos(k_z z)+\alpha u\sin(k_z z)\,\mathrm{d}z\\
&=\int_{0}^{\infty}u[\alpha\sin(k_z z)-k_z\cos(k_z z)]\,\mathrm{d}z
\end{aligned}\tag{13-6-9}
$$

此时，可以看出，对 $v(x,z)$ 的正弦变换变成了对 $u(x,z)$ 的既有正弦变换又有余弦变换，所以称之为混合傅里叶变换。同样可以推出其反变换，但实际使用过程中我们一般采用离散混合傅里叶变换（DMFT）形式，定义下列表达式为混合傅里叶变换：

$$U(x,i\Delta k_z)=\sum_{n=0}^{N}\varepsilon(n)u(x,n\Delta z)\left[\alpha\sin\left(\frac{i\cdot n\pi}{N}\right)-\frac{\sin\left(\frac{i\cdot\pi}{N}\right)}{\Delta z}\cos\left(\frac{i\cdot n\pi}{N}\right)\right]\quad(i=0,\cdots,N)\tag{13-6-10}$$

$$u(x,n\Delta z)=\frac{2}{N}\sum_{i=0}^{N}\varepsilon(i)\cdot U(x,i\Delta k_z)\left[\frac{\alpha\sin\left(\frac{i\cdot n\pi}{N}\right)-\frac{1}{\Delta z}\sin\left(\frac{i\cdot\pi}{N}\right)\cos\left(\frac{i\cdot n\pi}{N}\right)}{\alpha^2+\left(\frac{1}{\Delta z}\sin\left(\frac{i\cdot\pi}{N}\right)\right)^2}\right]+C_1r^n+C_2(-r)^{N-n}\quad(n=0,\cdots,N)\tag{13-6-11}$$

C_1、C_2 分别为

$$\begin{cases}C_1=A\sum_{n=0}^{N}\varepsilon(n)\cdot u(x,n\Delta z)r^n\\ C_2=A\sum_{n=0}^{N}\varepsilon(n)\cdot u(x,n\Delta z)(-r)^{N-n}\end{cases}\tag{13-6-12}$$

A 的计算公式为

$$A=\frac{2(1-r^2)}{(1+r^2)(1-r^{2N})}\tag{13-6-13}$$

$\varepsilon(n)$ 的计算公式为

$$\begin{cases}\varepsilon(n)=1(n=1,\cdots,N-1)\\ \varepsilon(n)=0.5(n=0,N)\end{cases}\tag{13-6-14}$$

r 为边界条件式（13－5－16）转化的差分方程

$$\frac{u[x,(n+1)\Delta z]-u[x,(n-1)\Delta z]}{2\Delta z}+\alpha u[x,n\Delta z]=0\tag{13-6-15}$$

对应的特征方程

$$r^2+2r\alpha\Delta z-1=0\tag{13-6-16}$$

的解。

为了保证差分方程解的稳定性，应选取 $|r|<1$ 的解作为特征方程解。

根据正交变换的要求，可以证明式（13－6－10）与式（13－6－11）是一对变换对，其详细推导见相关参考文献[21]和参考文献[22]。

13.6.2　宽角抛物线方程法的 DMFT 求解

实际上，DMFT 可以直接使用式（13－6－10）和式（13－6－11）来求解，但是同时需要求解正弦变换与余弦变换，计算过程较为复杂。通常情况下，可以通过函数替换采用正弦变换一次性完成来实现计算，避免引入余弦变换，从而简化计算。

由式（13－5－16）Leontovich 阻抗边界条件，定义辅助函数为

$$g_n=\frac{u_{n+1}-u_{n-1}}{2\Delta z}+\alpha u_n\quad(n=1,\cdots,N-1)\tag{13-6-17}$$

若它满足第一类边界条件，则该函数可以使用离散正弦变换为

$$F_i = \sum_{n=1}^{N-1} g_n \sin\left(\frac{\pi \cdot i \cdot n}{N}\right) \qquad (i=1,\cdots,N-1) \tag{13-6-18}$$

在式(13-6-18)的基础上，由式(13-6-5)可以推导出离散正弦反变换为

$$g(x+\Delta x, n\Delta z) = \frac{2}{N}\sum_{n=0}^{N-1} F(x, i\Delta k_z)\sin\left(\frac{\pi \cdot i \cdot n}{N}\right) \qquad (n=0,\cdots,N-1) \tag{13-6-19}$$

这样就可以利用正弦变换进行迭代求解。但我们希望求解的是 $u(x,z)$，因此在式(13-6-19)的基础上，由辅助函数 g_n 求解恢复 u_n。由式(13-6-17)的特征方程式(13-6-16)可以看出，r 和 $-1/r$ 都是该二次方程的根，因此可以验证下列形式的任何向量

$$\varphi_n = B_1 r^n + B_2 (-r)^{N-n} \qquad (n=0,\cdots,N) \tag{13-6-20}$$

满足式(13-6-15)中的齐次差分方程为

$$\varphi_{n+1} - \varphi_{n-1} + 2\Delta z \alpha \varphi_n = 0 \qquad (n=1,\cdots,N-1) \tag{13-6-21}$$

因此，如果我们找到一个特解满足非齐次差分方程

$$\frac{\psi_{n+1} - \psi_{n-1}}{2\Delta z} + \alpha\psi_n = g_n \qquad (n=1,\cdots,N-1) \tag{13-6-22}$$

那么式(13-6-23)就是满足非齐次差分方程的通解。

$$u_n = \psi_n + B_1 r^n + B_2 (-r)^{N-n} \qquad (n=0,\cdots,N) \tag{13-6-23}$$

又由式(13-6-13)、式(13-6-14)和式(13-6-16)容易证明：

$$\sum_{n=0}^{N} \varepsilon(n) \cdot r^{2n} = \frac{1}{A} \tag{13-6-24}$$

$$\sum_{n=0}^{N} \varepsilon(n) \cdot (-r)^{N-n} r^n = 0 \tag{13-6-25}$$

将式(13-6-23)两边乘以 r^n 和 $(-r)^{N-n}$ 并对 n 求和，再利用式(13-6-24)和式(13-6-25)可确定式(13-6-23)中常数 B_1、B_2 分别为

$$\begin{cases} B_1 = C_1 - A\sum_{n=0}^{N} \varepsilon(n)\psi_n r^n \\ B_2 = C_2 - A\sum_{n=0}^{N} \varepsilon(n)\psi_n (-r)^{N-n} \end{cases} \tag{13-6-26}$$

式中，C_1、C_2、A 由式(13-6-12)和式(13-6-13)给出。现在需要确定一个特解 ψ_n，对比式(13-6-17)和式(13-6-22)可知，ψ_n 与 u_n 具有相同的方程形式，考虑令 $\psi_N=\psi_0=0$，然后求解线形方程组即得

$$\psi_{n+1} - \psi_{n-1} + 2\alpha\Delta z\psi_n = 2\Delta z g_n \qquad (n=1,\cdots,N-1)$$

$$\begin{bmatrix} 2\alpha\Delta z & 1 & 0 & & 0 \\ -1 & 2\alpha\Delta z & 1 & & \\ 0 & -1 & 2\alpha\Delta z & 1 & \\ \cdots & \cdots & & & \\ & & & -1 & 2\alpha\Delta z \end{bmatrix} \begin{bmatrix} \psi_1 \\ \psi_2 \\ \vdots \\ \psi_{N-2} \\ \psi_{N-1} \end{bmatrix} = \begin{bmatrix} 2\Delta z g_1 \\ 2\Delta z g_2 \\ \vdots \\ 2\Delta z g_{N-2} \\ 2\Delta z g_{N-1} \end{bmatrix} \tag{13-6-27}$$

通过式(13-6-27)可以求解出特解，这是一个三对角矩阵方程，它可以通过追赶算法实现快速计算。求出 ψ_n 后，将其代入式(13-6-26)，然后一并代入式(13-6-23)，即可得到所求的通解。

按照式(13-6-17)对差分后的函数进行离散正弦变化，然后进行步进求解

$$g(x+\Delta x,z)=\mathrm{e}^{-\mathrm{j}k(n-1)\Delta x}\cdot S^{-1}\left\{\mathrm{e}^{-\mathrm{j}k\Delta x\left(\sqrt{1-\frac{k_z^2}{k^2}}-1\right)}S[g(x,z)]\right\} \qquad (13-6-28)$$

在求解的每一步，通过式(13-6-23)由 g_n 求得 u_n。

在上述各项分量求解中会遇到计算结果不稳定的现象，通常使用后向差分的方法来解决此问题，因为差分方式的选取决定了场值的计算精度，所以不同情况下对差分方式的选取也变得非常重要。

13.6.3　差分方式的选取

在原有的 DMFT 求解计算中，使用的是中心差分的方式来求解特征值 r，根据边界条件式(13-5-16)转化的差分方程为式(13-6-15)，为了保证该差分方程解的稳定性，通常选取 $|r|<1$ 的解作为特征方程解。在编程实践中，为防止 $\mathrm{Re}(\alpha_{\parallel})\to 0$ 时，特征根会逼近 1 的情况，在计算中通常选取 $|r|<0.95$ 的解作为特征方程解。

在式(13-6-16)特征方程的基础上，由式(13-5-17)可以看出，对于水平极化波 $\mathrm{Re}(\alpha_{\parallel})<0$，特征根为

$$r=-\sqrt{1+(\alpha\Delta z)^2}-\alpha\Delta z \qquad (13-6-29)$$

对于垂直极化波，$\mathrm{Re}(\alpha_{\perp})>0$，特征根为

$$r=\sqrt{1+(\alpha\Delta z)^2}-\alpha\Delta z \qquad (13-6-30)$$

当使用 DMFT 计算垂直极化下空间中场值分布时，发现场值计算不稳定，出现了 Bad-Alpha 现象，于是改用后向差分来求解特征根，在式(13-6-15)的基础上差分方程变形如下：

$$\frac{u[x,n\Delta z]-u[x,(n-1)\Delta z]}{\Delta z}+\alpha u[x,n\Delta z]=0 \qquad (13-6-31)$$

其特征方程根为 $r=(1+\alpha\Delta z)^{-1}$，为了保持后向差分的稳定性，特征方程的解也要满足 $|r|<1$，等效为垂直方向上步进间隔的 Δz 大小需满足：

$$\Delta z>-\frac{2\mathrm{Re}(\alpha)}{|\alpha|^2} \qquad (13-6-32)$$

因此它是无条件成立的，也就是说，后向差分对于垂直极化是无条件稳定的。对于水平极化波 $\mathrm{Re}(\alpha_{\parallel})<0$，也存在 $|r|>1$ 的情况，这表明 Δz 取足够大，计算才稳定。对于前向差分方法，差分方程为

$$\frac{u[x,(n+1)\Delta z]-u[x,n\Delta z]}{\Delta z}+\alpha u[x,n\Delta z]=0 \qquad (13-6-33)$$

其特征方程根为 $r=1-\alpha\Delta z$，为了保持前向差分的稳定性，特征方程的解要满足 $|r|<1$，等效为垂直方向上步进间隔的 Δz 大小需满足：

$$\Delta z<\frac{2\mathrm{Re}(\alpha)}{|\alpha|^2} \qquad (13-6-34)$$

该条件对于水平极化来说难以达到，甚至对于垂直极化来说也不满足。式(13-6-34)还表明 Δz 足够小，如 $\mathrm{Re}(\alpha)\rightarrow 0$ 时，就会遇到严重的稳定性问题。

从上面分析可以看出，后向差分方法的稳定域较大，中心差分的精度较高，所以在计算容许的情况下，应尽量使用中心差分。

13.7 基于抛物线方程法的电波传播分析

从图13-5可以看出，到这里我们已经对计算区域边界初始场设置、上吸收边界、起伏地面处理、地面阻抗边界条件进行了讨论，给出了在介质地面环境下抛物线方程的混合傅里叶变换求解方法。本节分析介质地面抛物线方程求解电波传播问题的具体步骤和电波传播场强衰减的分析。

13.7.1 介质起伏地面电波传播分析步骤

根据前面几节的分析，图13-9给出了各部分处理的公式标注。

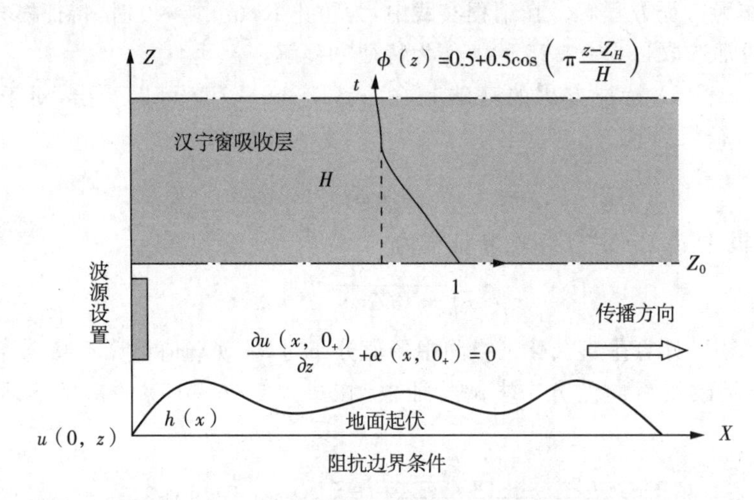

图13-9 电波传播分析示意图

现在给出具体求解步骤：

(1) 根据计算空间需要确定空间离散化网格大小 $\Delta x,\Delta z$；

(2) 根据地形 $z=h(x)$，离散化各步进地面高度；

(3) 由汉宁窗函数式(13-3-4)，确定吸收窗函数 $\varphi_n(z)$；

(4) 根据天线波束宽度，由式(13-2-18)计算初始场 $u_n(0,z)$，$n=0,\cdots,N$；

(5) 对场强进行加窗处理 $u_n(x,z) \Leftarrow u_n(x,z)\varphi_n(z), n=0,\cdots,N$；

(6) 根据地面介电常数分布，由式(13-5-17)计算边界条件参数 $\alpha(x)$；

(7) 利用阶梯地形法对地形进行平坦化处理；

(8) 根据式(13-6-17)计算辅助函数 $g=(g_0(x), g_1(x), \cdots, g_{N-1}(x))$，其中 $g_0(x)=0$；

(9) 用式(13-6-28)对辅助函数进行步进求解；

(10) 由式(13-6-27)计算特解 $\psi(x+\Delta x)$，其中 $\psi_0(x)=0, \psi_N(x)=0$；

(11) 根据电磁波极化特性、边界条件及 Δz，由式(13-6-29)和式(13-6-30)计算特征值 r；

(12) 由式(13-6-12)和式(13-6-13)计算特解 C_1, C_2，然后由式(13-6-26)计算系数 B_1, B_2；

(13) 由式(13-6-23)计算出 $u_n(x+\Delta x, z), n=0,\cdots,N$；

(14) 重复以上步骤(5)～步骤(12)，直到计算区域规定的水平距离。

至此，我们已经求解出了待求区域空间的所有点 $u(x,z)$，但是 $u(x,z)$ 并不代表真正的实际场强，还需要将其换算成空间场强，并计算出各点的传播损耗。

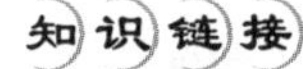

导体地面和障碍物下双向抛物线方程计算电波传播程序代码

13.7.2　场强表达和传播损耗计算

在实际应用中，我们常常关心的是场强分布或传播损耗。由第 9 章我们知道，系统传播损耗 L_s 指的是传播路径上能量的损失，定义为发射天线辐射的射频功率与接收天线收到的合成信号功率之比。传播损耗的结果一般以分贝为单位给出。基本传播损耗 L_b 或称为路径传播损耗，定义为理想的无损耗各向同性发射天线与接收天线之间的传播损耗。

电磁波在传播路径当中的损耗为

$$L_b(\text{dB}) = L_s(\text{dB}) - G_r(\text{dB}) - G_t(\text{dB}) \tag{13-7-1}$$

在水平极化的情况下，$u(x,z)$ 对应着 E_y，假设接收天线增益为 0 dB，系统在接收点的功率流密度 S 和接收天线输出功率 P_r 分别为

$$S = \frac{1}{2\eta_0} |E_y(x,z)|^2 \tag{13-7-2}$$

$$P_r = SA_e = \frac{1}{2\eta_0} |E_y(x,z)|^2 \frac{\lambda^2}{4\pi} G_r \tag{13-7-3}$$

由式(13-2-17)及前面发射天线波束的设置可知，其等效全向辐射功率($ERIP$)为 η_0^{-1}(相当于天线的发射增益为 1)，则有

$$L_b = \frac{P_{\text{ierp}}}{P_r} = \frac{1}{P_r \eta_0} = \left(\frac{1}{2} |E_y(x,z)|^2 \frac{\lambda^2}{4\pi}\right)^{-1} \tag{13-7-4}$$

抛物线方程是在二维空间下计算得到的，而实际空间是三维的，根据参考文献[19]，地球球坐标系下二维空间计算的场强与三维空间场强关系为

$$E_y(x,z) = \frac{1}{\sqrt{ka\sin\left(\frac{x}{a}\right)}} e^{-\frac{z}{2a}} \psi \tag{13-7-5}$$

式中，a 为地球半径；由式(13-1-6)和式(13-1-8)可知，ψ 是二维空间计算的场量，如果相对于地球半径 a，那么 x 非常小，利用式(13-1-9)可得

$$E_y(x,z) \approx \frac{1}{\sqrt{kx}}\psi = \frac{1}{\sqrt{kx}}u(x,z)\mathrm{e}^{-\mathrm{j}kx} \tag{13-7-6}$$

将式(13-7-6)代入式(13-7-4)可得

$$L_\mathrm{b} \approx -20\log_{10}|u(x,z)| + 20\log_{10}(4\pi) + 10\log_{10}(x) - 30\log_{10}(\lambda) \tag{13-7-7}$$

注意：式(13-7-6)中的 $u(x,z)$、ψ 应该是幅值，而不是有效值。

在垂直极化的情况下，$u(x,z)$ 对应的 H_y 可利用 H_y 代替 E_y 得到，由式(13-2-17)及前面发射天线波束的设置可知，其等效全向辐射功率($ERIP$)为 η_0(相当于天线的发射增益为1)，则有

$$L_\mathrm{b} = \frac{P_\mathrm{ierp}}{P_\mathrm{r}} = \frac{\eta_0}{P_\mathrm{r}} = \left(\frac{1}{2}|H_y(x,z)|^2\frac{\lambda^2}{4\pi}\right)^{-1} \tag{13-7-8}$$

类似式(13-7-5)，地球坐标系下二维空间计算的场强与三维空间场强关系为

$$H_y(x,z) = \frac{n}{\sqrt{ka\sin\left(\dfrac{x}{a}\right)}}\mathrm{e}^{-\frac{z}{2a}}\psi \tag{13-7-9}$$

式中，n 为空间折射率，近似为1；a 为地球半径；由式(13-1-6)和式(13-1-8)可知，ψ 是二维空间计算的场量，如果相对于地球半径 a，那么 x 非常小，利用式(13-1-9)可得

$$H_y(x,z) \approx \frac{1}{\sqrt{kx}}\psi = \frac{1}{\sqrt{kx}}u(x,z)\mathrm{e}^{-\mathrm{j}kx} \tag{13-7-10}$$

将式(13-7-10)代入式(13-7-8)可得

$$L_\mathrm{b} \approx -20\log_{10}|u(x,z)| + 20\log_{10}(4\pi) + 10\log_{10}(x) - 30\log_{10}(\lambda) \tag{13-7-11}$$

可以看出式(13-7-7)和式(13-7-11)显示一致。

另一种损耗表示方法是采用传播损耗与自由空间传播损耗的比值作为传播衰减因子。自由空间传播损耗 L_bf 为

$$L_\mathrm{bf}(\mathrm{dB}) = 20\lg\left(\frac{4\pi r}{\lambda}\right) \tag{13-7-12}$$

传播衰减因子定义为

$$\begin{aligned} f &= L_\mathrm{bf}(\mathrm{dB}) - L_\mathrm{b}(\mathrm{dB}) \\ &= 20\log_{10}|u(x,z)| + 10\log_{10}(x) + 10\log_{10}(\lambda) \end{aligned} \tag{13-7-13}$$

图13-10为抛物线方程计算空间场强衰减(dB)的分布示意图。

图13-11为抛物线方程计算电波传播衰减因子的分布示意图。

可以根据式(13-7-6)和式(13-7-10)及等效全向辐射功率的大小是 η_0^{-1} 或 η_0 的倍数，计算确定空间场强大小。

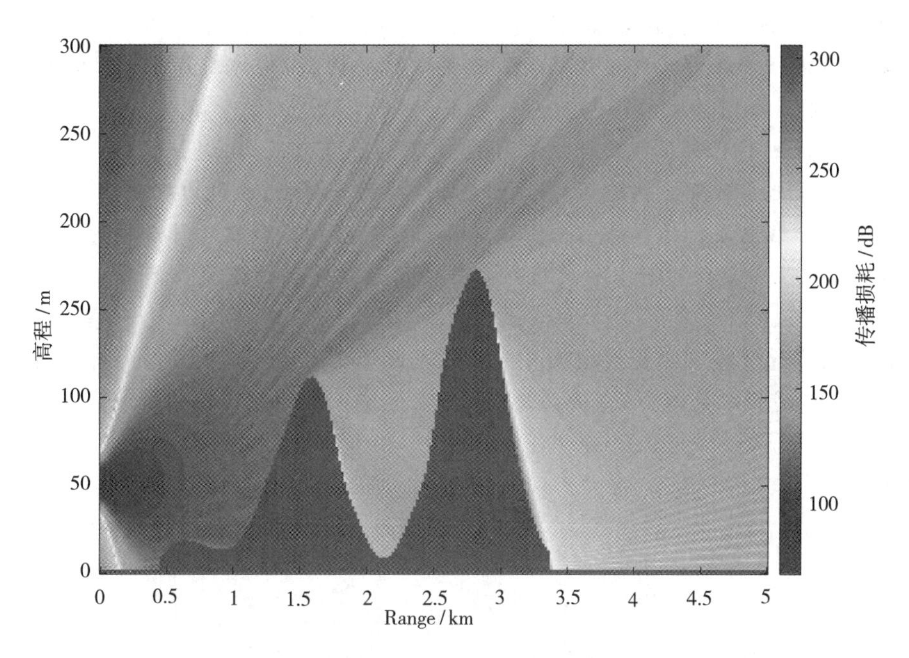

图 13 - 10　抛物线方程计算空间场强衰减(dB)的分布示意图

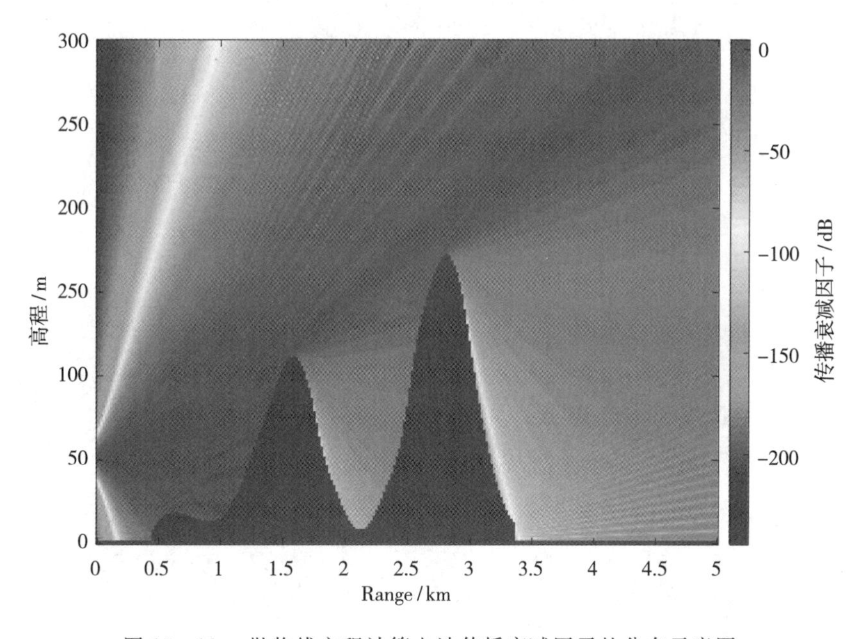

图 13 - 11　抛物线方程计算电波传播衰减因子的分布示意图

1. 试解释式(13-1-9)引入 $u(x,z)=e^{jkx}\psi(x,z)$ 的目的是什么？为什么抛物线方程在水平方向步进网格可以比垂直方向剖分网格大得多？

2. 试由式(13-1-7)二维波动方程，推导出式(13-1-18)二维标准抛物线方程。

3. 抛物线方程法的初始场设置分为基于方向图设置初始场和基于电流分布的初始场设

置，两者有什么区别？各有什么优缺点？

4. 抛物线方程法在计算电波传播场强时要增加吸收层，其作用是什么？吸收层的厚度和吸收层窗函数是如何确定的？

5. 地面起伏地形有哪几种处理方法，这些处理方法有何优缺点？

6. 地面起伏地形处理方法能否处理像楼房一样的障碍物，请说出理由。

7. 抛物线方程电波传播算法引出阻抗边界条件的目的是什么？什么样的地面阻抗边界条件使用正弦傅里叶变换？什么样的边界条件使用余弦傅里叶变换？什么样的边界条件使用混合傅里叶变换？

8. 抛物线方程计算路径传播损耗与传播衰减因子之间是什么关系？两者有何区别？试简要推导路径传播损耗计算公式、传播衰减因子。

参考文献

[1] KING R W P. The linear antenna - Eighty years of prograss[J]. Proceedings of the IEEE,1967,55(1):2 - 16.

[2] KING R W P. The theory of linear antennas: with charts and tables for practical applicatis [M]. Boston:MA Harvard University Press,1956.

[3] 宋铮,张建华,黄冶,等．天线与电波传播[M]. 西安:西安电子科技大学出版社,2021.

[4] 周朝栋,王元坤,周良明．线天线理论与工程[M]. 西安:西安电子科技大学出版社,1988.

[5] 闻映红．天线与电波传播理论[M]. 北京:北京交通大学出版社,2007.

[6] 王建,郑一龙,何子远．阵列天线理论与工程应用 [M]. 北京:电子工业出版社,2015.

[7] KRAUS J D,MARHEFKA R J. 天线:第三版．上册[M]. 章文勋,译．北京:电子工业出版社,2017.

[8] EILIOTT R S. 天线理论与设计[M]. 北京:国防工业出版社,1992.

[9] 王元坤,李玉权．线天线的宽频带技术 [M]. 西安:西安电子科技大学出版社,1995.

[10] STUTZMAN W L, THIELE G A. Antenna theory and design [M]. Third Edition, Hoboken: John Wiley & Sons, Inc. ,2013.

[11] STUTZMAN W L,THIELE G A. 天线理论与设计[M]. 朱守政,译．北京:人民邮电出版社,2006.

[12] MILLIGAN T A. Modern antenna design [M]. Second Edition, Hoboken: John Wiley & Sons, Inc. ,2005.

[13] 王新稳,李延平,李萍,等．微波技术与天线[M]. 4 版北京:电子工业出版社,2016.

[14] BALANIS C A. Modern antenna handbook[M]. Fourth Edition, Hoboken: John Wiley & Sons, Inc. ,2016.

[15] VOLAKIS J L. Antenna engineering handbook [M]. Fourth Edition, New York: McGraw - Hill, Inc. ,2007.

[16] JOSEFSSON L,PERSSON P. 共形阵列天线理论与应用[M]. 肖绍球,刘元柱,宋银锁,译．北京:电子工业出版社,2012.

[17] 王元坤．电波传播概论[M]. 北京:国防工业出版社,1984.

[18] 吕保维，王贞松．无线电波传播理论及其应用，北京：科学出版社，2003.

[19] LEVY M. Parabolic Equation methods for electromagnetic wave propagation [J]. IEE Electromagnetic Waves，2000.

[20] 钟顺时．天线理论与技术[M]. 2 版．北京：电子工业出版社．2015.

[21] 魏乔菲．障碍物环境双向 PE 电波传播分析及其验证研究[D]. 长沙：国防科学技术大学，2017.

[22] 李安琪．障碍物环境下的电波传播问题研究[D]. 长沙：国防科学技术大学，2021.

[23] 魏乔菲，尹成友，范启蒙．存在障碍物时电波传播抛物线方程分析及其验证[J]. 物理学报，2017，66(12)：152 - 159.

[24] WEI Q F，YIN C Y，WU W. Research and verification for an improved two - way parabolic equation method in obstacle environment [J]. IET Microwaves，Antennas & Propagation，2018，12(4)：576 - 582.

[25] LI A Q，YIN C Y，ZHANG Q Q. Predicting spatial field values under undulating terrain with 2W - PE based on machine learning [J]. IEEE Antennas and Wireless Propagation Letter，2022，21(2)：222 - 226.

[26] LI A Q，YIN C Y，ZHANG Q Q. A fast algorithm for solving radio wave propagation based on machine learning and domain decomposition method [J]. IEEE Antennas and Wireless Propagation Letter，2024，. 23(4)：1161 - 1165.

[27] LI A Q，YIN C Y，ZHANG Q Q. Using 2W - PE method based on machine learning to accurately predict field strength distribution in flat - top obstacle environment [J]. AEUE - International Journal of Electronics and Communications，2022，144：154037.

[28] LI A Q，YIN C Y，ZHANG Q Q. Research on electromagnetic scattering and radio wave propagation algorithm based on machine learning in half - space [J]. AEUE - International Journal of Electronics and Communications，2024，176：155106.

[29] LI A Q，YIN C Y，GAN Y J，et al. Accurate prediction of radio wave propagation in an environment of dielectric ground and obstacles based on the principle of domain decomposition[J]. IET Microwaves，Antennas & Propagation，2021，15(11)：1473 - 1489.